关中-天水经济区生态系统服务研究

李　晶　周自翔　著

陕西师范大学学科建设经费
国家自然科学基金项目（41371020）　　资助
陕西师范大学中央高校基本科研业务费
特别支持项目（GK201502010）

科 学 出 版 社
北　京

内容简介

本书以关中-天水经济区作为研究对象，对其生态系统服务进行研究。全书共9章，内容包括：生态系统服务理论、土地景观异质性与尺度效应、关天经济区生态系统服务功能时空演变、生态系统服务驱动力分析、碳储量价值和土地碳汇影子价格、生态系统服务与城市化耦合关系、生态系统服务权衡与协同、基于 SolVES 模型的生态系统服务的文化服务水平估算、生态系统碳服务流动。内容涵盖农田等主要土地利用类型，研究尺度从生态系统、景观到区域，具有广泛的代表性，体现了生态系统服务研究的前沿。

本书适合地理学、生态学、环境科学和经济学等专业的科研人员使用，也可作为高等院校和科研院所相关专业的教材或教学参考书。

图书在版编目(CIP)数据

关中-天水经济区生态系统服务研究/李晶，周自翔著. —北京：科学出版社，2017.12

ISBN 978-7-03-055326-3

Ⅰ. ①关… Ⅱ. ①李… ②周… Ⅲ. ①经济区-生态系统-服务功能-研究-陕西 ②经济区-生态系统-服务功能-研究-天水 Ⅳ. ①X321.24

中国版本图书馆 CIP 数据核字（2017）第 280569 号

责任编辑：亢列梅 徐世钊 / 责任校对：王 瑞 王晓茜

责任印制：张克忠 / 封面设计：陈 敬

科学出版社 出版

北京东黄城根北街16号

邮政编码：100717

http://www.sciencep.com

新科印刷有限公司 印刷

科学出版社发行 各地新华书店经销

*

2017年12月第 一 版 开本：720 × 1000 B5

2017年12月第一次印刷 印张：24 1/4

字数：489 000

定价：135.00 元

（如有印装质量问题，我社负责调换）

前　言

生态系统服务是生态系统形成及所维持的人类赖以生存和发展的环境条件与效用，是人类从生态系统中所获得的收益。生态系统服务主要包括向经济社会系统输入有用的物质和能量，接收和转化来自经济社会系统的废弃物，以及直接向人类社会成员提供服务（如人们普遍享用洁净空气、水等舒适性资源）。生态系统服务是人类福祉和可持续发展的基础，不仅能为人类提供食物、医药及其他工农业产品的原料，而且能维持生物地球化学循环和水循环、维持生物物种和遗传的多样性、净化环境、维持大气化学的平衡和稳定。巨大的人口压力导致生态系统长期遭受过度开发利用，生态系统和生态系统服务功能退化，生态系统呈现出由结构性破坏向功能性紊乱的方向发展，由此引起水资源短缺、水土流失、沙漠化、生物多样性减少等生态问题持续加剧，直接威胁人类的安全与健康。

关中–天水（关天）经济区是《国家西部大开发“十一五”规划》中提出的继成渝经济区和环北部湾（广西）经济区之后的第三个重点发展经济区，地跨陕、甘两省，范围包括陕西省关中地区和甘肃省天水市。关天经济区农耕文明历史悠久，种植业发展已有几千年的历史。随着耕作方式的改进，关天经济区种植业系统的生态服务功能也在发生着变化。开展关天经济区种植业系统生态服务功能与价值评估研究，对其服务功能价值进行科学、全面地评价，不仅可以帮助人们更为完整地认识种植业系统，而且可以更加全面地掌握关天地区种植业系统的现状及问题，从根本上认识理解、科学评价、合理调控和可持续利用种植业系统的生态服务功能，为种植业与其他产业协调发展提供理论依据，为种植业生态系统科学管理和农田生态安全研究提供技术支撑，保证种植业生态系统为人类的生存和可持续发展发挥更大的效用。

2010 年以来，作者承担国家自然科学基金青年项目“关中–天水经济区种植业生态服务功能的时空变异性与尺度效应”和面上项目“关中–天水经济区农田生态系统服务功能动力驱动机制与人类活动耦合关系”。本书是这两个基金项目成果的总结。

本书首先对关天经济区土地利用与土地覆盖变化、景观格局动态与格局尺度效应进行研究，定量分析景观格局与影响因子间的相互关系。以地理信息和遥感技术为支撑进行生态系统服务研究，对不同生态系统的生产有机物、水源涵养、土壤保持、净化空气、调节气候等生态服务价值和损失价值进行估算，并研究生态系统服务功能的空间格局、组合结构、尺度特征和尺度效应。其次，研究生态系统服务对人类活动和环境扰动的响应与适应机制，并对生态系统服务功能和城市发展水平之间的耦合关系进行分析。运用生产可能性边界定量分析生态系统服务之间的权衡协同关系，根据最优曲线得出最佳情景以及指导未来土地利用规划和干预生态系统功能发展的过程。最后，量化区域生态系统服务的供需平衡状况，模拟生态系统服务的空间流动，揭示区域功能空间转变规律，并据此给出区域空间布局优化策略。

本书由李晶、周自翔统稿，各章撰写分工如下：第 1 章，李晶、陈登帅、周自翔；第 2 章，周自翔、冯雪铭、李建丽；第 3 章，周自翔、张薇薇、刘岩；第 4 章，李红艳、李晶、周自翔；第 5 章，井梅秀、高子轶；第 6 章，张伟、李晶、周自翔；第 7 章，郭钟哲、秦克玉、杨晓楠、周自翔；第 8 章，刘婧雅、赵琪琪；第 9 章，李婷、周自翔、曾莉。西安科技大学周自翔撰写 25 万字。

在撰写本书过程中，引用了国内外学者的研究成果，在此对这些学者的杰出工作致以崇高的敬意。在本书出版之际，向多年支持本书相关研究的陕西师范大学地理科学与旅游学院、西安科技大学测绘学院、陕西师范大学学科建设处、科学出版社相关人员和社会各界同仁表示衷心感谢。

由于书中的一些内容具有很强的探索性，本书难免有不妥之处，祈望读者不吝赐教。

作　者

2017年6月于陕师大

目　　录

第 1 章　生态系统服务理论

1.1　生态系统服务的概念

生态系统服务是指生态系统形成和所维持的人类赖以生存和发展的环境条件与效用[1, 2]。生态系统服务为人类直接或间接从生态系统中得到的所有收益，其主要包含生态系统向社会经济系统输送的能量和物质、接收和转化社会经济系统中的废弃物以及直接向人类提供服务的资源（食物、木材、清洁空气、水等）。生态系统的能流、物流和信息流等生态过程产生的生态系统服务功能是生态系统服务的基本来源，而人类不同层次的需求则是生态系统服务形成的基本驱动力。因此，生态系统服务是指生态系统自然环境在条件、过程以及构成方面对于支持和满足人类需求提供的多方面有形和无形的惠益，即人类赖以生存与发展所需要的资源和环境基础归根结底都来源于自然生态系统。

生态系统是指在一定时间和空间里，人和自然界构成的一个统一开放的系统。生态系统可以通过自身的一些功能，如调节气候、涵养水源、粮食供给、休闲娱乐等，为人类提供各种各样的利益。生态系统通常情况下可以通过自我调节而趋于一个稳定或平衡的状态。当生态系统受到的外部影响低于其自我调节能力的阈值时，通过自我调节，依然能够为人类提供服务；但生态系统的自我调节能力有限，当受到的外部影响超过阈值时，生态系统受到伤害甚至崩溃，将严重影响其为人类提供的福祉。随着人类社会对自然生态系统控制力的不断提高，为满足不断增长的物质和精神需求，人类对生态系统的直接或间接作用显著增强，对自然生态系统结构与功能进行强烈干预，导致其生态系统服务能力退化。根据联合国《千年生态系统评估报告》，在全球范围内，大约 2/3 在评估的生态系统服务遭到人类活动的破坏，导致服务能力的退化和丧失，并且这种退化趋势在 21 世纪中叶可能会恶化。生态系统服务能力的退化甚至丧失直接威胁着区域乃至全球的生态安全，不仅危及当代人类的社会福祉，而且会对未来生态系统对人类提供的惠益产生深远影响。生态系统功能的下降和退化将引起人类生存环境及其功能不可逆转的退化。因此，对生态系统及其结构、功能进行科学研究具有非常重要的意义。“千年生态系统评估”（the Millennium Ecosystem Assessment，MA）更是将生态系统服务功能研究列为 2013 年全球前百个科研热点，预示着研究者将更多地关注生态系统服务方面的研究。

1.2　生态系统服务研究现状

1.2.1　生态系统服务研究历史及分类

生态系统服务功能这一科学概念在 20 世纪 70 年代初提出后逐步被人们认可和普遍使用。人们意识到，人类一直依赖生存和发展的生态系统服务功能在发生退化和破坏。人们认识到生态系统服务功能退化是生态危机的根源后，才提出了这一问题的定义并将生态系统服务作为科学问题进行研究[3]。此后，各国学者在生态系统服务功能方面做了大量的研究。经过多位学者的研究与补充，Ehrlish 等探讨了自然生态系统为人类提供的各种服务功能以及人类活动对生态系统服务功能的影响，正式将生态系统对人类社会的影响及其效能定义为“生态系统服务”（ecosystem services）[4]。20 世纪 90 年代中期，美国生态学会由 Daily[1]负责的小组详细阐述了生态系统服务功能的内涵、定义和分类等内容，并且将生态系统服务定义为：生态系统及其生态过程所形成与维持人类赖以生存的环境条件与效用。为了更加深入地了解生态系统服务与人类活动的关系，2001 年 6 月 5 日，联合国于世界环境日之际，由世界卫生组织、联合国环境规划署和世界银行等机构与组织开展了国际合作项目“千年生态系统评估”。千年生态系统评估项目系统研究了生态系统与人类福祉的关系，并重点对生态系统服务功能进行评估，为加强生态系统保护和可持续利用、提高生态系统对人类福祉的贡献奠定了科学基础。

在千年生态系统评估中，生态系统服务被划分为四大类：支撑服务、供给服务、调节服务以及文化服务[5]。支撑服务是其他生态系统服务的基础，主要包括水文过程、生物地球化学过程以及生态学过程；供给服务包括食物、淡水、工业原材料等；调节服务包括调节气候、调节径流、净化水质等；文化服务包括美学、休闲、精神、教育等。生态系统服务直接关系到人类福祉，随着经济的不断发展，人类对于生态系统服务功能的利用持续增加。为了使人类能够对生态系统进行可持续的开发，实现对生态系统服务功能最大化的科学利用，对于多种多样的生态系统服务功能进行定量评估和权衡研究就显得极为关键。

1.2.2　生态系统服务的价值评估

目前，生态系统服务功能的研究及其价值评估已成为生态学研究中的热点问题之一[6]。生态系统服务功能的内涵主要包括以下几个方面：有机质的生产与生态系统产品、气体调节和气候调节、生物多样性的产生与维持、传粉与种子的扩散、减缓干旱与洪涝灾害、保护和改善环境质量、有害生物的控制、休闲娱乐、文化艺术——生态美的感受。典型的生态系统主要包括：森林生态系统、农田生态系统、湿地生态系统、草原生态系统和荒漠生态系统。

生态系统服务价值的研究始于1997年Costanza等在*Nature*上发表《全球生态系统服务与自然资本的价值估算》，随后各国纷纷开始对自然生态系统与人为生态系统的生态价值进行大量的探索性研究和尝试性的测评[7]。不同的学者对生态服务的认识不同。其中，Daily在其生态系统服务研究的标志性著作《自然服务：人类社会对自然生态系统的依赖》中将生态系统服务定义为：生态系统与生态过程所形成及所维持的人类赖以生存的自然环境条件与效用，它不仅给人类提供生存必需的食物、医药及工农业生产的原料，而且维持人类赖以生存和发展的生命支持系统[8]。Cairns认为生态系统服务功能是对人类生存和生活质量有贡献的生态系统产品和生态系统功能[9]。相比国外，国内生态系统服务价值评估研究起步较晚，但近年来发展快速。

随着人们对生态系统服务功能重要性的认识逐渐加强，生态系统服务价值评估已经成为当前生态经济学和环境经济学的研究热点和焦点；并且越来越多地在决策制定中考虑生态系统服务功能，对生态系统服务功能的研究需求与日俱增，使得相关理论基础、评估方法、数据获取手段和模型开发等的研究发展不断完善[10]。生态系统服务功能评估模型是以已有的理论和研究成果为基础构建的，用于评价多种生态系统服务功能。目前具有代表性的模型有InVEST、ARIES、SolVES、MIMES、EPM、InFOREST、Envision、Ecometrix、EcoAIM、ESvalue等。这些评估模型的发展和应用为决策者和管理人员对生态系统服务功能的科学利用以及管理提供了至关重要的科学依据。作为一种自然资本，生态系统服务为人类提供源源不断的福利。过去决策过程中，没有与其他资本进行过量化比较，人类在可持续性生存方面付出了巨大的代价。随着生态、环境、资源和经济学的发展，用货币的形式评估生态系统服务功能得到不断完善和发展。在国内外研究中，生态系统服务价值的测评方法甚多，采用的主要方法有两种，即替代市场技术法和模拟市场技术法。前者以“消费者剩余”和“影子价格”来表达生态系统服务功能的经济价值，测算方法有市场价值法、费用支出法、旅行费用法、机会成本法和享乐价格法；后者以支付意愿和人们对生态系统的净支付意愿来表达生态系统服务功能的价值，测评方法主要是条件价值法。

例如，生态系统固碳服务的价值估算，固碳服务是生态系统服务中调节服务的重要组成部分。生态系统固碳服务通过生态系统的固碳功能捕获大气中的碳并把捕获到的碳固定起来，它可以抵消人类向大气中排放的一部分二氧化碳，从而起到调节气候的生态系统服务功能。在社会经济高速发展的今天，生态系统固碳服务的供需平衡不仅仅是生态权衡问题，还是经济发展与生态保护之间的博弈。协调区域生态系统固碳服务的供需平衡问题，是缓解全球气候变暖问题的关键。

然而，由于土地利用变化、气候变化和社会经济等众多因子耦合在一起，区域的生态系统固碳服务供需平衡问题具有较高的复杂性，如何更加科学、有效地协调区域中碳源与碳汇的空间格局成为区域低碳发展所面临的一大难题。针对上述问题，国内外专家学者从不同的角度不断努力和尝试，取得了一些阶段性的成果，但是总体而言，对于区域的生态系统固碳服务的供需平衡、空间流动以及格局优化等研究仍然处于探索阶段。已有的研究表明，土地利用变化和社会经济宏观调节是协调区域碳源汇平衡的重要且有力的手段。土地利用变化蕴含大量人类活动的信息，是生态系统服务功能退化的主要驱动力之一[11, 12]。作为引起区域碳排放的重要因素，土地利用变化会对区域的碳循环过程产生深远的影响[13]。一方面，决策者可以通过改变土地利用格局，调整碳源/汇格局以及碳循环过程，进而影响区域碳收支状况。另一方面，在低碳经济发展的时代趋势下，经济政策手段将成为决策者宏观调控区域发展格局、引导产业结构调整、减少区域碳排放的重要工具。目前，碳税和排放配额交易等政策被普遍认为是最具市场效率的减少碳排放的经济手段[14]。欧洲的一些国家，如荷兰和丹麦，通过碳税政策获得了非常显著的减排效果[15, 16]。我国也在碳税和排放配额交易方面做出了一些尝试，国家发展和改革委员会 2013 年批准将五市二省（北京市、天津市、上海市、重庆市、深圳市、湖北省、广东省）作为碳排放交易试点。自交易试点启动以来，交易规模不断扩大，利用市场手段推进低碳经济发展初有成效。根据规划，2017 年全国碳排放交易权交易市场将全面启动。因此，将土地利用变化和市场经济因素纳入区域碳收支的核算中是必要的。

文化服务作为生态系统服务四大类之一，是目前发展较其他三类最不成熟的一种服务[17]。文化价值是指受益公众对于生态系统服务感知到的、非货币的价值，如美学、娱乐以及精神价值等[18]。文化服务在生态系统服务分类框架中虽然被重视，但是无论是研究者还是公众对于文化服务的价值探究都比较缺乏，这种情况被许多学者察觉并提出。随着人类对生态系统服务需求和利用的持续增加，人们对于文化服务所提供的福祉越来越重视，越来越多的人重视文化生态系统服务[19, 20]。文化服务在定义与表示时并没有严格地运用定量化的货币单位，这是因为对于决策者来说货币价值并不是绝对和唯一的标准，这使得利用 GIS（geographic information system，地理信息系统）技术将公众感知到的、非货币的社会价值通过空间可视化的“价值指数”（value index，VI）表示出来成为可能。基于上述理论基础，近年来许多国外学者尝试对文化服务进行评估，其中的典型代表就是 SolVES 模型的开发与使用[21]。例如，Sherrouse 等利用基于公众的社会价值调查数据结合相关的环境指数数据，运用 SolVES 模型生成社会价值 VI 地图，定量地评估了美国圣伊莎贝尔国家森林公园（PSI）地区的美学和娱乐价值，指出了非货币价值指数对于生态系统服务社会价值评估的可行性和科学性[22, 23]，从而介绍了一种新的评估方法和研究意义。国内对于生态系统服务文化服务的研究则比较缺乏。

1.2.3　土地景观异质性与尺度效应研究现状

全球经济的迅速发展、科技的进步以及人口数量的剧增导致全球生态环境承受的压力越来越大。人类活动的加剧导致温室效应、全球环境污染、土地荒漠化、海岸、湿地生态系统遭到破坏以及极端气候事件的发生。反之，这一系列全球性重大环境问题严重威胁人类的生存和发展，对人类社会的可持续发展有重大影响。因此，自 20 世纪末以来，全球环境变化研究成为了学界最引人瞩目的环境与科学命题之一[24]。景观作为人类活动载体，其格局特征变化会直接影响到环境变化[25, 26]。而土地利用与土地覆盖变化（land use and land cover change，LUCC）再现了地表景观的时空动态变化过程，且客观地记录了人类改变地表特征的空间格局，许多自然现象和生态过程的变化与其有关[27-29]，在区域生态环境和全球环境变化方面，LUCC 及其对生态环境的影响具有重要的意义。景观生态学研究核心任务之一是景观格局分析，即景观类型镶嵌斑块在时空上的排列组合，因此，景观格局具有时空尺度依赖性，即尺度效应[30, 31]。尺度问题主要涉及 3 个方面：尺度概念、尺度分析和尺度推演[32]。经过半个多世纪的发展，景观生态学已经进入一片新天地。当前，大多研究只依靠景观指数对景观格局和土地利用进行简单分析，景观格局与生态功能之间联系的研究还为数不多，为建立和完善景观生态学综合整体性，以区内分异和区域综合并重的多尺度、多维度耦合研究景观格局与生态过程将会是今后的研究热点[33, 34]。1939 年，Naveh 在对支配一个地区不同地域单位的自然-生物综合体的相关性研究中首次提出了景观生态这个术语[35]。2000 年，Saura 等基于改进性随即聚类方法对景观格局进行了模拟[36]。2001 年，Tischendorf 运用景观指数对生态过程进行预测，验证了格局指数对于解释特定类型缀块在异质景观中的扩散过程的作用[37]。2005 年，Corry 等对利用景观格局指数评估景观规划与设计生态响应的局限性进行了分析[38]。2007 年，Dramstad 等对视觉景观参数和基于地图的景观格局指数之间的关系进行了分析[39]。2009 年，Calvo-Iglesias 以加利西亚（西班牙）北部的封闭、半开放系统为例，对以农田生态系统和人口的变化为驱动因子，对土地利用和景观动态变化进行了分析[40]。

20 世纪 80 年代初期是我国景观格局研究的起步阶段，林超、黄锡畴、陈昌笃把景观生态学引入了中国，景观格局作为其核心内容之一也在中国引起广泛关注[41-46]。我国目前对景观生态的研究方向主要集中于景观格局、功能和动态研究上[47]。1990 年，肖笃宁等通过构造城市化指数评价区域的城市化进程趋势，景观格局的研究开始逐渐成为热点[48]。2000 年张明运用景观生态学的基本理论与方法选取景观指数对榆林脆弱环境的景观格局进行了分析，定量诊断该区景观生态演化的因子，探讨了该区域生态环境的景观过[49]。2002 年王兮之等应用 ARC/INFO

与 FRAGSTATS 软件从斑块、类型和景观 3 个水平，定量地分析了策勒绿洲的景观格局特征[50]。2004 年丁圣彦等在遥感技术的支持下，结合河南沿黄湿地的区域特点，系统地分析了近 20 年河南沿黄湿地景观空间格局变化[51]。2005 年唐立娜等基于遥感以吉林省长岭县为例对东北农牧交错区景观格局与变化做了研究[52]。

1.2.4 生态系统服务之间的权衡与协同关系研究现状

生态系统服务相互联系、相互影响，并且随时间表现出动态的相互影响的复杂关系。生态系统服务之间的关系一般表现为两种关系：权衡和协同。权衡关系是指一种生态系统服务的提高或增加，引起了另一种生态系统服务的减弱或降低，呈现出此消彼长的关系。协同关系是指两种生态系统服务具有同样的上升或降低趋势，一种服务的增加会对另一种服务产生一定的促进和增幅作用[53, 54]。权衡关系一般包括供给服务之间、供给服务与调节以及支持服务之间两种类型，如木材与粮食产量之间的权衡关系，粮食产量与土壤保持之间的权衡关系。协同关系在四种生态系统服务中都存在，但调节服务、支持服务和文化服务之间的协同关系比较常见。

国外在生态系统服务关系研究方面较为细化，深入到了具体生态系统服务之间关系的研究[55-59]。Jackson 等通过对 600 个样本观测建立模型计算，得出造林可以协调地下水补给和上涌，但同时减少了径流量以及使一些土壤盐碱化或酸化，阐述了在造林的情景下，区域内水源涵养、产水量及土壤盐碱度之间的权衡和协同关系[60-62]。Noordwijk 等通过 FALLOW 模型，选择印尼的 4 个地区代表 4 种景观，研究了碳储量与区域发展效益的相互关系，得出退耕还林可以促进区域可持续发展，政策上应给予支持[63, 64]。Swallow 等引入千年生态系统评估的思想和方法，通过 Invest 模型对产沙量进行估算，结合来自政府部门的农业产量和价格数据确定产量趋势，基于农业生产的空间航拍数据，对这些数据层进行叠加分析，研究了土地利用变化、农业产值及产沙量的权衡协同关系[65]。Watanabe 等从生物地球化学循环探索水、碳、氮价格对生态系统服务的影响[66]。另外，农田的扩张可以增大粮食产量，但其导致的林地减少使固碳量减少，温室气体排放增多，比较不同区域造林固碳和粮食产量的经济价值，可以很好地为土地利用分配提供参考[67-70]。国外专家研究发现，造林可以增加碳汇量，调节气候规律，在土壤侵蚀严重的区域可以起到土壤保持的作用[71]。但是造林会增大蒸散量，减少水径流量，因此对不同区域需要根据碳价格和水价格比较两者之间价值，确定造林面积。另外生物多样性与造林、产水量等也存在复杂的权衡协同关系[72-76]。

国内在生态系统服务之间关系的研究近年来不断完善提升。不仅表明了生态系统服务对社会、经济、农业以及人文生活环境等都有巨大的影响[77-80]，同时揭示了生态系统服务在近年来发生了巨大的变化。2001 年谢高地等对生态系统服务价值评估方法进行了较全面的阐述总结[81]，定量的评估为之后研究生态系统服务之间关系奠定了一定的基础。李云成等以三江平原为研究区域，指出大量湿地被开垦为耕地，导致土地退化和生态环境恶化，需要对湿地保护和耕地开垦进行权衡[82]。岳书平等基于东北样带1976～2000年土地利用类型数据，结合研究区的实际情况，运用中国陆地生态系统服务单位面积价值的平均值来分析研究区的生态系统服务价值（ESV）变化情况，并进行了敏感性分析，研究了土地利用变化对生态服务功能的权衡关系的影响[83, 84]。吕昌河等以安塞县为例，对土地利用变化与生态服务功能冲突进行了研究，分析了坡地耕垦导致的粮食产量与水土流失之间的权衡关系[85]。李屹峰等以密云水库流域为例，利用Invest模型的"产水量""土壤保持""水质净化"三个子模型，分析了土地利用变化对生态系统服务功能的影响，得出应加强对森林和建筑用地的控制[86]。潘影等以泾河流域31个县粮食供给、肉类供给、薪柴供给、水源涵养和土壤保持5项生态系统服务为研究对象，采用物质量评估法，分析了五种生态系统服务的相互关系和空间差异性[87]。从宏观角度上，国内学者李鹏等[88]、闵勇等[89]、林泉等[90]、李双成等[91]、傅伯杰[92]具体阐述了生态系统服务之间复杂的权衡和协同关系及机制，概括了研究进展，进行了未来展望，并指出生态系统服务复杂关系研究的机遇、挑战与对策。这些研究涉及生态系统服务在净化环境、保持水土、生物多样性、大气气体含量平衡、减少温室气体效应、净化水质等方面为人类提供的各种生态系统服务。国内学者在生态系统服务方面做的各种研究贡献，使我国对自身生态系统的现状有了全面且深入的认识，逐渐提高了对生态系统的重视程度，开始注重生态服务功能在未来发展中的重要地位，采取退耕还林还草[93, 94]、保护湿地等措施改善生态系统。

在权衡协同的研究方法上，目前常用的有图形比较、情景分析及模型模拟等。其中，情景分析是目前国际上研究生态系统服务之间权衡与协同关系最为常见的一种方法，通过设定若干生态保护或社会经济发展优先或兼顾的情景，分析各种生态系统服务之间的动态变化关系[91, 95,96]。基于土地利用类型构建未来情景，在不同的土地利用类型基础上测算生态系统服务量并研究他们之间的变化，探究生态系统服务之间的关系，对未来土地利用的规划，社会经济发展以及可持续发展具有重要意义[97]。一般情况下，保护情景以保护环境为首要目的，有利于生态环境，而开发情景往往有利于社会经济发展而忽略环境[98]。土地利用类型变化影响生态系统服务，而人口和经济的增长是生态系统服务变化最主要的驱动力[99]。在研究生态系统服务时，情景模拟是非常重要的一种方法[100, 101]。随着人口激增、经济快速发展，城镇化速度加快，土地利用类型发生巨大转变，尤其是城镇用地占用大量绿地，必然会对生态环境产生破坏。如何权衡生态系统服务与人类发展之间的关系，情景模拟的运用就显得尤为重要。

1.2.5 生态系统服务形成与驱动力研究现状

生态系统功能到生态系统服务的形成与转换不仅依赖于生态系统特征，受到社会经济特征的影响，而且依赖于不同空间与时间尺度上的生态与地理系统过程。不论是生态系统服务的生产还是消耗都有尺度效应，然而，生态系统服务的形成机制尚不清楚。欧阳志云等强调了生态系统服务代表着人类从中所获得的利益，认为生态系统服务功能是指人类赖以生存的自然环境条件与效用，由生态系统与生态过程所形成及维持的[102]；乔旭宁等对渭干河流域的生态服务价值做了空间转移的分析[103]。但是对生态服务价值变化驱动力的研究较少，相比之下，更多的是对土地利用变化驱动力的研究。张艺对黄土高原的土地利用变化做了自然驱动力分析[104]；周莉对黄土高原土地利用变化做了人文驱动力研究[105]；苏常红将人类活动强度作为人文因素的主要因素，对其与生态服务价值的关系进行了详细的研究[106]；Logsdon 等对研究生态服务价值的指标进行了详细的定量化研究[107]。

关于生态系统服务之间动态变化关系的特征，影响生态系统服务驱动机制的研究尚且存在很大的不足。本书认为，生态系统服务之间非线性动态关系的形成主要有自然因素和人为因素两方面的作用。即使没有人为干预，自然生态系统服务之间的关系也会受到内外两个方面的作用力而发生变化，前者如气候变化、生物入侵等，后者是生态系统内在的演替过程。自然因素引起的生态系统服务之间的此消彼长，是一种竞争而非权衡关系；人类社会根据自身需求和价值伦理对生态系统施加的选择性干预引起的生态系统服务之间的动态变化，是权衡与协同，驱动力通常包括市场化的激励措施、政策和利益相关方的偏好等。

国外学者对影响生态价值变化的因素的研究较少，很多学者研究了 LUCC 对生态服务价值及其变化的影响，通过改变生态系统的功能和结构，对生态系统的维持及其服务功能起着决定性作用，LUCC 驱动下的 ESV 的变化成为国内外学者们探讨的重点话题。除此之外，在生态系统服务价值影响因素的研究中，主要有环境因素（包括自然因素、水系因素、地形因素等）、公路因素、人类活动、经济因素等，人类活动的定量化是驱动分析的难点[108-110]。在驱动力的研究中，大部分学者采用相关分析法和各个影响因素下的生态系统服务价值的空间分异的方法进行研究，从而得出某特定区域内生态系统服务价值变化的主导因素。驱动力主要是导致某种现象或某种变化的原因，包括自然驱动力和人文驱动力两个方面。自然驱动力主要指水文、气候、地貌、植被和土壤。人文驱动力主要包括人口因素、种植业指标、农业生产条件、农业经济指标、工业经济指标国民生产总值和全社会固定资产投资额。人口因素包括人口、农业人口、人口自然增长率和城市化水平；种植业指标包括粮食产量和粮食单位产量；农业生产条件主要指化肥施用折纯量；农业经济指标主要指农业总产值和农业人均纯收入；工业经济指标主要指工业总产值、乡镇企业个数和工业企业单位个数。

1.3 生态系统服务研究内容

本书以关中-天水（关天）经济区为研究对象，选择对经济区生态安全具有重要意义的农田、林地、水域、城市等生态系统的重要生态系统服务，从以下几方面开展研究。

1.3.1 土地景观尺度效应

生态系统服务具有时空异质性及尺度效应性。土地景观作为人类社会活动的载体，其格局特征变化会直接影响到生态系统的服务功能。而LUCC是全球环境变化的主要原因和组成部分之一，引起许多自然现象和生态过程的变化，LUCC的研究对于了解区域生态环境乃至全球环境变化具有重要的意义。必须多学科交叉开展土地利用与土地覆盖变化、景观格局动态与格局尺度效应研究，定量分析景观格局与影响因子间的相互关系来揭示景观格局驱动机制。本书从景观指数对粒度和幅度变化两个方面的响应来揭示景观格局的尺度效应，确定了关中-天水经济区最佳研究粒度，从而为景观动态变化选取合适尺度奠定了数据基础，并进行景观格局动态分析。最后结合相关的自然、人文变化特征，与景观格局指数进行相关性分析和模拟，揭示了景观格局驱动力因子、驱动过程和驱动机制。LUCC的结果会直接表现在生态系统的能量平衡上，改变生态系统的结构与功能，继而影响生态系统服务价值。分析土地利用变化对生态系统服务价值的影响，设置不同的发展情景预测未来土地利用发展格局可以进一步解释土地景观对生态系统服务的影响机制。

1.3.2 生态系统服务的价值评估

生态系统提供产品和服务的能力很大程度上依赖于生态系统结构与功能的完整性与多样性，准确评估生态系统服务价值及其时空变化特性，对于制定环境管理政策及实施可持续发展战略具有重要的意义。综合各种空间数据和属性数据，以地理信息和遥感技术为支撑进行生态系统服务研究，评估了不同生态系统的多种生态系统服务，如调节服务（固碳、土壤保持、保水等），文化服务（娱乐、审美），供给服务（淡水、粮食产量等），支持服务（NPP、生物多样性等）。量化并分析了各种生态系统服务的各个时段的服务功能及其价值量，充分表达了生态系统服务的动态变化特征及其时空演变特征，从而完善生态系统服务研究的理论基础，为中国生态系统保育政策与决策过程提供了理论依据。

1.3.3 生态系统服务的驱动力研究及与城市化耦合分析

生态系统服务的驱动力主要是导致某种现象或某种变化的原因，包括自然驱动力和人文驱动力两个方面。通过对生态系统服务形成机理及影响机制的研究，分析生态系统服务之间的依存与制衡关系，可以揭示生态系统结构、过程和服务的相互关系和调控机理。研究生态系统服务对人类活动和环境扰动的响应与适应机制，揭示生态系统退化和生态系统服务降低的驱动因子，可以为准确认识不同类型的生态系统服务特征提供理论基础。本书研究生态系统服务变化对人类福祉的影响，分析区域发展政策、土地利用变化、自然资源利用、城市化进程等人类社会活动对生态系统服务的影响，以及生态系统服务变化对人类福祉和生态安全的影响。同时对生态系统服务功能的和城市发展水平之间的耦合关系进行分析，定量分析城市化对各单项生态系统服务功能的影响和生态系统服务功能对城市化水平的影响。

1.3.4 生态系统服务权衡与协同

生态系统服务功能是多种多样的，人类对其需求也是多种多样的，可产生多重生态系统服务。多重生态系统服务之间的关系是非线性的，并具有动态可变性。本书基于多种生态系统服务，如粮食产量、生物多样性、固碳、产水、土壤保持等，探讨并定量研究生态系统服务之间的复杂关系，探索生态系统服务之间的最优配置，权衡生态系统发展过程的利弊得失，保证生态系统的健康可持续发展。根据不同政策及气候变化等因素，建立未来情景，测算未来不同情景下的生态系统服务量并研究他们之间的变化，探究生态系统服务之间的关系。运用生产可能性边界定量分析两两生态系统服务之间的权衡协同关系并得出最优曲线，根据最优曲线得出最佳情景以及指导未来土地利用规划和干预生态系统功能发展的过程。定量研究他们之间的复杂的相互关系和相互作用机理，探究不同时空尺度下的行为主体对生态系统服务动态变化，从而制定具有较强针对性措施的生态系统管理政策，以实现生态系统服务的优化配置、效率生产和管理。

1.3.5 生态系统服务的空间流动及其优化分析

量化区域生态系统服务的供需平衡状况，模拟生态系统服务的空间流动，揭示区域生态系统服务的功能转变空间规律，并据此给出区域空间布局优化策略，可以为引导区域经济社会的低碳发展提供直观的科学参考。生态系统服务的空间流动需要明确生态系统服务的供给量、需求量以及供给区与需求区的空间位置，并通过空间直观方法显示生态系统服务空间流动路径和流量。本书以固碳服务为例进行生态系统服务的空间流动研究，估算研究区生态系统固碳服务需求量和供给量，从系统碳平衡的角度，对比分析需求和供给的数量关系，量化区域生态系统固碳服务供需平衡状况；从地理空间的角度出发，分析区域中的生态系统固碳服务供需的空间格局，模拟区域内的生态系统固碳服务的流动状况；基于贝叶斯理论，分析环境变量对生态系统固碳服务供给的影响，将关键变量组合的分布区域空间化展示，量化关键变量组合分布区域生态系统固碳服务供给的不确定性，并给出空间布局优化策略。

参考文献

[1] DAILY G C. Nature's Services：Societal Dependence on Natural Ecosystems[M]. Washington，DC：Island Press，1997.

[2] COSTANZA R，D'ARGE R，GROOT R D，et al. The value of the world's ecosystem services and natural capital 1[J]. Ecological Economics，1998，25（1）：3-15.

[3] FAN A M. Reference module in earth systems and environmental sciences[J]. Encyclopedia of Environmental Health，2011：137-145.

[4] EHRLICH P R，EHRLICH A H. Extinction：the Causes and Consequences of the Disappearance of Species[M]. New York：Random House，1981.

[5] BOARD M A. Millennium Ecosystem Assessment[M]. Washington，DC：New Island，2005.

[6] VIEIRA DA SILVA L，EVERARD M，SHORE R G. Ecosystem services assessment at Steart Peninsula，Somerset，UK[J]. Ecosystem Services，2014，10：19-34.

[7] COSTANZA R，D'ARGE R，DE GROOT R，et al. The value of the world's ecosystem services and natural capital[J]. Nature，1997，387（6630）：253-260.

[8] DAILY G C. Developing a scientific basis for managing Earth's life support systems[J]. Conservation Ecology，1999，3（2）：14.

[9] CAIRNS J. Protecting the delivery of ecosystem services[J]. Ecosystem Health，1997，3（3）：185-194.

[10] QIN K，LI J，YANG X. Trade-off and synergy among ecosystem services in the Guanzhong-Tianshui Economic Region of China[J]. International Journal of Environmental Research and Public Health，2015，12（11）：14094-14113.

[11] HAO R，YU D，LIU Y，et al. Impacts of changes in climate and landscape pattern on ecosystem services[J]. Science of the Total Environment，2017，579：718-728.

[12] 边红枫. 流域土地利用变化对保护区湿地生态系统影响及格局优化研究[D]. 长春：东北师范大学，2016.

[13] 赵荣钦，陈志刚，黄贤金，等. 南京大学土地利用碳排放研究进展[J]. 地理科学，2012，32（12）：1473-1480.

[14] 李娜，石敏俊，袁永娜. 低碳经济政策对区域发展格局演进的影响——基于动态多区域CGE模型的模拟分析[J]. 地理学报，2010，65（12）：1569-1580.

[15] KERKHOF A C，MOLL H C，DRISSEN E，et al. Taxation of multiple greenhouse gases and the effects on income distribution-A case study of the Netherlands[J]. Ecological Economics，2008，67（2）：318-326.

[16] SOVACOOL B K. Energy policymaking in Denmark：Implications for global energy security and sustainability[J]. Energy Policy，2013，61：829-839.

[17] BARRENA J，NAHUELHUAL L，BAEZ A，et al. Valuing cultural ecosystem services：Agricultural heritage in Chiloé island，southern Chile[J]. Ecosystem Services，2014，7：66-75.

[18] VAN RIPER C J，KYLE G T，SUTTON S G，et al. Mapping outdoor recreationists' perceived social values for ecosystem services at Hinchinbrook Island National Park，Australia[J]. Applied Geography，2012，35（1）：164-173.

[19] INIESTA-ARANDIA I，GARC A-LLORENTE M，AGUILERA P A，et al. Socio-cultural valuation of ecosystem services：uncovering the links between values，drivers of change，and human well-being[J]. Ecological Economics，2014，108：36-48.

[20] PLEASANT M M，GRAY S A，LEPCZYK C，et al. Managing cultural ecosystem services[J]. Ecosystem Services，2014，8（14）：1-7.

[21] PR PPER M，HAUPTS F. The culturality of ecosystem services，emphasizing process and transformation[J]. Ecological Economics，2014，108：28-35.

[22] SHERROUSE B C，CLEMENT J M，SEMMENS D J. A GIS application for assessing，mapping，and quantifying the social values of ecosystem services[J]. Applied Geography，2011，31（2）：748-760.

[23] SHERROUSE B C，SEMMENS D J，CLEMENT J M. An application of Social Values for Ecosystem Services（SoLVES）to three national forests in Colorado and Wyoming[J]. Ecol Indic，2014，36：68-79.

[24] 李秀彬. 全球环境变化研究的核心领域-土地利用/土地覆被变化的国际研究动向[J]. 地理学报，1996，51（6）：553-558.

[25] 李哈滨. 景观生态学-生态学领域的新概念构架[J]. 生态学进展，1988，5（1）：23-33.

[26] NAVEH Z. Conservation，restoration and research priorities for mediterranean uplands threatened by global climate change[J]. Global Change and Mediterranean-Type Ecosystems，1995，117：482-507.

[27] 史培军，江源，王静爱. 土地利用/覆盖变化与生态安全响应机制[M]. 北京：科学出版社，2003：5-6.

[28] 许学工，李双成，蔡运龙. 中国综合自然地理学的近今进展与前瞻[J]. 地理学报，2009，64（9）：1027-1038.

[29] 任志远，李晶，王晓峰. 城郊土地利用变化与区域生态安全动态[J]. 北京：科学出版社，2006.

[30] 黄俊芳，王让会，师庆东. 基于 RS 与 GIS 的三工河流域生态景观格局分析[J]. 干旱区研究，2004，21（1）：33-37.

[31] 陈春希，凌子燕，廖超明. 基于遥感与 GIS 技术的景观格局自相似性的尺度效应研究——以防城港市为例[J]. 测绘通报，2012，（5）：50-52，58.

[32] WIENS J A. Spatial scaling in ecology[J]. Functional Ecology，1989，3：385-397.

[33] 于兴修，杨桂山. 中国土地利用/覆被变化研究的现状与问题[J]. 地理科学进展，2002，21（1）：51-57.

[34] 吕一河，陈利顶，傅伯杰. 景观格局与生态过程的耦合途径分析[J]. 地理科学进展，2007，26（3）：1-10.

[35] NAVEH Z，LIEBERMAN A S. Landscape Ecology：Theory and Application[M]. Berlin：Springer Science & Business Media，2013.

[36] SAURA S，MART NEZ-MILL N J. Landscape patterns simulation with a modified random clusters method[J]. Landscape Ecology，2000，15（7）：661-678.

[37] TISCHENDORF L. Can landscape indices predict ecological processes consistently?[J]. Landscape Ecology，2001，16（3）：235-254.

[38] CORRY R C，NASSAUER J I. Limitations of using landscape pattern indices to evaluate the ecological consequences of alternative plans and designs[J]. Landscape and Urban Planning，2005，72（4）：265-280.

[39] DRAMSTAD W E，TVEIT M S，FJELLSTAD W，et al. Relationships between visual landscape preferences and map-based indicators of landscape structure[J]. Landscape and Urban Planning，2006，78（4）：465-474.

[40] CALVO-IGLESIAS M S，FRA-PALEO U，DIAZ-VARELA R A. Changes in farming system and population as drivers of land cover and landscape dynamics：the case of enclosed and semi-openfield systems in Northern Galicia（Spain）[J]. Landscape and Urban Planning，2009，90（3）：168-177.

[41] E·纳夫. 景观生态学发展阶段[J]. 林超，摘译. 地理译报，1984，(3)：1-6.
[42] C·特罗勒. 景观生态学[J]. 林超，摘译. 地理译报，1983，(1)：1-7.
[43] 黄锡畴，李崇皜. 长白山高山苔原的景观生态分析[J]. 地理学报，1984，39 (3)：285-297.
[44] 黄锡畴. 北海道的国土开发利用情况[J]. 地理科学，1983，3 (2)：188-189.
[45] 陈昌笃. 论地生态学[J]. 生态学报，1986，6 (4)：289-294.
[46] 陈昌笃. 进展中的植物生态学[J]. 生物学通报，1981，(3)：13-16.
[47] 高凯. 多尺度的景观空间关系及景观格局与生态效应的变化研究[D]. 武汉：华中农业大学，2010.
[48] 肖笃宁，孙中伟. 城市景观空间格局变化的研究方法及实例[J]. 城市环境与城市生态，1990，3 (1)：12-16.
[49] 张明. 榆林地区脆弱生态环境的景观格局与演化研究[J]. 地理研究，2000，19 (1)：30-36.
[50] 王兮之，BRUELHEIDE H，MICHAEL M，等. 基于遥感数据的塔南策勒荒漠-绿洲景观格局定量分析[J]. 生态学报，2002，22 (9)：1491-1499.
[51] 丁圣彦，梁国付. 近20年来河南沿黄湿地景观格局演化[J]. 地理学报，2004，59 (5)：653-661.
[52] 唐立娜，陈春，王庆礼，等. 基于遥感的东北农牧交错区景观格局与变化研究——以吉林省长岭县为例[J]. 地理科学，2005，25 (1)：81-86.
[53] RODRIGUEZ J P，BEARD JR T D，BENNETT E M，et al. Trade-offs across space，time，and ecosystem services[J]. Ecology and Society，2006，11 (1)：28.
[54] LEH M D K，MATLOCK M D，CUMMINGS E C，et al. Quantifying and mapping multiple ecosystem services change in West Africa[J]. Agriculture，Ecosystems & Environment，2013，165：6-18.
[55] ALBERT C，HAUCK J，BUHR N，et al. What ecosystem services information do users want? Investigating interests and requirements among landscape and regional planners in Germany[J]. Landscape Ecology，2014，29 (8)：1301-1313.
[56] HALPERN B S，WHITE C，LESTER S E，et al. Using portfolio theory to assess tradeoffs between return from natural capital and social equity across space[J]. Biological Consevation，2011，144 (5)：1499-1507.
[57] JOHNSON K A，POLASKY S，NELSON E，et al. Uncertainty in ecosystem services valuation and implications for assessing land use tradeoffs：An agricultural case study in the Minnesota River Basin[J]. Ecological Economics，2012，79：71-79.
[58] BAI Y，OUYANG Z，ZHENG H，et al. Modeling soil conservation，water conservation and their tradeoffs：A case study in Beijing[J]. Journal of Environmental Sciences，2012，24 (3)：419-426.
[59] LAU W W Y. Beyond carbon：Conceptualizing payments for ecosystem services in blue forests on carbon and other marine and coastal ecosystem services[J]. Ocean & Coastal Management，2013，83：5-14.
[60] JACKSON R B，JOBBAGY E G，AVISSAR R，et al. Trading water for carbon with biological carbon sequestration[J]. Science，2005，310 (5756)：1944-1947.
[61] CANQIANG Z，WENHUA L，BIAO Z，et al. Water yield of Xitiaoxi River Basin based on InVEST modeling[J]. Journal of Resources and Ecology，2012，3 (1)：50-54.
[62] 吴哲，陈歆，刘贝贝，等. 不同土地利用/覆盖类型下海南岛产水量空间分布模拟[J]. 水资源保护，2014，30 (3)：9-13.
[63] VAN NOORDWIJK M，SUYAMTO D A，LUSIANA B，et al. Facilitating agroforestation of landscapes for sustainable benefits：Tradeoffs between carbon stocks and local development benefits in Indonesia according to the fallow model[J]. Agriculture，Ecosystems & Environment，2008，126：98-112.
[64] VIGLIZZO E F，FRANK F C. Land-use options for Del Plata Basin in South America：Tradeoffs analysis based on ecosystem service provision[J]. Ecological Economics，2006，57 (1)：140-151.
[65] SWALLOW B M，SANG J K，NYABENGE M，et al. Tradeoffs，synergies and traps among ecosystem services

in the Lake Victoria basin of East Africa[J]. Environmental Science & Policy，2009，12（4）：504-519.

[66] WATANABE M D B，ORTEGA E. Ecosystem services and biogeochemical cycles on a global scale：valuation of water，carbon and nitrogen processes[J]. Environmental Science & Policy，2011，14（6）：594-604.

[67] WEST P C，GIBBS H K，MONFREDA C，et al. Trading carbon for food：global comparison of carbon stocks vs. crop yields on agricultural land[J]. Proceedings of the National Academy of Sciences of the United States of America，2010，107（46）：19645-19648.

[68] PATERSON S，BRYAN B A. Food-carbon trade-offs between agriculture and reforestation land uses under alternate market-based policies[J]. Ecology and Society，2012，17（3）：21.

[69] POWER A G. Ecosystem services and agriculture：tradeoffs and synergies[J]. Philosophical Transactions of the Royal Society of London Series B，Biological sciences，2010，365（1554）：2959-2971.

[70] LAUTENBACH S，VOLK M，STRAUCH M，et al. Optimization-based trade-off analysis of biodiesel crop production for managing an agricultural catchment[J]. Environmental Modelling & Software，2013，48：98-112.

[71] DYMOND J R，AUSSEIL A G，EKANAYAKE J C，et al. Tradeoffs between soil，water，and carbon-a national scale analysis from New Zealand[J]. Journal of Environmental Management，2012，95（1）：124-131.

[72] HALL J M，HOLT T，DANIELS A E，et al. Trade-offs between tree cover，carbon storage and floristic biodiversity in reforesting landscapes[J]. Landscape Ecology，2012，27（8）：1135-1147.

[73] WENDLAND K J，HONZ K M，PORTELA R，et al. Targeting and implementing payments for ecosystem services：Opportunities for bundling biodiversity conservation with carbon and water services in Madagascar[J]. Ecological Economics，2010，69（11）：2093-2107.

[74] NELSON E，MENDOZA G，REGETZ J，et al. Modeling multiple ecosystem services，biodiversity conservation，commodity production，and tradeoffs at landscape scales[J]. Frontiers in Ecology and the Environment，2009，7（1）：4-11.

[75] RAUDSEPP-HEARNE C，PETERSON G D，BENNETT E M. Ecosystem service bundles for analyzing tradeoffs in diverse landscapes[J]. Proceedings of the National Academy of Sciences of the United States of America，2010，107（11）：5242-5247.

[76] SMUKLER S M，S NCHEZ-MORENO S，FONTE S J，et al. Biodiversity and multiple ecosystem functions in an organic farmscape[J]. Agriculture，Ecosystems & Environment，2010，139（1-2）：80-97.

[77] CARRE O L，FRANK F C，VIGLIZZO E F. Tradeoffs between economic and ecosystem services in Argentina during 50 years of land-use change[J]. Agriculture，Ecosystems & Environment，2012，154：68-77.

[78] PALMER C，SILBER T. Trade-offs between carbon sequestration and rural incomes in the N'hambita Community Carbon Project，Mozambique[J]. Land Use Policy，2012，29（1）：83-93.

[79] PALM C，BLANCO-CANQUI H，DECLERCK F，et al. Conservation agriculture and ecosystem services：An overview[J]. Agriculture，Ecosystems & Environment，2014，187：87-105.

[80] ONAINDIA M，FERN NDEZ DE MANUEL B，MADARIAGA I，et al. Co-benefits and trade-offs between biodiversity，carbon storage and water flow regulation[J]. Forest Ecology and Management，2013，289：1-9.

[81] 谢高地，鲁春霞，成升魁. 全球生态系统服务价值评估研究进展[J]. 资源科学，2001，23（6）：5-9.

[82] 李云成，刘昌明，于静洁. 三江平原湿地保护与耕地开垦冲突权衡[J]. 北京林业大学学报，2006，28（1）：39-42.

[83] 岳书平，张树文，闫业超. 东北样带土地利用变化对生态服务价值的影响[J]. 地理学报，2007，62（8）：879-886.

[84] PAN Y，XU Z，WU J. Spatial differences of the supply of multiple ecosystem services and the environmental and

land use factors affecting them[J]. Ecosystem Services，2013，5：4-10.
[85] 吕昌河，程量. 土地利用变化与生态服务功能冲突——以安塞县为例[J]. 干旱区研究，2007，24（3）：302-306.
[86] 李屹峰，罗跃初，刘纲，等. 土地利用变化对生态系统服务功能的影响——以密云水库流域为例[J]. 生态学报，2013，33（3）：726-736.
[87] 潘影，甄霖，龙鑫，等. 泾河流域县域尺度生态系统服务相互关系及影响因子[J]. 应用生态学报，2012，23（5）：1203-1209.
[88] 李鹏，姜鲁光，封志明，等. 生态系统服务竞争与协同研究进展[J]. 生态学报，2012，32（16）：5219-5229.
[89] 闵勇，常杰，葛滢，等. 生态系统服务复杂关系研究的机遇、挑战与对策[J]. 科学通报，2012，57（22）：2137-2142.
[90] 林泉，吴秀芹. 生态系统服务冲突及权衡的研究进展[J]. 环境科学与技术，2012，35（6）：100-105.
[91] 李双成，张才玉，刘金龙，等. 生态系统服务权衡与协同研究进展及地理学研究议题[J]. 地理研究，2013，32（8）：1379-1390.
[92] 傅伯杰. 我国生态系统研究的发展趋势与优先领域[J]. 地理研究，2010，29（3）：383-396.
[93] JIA X，FU B，FENG X，et al. The tradeoff and synergy between ecosystem services in the Grain-for-Green areas in Northern Shaanxi，China[J]. Ecological Indicators，2014，43：103-113.
[94] 王勇，骆世明. 农业生态服务功能评估的研究进展和实施原则[J]. 中国生态农业学报，2008，16（1）：212-216.
[95] ALBERT C，ARONSON J，FURST C，et al. Integrating ecosystem services in landscape planning：requirements，approaches，and impacts[J]. Landscape Ecology，2014，29（8）：1277-1285.
[96] ZANDER K K，GARNETT S T，STRATON A. Trade-offs between development，culture and conservation-Willingness to pay for tropical river management among urban Australians[J]. Journal of Environmental Management，2010，91（12）：2519-2528.
[97] NELSON E，MENDOZA G，REGETZ J，et al. Modeling multiple ecosystem services，biodiversity conservation，commodity production，and tradeoffs at landscape scales[J]. Frontiers in Ecology and the Environment，2009，7（1）：4-11.
[98] BAI Y，OUYANG Z Y，ZHENG H，et al. Modeling soil conservation，water conservation and their tradeoffs：A case study in Beijing[J]. Journal of Environmental Sciences-China，2012，24（3）：419-426.
[99] GREN I M，SVENSSON L，CARLSSON M，et al. Policy design for a multifunctional landscape[J]. Regional Environmental Change，2010，10（4）：339-348.
[100] 秦贤宏，段学军，杨剑. 基于 GIS 的城市用地布局多情景模拟与方案评价——以江苏省太仓市为例[J]. 地理学报，2010，65（9）：1121-1129.
[101] 何春阳，史培军，李景刚，等. 中国北方未来土地利用变化情景模拟[J]. 地理学报，2004，59（4）：599-607.
[102] 欧阳志云，王如松，赵景柱. 生态系统服务功能及其生态经济价值评价[J]. 应用生态学报，1999，10（5）：635-640.
[103] 乔旭宁，杨永菊，杨德刚. 生态服务功能价值空间转移评价——以渭干河流域为例[J]. 中国沙漠，2011，31（4）：1008-1014.
[104] 张艺. 黄土高原南部土地利用变化自然驱动因素时空差异分析[D]. 西安：陕西师范大学，2011.
[105] 周莉. 黄土高原南部土地利用变化及人文驱动力研究[D]. 西安：陕西师范大学，2011.
[106] 苏常红. 生态系统服务时空变异及人文驱动机制研究——以延河流域为例[D]. 北京：中国科学院研究生院，2011.
[107] LOGSDON R A，CHAUBEY I. A quantitative approach to evaluating ecosystem services[J]. Ecological Modelling，2013，257：57-65.

[108] 王千，李哲，范洁，等. 沿海地区耕地集约利用与生态服务价值动态变化及相关性分析[J]. 中国农学通报，2012，28（35）：186-191.

[109] 谢红霞，李锐，任志远，等. 区域土地利用变化对生态环境影响定量评估——以铜川市城郊区为例[J]. 自然资源学报，2008，32（3）：458-466.

[110] 张伟，张宏业，王秀红，等. 伊犁新垦区土地利用变化及其对生态系统服务价值的影响[J]. 资源科学，2009，31（12）：2042-2046.

第 2 章　土地景观异质性与尺度效应

2.1　基于土地利用的景观格局时空动态分析

2.1.1　分析方法及测度模型

基于 1980 年、2000 年、2010 年 3 期遥感影像，在 ArcGIS 9.3 支持下，通过叠置分析，选取土地利用类型动态度、转移矩阵、重心转移来揭示关中-天水（关天）经济区土地利用时空变化特点及区域差异。

1. 土地利用变化幅度

一定时间段内，研究区不同地类在数量上的变化情况由土地利用变化幅度测评。土地利用变化幅度分析方法[1]为

$$\Delta U = U_{\mathrm{b}} - U_{\mathrm{a}} \tag{2-1}$$

$$K = \frac{\Delta U}{T} \tag{2-2}$$

式中，ΔU 表示研究区土地利用类型在研究时段内的变化量；U_{a}、U_{b} 分别表示某一类土地利用类型在研究初期及研究末期的面积；T 表示研究时段；K 表示平均每年某一类土地利用类型在研究期内面积的变化量。

2. 土地利用变化转移矩阵

基于 ArcGIS 软件平台，将 1980 年、2000 年、2010 年 3 期土地利用类型图叠加，可以形象地体现出各土地利用类型的时空转化状况，反映研究时段内各地类数量变化和相互转化的情况，基于马尔可夫转移矩阵测度模型，进行关中-天水经济区土地利用类型转移的测评。模型[2]如下：

$$\boldsymbol{B}_{ij} = \frac{\boldsymbol{A}_{ij}}{\sum_{i=1}^{6} \boldsymbol{A}_{ij}} \times 100\% \tag{2-3}$$

$$\boldsymbol{C}_{ij} = \frac{\boldsymbol{A}_{ij}}{\sum_{j=1}^{6} \boldsymbol{A}_{ij}} \times 100\% \tag{2-4}$$

其中，$\boldsymbol{A}_{ij}$ 为原始矩阵中第 i 行第 j 列的值；$\boldsymbol{B}_{ij}$ 为由前一年份的第 i 类土地转化为后一年份的第 j 类土地的比例；$\boldsymbol{C}_{ij}$ 为后一年份的第 j 类土地由前一年份的第 i 类土地转化来的比例。

3. 土地利用动态度

基于 ArcGIS 9.3，对 1980 年、2000 年和 2010 年土地利用图进行统计和叠加分析，得到 1980～2010 年的土地利用类型转移矩阵，并采用土地利用变化率和土地利用空间动态度[1]等模型和土地利用/覆被转移矩阵分析关中-天水经济区土地利用的变化过程。具体模型如下：

$$K_{\mathrm{s}}=\frac{U_{\mathrm{a}}-U_{\mathrm{b}}}{U_{\mathrm{a}}}\times\frac{1}{T}\times 100\% \tag{2-5}$$

式中，K_{s} 表示 i 类土地利用类型的变化率。

$$K_{\mathrm{ss}}=\frac{U_{i+}+U_{i-}}{U_{\mathrm{a}}+U_{\mathrm{b}}}\times\frac{1}{T}\times 100\% \tag{2-6}$$

式中，K_{ss} 为某类土地利用类型在某一时间段内空间变化动态度；U_{i+} 为其他土地利用类型在该时间段内转化为该土地利用类型的面积；U_{i-} 表示该土地利用类型在该时间段内转化为其他类型的面积。

$$L=\frac{\sum_{i=1}^{n}\sum_{j=1}^{n}U_{ij}}{U}\times\frac{1}{T}\times 100\% \tag{2-7}$$

式中，L 表示区域土地利用综合动态度；U 表示区域土地总面积；U_{ij} 表示非 i 类土地利用类型在研究时段内被 i 类土地利用类型转化而来的面积；n 表示土地利用类型总数。土地利用变化率只在时间上反映出土地利用/覆被的变化过程，而土地利用空间动态度则从空间上反映出了土地利用/覆被的变化过程。

4. 土地利用类型空间重心转移模型

土地利用/覆盖类型重心转移引用人口地理学中常用的人口中心的计算方法。一般用地理经纬度表示重心位置，第 i 年某种土地利用类型分布重心坐标计算方法[3]为

$$X_t=\frac{\sum_{i=1}^{n}C_{ti}\times X_i}{\sum_{i=1}^{n}C_{ti}} \tag{2-8}$$

$$Y_t = \frac{\sum_{i=1}^{n} C_{ti} \times Y_i}{\sum_{i=1}^{n} C_{ti}} \tag{2-9}$$

$$D = \sqrt{\Delta X^2 + \Delta Y^2} \tag{2-10}$$

式中，（X_t，Y_t）为某土地利用类型在某一研究期空间分布重心坐标；C_{ti} 为该种土地类型第 i 块斑块的面积；（X_i，Y_i）为第 i 个斑块的几何中心的空间坐标；n 为研究区内该土地利用类型斑块个数；D 为欧氏距离；ΔX、ΔY 分别为某时间段内前期和末期重心坐标差。

2.1.2　土地利用总体变化特征

1. 土地利用与土地覆盖变化状况

在 ArcGIS 9.3 和 ERDAS 软件平台下解译出的 1980 年、2000 年、2010 年的土地利用类型覆被状况如图 2-1～图 2-3 所示。

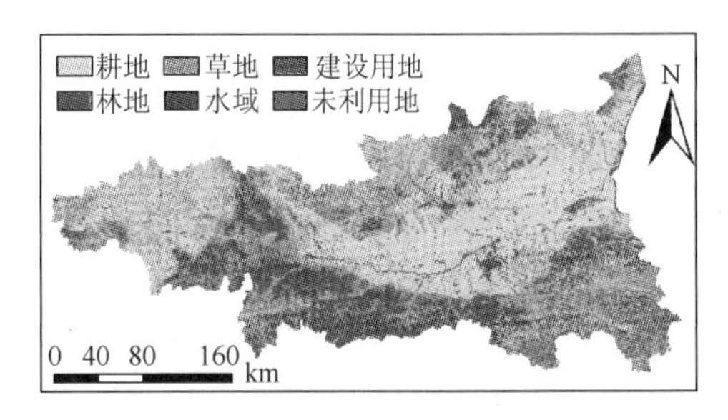

图 2-1　1980 年土地利用类型图

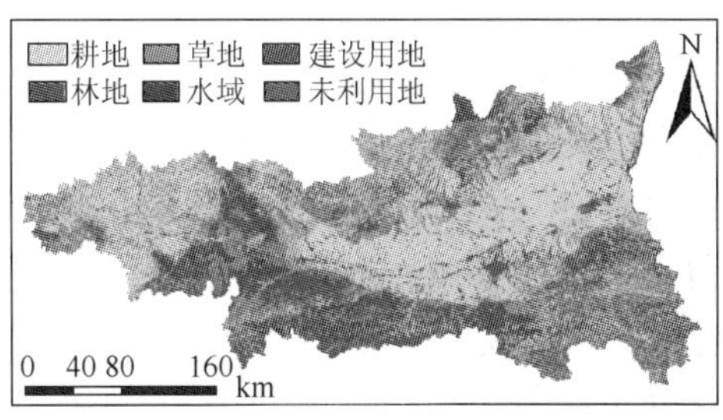

图 2-2　2000 年土地利用类型图

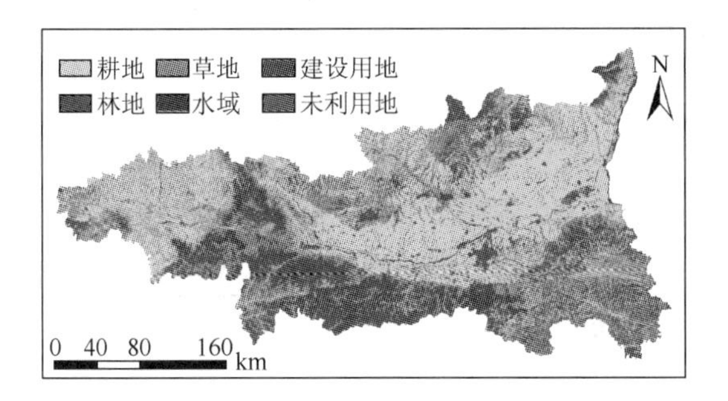

图 2-3　2010 年土地利用类型图

2. 土地利用类型数量变化特征

利用 ArcGIS 9.3 对关中-天水经济区 1980 年、2000 年及 2010 年土地利用数据进行统计分析，得到关中-天水经济区 30 年土地利用数量总体变化过程，计算结果如表 2-1。

表 2-1 关中-天水经济区 1980 年、2000 年、2010 年间各土地利用类型数量

景观类型	1980 年		2000 年		2010 年	
	面积/hm²	比例/%	面积/hm²	比例/%	面积/hm²	比例/%
耕地	3 596 319.36	44.997 7	3 552 014.88	44.487 1	3 502 527.84	43.877 2
林地	1 848 633.12	23.130 4	1 925 701.92	24.118 3	1 875 588.48	23.496 1
草地	2 338 881.12	29.264 5	2 270 972.16	28.442 6	2 328 564.96	29.170 7
水域	87 312.96	1.092 5	81 419.04	1.019 7	84 204.00	1.054 8
建设用地	107 238.24	1.341 8	141 230.88	1.768 8	181 889.28	2.278 6
未利用地	13 841.28	0.173 1	13 052.16	0.163 5	9 786.24	0.122 6
总计	7 992 226.08	100	7 984 391.04	100	7 982 560.80	100

总体来看，1980 年、2000 年、2010 年，关中-天水经济区的土地利用类型构成中，以耕地为主。由于关天地区地处平原，土壤肥沃，有利于发展农业。三年耕地面积占总面积比例分别约 45.00%、44.49%、43.88%，较其他类型比例是最大的，属于关天地区的优势景观类型，主要分布在关中盆地、渭北台塬和北山丘陵、塬梁区。其次为草地，草地景观所占的比例分别约 29.26%、28.44%、29.17%，主要分布在北山、子午岭和台塬边缘-陡坡地带。林地比例接近于草地，分别约 23.13%、24.11%、23.50%，主要分布在关山-秦岭山地以及子午岭。耕地、草地、林地三者总面积比例达到了 90%以上，是关中-天水经济区的主体景观类型。而其他景观类型比例都相对较少，都不到 5%。

1980 年、2000 年、2010 年关中-天水经济区土地利用类型面积变化情况如图 2-4 和表 2-2 所示。

表 2-2 关中-天水经济区 1980～2010 年土地利用面积变化幅度表

景观类型	土地面积变化量/hm²			年均面积变化量/hm²			土地变化率/%
	1980～2000	2000～2010	1980～2010	1980～2000	2000～2010	1980～2010	1980～2010
耕地	−44 304.48	−49 487.04	−93 791.52	−2 215.224	−4 948.704	−3 126.384	−0.087
林地	77 068.80	−50 113.44	26 955.36	3 853.440	−5 011.344	898.512	0.049
草地	−67 908.96	57 592.80	−10 316.16	−3 395.448	5 759.280	−343.872	−0.015

续表

景观类型	土地面积变化量/hm²			年均面积变化量/hm²			土地变化率/%
	1980～2000	2000～2010	1980～2010	1980～2000	2000～2010	1980～2010	1980～2010
水域	−5 893.92	2 784.96	−3 108.96	−294.696	278.496	−103.632	−0.119
建设用地	33 992.64	40 658.40	74 651.04	1 699.632	4 065.840	2 488.368	2.320
未利用地	−789.12	−3 265.92	−4 055.04	−39.456	−326.592	−135.168	−0.977

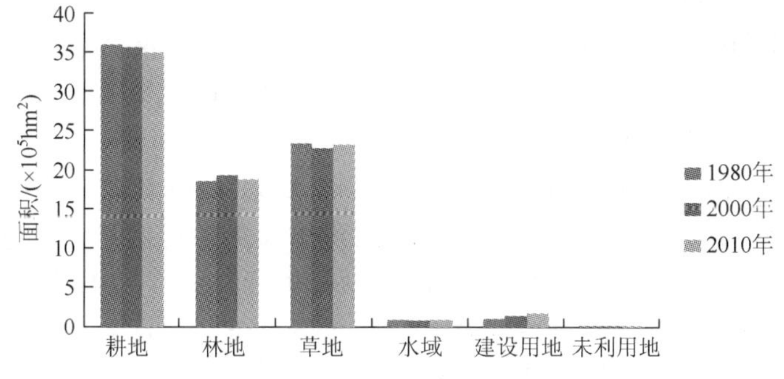

图 2-4　1980 年、2000 年、2010 年关中-天水经济区土地利类型面积变化

耕地：1980～2010 年，面积由 3 596 319.36hm² 减少到 3 502 527.84hm²，减少了 93 791.52hm²，年均减少量为 3 126.384hm²，变化率为−0.087%。其中，1980～2000 年，总面积减少了 44 304.48hm²，年均减少量为 2 215.224hm²，2000～2010 年，总面积减少了 49 487.0hm²，年均减少量为 4 948.704hm²。后一阶段耕地的减速大于前一阶段。由于从 1999 年开始，实施退耕还林还草制度，使得耕地大幅减少，减少区域分别表现在秦岭关山和渭北高原区，并且近年来，城市化进程加快，大量的城中村的建设，占用了较多的耕地。

林地：1980～2010 年，面积由 1 848 633.12hm² 增加到 1 875 588.48hm²，增加了 26 955.36hm²，年均增加量为 898.512hm²，变化率为 0.049%。其中，1980～2000 年，总面积增加了 77 068.80hm²，年均增加量为 3 853.440hm²，2000～2010 年，面积呈减少趋势，减少了 50 113.44hm²，年均减少量为 5 011.344hm²。前一阶段，从 1999 年开始，由于实施退耕还林还草制度，林地大幅增加。而后一阶段由于耕地占补平衡，使得林地面积有所减少，但是总体来看，呈增加趋势。

草地：1980～2010 年，面积由 2 338 881.12hm² 减少到 2 328 564.96hm²，减少了 10 316.16hm²，年均减少量为 343.872hm²，变化率为−0.015%。其中，1980～2000 年，总面积减少了 67 908.96hm²，年均减少量为 3 395.448hm²，2000～2010 年，总面积增加了 57 592.80hm²，年均增加量为 5 759.280hm²。后一阶段增速大于前一阶段的减速。

水域：1980～2010 年，面积由 87 312.96hm^2 减少到 84 204hm^2，减少了 3 108.96hm^2，年均减少量为 103.632hm^2，变化率为–0.119%。其中，1980～2000 年，总面积减少了 5 893.92hm^2，年均减少量为 294.696hm^2，而 2000～2010 年，面积呈增加趋势，增加了 2 784.96hm^2，年均增加量为 294.696hm^2。

建设用地：1980～2010 年，面积由 107 238.24hm^2 增加到 181 889.28hm^2，增加了 74 651.04hm^2，年均增加量为 2 488.368hm^2，变化率为 2.320%，较其他土地利用类型是最大的。其中，1980～2000 年，总面积增加了 33 992.64hm^2，年均增加量为 1 699.632hm^2，2000 年到 2010 年，总面积增加了 40 658.40hm^2，年均增加量为 4 065.840hm^2。后一阶段增速明显大于前一阶段，2000～2010 年，建设用地增长态势显著，伴随着城市化进程，居民地、厂房、商业用地等如雨后春笋般出现，这种变化主要体现在关中盆地。

未利用地：1980～2010 年，面积由 13 841.28hm^2 减少到 9 786.24hm^2，减少了 4 055.04hm^2，年均减少量为 135.168hm^2，变化率为–0.977%。其中，1980～2000 年，总面积减少了 789.12hm^2，年均减少量为 39.456hm^2，而 2000～2010 年，面积呈增加趋势，增加了 3 265.92hm^2，年均增加量为 326.592hm^2。

总体来看，30 年间，建设用地和未利用地变化较为明显，其变化率分别为 2.320%和–0.977%，较其他景观类型都是最大的；水域次之，变化率也较大，为–0.119%；林地和草地在数量上没有太大的变化，其变化率较小；耕地呈减少趋势，减少了 93 791.52hm^2，其变化率居中，与建设用地变化趋势相反，这在一定程度也表现出他们之间的相互转换关系。关天地区建设用地快速增长主要表现在西安市的建设用地的扩建。1980～2010 年关天地区的景观类型特征发生了显著变化，建设用地显著增长，但耕地仍然是主要的景观类型。

3. 土地利用空间变化特征

基于 ArcGIS 软件平台，得到关中-天水经济区 1980～2000 年、2000～2010 年及 1980～2010 年土地利用类型面积转移图（图 2-5～图 2-7），Excel 中输出土地利用类型转移矩阵（表 2-3～表 2-5）。

由表 2-3、图 2-5 可见，1980～2000 年关天地区土地利用类型面积转移情况如下：

耕地：由耕地的转出看，未发生变化的耕地面积为 3 414 023.88hm^2，占 1980 年耕地总面积的 95.75%。而此阶段，发生转移的耕地主要流向林地、草地和建设用地，转出面积分别为 47 769.07hm^2、60 507.40hm^2、37 822.12hm^2，分别占 1980 年耕地总面积的 1.34%、1.70%、1.06%，三者占发生转移的耕地面积的 96%。其中还有少量转为水域和未利用地，两者共占 1980 年耕地总面积的 0.15%。而从来源来看，2000 年耕地主要来源于 1980 年的耕地，占 2000 年耕地总面积的 96.92%。此外主要由林地和草地开垦而来，转入面积分别为 22 923.48hm^2 和 74 464.94hm^2，两者分别占 2000 年耕地总面积的 0.65%和 2.11%，合计占非耕地来源的 88.78%。其余土地利用类型也有少量向其转化，共占 2000 年耕地总面积 0.35%。

林地：由林地的转出看，未发生变化的林地面积为 1 775 254.78hm^2，占 1980 年林地总面积的 96.89%。而此阶段，发生转移的林地主要流向耕地和草地，转出面积分别为 22 923.48hm^2 和 31 196.44hm^2，分别占 1980 年林地面积的 1.25%和 1.70%，合计占发生转移的林地面积的 95.04%。其中还有少量转为建设用地、水域和未利用地，三者共占 1980 年林地总面积的 0.15%。而从来源来看，2000 年林地主要来源于 1980 年的林地，占 2000 年林地总面积的 92.96%。此外主要由耕地和草地转化而来，转化面积分别为 47 769.07hm^2 和 81 374.47hm^2，两者分别占 2000 年林地总面积的 2.50%和 4.26%，合计占非林地来源的 95.86%。其余土地利用类型也有少量向其转化，共占 2000 年林地总面积 0.29%。

表 2-3　关中–天水经济区 1980 年、2000 年土地利用转移矩阵

1980 年 \ 2000 年		耕地	林地	草地	水域	建设用地	未利用地
耕地	A/hm^2	3 414 023.88	47 769.07	60 507.40	5 321.33	37 822.12	50.00
	B/%	95.75	1.34	1.70	0.15	1.06	0.00
	C/%	96.92	2.50	2.69	6.59	27.01	0.39
林地	A/hm^2	22 923.48	1 775 254.78	31 196.44	677.03	1 675.45	469.92
	B/%	1.25	96.89	1.70	0.04	0.09	0.03
	C/%	0.65	92.96	1.39	0.84	1.20	3.63
草地	A/hm^2	74 464.94	81 374.47	2 153 329.39	3 477.58	734.30	402.08
	B/%	3.22	3.52	93.07	0.15	0.03	0.02
	C/%	2.11	4.26	95.62	4.31	0.52	3.11
水域	A/hm^2	6 970.13	1 004.27	3 079.86	72 489.59	61.22	2 673.19
	B/%	8.08	1.16	3.57	84.02	0.07	3.10
	C/%	0.20	0.05	0.14	89.78	0.04	20.66
建设用地	A/hm^2	5 117.21	622.52	625.37	199.89	99 761.30	0.00
	B/%	4.81	0.59	0.59	0.19	93.83	0.00
	C/%	0.15	0.03	0.03	0.25	71.23	0.00
未利用地	A/hm^2	222.82	3 952.19	111.41	41.42	0.00	9 401.27
	B/%	1.62	28.79	0.81	0.30	0.00	68.48
	C/%	0.01	0.21	0.00	0.05	0.00	72.65

注：A 为面积；B 为转出率；C 为转入率。余同。

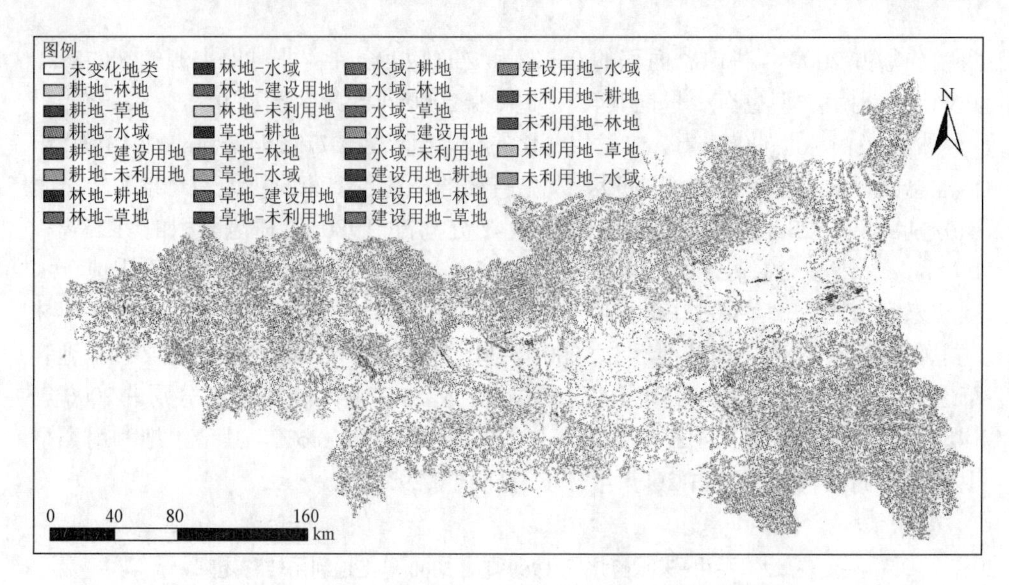

图 2-5　1980～2000 年关中-天水经济区土地利用转移图

草地：由草地的转出来看，未发生变化的草地面积为 2 153 329.39hm^2，占 1980 年草地总面积的 93.07%。而此阶段，发生转移的草地主要流向耕地和林地，转出面积分别占 1980 年草地总面积的 3.22%和 3.52%，二者占发生转移的草地面积的 97.12%。其中还有少量转为建设用地、水域和未利用地，三者共占 1980 年草地总面积的 0.20%。而从来源来看，耕地和林地是 2000 年草地的主要来源，转入面积分别为 60 507.40hm^2 和 31 196.44hm^2，分别占 2000 年草地总面积的 2.69%和 1.39%，合计占非草地来源的 96%。其余土地利用类型也有少量向其转化，共占 2000 年草地总面积 0.17%。

水域：1980 年到 2000 年，由于河湖萎缩，对其他土地利用类型都有不同程度的转化，其中主要转变为耕地、林地、草地和未利用地，其中耕地最多，为 6 970.13hm^2，占 1980 年水体总面积的 8.08%。此外有 0.07%转变为建设用地。而从来源来看，耕地和草地是 2000 年水域的主要来源，转入面积分别为 5 321.33hm^2 和 3 477.58hm^2，分别占 2000 年水域总面积的 6.59%和 4.31%，合计占非水域来源的 90.55%。其余土地利用类型也有少量向其转化，共占 2000 年草地总面积 1.14%。

建设用地：建设用地主要经土地整理转为耕地，转化面积为 5 117.21hm^2，占 1980 年建设用地的 4.81%，占发生转移的建设用地面积的 77.95%。除未利用地，有少量转为其他类型。从来源来看，建设用地主要来源与耕地，转移面积为 37 822.12hm^2，占 2000 年建设用地总面积的 27.01%，占非建设用地来源的 93.87%。

未利用地：此阶段，未利用地主要转为林地，为 3 952.19hm^2，占 1980 年未利用地总面积的 28.79%。除建设用地外向其他类型均有少量的转化。从来源来看，2000 年未利用地主要来源于林地、草地、水域，其中水域最多，为 2 673.19hm^2，占 2000 年未利用地总面积的 20.66%。

由表 2-4 和图 2-6 可见，2000～2010 年关天地区土地利用类型面积转移情况如下：

耕地：由耕地的转出看，未发生变化的耕地面积为 3 349 672.45hm^2，占 2000 年耕地总面积的 95.15%。而此阶段，发生转移的耕地主要流向草地和建设用地，转出面积分别为 90 857.93hm^2 和 40 266.74hm^2 分别占 2000 年耕地总面积的 2.58%和 1.14%，共计占发生转移的耕地面积的 76.74%。其中还有少量转为林地和水域，共占 2000 年耕地总面积的 1.13%。而从来源来看，2010 年耕地主要来源于 2000 年的耕地，占 2010 年耕地总面积的 96.51%。此外主要由林地和草地开垦而来，转入面积分别为 43 352.65hm^2 和 65 111.09hm^2，两者分别占 2010 年耕地总面积的 1.25%和 1.88%，合计占非耕地来源的 89.5%。其余土地利用类型也有少量向其转化，共占 2010 年耕地总面积 0.37%。

表 2-4　关天经济区 2000 年、2010 年土地利用转移矩阵

2000 年 \ 2010 年		耕地	林地	草地	水域	建设用地	未利用地
耕地	A/hm^2	3 349 672.45	31 483.12	90 857.93	8 152.45	40 266.74	115.67
	B/%	95.15	0.89	2.58	0.23	1.14	0.00
	C/%	96.51	1.69	3.94	9.92	22.32	1.20
林地	A/hm^2	43 352.65	1 775 171.08	85 784.24	1 412.29	1 642.20	748.27
	B/%	2.27	93.03	4.50	0.07	0.09	0.04
	C/%	1.25	95.51	3.72	1.72	0.91	7.75
草地	A/hm^2	65 111.09	49 975.72	2 126 274.86	3 073.06	1 700.75	99.96
	B/%	2.90	2.22	94.66	0.14	0.08	0.00
	C/%	1.88	2.69	92.19	3.74	0.94	1.04
水域	A/hm^2	8 325.24	1 098.13	2 988.80	67 578.67	439.82	8.57
	B/%	10.35	1.37	3.72	84.01	0.55	0.01
	C/%	0.24	0.06	0.13	82.24	0.24	0.09
建设用地	A/hm^2	3 360.08	64.26	152.80	21.42	136 395.42	0.00
	B/%	2.40	0.05	0.11	0.02	97.43	0.00
	C/%	0.10	0.00	0.01	0.03	75.59	0.00
未利用地	A/hm^2	1 035.30	891.07	402.70	1 930.66	0.00	8 680.81
	B/%	8.00	6.89	3.11	14.92	0.00	67.08
	C/%	0.03	0.05	0.02	2.35	0.00	89.93

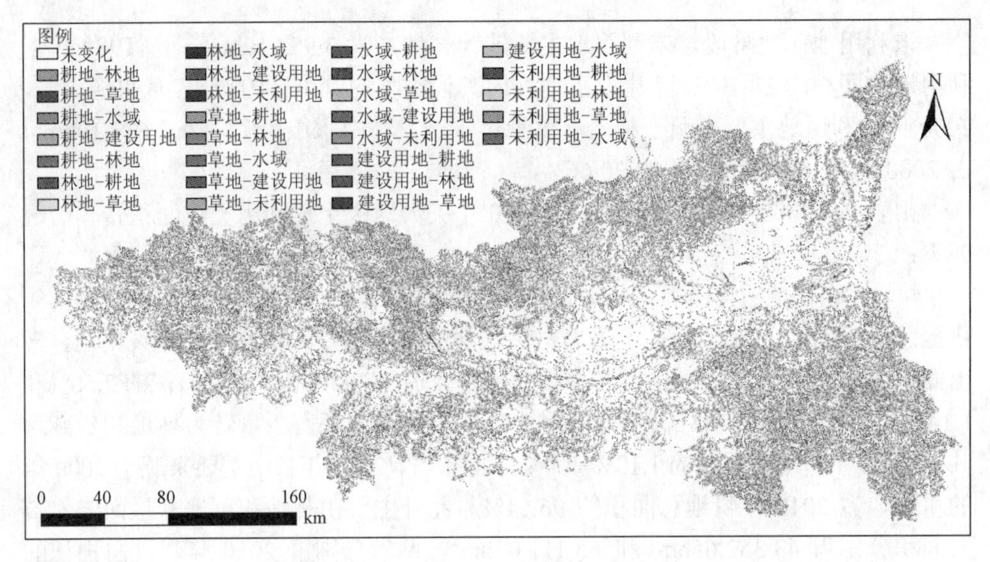

图 2-6　2000～2010 年关中-天水经济区土地利用转移图

林地：由林地的转出来看，未发生变化的林地面积为 1 775 171.08hm^2，占 2000 年林地总面积的 93.03%。而此阶段，发生转移的林地主要流向耕地和草地，转出面积分别为 43 352.65hm^2 和 85 784.24hm^2，分别占 2000 年林地总面积的 2.27%和 4.50%，合计占发生转移的林地面积的 97.14%。还有少量转为建设用地、水域和未利用地，三者共占 2000 年林地总面积的 0.20%。而从来源来看，2010 年林地主要来源于 2000 年的林地，占 2010 年林地总面积的 95.51%。此外主要由耕地和草地转化而来，转化面积分别为 31 483.12hm^2 和 49 975.72hm^2，两者分别占 2010 年林地总面积的 1.69%和 2.69%，合计占非林地来源的 97.54%，其余土地利用类型也有少量向其转化，共占 2010 年林地总面积 0.11%。

草地：由草地的转出来看，未发生变化的草地面积为 2 156 619.86hm^2，占 2000 年草地总面积的 94.66%。而此阶段，发生转移的草地主要流向耕地和林地，转出面积分别为 65 111.09hm^2 和 49 975.72hm^2，分别占 2000 年草地总面积的 2.90%和 2.22%，共计占发生转移的草地面积的 95.94%。还有少量转为建设用地、水域和未利用地，三者共占 2000 年草地总面积的 0.22%。而从来源来看，耕地和林地是 2010 年草地的主要来源，分别有 90 857.93hm^2 和 85 784.24hm^2 转化为草地，分别占 2010 年草地总面积的 3.94%和 3.72%，合计占非草地来源的 98.03%。其余土地利用类型也有少量向其转化，共占 2010 年草地总面积 0.15%。

水域：由于河湖萎缩，水域主要转变为耕地、林地和草地，其中耕地最多，为 8 325.24hm^2，占 2000 年水体总面积 10.35%，占转出面积的 64.73%。此外有少量转为建设用地和未利用地。从来源来看，耕地、草地、林地、未利用地是 2010 年水域的主要来源，其中耕地最多，为 8 152.45hm^2，占 2010 年水域总面积的 9.92%。

建设用地：建设用地属转入型用地，它主要经土地整理转为耕地，转化面积为 3 360.08hm^2，占 2000 年建设用地的 2.4%。转为其他类型都较少，且没有向未利用地转化。从来源来看，建设用地主要来源与耕地，转移面积为 40 266.74hm^2，占 2010 年建设用地总面积的 22.32%，占非建设用地来源的 91.41%。

未利用地：此阶段，未利用较多转化为水域，占 2000 年未利用地总面积的 14.92%，其次为耕地、林地、草地，占 2000 年未利用地总面积的比例分别为 8.00%、6.89%、3.11%。由来源来看，2010 年未利用地主要来源于耕地、林地、草地，其中林地居多，占 2010 年未利用地总面积的 7.75%。

由表 2-5，图 2-7 可见，1980～2010 年关天地区土地利用类型面积转移情况如下：

耕地：由耕地的转出来看，未发生变化的耕地面积为 3 431 645.36hm^2，占 1980 年耕地总面积的 96.27%。而此阶段，发生转移的耕地主要流向草地和建设用地，转出面积分别为 39 531.32hm^2 和 70 531.78hm^2，分别占 1980 年耕地总面积的 1.11%和 1.98%，共计占发生转移的耕地面积的 82.74%。其中还有少量转为林地和水域和未利用地，共占 1980 年耕地总面积的 0.64%。而从来源来看，2010 年耕地主要来源于 1980 年的耕地，占 2010 年耕地总面积的 98.79%。此外主要由草地开垦而来，转入面积为 27 271.94hm^2，占 2010 年耕地总面积的 0.79%，占非耕地来源的 65.02%。其余土地利用类型也有少量向其转化，共占 2010 年耕地总面积 0.42%。

表 2-5　关天经济区 1980 年、2010 年土地利用转移矩阵

1980 年 \ 2010 年		耕地	林地	草地	水域	建设用地	未利用地
耕地	A/hm^2	3 431 645.36	16 277.77	39 531.32	6 635.92	70 531.78	48.55
	B/%	96.27	0.46	1.11	0.19	1.98	0.00
	C/%	98.79	0.88	1.71	7.94	39.09	0.50
林地	A/hm^2	4 106.93	1 812 357.62	12 245.10	568.34	2 380.48	115.67
	B/%	0.22	98.94	0.67	0.03	0.13	0.01
	C/%	0.12	97.44	0.53	0.68	1.32	1.20
草地	A/hm^2	27 271.94	26 939.22	2 253 939.49	3 607.13	1 365.17	125.66
	B/%	1.18	1.16	97.44	0.16	0.06	0.01
	C/%	0.79	1.45	97.63	4.31	0.76	1.30

续表

1980年 \ 2010年		耕地	林地	草地	水域	建设用地	未利用地
水域	A/hm^2	9 946.02	625.46	2 633.23	72 769.45	284.17	0.00
	$B/\%$	11.53	0.73	3.05	84.36	0.33	0.00
	$C/\%$	0.29	0.03	0.11	87.03	0.16	0.00
建设用地	A/hm^2	374.14	11.42	25.70	2.86	105 887.63	0.00
	$B/\%$	0.35	0.01	0.02	0.00	99.61	0.00
	$C/\%$	0.01	0.00	0.00	0.00	58.68	0.00
未利用地	A/hm^2	247.04	3 762.78	319.87	32.84	0.00	9 363.40
	$B/\%$	1.80	27.41	2.33	0.24	0.00	68.22
	$C/\%$	0.01	0.20	0.01	0.04	0.00	97.00

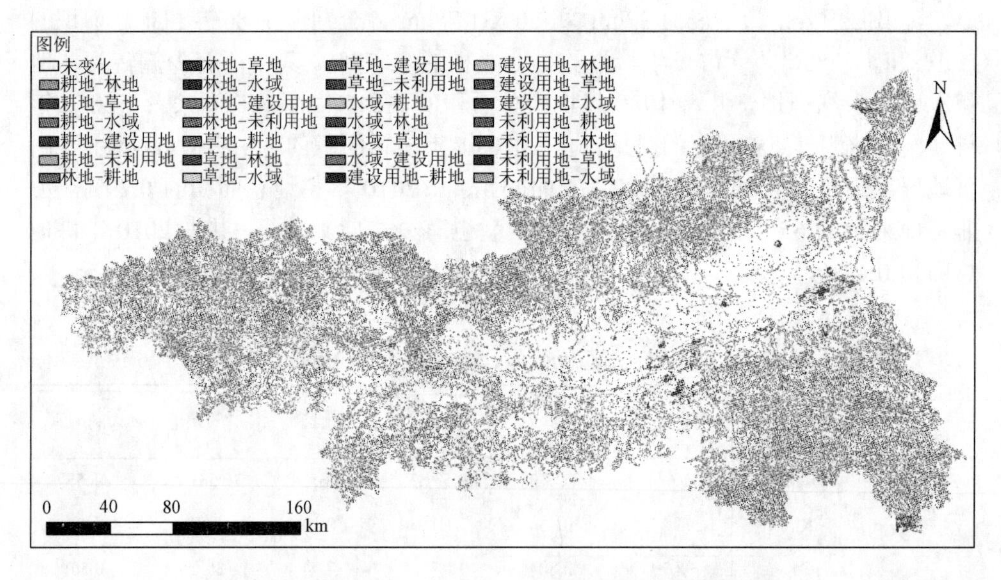

图 2-7　1980～2010 年关中-天水经济区土地利用转移图

林地：由林地的转出来看，未发生变化的林地面积为 1 812 357.62hm^2，占 1980 年林地总面积的 98.94%。而此阶段，发生转移的林地主要流向草地，转出面积为 12 245.10hm^2，占 1980 年林地总面积的 0.67%。另外对其他土地利用类型均有少量转移，共占 1980 年林地总面积的 0.39%。而从来源来看，2010 年林地主要来源于 1980 年的林地，占 2010 年林地总面积的 97.44%。此外主要由耕地和草地转化而来，转入面积分别为 16 277.77hm^2 和 26 939.22hm^2，两者分别占 2010 年林地总面积的 0.88%和 1.45%，合计占非林地来源的 90.76%，其余土地利用类型也有少量向其转化，共占 2010 年林地总面积 0.24%。

草地：由草地的转出来看，未发生变化的草地面积为 2 253 939.49hm^2，占 1980 年草地总面积的 97.44%。而此阶段，发生转移的草地主要流向耕地和林地，转出面积分别为 27 271.94hm^2 和 26 939.22hm^2，分别占 1980 年草地总面积的 1.18%和 1.16%，共计占发生转移的草地面积的 91.40%。还有少量转为建设用地、水域和未利用地，三者共占 1980 年草地总面积的 0.22%。而从来源来看，耕地和林地是 2010 年草地的主要来源，分别有 39 531.32hm^2 和 12 245.10hm^2 转化为草地，分别占 2010 年草地总面积的 1.71%和 0.53%，合计占非草地来源的 94.56%。其余土地利用类型也有少量向其转化，共占 2010 年草地总面积 0.13%。

水域：由于河湖萎缩，水域主要转变为耕地、林地和草地，其中耕地最多，为 9 946.02hm^2，占 1980 年水体总面积 11.53%，占转出面积的 73.74%。此外有少量转为建设用地。从来源来看，耕地、林地、草地是 2010 年水域的主要来源，其中耕地最多，为 6 635.92hm^2，占 2010 年水域总面积的 7.94%。

建设用地：建设用地属转入型用地，它主要经土地整理转为耕地，转化面积为 374.14hm^2，占 1980 年建设用地的 0.35%。转为其他类型都较少，且没有向未利用地转化。从来源来看，建设用地主要来源与耕地，转移面积为 70 531.78hm^2，占 2010 年建设用地总面积的 39.09%，占非建设用地来源的 94.60%。

未利用地：此阶段，未利用较多转化为林地，占 1980 年未利用地总面积的 27.41%，其次为草地、耕地、水域，占 1980 年未利用地总面积的比例分别为 2.33%、1.80%、0.24%。由来源来看，2010 年未利用地主要来源于耕地、林地、草地，其中草地居多，占 2010 年未利用地总面积的 1.30%。

4. 土地利用类型变化速度

在土地利用转移图的基础下，在 ArcGIS 支持下，按不同空间尺度的区域进行统计输出单一土地利用动态度和区域综合土地利用动态度。

由表 2-6 可见，1980～2010 年间，关中-天水经济区各土地利用类型中，未利用地动态度最大，在前一阶段动态度为 1.48%，后一阶段为 2.31%，在整个研究期内为 0.66%，由此可见，相对其他类型，未利用地的治理力度较大。而其他类型中，建设用地动态度最大，在整个研究时间段，为 0.87%，较其他类型高，且后一阶段是前一阶段的 1.5 倍。结合其用地数量变化的结果可知，在 2000～2010 年，由于城市化进程加快，建设用地快速增长。其次为水域动态度，在整个研究期间动态度为 0.39%，其中后一阶段高于前一阶段。渭河下游水体面积萎缩和河道迁移使得水域转化相对剧烈。而与其他类型相比，耕地动态度最小，在整个研究期间平均为0.08%，其中后一阶段是前一阶段的2倍，可见2000～2010年，由于实施退耕还林还草制度，和建设用地的占用，耕地变更速度增加。

表2-6　1980～2010年关中-天水经济区土地利用变化相对速度

动态度	景观类型	1980～2000年	2000～2010年	1980～2010年
单一土地利用动态度/%	耕地	0.18	0.41	0.08
	林地	0.26	0.57	0.06
	草地	0.28	0.65	0.08
	水体	0.70	1.67	0.39
	建设用地	0.95	1.48	0.87
	未利用地	1.48	2.31	0.66
区域综合动态度/%		0.25	0.55	0.10

2.1.3　土地利用类型重心转移分析

土地利用/覆盖类型的时空演变过程可以很好地由土地利用/覆盖重心迁移模型描述。按照土地利用类型空间重心转移模型，在GIS支持下，得出了土地利用类型重心转移情况。

由表2-7和图2-8可知，1980～2010年，关中-天水经济区各土地利用类型的重心除耕地外都有不同程度的转移。1980年、2000年和2010年，林地重心皆分布在眉县，且1980～2000年、2000～2010年、1980～2010年，林地分别向西北、东南、东北方向漂移，漂移距离分别为2.854km、5.928km、4.926km；1980年，草地重心分布在麟游县和扶风县的交界线上，而到2000年，草地重心向西南方向漂移至岐山县，漂移距离为33.959km，到2010年，草地则向东南方向漂移至岐山县和扶风县的交界线上，漂移距离为1.696km，总体来看，1980～2010年，草地向南漂移，漂移距离为32.331km，较其他类型，漂移量最大；1980和2000年，水域重心皆分布在高陵县，到2010年草地重心漂移至泾阳县，且1980～2000年、2000～2010年、1980～2010年，水域分别向西南、西北、东南方向漂移，漂移距离分别为3.428km、5.827km、8.920km；1980年、2000年和2010年，建设用地重心皆分布在西安市城区，且1980～2000年、2000～2010年、1980～2010年，建设用地分别向西北、东北、北方向漂移，漂移距离分别为2.715km、2.410km、3.614km；1980年、2000年和2010年，未利用地重心皆分布在大荔县，且1980～2000年、2000～2010年、1980～2010年，未利用地分别向西南、东南、西南方向漂移，漂移距离分别为4.611km、2.560km、4.474km。

表 2-7　1980～2010 年关中-天水经济区土地利用类型重心转移

土地利用类型		耕地	林地	草地	水域	建设用地	未利用地
1980 年	X/km	312.981	267.931	282.749	365.342	348.332	436.541
	Y/km	3 697.480	3 644.438	3 671.639	3 681.697	3 666.834	3 709.903
2000 年	X/km	312.981	266.415	252.567	362.002	346.875	432.203
	Y/km	3 697.480	3 646.856	3 687.205	3 680.926	3 669.125	3 708.341
2010 年	X/km	312.982	272.335	253.802	356.494	348.921	432.409
	Y/km	3 697.482	3 646.645	3 686.041	3 682.831	3 670.399	3 708.187
重心漂移距离	1980～2000 年	0	2.854	33.959	3.428	2.715	4.611
	方向		西北	西南	西南	西北	西南
	2000～2010 年	0	5.928	1.696	5.827	2.410	2.560
	方向		东南	东南	西北	东北	东南
	1980～2010 年	0	4.926	32.331	8.920	3.614	4.474
	方向		东北	南	东南	北	西南

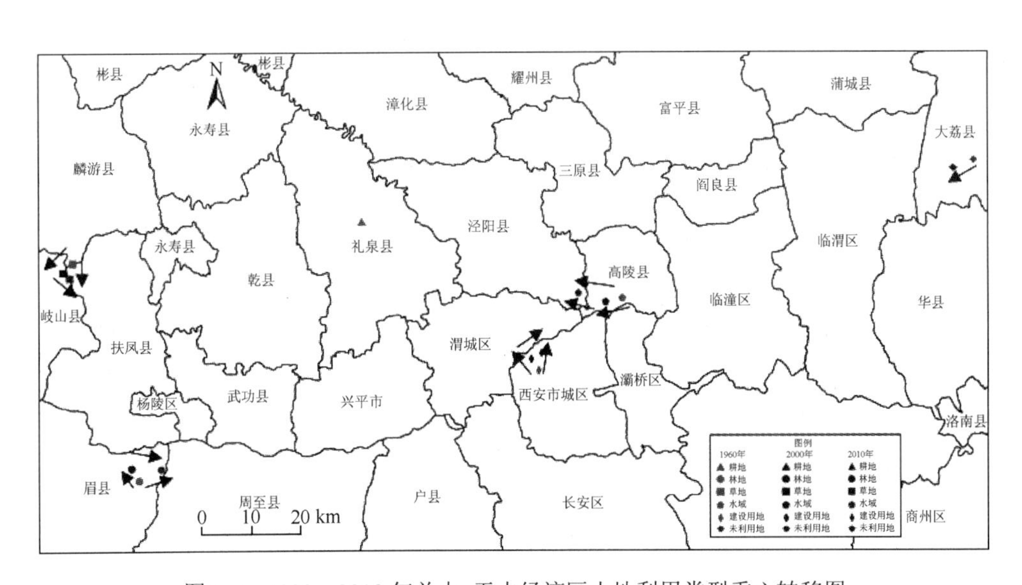

图 2-8　1980～2010 年关中-天水经济区土地利用类型重心转移图

2.1.4　土地利用空间变化区域差异

在 GIS 支持下，按照单一土地利用动态度和区域综合土地利用动态度计算公式，可以统计输出县域单元土地利用动态度和空间尺度上土地利用类型动态度（表 2-8，图 2-9～图 2-15）。

表 2-8　1980～2010 年县域单元土地利用动态度　（单位：%）

区域	单一土地利用动态度						区域综合土地利用动态度
	耕地	林地	草地	水域	建设用地	未利用地	
柞水县	0.06	0.01	0.04	0.00	0.16	0.00	0.03
丹凤县	0.08	0.12	0.14	0.00	0.54	0.00	0.12
太白县	0.20	0.06	0.19	0.14	0.38	0.24	0.10
商州区	0.13	0.05	0.05	0.22	0.62	0.00	0.08
周至县	0.08	0.03	0.07	0.25	0.74	0.03	0.06
户县	0.15	0.01	0.03	0.36	1.31	0.00	0.13
西安市城区	0.60	0.78	1.47	0.91	0.55	0.00	0.61
长安区	0.15	0.02	0.07	0.18	0.96	0.00	0.14
凤县	0.12	0.01	0.04	0.00	0.85	0.00	0.04
眉县	0.08	0.04	0.16	0.30	0.79	0.00	0.10
杨陵区	0.14	0.99	0.16	1.31	0.86	0.00	0.24
蓝田县	0.04	0.02	0.02	0.03	0.38	0.02	0.03
洛南县	0.04	0.02	0.02	0.40	0.52	0.01	0.03
武功县	0.06	0.44	0.13	0.52	0.92	0.00	0.11
兴平市	0.10	0.68	1.92	1.08	0.91	0.00	0.19
灞桥区	0.15	0.21	0.12	0.10	0.78	0.00	0.24
渭滨区	0.16	0.005	0.01	0.05	0.91	1.15	0.05
渭城区	0.17	1.13	0.49	0.72	1.33	0.00	0.30
金台区	0.16	0.53	0.06	0.13	0.83	0.00	0.21
高陵县	0.11	0.08	0.00	0.40	1.08	0.00	0.19
岐山县	0.03	0.07	0.06	0.003	0.74	0.00	0.06
华县	0.11	0.07	0.11	1.14	1.04	0.01	0.12
扶风县	0.03	0.44	0.03	0.45	0.40	0.00	0.06
潼关县	0.06	0.14	0.07	0.37	0.56	0.00	0.08
临潼区	0.05	0.10	0.01	0.70	0.42	0.00	0.07
华阴市	0.18	0.09	0.13	1.66	1.10	0.01	0.21
秦州区	0.03	0.04	0.06	0.10	0.27	0.14	0.04
泾阳县	0.05	0.20	0.08	0.12	0.89	0.00	0.09
阎良区	0.11	0.00	0.01	0.02	0.98	0.00	0.19
乾县	0.04	0.16	0.10	0.10	1.17	0.00	0.07
陈仓区	0.07	0.03	0.03	0.13	0.78	0.00	0.05

续表

区域	单一土地利用动态度						区域综合土地利用动态度
	耕地	林地	草地	水域	建设用地	未利用地	
凤翔县	0.07	0.04	0.08	0.37	0.81	0.00	0.09
临渭区	0.07	0.03	0.13	0.99	1.17	0.01	0.12
麦积区	0.07	0.01	0.05	0.05	0.41	0.00	0.04
礼泉县	0.05	0.10	0.01	0.01	1.09	0.00	0.07
三原县	0.04	0.09	0.07	0.48	0.79	0.00	0.08
武山县	0.12	0.06	0.07	0.43	1.38	0.00	0.09
千阳县	0.13	0.06	0.11	0.13	0.93	0.00	0.11
永寿县	0.10	0.05	0.10	0.27	0.95	0.00	0.10
清水县	0.07	0.08	0.12	0.16	0.32	0.00	0.09
麟游县	0.03	0.01	0.02	0.00	0.32	0.00	0.02
大荔县	0.12	1.25	0.69	0.62	1.28	0.96	0.30
淳化县	0.08	0.06	0.11	0.38	0.87	0.00	0.10
甘谷县	0.05	0.18	0.07	0.14	0.72	0.02	0.06
富平县	0.04	0.06	0.05	2.32	0.87	3.33	0.06
陇县	0.03	0.02	0.03	0.18	0.40	0.00	0.03
蒲城县	0.05	0.51	0.01	0.64	1.14	0.00	0.09
秦安县	0.06	0.10	0.12	0.05	0.57	0.09	0.08
张家川回族自治县	0.02	0.02	0.03	0.01	0.41	0.00	0.03
王益区	0.04	0.07	0.07	0.00	0.26	0.00	0.06
彬县	0.11	0.13	0.13	0.00	0.84	0.00	0.12
长武县	0.13	0.02	0.20	0.02	0.65	0.00	0.15
耀州区	0.07	0.04	0.04	0.40	1.41	0.00	0.07
印台区	0.05	0.03	0.06	0.00	0.99	0.00	0.06
合阳县	0.08	0.25	0.17	0.48	1.38	0.22	0.15
澄城县	0.05	0.30	0.05	0.01	0.98	0.00	0.08
白水县	0.04	0.05	0.03	0.03	1.04	0.00	0.06
旬邑县	0.12	0.06	0.10	0.02	1.63	0.00	0.11
宜君县	0.12	0.06	0.13	0.04	1.36	0.00	0.10
韩城市	0.19	0.42	0.37	0.36	1.50	0.00	0.34

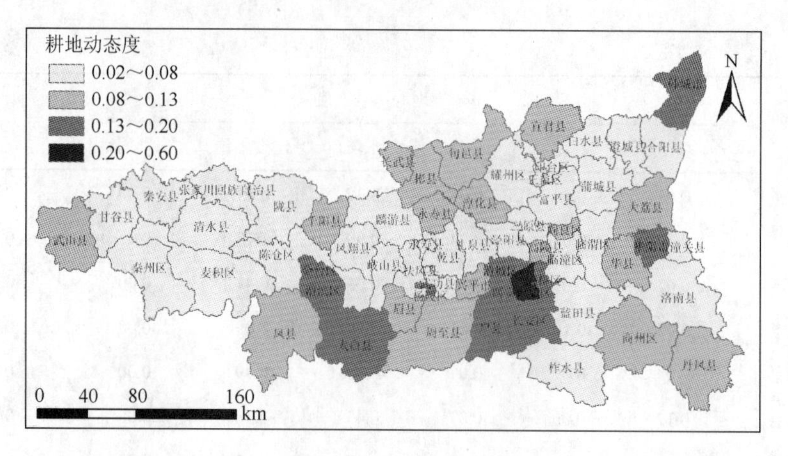

图 2-9 耕地动态度

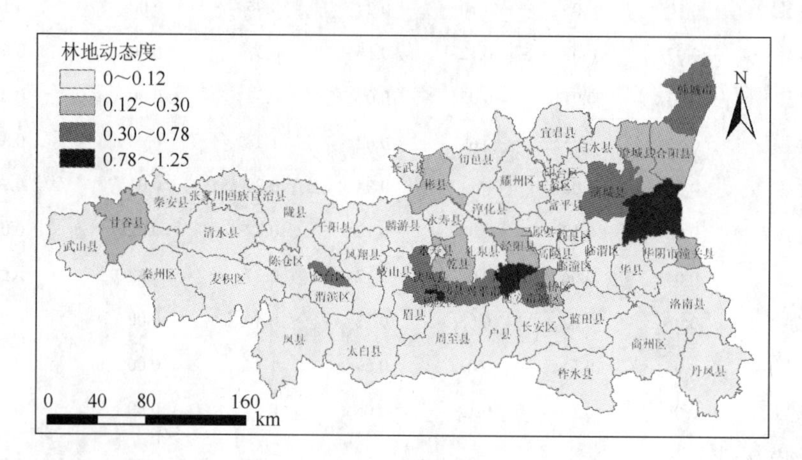

图 2-10 林地动态度

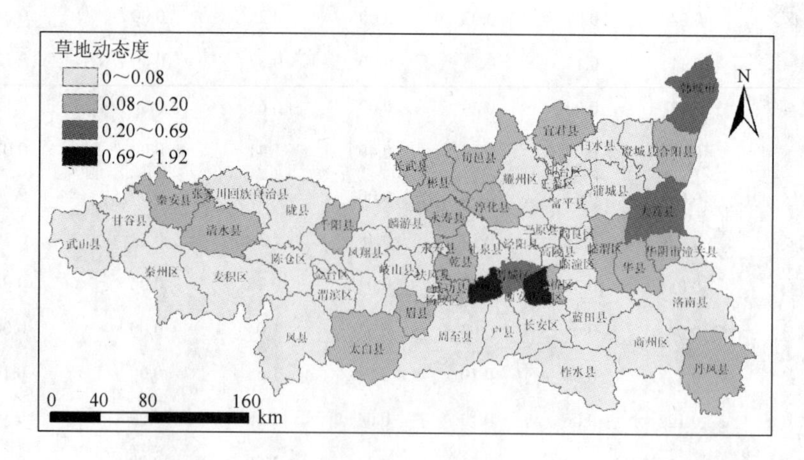

图 2-11 草地动态度

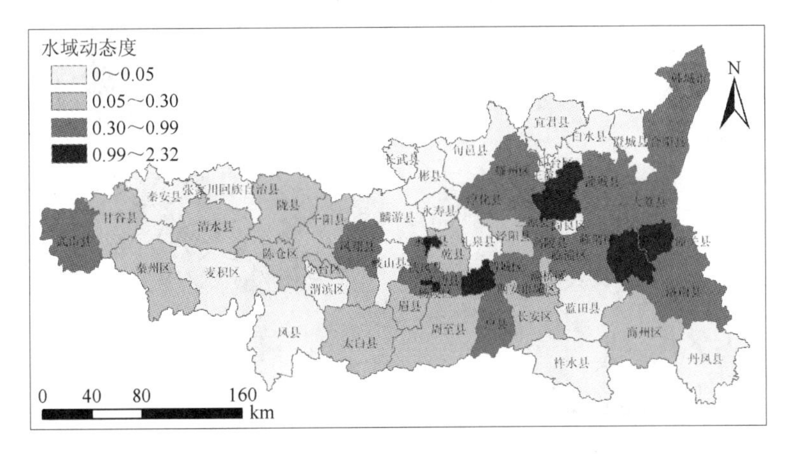

图 2-12　水域动态度

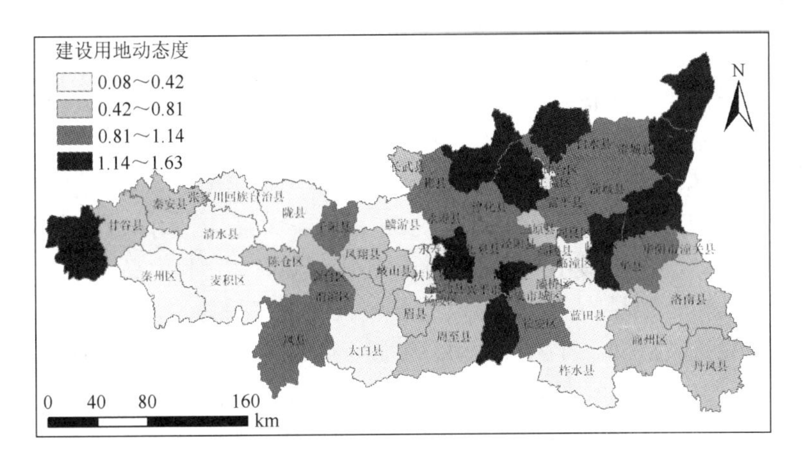

图 2-13　建设用地动态度

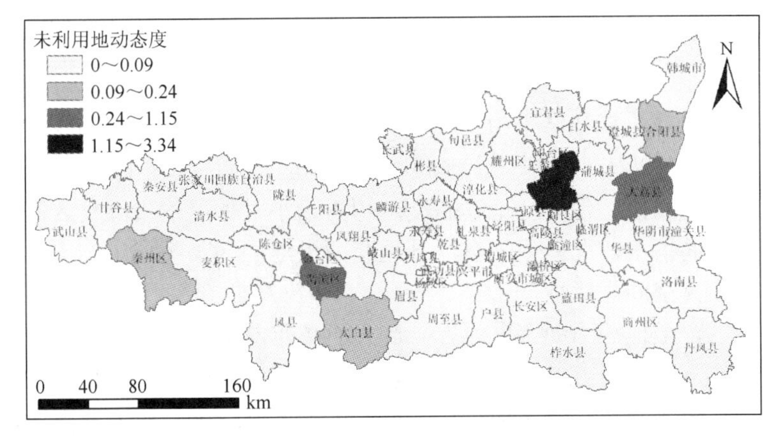

图 2-14　未利用地动态度

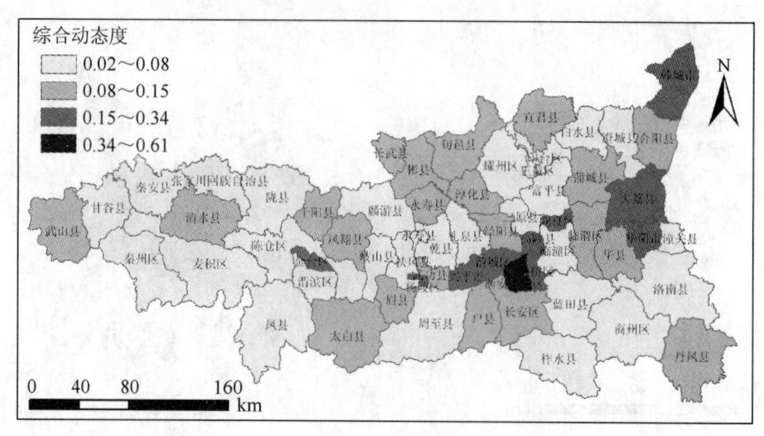

图 2-15　区域综合动态度

由表 2-8 可见，就单一动态度而言，关中-天水经济区耕地动态度最大的县区是西安市城区，其次为太白县、韩城市，分别为 0.60%、0.20%和 0.19%；动态度最小的县区是张家川回族自治县，动态度为 0.02%。林地动态度最大的是大荔县，动态度为 1.25%；转移程度最小的是渭滨区，动态度为 0.005%，在整个研究时段内转移几乎为 0，其中阎良区动态度为 0，1980 年和 2010 年，阎良区的林地数量为 0。草地动态度最大的是兴平市、西安市城区、大荔县，动态度分别为 1.92%、1.47%、0.69%；动态度最小的是临潼区，其值为 0.01%，其中高陵县动态度为 0，研究区内，其转化数量为 0。水域动态度较大的是富平县、华阴县、杨陵区，其值分别为 2.32%、1.85%、1.31%；动态度最小的是岐山县，其值为 0.003%，而王益区、印台区、凤县、麟游县、柞水县动态度为 0，其中王益区、印台区、凤县、麟游县 1980 年和 2010 年水域数量为 0，而柞水县在整个研究期内水域未发生转移。建设用地动态度较大的是旬邑县、韩城市、耀州区等，其值分别为 1.62%、1.50%、1.41%；动态度最小的是柞水县，其值为 0.16%。未利用地分布比较集中，主要分布在富平县、渭滨区、大荔县、太白县、合阳县、秦州区、秦安县、周至县、甘谷县、蓝田县、临渭区、华阴市、华县、洛南县、蒲城县、韩城市，其余县区的未利用地数量统计结果为 0。某种土地利用类型的动态度和区域内该种类的面积有关，所以以林地为主体土地利用类型的区县，尽管在 1980～2010 年林地转移的绝对面积较大，但是林地动态度却相对较小，如西安市阎良区等；其余地类也存在类似的情况。此外，一些区县地跨两类地貌区，县域单一土地利用动态度往往削弱了其空间规律性。

就区域综合土地利用动态度而言，最大的是西安市城区，其值为 0.61%；最小的是麟游县，其值为 0.02。整体而言，西安市城区综合动态度最高，处于农耕为主的关中平原的县区，其区域综合土地利用动态度较低，向南北方递增，而天水市综合动态度较低。

2.2　基于景观指数的景观格局动态分析

景观格局分析是景观生态学研究的核心内容之一[4]，它表征景观空间结构特征，是景观类型镶嵌斑块在时空上的排列组合，其体现了景观在空间上的异质性[5]。某一景观生态状况及其空间变异特征可以由该景观的格局变化特征来反映。本书首先根据关中-天水经济区地区的特点，利用景观格局指数定量分析了景观格局动态变化；在第 1 章中对土地利用变化做了研究，并在后续景观格局尺度分析的基础上确定一个景观格局动态研究的适宜尺度，且在后续研究中将这一适宜尺度做为驱动力研究所使用的尺度。

2.2.1　景观指数选取

本书应用景观格局分析软件 Fragstats 计算景观指数，并对关中-天水经济区土地利用景观空间格局特征进行分析。在景观生态学中，定量利用景观指数描述景观格局及其变化[6, 7]研究最常见。景观格局的空间异质性来维系景观稳定性，景观的稳定性越高，景观抵抗外界干扰的能力越强，越有利于维持一个平衡的景观格局[8]。目前大都从景观和景观类型级别提取指标来反应景观异质性。景观指标种类繁多但对于特定区域的研究并不是所有景观格局指数都适用，为了避免重复使用景观格局指数，本书结合关中-天水经济区具体实际情况，分别从类型级别和景观级别上各选取了 6 种景观格局指数来表征关中-天水经济区景观格局特征。包括在景观类型级别上选取了景观斑块面积百分比（P_{LAND}）、斑块形状指数（LSI）、斑块数（NP）、最大斑块指数（LPI）、斑块平均分维数（FRAC_MN）、连接度指数（COHESION）。在景观级别上选取了斑块数（NP）、平均分维数（FRAC_MN）、连接度指数（COHESION）、景观形状指数（LSI）、香农多样性指数（SHDI）、香农均匀度指数（SHEI）。景观格局指数的计算公式及意义如表 2-9 所示。

表 2-9　景观格局指数计算公式及生态含义[6, 9, 10]

指数名称	计算方法	生态意义
斑块面积百分比	$P_{\text{LAND}}=\dfrac{A_i}{A}\times 100\%$	反映某一景观类型面积占整个景观面积的百分比，A_i 为景观类型 i 的面积
斑块数	$\text{NP}=N$	景观中斑块的总数
形状指数	$\text{LSI}=\dfrac{0.25E}{\sqrt{A}}$	度量景观空间格局复杂性，1≤形状指数值，表示斑块的形状复杂或规则程度。值越大则越不规则或越复杂。E 为斑块边界总长度

续表

指数名称	计算方法	生态意义
最大斑块指数	$\mathrm{LPI}=\dfrac{\max(a_1a_2\cdots a_n)}{A}\times 100$	LPI 表示最大斑块指数，能够反映斑块的集中程度和景观的优势类型。LPI 指数具有着较好的独立性，与其他指数均没有关联
平均分维数	$\mathrm{FRAC\_MN}=\dfrac{1}{n}\times\sum_{i=1}^{n}\dfrac{2\ln(25\times P_{ij})}{\ln a_{ij}}$	描述景观中斑块形状的复杂性。斑块形状规律简单其值越小受干扰程度大。取值范围为 1～2
连接度指数	$\mathrm{COHESION}=\dfrac{1-\dfrac{\sum_{i=1}^{n}P_{ij}}{\sum_{j=1}^{n}P_{ij}\sqrt{a_{ij}}}}{1-\dfrac{1}{\sqrt{A}}}\times 100$	连接度指数用以描述相关斑块类型的物理连接性。0≤COHESION≤100。斑块越聚集，COHESION 越大，即斑块的物理连接性越强
多样性指数	$H=-\sum_{i=1}^{m}(P_i)\times\ln P_i$	反映要素的多少和各景观要素所占比例的变化。m 为景观类型总数；P_i 为景观类型 i 在景观总面积中占的比例
均匀度指数	$E=(H_{\max}/H)\times 100\%$	反映景观中各斑块在面积上分布得不均匀程度

2.2.2 景观格局动态分析

1. 粒度水平上景观格局动态分析

按照 Fragstats 3.3 中进行景观格局指数的计算结果，分别计算了 1980 年、2000 年、2010 年类型水平上的斑块面积比例、斑块数、最大斑块指数、景观形状指数、平均分维数、连接度指数，计算结果如表 2-10～表 2-15，图 2-16～图 2-21 所示。

表 2-10 斑块面积百分比动态变化 （单位：%）

景观类型	1980 年	2000 年	2010 年
耕地	45.00	44.49	43.88
林地	23.13	24.12	23.50
草地	29.26	28.44	29.17
水域	1.09	1.02	1.05
建设用地	1.34	1.77	2.28
未利用地	0.17	0.16	0.12

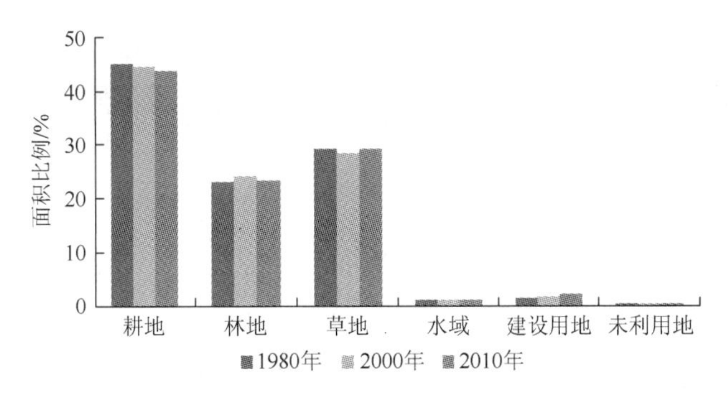

图 2-16　类型水平上斑块面积百分比动态变化

表 2-11　斑块数目变化　（单位：个）

景观类型	1980 年	2000 年	2010 年
耕地	4 673	4 587	4 427
林地	4 289	4 339	4 334
草地	9 954	9 949	9 697
水域	1 349	1 343	677
建设用地	1 544	2 162	2 454
未利用地	38	41	39

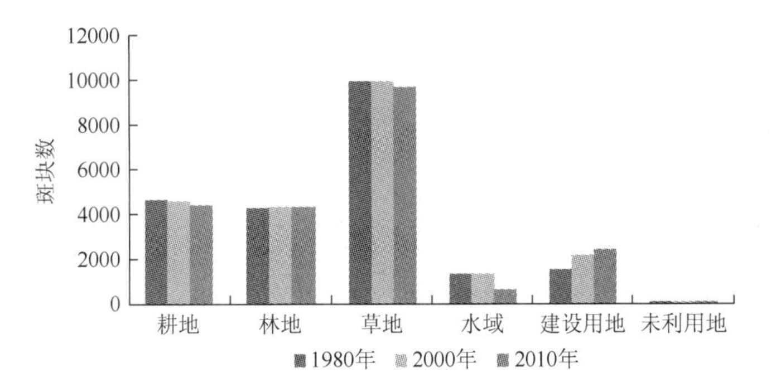

图 2-17　斑块数动态变化

表 2-12　最大斑块指数动态变化

景观类型	1980 年	2000 年	2010 年
耕地	27.44	26.80	25.54
林地	6.00	6.03	6.05
草地	3.43	3.39	2.81

续表

景观类型	1980 年	2000 年	2010 年
水域	0.18	0.28	0.26
建设用地	0.21	0.36	0.41
未利用地	0.10	0.03	0.03

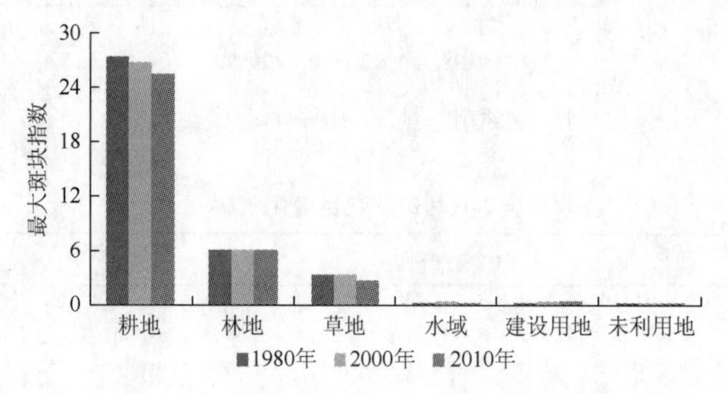

图 2-18　最大斑块指数动态变化

表 2-13　景观形状指数动态变化

景观类型	1980 年	2000 年	2010 年
耕地	189.66	192.56	193.48
林地	141.39	141.93	140.64
草地	260.26	258.49	256.65
水域	65.45	64.83	57.79
建设用地	56.49	62.90	65.29
未利用地	13.85	16.35	15.99

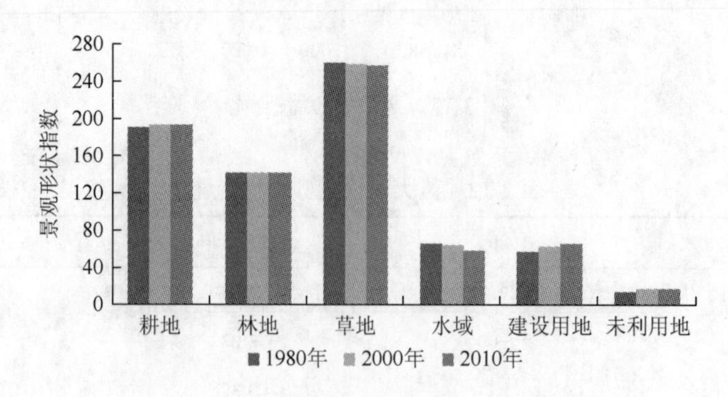

图 2-19　景观形状指数动态变化

表 2-14　平均分维数指数动态变化

景观类型	1980 年	2000 年	2010 年
耕地	1.081 9	1.081 5	1.080 9
林地	1.096 8	1.096 4	1.096 2
草地	1.081 0	1.084 0	1.085 4
水域	1.068 5	1.082 3	1.098 0
建设用地	1.064 3	1.060 3	1.056 8
未利用地	1.105 1	1.105 3	1.109 6

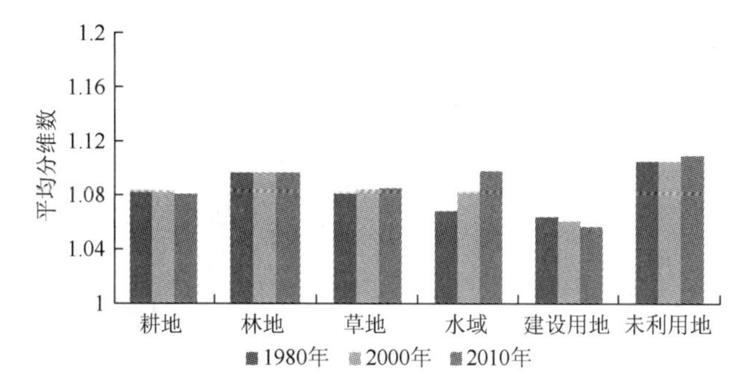

图 2-20　平均分维数指数动态变化

表 2-15　连接度指数动态变化

景观类型	1980 年	2000 年	2010 年
耕地	99.872 7	99.870 0	99.857 3
林地	99.340 7	99.340 0	99.335 0
草地	99.300 9	99.310 0	99.201 6
水域	96.424 3	97.160 0	97.283 8
建设用地	91.977 2	92.620 0	93.180 1
未利用地	96.960 1	95.370 0	95.422 7

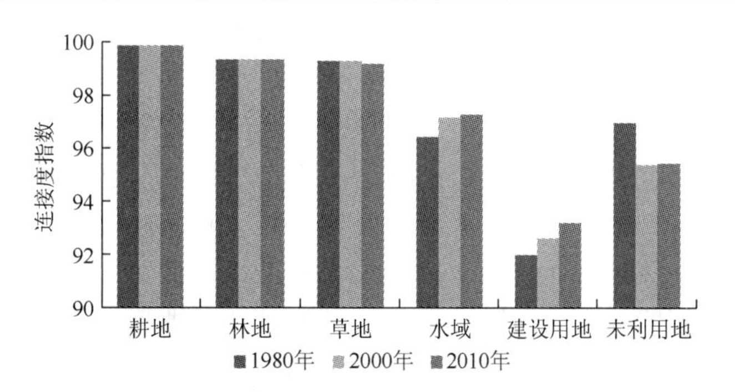

图 2-21　连接度指数动态变化

斑块面积百分比能够反映研究区中优势景观类型，由表 2-10 和图 2-16 可见，关中-天水经济区景观类型中，耕地、林地、草地斑块面积百分比较其他类型高，说明这三种景观类型是该区优势种。从动态变化来看，1980～2010 年，耕地斑块面积逐年下降，而林地在 1980～2000 年上升，2000～2010 年略微下降。草地和水域呈先减少后增加的趋势，建设用地则逐年增加，未利用地逐年下降。由于关中-天水经济区经济建设的发展，建设用地迅猛增加，又由于退耕还林的实施，耕地面积下降。

斑块数能够表征研究区内斑块类型的破碎程度，由表 2-11 和图 2-17 可见，1980～2010 年，关中-天水经济区耕地、林地、草地的斑块数较多，对整个研究区景观格局起主导作用。其中草地的斑块数最多，说明草地斑块最为破碎。在数量的动态变化上耕地、草地、水域皆逐年下降，说明人为对其进行整合，使得耕地破碎度降低。而建设用地斑块数逐年大幅增加，是由于经济的发展，建设用地面积大量增多，使得破碎度增加。林地和未利用地则先增加后略微减少，说明其破碎度亦先增加后略微减少。

景观最大斑块指数能够反映斑块的集中程度和景观的优势类型。由表 2-12 和图 2-18 可见，1980～2010 年，关中-天水经济区总体上耕地面积最大，是该区的优势种，所以其最大斑块指数值最高，并随着退耕还林的实施呈下降趋势。其次为林地和草地，因为林地的破碎程度比草地低，其分布较草地集中，故其最大斑块指数高于草地。建设用地的最大斑块指数一般表现为城市建设用地，其指数值逐年升高，反映了随着关中-天水经济区经济建设的发展，城市建成区面积在不断地扩大，其最大斑块面积也相应地增加。

景观形状指数能够反映景观斑块类型的规则程度及边界的复杂程度。由表 2-13 和图 2-19 可见，1980～2010 年，关中-天水经济区总体上草地的形状指数最大，表明草地斑块的形状最为复杂，最为不规则。但是其值逐年下降，表明在人为的整合下，其形状趋于简单和规则。其次为耕地和林地，耕地的形状指数表现为逐年上升趋势，表明其形状趋于复杂，而林地总体上呈下降趋势，表明其形状趋于简单规则。建设用地和未利用地的形状指数则表现为上升趋势，表明其形状趋于复杂，而水域的形状指数表现逐年下降，其形状亦趋于简单规则。

平均分维数能够反映人类活动对景观格局的影响，是景观格局总体特征的重要指标。由表 2-14 和图 2-20 可见，1980～2010 年，关中-天水经济区总体上建设用地的平均分维数值最低，表明其受人类活动的影响较大，其次为耕地，表明人类对耕地的干扰亦较大。而水域、林地草地和未利用地的平均分维数较大，其中未利用地最大，表明人类活动对其影响较低。从动态上看，耕地、林地和建设用地的平均分维数均逐年下降，表明其受人类活动的影响越来越大。而草地、水域和未利用地则呈现上升趋势，表明人类活动对其影响程度降低。

连接度指数能够反映景观斑块之间的物理连接性。由表 2-15 和图 2-21 可见，1980～2010 年，水域、建设用地和未利用地的连接度指数较低，其中建设用地最低，表明建设用地的物理连接性最低，其在空间上呈现星罗状分布，不是成片分布，故其物理连接性较差。从动态分布上看，耕地、林地、草地和未利用地总体呈下降趋势，而水域和建设用地则表现为增加趋势。表明近 30 多年来，由于城镇建设用地大量扩建，使得关中-天水经济区原来呈星罗状分布的建设用地逐步连成片块状的聚落，物理连接性增强。而耕地林地、草地和未利用的在空间上逐步由成片的块状分布逐渐变为破碎的片状分布，物理连接性降低。

2. 景观水平上景观格局动态分析

根据 Fragstats 3.3 中分别计算了 1980 年、2000 年、2010 年景观水平上的斑块数、平均分维数、连接度指数、景观形状指数、香农多样性指数（SHDI）和香农均匀度指数（SHEI），结果如表 2-16 示。

表 2-16　景观水平上的景观指数变化

景观指数	1980 年	2000 年	2010 年
斑块数/个	21 847	22 421	21 628
平均分维数	1.083 8	1.082 8	1.082 6
连接度指数	99.705 6	99.703 3	99.675 3
景观形状指数	176.469 7	177.872	177.631 8
香农多样性指数	1.175 8	1.196 7	1.203 5
香农均匀度指数	0.656 2	0.667 9	0.671 7

从表 2-16 可以看出，关中-天水经济区斑块数从 1980 年的 21 847 个降到 2010 年的 21 628 个，说明整个研究时段关中-天水经济区景观的破碎度在降低。其中，1980～2000 年，斑块数有所增加，说明此阶段自然干预大于人为干扰，景观斑块在此阶段破碎度在升高。而 2000～2010 年，斑块数则大幅下降，说明人为干扰下，使得景观斑块在空间上的分布逐渐向规整化发展。

1980～2010 年关中-天水经济区平均分维数指数呈逐年下降趋势，从 1980 年的 1.083 8 降低到 2010 年的 1.082 6，说明该区人为对景观格局的干扰逐渐增加，景观斑块的形状趋于简单化，规则化。关中-天水经济区实施城市建设和生态退耕还林还草项目造成了这一现象的发生。

1980～2010 年关中-天水经济区连接度指数呈逐年下降趋势，从 1980 年的 99.705 6 降低到 2010 年的 99.675 3，说明该区景观斑块的物理连接性呈下降趋势。这一现象表明人类对这三种景观的物理连接性破坏较大，伴随城镇化进程，大量耕地被转为非农用地，使得耕地的物理连接性降低。

1980～2010 年，关中-天水经济区景观形状指数总体呈升高趋势，从 1980 年的 176.469 7 增加到 2010 年的 177.631 8，说明整个研究时段，景观格局的形状趋于复杂。其中 1980～2000 年，景观形状指数增高，表明此阶段，基底性景观不断破碎化。而 2000～2010 年，景观形状指数则降低，表明在此阶段人为对景观格局整合程度增加，使得各景观基底发生了变化，如林地连成片，建设用地面积的不断增加，使得原来呈星罗状分布逐步连成片块状的聚落，斑块形状又趋向于规则。

1980～2010 年，关中-天水经济区香农多样性指数呈逐年上升趋势，从 1980 年的 1.175 8 增加至 2010 年的 1.203 5，说明景观斑块类型再增加或各斑块类型在景观中的分布更加均匀。该区的优势景观类型为耕地，但建设用地景观斑块面积不断地随着该区城市化进程的加快而增加，以及其他地类的增减，使得该区景观斑块空间分布更为均匀。

香农均匀度指数与香农多样性指数相辅相成，1980～2010 年，关中-天水经济区香农均匀度指数呈逐年上升趋势，从 1980 年的 0.656 2 增加至 2010 年的 0.671 7，亦证明关中-天水经济区景观斑块在景观中呈均匀化趋势分布。

2.3 景观格局分析的尺度效应

景观格局对时空尺度具有依赖性，尺度问题主要涉及 3 个方面：尺度概念、尺度分析和尺度推演[4, 5, 11]。目前，景观格局的尺度分析主要利用景观指数对粒度和幅度变化的响应[12, 13]，更多、更适宜的方法仍有待进一步探讨。研究尺度响应时，最佳的分析或模拟尺度的选择不会造成数据量过大，又能充分反映景观格局状态[14]。前人大多是对景观格局整体特征或不同地貌类型进行分析，通过确定尺度阈得出最佳尺度，但是这里的最佳不是对每一类景观都适合。针对这个问题，本书进一步对景观格局分析的尺度效应进行细化，在景观类型级别层面上探讨了景观格局分析的尺度效应，但解决这一问题仍然任重道远[15]。

本书在粒度和幅度两个方面进行尺度选择研究。一方面，进行粒度响应研究，反映各种景观格局指数对粒度变化的敏感性，然后参照前人研究，根据景观指数随粒度变化的第一尺度阈特征信息确定土地景观格局动态变化研究中的最佳粒度，并在参考前人研究基础上尝试建立了景观指数对粒度变化响应的数学模型，对尺度推绎方法的研究提供了数据基础。另一方面，进行幅度响应研究，基于ArcGIS 9.3缓冲区分析技术，研究景观格局指数对幅度变化的敏感性。

2.3.1　粒度响应

1. 粒度响应分析方法

粒度指遥感影像的空间分辨率和分析数据栅格的大小。本书以2010年关中-天水经济区分辨率为30m的TM遥感影像为数据源，对不同空间分辨率下景观格局指数的粒度敏感性进行研究。将景观分类矢量图导入ArcGIS 9.3中，将适量数据栅格化并进行重采样，依次生成了30～600m、以30m为步长，以及100m和400m共计22个采样粒度，其中100m和400m用于验证景观格局指数随粒度变化曲线模拟的有效性。将每一粒度栅格图导入Fragstats 3.3中进行景观格局指数的计算，比较分析关中-天水经济区景观格局指数的粒度效应。

2. 类型水平粒度响应分析结果

按照Fragstats 3.3进行景观格局指数的计算结果与粒度响应分析方法，从类型水平上计算了不同粒度下的景观斑块面积比例、斑块数、最大斑块指数、景观形状指数、平均分维数、连接度指数，计算结果如图2-22。

由图2-22可见，除景观斑块面积比例基本保持不变，其他指数均有明显的波动。各景观斑块面积比例基本保持不变，粒度变化对其影响不大，景观斑块面积比例为耕地＞草地＞林地＞建设用地＞水域＞未利用地，可见2010年耕地是该区的主导景观类型。

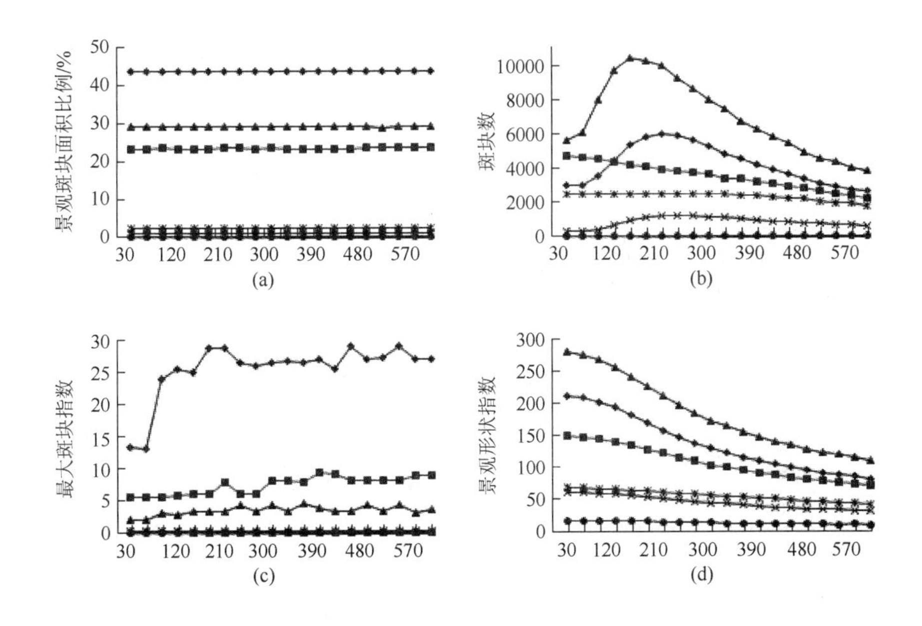

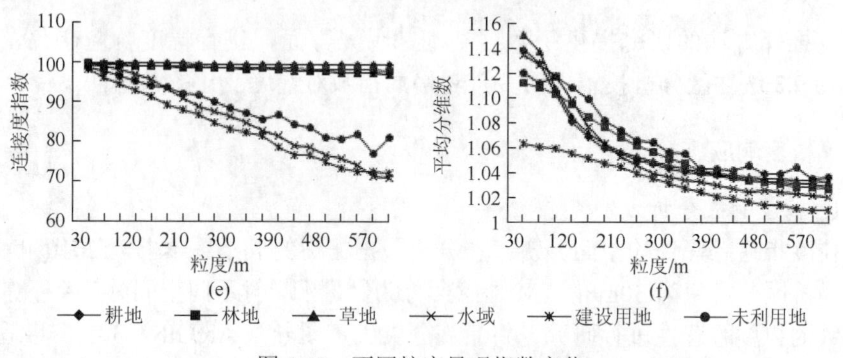

图 2-22　不同粒度景观指数变化

各斑块类型的斑块数随着粒度的增加呈现明显的波动，其中，草地、耕地和水域均呈先增后减的趋势，分别在粒度为 150m、210m、210m 处有明显拐点，而林地持续下降，建设用地和未利用地基本不变。从总体来看，各类型均呈下降趋势，随着粒度的增大，小缀块被逐渐过滤，导致缀块数减少。景观类型斑块数最多的是草地，其次分别为耕地、林地、建设用地、水域，最少的是未利用地，说明该区破碎程度最高的是草地景观，而最低的是未利用地。随着粒度的增加，耕地、林地和草地的最大斑块指数呈无规律的波动，其中，耕地在 90m 处突增，此后整体走向稳定，而林地在 210～420m 有明显波动，草地在 240～540m 上下波动，但林地和草地整体走向平衡，整体趋势基本稳定。其他景观类型变化都不大。说明耕地、林地和草地对粒度变化较为敏感。总体来看，各景观类型最大斑块指数最大的为耕地，其次为林地、草地、建设用地、水域，最小的为未利用地，说明该区人类活动对耕地的影响最大，而未利用地最弱。

随着粒度的增加，各景观类型的景观形状指数均呈持续下降的趋势，说明随着粒度的增加，由于碎斑的合并，斑块形状趋于规则，且景观形状指数为草地＞耕地＞林地＞建设用地＞水域＞未利用地。说明该区草地斑块形状更加复杂，未利用地斑块形状最为简单。草地在 120m 和 330m 处有非明显的拐点，耕地在 150m 和 390m 处有非明显的拐点，林地在 180m、300m 有非明显的拐点。

随着粒度的增加，各景观类型连接度都呈下降趋势，说明粒度增加、小斑块逐渐融合，各景观类型的连接度降低。其中耕地、林地、草地变化都不明显，呈现微小的降低趋势，说明此三种斑块类型对粒度响应不敏感。而水域、建设用地和未利用地剧烈降低，且水域在 90m、180m、420m 等处有非常明显的拐点；未利用地在 180m、210m、360m 等处有拐点；建设用地在 360m 和 420m 处有明显拐点。总体来看，各景观类型连接度指数为耕地＞林地＞草地＞未利用地＞水域＞建设用地，说明该区耕地斑块连接性最好，建设用地斑块连接性最差。

各景观类型的平均分维数整体分布杂乱无章，但随粒度增加，大致呈下降趋势，说明其对粒度变化响应敏感，除林地和建设用地持续下降，没有明显拐点，其他景观类型都多次出现明显拐点。其大小排序也较为复杂，不同的尺度域内各景观类型的平均分维数都呈现出不同的排序，说明粒度变化对平均分维数的影响较大。

3. 关中-天水经济区景观格局类型指数对粒度变化响应的曲线拟合

各景观格局指数对粒度响应的变化趋势表现出非线性或线性特征，且部分指数随粒度变化的曲线可以用一定的数学模型拟合（表 2-17）。徐丽华[16]对景观格局指数变化趋势进行了数学模型的拟合。本书对部分对粒度响应较为敏感的景观类型的 4 种景观格局指数进行了拟合，并且拟合效果很好，林地的斑块数用线性函数拟合，拟合度高达 0.997；林地的景观形状指数用三次函数拟合，拟合度也为 0.997；其次，耕地的景观形状指数用三次函数拟合，拟合度为 0.996；耕地的斑块数可用三次函数拟合，其拟合度最小，为 0.934。这些指数的拟合效果均比较理想，但有些指数因其随粒度变化没有规律，如最大斑块指数拟合效果较差，景观斑块面积比例对粒度响应不敏感，则没有进行数学模型的拟合。本书分别在 100m 和 400m 粒度下，计算了表 2-17 中各景观类型 4 种景观指数的真实值和模拟值，以验证景观格局指数随粒度变化曲线模拟的有效性，由表 2-18 可知，其吻合程度较好。

表 2-17　关中-天水经济区景观格局指数粒度效应曲线拟合

景观格局指数	景观类型	函数类型	数学模型	R^2
斑块数	耕地	三次函数	$y = 3.150x^3-128.4x^2 + 1\,388x + 1\,117$	0.934
	林地	线性函数	$y=-131.8x + 4\,904$	0.997
	草地	三次函数	$y = 6.646x^3-245.8x^2 + 2\,307x + 3\,356$	0.955
景观形状指数	耕地	三次函数	$y = 0.012x^3-0.123x^2-9.545x + 228.1$	0.996
	林地	三次函数	$y = 0.010x^3-0.214x^2-4.057x + 157.5$	0.997
	草地	三次函数	$y = 0.016x^3-0.183x^2-12.21x + 301.6$	0.996
连接度指数	水域	线性函数	$y=-1.608x + 102.5$	0.994
	建设用地	线性函数	$y=-1.444x + 98.52$	0.988
	未利用地	线性函数	$y=-1.070x + 99.69$	0.970
平均斑块分维数	耕地	三次函数	$y=-4E-05x^3 + 0.001x^2-0.026x + 1.167$	0.989
	林地	三次函数	$y = 4E-06x^3-0.008x + 1.125$	0.995
	草地	三次函数	$y=-5E-05x^3 + 0.002x^2-0.029x + 1.180$	0.989

表 2-18　100m 和 400m 粒度下关中-天水经济区景观格局指数的实际值与拟合值

景观格局指数	景观类型	100m 粒度		400m 粒度	
		真实值	模拟值	真实值	模拟值
斑块数	耕地	4 069	4 433	4 113	4 263
	林地	4 512	4 464	3 239	3 146
	草地	8 947	8 561	6 212	6 171
景观形状指数	耕地	199.345	195.361	108.256	107.411
	林地	143.557	141.969	89.272	89.066
	草地	264.241	259.460	145.180	144.193
连接度指数	水域	98.03	97.14	80.18	81.06
	建设用地	93.95	93.71	77.78	79.27
	未利用地	96.21	96.12	85.98	85.42
平均斑块分维数	耕地	1.09	1.09	1.04	0.90
	林地	1.10	1.10	1.04	1.03
	草地	1.10	1.10	1.04	1.03

4. 景观水平上的粒度响应分析结果

按照 Fragstats 3.3 中进行景观格局指数的计算结果与粒度响应分析方法，计算了景观水平上不同粒度下的斑块数、平均分维数、连接度指数、景观形状指数、香农多样性指数、香农均匀度指数。计算结果如图 2-23。

由图 2-23 可见，关中-天水经济区土地利用景观的斑块数随粒度的增加逐渐增高，粒度在 180m 以后斑块个数呈现下降趋势，说明 180m 是斑块个数的特征尺度，粒度的变化对斑块个数影响较大。斑块数随粒度的变化趋势说明了在 180m 粒度之前，景观破碎程度随粒度增加变得越来越破碎，而 180m 后，景观随粒度的增加反而趋于整合。随着粒度的增加，景观的平均分维数呈连续下降趋势，说明关中-天水经济区随粒度的不断增加，景观斑块形状趋于简单。在平均分维数的下降趋势线上没有呈现出明显的转折点，而在 240m 处开始，下降趋势趋于平缓。说明 240m 是平均分维数的特征尺度，可见粒度的变化对平均分维数影响较大。随着粒度的增加，景观连接度指数总体上呈下降趋势，但变化无规律可循，在 150m 和 270m 等处表现出转折点。说明粒度增加，小斑块逐渐融合，关中-天水经济区各景观斑块的物理链接性逐渐减弱，说明 150m 和 270m 是景观连接度指数的特征尺度，可见粒度的变化对景观连接度指数影响较大。随着粒度的增加，景观的形状指数呈持续下降的趋势，说明随着粒度的增加，由于碎斑的合并，斑块形状趋于规则。可见粒度的变化对形状指数影响较大。在随粒度变化趋势线上无明显转折点。120m 之前，粒度的增加对景观多样性无影响，在 120m 之后，景观多样性随粒度的增加变化趋势呈波浪状，在 150m、270m、360m、420m、540m 处出现明显转折点，并在 540m 处，多样性指数最大，说明在此处，关中-天水经济区差异性、复杂性达到最大。可见粒度的变化对多样性指数影响较大。随着粒度的增加，景观的均匀度指数与多样性指数表现出相似的变化趋势，在 180m 之前，粒度的增加对景观均匀度无影响，在 180m 之后则表现出波浪型变化趋势，在 210m、270m、330m、360m、420m、540m 处出现明显转折点，并在 540m 处均匀度指数值最大，说明在此处，关中-天水经济区景观均匀性和稳定性达到最大。证明景观水平下的均匀度指数对粒度变化响应较为敏感。

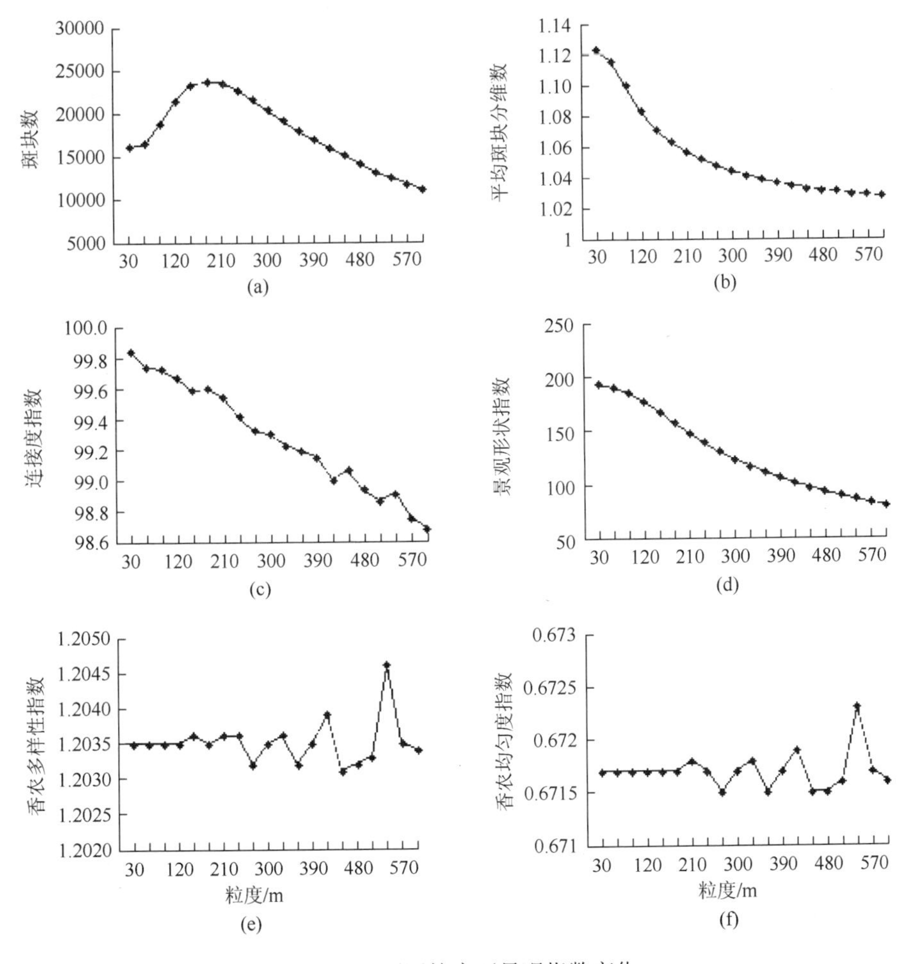

图 2-23　不同粒度下景观指数变化

5. 关中–天水经济区景观格局指数对粒度变化响应的曲线拟合

由表 2-19 可见，各景观格局指数对粒度响应的变化趋势表现出非线性或线性特征，且部分指数随粒度变化的曲线可以用一定的数学模型拟合。徐丽华等[16]对景观格局指数变化趋势进行了数学模型的拟合。本书对粒度响应较为敏感的 4 种景观格局指数进行了拟合，并且拟合效果很好，斑块数三次函数拟合，拟合度高达 0.974；平均斑块分维数用二次函数拟合，拟合度为 0.979；连接度指数用线性函数拟合，拟合度为 0.989；景观形状指数的拟合效果最好，拟合度达到 0.997。但有些指数因其随粒度变化没有规律，如景观多样性指数和香农均匀度指数，拟合效果较差。本书分别在 100m 和 400m 粒度下，计算了表 2-20 中 4 种景观指数的真实值和模拟值，以验证景观格局指数随粒度变化曲线模拟的有效性，由表 2-20 可知，其吻合程度较好。

表 2-19　关中–天水经济区景观格局指数粒度效应曲线拟合

景观格局指数	函数类型	数学模型	R^2
斑块数	三次函数	$y = 10.275x^3-401.93x^2 + 3\,930.9x + 11\,648$	0.974
平均斑块分维数	二次函数	$y = 0.000\,4x^2-0.012\,7x + 1.132\,6$	0.979
连接度指数	线性函数	$y=-0.059\,9x + 99.91$	0.989
景观形状指数	三次函数	$y = 0.011\,2x^3-0.150\,9x^2-7.643\,9x + 206.19$	0.997

表 2-20　100m 和 400m 粒度下关中–天水经济区景观格局指数的真实值与拟合值

景观格局指数	100m 粒度		400m 粒度	
	真实值	模拟值	真实值	模拟值
斑块数	20 665	20 598	16 961	16 886
平均斑块分维数	1.094	1.092	1.034	1.036
连接度指数	99.710	99.726	99.111	99.130
景观形状指数	179.448	182.428	103.992	104.422

2.3.2　尺度选择

在对类型和景观水平上的粒度效应分析的研究可见，类型水平上和景观水平上的粒度变化对景观指数都有较大的影响，本书选取了表征斑块破碎度、斑块形状、斑块稳定性、斑块连接程度的指数对景观格局指数的粒度效应做了研究。依据赵文武等[17]的研究，最具有景观特征信息的尺度域表现在景观指数随粒度变化的第一尺度域。景观格局对粒度具有一定的敏感性，在选择尺度研究时既要保证研究对象的空间特征，又要考虑到计算效率最优化，所以选择合适的尺度具有重要的意义。

1. 景观格局类型水平上的尺度阈与适宜粒度

由表 2-21 可见，景观指数随粒度变化呈现出 4 种变化趋势：①指数值基本不变，如景观斑块面积比例。②指数值呈现有规律的上升或下降，有明显拐点，如斑块数。③指数值呈现有规律的上升或下降，但是拐点不明显，如景观形状指数。④指数无规律变化，并出现较多拐点，如最大斑块指数。通常将景观指数随粒度变化的第一尺度阈作为最适宜粒度范围，本书参照赵文武[17]的研究结果确定了关中–天水经济区的第一尺度阈和适宜粒度范围（表 2-21）。

表 2-21　关中–天水经济区景观格局指数的第一尺度阈和适宜粒度范围

景观类型	景观指数	第一尺度阈/m	适宜粒度/m	景观类型	景观指数	第一尺度阈/m	适宜粒度/m
耕地	斑块数	30～210	120～180	水域	斑块数	30～210	120～180
	最大斑块指数	30～90	60～80		最大斑块指数	无	愈小愈好
	景观形状指数	30～150	90～130		景观形状指数	30～120	80～110
	连接度指数	无	愈小愈好		连接度指数	30～150	90～130
	平均分维数	30～180	110～160		平均分维数	30～120	80～110
林地	斑块数	30～180	110～160	建筑用地	斑块数	无	愈小愈好
	最大斑块指数	30～210	120～180		最大斑块指数	无	愈小愈好
	景观形状指数	30～180	110～160		景观形状指数	无	愈小愈好
	连接度指数	无	愈小愈好		连接度指数	30～360	200～330
	平均分维数	30～180	110～160		平均分维数	30～150	90～130
草地	斑块数	30～150	90～130	未用利地	斑块数	无	愈小愈好
	最大斑块指数	30～90	60～80		最大斑块指数	无	愈小愈好
	景观形状指数	30～150	90～130		景观形状指数	无	愈小愈好
	连接度指数	无	愈小愈好		连接度指数	30～180	110～160
	平均分维数	30～150	90～130		平均分维数	30～90	60～80

景观指数随粒度变化存在尺度转折点，说明重采样过程中该尺度使得景观格局特征发生较大变化，而不同景观指数代表不同的景观特征，因此不同指数随粒度变化的尺度转折点也不尽相同。随着粒度的增大，小斑块逐渐被融合，景观特征信息量也逐渐丢失，而景观指数随粒度变化的第一尺度阈内的景观指数最能反应景观真实特征，为了减少工作量，本书选择第一尺度阈内中等偏大的粒度做为

本书区的最适宜粒度。由表 2-21 可见，综合各景观类型的 5 个景观指数计算可知，耕地适宜粒度为 120m、林地为 120～160m、草地为 90～130m、水域为 90～110m、建设用地为 90～130m、未利用地为 110～160m。本书所选取景观指数的第一尺度域多集中在 30～150m 和 30～180m，适宜粒度为 120m。

2. 景观格局水平上的尺度阈与适宜粒度

由图 5-2 可见，景观指数随粒度变化亦呈现出 4 种变化趋势：①指数值呈现有规律的上升或下降，有明显拐点，如斑块数；②指数值呈现有规律的上升或下降，但没有转折点；③指数值呈现有规律的上升或下降，但是拐点不明显，如景观形状指数；④指数无规律变化，并出现较多拐点，如最大斑块指数。同样参照赵文武等[17]的研究结果确定了关中-天水经济区的景观水平上的第一尺度阈和适宜粒度范围（表 2-22）。

由表 2-22 可见，景观水平上的斑块数、景观形状指数、连接度指数、平均分维数指数、香农多样性指数、香农均匀度指数，适宜粒度分别为 110～160m、愈小愈好、90～130m、120～210m、80～110m、110～160m。综合各景观指数和类型水平上的景观指数适宜粒度范围所得结果，本书所选取适宜粒度为 120m。

表 2-22 关中-天水经济区景观格局指数计算的第一尺度阈和适宜粒度范围

景观指数	第一尺度阈/m	适宜粒度/m
斑块数	30～180	110～160
景观形状指数	无	愈小愈好
连接度指数	30～150	90～130
平均分维数	30～240	120～210
香农多样性	30～120	80～110
香农均匀度	30～180	110～160

2.3.3 幅度响应

1. 幅度响应的分析方法

以 2010 年关中-天水经济区土地景观格局矢量图为数据源，在 ArcGIS 9.3 下将其转换成栅格大小为 120m GRID 图层。景观格局图裁剪为不同幅度带的方法：在 ArcGIS 9.3 下生成关中-天水经济区质心，以质心为圆心，25km 为半径做缓冲区，共生成 14 个不同幅度的缓冲带，用生成的缓冲带裁切栅格为 120m 关中-天水经济区土地景观格局栅格图，即生成了不同幅度的景观格局图层，然后计算不

同幅度的景观格局指数，不同幅度景观格局图见图 2-24。

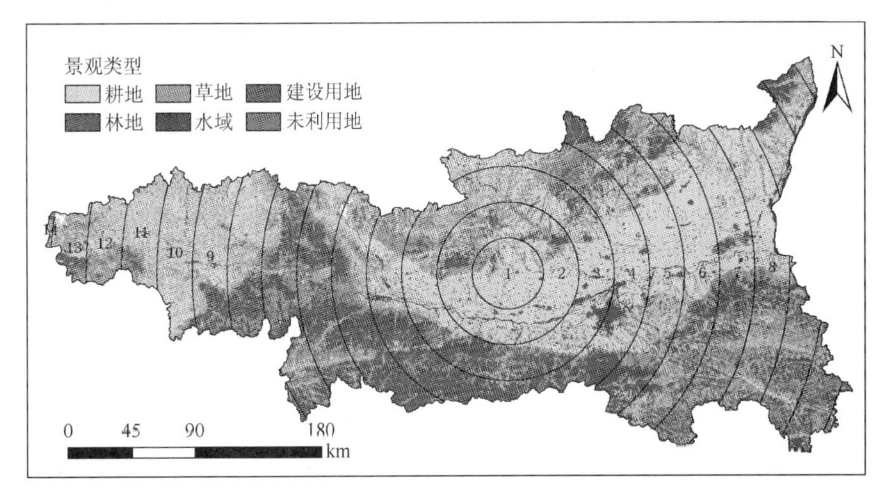

图 2-24　不同幅度的景观格局图

2. 类型水平幅度响应分析结果

按照 Fragstats 3.3 中进行景观格局指数的计算结果与幅度响应分析方法，计算了类型水平上不同幅度下的斑块面积比例、斑块数、最大斑块指数、景观形状指数、平均分维数、连接度指数，计算结果如图 2-25 所示。

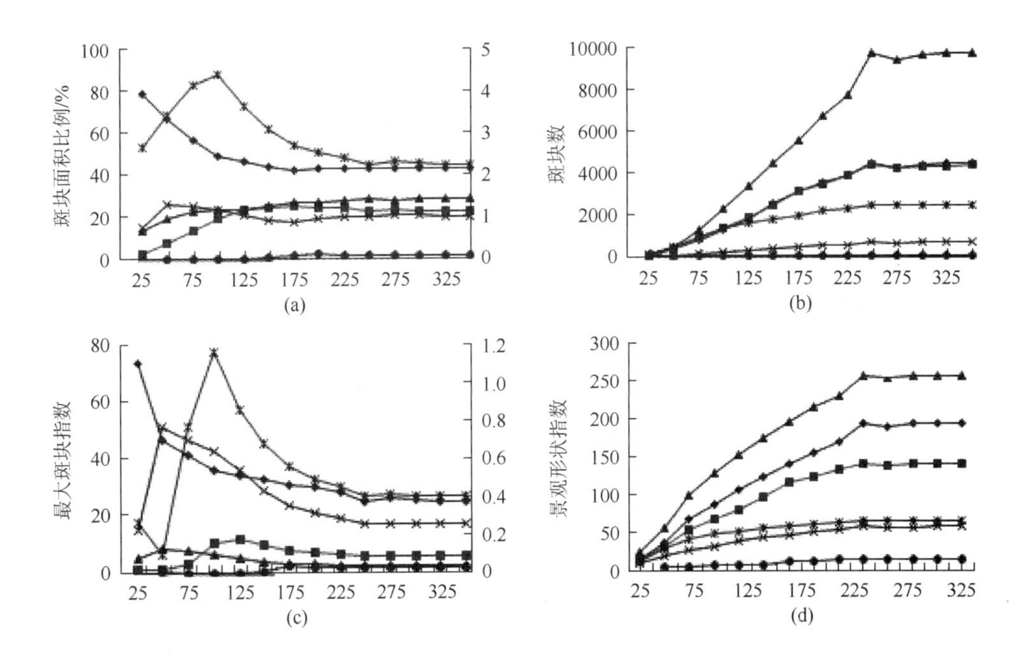

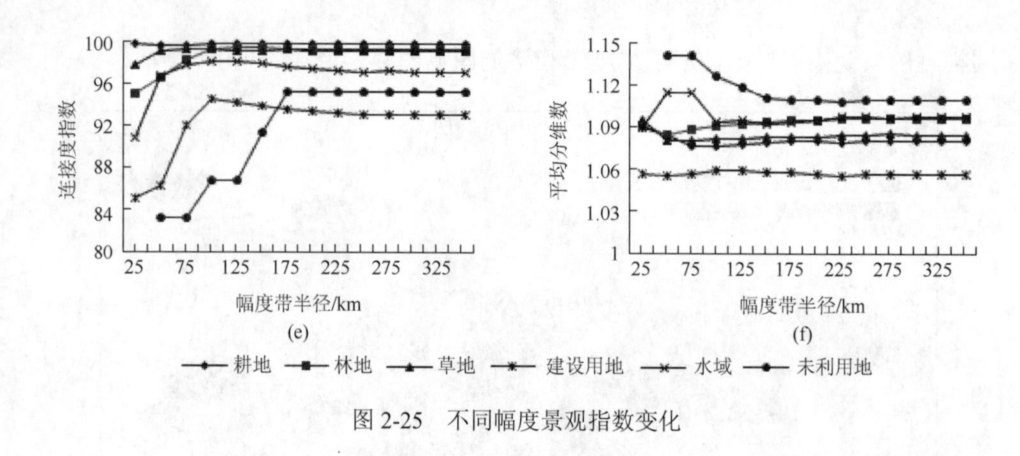

图 2-25　不同幅度景观指数变化

为了便于观察，景观面积比例和最大斑块指数图增加了次坐标，其中，耕地、林地、草地在主坐标内，分别为 0～100 和 0～80。水域、建设用地和未利用地在次坐标内，分别为 0～5 和 0～1.2。由图 2-24 可见，各景观指数随幅度的变化均有明显的波动。总体看来，景观斑块面积比例为耕地＞草地＞林地＞建设用地＞水域＞未利用地，可见 2010 年耕地是该区的主导景观类型。除未利用地，各斑块类型的景观斑块面积比例随着幅度的增加呈现明显的波动，其中耕地在各个范围内的比例都是最大的，但随着幅度的增大，其面积比例呈下降趋势，而在半径大于 175km 幅度范围内，略有增加。而林地变化趋势与其相反，在半径小于 175km 幅度范围内，呈增加趋势，而在半径大于 175km 幅度范围内则略为减少。草地在整个幅度变化范围内均呈增加趋势。水域在半径为 50km 幅度范围内增加，在 50km 到 175km 幅度范围内降低，在半径大于 175km 幅度范围内略为增加。而建设用地的最大值出现在半径为 100km 幅度带内，由图 2-24 可看出，此幅度带内，地势平坦，人口密度较高。以上变化趋势说明，在 175km 幅度内，耕地为优势景观类型，而随着幅度的增加，其他景观类型百分比的增加，使得耕地百分比下降。

除未利用地外，各斑块类型的斑块数随着幅度的增加呈现有规律的波动，均呈现先增加后减少的变化趋势，并且最大值均出现在半径为 250km 的幅度带内，说明在该幅度带边界各景观类型完整斑块被人为分割，故增加了斑块数量，而随着幅度的增加，之前被分割的斑块合二为一，故降低了斑块数量。总体看来，各景观类型斑块数为草地＞耕地＞林地＞建设用地＞水域＞未利用地，可见该区破碎程度最高的是草地，最低的是未利用地。

各斑块类型的最大斑块指数随幅度的增加均表现出强烈的响应，在整个幅度变化范围内，耕地表现出持续下降的趋势，林地则先增加后减少，其最大值出现在半径为 125km 幅度带内，说明次幅度带内，林地斑块最为稳定。草地亦呈现先增加后减少的趋势，最大值出现在半径为 50km 幅度带内，说明在次幅度带内，草地斑块最为稳定。而其他斑块类型也均呈现出先增加后减少的趋势，其中，建设用地的最大值出现在半径为 100km 幅度带内，由于此幅度带内土地平坦、城镇居民点分布密集，使得斑块较为稳定。总体来看，各景观类型最大斑块指数为耕地＞林地＞草地＞建设用地＞水域＞未利用地，说明该区人类活动对耕地的影响最大，而未利用地最弱。

各景观类型的景观形状指数与景观斑块数呈现相似的变化趋势，随着幅度的增加呈现有规律的波动，均呈现先增加后减少的变化趋势，并且最大值均出现在半径为 250km 幅度带内，说明在该幅度带边界，各景观类型完整斑块被人为分割，使得斑块边界形状更为复杂，而随着幅度的增加，之前被分割的斑块合二为一，因此斑块边界形状趋于简单。总体看来，各景观类型的景观形状指数为草地＞耕地＞林地＞建设用地＞水域＞未利用地。说明该区草地斑块形状更加复杂，未利用地斑块形状最为简单。

耕地、林地、草地的连接度指数随幅度的增加，变化不明显，数值高于其他类型，说明关中-天水经济区优势种为耕地、林地、草地。而其他景观类型对幅度变化响应较为强烈，且均表现为先增加后减少的趋势，其中建设用地最大值出现在半径为 100km 幅度带内，说明此幅度带内，建设用地连接性最好。水域最大值出现在半径为 50km 幅度带内，未利用地最大值出现在半径为 175km 幅度带内。总体来看，各景观类型连接度指数为耕地＞林地＞草地＞未利用地＞水域＞建设用地，说明该区耕地斑块连接性最好，建设用地斑块连接性最差。

耕地、林地、草地和建设用地的平均分维数随幅度的增加，变化不明显，其中耕地、林地、草地总体上呈现略微的先降低后增加的趋势。耕地最小值出现在半径为 75km 幅度带内，说明此幅度带内人为对耕地干扰程度大。林地和草地最小值出现在半径为 50km 幅度带内，说明此幅度带内人为对林地、草地的干扰程度大。建设用地基本没有变化，且平均分维指数值较其他类型为最小，说明整个幅度变化范围内，人为对建设用地的干扰程度都有较大程度的干扰。总体来看，各景观类型平均分维指数为未利用地＞水域＞林地＞草地＞耕地＞建设用地，说明该区人为对未利用地干扰程度最低，而对建设用地干扰程度最高。

3. 景观水平上的幅度响应分析结果

按照 Fragstats 3.3 中进行景观格局指数的计算结果与粒度响应分析方法，计算了景观水平上不同粒度下的斑块数、平均分维数、连接度指数、景观形状指数、香农多样性指数、香农均匀度指数，结果如图 2-25。

由图 2-26 可见，随着幅度的增加，关中-天水经济区土地利用景观的斑块数总体上逐渐增加，在半径为 250km 幅度带处转为下降，随后又略为上升，其最大值出现在半径为 250km 幅度带内，证明景观水平下的斑块指数对粒度变化响应较为敏感，在半径为 250km 幅度带内，景观斑块最为破碎。随着幅度的增加，景观的平均分维数总体上呈上升趋势。说明关中-天水经济区随幅度的不断增加，人为对其干扰程度逐渐减弱。在半径为 50km 幅度带之前，景观分维数下降，而之后开始逐渐上升，其最小值出现在半径为 50km 幅度带内。证明景观水平下的斑块指数对粒度变化响应较为敏感，在半径为 50km 幅度带内，人为干扰程度最大。随着幅度的增加，景观连接度指数总体上呈上升趋势，说明随幅度增加，小斑块逐渐融合，关中-天水经济区各景观斑块的物理连接性逐渐增强。而分别在半径为 50km 和 125km 幅度带处出现转折点。其最大值出现在半径为 125km 幅度带内，证明景观水平下的连接度指数对幅度变化响应较为敏感，在半径为 125km 幅度带内，景观各斑块物理连接性最好。随着幅度的增加，景观的形状指数呈持续上升的趋势，证明景观水平下的形状指数对粒度变化响应较为敏感。随着幅度的增加，由于人为对斑块的割裂程度加剧，斑块更为碎斑，形状趋于复杂。随着幅度的增加，景观香农多样性指数总体上呈上升趋势，说明随幅度的增加关中-天水经济区的景观类型越来越丰富。也证明景观水平下幅度变化对香农多样性指数影响较大。随着幅度的增加，景观的均匀度指数与多样性指数表现出相似的变化趋势，总体上呈上升趋势，说明随幅度的增加，关中-天水经济区景观越来越均匀、稳定。也证明景观水平下的均匀度指数对幅度变化响应较为敏感。

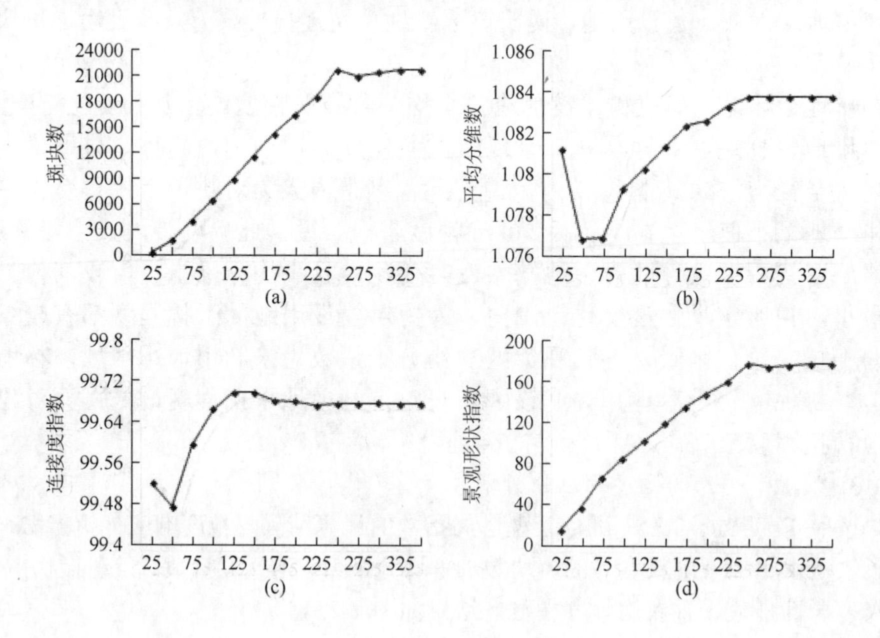

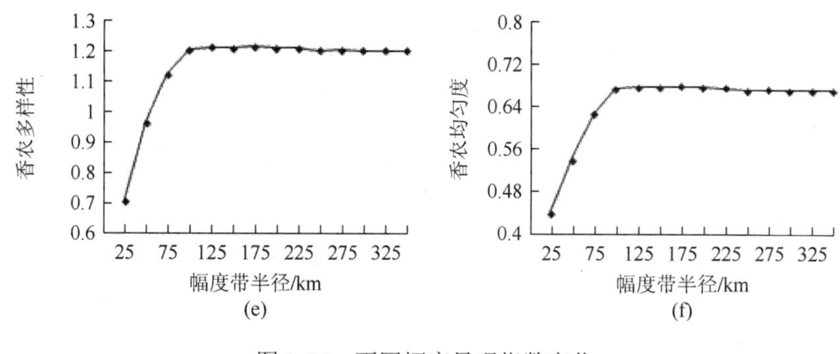

图 2-26　不同幅度景观指数变化

2.4　景观格局驱动力分析

外界的干扰作用造成了景观的变化，而这种干扰表现为自然因素和人为因素的共同作用。例如，主要植被的空间分异受降水与温度的影响，中国北方的草原自东向西分布，而美国北方的草原则自南向北分布[18]。随着科学技术的发展，人类社会对景观格局进行不断的开发和改造，人类活动在景观格局的形成和变化中扮演了重要角色，在研究景观格局影响因素时需综合考虑自然因素和人为因素。因此本书针对性的选取了自然因素，如地形、气候、植被、水文因素，人为因素，如交通、人口、经济发展因素，在充分考虑关中-天水经济区地区景观格局特点的基础上，对其进行景观格局驱动力分析。

传统的回归分析方法是景观格局与影响因素间进行定量分析经常用到的方法，前提是假设样本间均不相关，传统的线性相关方法是在整体上用一个趋势面线反映景观格局与影响因子之间的关系，但相邻斑块之间存在一定的自相关性，该模型不能反映这种关系。而且前人运用传统线性模型大都以行政单元作为采样单元，采样单元大，容易存在景观格局相似的单元，造成数据冗余。因此本书对景观格局与影响因素间的关系进行定量刻画时引入了空间回归模型。本书以 1km×1km 为采样单元构建景观格局数据库，在对关中-天水经济区景观格局特点进行分析和研究的基础上，充分考虑所选因素的数据可获得性与空间表达的可能程度，筛选出对空间景观格局分布有影响的自然和人为因素，在 GIS 支持下完成对各景观格局影响因素的网格化存储和可视化表达，生成景观格局驱动数据库，将每个采样网格内的驱动因子信息利用唯一性 ID 值跟景观格局指数进行连接，从而建立关中-天水经济区景观格局与影响因素数据库。由于景观格局可能存在空间自相关性，本书首先对空间网格景观指数进行空间自相关分析，并利用经典回归模型和空间自相关模型对景观格局和驱动因子进行相关性分析。

2.4.1 景观格局影响因素数据库

1. 景观格局数据库

（1）景观指数的选择。从以下三个角度选择了景观指数来进行景观格局的驱动力的分析，包括：①表征景观斑块特征指标：形状指数（LSI）。②表征景观破碎度：景观破碎度指数（C）。③表征景观多样性：景观多样性指数（SHDI）。

景观形状指数（LSI）公式为

$$\mathrm{LSI}=\frac{0.25E}{\sqrt{A}} \tag{2-11}$$

式中，E 为斑块边界总长度；A 为景观面积，度量景观空间格局复杂性。一般 LSI 值越大，形状越不规则。

景观破碎度指数（C）公式为

$$C=\frac{\sum N_i}{A} \tag{2-12}$$

式中，N_i 为 i 类景观斑块数，度量景观结构的复杂性，一定程度上反映人类对景观的干扰程度。

景观多样性指数（SHDI）公式为

$$\mathrm{SHDI}=-\sum P_k \ln(P_k) \tag{2-13}$$

式中，P_k 为区域内某类土地利用类型出现的概率，一般按照该类型在采样单元内的面积比例。

（2）景观格局网格数据库的建立。本书以 2010 年关中-天水经济区景观格局矢量图为数据源，关中-天水经济区景观格局 1km×1km 格网数据库建立流程如图 2-27 所示。首先在 ArcGIS 9.3 中生成关中-天水经济区 1km×1km 格网图层，利用软件识别功能与景观矢量图层进行叠置分析，得到每网格景观类型属性值，再根据景观指数计算公式统计计算得到了每个网格内的各景观类型景观指数值，得到关中-天水经济区景观格局数据库。格网生成位置为：Data Management Tools→Feature Class→Creat Fishnet。景观图层与格网叠置分析位置为：Analysis Tools→Overlay→Identity。网格图层与景观格局图层空间叠置分析后生成的示意图，截取部分区域如图 2-28 所示。

2. 影响因子的选择

空间景观格局分布成因主要受到自然因素和人为因素的共同影响。在充分考虑关中-天水经济区地区景观格局特点和各影响因素数据的可获取性、可空间化表达程度、可否定量分析的基础上，本书从自然因素和人文因素分别选取了海拔

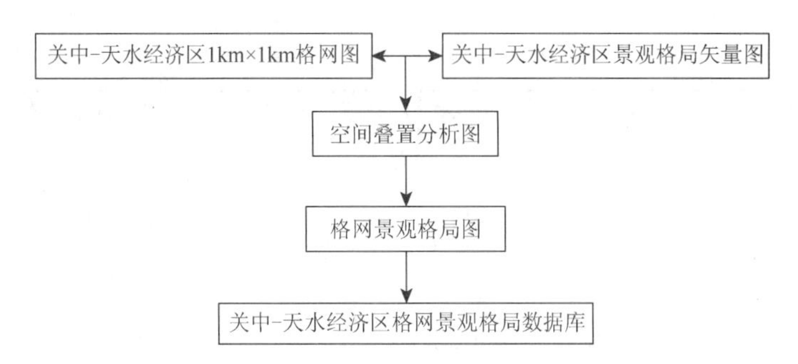

图 2-27　关中-天水经济区景观格局数据库建立流程图

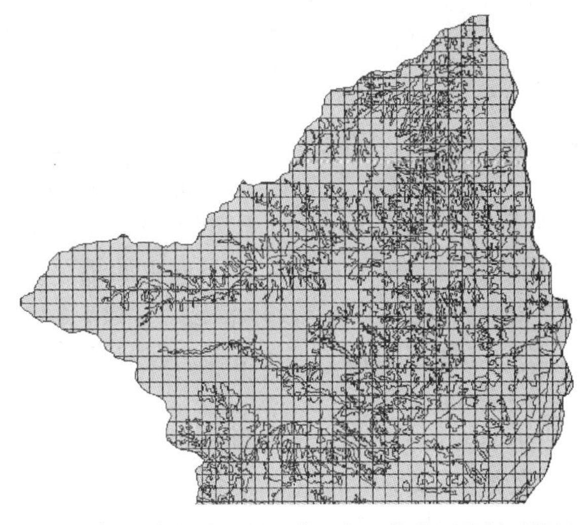

图 2-28　关中-天水经济区景观格局与网格叠置分析后效果示意

（DEM）、坡度、坡向、年均降水量、年均温、年均湿度、NDVI、距水系距离和人口密度、地均 GDP、距道路距离、建设用地面积、农田面积，详见表 2-23。

表 2-23　景观格局影响因素及来源[14]

类型	指标	说明	数据来源
自然因素	海拔（DEM） 坡度 坡向	对地形地貌的定量描述	中国科学院计算机网络信息中心国际科学数据服务平台
	年均降水量 年均温 年均湿度	对区域气候状况的描述	地球系统科学数据共享平台
	NDVI	植被因素对景观格局影响作用的定量描述	中国西部环境与生态科学数据中心

续表

类型	指标	说明	数据来源
人文因素	距水系距离	对水域的影响作用的定量描述	关中-天水经济区 1∶25 万基础地理数据
	距道路距离	对道路的影响作用的定量描述	关中-天水经济区 1∶25 万基础地理数据
	人口密度	对区域社会经济状况的描述	关中-天水经济区各地统计年鉴（2010 年）
	地均 GDP		
	建设用地面积	反映人类活动强度	关中-天水经济区土地利用面积据网格统计数据
	农田面积		

3. 影响因素的可视化表达

（1）地形地貌因素。地形地貌因素对大尺度上的水热条件及土地类型具有决定性作用，本书选用海拔、坡度和坡向。其中海拔来源于数字高程模型（DEM）；坡度是地面的倾斜程度，则利用 ArcGIS 9.3 的坡度计算功能对 DEM 进行坡度空间分布图的获取；坡向是坡面法线在水平面上的投影方向，其对日照时数和太阳辐射强度有影响，因而影响着山地生态，同样借助 ArcGIS 9.3 中的坡向分析功能对 DEM 进行坡度的空间分布图的获取。坡度和坡向见图 2-29 和图 2-30。

（2）气象因素。景观格局的形成和气象因素密切关联，本书选用了年均降水量、年均温度与年均湿度三个指标。关中-天水经济区年均降水量、年均温与年均湿度的数据均来源于该区范围内的各气象站点的实测，使用样条插值的方法对实测数据进行空间插值得到各指标空间分布图。年均降水量、年均温度与年均湿度分别见图 2-31～图 2-33。

图 2-29 关中-天水经济区坡度图

图 2-30　关中-天水经济区坡向图

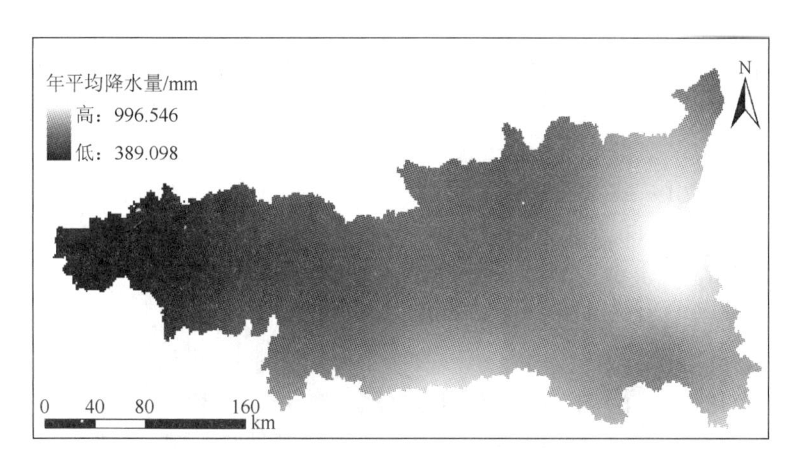

图 2-31　关中-天水经济区年均降水分布图

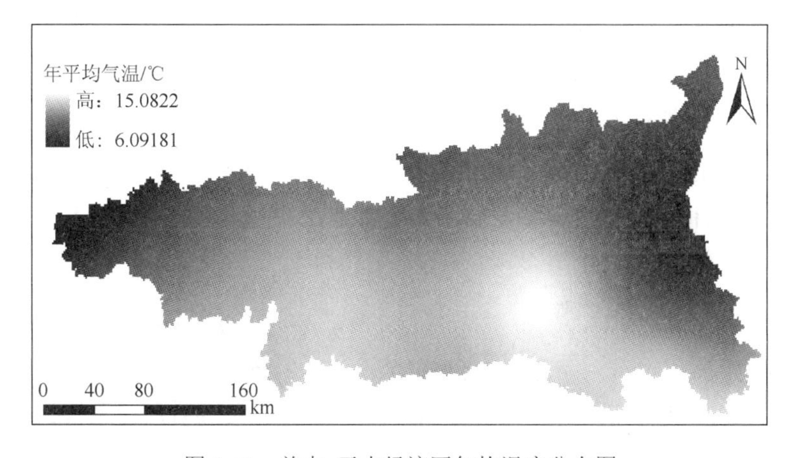

图 2-32　关中-天水经济区年均温度分布图

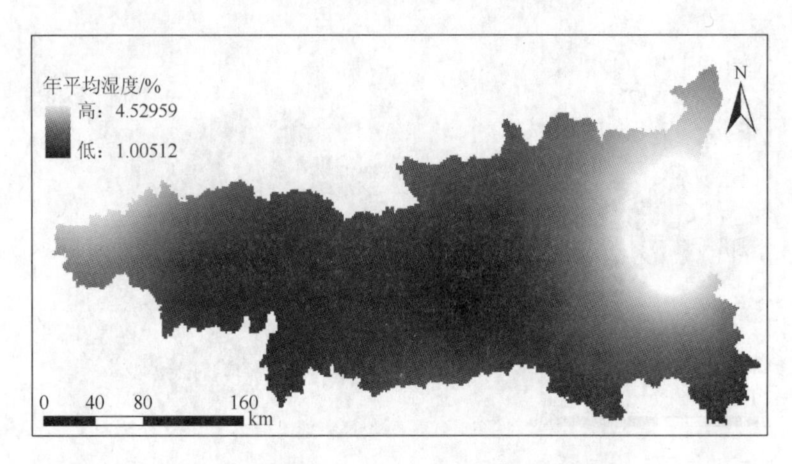

图 2-33　关中-天水经济区年均湿度分布图

（3）植被因素。景观格局的形成和植被因素也有关联，本书利用归一化植被指数(NDVI)来反映关中-天水经济区植被的覆盖情况。植被覆盖度分布见图 2-34。

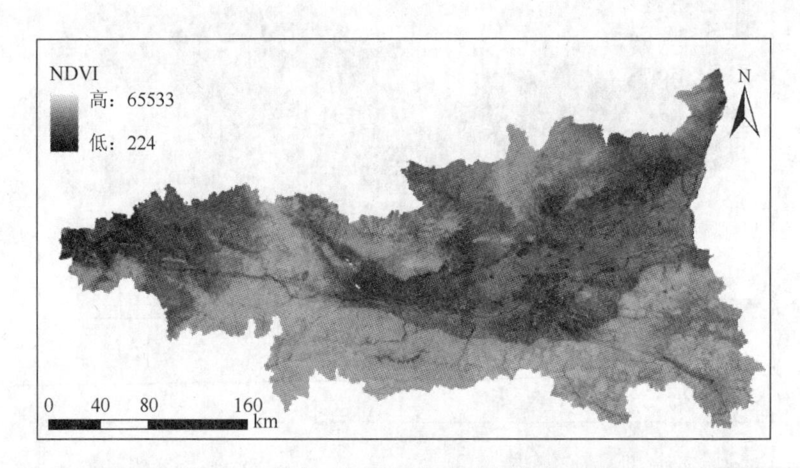

图 2-34　关中-天水经济区植被覆盖度分布图

（4）可达性因素。在客观世界中，各种地物要素对景观格局空间分布有影响，其影响力度随着距离的远近会呈现出增强或衰减的趋势。本书利用 ArcGIS 9.3 提供的距离分析工具对点状要素居民点，线状要素道路、河流水系等因素作了分析。关中-天水经济区内各点到线状河流、道路的“距离渐变图”由最小欧氏距离算法生成。分析不同距离范围内的可达性的差异对关中-天水经济区土地景观格局的影响。距道路距离和距水系距离分布见图 2-35、图 2-36。

（5）社会经济人文因素。社会经济人文因素对景观格局有一定程度的干扰，本书选择人口密度与地均国内生产总值来反映社会经济人文因素对景观格局的影

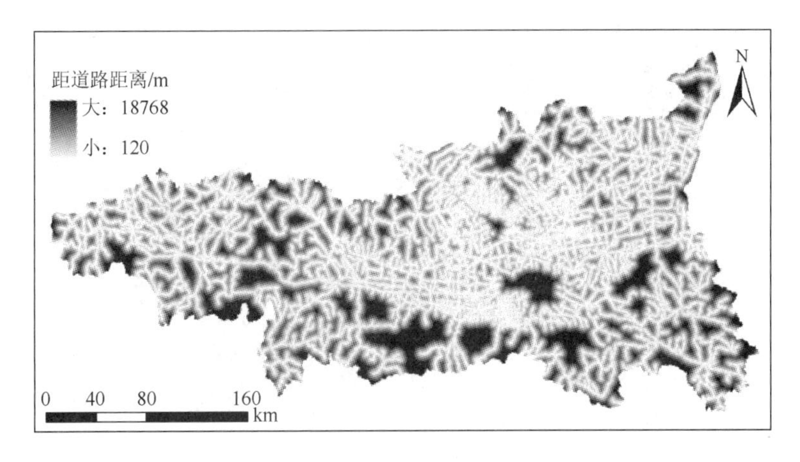

图 2-35　关中-天水经济区距道路距离分布图

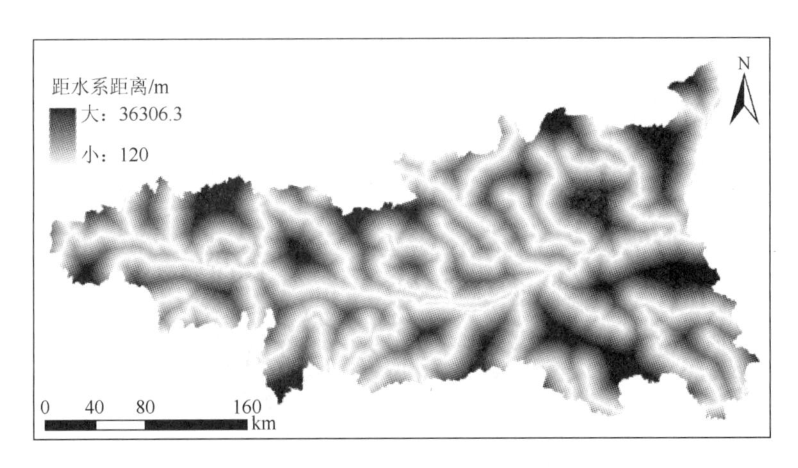

图 2-36　关中-天水经济区距道路距离分布图

响，此外反映人类活动强度的建设用地面积和农田面积对景观格局分布亦有影响。人口密度空间分布与地均国内生产总值空间分布图可视化表达的方法为：在 ArcGIS 9.3 中生成关中-天水经济区 1km×1km 网格；创建关中-天水经济区行政区划 polygon 图层，在属性表中添加各属性字段，分别为行政区代码字段、行政区名称字段、人口字段、GDP 字段，输入各属性数据，在 ArcGIS 9.3 下计算得到人口密度和地均 GDP；根据人口分布和建设用地分布的关联性，将关中-天水经济区 1km×1km 网格于行政区划和土地利用类型识别，统计包含建设用地的网格，最后计算每网格人口数。根据 GDP 统计数据的可获取尺度及研究所需，采用 Kriging 表面插值的方法得到地均 GDP 数据的空间化分布。人口密度及地均 GDP 分布见图 2-37、图 2-38。

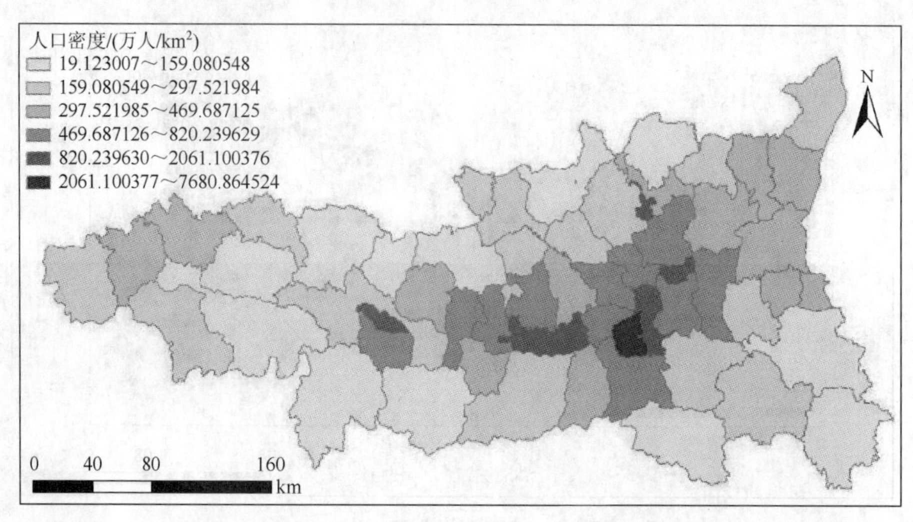

图 2-37　关中-天水经济区人口密度分布图

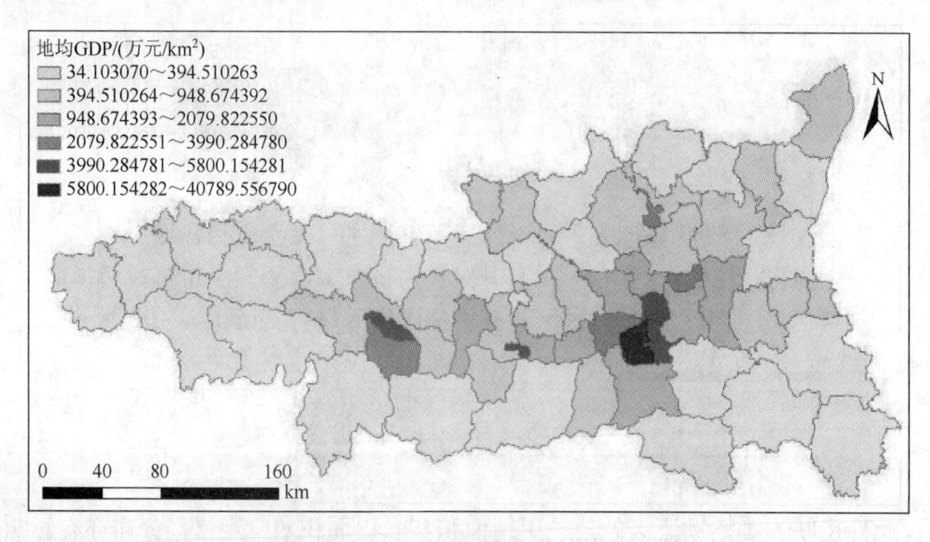

图 2-38　关中-天水经济区地均 GDP 分布图

4. 景观格局与影响因素数据库的建立

在 ArcGIS 9.3 Zonal statistic 模块下，按照每个格网的 ID 值分别对各景观格局影响因素图层进行统计，得到每个 1km×1km 网格内各影响因素的数值，将每个采样网格内的驱动因子信息利用唯一性 ID 值跟景观格局指数进行连接，得到了景观格局与影响因素数据库。部分截屏如图 2-39 所示。

2.4.2　景观格局空间自相关

空间自相关分析是用来分析检验某一地理事物某种属性在地理空间范围内是

Attributes of gwxinxin

FID	Shape *	Id	shidu	dem	jianghshui	ndvi	pd	px	qiwen	H
0	Polygon	1	1.35034	1272.69	812.669	8271.16	18.8922	163.309	14.1363	0.208762
1	Polygon	2	1.35175	1211.03	811.223	7875.25	20.7416	180.364	14.1543	0.451039
2	Polygon	3	1.28521	1068.87	859.327	8258.28	23.2365	171.794	14.3232	0.012078
3	Polygon	4	1.25372	1025.06	866.367	8448.29	20.3105	181.482	14.3067	0.509295
4	Polygon	5	1.19737	1064.78	874.209	8413.46	23.7344	176.052	14.335	0.957627
5	Polygon	6	1.15905	1116.29	879.247	8616.95	24.9902	185.065	14.3326	0.7532
6	Polygon	7	1.35912	1277.38	815.43	9234.88	24.7193	161.226	13.9739	0.934641
7	Polygon	8	1.3656	1219.85	809.428	9046.55	22.5206	157.663	14.0275	0.856993
8	Polygon	9	1.36779	1112.83	805.381	8800.22	22.7413	186.048	14.0964	0.926377
9	Polygon	10	1.37456	999.952	799.861	8565.2	23.3332	170.859	14.1554	1.045709
10	Polygon	11	1.37833	859.821	796.079	8055.82	24.4463	176.952	14.2108	1.058136
11	Polygon	12	1.39451	820.897	788.061	7819.96	26.2202	144.067	14.2303	1.094985
12	Polygon	13	1.30973	807.727	847.235	8568.58	24.6106	171.086	14.2013	0.34298
13	Polygon	14	1.27293	901.536	851.16	8529.93	22.161	189.334	14.1692	0.162788
14	Polygon	15	1.22138	908.86	862.315	8647.57	26.5174	183.524	14.206	0.928198
15	Polygon	16	1.19352	1084.37	864.355	8736.66	25.4308	192.561	14.1713	0.922946
16	Polygon	17	1.4007	1696.45	808.914	9399.03	28.067	215.424	13.8597	0.493461
17	Polygon	18	1.38407	1360.8	805.323	9290.36	21.0021	134.654	13.955	0.810001
18	Polygon	19	1.38148	1221.94	804.738	9104.2	25.1039	160.154	13.9811	0.982601
19	Polygon	20	1.38787	962.391	799.517	8407.39	23.2009	173.765	14.0278	1.015812
20	Polygon	21	1.39806	826.695	792.971	8042.07	24.436	182.107	14.0784	1.031838
21	Polygon	22	1.40770	925.321	786.776	8458.81	26.4634	183.214	14.1315	0.97088

Record: 0　Show: All　Selected　Records (0 out of 3373 Selected)　Options

图 2-39　关中-天水经济区景观格局与影响因素数据库截屏（部分）

否与相邻空间上的其他地理事物的同种属性具有相关关系[10]。本书运用空间自相关分析理论对关中-天水经济区景观格局指数空间自相关进行了分析，为下一步进行景观格局与影响因素关系的定量分析奠定了基础。根据研究对象空间的大小，把空间自相关分为了全局空间自相关和局部空间自相关[19]。本书将采用全局自相关分析中的 Moran's I 指数对景观格局指数的空间自相关进行定量分析。

1. Moran's I 指数

Moran's I 指数表示相邻的空间分布地理事物及其属性值的相似程度[19]。其计算公式为

$$I=\frac{n\sum_{i=1}^{n}\sum_{j}^{n}\boldsymbol{W}_{ij}(y_i-y)(y_i-y)}{\sum_{i}^{n}\sum_{j}^{n}\boldsymbol{W}_{ij}\sum_{j}^{n}(y_i-\overline{y})^{2}} \tag{2-14}$$

式中，y_i 和 y_j 分别为 i 和 j 所在位置的观测值；$\boldsymbol{W}_{ij}$ 为某地理地理事物空间权重系数矩阵，可用来衡量地理空间事物之间关系；$\overline{y}$ 为所有地理事物属性值的均值。

样本在空间上的格局主要分为三种情况，积聚、分散和随机分布。Moran's I 指数的取值范围在[-1, 1]，该指数越趋近于 1，说明空间分布越积聚；越趋近于-1，说明空间格局分布越分散；当该值越趋近于 0，说明空间格局呈现随机分布。

2. 全局空间相关性分析

本书运用了 Anselin 等开发的 Geoda 095i 软件对关中-天水经济区进行经典回归分析和空间回归分析。Geoda 095i 不仅可以分析统计数据，还可以进行空间分析，支持 shape 数据格式，能进行全局自相关、局部自相关分析和空间回归分析。本书以关中-天水经济区 2010 年土地利用 shape 数据为数据源，采用基于距离的空间权重矩阵，对关中-天水经济区格网景观格局与影响因素数据库建立一个空间权重矩阵 ***W***，分别来表达各个格网位置空间区域的邻近关系，进而对关中-天水经济区景观格局指数空间自相关指数进行计算，揭示该区景观格局空间自相关程度，为下一步进行空间回归分析奠定了基础。关中-天水经济区 2010 年景观格局空间自相关指数如图 2-40 所示。

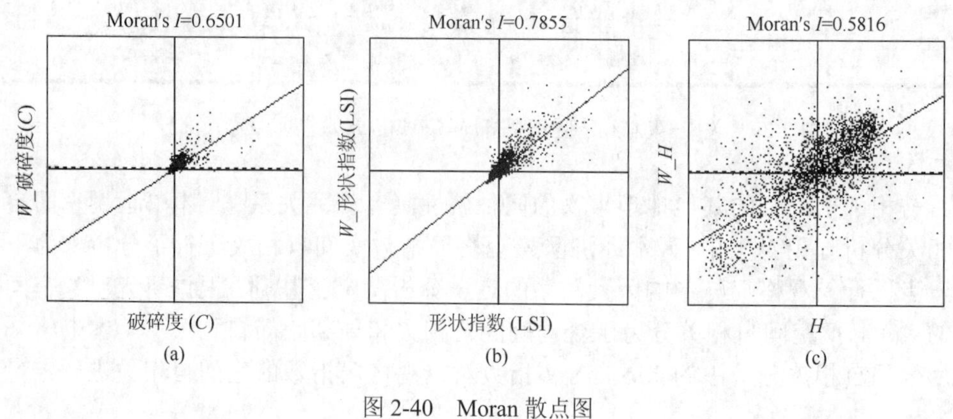

图 2-40　Moran 散点图

由图 2-40 可见，景观格局的破碎度指数的 Moran′s $I = 0.650\,1$，景观形状指数的 Moran′s $I = 0.785\,5$，香农多样性指数的 Moran′s $I = 0.581\,6$。说明关中-天水经济区次此三类景观指数值的空间分布并不是表现出随机性，而是呈现空间空间相似值之间的空间聚集。

2.4.3　景观格局与影响因素回归分析结果

回归分析方法主要是利用多个地理要素变量描述地理现象的数学方法，主要表现地理要素与地理现象之间的相关性。建立回归模型的过程为：①以各景观格局指数为因变量，各景观格局影响因素为自变量，建立回归预测模型。②对景观格局与影响因素数据库中数据进行相关分析。③检验回归预测模型。④计算并确定预测值。基于 Geoda 软件，分别利用经典线性回归模型和空间回归模型对景观格局指数空间分布与影响因素进行了回归分析。并对两者得到的结论进行了比较，最后确定了影响各景观格局指数分布的主要影响因素。经典回归模型与空间回归模型公式见参考文献[20, 21]。一般用 Akaike info criterion（AIC）、Schwarz criterion（SC）、Log likelihood（LIK）、R^2 等指标来判断模型拟合程度。其中，AIC、SC 值越低，LIK 值越高，则模型的拟合度越好。R^2 为方程的确定系数，其取值为 0～1，其值越接近 1，即表明这个模型对数据的拟合越好。

按照经典回归模型与空间回归模型分别对景观格局破碎度、景观格局形状指数、景观格局多样性指数与各影响因素进行了回归分析，分析结果如表 2-24～表 2-26 所示，内容包括 R^2、LIK、AIC、SC、变量（Variable）、回归系数（Coefficien）、标准误差（Std.Error）、t 检验值（t-Statistic）、Z 值（Z-value）、P 值（Probability）。由表 2-22 和表 2-23 可见，空间滞后模型的 AIC 和 SC 值均小于经典回归模型的 AIC 和 SC 值，而 LIK 和 R^2 则明显大于经典回归模型，说明空间滞后回归模型的解释能力要比经典回归模型强，这个研究结果在其他类似的研究中也已得到验证。

1. *景观格局破碎度驱动分析*

由表 2-24 可知，通过经典回归模型分析，发现关中-天水经济区的景观格局破碎度主要受到坡向、年均降水量、年均温、年均湿度、水系、道路、农业用地、地均 GDP、人口密度、建设用地面积等影响，这 10 个因子均在 0.01 水平下显著相关。

与景观格局破碎度呈正相关且相关程度依次递减的影响因素为：坡向、年均降水、人口密度，坡向和年均降水量对地面径流和水土保持有直接影响，当坡向和年均降水量增大时，地表土壤侵蚀越严重，地表景观更加破碎；人类的活动是景观格局短期内变化的主要驱动机制，当人口密度越大时，人类对景观的改造就越剧烈，所以人口密度增多导致景观格局更加破碎。与景观格局破碎度呈负相关且相关程度依次递减的影响因素为：年均温、年均湿度、距水系距离、距道路距离、农业用地面积、地均 GDP、建设用地面积。说明，年均温和年均湿度越高，该地区的景观格局破碎度越小，斑块连续性强；水系和道路这些廊道对斑块的分割使得斑块更加破碎，距离水系和道路越远破碎度越低；农业用地面积、地均 GDP、建筑面积都是经过人工改造的斑块，基本都是连续分布的，所以这些指标与破碎度呈现负相关性，破碎度随着这些指数的增加而降低。

表 2-24　景观格局破碎度与影响因素回归分析结果

变量	经典回归模型				空间滞后回归模型			
	回归系数	标准误差	T	P	回归系数	标准误差	Z	P
W-C					0.240 31	0.021 79	11.030 08	0.000 000 0
常数	1.676 47	0.371 206	4.516 27	0.000 006 5	1.127 21	0.364 10	3.095 89	0.001 962 4

续表

变量	经典回归模型				空间滞后回归模型			
	回归系数	标准误差	*T*	*P*	回归系数	标准误差	*Z*	*P*
海拔	0.000 084	0.000 059	1.453 09	0.146 287 5	0.000 073	0.000 057	1.276 70	0.201 709 4
坡度	0.005 82	0.003 97	1.465 45	0.142 899 0	0.003 21	0.003 87	0.830 52	0.406 243 9
坡向	0.003 09	0.001 15	2.694 86	0.007 076 9	0.003 39	0.001 12	3.021 77	0.002 513 2
年均降水量	0.000 99	0.000 19	5.022 25	0.000 000 5	0.000 81	0.000 20	4.160 07	0.000 031 8
年均温	−0.130 63	0.021 62	−6.043 47	0.000 000 0	−0.103 54	0.021 25	−4.872 66	0.000 001 1
年均湿度	−0.441 46	0.054 65	−8.077 83	0.000 000 0	−0.348 52	0.054 16	−6.435 46	0.000 783 9
NDVI	8.72e−006	0.000 011	0.762 40	0.445 915 3	9.12e−006	0.000 011	0.818 54	0.413 047 9
距水系距离	−0.049 82	0.058 14	−0.856 76	0.391 654 4	−0.033 54	0.004 09	−8.184 15	0.000 000 0
距道路距离	−0.035 67	0.070 60	−0.505 32	0.613 394 0	−0.031 87	0.004 93	−6.460 21	0.000 000 0
农业用地面积	−4.78e−007	0	−1.999 99	0.000 000 0	−1.25e−008	0	−1.999 99	0.000 000 1
地均 GDP	−9.19e−006	2.27e−006	−4.048 95	0.000 052 7	−3.61e−007	1.57e−007	−2.290 51	0.021 991 8
人口密度	2.71e−006	4.86e−007	5.568 94	0.000 000 0	1.84e−006	4.36e−007	4.219 27	0.000 024 5
建设用地面积	−1.49e−008	0	−1.999 99	0.000 000 0	−1.03e−008	0	−1.999 99	0.000 000 1
模拟拟合度	AIC = 9 547.65，LIK=−4 765.83 SC = 9 596.64，R^2 = 0.138 877				AIC = 9 435.63，LIK=−4 708.82 SC = 9 490.74，R^2 = 0.585 810			

通过空间滞后模型分析发现，各驱动因子与景观格局破碎度的关系与经典回归模型分析结果相似。空间滞后模型中影响景观格局破碎度空间分布的主要因子是坡向、年均降水、年均温、年均湿度、距水系距离、距道路距离、农业用地面积、地均 GDP、人口密度、建设用地面积。且此 10 种影响因素和常数都在 0.05 水平上显著，而其他因子大于 0.05，不显著。与景观格局破碎度呈正相关且相关程度依次递减的影响因素为：坡向、年均降水量、人口密度。与景观格局破碎度呈负相关且相关程度依次递减的影响因素为：年均湿度、年均温、距水系距离、距道路距离、地均 GDP、建设用地面积、农业用地面积。

经典回归模型结果与空间滞后模型结果相比较后发现，经典回归模型得到的各影响因素与景观格局破碎度相关性要比空间滞后模型的模拟相关性高，主要原因是空间滞后模型考虑了空间相关性，景观格局的破碎情况参考相邻采样的单元分布情况，使其相关性降低。说明驱动因子对研究网格内的空间分布影响明显，对相邻地区的景观格局破碎度有一定的影响，但影响效果弱。

2. 景观格局形状指数驱动分析

由表 2-25 可知，经典回归模型中影响景观格局形状指数空间分布的主要因子是坡度、坡向、年均降水量、年均温、年均湿度、NDVI、农业用地面积、地均 GDP、人口密度、建设用地面积。且此 10 种影响因素和常数都在 0.01 水平上极显著，而其他因子显著性水平大于 0.05，不显著。与景观格局破碎度呈正相关且相关程度依次递减的影响因素为：坡度、坡向、人口密度。坡度和坡向越高，则该地区的斑块多呈现不规则。例如，林地和草地的分布边界随着坡度和坡向的增加而不规则；人口的活动虽然使斑块更加破碎和不规则，形状指数却随着人口密度增加而增加。

与景观格局形状指数呈负相关且相关程度依次递减的影响因素为：年均湿度、年均温、年均降水量、NDVI、地均 GDP、农业用地面积和建设用地面积等因素。植被覆盖类型跟水热分布状况有着明显的相关性，当水热状况变小的时候，植被覆盖斑块的性状越规则。地均 GDP、农业用地面积和建设用地面积等因素多发生在建设用地和农用地斑块上，这些斑块随着人类改造强度越大，其斑块越规则。

通过空间之后模型分析发现，各驱动因子与景观格局形状指数的关系与经典回归模型分析结果相似。空间滞后模型中影响景观格局形状指数空间分布的主要因子是海拔、坡向、年均降水量、年均温、年均湿度、NDVI、距水系距离、农业用地面积、人口密度、建设用地面积。且此 10 种影响因素和常数都在 0.05 水平上显著。而其他因子显著性水平大于 0.05，不显著。与景观格局形状指数呈正相关且相关程度依次递减的影响因素为：距水系距离、坡度、坡向、人口密度。与景观格局形状指数呈负相关且相关程度依次递减的影响因素为：年均湿度、年均温、年均降水量、海拔、NDVI、农业用地面积、建设用地面积。

表 2-25　景观格局形状指数与影响因素回归分析结果

变量	经典回归模型				空间滞后回归模型			
	回归系数	标准误差	T	P	回归系数	标准误差	Z	P
W-LSI					0.714 88	0.013 24	54.002 66	0
常数	16.925 24	0.982 25	17.231 11	0	4.851 08	0.714 87	6.786	0
海拔	−0.000 302	0.000 16	−1.938 56	0.052 64	−0.000 44	0.000 12	−4.129 24	0.000 036 4
坡度	0.117 49	0.010 51	11.177 06	0	0.060 18	0.007 4	8.130 33	0
坡向	0.010 86	0.003 04	3.575 48	0.000 35	0.007 6	0.002 08	3.648 1	0.000 264 3
年均降水量	−0.004 74	0.000 53	−9.012 86	0	−0.001 89	0.000 37	−5.133 85	0.000 000 3
年均温	−0.577 75	0.057 19	−10.101 3	0	−0.179 77	0.039 89	−4.505 62	0.000 006 6
年均湿度	−1.237 8	0.144 61	−8.559 49	0	−0.337 17	0.100 39	−3.358 45	0.000 783 9
NDVI	−0.000 083 6	0.000 030 3	−2.762 15	0.005 77	−0.000 064 1	0.000 020 8	−3.082 7	0.002 051 4
距水系距离	0.194 81	0.684 29	0.284 68	0.775 921	0.048 32	0.022 03	2.193 36	0.028 280 7
距道路距离	−0.084 47	0.830 92	−0.101 66	0.918 859	0.030 661	0.026 74	1.146 37	0.251 640 9

续表

变量	经典回归模型				空间滞后回归模型			
	回归系数	标准误差	T	P	回归系数	标准误差	Z	P
农业用地面积	−0.000 005 57	0	−1.899 86	0	−1.07E−07	0	−1.998 67	0.000 000 1
地均 GDP	−0.000 11	0.000 026 7	−4.081 86	0.000 045	−0.000 001 57	0.000 000 861	−1.823 2	0.068 272 6
人口密度	0.000 030 4	0.000 003 74	8.141 23	0	0.000 021 1	0.000 003 28	6.430 49	0
建设用地面积	−1.53E−07	0	−1.976 65	0	−1.03E−07		−1.899 75	0.000 000 1
模拟拟合度	AIC = 16 112.1，LIK=−8 048.05 SC = 16 161.1，R^2 = 0.193 513				AIC = 14 158.5，LIK=−7 070.23 SC = 14 213.6，R^2 = 0.619 918			

经典回归模型结果与空间滞后模型结果相比较后发现：前者得到的各影响因素与景观格局形状指数相关系数绝对值比后者大，主要原因是空间滞后模型考虑了空间相关性，说明驱动因素对相邻单元的景观格局形状影响较弱。

3. 景观格局多样性驱动分析

由表 2-26 可知，经典回归模型中影响景观格局多样性指数空间分布的主要因子是农业用地面积、地均 GDP、人口密度、建设用地面积。且此 4 种影响因素和常数都在 0.01 水平上极显著，而其他影响因子显著性水平大于 0.05，不显著，其中与景观格局多样性指数呈正相关影响因素为人口密度。主要人类生活场所土地利用类型多样，造就景观格局多样性强度增大。与景观格局多样性指数呈负相关且相关程度依次递减的影响因素为：地均 GDP、农业用地面积、建设用地面积。这些影响因子多发生在农用地和建设用地内，研究区内景观类型单一。

表 2-26　景观格局香农多样性指数与影响因素回归分析结果

变量	经典回归模型				空间滞后回归模型			
	回归系数	标准误差	T	P	回归系数	标准误差	Z	P
$W\text{-}H$					0.991 85	0.000 47	2 106.382	0.000 000 0
常数	1.194 58	3.305 48	0.361 39	0.717 871 2	0.228 43	0.096 96	2.355 82	0.018 481 7
海拔	−0.000 16	0.000 57	−0.283 43	0.776 904 0	−6.08e−005	1.68e−005	−3.606 89	0.000 310 0
坡度	0.003 65	0.039 46	0.092 66	0.926 297 8	−0.001 02	0.001 15	−0.889 48	0.373 740 2
坡向	0.000 38	0.009 29	0.041 06	0.967 711 1	0.000 15	0.000 27	0.584 56	0.558 841 8
年均降水量	−0.000 28	0.001 77	−0.157 84	0.874 510 0	−0.000 11	5.21e−005	−2.016 48	0.043 749 4
年均温	−0.009 22	0.189 79	−0.048 63	0.961 198 3	0.002 54	0.005 57	0.456 44	0.648 071 2

续表

变量	经典回归模型				空间滞后回归模型			
	回归系数	标准误差	T	P	回归系数	标准误差	Z	P
年均湿度	−0.004 04	0.449 52	−0.008 98	1.000 000 0	0.009 32	0.013 19	0.707 32	0.479 361 4
NDVI	−1.03e−005	0.000 11	−0.091 51	0.927 083 9	−1.64e−005	3.32e−006	−4.948 74	0.000 000 7
距水系距离	0.017 41	0.065 12	0.267 37	0.789 091 3	0.003 85	0.001 91	2.009 61	0.044 472 8
距道路距离	−0.007 17	0.079 08	−0.090 70	0.927 878 6	0.000 83	0.002 32	0.359 59	0.719 150 8
农业用地面积	−5.51e−007	0	−1.999 65	0.000 000 0	−1.24e−008	0	−1.999 99	0.000 000 1
地均 GDP	−1.03e−005	2.54e−006	−4.081 85	0.000 045 8	−4.72e−008	0	−1.879 95	0.000 000 1
人口密度	3.95e−006	4.14e−007	9.548 89	0.000 000 0	2.57e−006	3.55e−007	7.229 72	0.000 000 0
建设用地面积	−1.68e−008	0	−1.999 98	0.000 000 0	−1.07e-008	0	−1.999 98	0.000 000 1
模拟拟合度	AIC = 21 070.9，LIK=−10 523.5 SC = 21 143.3，R^2 = 0.198 877				AIC = 2 241.18，LIK=−1 107.59 SC = 2 319.55，R^2 = 0.447 765			

通过空间滞后模型分析发现，各驱动因子与景观格局多样性指数的关系与经典回归模型分析结果相似。空间滞后模型中影响景观格局多样性指数空间分布的主要因子是海拔、年均降水量、NDVI、距水系距离、农业面用地面积、地均 GDP、人口密度、建设用地面积。且此 8 种影响因素和常数都在 0.05 水平上显著。与景观格局多样性指数呈正相关且相关程度依次递减的影响因素为：距水系距离、人口密度。与景观格局多样性指数呈负相关且相关程度依次递减的影响因素为：年均降水量、海拔、NDVI、地均 GDP、农业面用地面积、建设用地面积。

经典回归模型结果与空间滞后模型结果相比较后发现，前者得到的各影响因素与景观格局多样性指数相关系数绝对值比后者大，主要原因是空间滞后模型考虑了空间相关性。总体来说影响因子对研究区内的景观多样性产生影响，虽然对相邻景观有辐射影响，但影响强度较弱。

2.5　LCM 模型构建及关天经济区土地利用预测

2.5.1　模型原理

1. MLP-ANN 模型原理

人工神经网络（artificial neural network，ANN）是自 20 世纪 80 年代以来人工智能领域兴起的一个研究热点。它通过模拟人脑的基本特征，对人脑的神经元网络进行概括和抽象，从而建立某种模型，用来进行信息处理，在学术界也被简称为神经网络或者类神经网络。人工神经网络是由大量的处理单元互相连接组成的信息处理系统，它由大量的节点（或称神经元）相互连接构成。每个节点代表一种特定的输出函数，称为激励函数（activation function）。每两个节点间都会有一个连接，这个连接通过加权值实现，称为权重，相当于神经网络记忆功能。网络进行输出时，会按照顺序进行输出，输出的结果因权重和激励函数的不同而有很大的区别[22]。

人工神经网络发展到现在有几十种，分为单层感知器和多层感知器。单层感知器只有单节点一个层，适用于做线性数据分析；多层感知器由多个层、多个节点组成，适于处理非线性关系。目前运用较多的是 Rumelhart 等提出的多层感知器模型，即 Multiple layer perception 模型，简称 MLP-ANN 模型（图 2-41）。该模型运用的是反向传播网络计算法（即 BP 算法）。该结构由输入层、中间层、输出层组成，每层都有多个单元，每一层的单元都和与它相邻的单元连接，同层的单元之间不相连。

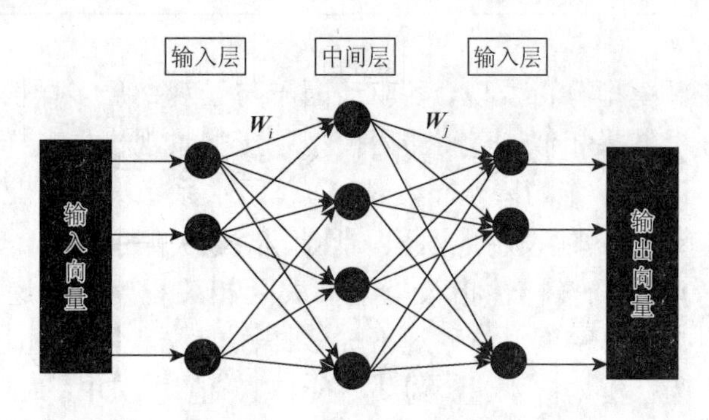

图 2-41　MLP-ANN 模型原理

MLP-ANN 模型是逐层向前传输的。当一对学习样本提供给网络后，激活值会从输入层经过中间层再传递给输出层，每层之间以权值相连。单元之间通常选择 Sigmoid 型函数作为激励函数：

$$f(x)=\frac{1}{1+e^{\frac{-x}{k}}} \tag{2-15}$$

式中，k 是单元调整激励函数的 Sigmoid 参数。如果输出的结果没有达到期望值，为了减少误差，会将信号进行反向传输，从输出层经过隐含层再到输入层，传输过程中不断调整权重，修改误差。

MLP-ANN 具有以下特点：

（1）非线性。非线性关系在自然界普遍存在，人体的大脑智慧就是一个非线性现象。人工神经网络由大量的神经元构成，每一个神经元都会接受大量其他神经元的输入，通过非线性输入、输出关系，产生输出影响其他的神经元。人工神经网络就是这样互相制约、相互影响的，实现从输入状态空间到输出状态空间非线性映射的。

（2）全局性。人工神经网络是一个系统，它由许多简单的神经元组成。虽然每一个神经元比较简单，但是大量的简单的神经元并行活动时，人工神经网络就会具有很强大的功能，对信息的处理能力惊人。它完全遵从全局性的原则，从输入的状态演化到最终状态再输出。从全局性来看，人工神经网络并不是局部网络的简单叠加，所变现出的整体性能远远高于叠加的效果。计算时遵从串行式局域性操作原则，每一步的计算都和上一步紧密相联，并且会对下一步产生影响。

（3）非常定性与联想记忆功能。人工神经网络具有很强的自学习、自适应的能力，它可以通过学习和训练从而获得网络的权重和结构，可以表现出很强的对环境的自适应能力和自学习能力。它在进行信息处理的过程中，变化不定，处理的信息会不断地变化，自身的非线性动力系统也会不断地变化。

人工神经网络通过自身的网络结构能够实现对信息的记忆，而所记忆的信息是存储在神经元之间的权重中。从单个权重中看不出所储存的信息内容，因而是分布式的存储方式。这使得网络具有良好的容错性，并能进行聚类分析、特征提取、缺损模式复原等模式信息处理工作。

2. 马尔可夫链模型原理

马尔可夫链（Markov chain）模型是以苏联数学家安德烈·马尔可夫（Andre Markov，1856—1922）的名字命名，运用了概率论中马尔可夫链模型的理论和方法，指的是具有马尔可夫性质的一些随机事件。马尔可夫链模型是运用时间 1 的系统状态，求出一个土地利用覆盖类型转化为另一个土地利用覆盖类型的概率矩阵，根据这个转化概率矩阵预测出该地区在时间 2 的系统状态。马尔可夫链模型将建立转化概率矩阵作为模型输入，利用两期土地覆盖图，输出一个转化概率矩阵和一个条件概率图像集。转化概率矩阵代表的是一定时间内像元变更的概率，它会自动被显示处理，并且保存。条件概率图像集是指每一个土地利用覆盖类型图，代表在下一个时间段里每个像元转变为指定类型的概率。之所以称它们为条件概率图，是因为它们所代表的概率，是目前系统状况的条件[23]。

马尔可夫链模型是一种基于栅格的概率模型，它描述了一种系统状态，其每个状态值取决于前面有限个状态值，最主要的特征是无后效性。系统在第 n 次的状态只和系统在 $n-1$ 次的状态相关，和之前的状态没有关系，并且第 n 次的系统状态计算结果公式为

$$X_n = X_{n-1} \times \boldsymbol{P} \tag{2-16}$$

式中，X_n 代表系统在第 n 次的状态结果；X_{n-1} 代表系统在第 $n-1$ 次时的状态结果；$\boldsymbol{P}$ 代表系统状态转化概率矩阵。

马尔可夫链模型的转化概率矩阵对于系统每次变化的结果状态具有决定性作用，转化概率矩阵不同，系统的状态也不同。转化概率矩阵可以用下面的矩阵表示：

$$\boldsymbol{P}_{ij}=\begin{bmatrix} P_{11} & P_{12} & \cdots & P_{1n} \\ P_{21} & P_{22} & \cdots & P_{2n} \\ \vdots & \vdots & & \vdots \\ P_{n1} & P_{n2} & \cdots & P_{nn} \end{bmatrix} \tag{2-17}$$

式中，$\boldsymbol{P}_{ij}(0\leqslant\boldsymbol{P}_{ij}\leqslant1)$表示的是在一定时期内，土地利用类型 i 转变为土地利用类型 j 的概率，即在一定时期内土地利用类型 i 转变为土地利用类型 j 的面积，占土地利用类型 i 的面积的比例；n 代表土地利用类型的种类。

土地利用类型的变化包含各种各样的动态变化，转化过程复杂，有很多难以用函数关系进行计算描述的地方，且在一定程度具有马尔可夫性质，因而运用马尔可夫链模型来预测土地利用类型是非常适合的。马尔可夫链模型既可以对土地利用类型的变化进行定量的研究，同时又可以对不同土地利用类型之间的互相转化和流动的关系进行定性分析。本书运用了马尔可夫链模型进行土地利用类型的预测，通过土地利用类型变化的转化量，得到转化概率矩阵，从而得到输出的预测结果。

3. *元胞自动机原理*

元胞自动机（cellular automaton，CA）是在一定的时间和空间里都处于离散状态的系统。美籍匈牙利数学家冯洛伊曼，在 20 世纪 50 年代通过研究大量的细胞之间的简单相互作用，发明了这个动态系统。元胞自动机运用的是细胞之间的相邻关系和相互作用关系。相邻关系是很多动态变化事件的空间要素之一，当某些区域与相同类型的区域相邻时，这些区域将很有可能变化到与它相邻的区域的类型。元胞自动机每一个细胞的状态都和前一个状态相关，并且和周围细胞的状态同样关系很大。很显然，元胞自动机的原理与马尔可夫链模型过程非常相似，但是又存在区别。相同之处是它们现在的状态都与前一个状态相关，不同之处是马尔可夫链模型只依赖于前一个细胞的状态，而元胞自动机不仅依赖前一个状态，而且和周围其他细胞的状态密切相关[24]。

元胞自动机的程序在进行土地利用类型预测时，它的模型是固定的，即 CA-MARKOV 模块。该模块以发生变化的土地利用类型图的名称作为输入图像名，待产生转换区域文件后，通过当前和早期的图像文件，计算每一个像元对于每一种土地利用类型的适宜性。完成准备工作后，程序开始执行迭代，通过计算对土地利用类型进行重分配。结果直到符合该模块预测的总面积，重分配程序停止[25]。其逻辑过程如下：

（1）迭代次数完全由用户指定的步次决定。如果要预测的是未来20年的变化，那么步次就会设置为20。

（2）迭代过程中，每一次运行，每一种土地利用类型都会失去一部分，或者获得一部分，每一次都会有转变为其他土地利用类型的部分或者由其他土地利用类型转化过来的过程。每次迭代都是在适宜性地图的基础上进行选择，如果某一些地方会受到不同土地利用类型的竞争，这时候会采用多目标分配程序。

（3）元胞自动机的组件一部分在滤波阶段出现，另一部分在土地利用类型迭代过程中出现。该模型运用5×5均值滤波的方式对相邻区域进行约束。一个土地利用类型当全部处于现在已经存在的土地利用类型范围内时，滤波的结果是生成值为1，反之，当全部处于现在已经存在的土地利用类型外时，生成值为0，当超过边界时，值会从1快速地变成0。每一次的迭代运行都会减少每个土地利用类型的已有土地面积的适应性，迭代的结果就是让土地利用类型从具有较高适应性的邻近区向现在已有区域的转化。

4. 软硬预测模型原理

软预测模型（soft prediction model）是较为综合的土地利用变化预测。不同于硬预测模型，软预测模型的结果有两幅图，一幅是土地利用类型的变化图，一幅是描述土地利用类型变化脆弱性的分布图，通过以下公式计算出预测结果[26]：

$$M = i + j - ij \tag{2-18}$$

式中，M代表的土地利用类型的综合转化率；i代表的是转化为i地类的潜在转化率；j代表的是转化为j地类的潜在转化率。

硬预测模型（hard prediction model）即多目标决策原理，该模型是基于多目标的土地利用类型竞争的原理，来预测一定时期内土地利用的变化。多目标决策在实际应用中具有很高的意义，因为可以解决目标之间相互矛盾的问题。预测的结果主要通过以下的公式实现[27]：

$$\begin{aligned} \mathrm{opt}F(X) &= \left[f_1(X), f_2(X), \cdots, f_i(X)\right]^T \\ g_i(X) &\geqslant 0 \\ h_j(X) &\geqslant 0 \end{aligned} \tag{2-19}$$

式中，$\mathrm{opt}F(X)$表示最优的土地利用类型；$f_i(X)$代表土地利用的影响因子和土地利用类型之间的关系式；$g_i(X)$和$h_i(X)$表示限制性条件；$X = (x_1, x_2, \cdots, x_n)$，代表决策变量；$T$表示时间间隔。

5. LCM模型原理

LCM模型（land change model）即生态可持续土地变化模块，是IDRISI

中整合的一个模块，克拉克实验室与保护国际组织合作多年，开发了这套工具。LCM 模型主要用于解决近年来土地转变迅速和生物多样性转变的问题，是近年来测算土地利用变化常用的模型之一[27]。LCM 主要包括 MLP-ANN、马尔可夫链、元胞自动机、软硬预测模型，可以通过现有的土地利用状况模拟预测出未来的土地利用状况，对决策者进行规划和保护有很好的参考建议作用[26]。LCM 模型还可以进行土地覆盖变化分析、土地格局变化影响因子分析、生物多样性变化分析等，具有很高的可用性，具有易操作、直观、适用范围广等特点。

LCM 模型在进行土地利用变化预测和分析时，在 IDRISI 提供的环境中有条理地按一定规则运行，整个过程是一个经验驱动的程序，以递进逐一运行的方式进行，体现的是从时间 1 到时间 2 的土地利用的变化。运行的过程主要包括：变化分析、转化潜力建模、变化预测、干预因素、精度检验。LCM 模型的预测过程可以从以下几个方面实现：

（1）遥感图像准备。在这个阶段，需要根据研究区选定两幅不同时间的土地利用类型遥感图像，并且完成好图像预处理。

（2）变化分析。LCM 模型变化分析的模块，体现的是一个地区的土地利用类型从时间 1 到时间 2 的变化，是对这种变化的一种评定。通过这个界面，可以直观地查看到不同地类之间的转化量，各个地类的增减率。土地利用类型较多决定了潜在的每个地类之间的转变可能性会非常复杂。在这个阶段，需要明确可以进行建模、分组的主要的转变。

（3）转化潜力建模。这一个过程是整个 LCM 模型中最为重要的一步，对预测的结果具有决定作用。在这个阶段，我们需要确定影响因子，同时对土地利用各地类转化潜力进行建模。转化潜力影响因子又称为驱动变量，有静态因子和动态因子之分。例如，我们在考虑地类转化为城镇用地的潜力时，需要考虑坡度，与水源邻近度，与道路的邻近度等。各地类的转化潜力代表的是在一定时期内，同一地区从时间 1 转化到时间 2 的可能性，可以采用 MLP-ANN 或者逻辑回归对转化潜力进行建模，并且计算出转化潜力值，生成我们需要的转化潜力图，本质上来讲就是每次转变的适应性图。

（4）变化预测。转化潜力建模成功后，接下来进行土地利用变化预测。通过马尔可夫链模型和预报自动机的原理来实现预测，计算出土地利用各地类从时间 1 到时间 2 变化的数量。通过转化潜力建模输出的转化潜力图，利用软预测模型或者硬预测模型来预测出土地利用总体状况从时间 1 到时间 2 的格局的改变。硬预测模型是本书所采用的预测模型，预测结果会输出一幅土地利用变化在时间 2 的预测图。

（5）干预因素。在 LCM 模型进行土地利用类型预测时，为了使 LCM 的功能更加强大，也为了预测的结果更加具有参考性和准确性，往往会加入一些干预因素，又称为限制激励因素。例如，在规划时，基础设施的变化、源保留区等及一些相关政策。在本书中，预测是在不同气候情景下的土地利用变化预测，因此干预因素主要是气候。气候作为干预因子，利用 LCM 模型预测出了不同气候下土地利用从时间 1 到时间 2 的变化，既有量的转化，也有格局的转变。

（6）精度检验。通过 LCM 模型预测出的土地利用类型，与实际情况存在一定的差异，我们需要考虑这个差异是否在我们接受的范围内。因此，我们需要将结果和实际的土地利用类型遥感图像进行对比。LCM 中通常采用的是 Validation 和 RCO 精度检验法。

2.5.2　数据预处理

土地利用预测所需数据包括 2000 年、2005 年和 2010 年关天经济区土地利用图，关天地区道路图、水系图、DEM 图、坡度图以及主要居民点图。其中，2000 年和 2005 年土地利用数据用来做预测，首先预测 2010 年土地利用图，并使用 2010 年预测土地利用图与 2010 年实际土地利用图对比进行精度验证。在将数据导入到 IDRISI 中进行分析处理预测之前，需要将数据进行统一的归一化处理。处理主要通过 ArcGIS 10.2 和 IDRISI 18.0 软件进行，主要包括：①将所有数据转换为统一的坐标系统和投影系统，即将所有的栅格图转换为 WGS-84，UTM-51N，并将所有栅格图输出为后缀为.tif 的栅格格式。②将统一了坐标和投影的栅格图使用统一的边界进行裁剪，为保证 IDRISI 运行速度，统一输出为分辨率 100m×100m 的栅格图。③将经过初步处理后的全部数据导入到 IDRISI 中，转换为 IDRISI 中可识别处理的后缀为.rst 格式的栅格图，导入时所有栅格图转换为整型或字节型数据图，导入后设置各数据图的统一背景值为 0。

经上述处理后，即可获得可以在 LCM 中进行预测处理的 2000 年和 2005 年土地利用图（图 2-42）和其他辅助数据图。

2.5.3　关天经济区土地利用变化分析

对于初步处理所得的土地利用类型图进行分析，各土地利用类型面积统计如表 2-27 所示。可以看出，2000 年及 2005 年关天经济区内土地最主要的利用类型为耕地，耕地面积占研究区内总土地面积 40%以上，其次为草地、林地。该两年内，耕地、草地、林地在研究区内占比之和均超过 95%，其后面积占比由大到小依次为城镇用地、水域和未利用。从 2000～2005 年，耕地、林地、未利用地持续减少，而城镇用地、水域和草地显著增加。耕地面积由 35 531km^2 减少至 35 318km^2，减少了 213km^2，减少了 0.60%；林地面积由 19 317km^2 减少至 18 602km^2，减少了 3.70%，在所有土地利用类型中减少的面积最多，达 715km^2；

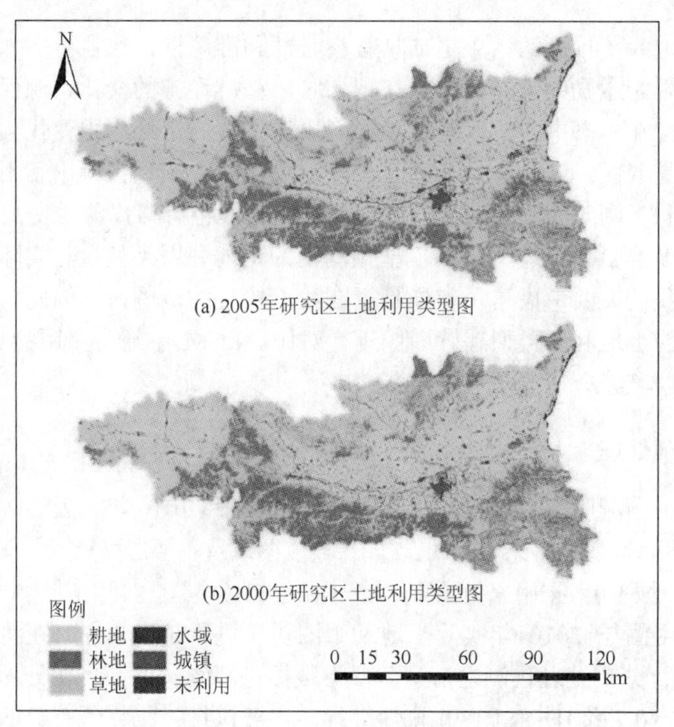

图 2-42　关天经济区土地利用类型图

草地面积由 2000 年的 22 820km² 增加至 2005 年的 23 412km²，增加了 2.59%，在所有土地利用类型中增加的面积最大，增加了 592km²；城镇由 1 411km² 增加至 1 594km²，增加最为显著，城镇面积在十年间扩大了 13.00%；未利用地面积由 131km² 减少至 2005 年的 98km²，减少最为显著，减少了 25.44%；水域面积由 840km² 增加了至 896km²。2000～2005 年，由于国家西部大开发政策的扶植和关中天水经济区内经济的快速发展，经济区内的基础设施建设及城市化进程保持迅猛发展势头，导致了主要城市的扩张，城镇用地大量增加。城市扩张占用了林地、耕地，尤其是未利用地，使此三类土地出现了不同程度的减少。人民经济水平的提升使得生态环境保护和生态家园建设越来越受到重视，水源保护和城市中增加绿地诉求使得草地和水域面积均得到不同程度的增加。

表 2-27　土地利用统计及变化

土地利用类型	面积/km²		2000～2005 年变化率/%
	2000 年	2005 年	
耕地	35 531	35 318	–0.60
林地	19 317	18 602	–3.70
草地	22 820	23 412	2.59

续表

土地利用类型	面积/km²		2000～2005 年变化率/%
	2000 年	2005 年	
水域	840	896	6.71
城镇	1 411	1 594	13.00
未利用	131	98	–25.44

2.5.4 土地利用变化影响因子

土地利用变化的影响因子在研究土地利用变化过程、变化机理和预测土地利用未来发展中有着至关重要的作用[29]。已有的土地利用影响因子研究中，常用的土地利用变化影响因子通常有土壤、水文、气候、坡度、高程等自然因子以及人口、经济、政策等人文因子。在自然地理条件较为复杂的区域，自然因子通常起着更大的作用；而在经济发达，地理条件简单的区域，人文因子则起着更为决定性的作用。本书根据关天经济区的自然人文特征，同时在参考大量相关文献的基础上，选择以 DEM、坡度、距主要居民点距离、距道理距离、距水系距离和政策及气候情景为控制因子。栅格数值导入 IDRISI 后，将各因子栅格图归一化为 0～255，以便输入 LCM 中使用。

（1）DEM。DEM（数字高程模型）能反映一个区域的地形地貌特征，高处为山，低处为谷，变化大的区域地势崎岖，变化小的区域地势平坦。地形地貌对土地利用的变化和发展有着较大的影响。如图 2-43 是经过归一化处理后的研究区数字高程模型图，颜色由浅到深代表高程由高到低。由图可见，研究区中部、中东部地区地势低，地形平坦，以平原为主，适宜工农业发展及人类居住；西部及南部地区地势高，地形崎岖，对城市发展有着一定的限制作用。

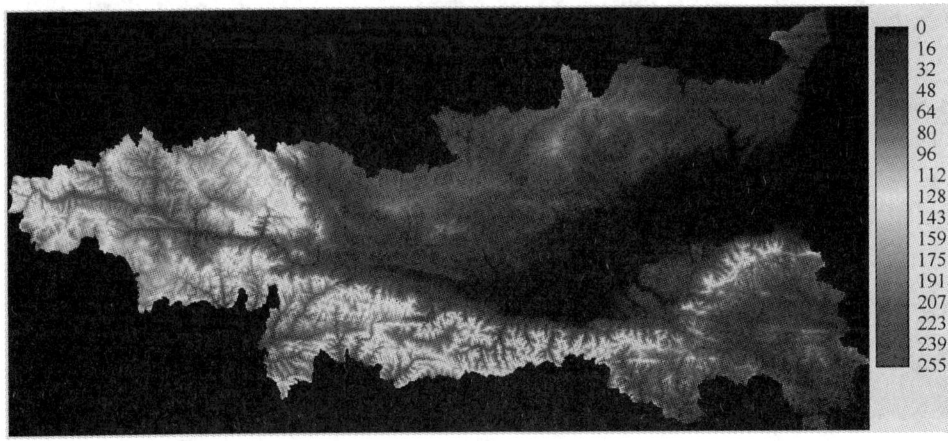

图 2-43　高程图

（2）坡度。坡度同样是地形地貌特征的重要影响因素，坡度通过对光照、温度、水分、风等自然因素的配置来影响区域土地利用的发展和变化。坡度图可以通过 DEM 图在 ArcGIS 中提取。如图 2-44 所示，坡度由 90°～0°归一化为 0～255，坡度从小到大，图中表现为颜色的由浅到深。由图可见，研究区中部、中东部地区地势平坦，为关中平原一带，南部及中西部地区地势崎岖，为秦岭山脉一带。

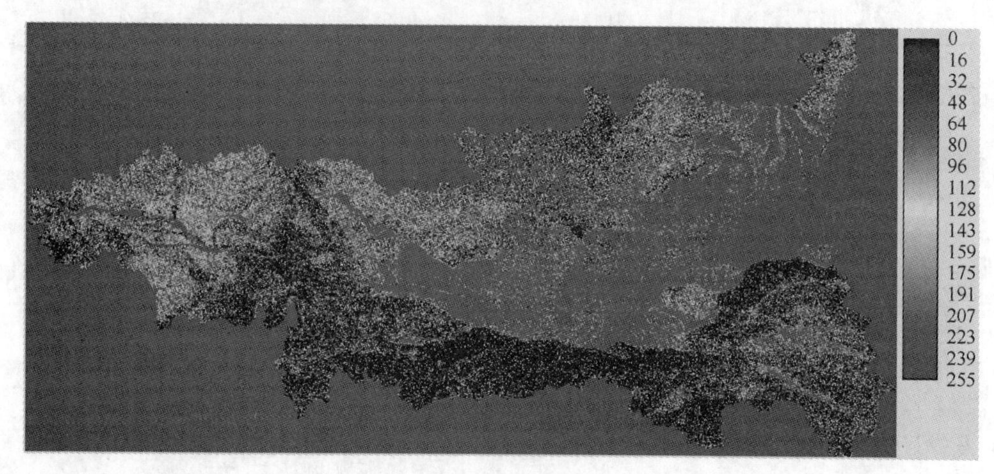

图 2-44 坡度图

（3）距主要居民点距离。主要居民点包括城镇驻地和主要乡村驻地，居民点的分布对区域城市化进程、城市扩张方向和区域经济发展有着重要的影响。通常情况下，城市的聚集和发展都表现为向中心城区外檐扩张。因此，距离主要居民点越近的区域，各类土地利用类型用地转化为城镇用地的概率越大，而距离主要居民点越远的地区，转化为城镇用地的概率越小，如图 2-45 所示，颜色由浅到深

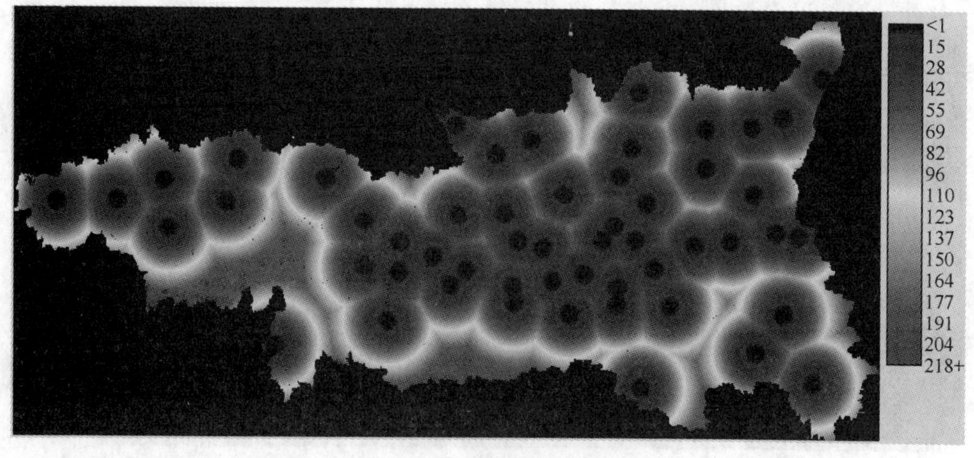

图 2-45 距主要居民点距离

代表距离主要居民点由远到近。

（4）距道路距离。交通线路对城市的发展有着长期深远的影响。经济的发展对道路的便捷程度具有依赖性，便捷的交通能够促进城市的发展，经济的进步和人民生活水平的提高，而封闭的交通则会阻碍城市化进程。我国一直有着“要致富，先修路”的发展理念，因此道路因素对城市扩张和土地利用变化有着较大的影响。关天经济区作为西部发展的新一极，有着比较发达的交通网路，如图 2-46 所示，图中颜色由浅到深，表示距离道路由近到远。在其他外部因素一定的情况下，距离道路近的区域各类土地转换为城镇用地的可能性更大；反正，则概率越小。

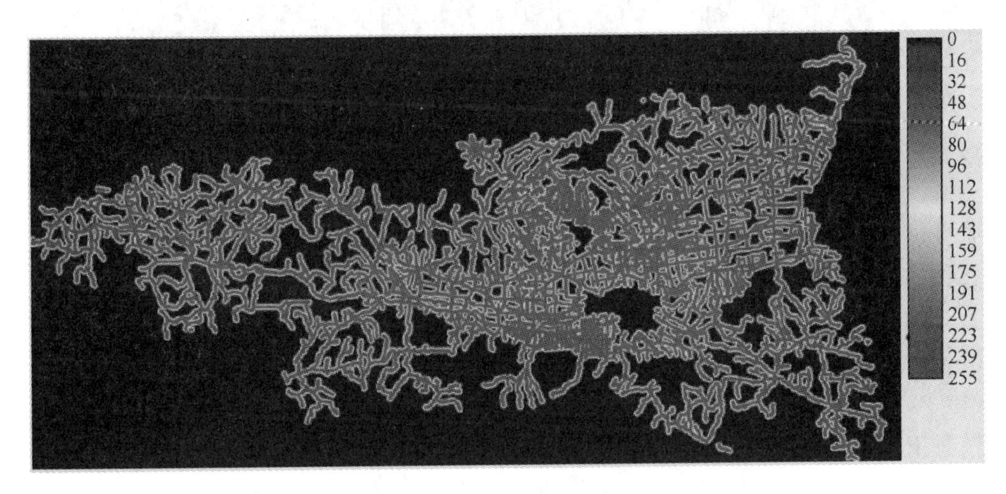

图 2-46　距主要道路距离

（5）距水系距离。水系对植被覆盖变化和城市发展具有一定的促进作用。生命离不开水，不论是人类的正常生活、经济建设，还是植物、农作物的生长，都不开水源。关中地区水源较为丰富，河网密集，西安城自古更是有“八水绕长安”的美称，如图 2-47，图中颜色由浅至深，表示距离水系由近到远。通常情况下，城镇附近，距离水系越近，则该区域转化为城镇用地的概率越高；而在耕地附近，距离水系越近的区域则越容易转化为耕地。

（6）政策及气候因素。随着科学技术的进步，人类对自然的改造能力越来越强，国家政策对土地利用的发展和改变也起着不可忽视的作用。本书设置的政策情景即可视为国家政策对土地利用的影响因素。其中，是否坚持实施计划生育政策，影响人口的出生率。人口增长能促进城市的扩张，使城市以中心城区为圆心向周边地区扩大。根据我国的发展经验，本书将主要居民点周边一公里范围内的平坦地区（坡度小于 5°）设置为扩张缓冲区，此区域内其他各类用地类型转化为

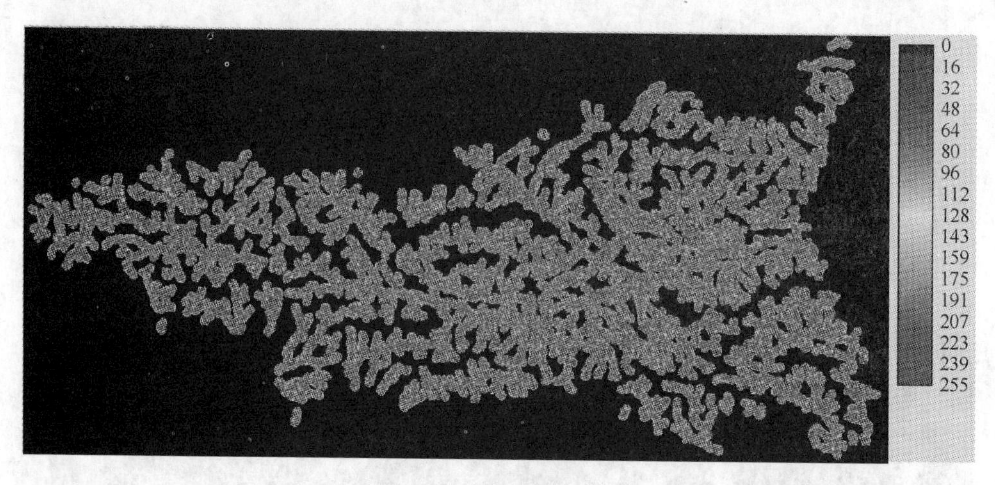

图 2-47 距水系距离

城镇用地的概率大。由于碳税政策的实施将有效增加森林碳汇，保护和蓄积森林资源，使林地面积增加或减缓林地的减少趋势。基于发达国家经验，本书将不适宜发展工农业和不适宜人口居住的崎岖地区（坡度大于 25°）设置为碳税政策下林地的扩张区，在此区域内，其他各类型土地向林地转化的概率大。

在考虑气候变化因素时，本书使用联合国政府间气候变化专门委员会（Intergovernmental Panel on Climate Change，IPCC）报告中推荐的代表性浓度路径（RCPs）。为达到更好的模拟效果，本书依据 IPCC 官网上提供的 2050 年四种气候情景下土地利用需求量，设置限制和目标因素。IPCC 官网上提供的土地利用数据为全球尺度 0.5°×0.5°栅格图，根据研究区范围，将分辨率转换为 100m×100m，并进行裁剪，获得研究区内 2010 年和 2050 年各气候情景下土地利用分布情况。由于 2010 年 IPCC 提供的土地利用分类面积与真实土地利用类型面积有一定差异，所以本书使用气候情景下 2010 年与 2050 年的变化面积作为纽带，如表 2-28～表 2-31 所示。通过对比求出 2050 年相对于 2010 年的各土地利用类型的变化面积，之后与 2010 年各土地利用类型的实际面积相加，得到 2050 年按当前现实发展情况为基准的四种气候情景下的土地利用分布情况。

表 2-28 RCP2.6 情景变化需求

地类	RCP2.6	
	面积变化量/km^2	占研究区面积比例/%
耕地	−9 690	−12.13
林地	11 389.48	14.26
草地	−1 336.46	−1.67

续表

地类	RCP2.6	
	面积变化量/km^2	占研究区面积比例/%
水域	–20	–0.03
城镇	–273.25	–0.34
未利用地	–69.77	–0.09

在 RCP2.6 情景下，为维持较低的辐射强迫水平，控制温室气体排放，研究区内耕地、草地、水域、城镇用地、未利用地面积将逐渐减少，其中耕地面积将显著减少，减少面积占总面积的 12.13%，而林地面积将显著增加，增加面积占总面积的 14.26%。

表 2-29　RCP4.5 情景变化需求

地类	RCP4.5	
	面积变化量/km^2	占研究区面积比例/%
耕地	–9 330.8	–11.68
林地	3 869.426	4.84
草地	5 824.2	7.29
水域	–20	–0.03
城镇	–273.25	–0.34
未利用地	–69.576 2	–0.09

在 RCP4.5 情景下，耕地面积同样将有一个较大的下滑，工农业建设所需的耕地、水域、城镇和未利用均将出现一定幅度的减少。而林地、草地面积将有所增加，其中，草地增加面积占总面积的 7.29%，为此情景下最大的增加量。

表 2-30　RCP6.0 情景变化需求

地类	RCP6.0	
	面积变化量/km^2	占研究区面积比例/%
耕地	–15 791.5	–19.77
林地	7 947.12	9.95
草地	5 300.11	6.63
水域	–20	–0.03
城镇	2 662.89	3.33
未利用地	–98.62	–0.12

在 RCP6.0 情景下，耕地、水域和未利用地面积将会减少，而林地、草地和城镇用地面积将有所增加。其中，耕地面积减少量在四个气候情景中最大，减少 15 791.5km^2，减少量占总面积的 19.77%。而城市面积将出现显著的大幅提升。尽管提升量仅占研究区域总面积的 3.33%，但是面积增加量达 2 662.89km^2，而 2010 年的城镇用地面积仅为 1 594km^2，增长近一倍。

表 2-31　RCP8.5 情景变化需求

地类	RCP8.5	
	面积变化量/km^2	占研究区面积比例%
耕地	−15 680.1	−19.63
林地	8 811.25	11.03
草地	6 577.11	8.23
水域	−20	−0.03
城镇	381.49	0.48
未利用地	−69.75	−0.09

在 RCP8.5 情景下，耕地、水域和未利用地面积将逐步减少，而林地、草地、城市用地面积增加。其中，耕地面积减少 15 680.1km^2，为本情景下所有土地利用类型中减少量最多的地类，减少量占总面积的 19.63%。林地和草地面积亦出现来较多的增加。

2.5.5　关天经济区 2050 年土地利用模拟

1. *模拟精度检验*

根据 2000 年和 2005 年土地利用硬预测得到的 2010 年土地利用图和 2010 年实际土地利用图进行比对分析，使用 IDRISI 软件提供的 Validation 检验和 ROC 检验两种验证方法组合，检验预测精度。

Validation 检验提供了标准 kappa 系数、随机 kappa 系数、分层区位 kappa 系数和位置 kappa 系数来综合评定区位与数量的一致及非一致性。经检验，四种 kappa 系数分别为 0.881 4、0.928 5、0.912 5 和 0.912 5。kappa 系数均大于 0.75，说明预测结果与实际土地利用图差异小，相似度高，预测有较高的可信程度。ROC 检验用于测试预测的回归结果，ROC 曲线上的点代表了预测的敏感度和特异度，本书的 ROC 检验结果为 0.862，同样证明预测土地利用图有较好的效果。通过对 2010 年预测结果的检验，证明预测方法及影响因子的选择有效，可用于本书接下来的工作中。

2. *2050 年土地利用模拟*

为预测 2050 年政策及气候情景下关中-天水经济区土地利用，使用 IDRISI

18.0 软件中的 LCM 模块，以 2000 年、2005 年土地利用现状图为基础，以坡度、DEM 为自然因子，以距居民点距离、距主要道路距离和距水系距离为空间距离因子，以气候变化情景和国家政策情景为限制因子，综合各类基础信息，获得 2050 年土地利用图，如图 2-48。

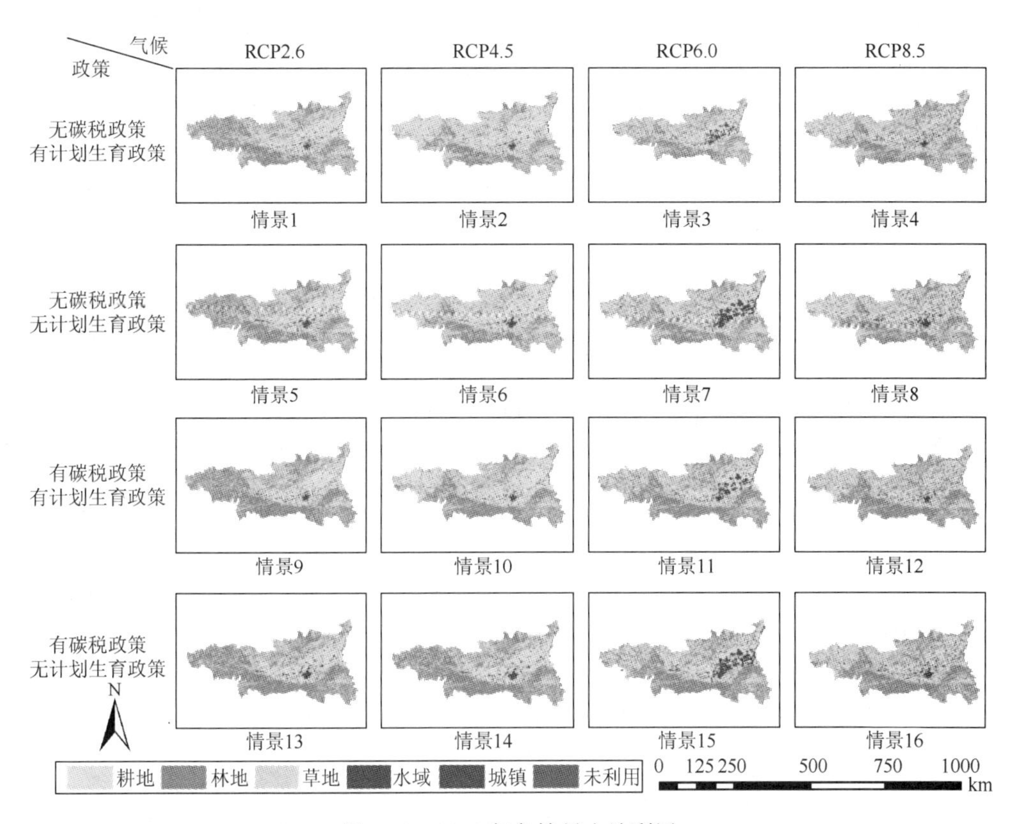

图 2-48　2050 年各情景土地利用

依据气候情景与政策情景的组合，一共预测出 16 种情景下的 2050 年土地利用类型图。其中包括基准政策情景结合四种未来气候发展的情景，即无碳税政策、有计划生育政策结合四种气候发展模式的情景（情景 1、情景 2、情景 3、情景 4）。除基准情景外，还包括无碳税政策、无计划生育政策下的四种未来气候发展的情景（情景 5、情景 6、情景 7、情景 8），有碳税政策、有计划生育政策结合四种气候发展的情景（情景 9、情景 10、情景 11、情景 12）和有碳税政策、无计划生育政策结合四种气候发展的情景（情景 13、情景 14、情景 15、情景 16）。16 种未来情景下，统计各情景土地利用类型的面积，如表 2-32 和图 2-49 所示。

表 2-32　各情景土地利用类型面积　　（单位：km²）

情景	耕地	林地	草地	水域	城镇	未利用地
情景 1	23 557	31 863	22 156	864	1 466	11
情景 2	26 485	21 271	29 781	845	1 463	73
情景 3	21 973	25 350	28 349	710	3 449	85
情景 4	21 374	25 636	30 053	810	1 972	71
情景 5	23 092	31 816	22 146	831	2 021	11
情景 6	26 178	21 202	29 616	813	2 036	73
情景 7	20 550	25 284	28 260	639	5 128	55
情景 8	21 068	25 526	29 862	774	2 616	71
情景 9	22 361	38 050	17 208	832	1 457	9
情景 10	25 865	28 403	23 316	825	1 455	53
情景 11	21 426	31 847	22 485	683	3 410	66
情景 12	20 864	32 696	23 565	778	1 956	58
情景 13	21 896	38 003	17 198	799	2 013	9
情景 14	25 558	28 333	23 151	793	2 028	53
情景 15	20 003	31 781	22 395	612	5 089	37
情景 16	20 558	32 589	23 377	741	2 594	58

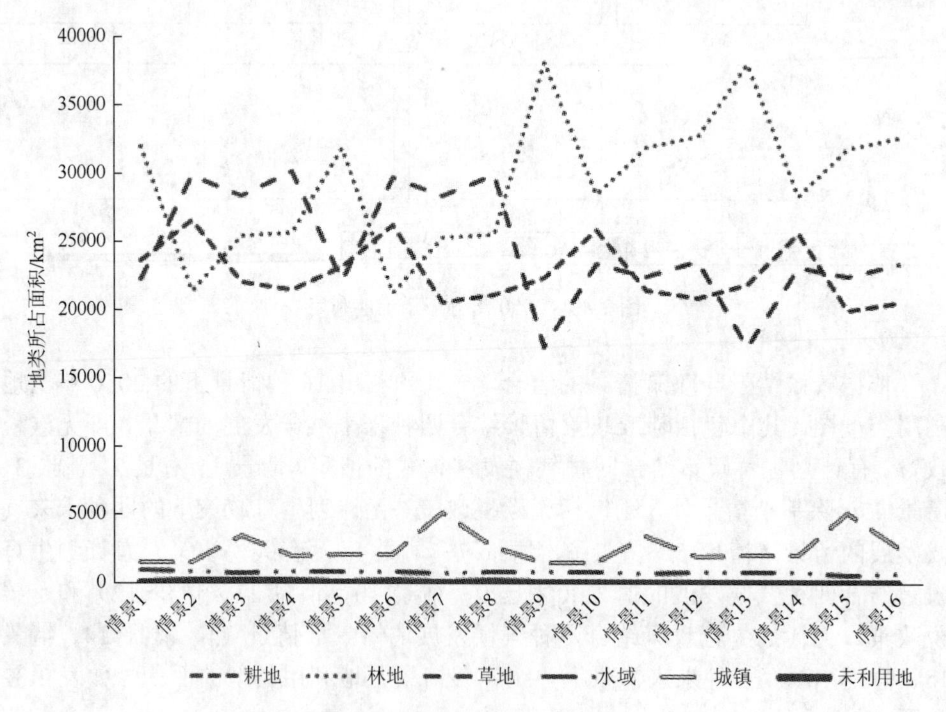

图 2-49　2050 年土地利用变化图

2.5.6　结果与分析

由图 2-48 和表 2-32 进行横向和纵向分析。当采取的发展政策一定时，对于 4 种气候情景，最显著的特征为：RCP6.0 所对应的情景 3、情景 7、情景 11 和情景 15 等四类情景中，城镇用地增幅最大，城镇用地在适应城镇发展的关天经济区中部及中东部平坦地区扩张明显。城镇用地在所有土地利用类型中所占比例最大，城市周边大量耕地、林地和草地被城市扩张所占用，致使除城镇用地和草地外的其他土地利用类型面积在相同的政策情景下，相对于其他各个气候情景均处于较低水平。在 RCP2.6 所对应的情景 1、情景 5、情景 9 和情景 13 等四类情景中，林地面积增幅最大，林地在地势高，地形崎岖的南部和西部地区扩张明显，大量的草地、未利用地和少量的耕地发展为林地，使林地成为相同政策情景时该气候情景下面积最大的土地利用类型。城镇用地和耕地较为集中的分布在地势低、地形平坦的中部和中东地区。RCP4.5 所对应的情景 2、情景 6、情景 10 和情景 14 等四个情景中，大面积的林地向耕地和草地发展，相同政策情景下耕地所占面积最大，草地面积也处于较高水平。除中部平原地区耕地大面积发展外，西部地区大量林地发展为耕地，少量坡度过高的地区，林地发展为草地。RCP8.5 情景所对应的情景 4、情景 8、情景 12 和情景 16 等四类情景中，大量耕地向草地和城市用地发展，使草地在相同政策情景下多于其他三类气候情景，草地在本气候情景下的所有土地利用类型中所占面积最大。同时，城镇用地发展迅速，城市周边耕地向城镇用地发展，使 RCP8.5 情景下城镇用地面积仅次于 RCP6.0 情景下的城镇用地面积。

纵向比较时，考虑在系统气候情景下，比较国家政策对土地利用的影响。当无碳税政策时，执行计划生育政策的情景 1、情景 2、情景 3 和情景 4 等四个情景对比取消计划生育政策的情景 5、情景 6、情景 7 和情景 8 等四个情景，耕地、林地、草地和水域面积均出现不同程度的小幅减少，而城镇用地面积显著增加。相同的情况也出现在实行碳税政策的基础上，是否实行计划生育政策的两组情景的比较中。放开计划生育政策后，人口增长出现反弹。有力地推进了城市化进程，城市劳动力缺口被补齐。人口增长并向城市聚集，加速了城市向城市外檐扩张，更多的耕地、草地、林地和水域被城市发展用地占用。而在是否执行计划生育政策固定时，是否执行碳税政策对林地的影响最为显著。如对比执行计划生育政策，而不执行碳税政策的情景 1、情景 2、情景 3、情景 4 与执行碳税政策的情景 9、情景 10、情景 11、情景 12 时，耕地、草地、城镇用地和未利用地出现明显减少，而林地出现大面积的显著增加。同样的情况也出现在不执行计划生育的两组有无碳税政策的比较中。执行碳税政策后，人民对生态环境保护的意识得到增强，由于森林的高效经济碳蓄存能力，林地得到了有效的保护和发展。

如图 2-49 和表 2-32 所示，16 组预测情景中，耕地、林地、草地、水域、城镇和未利用的最大面积依次出现在情景 2、情景 9、情景 4、情景 1、情景 7 和情景 3 中；最小面积依次出现在情景 15、情景 6、情景 13、情景 15、情景 9 和情景 13 中。所有 16 组情景中，耕地面积均出现大幅度下降，由 2005 年的 35 318km^2 最低减少至 26 485km^2，最多减少至 20 003km^2，最大减少量达 15 315km^2，减少了 43.36%。林地面积均出现显著增加，由 2005 年的 18 602km^2 最少增加至 21 202km^2，最大增加至 38 050km^2，最多增长了 19 448km^2，最大增幅达 104.55%。由于气候发展情景的需求，所有的林地面积均需要得到一定程度的提升，林地面积增长的同时占用了草地尤其是耕地的所有量。随着经济的发展，城市面积的扩展同样占据了一定的耕地面积。计划生育和碳税政策的实施同样对土地利用变化造成一定影响，计划生育政策将促使城市周边耕地、林地和草地向城市用地转化，而碳税政策的实施则使高海拔高坡度地区林地密布，增加了林地的数量。

参考文献

[1] 臧淑英，冯仲科. 资源型城市土地利用/土地覆被变化与景观动态——大庆市案例分析[M]. 北京：科学出版社，2008：41-43.

[2] 徐茜. 黄土台塬区土地利用变化生态效应的空间差异演变[D]. 西安：陕西师范大学，2012.

[3] 刘璞. 浙江钱塘江流域土地利用/覆盖自动分类研究及时空变化分析[D]. 杭州：浙江大学，2008.

[4] 黄俊芳，王让会，师庆东. 基于 RS 与 GIS 的三工河流域生态景观格局分析[J]. 干旱区研究，2004，21（1）：33-37.

[5] 陈春希，凌子燕，廖超明. 基于遥感与 GIS 技术的景观格局自相似性的尺度效应研究——以防城港市为例[J]. 测绘通报，2012，（5）：50-52，58.

[6] 王景伟，王海泽. 景观指数在景观格局描述中的应用——以鞍山大麦科湿地自然保护区为例[J]. 水土保持研究，2006，13（2）：230-233.

[7] 郭丽英，王道龙，邱建军. 环渤海区域土地利用景观格局变化分析[J]. 资源科学，2009，31（12）：2144-2149.

[8] 孙贵艳，王传胜，肖磊. 近 20 年来北京延庆县土地利用及景观格局变化研究[J]. 安徽农业科学，2011，39（5）：3024-3027，3029.

[9] 李加林，赵寒冰，曹云刚，等. 辽河三角洲湿地景观空间格局变化分析[J]. 城市环境与城市生态，2006，19（2）：5-7.

[10] 杨勇. 关中地区土地利用动态模拟与优化配置研究[D]. 西安：陕西师范大学，2010.

[11] WIENS J A. Spatial scaling in ecology[J]. Functional Ecology，1989，3：385-397.

[12] WU J，SHEN W，SUN W，et al. Empirical patterns of the effects of changing scale on landscape metrics[J]. Landscape Ecology，2002，17：761-782.

[13] TURNER M G. Spatial simulation of landscape changes in Georgia：A comparison of three transition models[J]. Landscape Ecology，1987，1：29-36.

[14] 郭斌. 基于 GIS 的黄土高原南部土地景观动态及优化[D]. 西安：陕西师范大学，2011：65-66.

[15] 张娜. 生态学中的尺度问题：内涵与分析方法[J]. 生态学报，2006，26（7）：2341-2355.

[16] 徐丽华，岳文泽，曹宇. 上海市城市土地利用景观的空间尺度效应[J]. 应用生态学报，2007，18（12）：2827-2834.

[17] 赵文武，傅伯杰，陈利顶. 景观指数的粒度变化效应[J]. 第四纪研究，2003，23（3）：327-333.
[18] 邬建国. 景观生态学——格局、过程、尺度与等级[M]. 北京：高等教育出版社，2000：40-50，105-109.
[19] 郭斌. 基于的黄土高原南部土地景观动态及优化[D]. 西安：陕西师范大学，2011：65-66.
[20] 吴喜之. 统计学——从数据到结论[M]. 北京：中国统计出版社，2004：1-30.
[21] ANSELIN L，FLORAX R J G M. New Directions in Spatial Econometrics[M]. Berlin：Springer-Verlag. 1999.
[22] 杨丽桃. 福州城区土地利用变化 LCM 模型构建与模拟[D]. 福州：福建农林大学，2012.
[23] 杜云雷. 基于 Ann-Markov-CA 的福州城市用地变化建模与模拟研究[D]. 福州：福建农林大学，2013.
[24] 陆艺. 基于矢量元胞自动机的启东市城区土地利用变化模拟与分析[D]. 南京：南京师范大学，2013.
[25] 黄超. 基于 CA-Markov 模型的福州市景观格局动态模拟研究[D]. 福州：福建农林大学，2011.
[26] 杨丽桃，唐南奇，张黎明. 城市土地利用变化模型的构建与模拟——以福州市城区为例[J]. 福建农林大学学报（自然科学版），2012，41（5）：538-413.
[27] 仕玉治，黄继文，刘海娇，等. 基于 LCM 模型的黄河三角洲土地利用变化预测[J]. 人民黄河，2014，36（2）：68-70.
[28] 彭锋. 基于 RS 与 GIS 的银川市土地利用/土地覆盖变化研究[D]. 兰州：兰州大学，2011.
[29] 邵景安，李阳兵，魏朝富，等. 区域土地利用变化驱动力研究前景展望[J]. 地球科学进展，2007，22（8）：798-809.

第3章 关天经济区生态系统服务功能时空演变

3.1 基于CASA模型的农田生态系统净第一性生产力估算

考虑关天经济区环境条件和研究对象本身特征，借鉴已往学者研究结果，采用CASA光能利用率模型[1-8]对关中–天水经济区农田生态系统净第一性生产力物质量及价值量进行估算。

3.1.1 CASA估算模型

将提取的NDVI栅格数据导入ArcGIS 9.3软件平台，由式（3-1）、式（3-2）计算出SR值（比值植被指数）和FPAR（x, t）$_{\mathrm{NDVI}}$值（NDVI计算所得的植被层吸收入射光合有效辐射比例）。

$$\mathrm{SR}(i,t)=\frac{1+\mathrm{NDVI}(i,t)}{1-\mathrm{NDVI}(i,t)} \tag{3-1}$$

$$\mathrm{FPAR}(x,t)_{\mathrm{NDVI}}=\frac{[\mathrm{NDVI}(x,t)-\mathrm{NDVI}_{i,\min}]\times(\mathrm{FPAR}_{\max}-\mathrm{FPAR}_{\min})}{(\mathrm{NDVI}_{i,\max}-\mathrm{NDVI}_{i,\min})}+\mathrm{FPAR}_{\min} \tag{3-2}$$

将上述计算出的SR值和FPAR值代入式（3-3）中，求得FPAR（x, t）$_{\mathrm{SR}}$值（SR计算所得的植被层吸收入射光合有效辐射比例）为

$$\mathrm{FPAR}(x,t)_{\mathrm{SR}}=\frac{[\mathrm{SR}(x,t)-\mathrm{SR}_{i,\min}]\times(\mathrm{FPAR}_{\max}-\mathrm{FPAR}_{\min})}{(\mathrm{SR}_{i,\max}-\mathrm{SR}_{i,\min})}+\mathrm{FPAR}_{\min} \tag{3-3}$$

$$\mathrm{FPAR}(x,t)=\frac{[\mathrm{FPAR}(x,t)_{\mathrm{NDVI}}+\mathrm{FPAR}(x,t)_{\mathrm{SR}}]}{2} \tag{3-4}$$

式中，$\mathrm{FPAR}_{\max}$取值为0.95，$\mathrm{FPAR}_{\min}$取值为0.001；$\mathrm{NDVI}_{i,\min}$和$\mathrm{NDVI}_{i,\max}$分别代表植被类型NDVI最小值和最大值；$\mathrm{SR}_{i,\min}$取值为1.08，$\mathrm{SR}_{i,\max}$的大小与植被类型有关。

将式（3-4）计算所得FPAR值代入式（3-5）中，来计算APAR值（吸收光合有效辐射，$\mathrm{MJ/m^2}$）。

$$\mathrm{APAR}(x,t)=\mathrm{SOL}(x,t)\times\mathrm{FPAR}(x,t)\times 0.48 \tag{3-5}$$

式中，APAR（x, t）值取决于太阳总辐射和植被对光合有效辐射的吸收比例（FPAR），SOL（x, t）表示象元x在t月的太阳总辐射（$\mathrm{MJ/m^2}$）；0.48表示植被所能利用的太阳有效辐射（波长为0.38～0.71μm）占太阳总辐射的比例。

在理想状况之下植被具有最大光能利用率，但在现实条件之中，植被光能利用率主要受水分和温度的影响。计算公式为

$$\varepsilon(x,t) = f_1(x,t) \times f_2(x,t) \times w(x,t) \times \varepsilon_{\max} \tag{3-6}$$

$$f_1(x,t) = 0.8 + 0.02 \times T_{\text{opt}}(x) - 0.0005 \times [T_{\text{opt}}(x)]^2 \tag{3-7}$$

$$f_2(x,t) = \frac{1.84 \times (1 + \exp\{0.3 \times [-T_{\text{opt}}(x) - 10 + T(x,t)]\})}{1 + \exp\{0.2 \times [T_{\text{opt}}(x) - 10 - T(x,t)]\}} \tag{3-8}$$

$$w(x,t) = 0.5 + \frac{0.5 \times E(x,t)}{E_{\text{p}}(x,t)} \tag{3-9}$$

式中，ε（x, t）表示 t 月象元 x 的光能利用率；f_1（x, t）和 f_2（x, t）表示低温和高温对光能利用率的胁迫作用，反映了在低温和高温时植被内在的生化作用对光合的限制而降低净初级生产力；w（x, t）为水分胁迫影响系数，反映植被所能利用的有效水分条件对光能利用率的影响。随着环境中有效水分的增加，w（x, t）逐渐增大，它的取值范围为 0.5（在极端干旱条件下）到 1（非常湿润条件下）；$\varepsilon_{\max}$ 是理想状态下的最大光能利用率，取值参考朱文泉等的模拟值[9]；T_{opt}（x）是某一区域一年内 NDVI 值达到最高时的当月平均气温。已有研究表明，NDVI 的大小及其变化可以反映植被的生长状况，当 NDVI 达到最高时，植被生长最快，此时的气温可以在一定程度上代表植被生长的最适温度；E_{p}（x, t）为研究区的潜在蒸散量；E（x, t）为研究区的实际蒸散量，潜在蒸散量及实际蒸散量的值可以根据朱文泉等[9]、阳小琼等[10]、王艳艳等[11]和 Fang 等[12]的研究方法获得。

在 CASA 模型中植被净第一性生产力物质量由植被吸收的光合有效辐射（APAR）及实际光能利用率计算得出，算法如式（3-10）所示：

$$\text{NPP}(x,t) = \text{APAR}(x,t) \times \varepsilon(x,t) \tag{3-10}$$

3.1.2　关中–天水经济区 NPP 估算

1. 关中–天水经济区 NPP 年际变化分析

从图 3-1 中可看出，关中–天水经济区农田生态系统净第一性生产力（NPP）从 1980 年到 2010 年呈现增长趋势，其中旱地的 NPP 明显大于水浇地，主要由于关

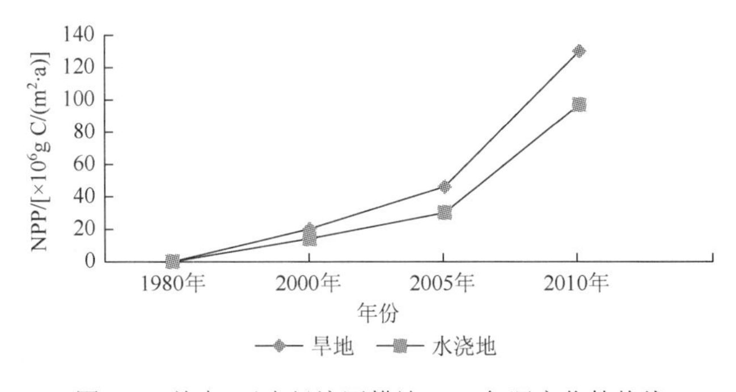

图 3-1　关中–天水经济区耕地 NPP 年际变化趋势线

中-天水经济区地形复杂，气候干旱，且该区农田生态系统主要以旱地为主，水浇地面积较少。

2. 关中-天水经济区 NPP 物质量年际变化情况

结合表 3-1 可知，关中-天水经济区在 1980～2010 年间的 NPP 转移物质量总体上呈现递增趋势，最大值为渭南市，达 120 145g C/(m^2·a)，最小值为杨凌示范区，为 953.479g C/(m^2·a)。其中天水市辖区 NPP 转移物质量最大，为 36 460.3g C/(m^2·a)，宝鸡市太白县的 NPP 转移物质量最小，为 399.029g C/(m^2·a)。

表 3-1　关中-天水经济区各区县 1980～2010 年 NPP 转移物质量［单位：g C/(m^2·a)］

区县名称	1980～2000 年	2000～2005 年	2005～2010 年	1980～2010 年
太白县	–1 519	1 834.48	102.314	399.029
凤县	–4 007	6 009.58	547.132	2 481.78
眉县	–1 546	7 147.64	–337.011	5 363.71
岐山县	–1 719	9 084.12	1 184.12	8 983.03
扶风县	–1 571	10 233.4	–336.618	8 604.95
凤翔县	–2 686	13 269	–213.766	10 819.7
千阳县	–1 133	8 454.43	–547.438	7 143.74
麟游县	–2 254	10 048.8	–601.413	7 648.59
陇县	–1 827	13 334.3	–1 419.12	10 994.5
宝鸡市区	–3 317	16 490.5	–727.096	12 454.1
宝鸡市	–21 579	95 906	–2 349	74 893
武功县	–1 582	6 772.66	–500.363	4 699.83
兴平市	–1 778	7 692.94	–240.571	5 691.67
永寿县	347	6 818.18	875.577	8 097.7
泾阳县	111	9 496.62	694.304	10 338.3
乾县	–441	13 436	669.876	13 684.9
礼泉	–869	11 756.7	–83.953 9	10 810.8
三原县	560	7 416.88	819.398	8 792.84
彬县	–43	10 622	–152.988	10 408.1
长武县	207	5 526.58	–804.744	5 092.74
旬邑县	–261	8 613.38	–257.817	8 191.9
淳化县	31	8 485.26	1 810.93	10 279.2
咸阳市区	–6	6 038.24	–165.374	5 789.03
咸阳市	–3 755	94 190	853	91 598
华县	1 140	5 104.29	110.423	6 330.16
潼关县	516	2 069.32	–550.227	2 081.51
华阴市	2 037	3 566.16	–1 140.7	4 394.44

续表

区县名称	1980～2000 年	2000～2005 年	2005～2010 年	1980～2010 年
大荔县	5 579	11 810.8	−6 692.52	10 872.3
富平县	3 056	13 986.5	1 644.45	18 688.4
蒲城县	7 344	16 402.4	−2 485.33	21 293.5
合阳县	2 954	6 985.81	−1 115.46	8 895.9
澄城县	3 643	7 125.33	−907.194	10 086.2
白水县	1 792	6 880.79	−1 310.29	7 560.29
韩城市	−386	5 462.69	251.683	5 252.22
渭南市区	2 470	12 922.2	−1 006.04	14 411.1
渭南市	30 176	100 802	−11 390	120 145
宜君县	−1 602	6 559.41	−849.954	4 177.23
铜川市区	−1 001	13 099	1 303.66	13 631.2
铜川市	−2 603	19 658	454	17 808
周至县	−4 275	12 534.4	−514.089	7 685.31
户县	−1 928	8 148.18	1 522.09	7 458.08
蓝田县	−3 430	10 572.9	2 520.14	10 397.9
高陵县	−54	3 839.98	−146.76	3 632.07
西安市区	−1 377	26 260.5	4 316.85	29 866.7
西安市	−11 064	61 356	7 698	59 040
杨凌示范区	−250	1 276.48	−102.696	953.479
柞水县	−3 790	7 956.49	1 454.3	5 884.8
丹凤县	−2 959	6 739.29	−594.821	3 684.94
洛南县	−2 961	9 614	−1 157.73	6 122.45
商州区	−3 003	8 101.27	515.088	6 282.36
商洛市（部分）	−12 714	32 411	217	21 975
清水县	1 728	20 468.7	−1 239.2	20 276.7
秦安县	2 646	20 316.9	−2 194.65	20 176.4
甘谷县	3 064	17 001.3	−3 069.31	16 925.5
武山县	2 137	10 591.5	−2 667.7	9 829.01
张家川回族自治县	297	11 307.5	−1 807.07	9 785.68
天水市区	660	40 924.4	−4 471.35	36 460.3
天水市	10 532	120 610	−15 449	113 454

从年际变化上看，1980～2010 年关中-天水经济区大部分区县 NPP 转移物质量呈现先减少再增加，最后减少的变化趋势，如宝鸡市、咸阳市、铜川市、西安

市、杨凌示范区和商洛市（部分区县）所辖各区县；小部分区县 NPP 转移物质量呈现先增加，后减少的变化趋势，如渭南市和天水市所辖区县。

对比关中-天水经济区 NPP 物质的年际变化量，计算出基于关中-天水经济区县市的农田生态系统 NPP 物质量在 30 年间变化率如图 3-2 所示。

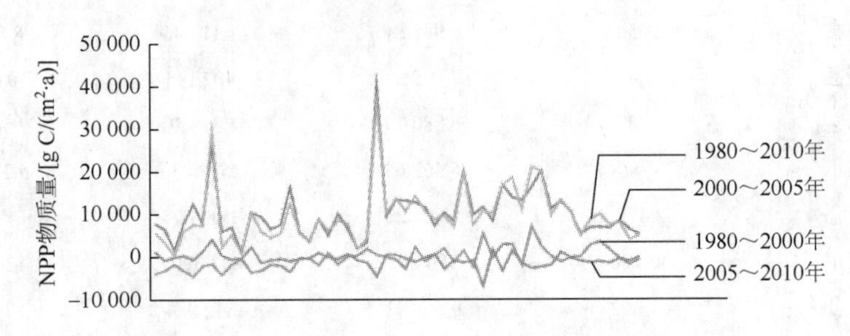

图 3-2　1980～2010 年关中-天水经济区 NPP 变化率

根据表 3-1 和图 3-2 可知，关中-天水经济区的大部分城市农田生态系统的 NPP 物质量有所增加，2000～2005 年间增加量较大，1980～2000 年和 2005～2010 年主要呈现递减变化，也有部分城市呈现增加趋势，总体上呈递增变化。

结合关中-天水经济区的自然和社会条件，净第一性生产力物质量减少的区域主要是城市化进程较快的地区和生态环境遭到严重破坏的地区。相反，净第一性生产力物质量增加的区域主要是地区经济发展步伐较慢的地区，生态环境处于良性循环中的地区。

3.1.3　关中-天水经济区农田生态系统 NPP 价值量估算

1. 农田生态系统 NPP 价值量估算模型

为了对关中-天水经济区农田生态系统净第一性生产力进行详细的估算，应用以下估算模型进行计算，如式（3-11）所示

$$V = \frac{AQ_1}{BQ_2} \times P \tag{3-11}$$

式中，V 为植被净第一性生产力价值量；A 为植被净第一性生产力物质量；B 为煤的质量系数，标煤 B 取值为 1；P 代表标煤的市场价格，取值为 345.5 元/t；Q_1 为干重生物量折合热量，为常数，$Q_1 = 6.7\text{kJ/g}$；Q_2 代表标煤的折合热量，为常数，$Q_2 = 29.3\text{kJ/g}$。

2. 关中-天水经济区 NPP 价值量测评结果

1980～2010 年关中-天水经济区农田生态系统净第一性生产力价值量时空变化特征如图 3-3 所示。

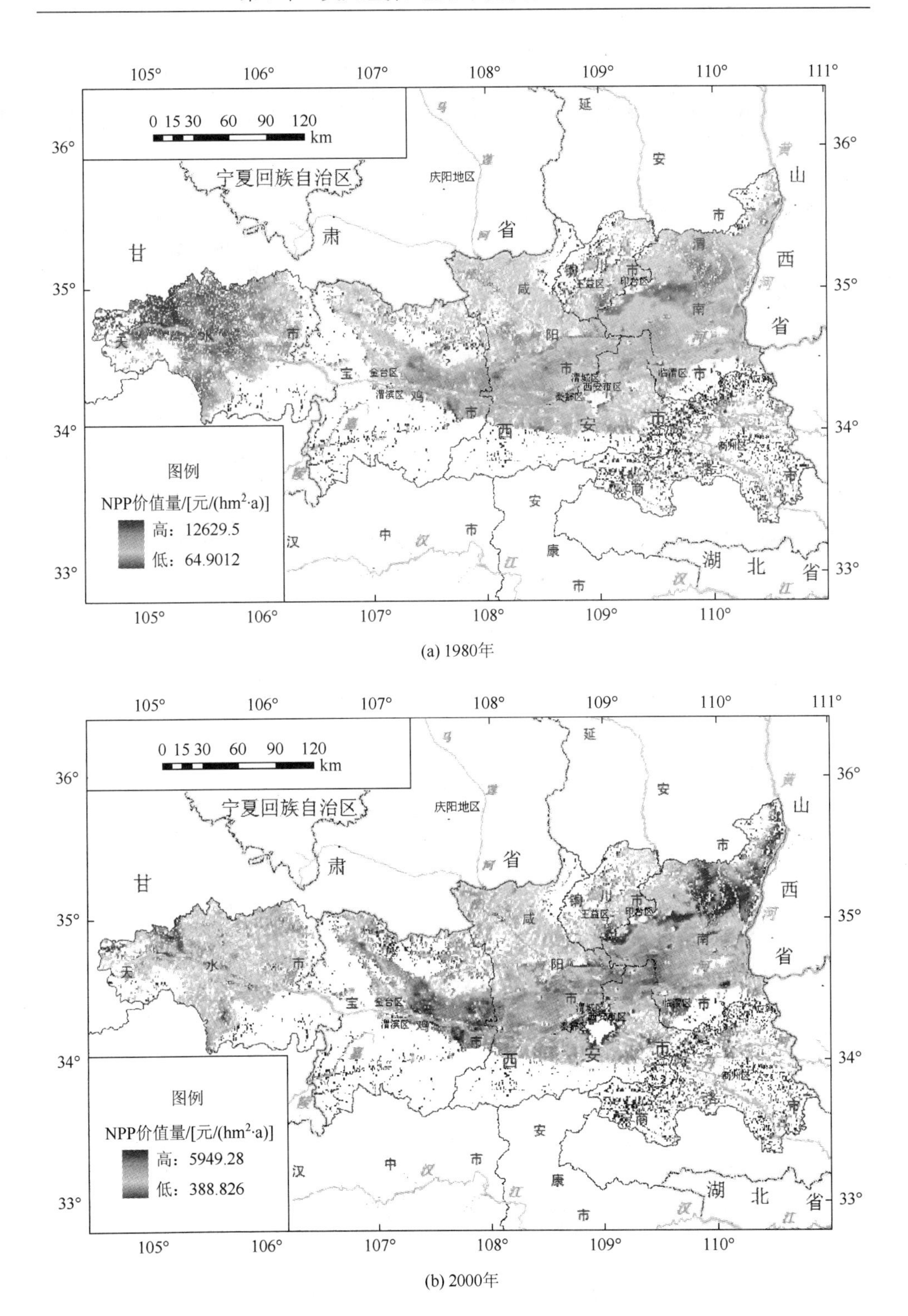

(a) 1980年

(b) 2000年

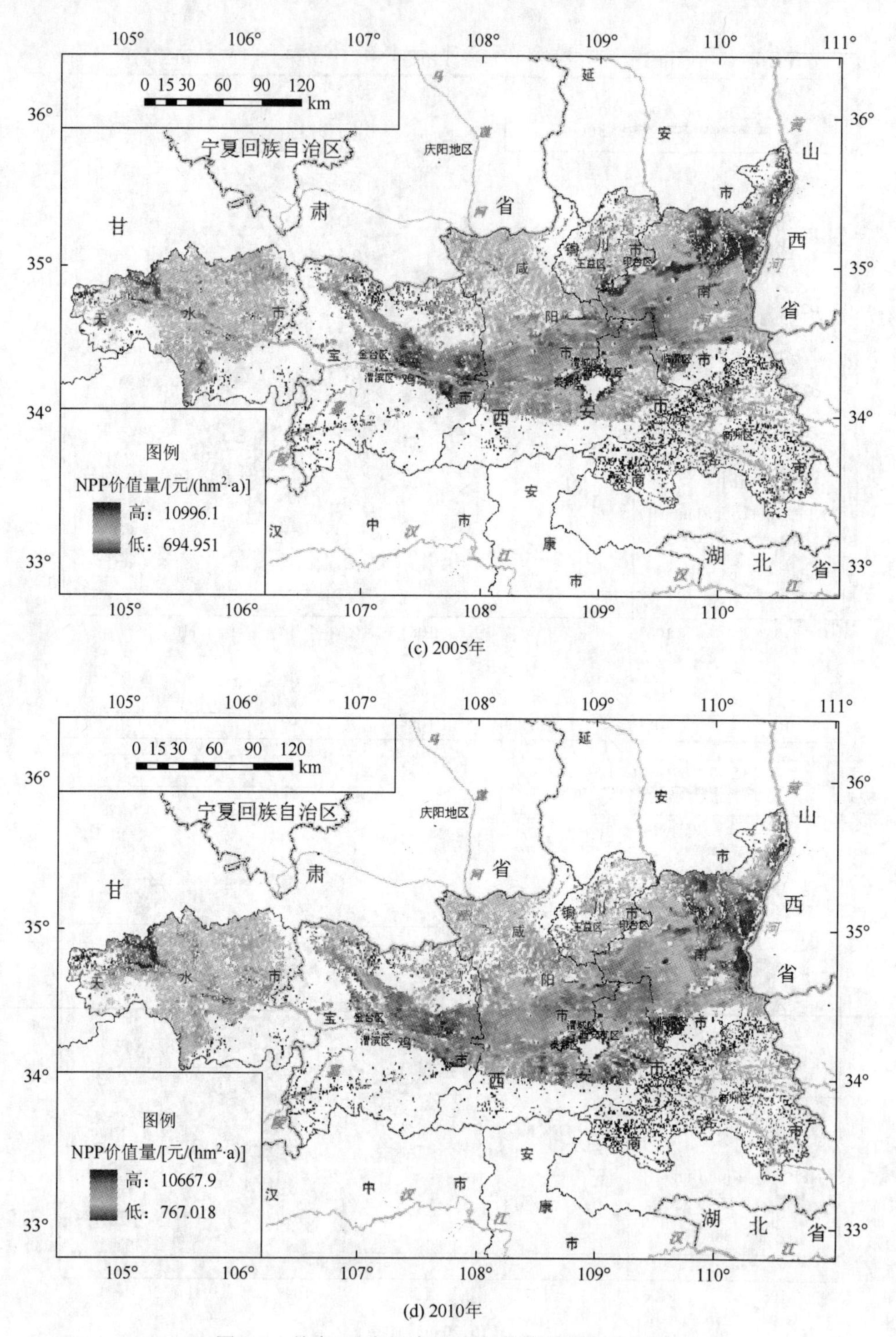

(c) 2005年

(d) 2010年

图 3-3　关中-天水经济区 NPP 价值量空间分布图

通过估算关中-天水经济区内农田生态系统 NPP 的价值量，可将净第一性生产力货币化(图 3-4 所示)。结合图 3-3 和图 3-4 可知：关中-天水经济区农田生态系统 NPP 价值量空间分布呈现以下变化：中部、东南部 NPP 价值量大，东北、西北地区 NPP 价值量较小；渭南市、咸阳市和宝鸡市 NPP 价值总量大，而天水市、商洛市、西安市和铜川市 NPP 总量居后，最低值为杨凌示范区。

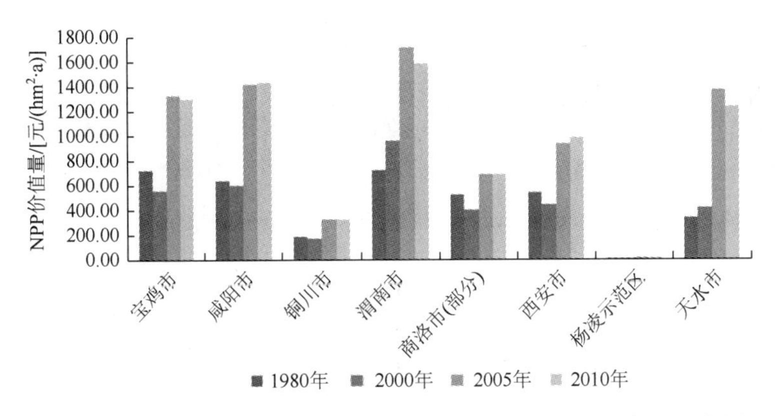

图 3-4　关中-天水经济区各市区农田生态系统 NPP 价值量柱状分布图

表 3-2 为 1980～2010 年关中-天水经济区农田生态系统各市、县、区的 NPP 价值总量。

表 3-2　关中-天水经济区农田生态系统 NPP 价值量　[单位：元/(hm²·a)]

区县名称	1980 年	2000 年	2005 年	2010 年
凤县	75.73	46.07	93.27	96.22
眉县	54.59	39.73	101.16	98.12
太白县	27.45	18.00	30.01	30.86
岐山县	67.95	52.06	129.60	138.13
扶风县	71.41	57.29	140.77	138.12
凤翔县	96.47	72.65	179.86	177.77
千阳县	52.30	43.82	109.73	105.17
麟游县	79.62	61.93	144.93	140.57
陇县	81.48	64.99	178.18	167.43
宝鸡市区	112.34	95.28	218.03	206.97
宝鸡市	719.35	551.80	1 325.55	1 299.36
武功县	45.71	32.34	85.19	81.09
兴平市	60.19	44.83	104.51	102.61

续表

区县名称	1980 年	2000 年	2005 年	2010 年
礼泉县	79.16	71.37	163.37	162.62
三原县	41.90	46.24	104.42	110.53
乾县	78.26	73.51	179.89	184.29
永寿县	35.29	38.56	91.97	100.76
泾阳县	59.41	59.37	134.25	139.55
淳化县	53.25	53.39	119.48	132.67
彬县	58.12	57.03	143.08	140.89
长武县	26.62	27.31	74.04	68.49
旬邑县	57.51	54.88	124.80	120.90
咸阳市区	41.51	40.06	88.03	85.40
咸阳市	636.93	598.91	1 413.04	1 429.80
宜君县	68.00	56.68	109.74	100.99
铜川市区	120.17	111.53	219.07	226.80
铜川市	188.17	168.21	328.82	327.79
华县	53.45	61.67	102.76	103.11
潼关县	21.77	25.45	41.82	37.48
华阴市	30.07	46.05	74.09	64.45
大荔县	111.16	155.39	257.52	201.15
富平县	76.70	101.08	212.92	225.10
蒲城县	92.36	149.11	280.72	258.45
合阳县	60.76	83.48	141.54	129.58
澄城县	50.74	78.56	136.77	129.28
白水县	52.39	65.11	122.21	111.57
韩城市	60.23	56.78	102.15	97.54
渭南市区	113.37	131.30	235.70	225.53
渭南市	723.01	953.98	1 708.18	1 583.25
柞水县	114.92	82.10	151.99	163.79
丹凤县	105.04	74.04	140.09	131.44
洛南县	167.03	128.91	222.58	213.04
商州区	135.62	105.77	174.18	178.21
商洛市（部分）	522.62	390.82	688.84	686.47
周至县	101.67	69.80	165.63	160.59
户县	64.46	49.99	111.64	117.58
蓝田县	132.62	96.80	192.96	213.73

续表

区县名称	1980 年	2000 年	2005 年	2010 年
高陵县	24.93	24.40	54.12	52.70
西安市区	215.01	196.70	409.66	437.51
西安市	538.69	437.69	934.01	982.11
杨凌示范区	9.34	7.04	17.11	16.30
秦安县	36.53	57.65	217.80	196.59
清水县	65.18	79.87	241.35	229.69
武山县	30.10	45.79	129.23	107.74
甘谷县	28.46	51.15	185.34	161.44
张家川回族自治县	48.03	49.90	139.05	125.11
天水市区	127.24	130.25	453.56	414.62
天水市	335.55	414.62	1366.32	1235.20

从行政区划来看，1980 年关中-天水经济区单位面积 NPP 价值量最大的为西安市辖区，为 215.01 元/($hm^2 \cdot a$)；其次为商洛市洛南县及商州区，其值分别为 167.03 元/($hm^2 \cdot a$)和 135.62 元/($hm^2 \cdot a$)；最小的为杨凌示范区，NPP 价值为 9.34 元/($hm^2 \cdot a$)。

2000 年单位面积 NPP 价值量最大的为西安市辖区，为 196.70 元/($hm^2 \cdot a$)；其次为渭南市大荔县及蒲城县，其值分别为 155.39 元/($hm^2 \cdot a$)和 149.71 元/($hm^2 \cdot a$)；最小的为杨凌示范区，NPP 价值为 7.04 元/($hm^2 \cdot a$)。

2005 年单位面积 NPP 价值量最大的为天水市辖区，NPP 价值为 453.56 元/($hm^2 \cdot a$)；其次为西安市辖区及渭南市蒲城县，其值分别为 409.66 元/($hm^2 \cdot a$)和 280.72 元/($hm^2 \cdot a$)；最小的为杨凌示范区，NPP 价值为 17.11 元/($hm^2 \cdot a$)。

2010 年单位面积 NPP 价值量最大的为西安市辖区，NPP 价值为 437.51 元/($hm^2 \cdot a$)；其次为天水市辖区及渭南市蒲城县，其值分别为 414.62 元/($hm^2 \cdot a$)和 258.45 元/($hm^2 \cdot a$)；最小的为杨凌示范区，NPP 价值为 16.30 元/($hm^2 \cdot a$)。

3.2　基于 GIS 的农田生态系统土壤保持功能估算

土壤侵蚀是我国西北地区所面临的最大生态破坏[13]，而自然因素和人为因素是影响土壤侵蚀的主要因素，自然因素作为水土流失发生、发展的先决条件，人为因素则是加剧土壤侵蚀的主要原因。

3.2.1　土壤侵蚀量的测算

本章选取美国通用水土流失方程（RUSLE）对关中-天水经济区农田生态系

统土壤侵蚀量的测算[14]。公式如（3-12）所示：

$$
\begin{cases}
A_{\mathrm{r}} = R \times K \times \mathrm{LS} \times C \times P \\
A_{\mathrm{p}} = R \times K \times \mathrm{LS} \\
A_{\mathrm{c}} = A_{\mathrm{p}} - A_{\mathrm{r}}
\end{cases}
\tag{3-12}
$$

式中，A_{r} 为土壤实际侵蚀量；A_{p} 为土壤潜在侵蚀量（$\mathrm{t/hm^2}$）；A_{c} 为土壤保持量［$\mathrm{t/(hm^2 \cdot a)}$］；$R$ 为降雨侵蚀因子；K 为土壤可侵蚀性因子；LS 为坡度坡长因子；C 为地表覆盖因子（无量纲单位）；P 为作物经营管理因子。

1. 降雨侵蚀力因子 R

降雨侵蚀能力是降雨引起土壤侵蚀的潜在能力[14]，R 因子是评价这一潜在能力的一个动力指标，是美国通用水土流失方程中的重要因子之一。其计算公式为

$$
R = 105.44 P_{6\text{-}9}^{1.2} / P - 140.96 \tag{3-13}
$$

其中，$P_{6\text{-}9}$ 为 6～9 月降水量之和，单位为 mm；P 为全年降水量，单位为 mm。

选取 1980 年、2000 年、2005 年和 2010 年关中-天水经济区所辖范围内 21 个台站的月平均降水数据。将关中-天水经济区范围内 21 个站点各年降水数据导入 ArcGIS 软件中，与关中-天水经济区的矢量数据叠加，采用反距离权重方法进行内插，得出关中-天水经济区农田生态系统的降雨因子图层，如图 3-5 所示。

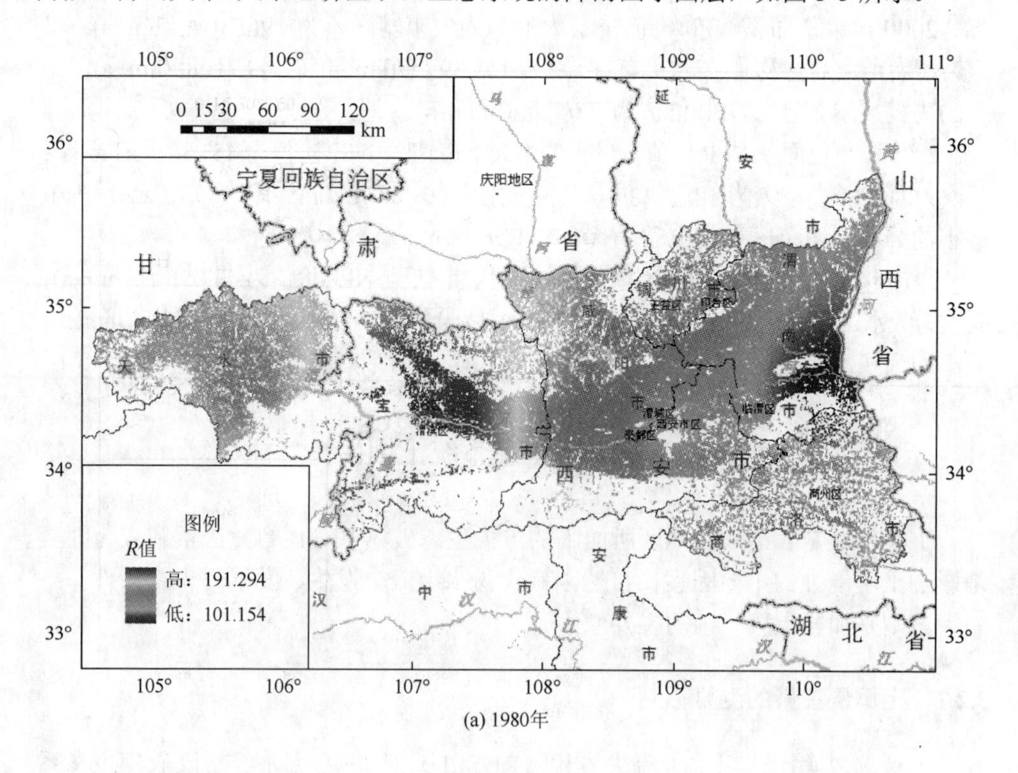

(a) 1980年

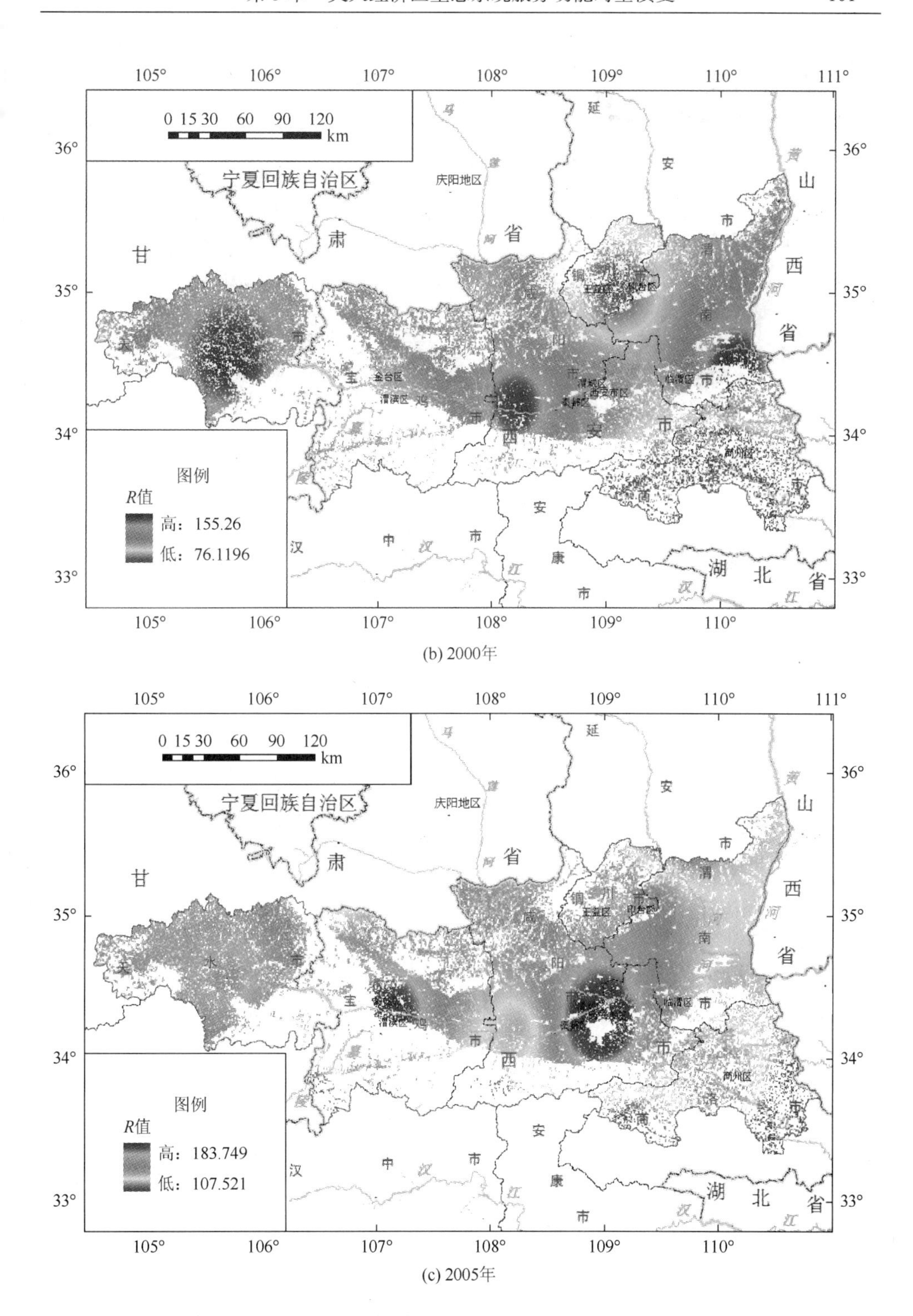

(b) 2000年

(c) 2005年

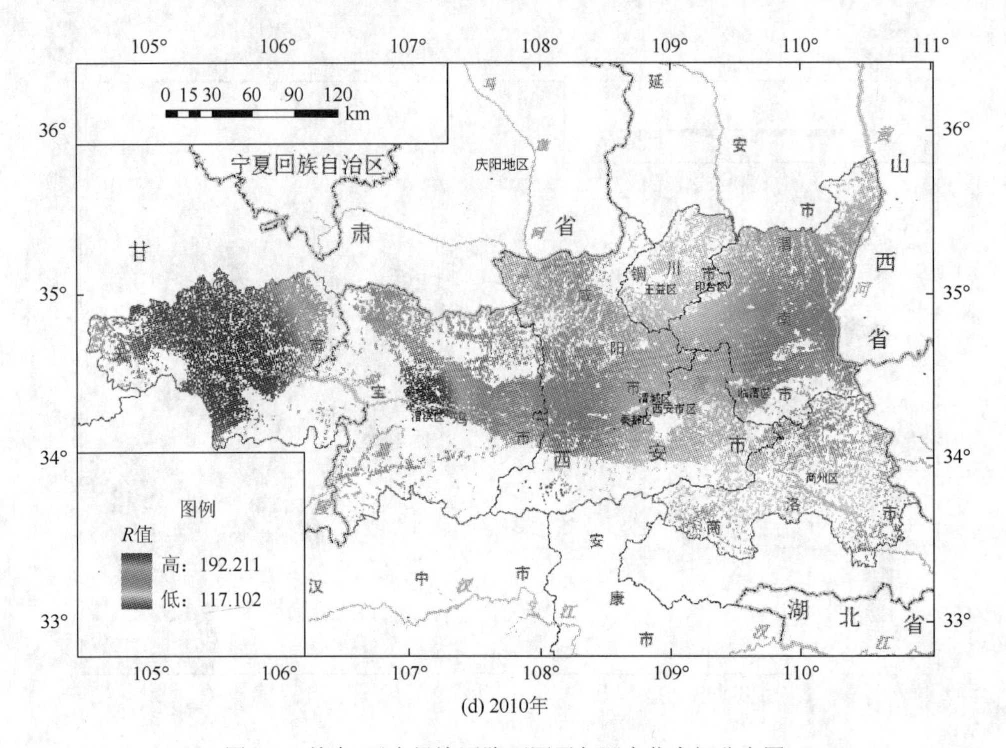

(d) 2010年

图 3-5　关中-天水经济区降雨因子年际变化空间分布图

2. 土壤可侵蚀性因子 K

K 值反映了在其他影响因子确定时，不同类型土壤所具有的不同侵蚀速度，同时也反映了研究区的土壤可蚀性。土壤侵蚀因子（K 值）的经验公式[15]为

$$K=1/100\times[2.1\times(n_1\times n_2)^{1.14}\times(12-O_{\text{a}})\times(10^{-4})+3.25\times(M-2)+2.5\times(F-3)] \tag{3-14}$$

式中，n_1 为粉砂与极细砂占总粉砂的含量；n_2 为粉粒与砂粒占土壤的含量；O_{a} 为有机质含量（%）；M 为有机质含量分级；F 为黏粒含量的分级，其具体分级见表 3-3。

在 ArcGIS 中利用土壤矢量图，并赋予每个地块相应 K 值，然后转换成土壤可蚀性栅格因子图，如图 3-6 所示。

表 3-3　黏粒含量分级和有机物质含量分级

有机质含量/%	M	黏粒含量/%	F	黏粒含量/%	F
≤0.5	4	≤10	1	27.5～39	5
0.51～1.5	3	10～15.9	2	≥39	6
1.51～4.0	2	16～21.6	3		
≥4.0	1	21.7～27.4	4		

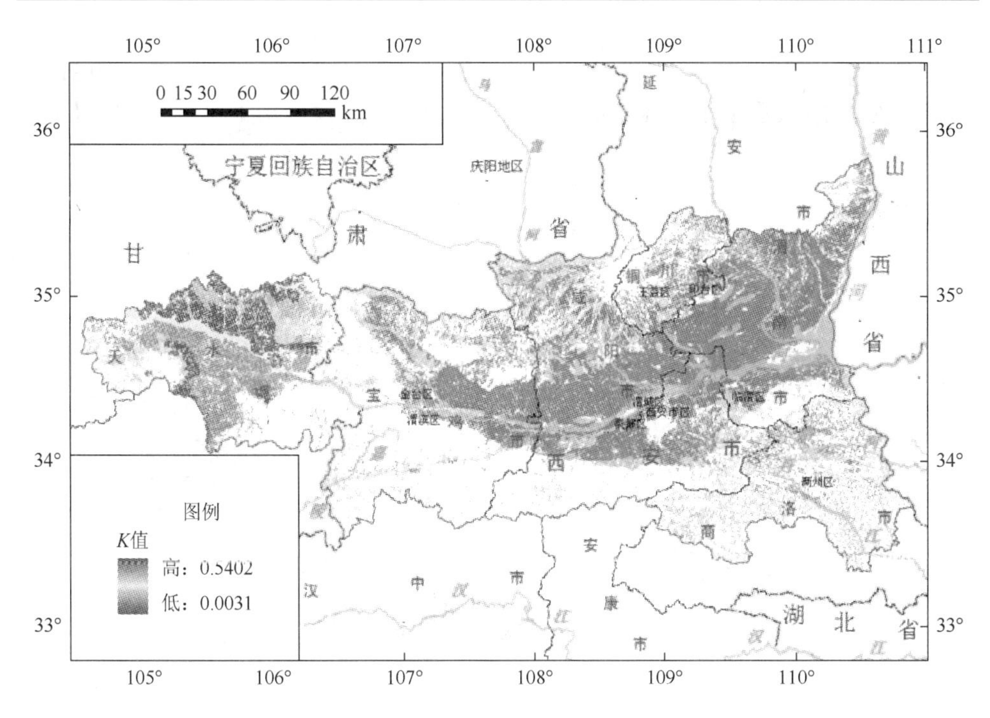

图3-6　关中-天水经济区可蚀性因子空间分布图

3. 地形因子 LS

地形是水土流失最直接的要素之一，坡长因子（L）和坡度因子（S）作为直接影响土壤侵蚀量的两个重要地形要素。采用 RUSLE 中提出的栅格单元坡长因子计算公式为

$$L = (\lambda / 22.1)^m \tag{3-15}$$

式中，L 为坡长因子；m 是可变的坡长指数；λ 是水平投影坡长，其中 m 的计算公式为

$$m = \beta / (1 + \beta) \tag{3-16}$$

式中，β 是细沟侵蚀与细沟间侵蚀的比值，公式为

$$\beta = (\sin\theta / 0.0896) / (3 \times \sin\theta \times 0.8) + 0.56 \tag{3-17}$$

式中，θ 为栅格单元的坡度。

$$S = \begin{cases} 10.8\sin\theta + 0.08 & \theta < 5° \\ 16.8\sin\theta - 0.5 & 5° \leqslant \theta < 10° \\ 21.91\sin\theta - 0.96 & \theta \geqslant 10° \end{cases} \tag{3-18}$$

基于 ArcGIS 软件，由式（3-15）～式（3-18）计算出关中-天水经济区的 L 因子和 S 因子，最后应用 Map Calculator 命令，对关中-天水经济区坡度和坡长 GRID 图层进行叠加，获得关中-天水经济区 LS 面域分布图，如图 3-7 所示。

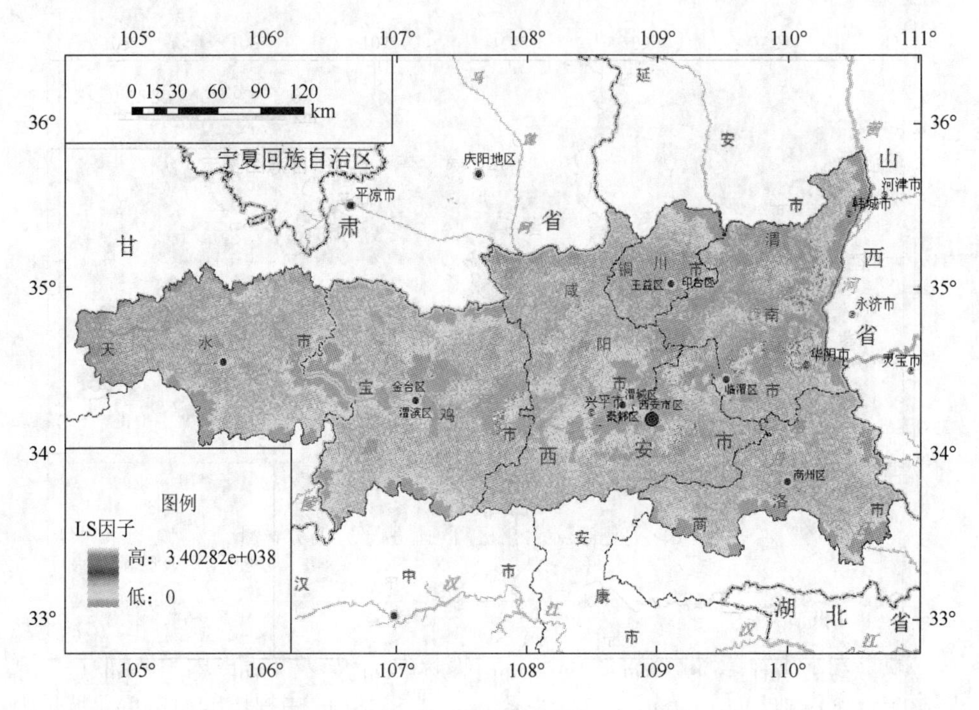

图 3-7　关中-天水经济区 LS 因子空间分布图

4. *农田水土保持措施因子 P*

土壤侵蚀在很大程度上与人类生产的耕作方式和制度有关系，本章农田水土保持措施因子 P 的取值范围一般为 0～1，0 表示该区域内完全不存在土壤侵蚀，水土保持措施做得很好，1 表示该区域范围内土壤侵蚀严重，未采取任何水土保持措施，总之，P 值越大则该区域范围内土壤侵蚀程度越严重。关中-天水经济区内的耕地大部分为旱地，其余为水浇地，水田面积很小，所以将水田归入水浇地范围内。本章采用欧阳志云等对不同的土地利用方式的赋值结果[16]，并结合当地土地利用及水土保持措施实施情况，在 ArcGIS 中利用区域矢量图，将耕地类型的二级分类中的水浇地的水土保持因子赋值为 0.15，旱地赋值为 0.5，然后转换成农田水土保持因子空间分布图（图 3-8）。

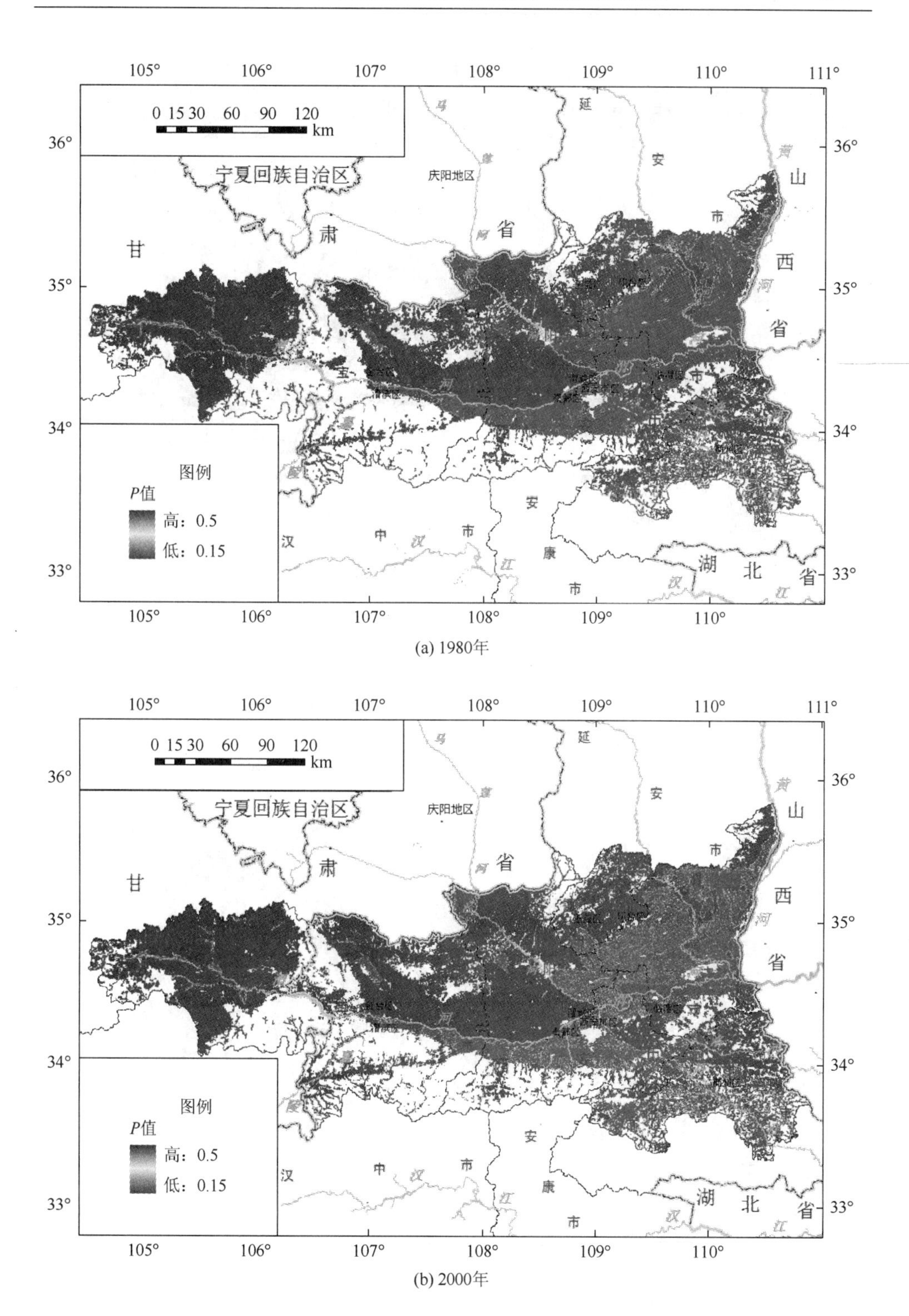

(a) 1980年

(b) 2000年

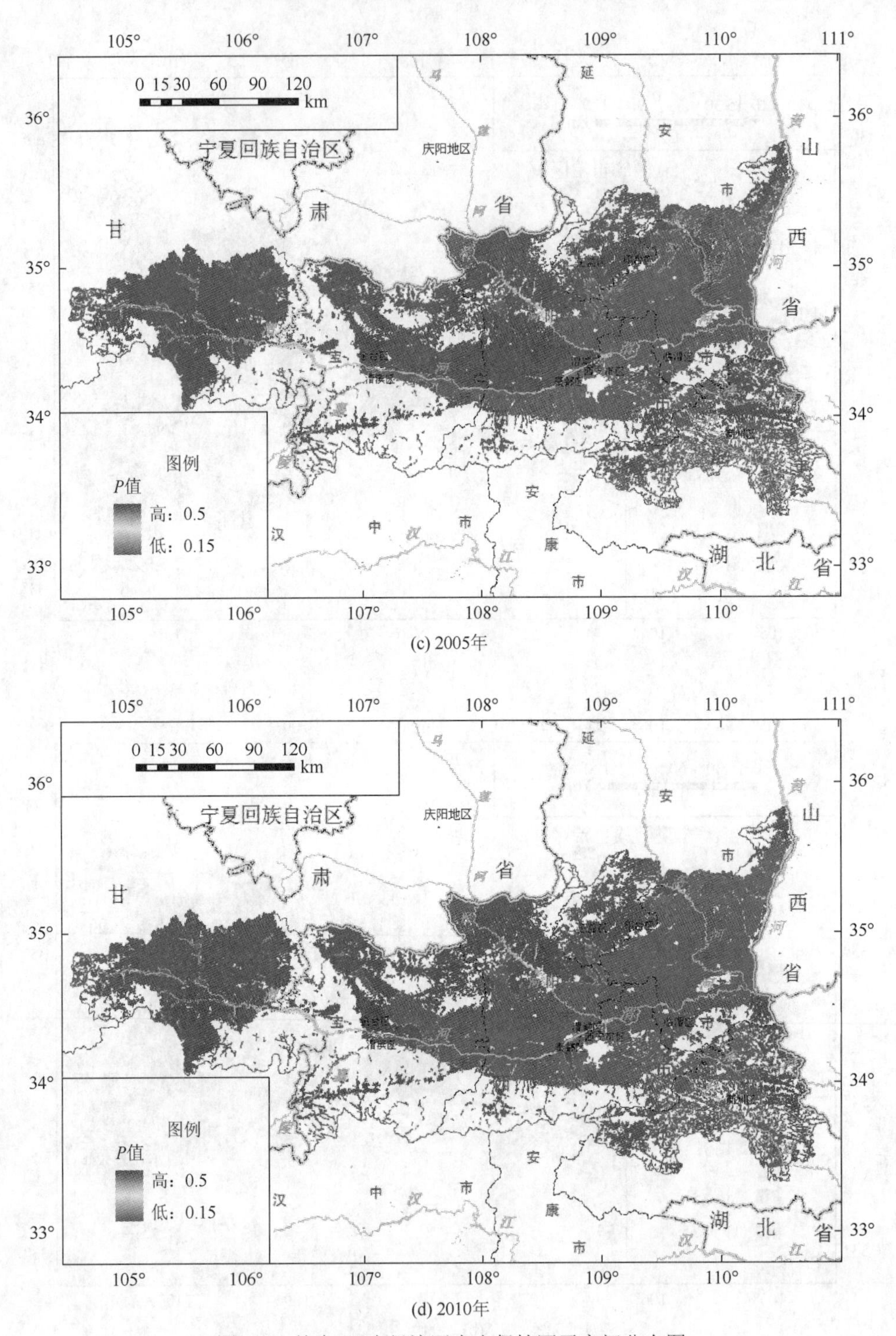

(c) 2005年

(d) 2010年

图 3-8　关中-天水经济区水土保持因子空间分布图

5. 植被覆盖和田间管理因子 *C*

植被覆盖与田间管理因子 *C* 在一定条件下决定了土壤侵蚀强度的大小，可以反映出不同植被覆盖和田间管理措施对土壤侵蚀所带来的效果。本章利用 NDVI 值计算植被覆盖度，其公式为

$$fC = \left(\frac{\text{NDVI} - \text{NDVI}_{\min}}{\text{NDVI}_{\max} - \text{NDVI}_{\min}} \right)^K \tag{3-19}$$

$$C = \begin{cases} 1 & fC = 0 \\ 0.6508 - 0.3436 \lg fC & 0 < fC < 78.3\% \\ 0 & fC > 78.3\% \end{cases} \tag{3-20}$$

式中，fC 表示植被覆盖度；$\text{NDVI}_{\min}$ 表示的是当土地没有植被覆盖或者可以表示为图像当中某种土壤类型 NDVI 最低值；$\text{NDVI}_{\max}$ 表示某种土地利用类型的所达到的 NDVI 的最大值；*K* 值为经验系数，一般取值为 1。1980～2010 年的关中-天水经济区植被覆盖和田间管理因子空间分布如图 3-9 所示。

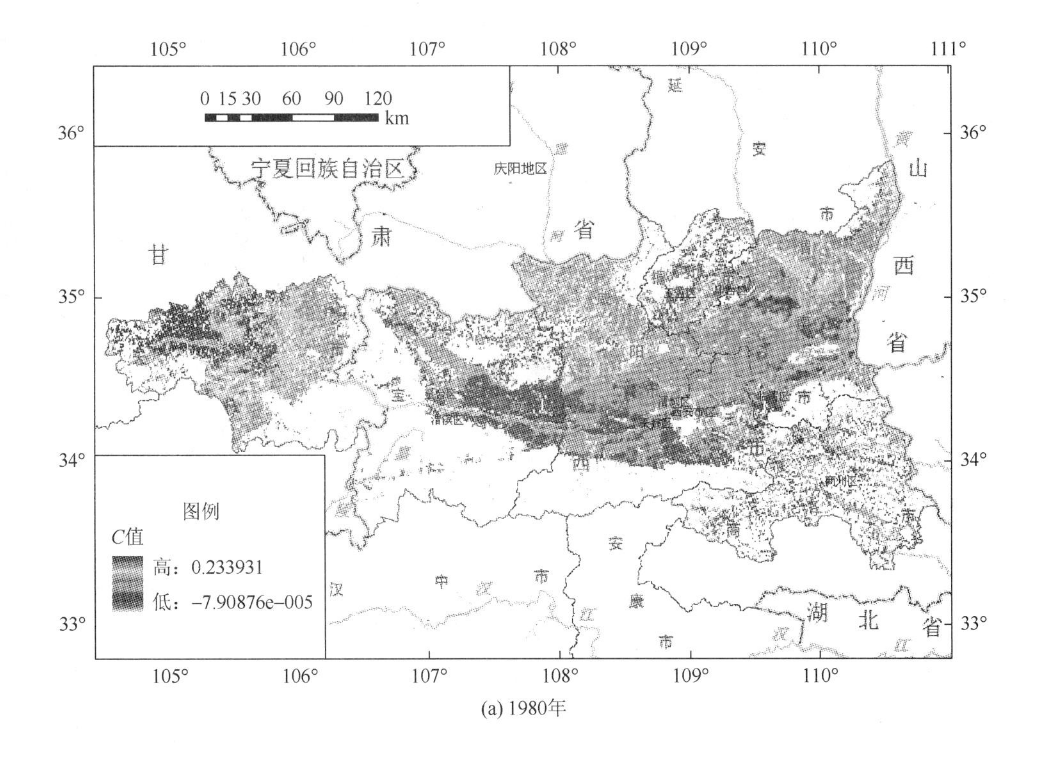

(a) 1980年

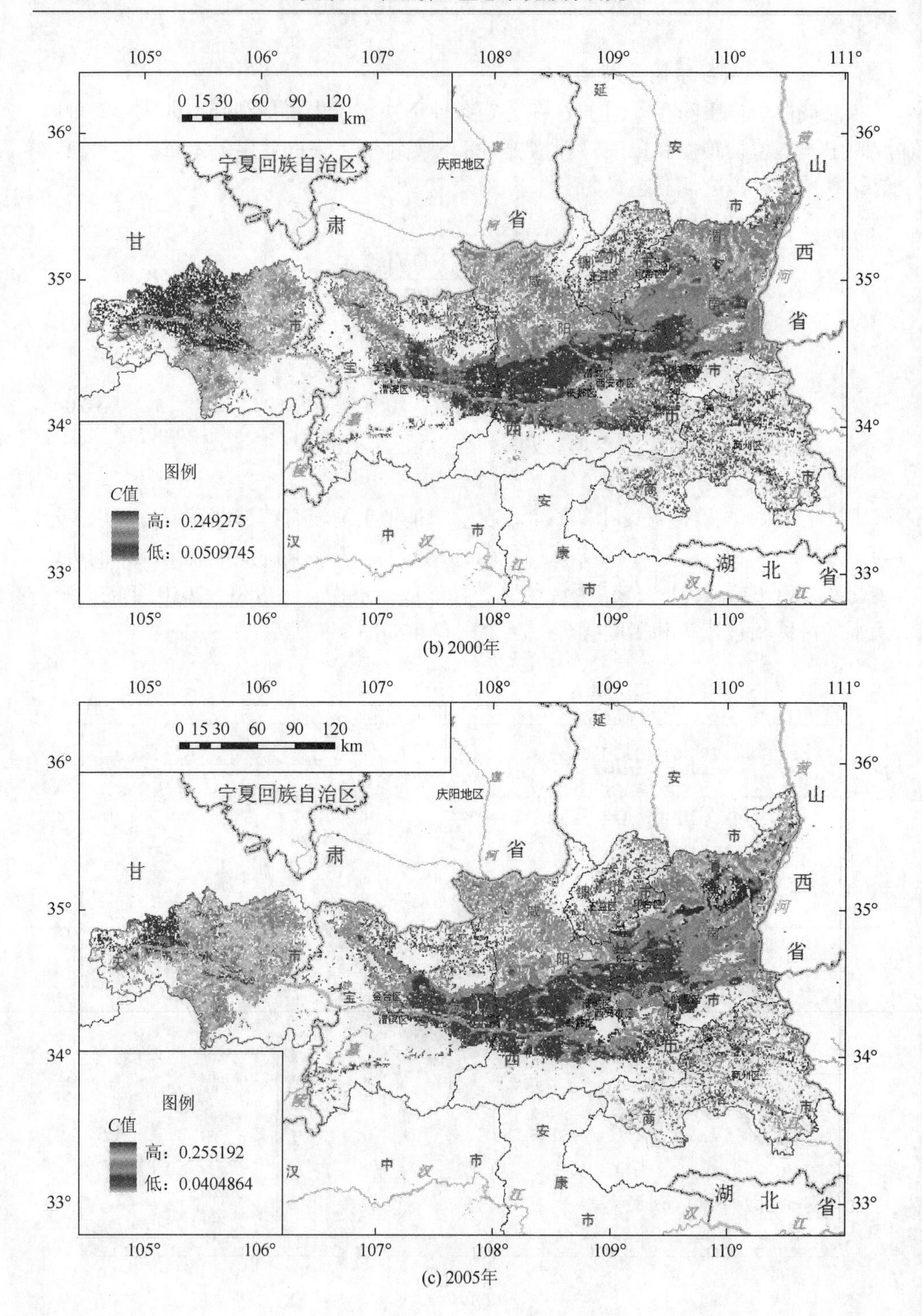
105°
106°
107°
108°
109°
110°
111°
36°
35°
34°
33°
0 15 30 60 90 120
km
延
安
市
宁夏回族自治区
庆阳地区
甘
肃
省
山
西
省
宝
西
安
汉
中
汉
市
康
江
市
湖
北
省
汉
江
商州区
商
图例
C值
高：0.249275
低：0.0509745
(b) 2000年
105°
106°
107°
108°
109°
110°
111°
36°
35°
34°
33°
0 15 30 60 90 120
km
延
安
市
宁夏回族自治区
庆阳地区
甘
肃
省
山
西
省
宝
西
安
汉
中
汉
市
康
江
市
湖
北
省
汉
江
商州区
商
图例
C值
高：0.255192
低：0.0404864
(c) 2005年

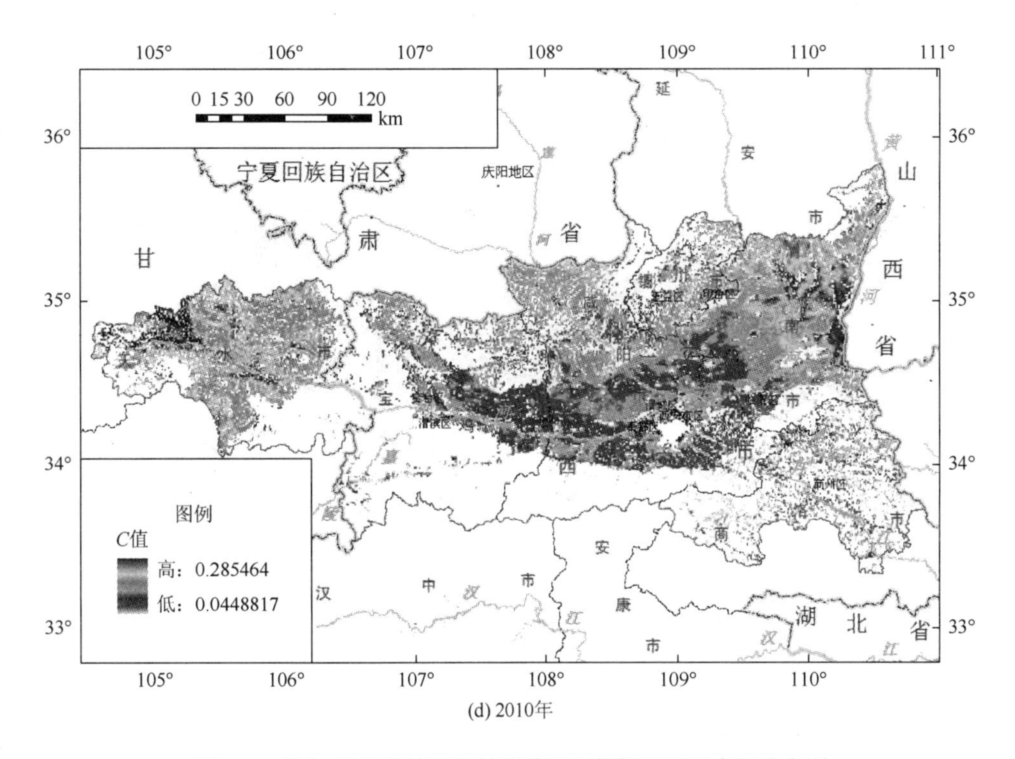

(d) 2010年

图3-9　关中-天水经济区植被覆盖和田间管理因子空间分布图

3.2.2　农田生态系统土壤侵蚀测算

1. 农田生态系统土壤侵蚀测算结果

运用式（3-12）将各因子图层转化为统一坐标系下30m×30m的栅格图，利用ArcGIS软件的栅格计算器模块将各因子连乘，可以得到不同年份土壤潜在侵蚀量（A_p）图（图3-10）。

2. 土壤保持量的估算结果

结合式（3-12），运用计算得出关中-天水经济区农田生态系统潜在土壤侵蚀量（A_p）与实际土壤侵蚀量（A_r），在ArcGIS空间分析模块的栅格计算器中进行减法运算，可以得到关中-天水经济区农田生态系统各区县基于栅格的不同时期年土壤保持量（A_c）数据（表3-4、图3-11）。

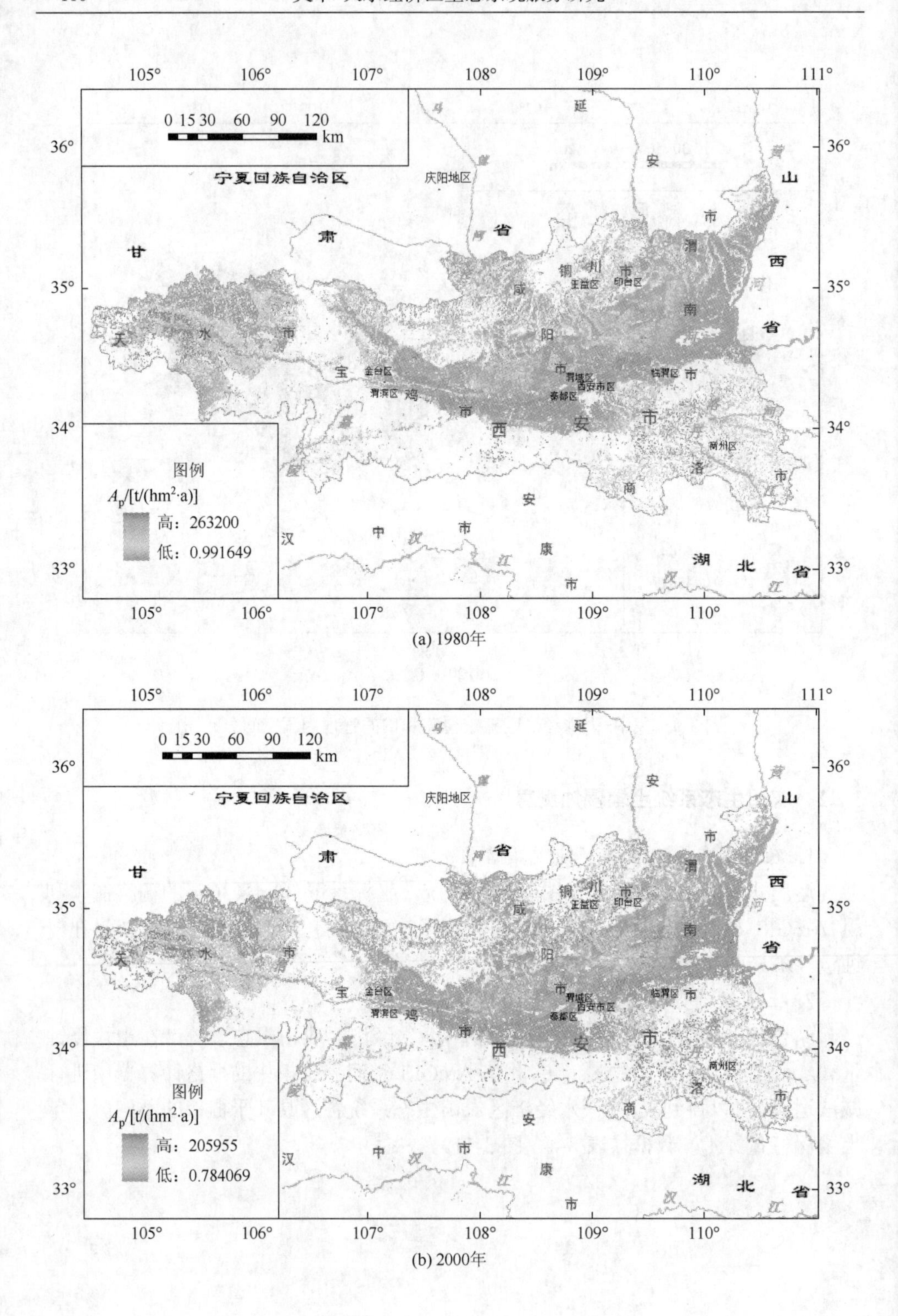

(a) 1980年

(b) 2000年

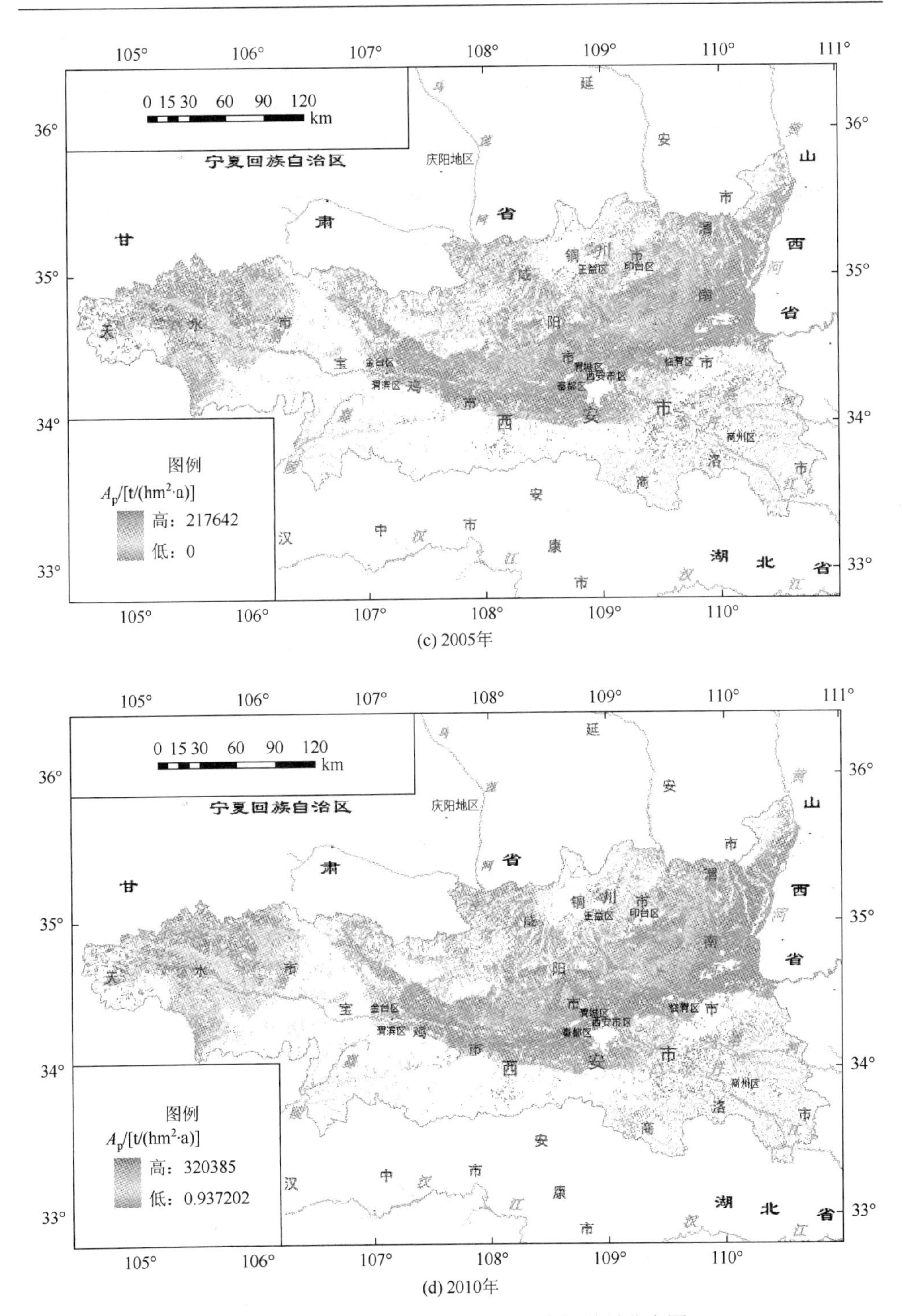

(c) 2005年

(d) 2010年

图 3-10 关中-天水经济区土壤潜在侵蚀量分布图

表 3-4 关中–天水经济区各区县土壤保持量 （单位：t）

区县名称	1980 年	2000 年	2005 年	2010 年
柞水县	116.12	53.82	169.24	62.69
丹凤县	78.58	43.61	125.83	63.96
洛南县	151.97	83.65	242.39	186.31
商州区	233.96	133.98	305.74	221.12
商洛市（部分）	580.63	315.06	843.19	534.09
周至县	297.65	34.70	372.05	65.87
户县	77.69	10.97	99.95	15.05
蓝田县	189.01	97.61	266.61	192.31
高陵县	1.80	1.22	2.05	2.62
西安市区	126.40	34.00	170.64	58.20
西安市	692.55	178.51	911.29	334.06
杨凌示范区	1.21	0.52	1.50	1.57
武功县	4.75	2.16	6.24	6.57
兴平市	4.14	2.01	4.85	5.50
永寿县	24.04	10.35	28.81	23.79
泾阳县	8.29	4.54	10.18	10.56
乾县	24.81	11.77	29.92	31.36
礼泉县	19.93	10.29	24.47	25.66
三原县	11.97	8.21	14.24	17.37
淳化县	20.43	10.85	26.34	23.64
彬县	41.45	20.07	48.85	50.57
长武县	21.27	9.71	25.00	26.83
旬邑县	190.53	41.06	246.60	82.10
咸阳市区	4.73	2.95	5.41	6.71
咸阳市	376.35	133.96	470.91	310.65
宜君县	35.94	21.39	50.09	36.36
铜川市区	228.03	104.14	289.17	185.52
铜川市	263.97	125.53	339.26	221.88
太白县	242.30	20.77	256.76	25.84
凤县	218.53	32.56	225.57	46.73

续表

区县名称	1980 年	2000 年	2005 年	2010 年
眉县	63.64	4.95	81.33	12.21
岐山县	25.36	4.88	25.80	10.71
扶风县	12.47	4.47	14.09	11.06
凤翔县	25.36	7.28	24.49	13.84
麟游县	27.59	10.69	31.02	22.65
陇县	112.59	19.36	125.57	36.38
千阳县	9.61	4.25	10.00	7.22
宝鸡市区	183.28	30.40	168.35	37.06
宝鸡市	920.73	139.63	962.98	223.70
华县	85.32	22.30	140.00	49.04
潼关县	7.20	2.96	12.41	7.18
华阴市	22.95	5.69	42.60	14.00
韩城市	23.94	8.35	37.73	15.74
大荔县	3.86	2.14	5.28	5.18
蒲城县	25.08	17.00	33.98	36.74
富平县	40.42	24.00	50.40	47.01
合阳县	6.97	4.18	10.20	9.20
澄城县	17.27	11.92	24.93	27.20
白水县	22.96	13.86	31.92	31.44
渭南市区	28.17	14.28	40.41	28.67
渭南市	284.13	126.68	429.86	271.39
甘谷县	114.02	46.61	132.71	102.88
清水县	95.28	36.01	105.61	83.28
秦安县	38.36	18.22	45.58	42.75
武山县	278.45	82.68	327.89	165.69
张家川回族自治县	61.03	20.30	69.23	46.65
天水市区	373.07	84.46	431.00	198.55
天水市	960.21	288.28	1 112.02	639.80

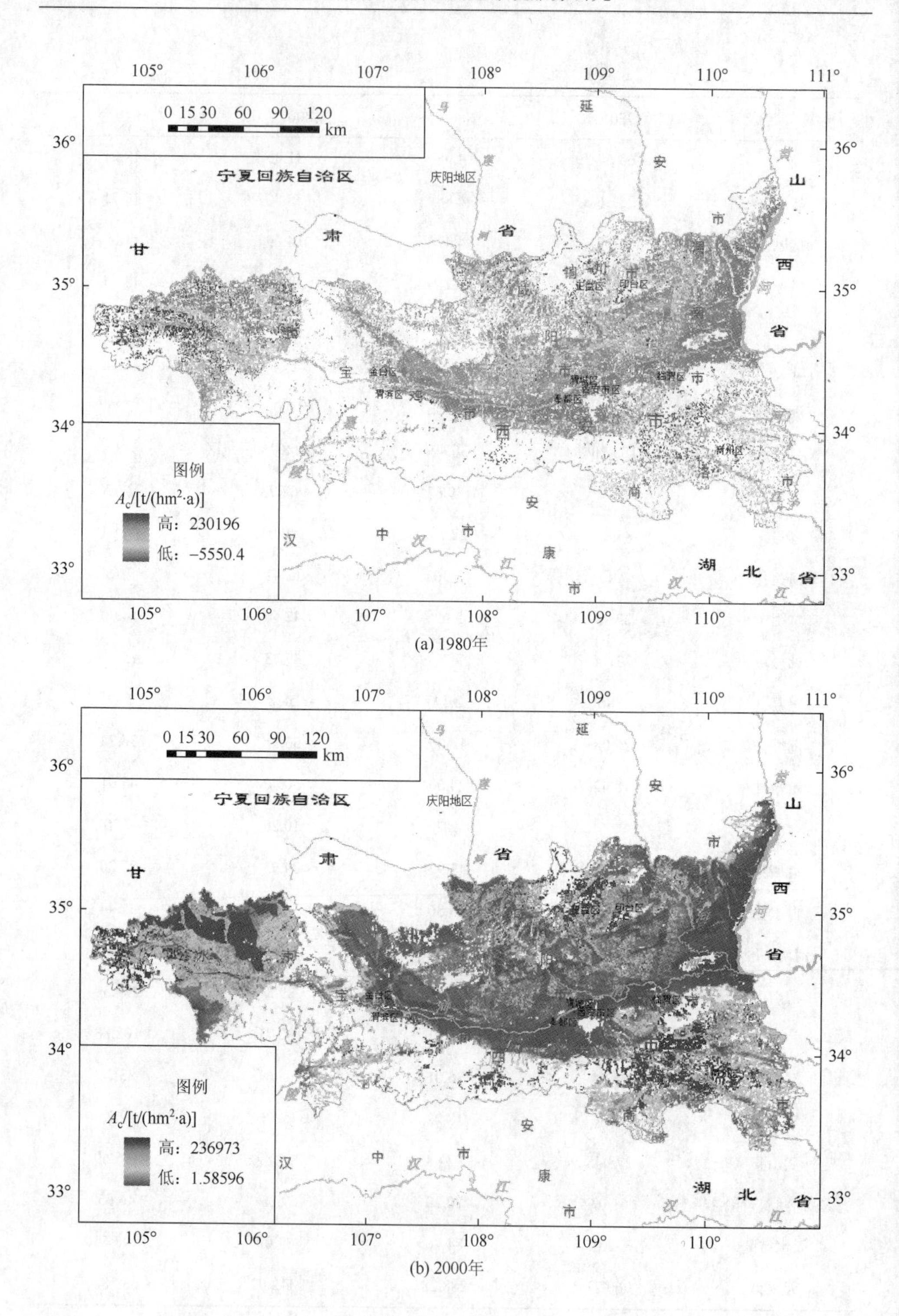

(a) 1980年

(b) 2000年

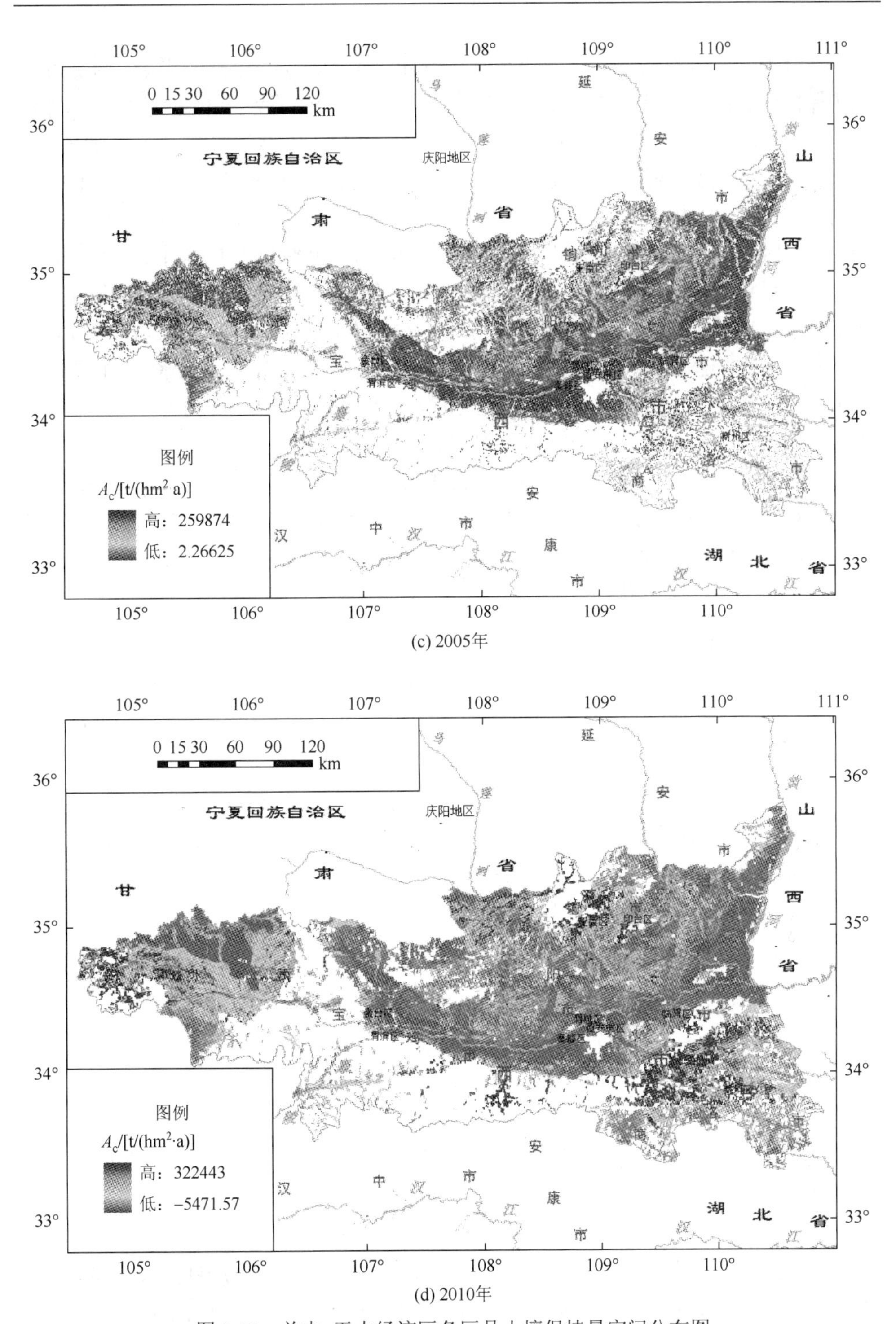

图 3-11　关中-天水经济区各区县土壤保持量空间分布图

结合表 3-3 和图 3-11 可知，1980～2010 年关中-天水经济区各区县农田生态系统土壤保持量总体上呈现：先降低、再增加、后减少的变化趋势，2010 年关中-天水经济区各区县的土壤保持量较 1980 年有一定程度的减少。1980 年关中-天水经济区各区县农田生态系统土壤保持量为天水市＞宝鸡市＞西安市＞商洛市（部分）＞咸阳市＞渭南市＞铜川市＞杨凌示范区。其中天水农田生态系统土壤保持量为 960.21t/(hm^2·a)，杨凌示范区农田生态系统土壤保持量为 1.21t/(hm^2·a)；2000 年关中-天水经济区各区县农田生态系统土壤保持量为天水市＞商洛市（部分）＞西安市＞宝鸡市＞咸阳市＞渭南市＞铜川市＞杨凌示范区。其中天水农田生态系统土壤保持量为 288.28t/(hm^2·a)，杨凌示范区农田生态系统土壤保持量为 0.52t/(hm^2·a)；2005 年关中-天水经济区各区县农田生态系统土壤保持量为天水市＞宝鸡市＞西安市＞商洛市（部分）＞咸阳市＞渭南市＞铜川市＞杨凌示范区。其中天水农田生态系统土壤保持量为 1 112.02t/(hm^2·a)，杨凌示范区农田生态系统土壤保持量为 1.5t/(hm^2·a)；2010 年关中-天水经济区各区县农田生态系统土壤保持量为天水市＞商洛市（部分）＞西安市＞咸阳市＞渭南市＞宝鸡市＞铜川市＞杨凌示范区。其中天水农田生态系统土壤保持量为 639.80t/(hm^2·a)，杨凌示范区农田生态系统土壤保持量为 1.57t/(hm^2·a)。

3.2.3 土壤保持经济效益的测评

依据关中-天水经济区农田生态系统的土壤保持量，计算出该区农田生态系统的土壤保持价值量，研究中采用机会成本法、影子工程法和市场价值法来估算保护土壤肥力价值、减少废弃土地价值及减少泥沙淤泥价值。

1. 保护土壤肥力经济价值

土壤侵蚀的不断加剧让土壤中氮、磷、钾等营养元素大量地流失，致使耕地的生产能力逐渐下降，结合关中-天水经济区土壤流失实际情况，研究数据选择的是土壤中流失含量较大的氮、磷、钾元素，具体计算公式为

$$E_{\mathrm{f}} = \sum_i A_{\mathrm{c}} C_i P_i / 10000 \quad i = N, P, K \tag{3-21}$$

式中，E_{f}代表保护土壤肥力的经济价值，元/(hm^2·a)；A_{c}代表土壤保持量，t/(hm^2·a)；C_i为土壤中氮、磷、钾的纯含量，t/(hm^2·a)；P_i为氮、磷、钾的价格，元/(hm^2·a)。关中-天水经济区保护土壤肥力经济价值空间分布如图 3-12。

2. 减少废弃土地经济价值

依据土壤保持量和土壤厚度来计算出因土壤侵蚀引起土地废弃的面积，应用机会成本法算出减少废弃土地价值，具体计算公式为

$$E_{\mathrm{s}} = A_{\mathrm{c}} \times B \div P_{\mathrm{s}} \div 0.6 \div 10000 \tag{3-22}$$

式中，E_{s}表示减少废弃土地经济价值，元/（hm^2·a)；A_{c}代表土壤保持量，t/（hm^2·a)；P_{s}代表土壤容重，t/m^3；B 代表年均效益，元。关中-天水经济区减少土地废弃经济价值空间分布如图 3-13，年际柱状分布如图 3-14。

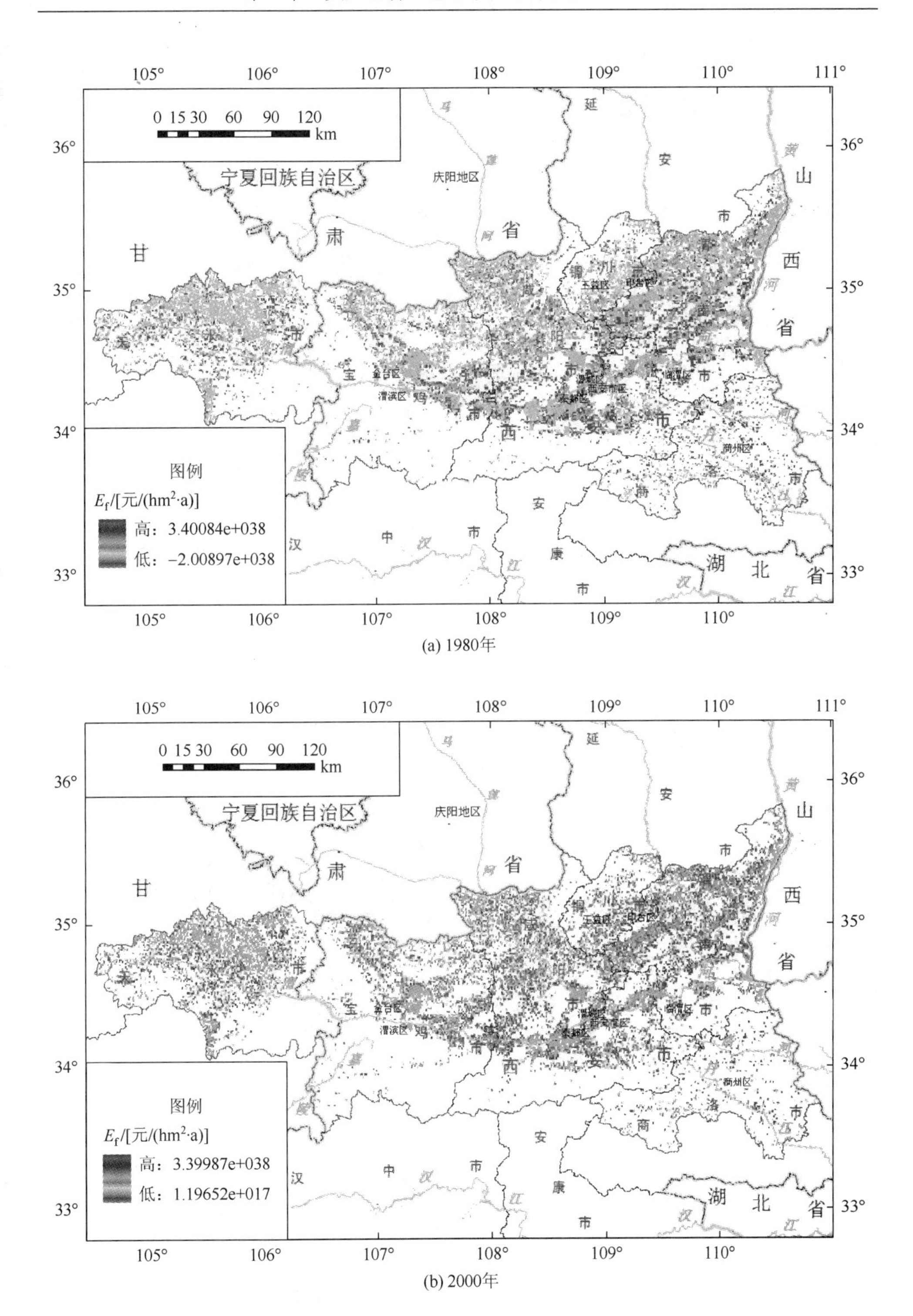

(a) 1980年

(b) 2000年

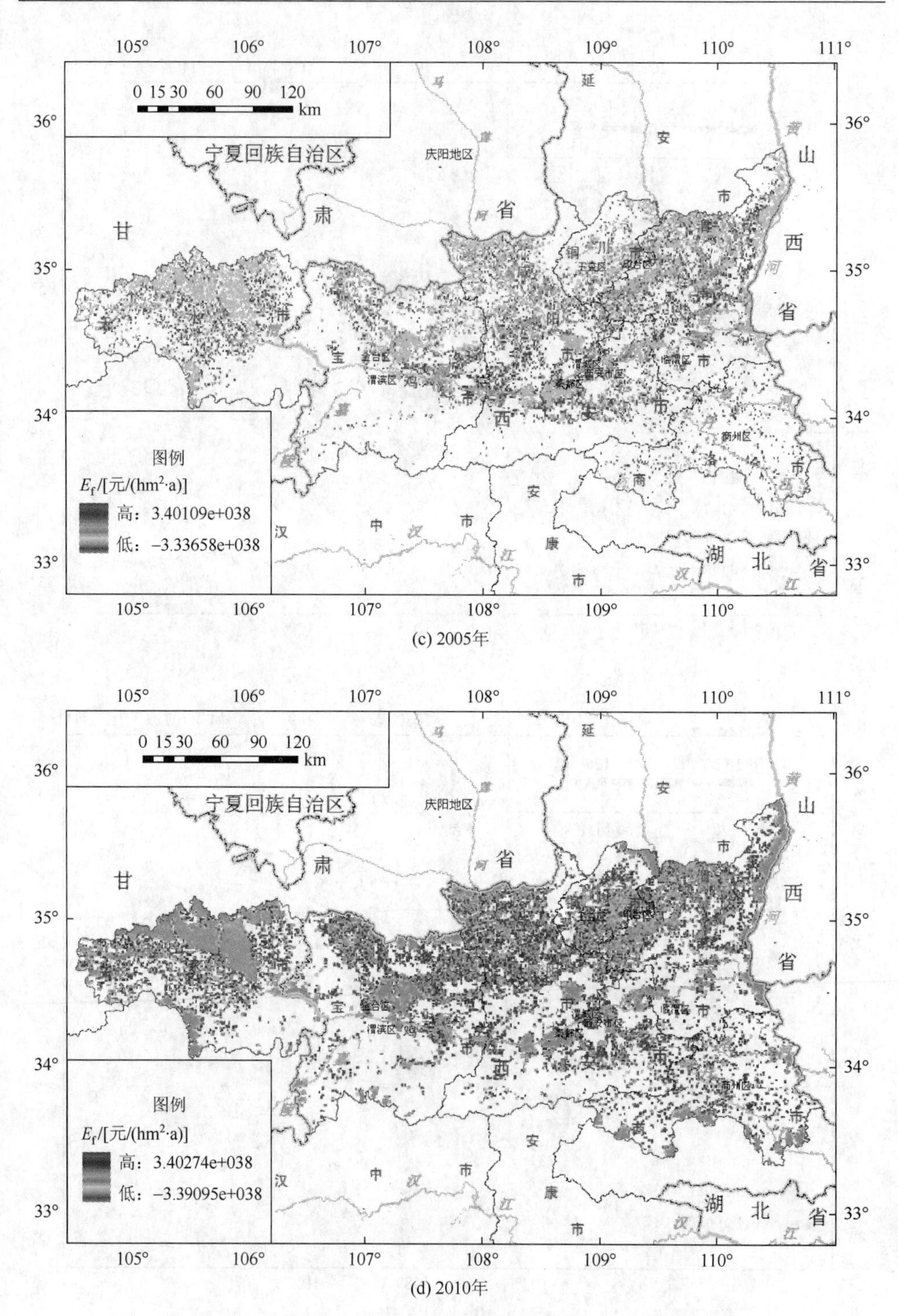

(c) 2005年

(d) 2010年

图 3-12　关中-天水经济区保护土壤肥力经济价值空间分布图

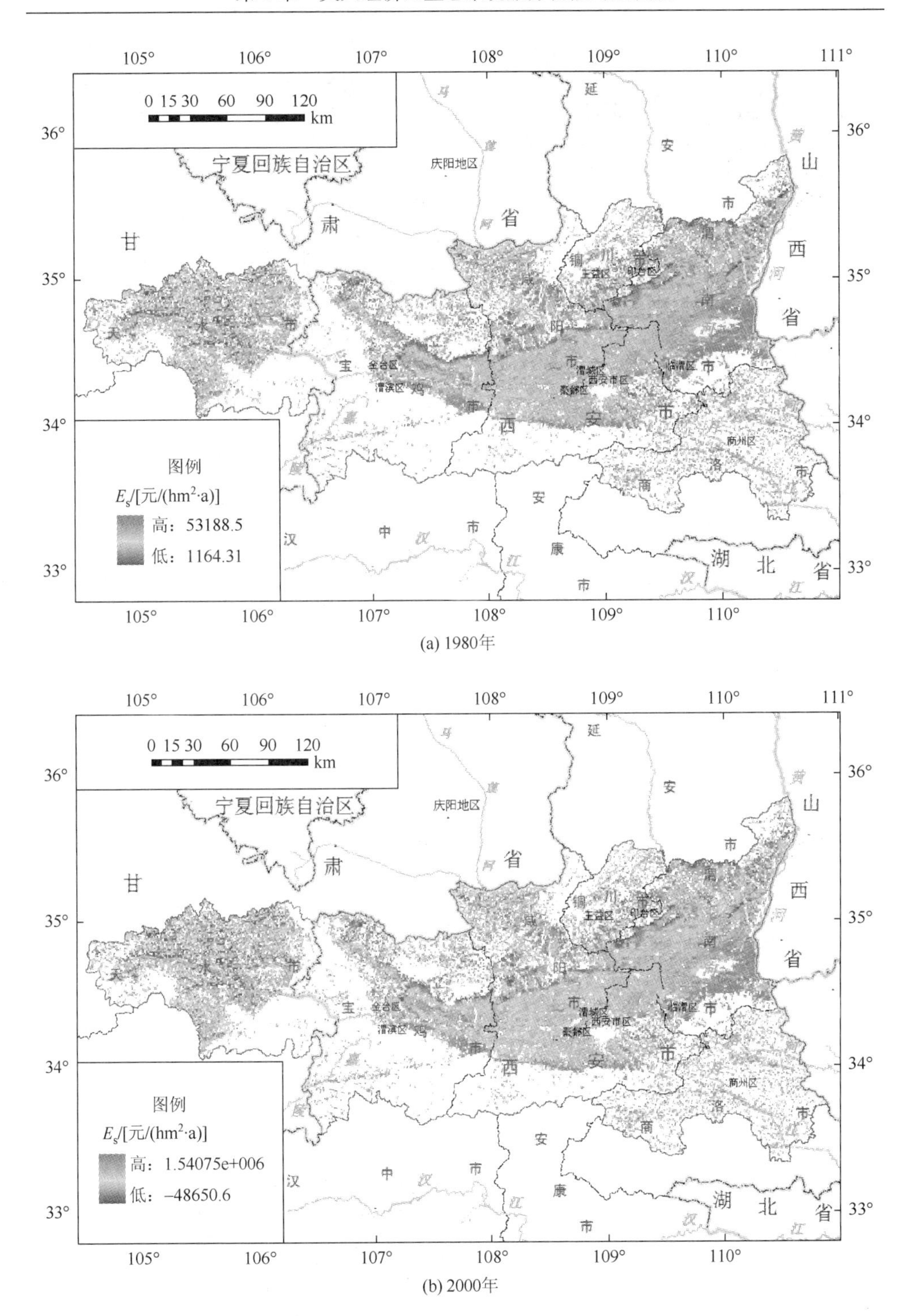

(a) 1980年

(b) 2000年

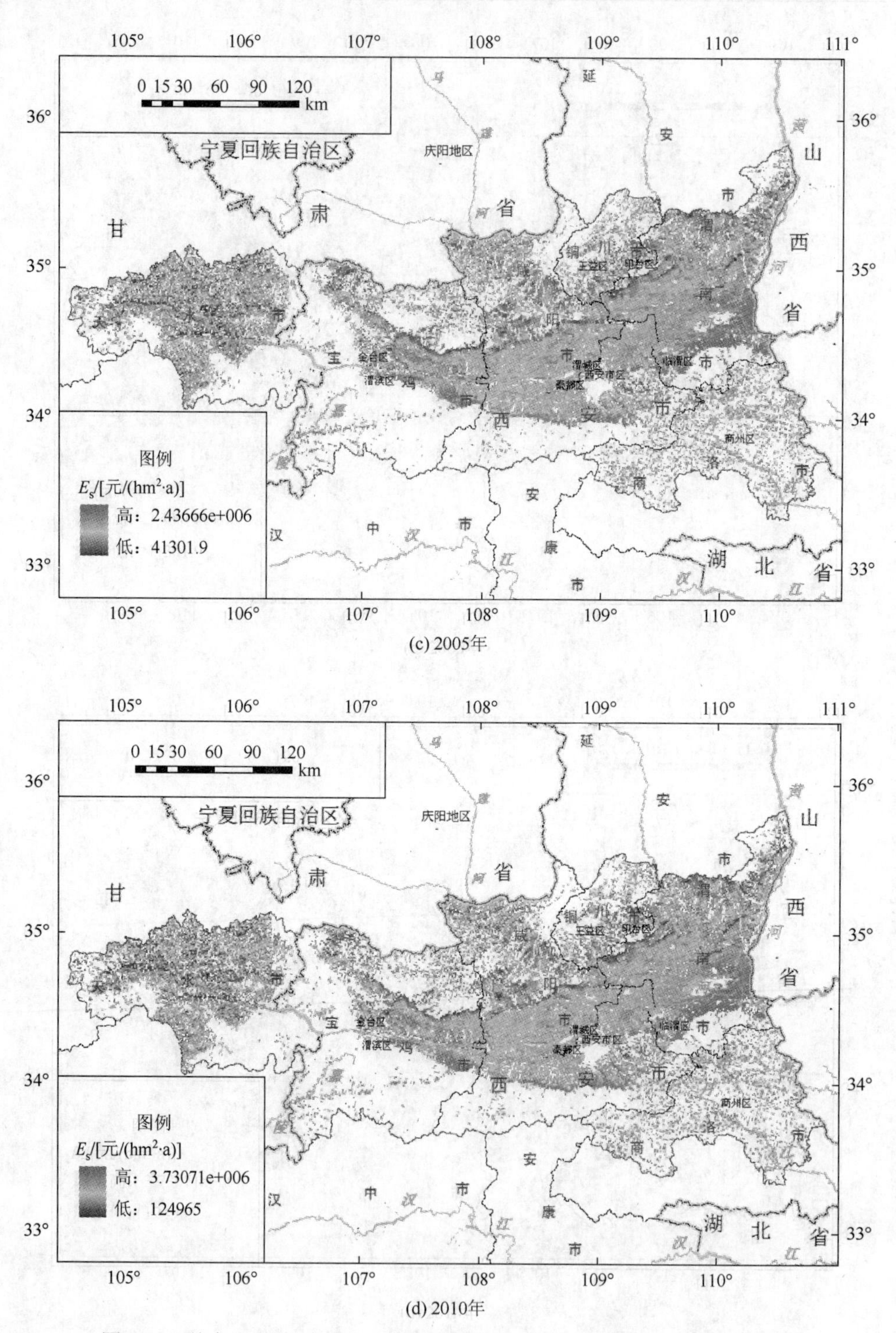

(c) 2005年

(d) 2010年

图 3-13　关中-天水经济区农田生态系统减少土地废弃经济价值空间分布图

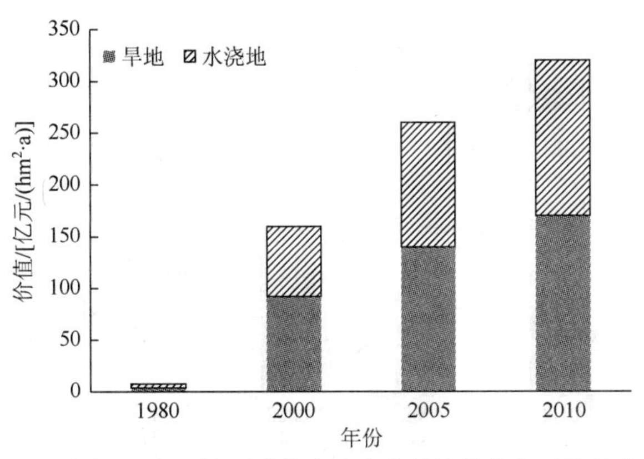

图 3-14　关中-天水经济区减少土地废弃经济价值年际柱状分布图

3. 减轻泥沙淤积价值

根据蓄水成本计算损失价值，是在环境遭到破坏后，人为建造一个工程来代替原来的环境功能，以该工程的投资成本作为环境遭受污染的损失。

$$E_n = A_c \times 24\% \times C_r \div P_s \div 10000 \tag{3-23}$$

式中，E_n 为减轻泥沙淤积的经济效益，元/(m^2·a)；C_r 为水库工程费用，元/m^3。

4. 土壤保持的经济效益的测评结果

估算 1980 年、2000 年、2005 年及 2010 年关中-天水经济区保护土壤肥力价值量 E_f（图 3-12）、减少废弃土地价值 E_s（图 3-13、图 3-14）及减少泥沙淤泥的价值 E_n（图 3-15、图 3-16），并估算了关中-天水经济区农田生态系统的土壤保持价值总量（图 3-17）。

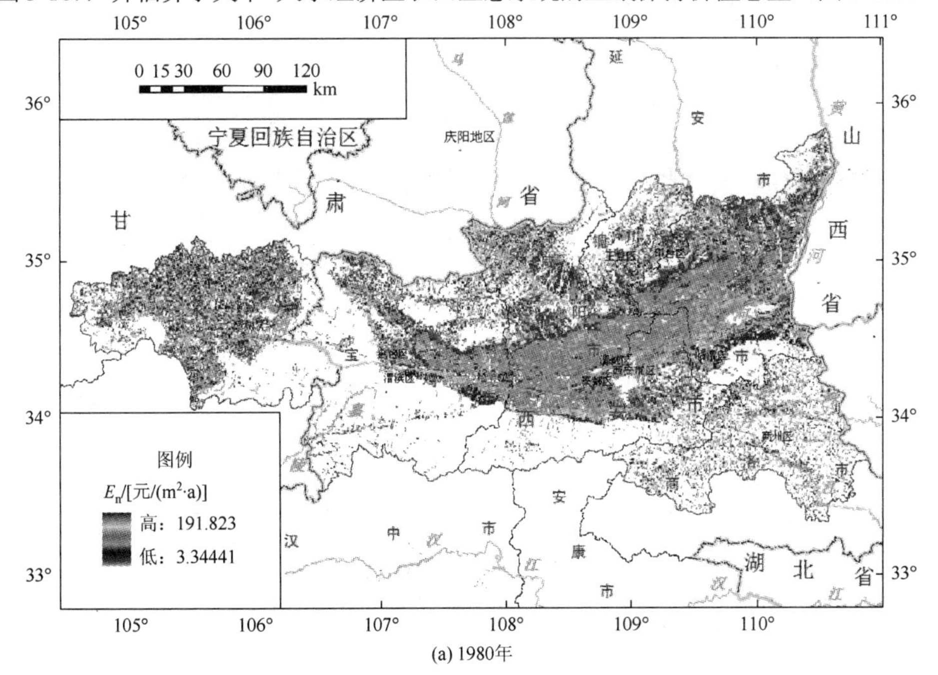

(a) 1980年

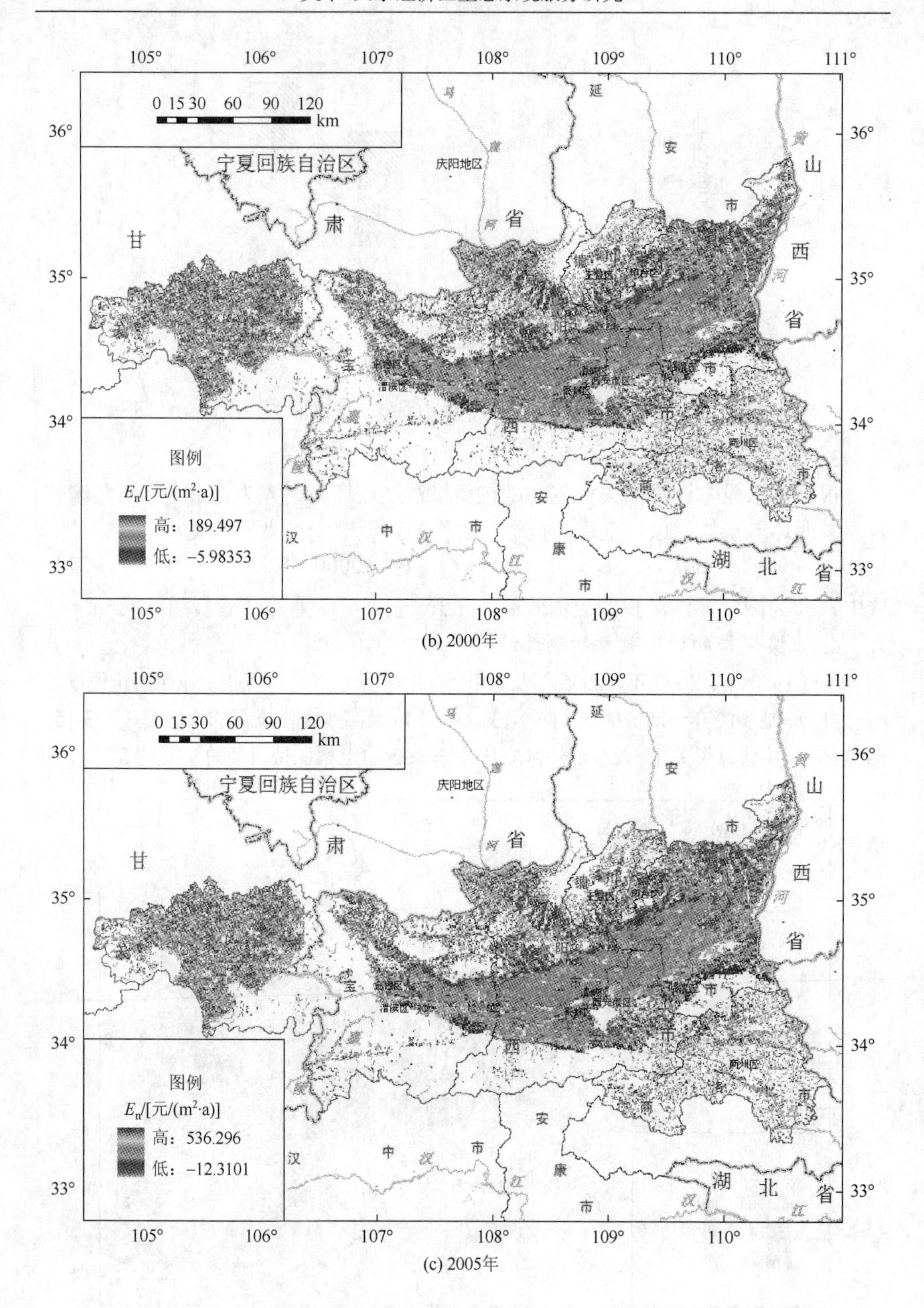

(b) 2000年

(c) 2005年

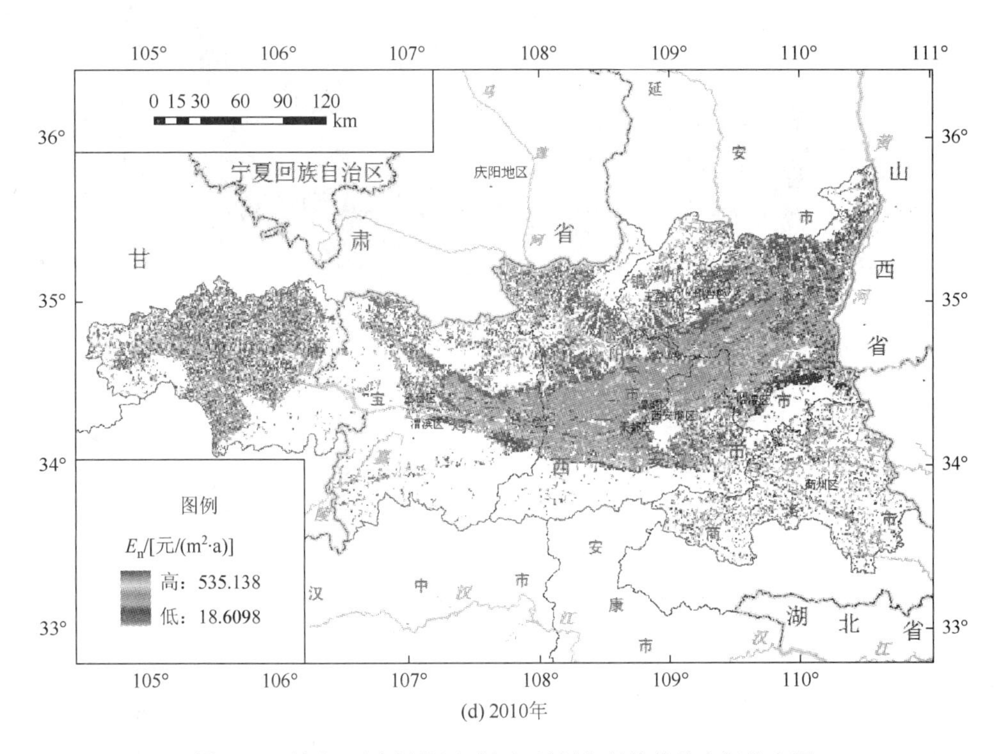

(d) 2010年

图 3-15　关中-天水经济区减轻泥沙淤积经济价值空间分布图

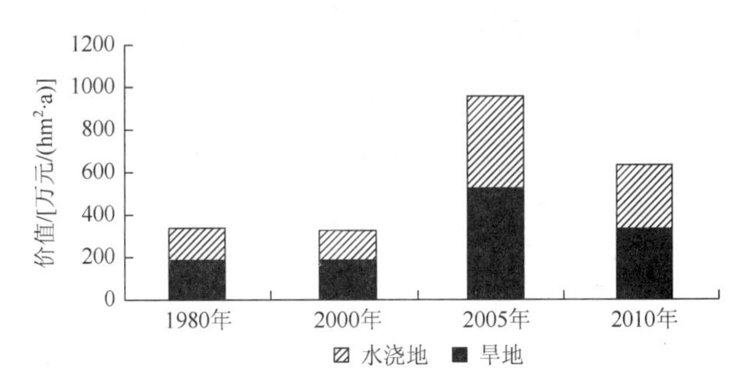

图 3-16　关中-天水经济区减轻泥沙淤积经济价值年际变化柱状分布图

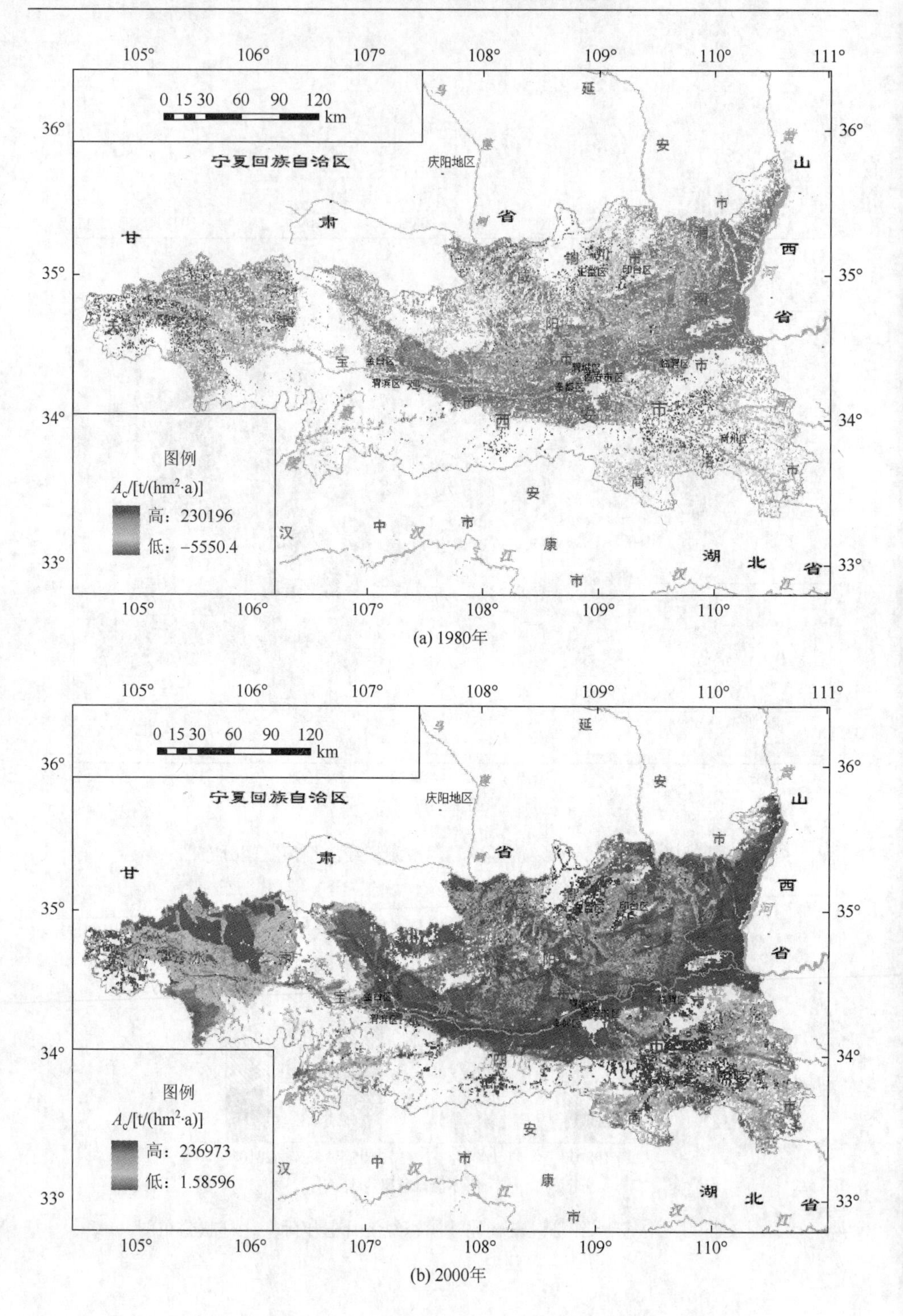

(a) 1980年

(b) 2000年

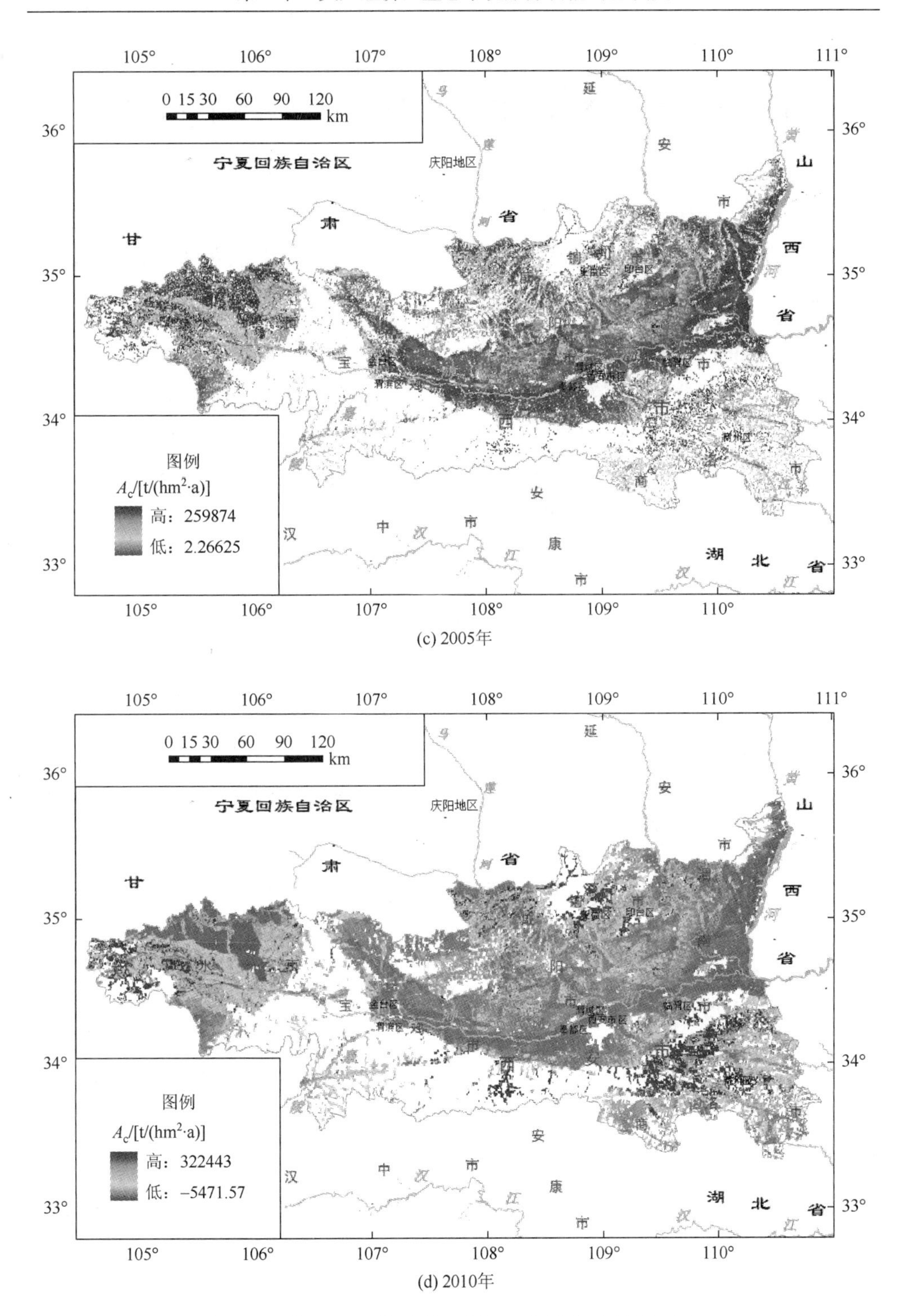

(c) 2005年

(d) 2010年

图 3-17　关中-天水经济区土壤侵蚀价值总量空间分布图

3.3　关中–天水经济区农田生态系统涵养水源价值量估算

水资源作为人类生存和发展的基本条件，其日渐减少已经成为全人类共同面临的难题之一，一个重要原因是人口的不断增长和农业生产的不断扩张而增加的需水量，另外一个重要原因是水资源时空分布不均匀导致地区水资源的相对匮乏。

3.3.1　农田生态系统蓄水能力估算模型

目前，对生态系统的涵养水源服务已形成合理的研究体系和成熟的研究方法，常用的研究方法有土壤蓄水估算法、水量平衡核算法、多因子回归法和地下径流增长法[17]。结合关中–天水经济区农田生态系统耕地灌溉及降水的空间分布现状，农田生态系统可通过农作物截留水和土壤持水来保持降雨过程中的一部分水分，从而减少径流，起到涵养水源的作用[18]。因此本章采用土壤蓄水估算法测算水源涵养量，其计算公式为

$$Q = Q_1 + Q_2 \tag{3-24}$$

式中，Q 为农田生态系统涵养水源总物质量，亿 m^3；Q_1 为农作物截留量，亿 m^3；Q_2 为土壤层截留量，亿 m^3，在测量时按土壤类型测算后再加权求和。

1. 农作物截流服务功能

农田生态系统能够通过农作物截留降水，减少和推迟地面径流的形成，这是一种现实功能。农作物截留量为

$$Q_1 = \sum_{i=1}^{n} P \times S_i \times K_i \tag{3-25}$$

式中，P 为降水量，mm；S_i 为旱地和水浇地面积，m^2；K 为 i 种作物截留率。

2. 土壤持水服务功能

农田生态系统能够在特定区域内保存水源，既可维持当前生物生长，又能保障未来水分供应，这是一种潜在持水功能[19]，在农田生态系统中主要指土壤的有效持水量[20]。因此农田生态系统的持水能力主要基于土壤进行估算，其计算公式为

$$Q_2 = \sum_{j=1}^{n} S_j \times C_j \times H_j \tag{3-26}$$

式中，S_j 为 j 种土壤的面积，m^2；C_j 为 j 种土壤的粗孔隙率（非毛管孔隙度）；H_j 为 j 种土壤的深度，m；n 为土壤的种类数。

3.3.2　蓄水能力价值量测评模型

采用基于替代水利工程的影子价格法来计算涵养水源的价值量，其计算公式[21]为

$$V = l \times \frac{Q}{Q_g} \times V_g \tag{3-27}$$

式中，V 代表农田生态系统涵养水源经济价值；Q_g 为某替代工程下的水容量；V_g 为替代水利工程的价值；l 为发展阶段系数（我国生态价值发展阶段系数为 0.217 5～0.425 7[22]）。

3.3.3　涵养水源价值的估算过程

1. 关中-天水经济区农田生态系统水源涵养量空间分布

由图 3-18 可以看出，关中-天水经济区农田生态系统涵养水源量在空间分布上有以下规律。

（1）从整体来看，关中-天水经济区农田生态系统涵养水源量呈现东南多、西北少的变化趋势。因受秦岭山脉影响，水汽从东南到西北逐渐降低，降水呈下降趋势，且水浇地多分布在中部和东南部，因而导致水源涵养量逐渐减少。

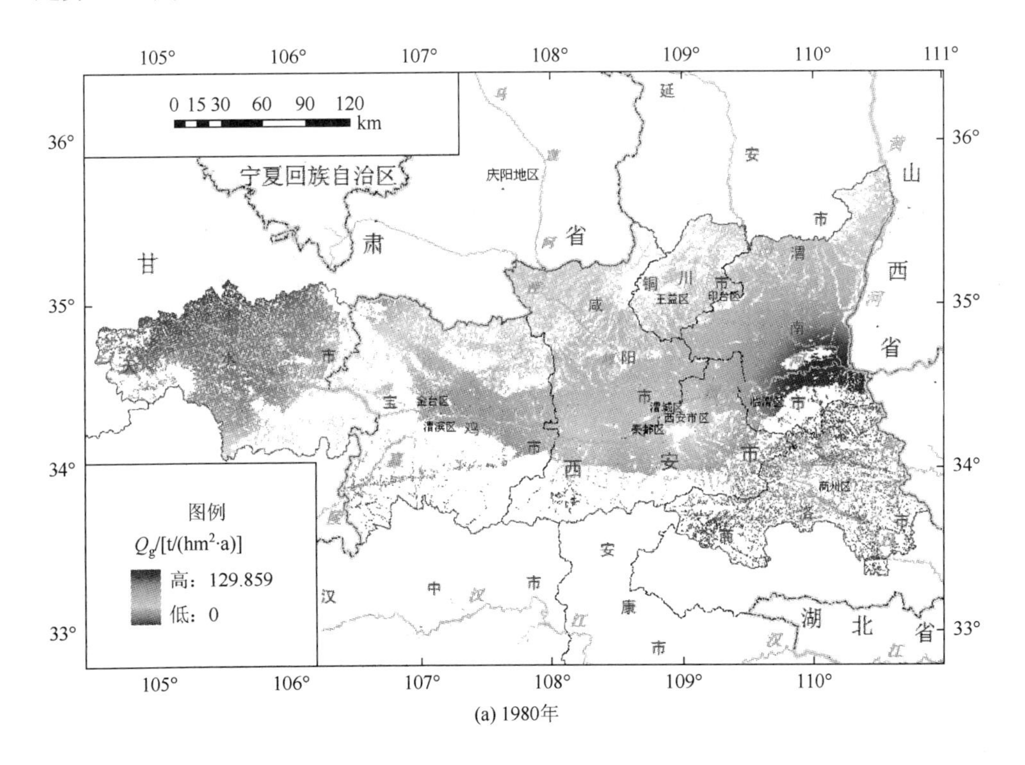

(a) 1980年

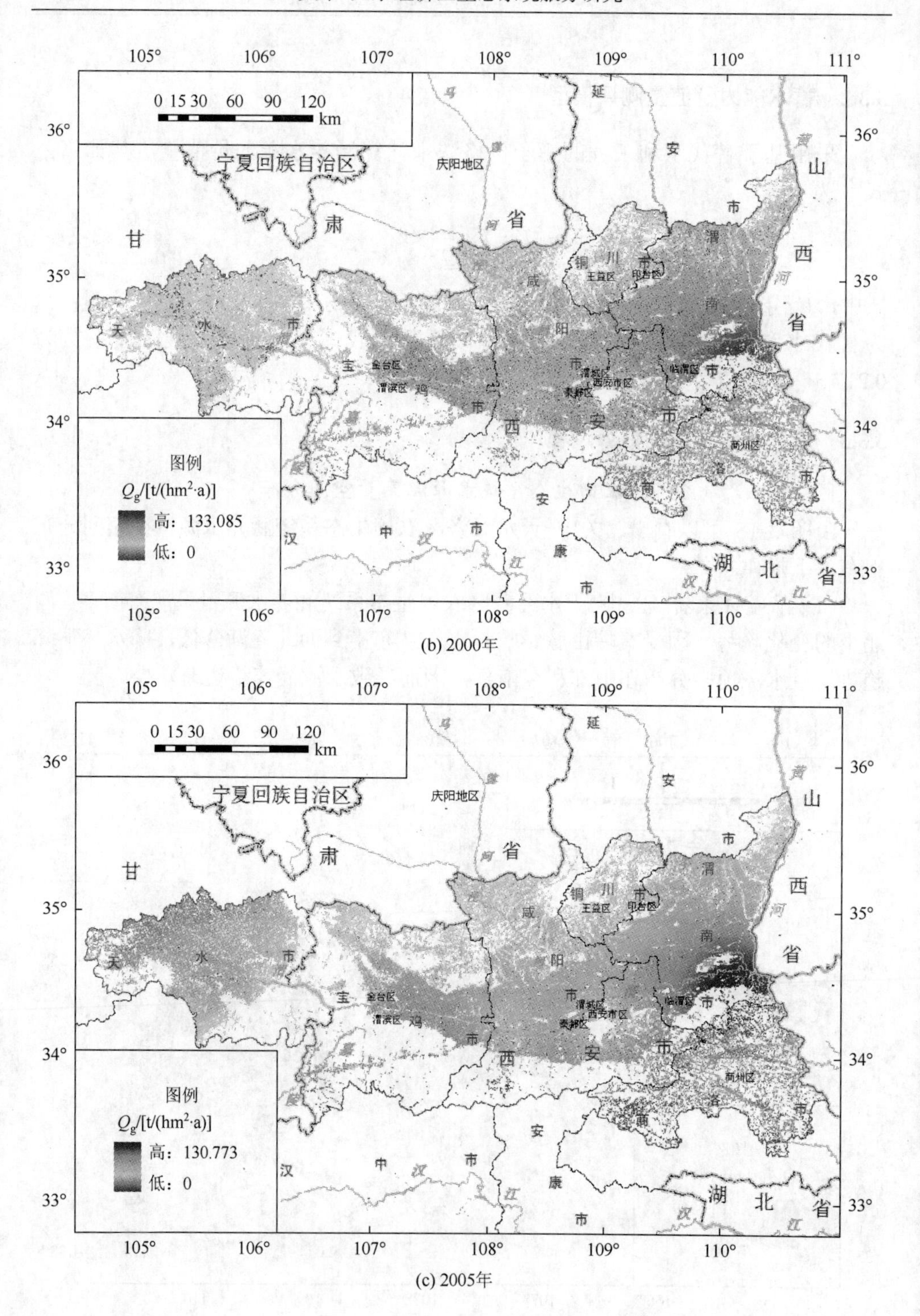

(b) 2000年

(c) 2005年

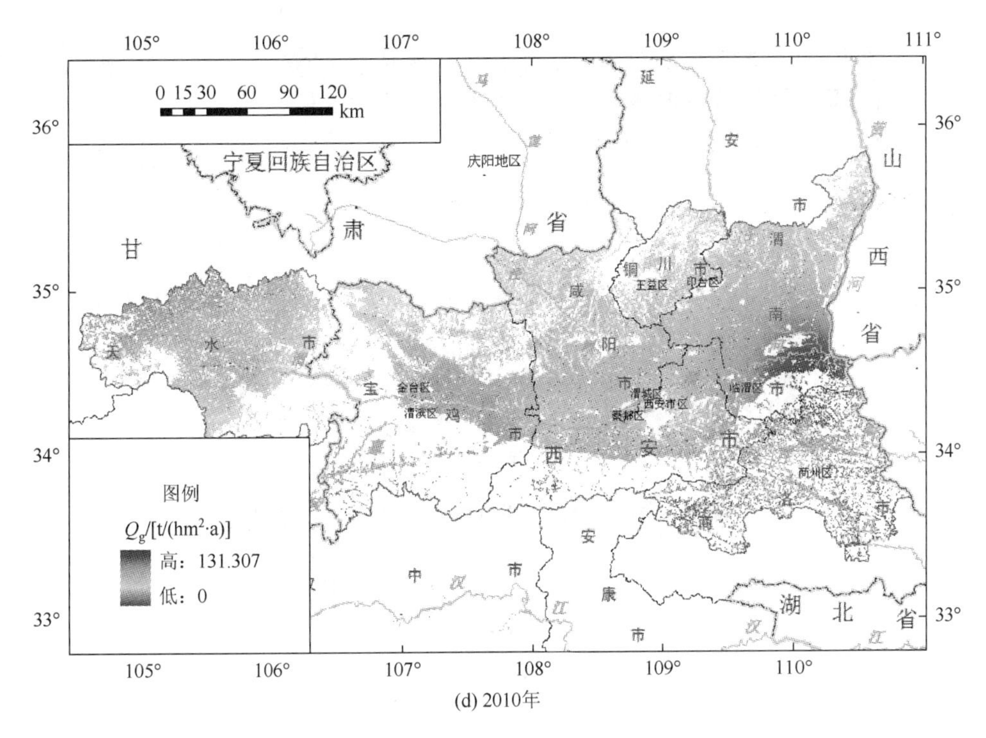

(d) 2010年

图 3-18　关中-天水经济区农田生态系统涵养水源物质量空间分布图

（2）从地形因素上考虑，平原地区水源涵养量远远大于山地、丘陵地区。平原地区耕种面积广，农作物有效截留量增加，且土壤持水能力增强。

（3）从降水因素（图 3-5）上看，关中-天水经济区受季风气候影响，降水分布呈现东南多、西北少的变化趋势。降水增多既可以增加农作物截留量，也可以最大限度地减少径流损失，因而可以有效地增加农田生态系统的水源涵养量。

（4）从行政区域分布上看，农田生态系统水源涵养量在行政区域基础上的分布规律为渭南市＞咸阳市＞天水市＞宝鸡市＞西安市＞商洛市（部分区县）＞铜川市＞杨凌示范区。这主要受行政辖区内的耕地面积及降水因素的影响。

（5）从年际变化上看，农田生态系统水源涵养量年际变化规律为 1980 年＞2010 年＞2000 年＞2005 年，为先减少后增加的变化趋势。其主要有以下几点原因：一是 1980～2010 年耕地面积不断减少；二是降水量的年际变化大；三是人为干扰因素的不断增加，导致农田生态系统不稳定，水源涵养量呈现降低趋势；四是农业科技技术的引进，使得农田生态系统抗压能力增强，趋于稳定；五是政府的政策因素导向，及时采取退耕还林还草政策，确保了生态环境的可持续发展。

2. 关中-天水经济区农田生态系统水源涵养量区域分布

关中-天水经济区耕地涵养水源量年际变化柱状图和各市区涵养水源物质量变化如图 3-19、图 3-20。

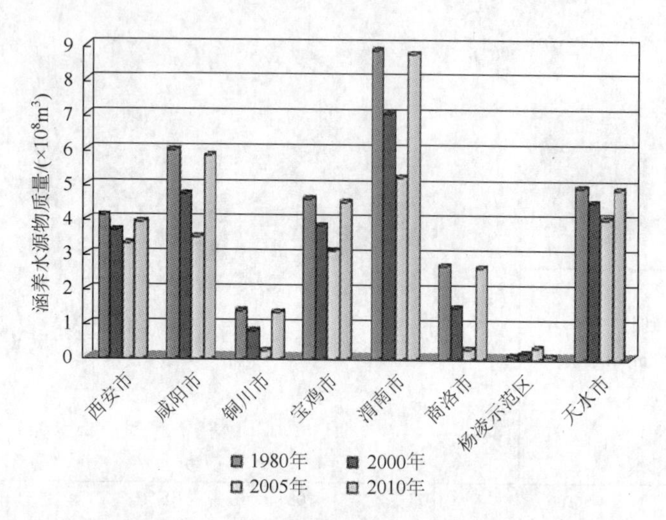

图 3-19　关中-天水经济区耕地涵养水源物质量年际变化柱状图

3. 关中-天水经济区农田生态系统水源涵养量年际变化分布

结合表 3-5，从整体上看，1980～2010 年，关中-天水经济区农田生态系统中旱地的涵养水源量呈降低趋势，而水浇地表现为先减少后增加的变化趋势；从行政区域上看，渭南市的水源涵养量最高，杨凌示范区最低；蒲城县水源涵养量最高，而杨凌示范区的水源涵养量最低。

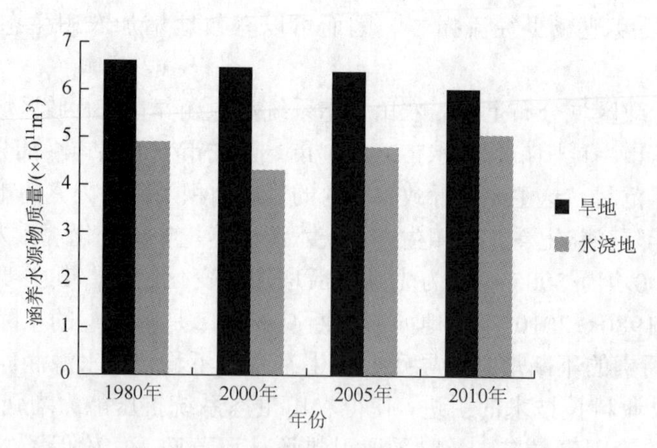

图 3-20　关中-天水经济区各市区涵养水源物质量变化柱状图

表 3-5　关中–天水经济区各县区农田生态系统涵养水源物质量（单位：m^3）

区县名称	1980 年	2000 年	2005 年	2010 年
柞水县	1 844 820	1 853 460	1 871 080	1 888 860
丹凤县	1 872 520	1 729 210	1 869 600	1 923 270
洛南县	3 151 920	2 939 400	3 124 210	3 198 860
商州区	2 577 870	2 432 990	2 440 160	2 493 730
周至县	2 298 860	2 167 720	2 184 720	2 141 880
户县	1 738 680	1 600 300	1 653 870	1 533 600
蓝田县	2 665 510	2 436 320	2 614 030	2 615 490
高陵县	821 590	729 748	766 408	756 801
西安市区	6 951 330	5 932 410	6 303 070	6 138 170
杨凌示范区	270 713	230 565	245 116	243 673
凤县	1 099 850	1 188 840	1 108 460	1 097 700
眉县	1 329 880	1 205 880	1 314 740	1 302 360
岐山县	1 826 990	1 620 830	1 792 450	1 772 800
扶风县	1 839 760	1 681 430	1 798 850	1 790 270
凤翔县	2 506 120	2 270 560	2 398 800	2 380 620
千阳县	1 430 890	1 405 780	1 333 140	1 332 610
麟游县	1 784 680	1 845 090	1 787 150	1 785 740
陇县	2 121 790	2 031 020	2 084 820	2 078 850
太白县	352 524	425 686	344 272	344 141
宝鸡市区	3 047 240	3 169 880	2 951 080	2 829 900
彬县	2 089 260	2 011 880	2 040 660	2 025 520
长武县	999 084	936 470	980 913	966 503
武功县	1 132 100	1 011 970	1 086 230	1 077 320
兴平市	1 489 830	1 333 070	1 402 960	1 397 260
永寿县	1 416 310	1 348 650	1 381 370	1 380 130
泾阳县	2 032 870	1 823 970	1 951 400	1 933 660
乾县	2 754 950	2 564 340	2 680 430	2 668 880
礼泉县	2 464 700	2 302 280	2 371 780	2 358 790
三原县	1 589 170	1 468 940	1 534 660	1 530 840

续表

区县名称	1980 年	2000 年	2005 年	2010 年
旬邑县	1 851 290	1 767 400	1 812 850	1 799 970
淳化县	1 844 150	1 764 010	1 790 740	1 780 270
咸阳市区	1 470 260	1 312 740	1 369 930	1 326 630
华县	1 646 570	1 519 040	1 584 470	1 568 830
潼关县	783 876	723 060	751 500	750 133
华阴市	1 427 510	1 316 890	1 339 710	1 320 260
大荔县	4 780 030	4 542 170	4 818 000	4 755 790
富平县	3 296 140	3 104 310	3 277 040	3 263 010
蒲城县	4 880 220	4 592 230	4 778 050	4 717 900
合阳县	3 034 170	2 871 570	2 992 610	2 939 760
澄城县	2 948 360	2 696 060	2 840 140	2 845 180
白水县	2 020 640	1 876 520	1 977 850	1 981 410
韩城市	1 826 990	1 726 870	1 749 990	1 725 800
渭南市区	3 620 470	3 314 350	3 491 410	3 448 920
甘谷县	2 625 850	2 375 160	2 564 430	2 559 440
秦安县	2 733 020	2 599 430	2 716 900	2 648 780
武山县	1 807 290	1 658 020	1 725 440	1 712 630
清水县	3 017 440	3 024 370	3 052 160	3 030 280
张家川回族自治县	1 616 780	1 563 580	1 597 910	1 594 920
天水市区	5 681 840	5 273 330	5 610 010	5 555 430
宜君县	1 475 780	1 543 540	1 482 670	1 482 450
铜川市区	3 306 400	3 178 250	3 263 690	3 245 640

从整体来看，1980～2010 年关中-天水经济区农田生态系统涵养水源量呈现东南多、西北少的变化趋势；平原地区水源涵养量远远大于山地、丘陵地区；年际变化规律为 1980 年＞2010 年＞2000 年＞2005 年，为先减少后增加的变化趋势。

3.3.4 关中-天水经济区农田生态系统涵养水源价值量测评结果

1. 关中-天水经济区农田生态系统涵养水源价值量空间分布

如图 3-21 所示，关中-天水经济区农田生态系统涵养水源价值量的空间分布，

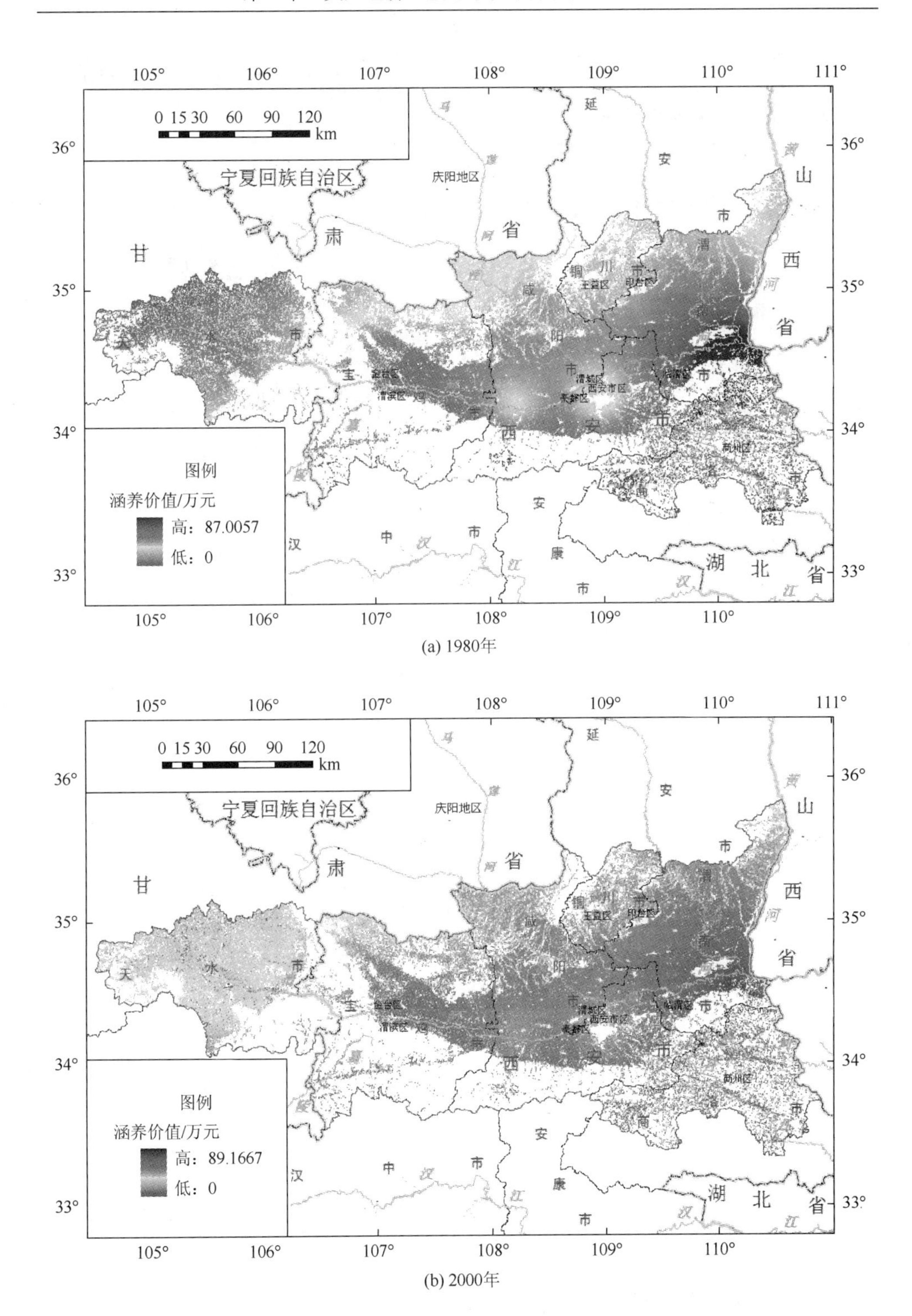

(a) 1980年

(b) 2000年

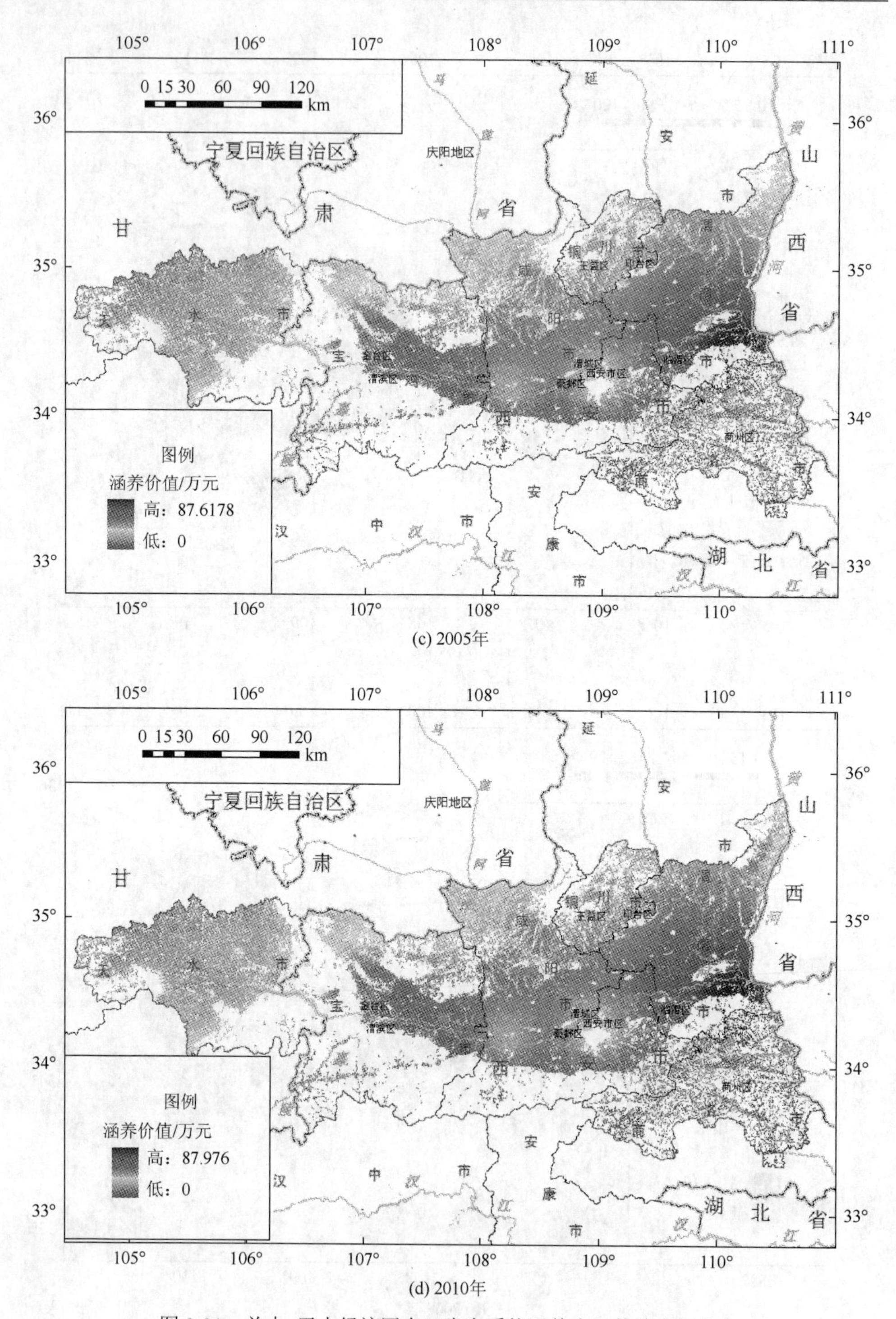

(c) 2005年

(d) 2010年

图 3-21　关中-天水经济区农田生态系统涵养水源价值空间分布

与其水源涵养量的空间分布一致，呈现东南大、西北小的总体变化趋势。其年际变化规律为 2010 年＞1980 年＞2000 年＞2005 年，1980 年的涵养水源价值量达 21.587 亿元，由于人类的不合理利用导致耕地面积逐渐减少，进而导致其涵养水源的价值量也呈减少趋势，从 2005～2010 年呈现增加趋势，并在 2010 年达 32.219 亿元。

2. 关中-天水经济区农田生态系统涵养水源价值量区域变化

如图 3-22 所示，1980～2010 年关中-天水经济区农田生态系统中旱地的涵养水源价值量整体呈降低趋势，而水浇地表现为先减少后增加的变化趋势。

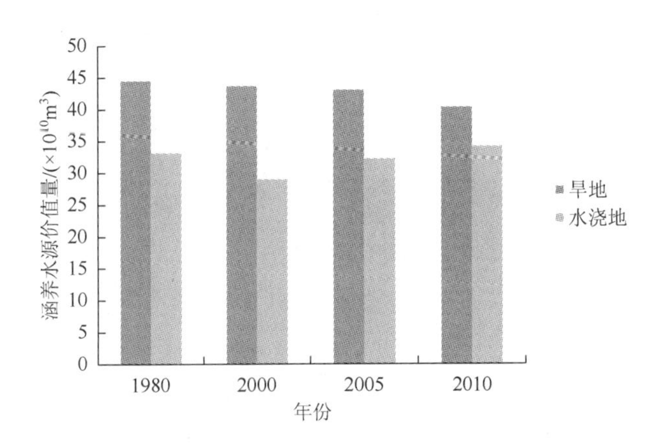

图 3-22　关中-天水经济区耕地涵养水源价值量柱状图

3. 关中-天水经济区各地级市农田生态系统水源价值量估算结果

从行政区域上看，渭南市的水源涵养价值量最高，杨凌示范区最低；蒲城县水源涵养价值量最高，而杨凌示范区的水源涵养价值量最低，如表 3-6，图 3-21 所示。

表 3-6　关中-天水经济区各县区农田生态系统涵养水源价值量　（单位：万元）

区县名称	1980 年	2000 年	2005 年	2010 年
柞水县	1 236 030	1 241 820	1 253 620	1 265 540
丹凤县	1 254 590	1 158 570	1 252 630	1 288 590
洛南县	2 111 790	1 969 400	2 093 220	2 143 240
商州区	1 727 170	1 630 110	1 634 900	1 670 800
商洛市（部分）	6 329 580	5 999 900	6 234 370	6 368 170
周至县	1 540 240	1 452 370	1 463 760	1 435 060
户县	1 164 920	1 072 200	1 108 090	1 027 510

续表

区县名称	1980 年	2000 年	2005 年	2010 年
蓝田县	1 785 890	1 632 330	1 751 400	1 752 380
高陵县	550 465	488 931	513 493	507 056
西安市区	4 657 390	3 974 720	4 223 060	4 112 580
西安市	9 698 905	8 620 551	9 059 803	8 834 586
杨凌示范区	181 378	154 478	164 228	163 261
太白县	236 191	285 210	230 662	230 574
凤县	736 899	796 523	742 670	735 458
眉县	891 018	807 940	880 875	872 580
岐山县	1 224 090	1 085 950	1 200 940	1 187 780
扶风县	1 232 640	1 126 560	1 205 230	1 199 480
凤翔县	1 679 100	1 521 280	1 607 190	1 595 020
麟游县	1 195 730	1 236 210	1 197 390	1 196 450
陇县	1 421 600	1 360 780	1 396 830	1 392 830
千阳县	958 698	941 872	893 201	892 851
宝鸡市区	2 041 650	2 123 820	1 977 230	1 896 030
宝鸡市	11 617 616	11 286 145	11 332 218	11 199 053
武功县	758 508	678 020	727 773	721 805
兴平市	998 185	893 154	939 983	936 166
永寿县	948 928	903 595	925 520	924 690
泾阳县	1 362 030	1 222 060	1 307 440	1 295 550
乾县	1 845 820	1 718 110	1 795 890	1 788 150
礼泉县	1 651 350	1 542 530	1 589 090	1 580 390
三原县	1 064 740	984 188	1 028 220	1 025 670
彬县	1 399 810	1 347 960	1 367 240	1 357 100
长武县	669 386	627 435	657 212	647 557
淳化县	1 235 580	1 181 890	1 199 800	1 192 780
旬邑县	1 240 370	1 184 160	1 214 610	1 205 980
咸阳市区	985 071	879 535	917 855	888 845
咸阳市	14 159 778	13 162 637	13 670 633	13 564 683
华县	1 103 200	1 017 760	1 061 590	1 051 120
潼关县	525 197	484 450	503 505	502 589
华阴市	956 432	882 317	897 607	884 576

续表

区县名称	1980 年	2000 年	2005 年	2010 年
蒲城县	3 269 750	3 076 800	3 201 290	3 160 990
大荔县	3 202 620	3 043 250	3 228 060	3 186 380
富平县	2 208 410	2 079 890	2 195 620	2 186 210
合阳县	2 032 890	1 923 950	2 005 050	1 969 640
澄城县	1 975 400	1 806 360	1 902 890	1 906 270
白水县	1 353 830	1 257 270	1 325 160	1 327 550
韩城市	1 224 090	1 157 000	1 172 490	1 156 290
渭南市区	2 425 710	2 220 620	2 339 240	2 310 780
渭南市	20 277 529	18 949 667	19 832 502	19 642 395
宜君县	988 775	1 034 170	993 387	993 241
铜川市区	2 215 290	2 129 430	2 186 680	2 174 580
铜川市	3 204 065	3 163 600	3 180 067	3 167 821
武山县	1 210 880	1 110 880	1 156 040	1 147 460
甘谷县	1 759 320	1 591 360	1 718 160	1 714 820
秦安县	1 831 120	1 741 620	1 820 320	1 774 680
清水县	2 021 680	2 026 330	2 044 950	2 030 290
张家川回族自治县	1 083 240	1 047 600	1 070 600	1 068 590
天水市区	3 806 830	3 533 130	3 758 710	3 722 140
天水市	11 713 070	11 050 920	11 568 780	11 457 980

结合表 3-6，1980～2010 年关中-天水经济区农田生态系统涵养水源价值量年际变化规律为 2010 年＞1980 年＞2000 年＞2005 年，1980 年关中-天水经济区农田生态系统的涵养水源价值量达 21.587 亿元，由于人类的不合理利用导致耕地面积逐渐减少，进而导致其涵养水源的价值量也呈减少趋势。

3.4　关中-天水经济区农田生态系统净化环境测评

生态系统对环境的净化服务的生态过程就是通过物理、化学和生物作用，生态系统的某一部分将人类向环境排放的废弃物利用或作用后，使之得到降解和净化，从而成为生态系统的一部分。各国学者对生态系统服务及其价值展开了多方面的研究[23-29]。我国学者在 20 世纪 80 年代也开始着手这一方面的研究，赵景柱等[30]对森林资源的价值量进行了研究，重心在研究生态系统服务物质量的同时，研究生态系统服务的价值量[31]。

3.4.1　净化环境服务价值量估算

生态系统的净化环境服务经济价值包括固定 CO_2、释放 O_2、吸收 SO_2 和 HF 及 NO_x、滞尘 4 个方面的经济价值总量。

3.4.2　关中–天水经济区固碳释氧价值量估算

1. 固碳释氧量估算模型

光合作用，即光能合成作用，是植物、藻类和某些细菌，在可见光的照射下，经过光反应和暗反应，利用光合色素，将二氧化碳和水转化为有机物，并释放出氧气的生化过程，其化学反应方程式为

$$6CO_2 + 6H_2O \xrightarrow{\text{光合作用}} C_6H_{12}O_6 + 6O_2 \quad (3\text{-}28)$$

根据光合作用方程式（3-28），植物每生产干物质 1g，就可以固定二氧化碳 1.63g，同时释放出氧气 1.2g。应用 3.1.2 小节中求得的净第一性生产力（NPP）的物质量，即农田生态系统中生产出的干物质量，根据光合作用反应方程式，即可求出的关中–天水经济区农田生态系统固定的二氧化碳及释放出氧气的物质量。

2. 固碳释氧物质量年际变化情况

结合表 3-7 数据可知，关中–天水经济区农田生态系统各区县固定二氧化碳和释放氧气量的分布特点如下：

表 3-7　关中–天水经济区各区县农田生态系统固碳释氧量年际变化量表

区县名称	固定 CO_2 物质量/[g C/(m^2·a)]				释放 O_2 物质量/[g C/(m^2·a)]			
	1980 年	2000 年	2005 年	2010 年	1980 年	2000 年	2005 年	2010 年
凤县	156.47	95.19	192.71	198.80	115.20	70.08	141.87	146.35
眉县	112.79	82.08	209.02	202.72	83.03	60.43	153.88	149.24
太白县	56.71	37.18	62.01	63.75	41.75	27.37	45.65	46.93
岐山县	140.40	107.56	267.76	285.40	103.36	79.19	197.13	210.11
扶风县	147.54	118.36	290.86	285.37	108.62	87.14	214.13	210.09
凤翔县	199.32	150.10	371.62	367.31	146.74	110.51	273.59	270.41
千阳县	108.07	90.53	226.72	217.31	79.56	66.65	166.91	159.98
麟游县	164.50	127.96	299.45	290.43	121.11	94.20	220.45	213.81
陇县	168.35	134.27	368.14	345.94	123.94	98.85	271.02	254.68
宝鸡市区	232.12	196.86	450.49	427.64	170.88	144.93	331.65	314.82
宝鸡市	1 486.27	1 140.11	2 738.78	2 684.66	1 094.19	839.34	2 016.28	1 976.44
武功县	94.44	66.82	176.02	167.54	69.53	49.19	129.59	123.35

续表

区县名称	固定 CO_2 物质量/[g C/(m^2·a)]				释放 O_2 物质量/[g C/(m^2·a)]			
	1980 年	2000 年	2005 年	2010 年	1980 年	2000 年	2005 年	2010 年
兴平市	124.37	92.63	215.92	212.00	91.56	68.20	158.96	156.07
礼泉县	163.57	147.46	337.55	336.00	120.42	108.56	248.50	247.36
乾县	161.70	151.87	371.69	380.76	119.04	111.81	273.63	280.32
永寿县	72.90	79.67	190.02	208.18	53.67	58.65	139.89	153.26
泾阳县	122.75	122.67	277.38	288.33	90.37	90.31	204.20	212.27
淳化县	110.01	110.32	246.87	274.12	80.99	81.22	181.74	201.80
彬县	120.08	117.84	295.63	291.10	88.40	86.75	217.64	214.31
长武县	54.99	56.44	152.97	141.52	40.48	41.55	112.62	104.19
旬邑	118.83	113.38	257.86	249.80	87.48	83.47	189.84	183.90
咸阳市区	85.77	82.78	181.89	176.45	63.15	60.94	133.91	129.90
咸阳市	1 315.99	1 237.43	2 919.55	2 954.18	968.83	910.99	2 149.36	2 174.85
宜君县	140.49	117.12	226.75	208.66	103.43	86.22	166.93	153.61
铜川市区	248.29	230.44	452.64	468.59	182.79	169.65	333.23	344.98
铜川市	388.79	347.56	679.39	677.25	286.23	255.87	500.16	498.59
华县	110.44	127.43	212.32	213.05	81.31	93.81	156.31	156.85
潼关县	44.98	52.58	86.41	77.44	33.11	38.71	63.61	57.01
华阴市	62.12	95.15	153.07	133.17	45.73	70.05	112.69	98.04
大荔县	229.68	321.06	532.08	415.61	169.09	236.36	391.71	305.97
富平县	158.48	208.84	439.91	465.09	116.67	153.75	323.86	342.40
蒲城县	190.83	308.09	580.01	534.00	140.49	226.81	427.00	393.13
合阳县	125.54	172.49	292.44	267.73	92.42	126.99	215.29	197.10
澄城县	104.84	162.32	282.59	267.10	77.18	119.50	208.04	196.64
白水县	108.25	134.52	252.50	230.52	79.70	99.03	185.89	169.71
韩城市	124.44	117.31	211.05	201.54	91.61	86.36	155.37	148.37
渭南市区	234.24	271.28	486.99	465.98	172.45	199.71	358.52	343.05
渭南市	1 493.84	1 971.05	3 529.36	3 271.23	1 099.76	1 451.08	2 598.30	2 408.27
柞水县	237.45	169.63	314.04	338.41	174.81	124.88	231.19	249.14
丹凤县	217.04	152.97	289.45	271.57	159.78	112.62	213.09	199.93
洛南县	345.11	266.34	459.89	440.17	254.07	196.08	338.57	324.06
商州区	280.21	218.53	359.87	368.20	206.29	160.88	264.94	271.07
商洛市（部分）	1 079.81	807.48	1 423.25	1 418.36	794.95	594.47	1 047.79	1 044.19
周至县	210.07	144.21	342.21	331.80	154.65	106.17	251.94	244.27

续表

区县名称	固定 CO_2 物质量/[g C/(m^2·a)]				释放 O_2 物质量/[g C/(m^2·a)]			
	1980 年	2000 年	2005 年	2010 年	1980 年	2000 年	2005 年	2010 年
户县	133.19	103.29	230.67	242.94	98.06	76.04	169.82	178.85
蓝田县	274.01	200.01	398.68	441.59	201.72	147.24	293.50	325.10
高陵县	51.50	50.42	111.82	108.89	37.92	37.12	82.32	80.17
西安市区	444.24	406.40	846.42	903.96	327.04	299.19	623.13	665.49
西安市	1 113.01	904.33	1 929.80	2 029.18	819.39	665.76	1 420.71	1 493.87
杨陵区	19.29	14.55	35.35	33.67	14.20	10.71	26.02	24.79
秦安县	75.48	119.11	450.00	406.19	55.57	87.69	331.29	299.04
清水县	134.67	165.03	498.67	474.58	99.15	121.50	367.12	349.38
武山县	62.20	94.60	267.00	222.61	45.79	69.65	196.57	163.88
甘谷县	58.80	105.69	382.94	333.56	43.29	77.81	281.92	245.57
张家川回族自治县	99.23	103.10	287.29	258.50	73.05	75.91	211.50	190.31
天水市区	262.90	269.11	937.11	856.66	193.55	198.12	689.90	630.67
天水市	693.29	856.66	2 823.02	2 552.11	510.40	630.67	2 078.30	1 878.85

（1）单位面积上固定二氧化碳物质量。①从行政区域上看：县级单位中，关中-天水经济区农田生态系统单位面积固定二氧化碳量最多的是渭南市的蒲城县，为 580.01g C/(m^2·a)；固定二氧化碳量最少的是杨陵区，仅为 14.55g C/(m^2·a)。市级单位中，渭南市在单位面积固定二氧化碳的量最多，为 3 529.36g C/(m^2·a)；固定二氧化碳量最少的仍为杨凌示范区。②从年份上看：关中-天水经济区所辖的县级行政单位中，1980 年单位面积固定二氧化碳量最多的是商洛市的洛南县，值为 345.11g C/(m^2·a)，固定二氧化碳量最少的是杨陵区，为 19.10g C/(m^2·a)；2000 年单位面积固定二氧化碳量最多的是渭南市的大荔县，为 321.06g C/(m^2·a)，固定二氧化碳量最少的是杨陵区，为 14.55g C/(m^2·a)；2005 年单位面积固定二氧化碳量最多的是渭南市的蒲城县，为 580.01g C/(m^2·a)，固定二氧化碳量最少的是杨陵区，为 35.35g C/(m^2·a)；2010 年单位面积固定二氧化碳量最多的是渭南市的蒲城县，为 534g C/(m^2·a)，固定二氧化碳量最少的是杨陵区，为 33.67g C/(m^2·a)。③从整体上看：1980 年、2000 年、2005 年和 2010 年单位面积固定二氧化碳量最多的均是渭南市，固定二氧化碳量依次为 1 493.84g C/(m^2·a)、1 971.05g C/(m^2·a)、3 529.36g C/(m^2·a)和 3 271.23g C/(m^2·a)；1980 年、2000 年、

2005 年和 2010 年单位面积固定二氧化碳量最多的均是杨凌示范区，固定二氧化碳量依次为 19.10g C/(m^2·a)、14.55g C/(m^2·a)、35.35g C/(m^2·a)和 33.67g C/(m^2·a)。

（2）单位面积上固定氧气物质量。①从行政区域上看：县级单位中，关中-天水经济区农田生态系统单位面积释放氧气量最多的是渭南市的蒲城县，为 427g C/(m^2·a)；释放氧气量最少的是杨陵区，仅为 10.71g C/(m^2·a)。市级单位中，渭南市在单位面积释放氧气量最多，为 2 598.30g C/(m^2·a)；释放氧气量最少的仍为杨凌示范区。②从年份上看：关中-天水经济区所辖的行政县级单位中，1980 年单位面积释放氧气量最多的是商洛市的洛南县，值为 254.07g C/(m^2·a)，释放氧气量最少的是杨陵区，为 14.20g C/(m^2·a)；2000 年单位面积释放氧气量最多的是渭南市的大荔县，值为 236.36g C/(m^2·a)，释放氧气量最少的是杨陵区，为 10.71g C/(m^2·a)；2005 年单位面积释放氧气量最多的是渭南市的蒲城县，为 427g C/(m^2·a)，释放氧气量最少的是杨陵区，为 26.02g C/(m^2·a)；2010 年单位面积释放氧气量最多的是渭南市的蒲城县，为 393.13g C/(m^2·a)，释放氧气量最少的是杨陵区，为 24.79g C/(m^2·a)。③从整体上看：1980 年、2000 年、2005 年和 2010 年单位面积释放氧气量最多的均是渭南市，其值依次为 1 099.76g C/(m^2·a)、1 451.08g C/(m^2·a)、2 598.30g C/(m^2·a)和 2 408.27g C/(m^2·a)；1980 年、2000 年、2005 年和 2010 年单位面积释放氧气量最多的均是杨凌示范区，其值依次为 14.20g C/(m^2·a)、10.71g C/(m^2·a)、26.02g C/(m^2·a)和 24.79g C/(m^2·a)。

3. 固碳释氧量价值量测评

（1）固碳释氧量价值量测评方法。本章采用通过价值替代的方法，估算出研究区农田生态系统中固定二氧化碳及释放出氧气的价值量，并将其以价值量的形式体现出来。根据造林成本法及工业制氧法进行估算，我国造林成本为 352.93 元/t，工业制氧成本为 0.4 元/kg[13]。

（2）固碳释氧量价值量空间分布。1980～2010 年关中天水经济区固定二氧化碳释放氧气价值量时空变化特征如图 3-23 所示。

关中-天水经济区农田生态系统固碳释氧价值量与其物质量的变化情况一致，单位面积上固碳释氧价值量高值区为渭南市，低值区为杨凌示范区。

3.4.3　吸收 SO_2、HF、NO_x、滞尘价值估算

参照马新辉等的研究成果[32]，单位面积农作物所吸收有害气体和滞尘的质量见表 3-8。

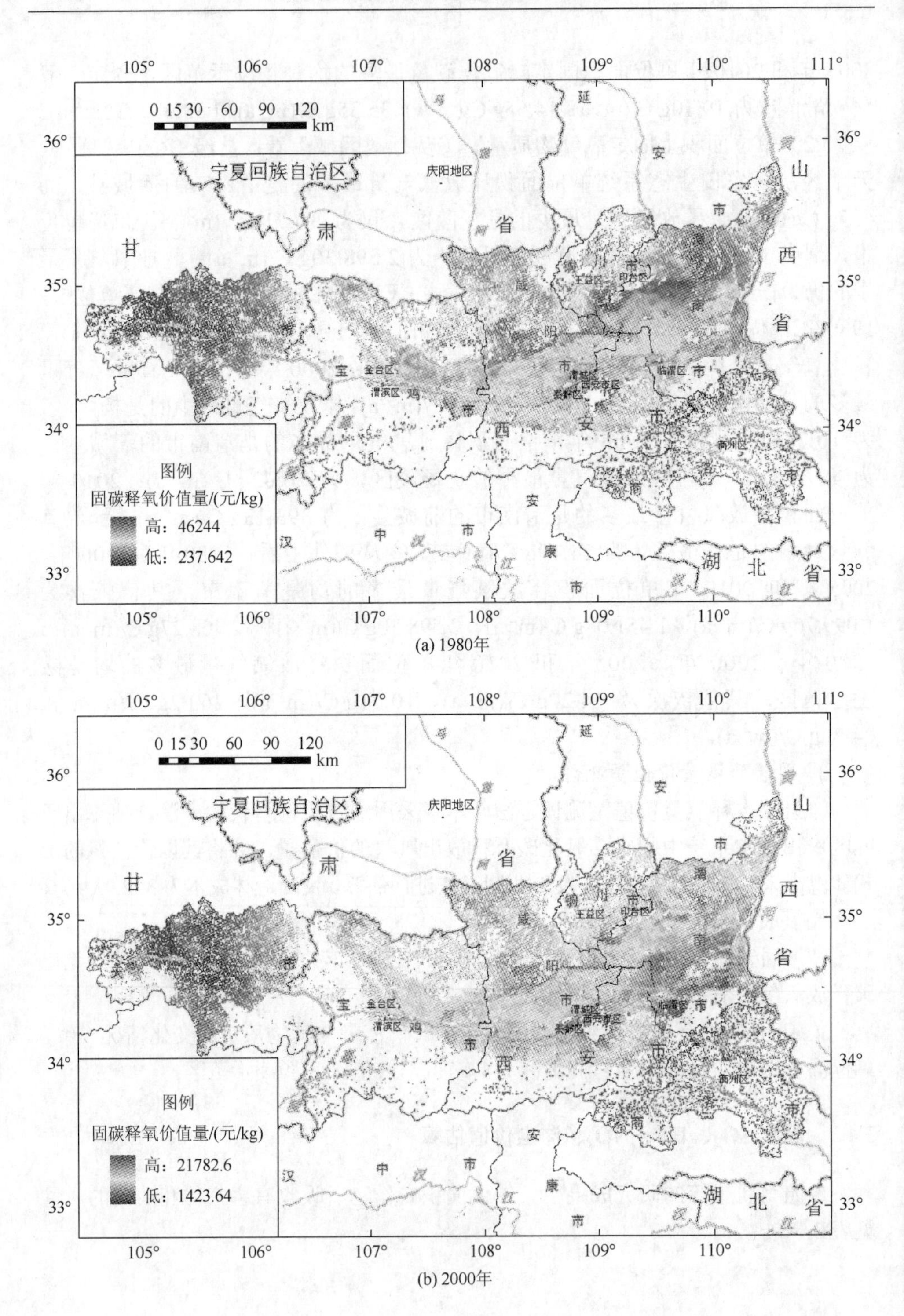

(a) 1980年

(b) 2000年

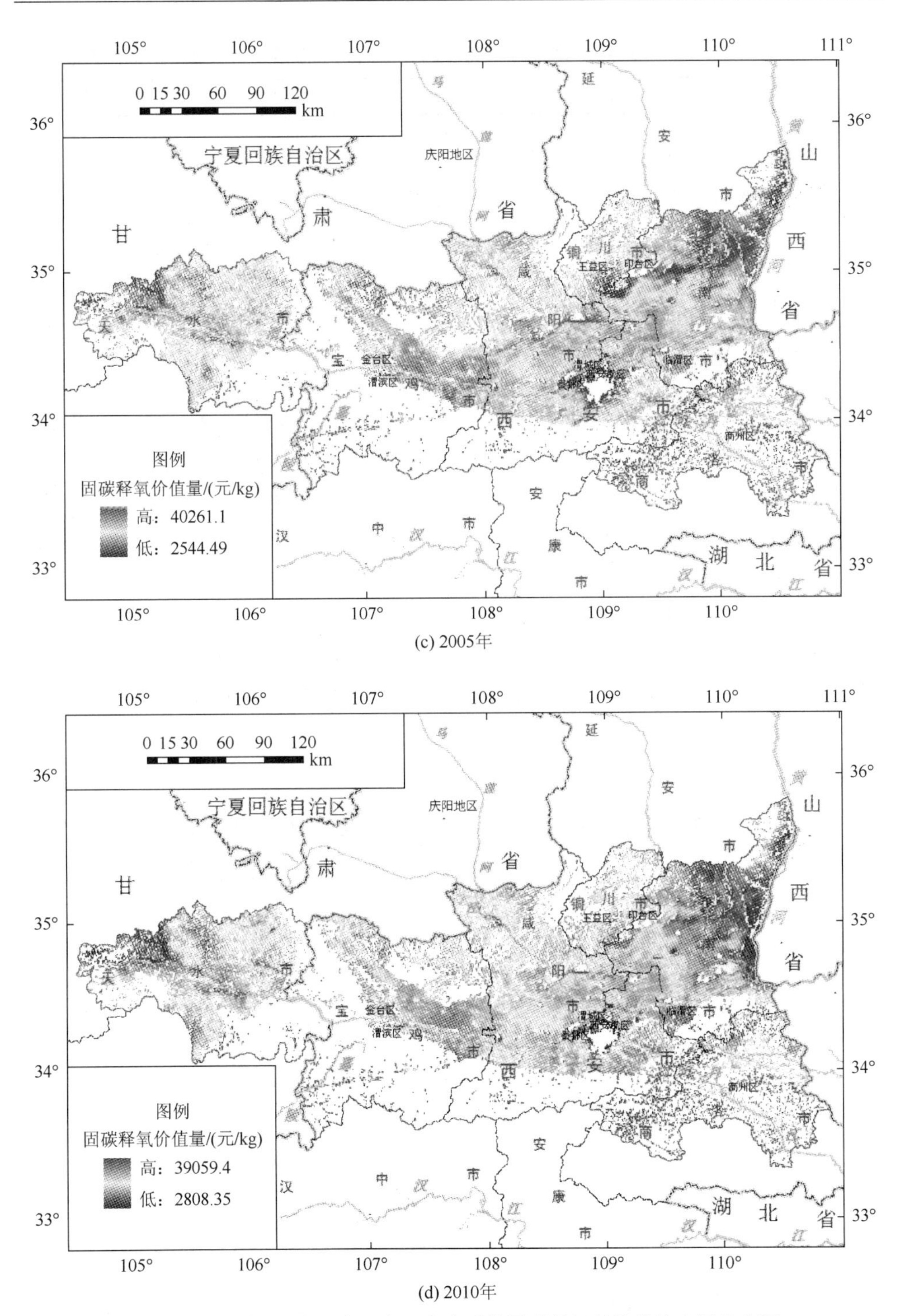

(c) 2005年

(d) 2010年

图3-23 关中-天水经济区农田生态系统固碳释氧经济价值空间分布图

表 3-8 农田生态系统净化大气的物质量 （单位：万 t）

净化功能	旱地	水浇地
吸收 SO_2	40	50
吸收 HF	0.33	0.43
吸收 NO_x	0.33	0.43
滞尘	30	39

采用替代工程法来估算植被吸收有害气体（植被滞尘功能价值），以我国削减有害气体的平均治理费用（人工削减粉尘的成本）来替代：

$$V = C_d \times Q_d \tag{3-29}$$

式中，V 为吸收有害气体、滞尘功能价值，百万元；C_d 为削减有害气体的平均治理费用（削减粉尘成本），百万元，Q_d 为吸收有害气体（滞尘）量，万 t。

根据《中国生物多样性国情研究报告》研究结果，我国每削减 1 吨 SO_2 的治理费用为 500 元，运行费为 100 元，因此单位治理费用平均为 600 元/t，吸收 NO_x、HF 的价值按我国大气污染物排放收费标准的平均值 0.16 元/kg 和 1.34 元/kg 计算，削减粉尘的平均治理费用为 170 元/t。

由表 3-9 可知，1980 年和 2005 年关中-天水经济区各市区吸收 SO_2、HF、NO_x、滞尘价值总量变化较大，2000 年关中-天水经济区各市区吸收 SO_2、HF、NO_x、滞尘价值总量较小，2010 年相对 2000 年价值总量偏小；高值区为渭南市，低值区为杨凌示范区。

表 3-9 关中-天水经济区各区县农田生态系统吸收 SO_2、HF、NO_x、滞尘价值总量 （单位：百万元）

区县名称	1980 年	2000 年	2005 年	2010 年
柞水县	4 212.9	599.897	4 257.86	1 843.09
丹凤县	13 565.9	4 870.86	13 405.3	6 972.47
洛南县	2 224.39	1 321.02	2 169.73	5 595.89
商州区	9 973.57	3 978.53	9 710.62	11 537.8
周至县	19 695	18 678.9	18 932.4	16 855.3
户县	22 477	15 598.6	21 692.6	17 234.2
蓝田县	13 202.8	3 068.7	13 065.1	89 982.1
高陵县	102 393	82 435.5	99 040.2	110 690
西安市区	441 589	332 201	434 178	496 885
凤县	573.607	452.173	572.341	562.109
眉县	15 892.7	14 542	15 210.2	5 596.61
太白县	20.322 1	14.844 2	20.090 4	12.978 7

续表

区县名称	1980 年	2000 年	2005 年	2010 年
岐山县	117 933	63 383.8	113 547	330.297
扶风县	145 835	89 099.9	140 589	285.369
凤翔县	171 431	61 080.5	160 842	470.938
陇县	6 557.01	2 136.82	6 494.21	6 364.24
麟游县	2 912.79	1 906.45	2 920.13	2 890.04
千阳县	2 698.39	1 206.98	2 418	2 347.72
宝鸡市区	125 874	30 539.4	119 974	4 959.89
杨陵区	23 254.7	14 087.6	20 777.5	2.656 02
武功县	99 094.3	62 989.3	93 571.3	11.925 8
兴平市	126 887	81 659.8	117 340	23.838 8
永寿县	33 390.8	16 032.7	31 879.9	796.522
泾阳县	235 881	184 330	232 399	23 721.1
乾县	212 614	115 086	202 682	206.208
礼泉县	193 334	87 352.2	183 286	115.99
三原县	113 114	119 776	111 523	13 010.5
淳化县	6 914.04	1 991.53	6 595.95	6 532.96
彬县	23 853.8	1 730.31	22 934.8	22 601
长武县	4 972.34	628.353	4 931.81	4 893.14
旬邑县	28 224.6	2 571	27 362.3	27 080
咸阳市区	112 801	72 037	102 428	1 556.24
华县	127 047	98 222.9	126 117	142 116
潼关县	1 620.06	3 107.23	1 637.58	4 597.77
华阴市	117 943	89 232.4	117 051	134 530
大荔县	433 124	370 648	438 708	589 462
富平县	370 504	311 223	370 716	454 432
合阳县	127 369	41 809.5	126 023	349 350
澄城县	64 975.3	57 749.8	63 940.6	399 372
白水县	124 626	18 635.5	123 313	189 170
韩城市	1 822.73	1 785.42	1 671.81	10 909.7
蒲城县	528 832	459 943	528 841	653 261
渭南市区	385 252	282 930	383 880	435 785
宜君县	2 459.47	1 756.52	2 200.8	1 685.73
铜川市区	36 059.1	46 762.8	35 419	8 246.81

续表

区县名称	1980 年	2000 年	2005 年	2010 年
清水县	139 259	3 521.21	142 615	112 154
武山县	8 530.09	443.023	7 906.37	6 445.52
秦安县	68 884.7	2 921.68	68 544.7	53 036.6
甘谷县	41 790.9	1 849.62	41 142.7	32 464.2
张家川回族自治县	78 198.4	1 427.19	78 033.9	62 162.4
天水市区	89 510.4	1 664.12	88 495.8	49 888

3.4.4 净化环境价值估算

将 3.4.2 小节计算所得的固碳释氧价值量与 3.4.3 小节计算所得的吸收 SO_2、HF、NO_x、滞尘价值总量相加，即得出关中-天水经济区农田生态系统净化环境价值的空间分布图（图 3-24）。

由图 3-24 可知，关中-天水经济区农田生态系统净化环境高值区为平原地区，低值区为山地、丘陵地带；且水浇地净化环境的价值量要远远高于旱地；从整体上看，关中-天水经济区农田生态系统净化环境价值量空间分布为：中部高、东西

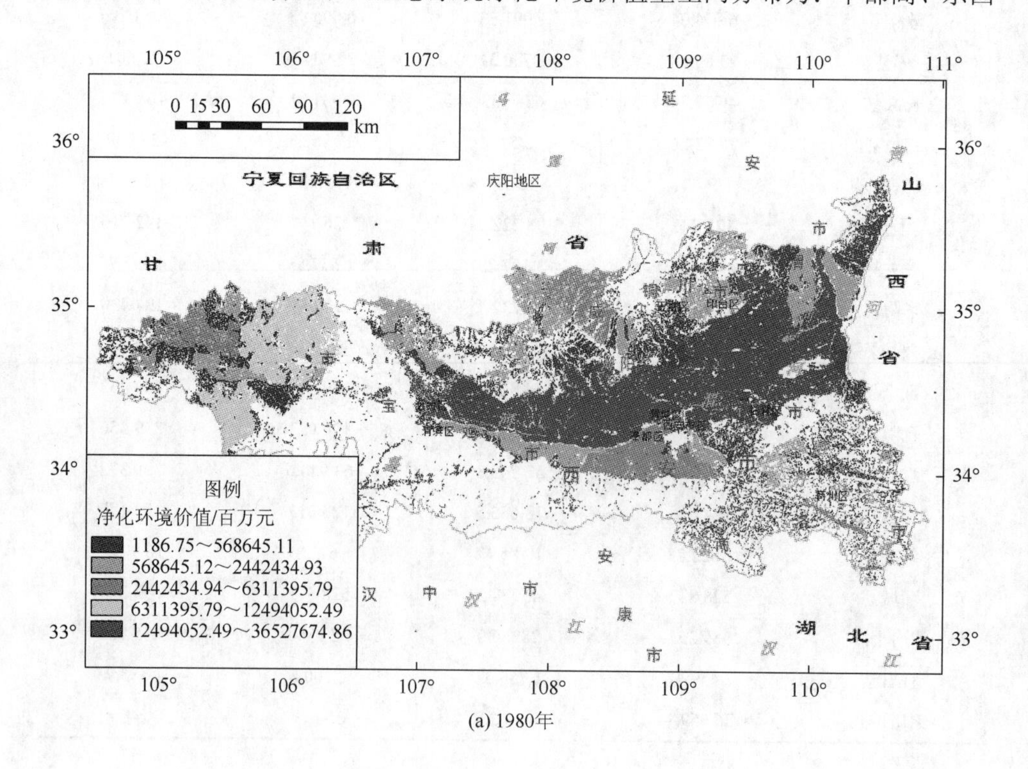

(a) 1980年

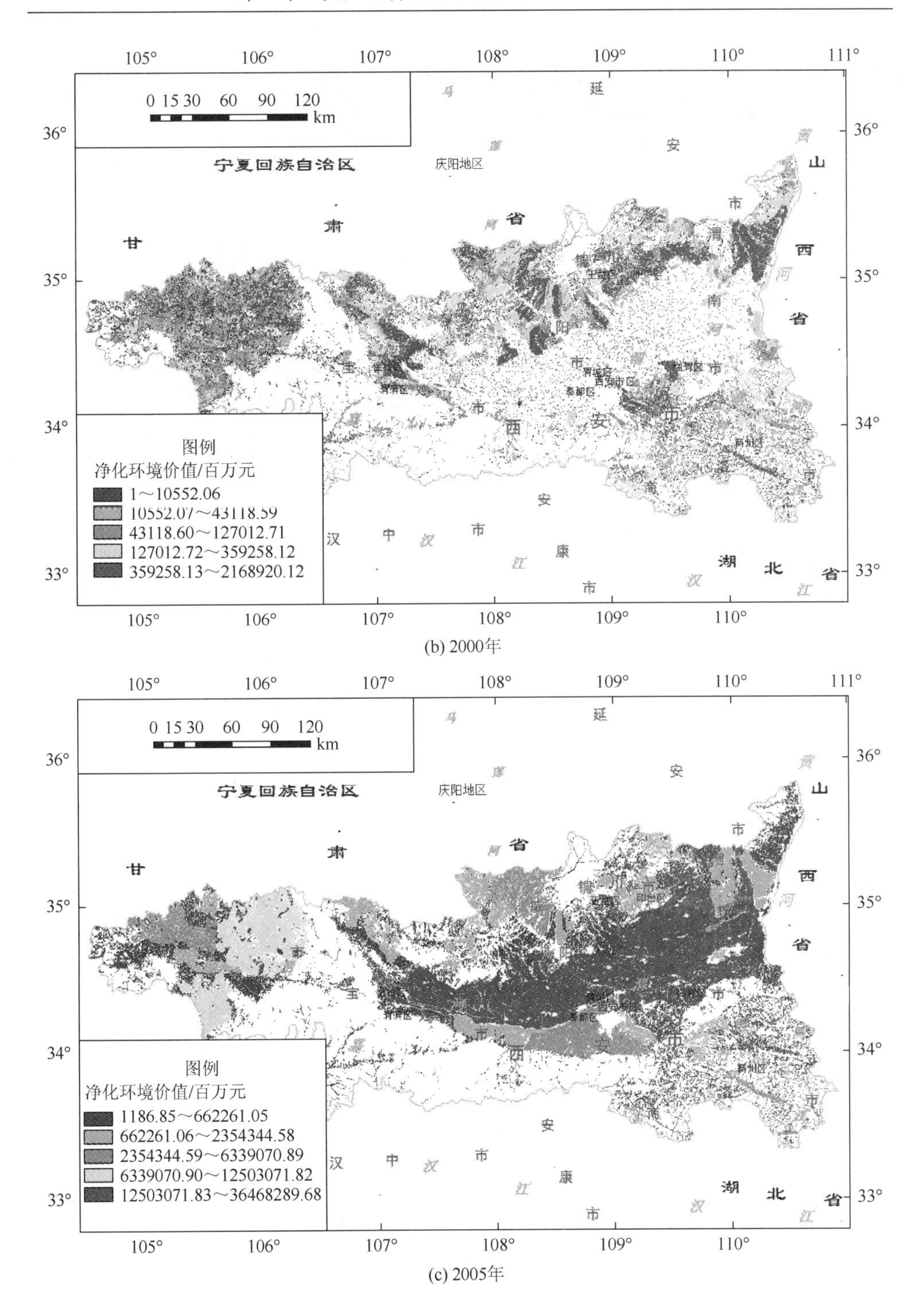

(b) 2000年

(c) 2005年

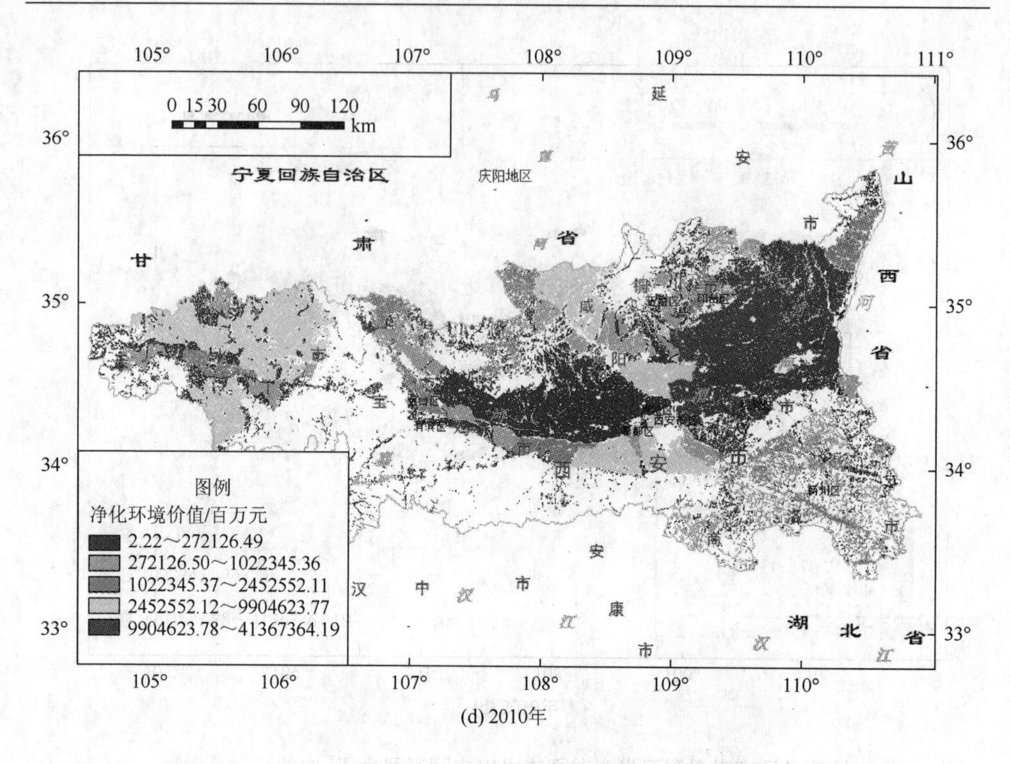

(d) 2010年

图 3-24　关中-天水经济区农田生态系统净化环境价值空间分布图

低，平原高、山地低，水浇地高、旱地低。原因在于净化环境价值量取决于作物及植物的分布与产量多少。

3.5　关中-天水经济区农田生态系统粮食生产服务估算

农田生态系统作为与人类接触最密切的生态系统，其最重要的功能是给人类提供生产资料和生活资料，以维持人类的生存与发展，因此粮食生产是农田生态系统服务价值中重要的不可缺少的组成部分。

3.5.1　关中-天水经济区农田生态系统粮食产量空间分布

统计数据来自《天水市统计年鉴》《西安市统计年鉴》《咸阳市统计年鉴》《渭南市统计年鉴》《宝鸡市统计年鉴》《铜川市统计年鉴》《商洛市统计年鉴》及《陕西省统计年鉴》，将 2000 年、2005 年及 2010 年关中-天水经济区各区县的粮食产量整理入库，得到关中-天水经济区各区县粮食产量分布情况（表 3-10 和图 3-25）。

表 3-10　关中-天水经济区各市区粮食产量汇总表　（单位：$\times10^4$t）

市区	2000 年	2005 年	2010 年
西安市	201.92	205.53	221.65
渭南市	104.95	190.28	264.19
宝鸡市	130.4	156.69	142.52
铜川市	20.10	23.70	26.63
商洛市部分	53.55	47.08	47.37
咸阳市	167.9	199	222.6
天水市	71.42	83.94	110.07
杨凌示范区	1.28	3.34	5.232 8

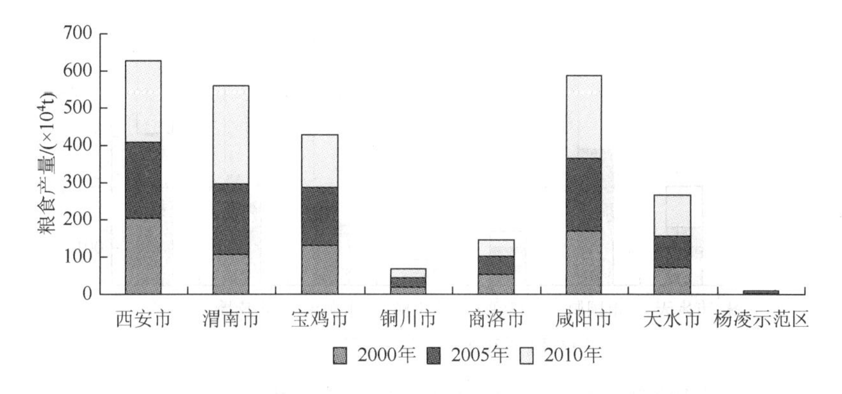

图 3-25　关中-天水经济区农田生态系统各市区粮食产量

结合表 3-10 和图 3-25 可以看出，关中-天水经济区农田生态系统粮食产量总体呈现增长的趋势，其中咸阳市、渭南市、天水市和杨凌示范区粮食产量增幅明显，原因在于该地区地势平坦，水源较多，适宜耕种，农作物播种面积广，新技术应用范围广；商洛市部分区县的粮食产量呈下降趋势，原因在于该地区近些年来将经济发展中心转移到旅游产业开发和拓展上，部分土地被开发为旅游景点；西安市粮食产量基本持平，原因在于西安市属于国际化发展的大都市，在城市化不断扩大的同时，周至县等远郊县成为城市发展的粮食供应基地，农业技术的不断投入，带来了粮食产量的提高，二者增减幅度相当。

此外，粮食产量的提高不仅与种植面积有关，更与农业技术有关，近些年城市快速发展，导致大量耕地被占用，耕地面积呈减少趋势，但随着农业技术的广泛应用，耕地的粮食总产量仍然呈现增加趋势。

从空间区域上看，地势平坦的西安市、咸阳市、渭南市和宝鸡市粮食总产量依次递减，山地较多的天水市粮食产量较少，这不仅与耕地面积有关，还与该地的降水分布情况有关。从年份上看，关中-天水经济区粮食总产量呈现缓慢增长趋势。

3.5.2　关中-天水经济区农田生态系统粮食生产服务价值

为了更加直观地体现关中-天水经济区农田生态系统粮食生产服务，文中拟采用统计年鉴中的农业增加值代表粮食生产服务的经济价值，总体呈现增长趋势，西安市、咸阳市和宝鸡市增幅明显，具体统计结果如表 3-11 所示。

表 3-11　关中-天水经济区各市区农田生态系统粮食生产服务价值　（单位：亿元）

市区	2000 年	2005 年	2010 年
西安市	33.67	64.08	140.06
渭南市	44.3	56.77	128.94
宝鸡市	24.6	42.57	114.77
铜川市	4.1	5.67	14.18
商洛市部分	12.74	16.4	38.7
咸阳市	50.62	86	203.3
天水市	18.47	25.8	60
杨凌示范区	0.67	0.89	3.754

将表 3-11 中的数据与关中-天水经济区行政区划图进行叠加，得出粮食生产服务价值的空间分布图，如图 3-26 所示。

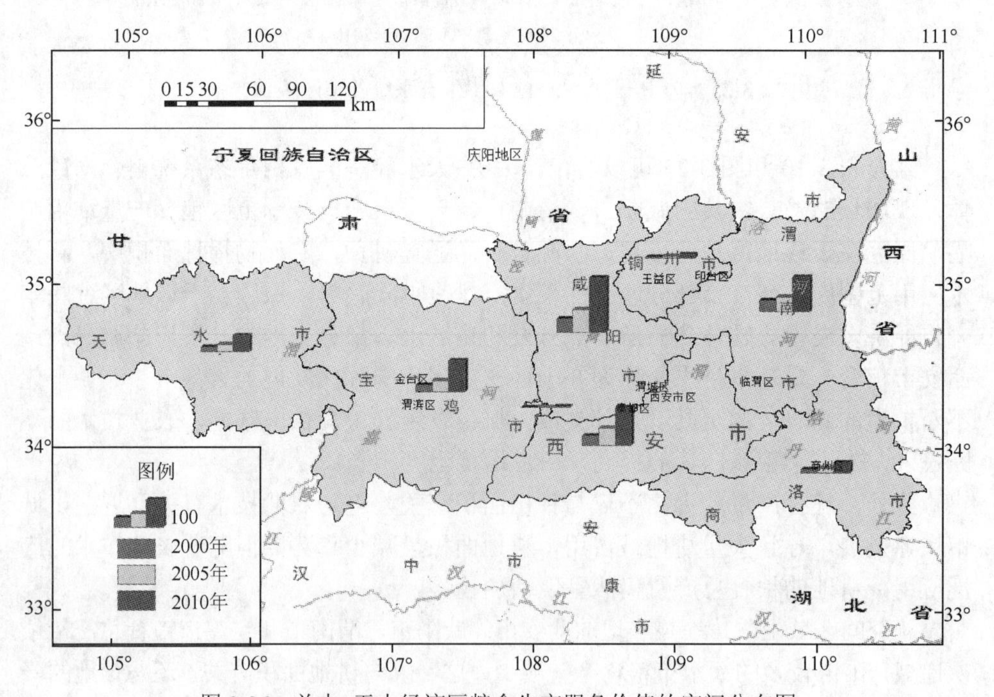

图 3-26　关中-天水经济区粮食生产服务价值的空间分布图

3.6 关中-天水经济区农田生态系统生态环境效应综合评价

基于农田生态系统服务总价值模型，对关中-天水经济区的五项生态服务价值量进行汇总，并对农田生态系统生态服务总价值进行空间转移分析研究。

3.6.1 农田生态系统生态服务总价值估算模型

农田生态系统生态服务总价值模型为

$$V_{\mathrm{t}} = \sum_{i=1}^{n} v_i \tag{3-30}$$

式中，V_{t}表示关中-天水经济区农田生态系统服务价值总量；V_i代表该区农田生态系统的第i项生态服务价值；本章生态系统服务共五项，故$n=5$。

具体计算结果如表3-12所示，其中因1980年粮食生产服务价值数据缺少，故1980年生态系统服务价值是净第一性生产力、土壤保持、涵养水源与净化环境服务价值总和。

表3-12　1980～2010年关中-天水经济区农田生态系统服务价值　（单位：$\times 10^8$元）

市区	1980年	2000年	2005年	2010年
宝鸡市	58.973	51.036	98.829	117.152
商洛市部分	2.998	13.817	19.354	41.295
天水市	42.617	30.297	68.474	91.615
铜川市	3.852	8.952	9.432	15.173
渭南市	228.312	217.829	284.960	465.239
西安市	65.931	81.022	128.680	218.415
咸阳市	119.108	125.238	199.693	213.355
杨凌示范区	2.326	2.079	2.968	7.410

3.6.2 关中-天水经济区农田生态服务价值总量空间分布

运用ArcGIS软件中的属性连接功能，将3.6.1小节计算所得的关中-天水经济区各年农田生态服务价值总量与关中天水经济区行政区划图叠加，得到关中-天水经济区农田生态系统服务价值总量空间分布图，如图3-27所示。

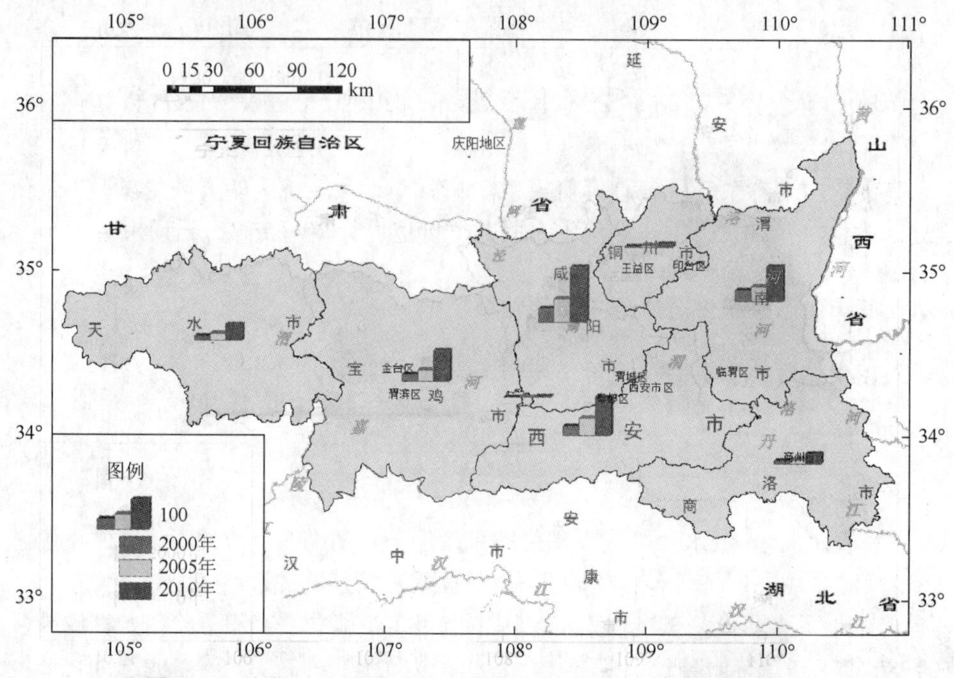

图 3-27　关中-天水经济区农田生态系统服务价值总量空间分布图

结合表 3-12 和图 3-27 可以看出，关中-天水经济区农田生态系统服务总价值空间分布不均匀，渭南市＞咸阳市＞西安市＞宝鸡市＞天水市＞商洛市部分＞铜川市＞杨凌示范区；1980～2010 年关中-天水经济区农田生态系统整体呈现增加趋势，主要与作物耕种面积有关。

从耕地类型上分析，关中-天水经济区农田生态系统服务总价值呈现先减少，再增加的变化趋势；受降水因素影响，1980 年该区域旱地生态服务价值总量要低于水浇地；而 2000 年、2005 年和 2010 年旱地生态服务价值总量要高于水浇地。旱地面积大于水浇地面积，因而导致耕种面积不同，产生的生态服务价值也存在差异。

20 世纪 80 年代初期，农业正处于发展时期，随着社会发展和科技进步，人类所需的生产资料不断增加，在有限的耕地资源基础上，人们通过改进生产技术以提高单位面积产量。例如，灌溉技术的普及使得该地区水浇地面积增多；而化肥、农药及塑料薄膜等大量使用，既提高了耕地产量又造成该地区农田生态系统服务负价值不断增加，因而 2000 年的服务价值总量较低；自 2000 年后，政府采取退耕还林还草政策，该区的生态环境总价值又呈现增长的变化趋势。

3.6.3　关中-天水经济区农田生态服务价值空间转移分析

1. 农田生态系统服务价值转移估算模型

生态系统服务功能的空间转移是指一些服务功能可能会通过某些途径在空间

上转移到系统之外的具备适当外部条件的地区并产生效能[33]，生态系统服务是动态的，其价值转移量有随着区域间空间距离的增大而递减的规律[34]。为了更加全面分析关中-天水经济区农田生态系统服务价值，本章应用断裂模型、场强模型和转移生态服务价值模型对该区域内的生态服务价值转移情况进行了估算。计算生态系统服务价值空间流转的断裂模型为

$$D_i = \frac{D_{ij}}{1 + \sqrt{V_j / V_i}} \tag{3-31}$$

式中，D_i为流转半径，指影响区生态服务价值核心到断裂点的距离；D_{ij}为影响区核心到被影响区核心之间的距离；V_j为被影响区的生态服务价值；V_i为影响区的生态服务价值。计算生态系统服务价值空间流转的场强公式为

$$I_{ij} = \frac{V_i}{D_{ij}^2} \tag{3-32}$$

式中，I_{ij}为区域i的生态服务价值向区域j转移的强度。生态服务价值转移量的计算公式为

$$V_{ij} = k_{ij} I_{ij} A \tag{3-33}$$

式中，V_{ij}代表从i区域向j区域转移的生态服务价值量；k_{ij}代表生态服务价值从i区域向j区域自然流转的影响因子，取值为0～1，一般取值0.6；A为生态服务价值转移的辐射面积。

2. 农田生态系统服务价值转移估算

（1）流转半径。结合图3-27，本章选取咸阳市作为生态服务价值转移的中心，辐射中心选取各市的市中心，利用断裂模型［式（3-31）］计算出1980年、2000年、2005年和2010年关中-天水经济区农田生态系统生态服务价值转移的流转半径，其中7-1表示咸阳市的生态服务价值向宝鸡市流转，7-2表示咸阳市的生态服务价值向商洛市流转，其余以此类推，计算结果如图3-28所示。由图可知，咸阳市向天水市辐射半径最大，其次为商洛市、宝鸡市，咸阳市向西安市辐射半径最小。从时间序列上看，咸阳市向其他行政区转移半径变化不一致，有增有减。

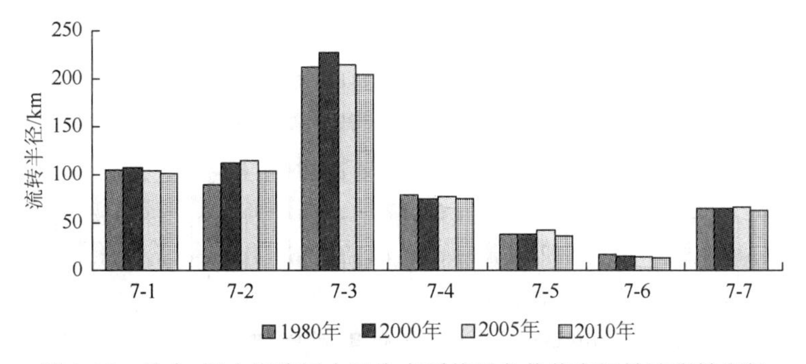

图3-28　关中-天水经济区农田生态系统服务价值空间转移流转半径

（2）辐射范围。运用 ArcGIS 软件中 tools 里的 Buffer Wizard 功能，选取咸阳市中心为中心点，以相应的流转半径为半径，进行缓冲区分析，得到 1980 年、2000 年、2005 年和 2010 年的关中-天水经济区农田生态系统服务价值流转范围图，如图 3-29 所示。

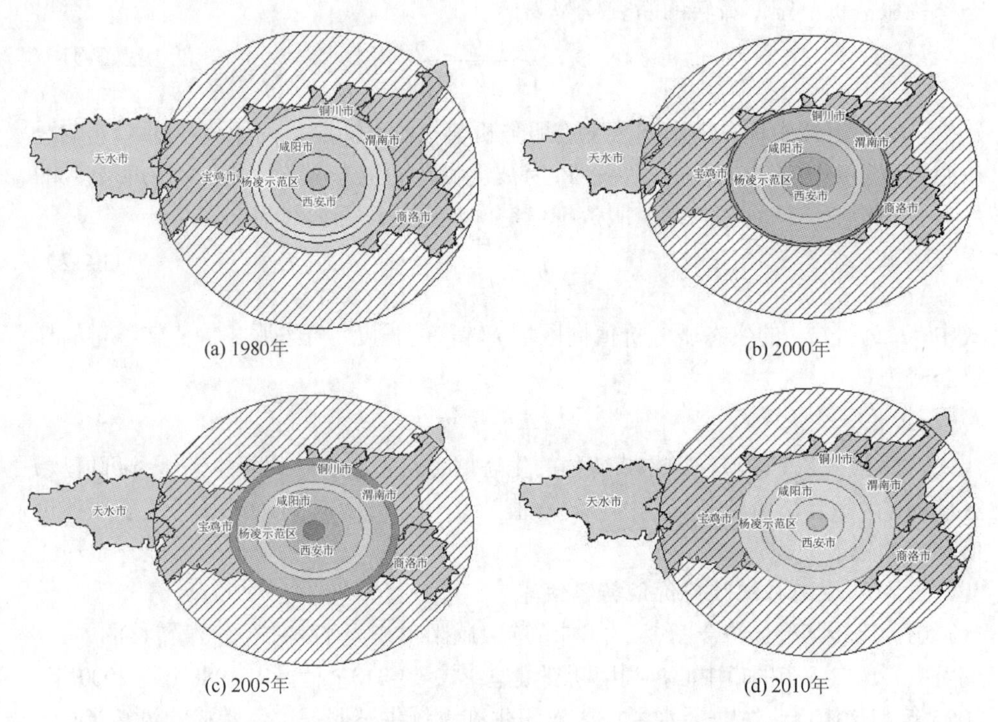

图 3-29　1980～2010 年关中-天水经济区农田生态系统服务价值流转范围

（3）辐射强度。根据场强公式（3-32），计算出咸阳市农田生态系统服务价值对关中-天水经济区其他行政区转移的辐射强度，如图 3-30 所示。1980～2010 年咸阳市各个转移方向的辐射强度都在不断增大，增加速度也加快。在空间上，咸阳市对西安市的流转强度最大，对天水市的流转强度最小，显然，这与行政区之间的距离有很大的关系。

（4）转移价值量。利用 ArcGIS 软件中 analysis 模块中的 Intersect 功能，计算出咸阳市对其他行政区的影响面积，结合式（3-33）估算出以咸阳市为中心农田生态系统服务价值的空间转移量，结果如表 3-13 所示。从生态服务价值量来看，咸阳市向天水市转移的服务价值量最多，最高为 2000 年转移 12.777 1 亿元/km^2；咸阳市向西安市转移的服务价值量最少，最低为 2000 年转移 0.057 亿元/km^2，仅为咸阳市向天水市转移量的 1/225。这些数据的变化与辐射强度和辐射半径有着直接的关系。从时间序列上看，随着时间的变化咸阳市向其他行政区转移强度的增

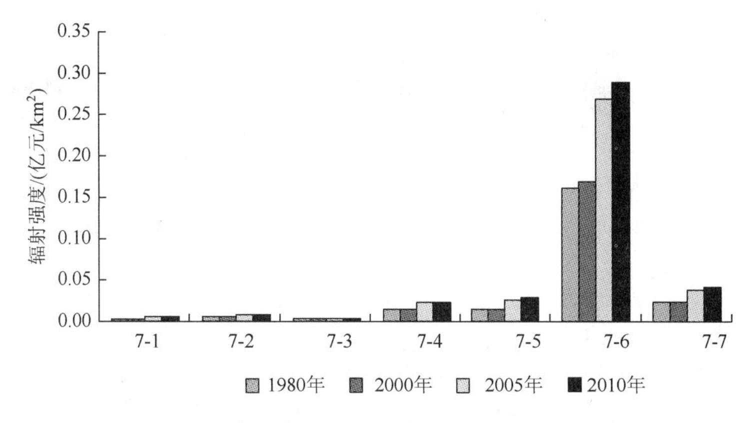

图 3-30　咸阳市农田生态系统服务价值辐射强度

加，相应的生态服务价值转移量也在增加，其中 2000～2005 年辐射强度变化较大，转移的服务价值量也较多。

表 3-13　以咸阳市为中心农田生态系统服务价值的空间转移量

流转方向	1980 年		2000 年		2005 年		2010 年	
	辐射强度/（亿元/km²）	价值量/亿元	辐射强度/（亿元/km²）	价值量/亿元	辐射强度/（亿元/km²）	价值量/亿元	辐射强度/（亿元/km²）	价值量/亿元
7-1	0.003 9	2.650 8	0.004 1	2.858 5	0.006 5	2.660 2	0.007 0	2.539 3
7-2	0.005 6	1.965 3	0.005 8	3.087 3	0.009 3	3.183 0	0.010 0	2.594 2
7-3	0.001 0	11.149 1	0.001 1	12.887 1	0.001 8	11.317 1	0.001 9	10.382 8
7-4	0.013 7	1.564 6	0.014 4	1.372 1	0.023 0	1.463 6	0.024 6	1.350 6
7-5	0.015 7	0.334 6	0.016 5	0.355 1	0.026 3	0.398 5	0.028 1	0.310 7
7-6	0.162 2	0.060 9	0.170 5	0.057	0.271 9	0.058	0.290 6	0.045 7
7-7	0.022 5	1.022	0.023 7	1.040 3	0.037 8	1.058 9	0.040 4	0.944 4

参 考 文 献

[1]　王军邦，刘纪远，邵全琴，等. 基于遥感-过程耦合模型的 1988～2004 年青海三江源区净初级生产力模拟[J]. 植物生态学报，2009，33（2）：254-269.

[2]　肖桐，王军邦，陈卓奇. 三江源地区基于净初级生产力的草地生态系统脆弱性特征[J]. 资源科学，2010，32（2）：323-330.

[3]　龙慧灵，李晓兵，王宏，等. 内蒙古草原区植被净初级生产力及其与气候的关系[J]. 生态学报，2010，30（5）：1367-1378.

[4]　杜加强，舒俭民，张林波. 基于 NPP 的黄南州自然植被对气候变化的响应[J]. 生态学杂志，2010，29（6）：

1094-1102.

[5] 张杰，潘晓玲. 天山北麓山地-绿洲-荒漠生态系统净初级生产力空间分布格局及其季节变化[J]. 干旱区地理，2010，33（1）：78-86.

[6] 师庆三，王智，吴友均，等. 新疆生态系统服务价值测算与 NPP 的相关性分析[J]. 干旱区地理，2010，33（3）：427-433.

[7] 张月丛，赵志强，李双成，等. 基于 SPOT NDVI 的华北北部地表植被覆盖变化趋势[J]. 地理研究，2008，27（4）：745-754，973.

[8] 宋怡，马明国. 基于 SPOT VEGETATION 数据的中国西北植被覆盖变化分析[J]. 中国沙漠，2007，27（1）：89-93，173.

[9] 朱文泉，潘耀忠，何浩，等. 中国典型植被最大光利用率模拟[J]. 科学通报，2006，51（6）：700-706.

[10] 阳小琼，朱文泉，潘耀忠，等. 基于修正的亚像元模型的植被覆盖度估算[J]. 应用生态学报，2008，19（8）：1860-1864.

[11] 王艳艳，杨明川，潘耀忠，等. 中国陆地植被生态系统生产有机物质价值遥感估算[J]. 生态环境，2005，14（4）：455-159.

[12] FANG J，TANG Y，LIN J，et al. Global ecology：Climate Change and Ecological Responses[M]. Beijing and Heidelberg：China Higher Education Press and Springer-Verlag Press，2000：1-212.

[13] 任志远，李晶. 陕南秦巴山区植被生态功能的价值测评[J]. 地理学报，2003，（4）：503-511.

[14] 陈云明，吴钦孝，刘向东. 黄土丘陵区油松人工林对降水再分配的研究[J]. 华北水利水电学院学报，1994，（1）：62-68.

[15] 江忠善，郑粉莉，武敏. 中国坡面水蚀预报模型研究[J]. 泥沙研究，2005，（4）：1-6.

[16] 欧阳志云，王效科，苗鸿.中国陆地生态系统服务功能及其生态经济价值的初步研究[J].生态学报，1999，19（5）：607-613.

[17] 王勇，骆世明，黄门福，等. 农林生态系统截流蓄水的功能及其核算方法[J]. 广东农业科学，2007，（5）：51-54.

[18] 余艳玲，熊耀湘，文俊. 土壤水资源及土壤水分调控研究[J]. 云南农业大学学报，2003，18（3）：298-301.

[19] 王晓龙，李辉信，胡锋，等. 红壤小流域不同土地利用方式下土壤 N，P 流失特征研究[J]. 水土保持学报，2005，19（5）：33-36，57.

[20] 赵传燕，冯兆东，刘勇. 干旱区森林水源涵养生态服务功能研究进展[J]. 山地学报，2003，21（2）：157-161.

[21] 姜文来. 森林涵养水源的价值核算研究[J]. 水土保持学报，2003，（2）：34-36，40.

[22] 部金凤. 中外生态价值发展阶段系数的理论探讨及对比研究[D]. 北京：北京工商大学，2006.

[23] ALEXANDER A M，LIST J A，MARGOLIS M，et al. A method for valuing global ecosystem services[J]. Ecological Economics，1998，27（2）：161-170.

[24] BINGHAM G，BISHOP R，BRODY M，et al. Issues in ecosystem valuation：improving information for decision making[J]. Ecological Economics，1995，14（2）：73-90.

[25] BROWN T C. The concept of value in resource allocation[J]. Land economics，1984，60（3）：231-246.

[26] COSTANZA R，FARBER S C，MAXWELL J. Valuation and management of wetland ecosystems[J]. Ecological Economics，1989，1（4）：335-361.

[27] COSTANZA R，D'ARGE R，DE GROOT R，et al. The value of the world's ecosystem services and natural capital[J]. Ecological Economics，1998，25（1）：3-16.

[28] STRANGE E M，FAUSCH K D，COVICH A P. Sustaining ecosystem services in human-dominated watersheds：biohydrology and ecosystem processes in the South Platte River Basin[J]. Environmental Management，1999，

24（1）：39-54.

[29] SCOTT M J，BILYARD G R，LINK S O，et al. Valuation of ecological resources and functions[J]. Environmental Management，1998，22（1）：49-68.

[30] 赵景柱，肖寒，吴刚. 生态系统服务的物质量与价值量评价方法的比较分析[J]. 应用生态学报，2000，11（2）：290-302.

[31] HEAL G. Valuing ecosystem services[J]. Ecosystems，2000，3（1）：24-30.

[32] 马新辉，孙根年，任志远. 西安市植被净化大气物质量的测定及其价值评价[J]. 干旱区资源与环境，2002，（4）：83-86.

[33] DE GROOT R S，WILSON M A，BOUMANS R M. A typology for the classification，description and valuation of ecosystem functions，goods and services[J]. Ecological Economics，2002，41（3）：393-408.

[34] 范小杉，高吉喜，温文. 生态资产空间流转及价值评估模型初探[J]. 环境科学研究，2007，20（5）：160-164.

第4章　生态系统服务驱动力分析

4.1　关天经济区生态服务价值变化研究

4.1.1　生态服务价值之间的关系

各项生态服务价值之间存在着错综复杂的关系[1-3]，探讨不同生态服务功能的关系对于深化人与自然关系的研究以及生态服务的驱动因素研究方面具有重要意义。生态系统服务由生态系统结构和过程两个方面形成。当人为地增加某种特定的生态系统服务功能时，有可能会对生态系统的结构和过程产生影响，从而影响其他生态系统服务功能的提供[2, 4]。

以关天经济区的行政区划为基准，以 ArcGIS 为平台，建立 2km×2km 的网格数据（fishnet），再利用空间统计工具统计出网格中每一个网格（以 ID 识别）的价值。生成网格的路径为：Data Management Tools→Feature Class→Creat Fishnet，如图 4-1 所示；统计生态服务价值的路径为：Spatial Analyst→Zonal Statistics。

图 4-1　关天经济区网格生成示意图

以每个网格的生态服务价值为数据源，以 SPSS 软件为支持，对五种生态服务价值进行相关分析，从而得到 NPP、固碳释氧、涵养水源、土壤保持和粮食生产之间的相关性，如表 4-1。

表 4-1　2000～2010 年关天经济区生态服务价值间的关系

	NPP	固碳释氧	涵养水源	土壤保持	粮食生产
NPP	1	1.000**	0.521**	0.121**	–0.338**
固碳释氧	1.000**	1	0.521**	0.121**	–0.338**
涵养水源	0.521**	0.521**	1	0.363**	–0.273**
土壤保持	–0.500**	–0.500**	0.452**	1	–0.069**
粮食生产	–0.338**	–0.338**	–0.273**	–0.069**	1

** 0.01 水平上显著相关（双尾）。

从表 4-1 可以看出，由于固碳释氧价值的计算是要以 NPP 的价值为基础，所以固碳释氧价值与 NPP 价值的相关系数为 1；土壤保持与水源涵养的空间格局具有一定的相似性，它们之间具有一定的相关性，相关系数较高；而土壤保持与 NPP 呈现负相关性，其原因可能与植被类型有关系，NPP 的价值量与乔木有密切的关系，乔木多的地方灌木和草地的水土保持功能得到了限制。

本书中，从 2000 年到 2010 年，生态服务功能之间存在着此消彼长和协同关系，调节型生态服务功能（NPP、固碳释氧、涵养水源、土壤保持）之间存在明显的协同关系，而调节型生态服务功能和供给型生态服务功能之间存在着明显的此消彼长关系，如图 4-2 所示。

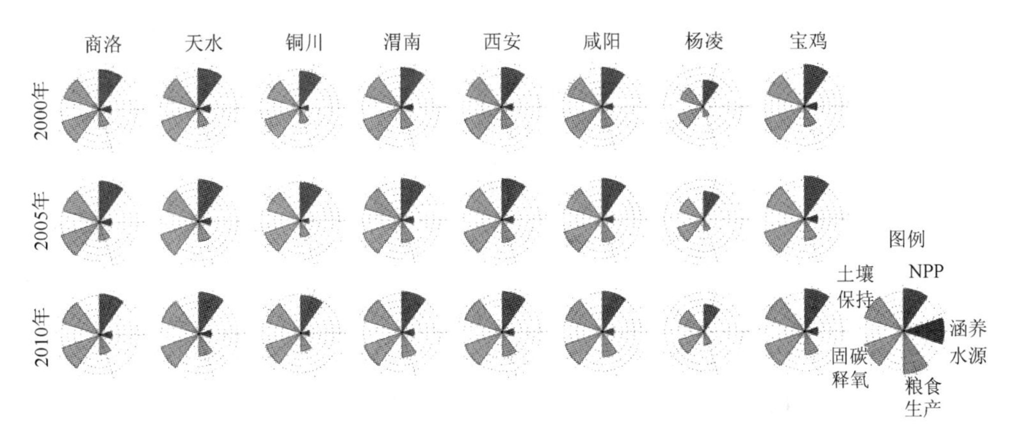

图 4-2　不同生态服务功能之间的关系

4.1.2　生态服务功能相互关系的空间差异

此消彼长和协同关系[5, 6]是多重生态服务功能之间关系的重要体现。此消彼长指的是为了获取某项生态服务功能而对其他生态服务功能所造成的减少或丧失；与之相反的，协同关系是指多重生态服务功能在同时得到加强。国内外学者们也对生态服务功能之间的关系做了一定的研究，发现了生态服务功能之间关系的具体体现[7-11]，但主要的关系表现为生态服务功能之间的相互削弱和相互增强。

本书以关天经济区为例，通过其相互关系的模式和生态服务价值指数的空间差异，深入探讨关天经济区生态服务功能之间的相互关系的空间分布，并简单地对其相互关系的机理进行研究。将生态服务功能分为调节性和供给型，NPP、固碳释氧、水土保持和涵养水源属于调节型生态服务功能，粮食生产属于供给型生态服务功能。分析以关天经济区的各个区县为基础，所采用的方法是将生态服务价值进行归一化，然后计算出各区域的总生态服务指数。得出 2000 年和 2010 年县域各生态服务功能相互关系的空间差异（图 4-3 和 4-4），以生态服务功能的归一化指数来表示生态服务功能。

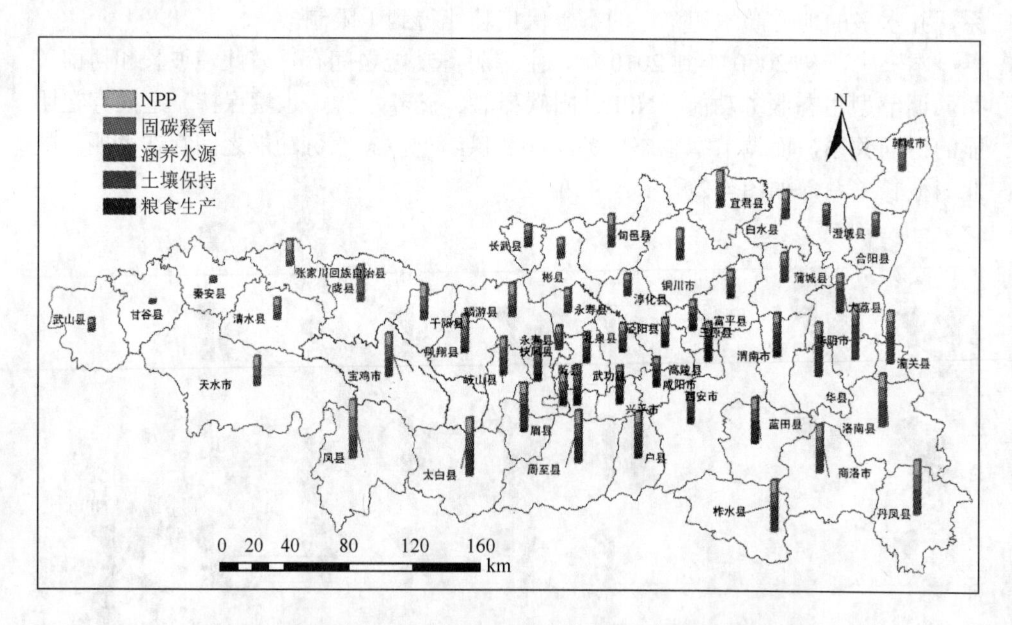

图 4-3　2000 年县域尺度上生态服务功能相互关系的空间差异

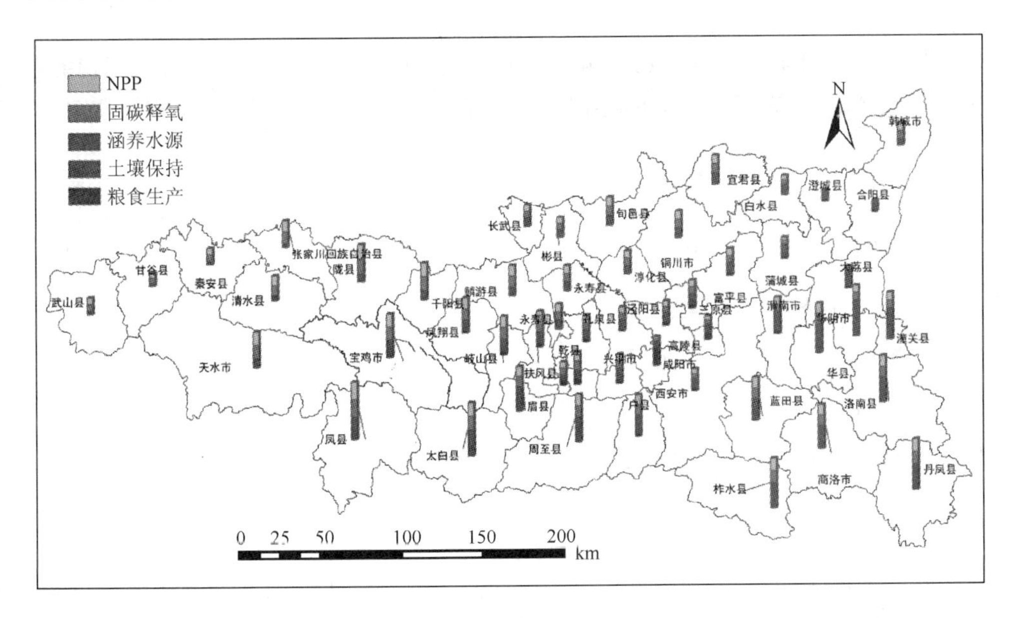

图 4-4　2010 年县域尺度上生态服务功能相互关系的空间差异

从图 4-3 和图 4-4 可以看出，调节型生态服务功能价值最高的是凤县，其次是柞水县、太白县和华阴市，调节型生态服务功能价值最低的是甘谷县，其次是大荔县和秦安县；供给型生态服务功能价值最高的是高陵县，其次是咸阳市，供给型生态服务功能价值最低的是太白县。从空间分布上看，总生态服务指数从北向南、从西向东是不断增大的，北部市县的生态服务指数明显小于南部临近秦岭的市县，西部市县的生态服务指数小于东部，关天经济区中部地段供给型生态服务功能较强于其他区域，粮食生产所占比例较大。从时间上看，2000～2010 年总生态服务指数呈现增大的趋势，部分地区略有减小，主要为天水和铜川一带，秦岭太白山一带并没有发生大的变化。

总生态服务指数在空间分布的差异较大，2000 年关天经济区各市县的总生态服务指数的变化范围是 0.18～3.35，2010 年的变化范围是 0.62～3.31。在该范围内，总生态服务指数较低的县大部分分布在关天经济区的北部，较高的县主要分布在南部，这主要与自然条件和地形地貌有一定的关系，关中盆地地区水热条件好，地形平坦，降雨量丰富，适合粮食的种植，所以关中盆地一带粮食生产的价值较高，而关天经济区的南部多为高山，有秦岭、太白山等，森林覆盖面积巨大，山清水秀，所以其调节型生态服务功能较强大。总生态服务指数最大的县和最小的县与调节型生态服务功能最大和最小的县均为凤县和甘谷县，供给型生态服务功能最高和最低的县分别为高陵县和太白县。

图 4-5 和图 4-6 分别为 2000 年和 2010 年关天经济区主要区域生态服务相互关系的模式。可以看出，2000 年，凤县调节型生态服务指数最高，其中 NPP 和

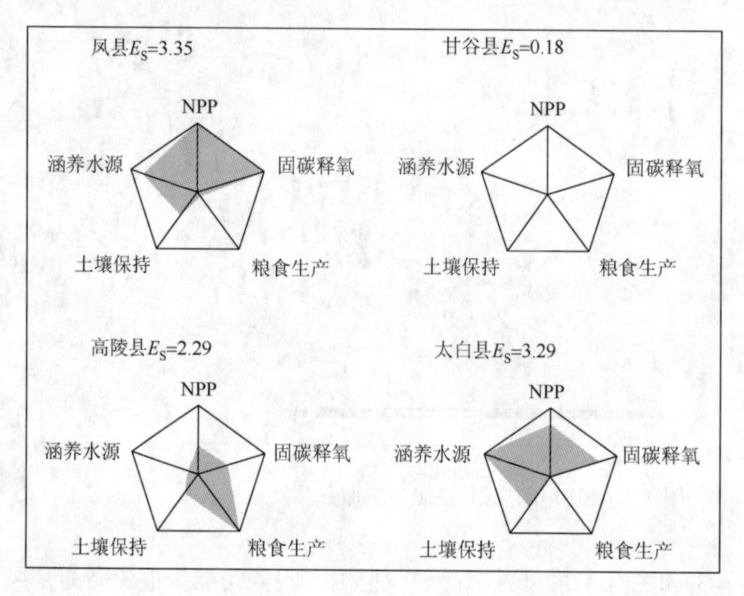

图 4-5　2000 年关天经济区主要区域生态服务相互关系模式

2000 年，调节型生态服务指数最高的是凤县，最低的是甘谷县，供给型生态服务指数最高的是高陵县，最低的是太白县

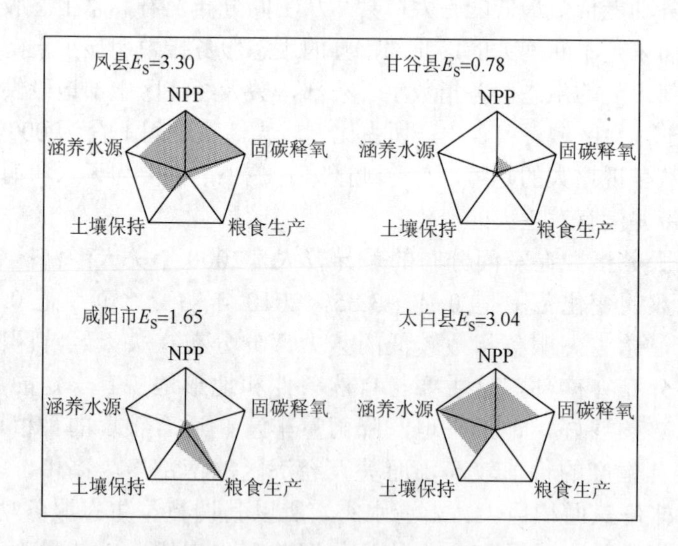

图 4-6　2010 年关天经济区主要区域生态服务相互关系模式

2010 年，调节型生态服务指数最高的是凤县，最低的是甘谷县，供给型生态服务指数最高的是咸阳市，最低的是太白县

固碳释氧值为 1，但粮食生产的值很小，为 0.005 7，高陵县粮食生产指数最高，为 1，但其调节型生态服务指数较低；2010 年存在同样的规律。也就是说，当调节型生态服务功能呈现增强的态势时，供给型生态服务功能则呈现削弱的态势，调节型生态服务功能与供给型生态服务功能呈现强烈的此消彼长态势。

4.2　自然因素对关天经济区生态服务价值的影响

4.2.1　气候因素对生态服务价值及其变化的影响

经研究可知，从 2000 年到 2010 年关天经济区的生态服务价值发生了一定的变化，其变化与自然因素和人文因素有着不可估量的关系。在自然因素方面，本章主要研究关天经济区生态服务价值的变化与气候、地形、地貌、土壤和水系之间的关系。

气候因素和水文因素主要采用的是相关分析法，地形、地貌和土壤等自然因素在短时间内并没有发生较大的变化，本书主要采用 2010 年的价值数据，针对其对生态服务价值的影响进行研究。

1. 气候要素插值分析

根据 2000 年、2005 年和 2010 年关天经济区各个站点的气象数据，通过插值得到关天经济区整个区域的气候条件，所采用的插值法主要是克里金插值。插值结果如图 4-7～图 4-11 所示。

从图 4-7～图 4-11 可以看出，关天经济区的降水量由西向东逐渐增多，东部降水量明显多于西部；日照时数由南向北逐渐增多，由西向东逐渐增多；大部分地区平均风速较小，天水和渭南地区风速较大；除了天水和渭南地区气温较低以外，其他地区气温均衡，普遍较高；湿度由北向南越来越高。

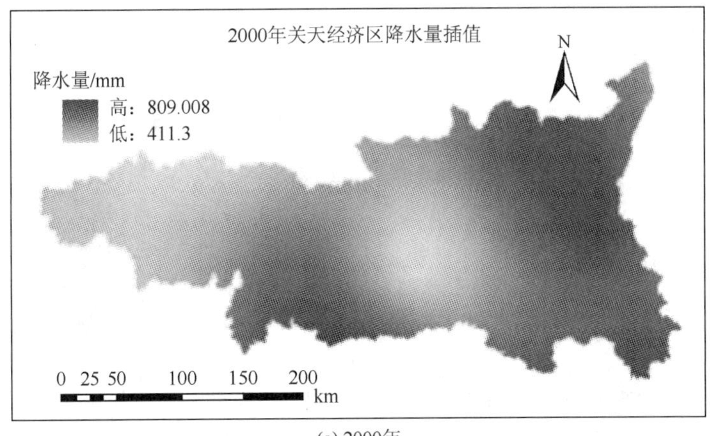

(a) 2000年

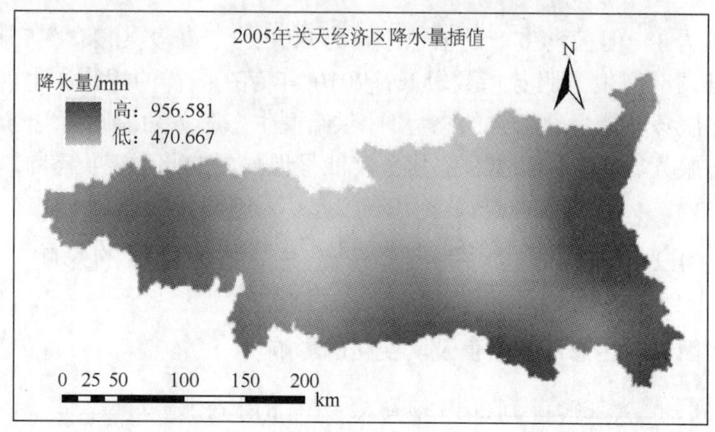

(b) 2005年

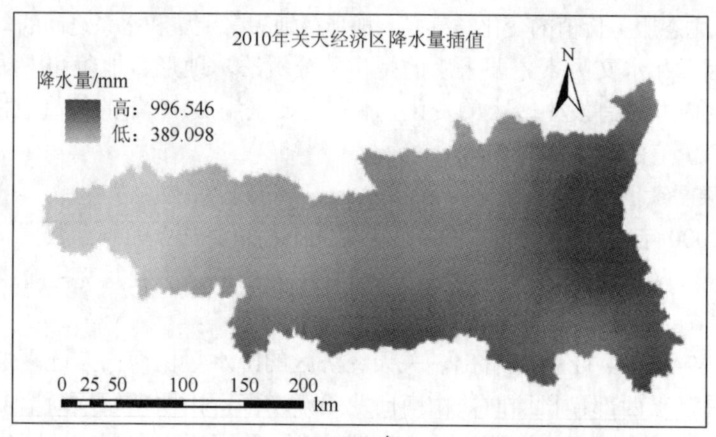

(c) 2010年

图 4-7　关天经济区降水量插值图

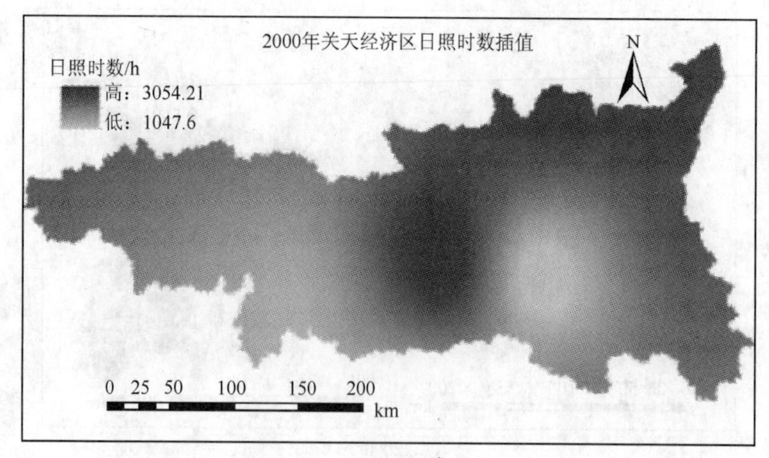

(a) 2000年

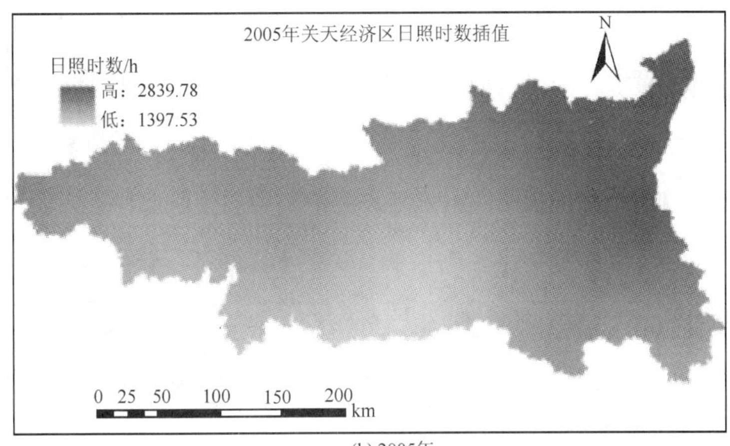

(b) 2005年

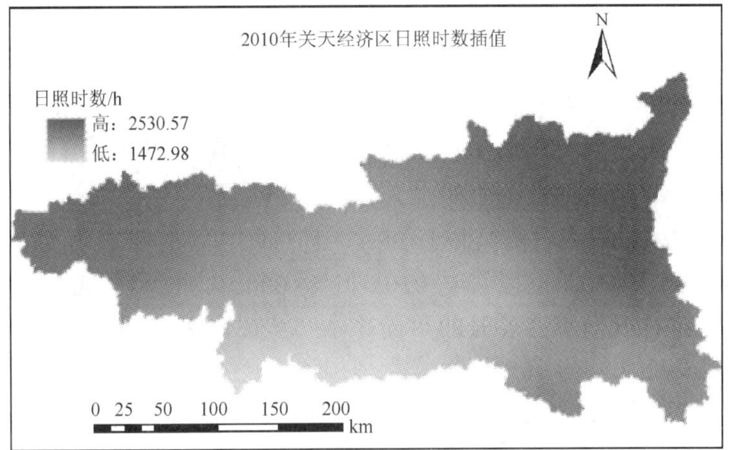

(c) 2010年

图 4-8　关天经济区日照时数插值图

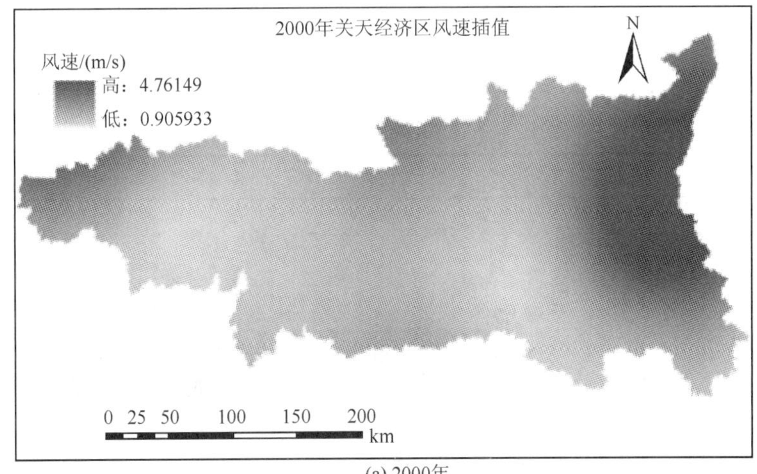

(a) 2000年

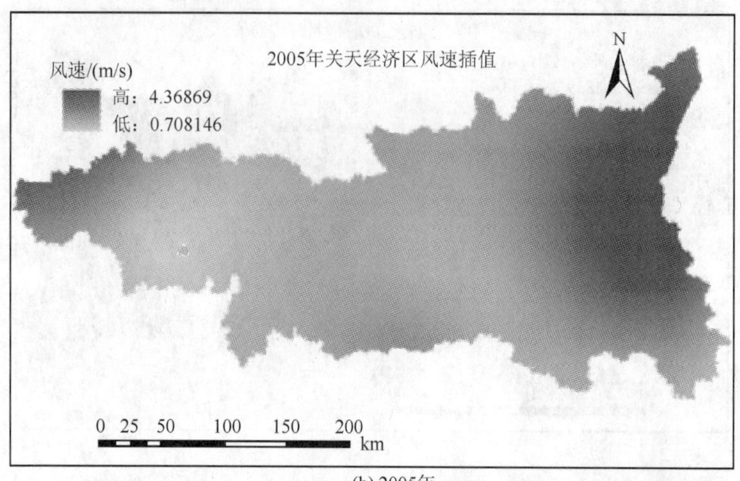

(b) 2005年

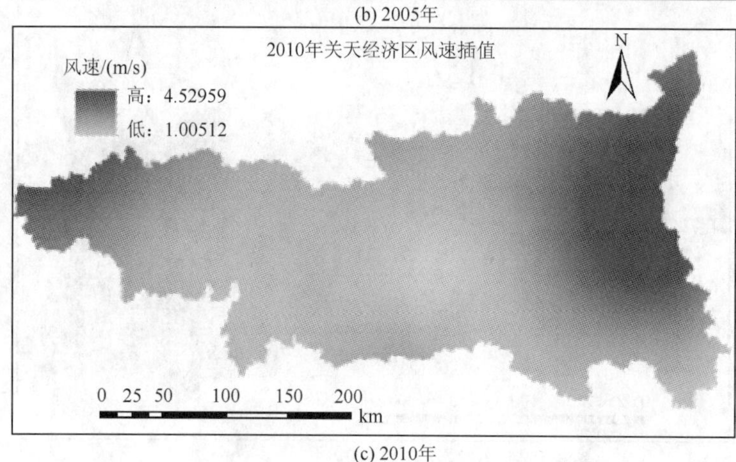

(c) 2010年

图 4-9　关天经济区风速插值图

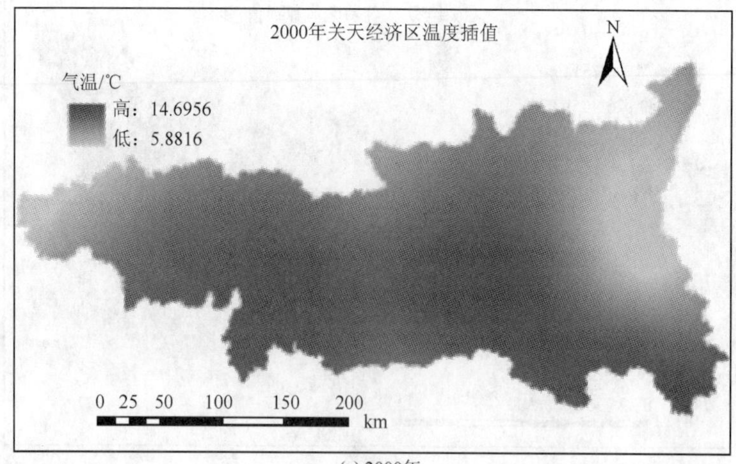

(a) 2000年

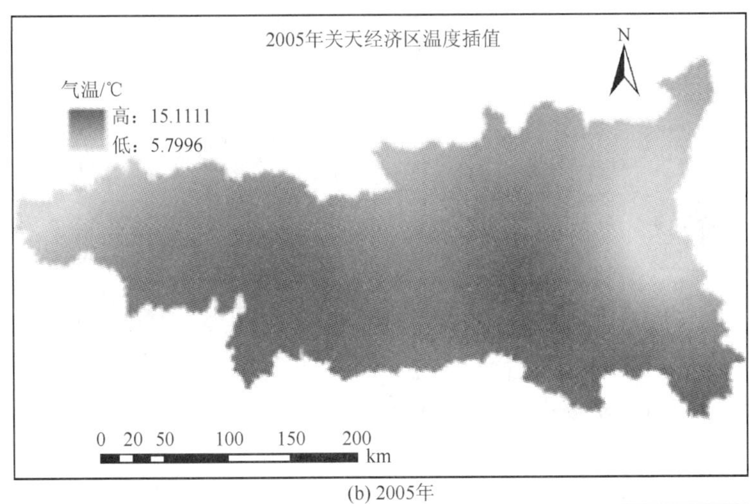

(b) 2005年

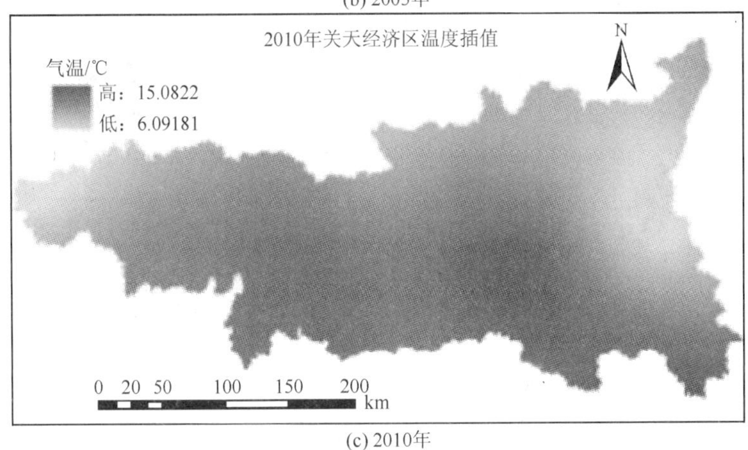

(c) 2010年

图 4-10　关天经济区气温插值图

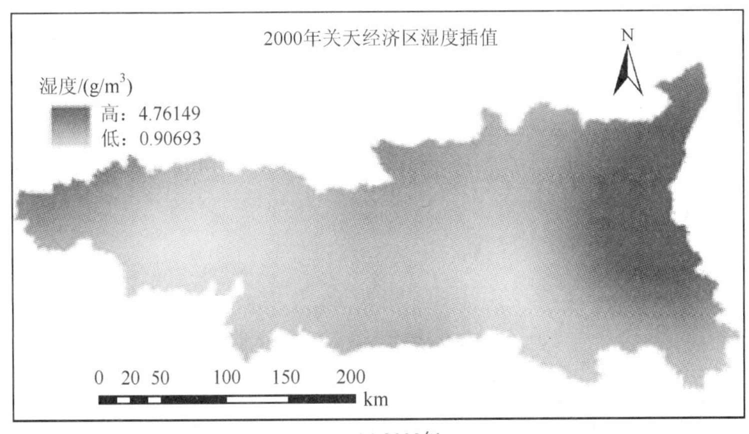

(a) 2000年

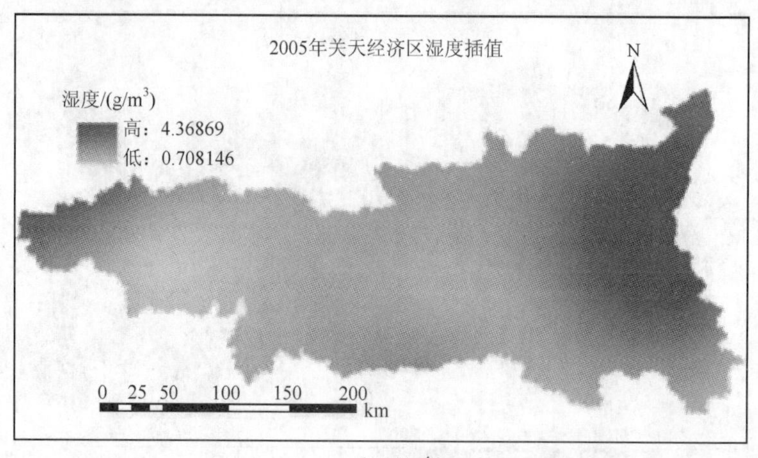

(b) 2005年

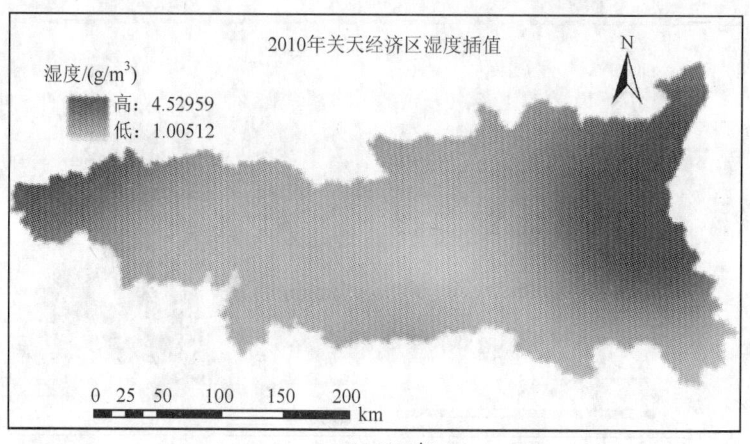

(c) 2010年

图 4-11 关天经济区湿度插值图

从 2000 年到 2010 年，关天经济区西部的降水量呈现减小的趋势，关中盆地的降水量呈现明显增加的趋势；关天经济区的中部日照时数减小，西部和东部的日照时数增大；风速总体上呈现变大的趋势，关中盆地中部部分区域呈现减小的趋势；西部气温降低，由西向东气温变化逐渐增大；大部分地区湿度呈现增大的趋势。

2. 气候因子与生态服务价值的相关分析

在研究生态服务价值变化的自然驱动力中，利用 4.1.1 小节所创建的 2km×2km 的网格对气候因素的数据进行统计，再运用 SPSS 软件对生态服务价值变化和气候因素变化进行双变量相关分析，通过相关系数的大小来判断气候因素对生态服务价值的影响程度，其相关系数如表 4-2 所示。

由表 4-2 可知，生态服务价值的变化与气候的变化存在一定的相关性。以该数据为基础，再结合该区域的其他条件，对各项生态服务价值与各气候因素之间的关系进行研究。

表 4-2　生态服务价值变化与气候变化的相关系数

	日照时数	湿度	平均风速	降水量	平均气温
NPP	0.126	0.248**	0.248**	−0.376**	−0.401**
固碳释氧	0.126	0.248**	0.248**	−0.376**	−0.401**
涵养水源	−0.118	−0.102	−0.102	0.085**	−0.049
水土保持	−0.007	−0.134	−0.134	0.101	0.241**
粮食生产	−0.191	−0.015	−0.015	0.553**	0.145

**在 0.01 水平（双侧）上显著相关。

（1）由第 4 章可知，从 2000 年到 2010 年 NPP 和固碳释氧的价值呈现不断增加的趋势，从表 4-2 可以看出，NPP 和固碳释氧价值的变化与气候因素呈现着不可分割的关系，与降水量和平均气温的变化呈现负相关的关系，也就是说降水量的增加和平均气温的增加在一定程度上对 NPP 和固碳释氧价值的增大起到负面的作用，在关天经济区内，该影响程度较大，而 NPP 和固碳释氧的变化与日照时数、湿度和平均风速的关系为正相关，日照时数的增长、湿度的增大和平均风速的增大都有利于 NPP 和固碳释氧价值的变大。

（2）涵养水源价值量的变化与降水量的相关系数较高，达到 0.485，也就是说降水量的增多有利于涵养水源价值的增大，而其他气候因素都与涵养水源的变化呈负相关，日照时数的增强、湿度的增大、平均风速的增强和平均气温的升高在一定程度上都不利于涵养水源价值的增大。

（3）水土保持价值的增大与平均气温的升高有显著的相关性，平均气温的升高对水土保持的增大有促进作用，水土保持价值的增大与降水量也呈现一定的正相关，与日照时数、湿度和平均风速呈现负相关。

（4）粮食生产的价值与降水量呈现显著的正相关，水分越多，农作物的长势越好，粮食才能丰收，平均气温的升高也对粮食生产有一定的促进作用，而日照时数、湿度和平均风速与粮食生产呈现负相关，并且从相关系数上看影响力不大。

经分析可以了解到，生态服务价值的变化与气候因素呈现一定的相关性，但是其中也不存在绝对性。例如，粮食生产的价值与降水量呈现显著的正相关，但也并不能说降水量越多，粮食的产量就越高，而是指降水量要在一定的合适范围内。

4.2.2　地形因素对生态服务价值的影响

地形是自然因素中重要的一部分，由于地形不会在短时间内发生较大的变化，本书主要对地形因素对生态服务价值的空间分布的影响(以2010年为研究年份)。地形因素主要考虑坡度、高程和坡向三种因素，本书将其分别进行分级，即高程分级，坡度分为平、缓、斜、陡、急、险，坡向分为平地、东、南、西、北、东南、东北、西南和西北。再将其假设为不同的情景进行分析。

1. 地形因素的分级

本章主要分析的地形因素包括高程、坡度和坡向三个因素，其数据主要来源于关天经济区的DEM，在ArcGIS平台上对其坡度和坡向进行提取，再对其进行重分类，从而得到关天经济区的高程、坡度、坡向分类图（图4-12所示)。提取坡度的路径为：Spatial Analyst→Surface Analysis→Slope，提取坡向的路径为：Spatial Analyst→Surface Analysis→Aspect，重分类的路径为：Spatial Analyst Tools→Reclass→Reclassify。高程、坡度分级标准如表4-3，坡向分级标准如表4-4。

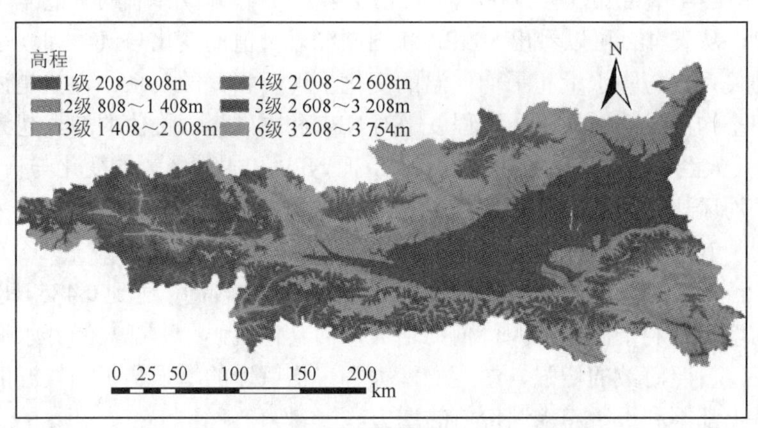

(a) 高程图

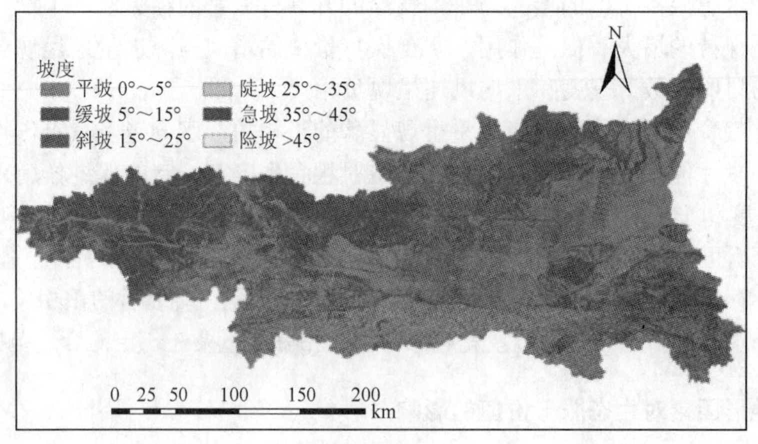

(b) 坡度图

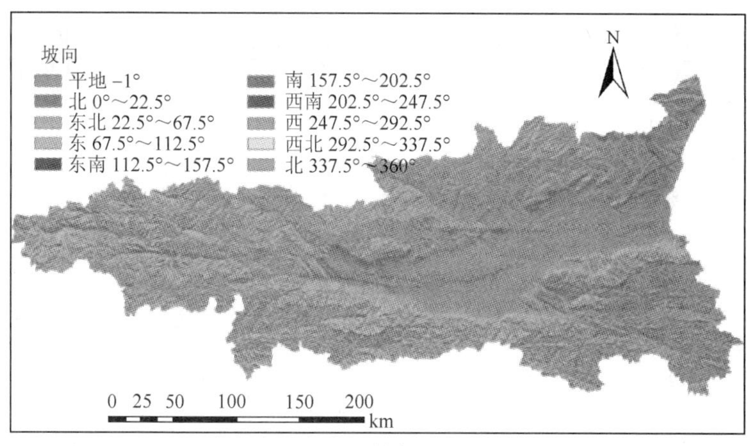

(c) 坡向图

图 4-12　关天经济区高程、坡度、坡向图

表 4-3　关天经济区高程和坡度分级表

高程分级	高程范围/m	坡度分类	坡度范围/（°）
一级（dem1）	208～808	平坡（slope1）	0～5
二级（dem2）	808～1 408	缓坡（slope2）	5～15
三级（dem3）	1 408～2 008	斜坡（slope3）	15～25
四级（dem4）	2 008～2 608	陡坡（slope4）	25～35
五级（dem5）	2 608～3 208	急坡（slope5）	35～45
六级（dem6）	3 208～3 754	险坡（slope6）	45 以上

表 4-4　关天经济区坡向分类表

坡向分类	坡向范围/（°）	坡向分类	坡向范围/（°）
平地（aspect1）	−1	南（aspect6）	157.5～202.5
北（aspect2）	0～22.5	西南（aspect7）	202.5～247.5
东北（aspect3）	22.5～67.5	西（aspect8）	247.5～292.5
东（aspect4）	67.5～112.5	西北（aspect9）	292.5～337.5
东南（aspect5）	112.5～157.5	北（aspect10）	337.5～360

2. 地形因素对生态服务价值空间分布的影响

借助 ArcGIS 空间区域统计功能进行统计，分三种情况进行考虑。

（1）假设坡度、坡向对生态服务价值的影响不大，只考虑高程因素，按照表 4-3 将高程分为六级，生态服务价值见表 4-5。

表 4-5　不同等级高程的生态服务价值　（单位：亿元）

高程等级	粮食生产	涵养水源	NPP	固碳释氧	土壤保持
一级	114.03	0.96	23 244.90	21 873.50	22 455.50
二级	42.53	0.86	20 995.20	19 756.50	15 945.90
三级	31.83	1.10	28 625.20	26 936.30	20 215.80
四级	24.23	0.95	25 995.90	24 462.20	18 471.80
五级	20.20	0.78	22 307.50	20 991.40	15 526.90
六级	5.80	0.24	6 403.41	6 025.60	4 741.11

从表 4-5 可以看出，供给型生态服务功能粮食生产的价值随着高程的增大而呈现出明显的减小的趋势，也就是说，高程越高越不利于粮食的种植与生产，所以粮食生产的价值主要产生于平原地带，例如关中盆地；调节型生态服务功能的各项价值呈现出相同的变化规律，随着高程的增高，其生态服务价值先变大后变小，在高程分级的第三级（1 408～2 008m）的范围内调节型生态服务价值达到最大值，当高程达到 3 000 多米时，生态服务功能的价值并不高，这与森林、草地生长的适宜环境有直接的关系。

（2）假设高程和坡向对生态服务价值的影响并不大，只考虑坡度因素，根据表 4-3 的坡度分级，不同级别的坡度生态服务价值见表 4-6。

表 4-6　不同等级坡度的生态服务价值　（单位：亿元）

坡度等级	粮食生产	涵养水源	NPP	固碳释氧	土壤保持
平坡	105.35	1.14	28 550.40	26 866.00	25 151.50
缓坡	70.51	1.49	39 689.00	37 347.30	28 298.00
斜坡	36.18	1.24	33 191.30	31 233.00	23 703.20
陡坡	18.53	0.73	18 918.60	17 802.40	14 383.20
急坡	6.62	0.24	6 108.64	5 748.23	4 891.66
险坡	1.44	0.05	1 114.22	1 048.48	929.47

从表 4-6 可以看出，供给型生态服务功能粮食生产的价值在平坡处的价值量巨大，占总价值量的 44.15%，坡度越急越险越不利于粮食的种植生产，粮食生产的价值量越少；同样，调节型生态服务功能在不同等级坡度的价值量存在着相同的变化趋势，随着坡度的增大，调节型生态服务功能的价值先增大再减小，缓坡（5°～15°）的价值量最大，坡度继续变陡的情况下价值量减小。

（3）假设高程和坡度对生态服务价值的影响并不大，只考虑坡向因素，根据表 4-4 的坡向分级，不同级别的坡向生态服务价值见表 4-7。

表 4-7　不同等级坡向的生态服务价值　（单位：亿元）

坡向等级	粮食生产	涵养水源	NPP	固碳释氧	土壤保持
平地	1.63	0.02	438.87	412.98	464.54
北	28.28	0.59	15 296.00	14 393.53	13 160.14
东北	28.83	0.62	16 140.90	15 188.60	13 507.80
东	30.17	0.64	16 703.30	15 717.80	12 428.50
东南	32.36	0.64	16 651.40	15 669.00	11 542.30
南	31.49	0.59	15 456.80	14 544.90	10 729.30
西南	29.41	0.60	15 684.90	14 759.50	11 238.50
西	27.92	0.60	15 596.90	14 676.70	11 671.80
西北	28.55	0.60	15 603.00	14 682.40	12 614.10

从表 4-7 可知，除平地外，其他坡向的生态服务功能的价值并没有因为坡向的不同而有太大的变化，东部由于阳光充足，其价值量比西部稍大。

4.2.3　土壤因素对生态服务功能价值的影响

关天经济区共分布着 33 种土壤类型，其空间分布情况如图 4-13 所示。本书以 2010 年为例，对土壤因素对各项生态服务价值空间分布的影响进行分析。

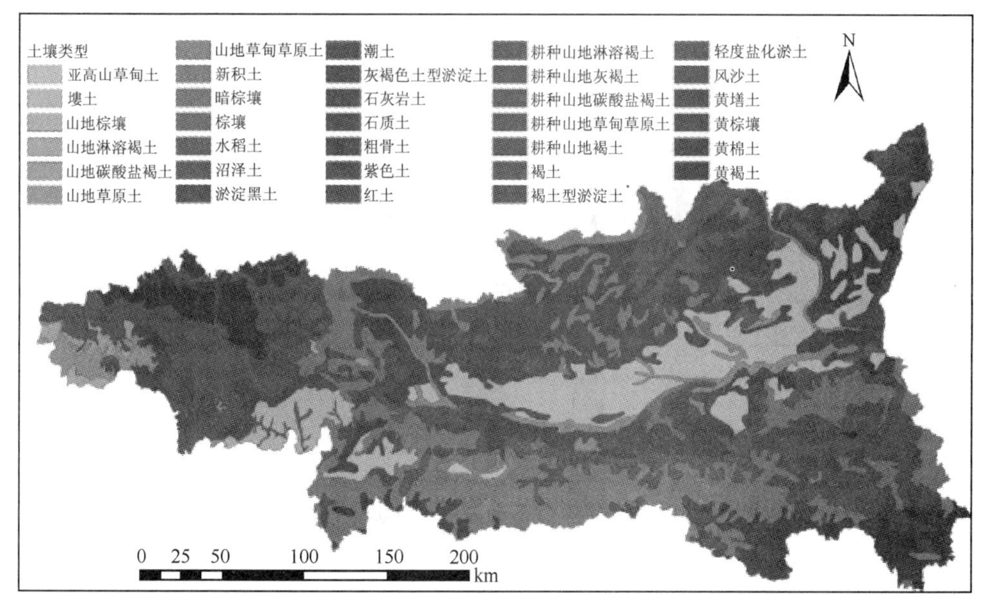

图 4-13　关天经济区土壤类型分布图

用关天经济区的土壤类型图对其各项生态服务价值进行空间统计，从而得出 2010 年每一种土壤类型的生态服务功能的价值。本书以每一种土壤类型单位面积的各项生态服务价值为基础数据，采用条形百分比堆积图的形式，显示出每一种土壤类型的生态服务价值占总生态服务价值的百分比情况，从而得出适合各项生态服务功能发展的土壤类型（图 4-14）。可以看出，不同土壤类型的各项生态服务价值都存在着较大的差别。例如，单位土地面积 NPP 和固碳释氧价值最大的是淤淀黑土，但该土壤并不适合种植粮食，所以其单位面积粮食生产的价值量很小。对于同一种土壤类型，供给型生态服务功能和调节型生态服务功能往往存在不同的价值百分比，这也证明了供给型生态服务功能与调节型生态服务功能之间此消彼长的关系。从图 4-14 可以看出，单位土地面积涵养水源价值所占百分比最大的是石灰岩土，最小的是耕种山地淋溶褐土；单位土地面积 NPP 和固碳释氧价值所占百分比最大的是淤淀黑土，最小的是轻度盐化淤淀土；单位面积土地土壤保持价值量中所占比例最大的是沼泽土，最小的是耕种山地淋溶褐土；单位面积土地粮食生产价值两种所占比例最大的是水稻土，最小的是亚高山草甸土。

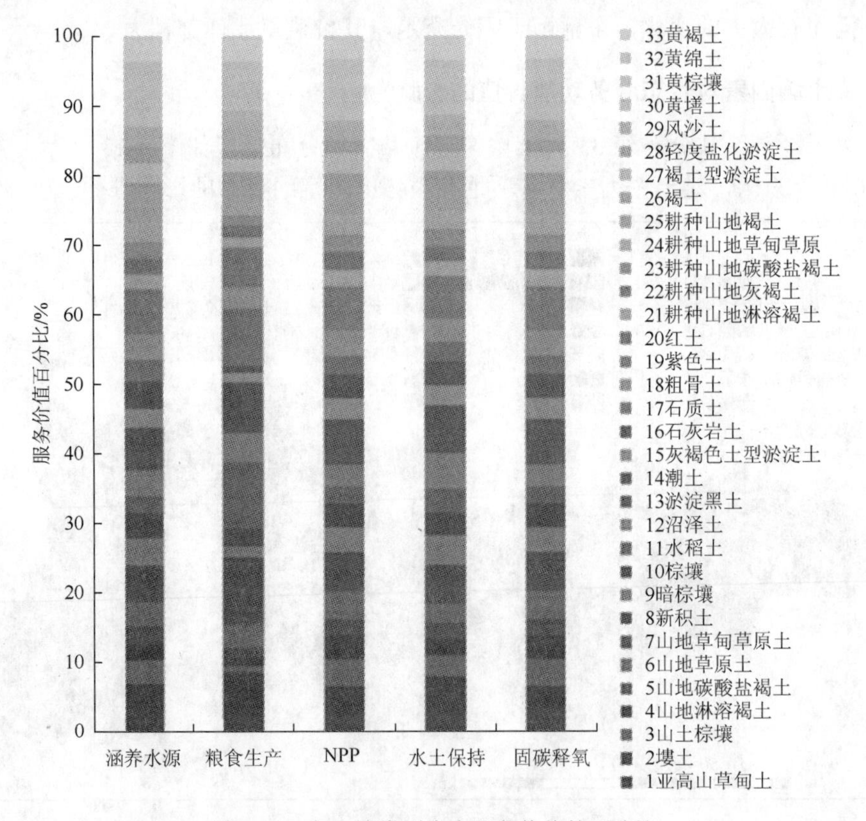

图 4-14　各土壤类型生态服务价值的百分比

耕种山地淋溶褐土不利于水土保持和涵养水源服务功能的实现，而石灰岩土最利于实现涵养水源的价值，沼泽土能更好地实现水土保持的功能；在这 33 种土壤类型中，最适合种植粮食的是水稻土，最不适合种植粮食的是亚高山草甸土；

最利于NPP和固碳释氧功能得以实现的是淤淀黑土，最不利的是轻度盐化淤淀土，也就是说淤淀土的盐化对其生态服务功能产生了巨大的影响。

4.2.4　地貌对生态服务价值的影响

关天经济区的地貌类型较为复杂，有高原、平原、盆地等。从其零级分类的角度考虑，关天经济区的地貌类型包括北部高中山平原盆地和西南中高山地；从其一级分类的角度考虑，其地貌类型包括黄土高原和秦岭大巴山高中山两种类型；从其二级分类的角度考虑，其地貌类型包括陇中中、小起伏高山黄土墚、峁，六盘山中部起伏高中山，陕北黄土塬、墚、峁，汾渭低洪冲积平原台地，秦岭大起伏高中山和豫西汉中中山谷地等六类。其地貌类型图如图 4-15 所示。

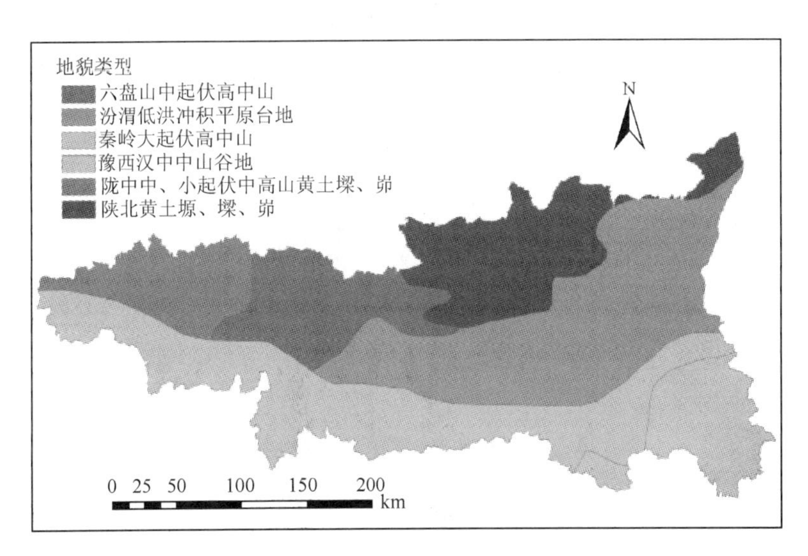

图 4-15　关天经济区地貌类型图

本书主要采用 Office 工具，通过统计各项生态服务价值中各地貌类型所占的比例来分析地貌类型对关天经济区生态服务价值空间分布的影响，如图4-16所示。

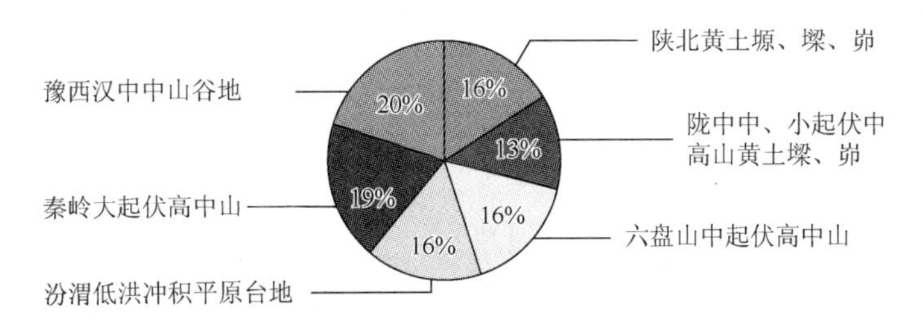

(a) 涵养水源服务中各地貌类型所占百分比

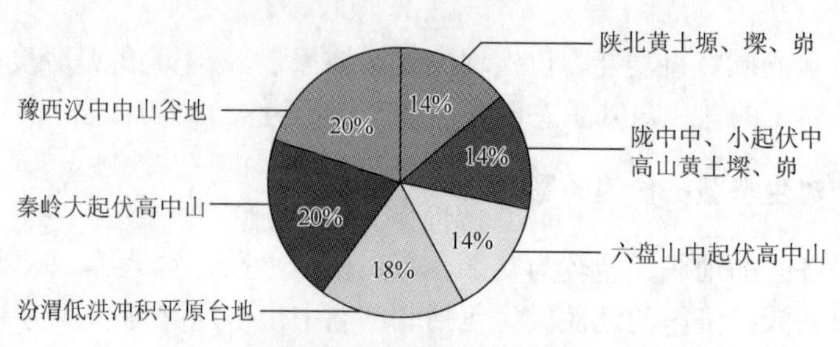

(b) 土壤保持服务中各地貌类型所占百分比

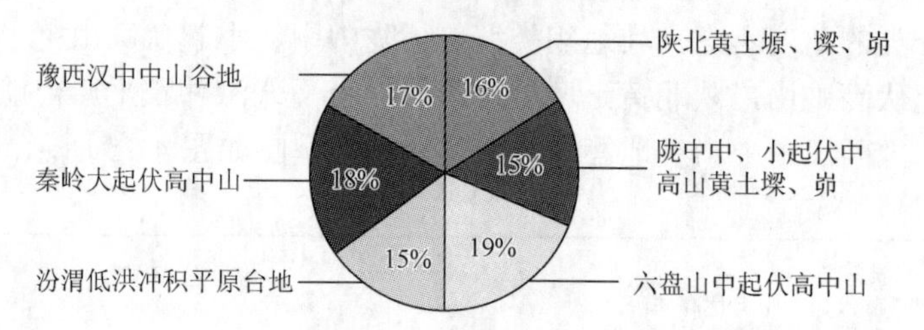

(c) 净第一性生产力中各地貌类型所占百分比

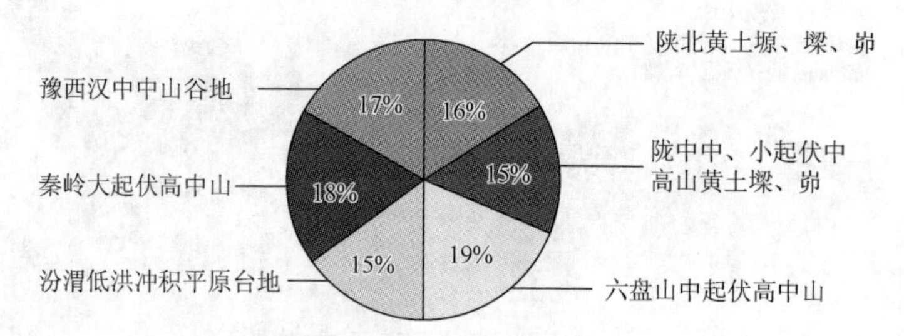

(d) 固碳释氧服务中各地貌类型所占百分比

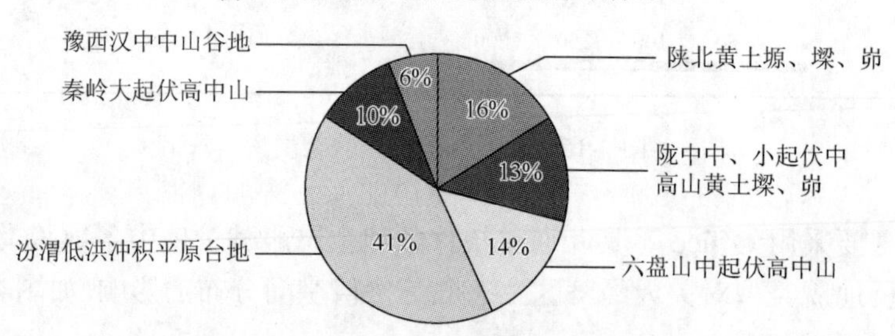

(e) 粮食生产服务中各地貌类型所占百分比

图 4-16　地貌类型对关天经济区生态服务价值空间分布的影响

从图 4-16 可以看出，涵养水源和土壤保持价值中，不同的地貌类型并没有太大的差别，相比之下，秦岭大起伏高中山和豫西汉中中山谷地所占的比例相对较大，占总价值的 19%或 20%，陇中中、小起伏中高山黄土墚、峁所占的比例相对较小，占总价值的 13%或 14%；在 NPP 和固碳释氧的价值量中，地貌类型的不同并没有对其价值量产生太大的变化，陇中中、小起伏中高山黄土墚、峁和汾渭低洪冲积平原台地所占的比例相对较小，占其价值总量的15%，秦岭大起伏高中山相对较大，占其价值总量的18%；在粮食生产的价值量中，不同的地貌类型对其产生了较大的影响，图中显示出，在粮食生产的价值中，汾渭低洪冲积平原台地的价值远远高于其他的地貌类型，所占比例高达41%，而陇中中、小起伏中高山黄土墚、峁和秦岭大起伏高中山的价值量所占比例很低，分别为6%和10%。

经分析可知，在调节型生态服务功能的价值中，黄土高原和秦岭高中山地区的价值比例较大，在供给型生态服务功能的价值中，平原和盆地地区所占的价值比例较大。

4.2.5　水文因素对生态服务价值的影响

水文因素与居民的生活息息相关，渭河整个从东到西贯穿关天经济区，居民生活对其有着较强的依赖性。

首先对关天经济区的水系进行缓冲区分析，所选取的缓冲半径为0～2 000m、2 000～4 000m、4 000～6 000m、6 000～8 000m和8 000～10 000m，所得缓冲区分析图如图4-17所示。然后，在ArcGIS平台上采用空间统计功能对每个缓冲带内的生态服务价值进行统计，最后利用SPSS软件对缓冲半径与生态服务价值进行相关分析。

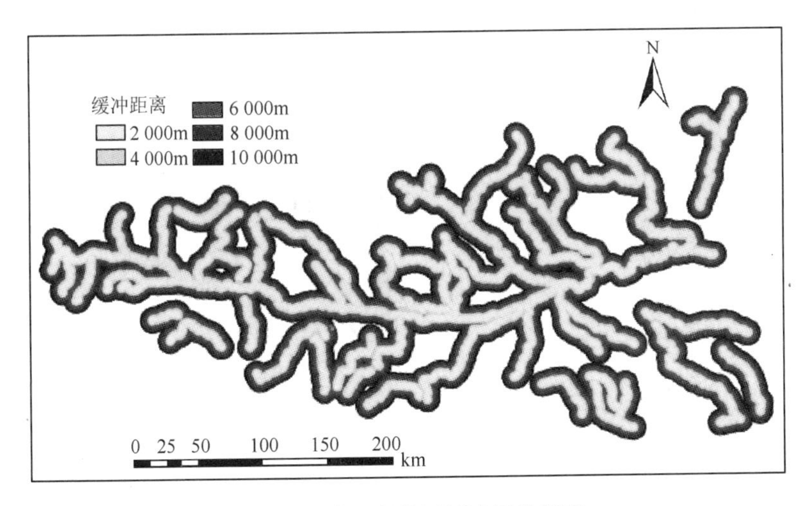

图4-17　关天经济区缓冲区分析图

以单位面积的生态服务价值数值为数据，各项生态服务价值的变化趋势如图4-18～图4-22所示。

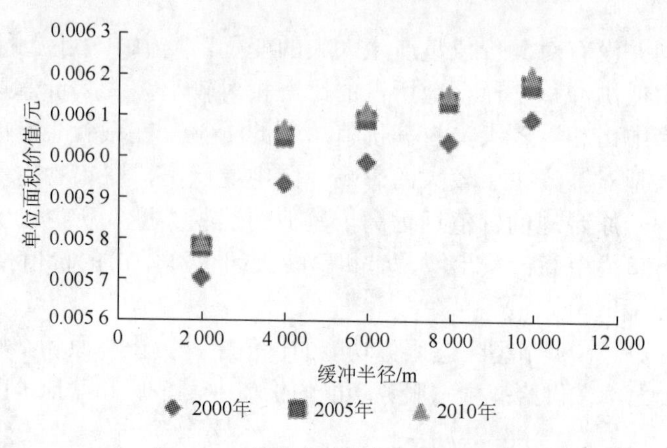

图 4-18　涵养水源价值变化趋势图

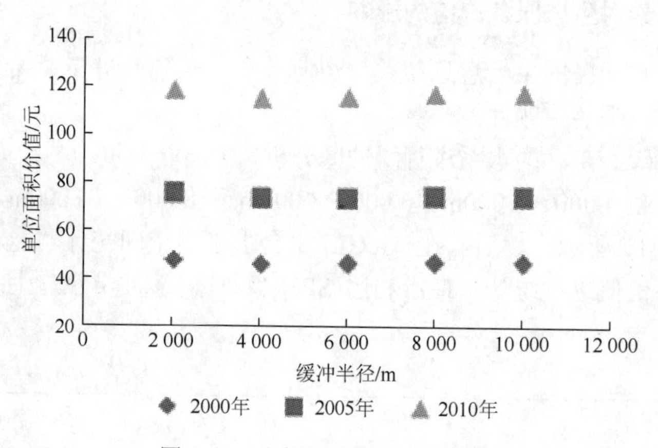

图 4-19　土壤保持价值变化趋势

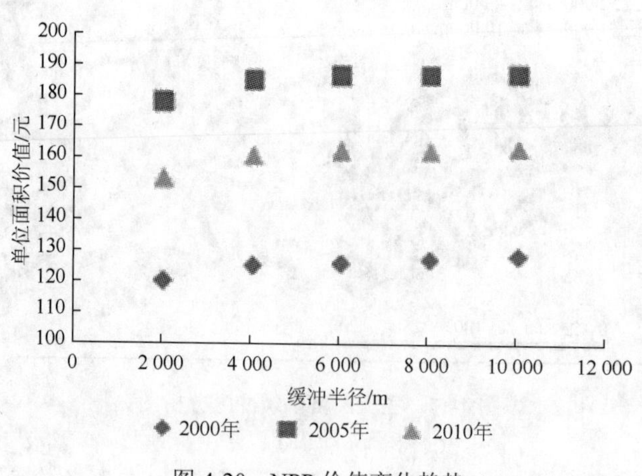

图 4-20　NPP 价值变化趋势

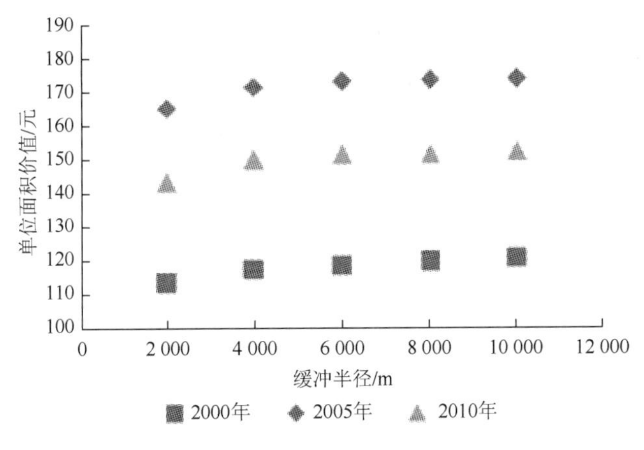

图 4-21　固碳释氧价值变化趋势

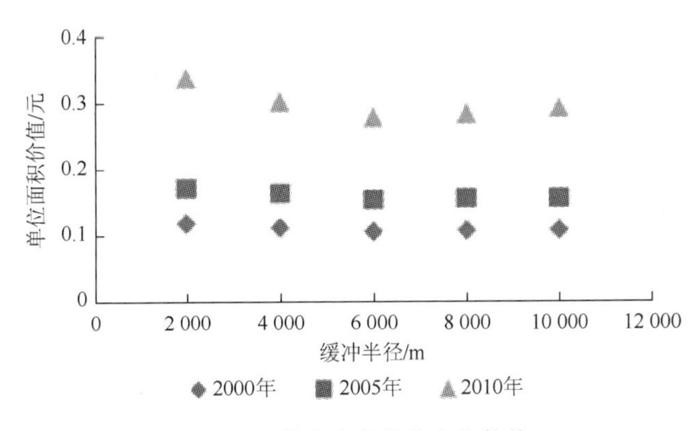

图 4-22　粮食生产价值变化趋势

从图 4-18～图 4-22 可以看出，单位面积涵养水源的价值量随着缓冲区半径的增大而增大，单位面积土壤保持的价值量随着缓冲区半径的增大而减小，单位面积 NPP 和固碳释氧的价值量都随着缓冲区半径的增大而增大，总体上，单位面积粮食生产的价值量随着缓冲半径的增大而减小。从 2000 年到 2005 年，生态服务价值的变化都与缓冲半径的大小呈现显著的相关性。

本章将 2000 年、2005 年、2010 年涵养水源、土壤保持、NPP、固碳释氧和粮食生产的价值作为一变量，将缓冲半径作为另一变量，对两变量进行相关分析，得到其相关系数（表 4-8）。

根据表 4-8 可知，生态服务价值与水系距离呈现显著的相关性，涵养水源、NPP 和固碳释氧的价值与水系距离呈现正相关，随着距离水系越远其价值量越大，土壤保持和粮食生产的价值与水系距离呈现负相关，其价值量随着距离水系越远而越小。所以，水系因子是影响生态服务价值空间变化的主要因素。

表 4-8 生态服务价值与水系的相关系数

	2000 年	2005 年	2010 年
涵养水源	0.991	0.990	0.989
土壤保持	−1.000	−1.000	−0.998
NPP	0.991	0.992	0.988
固碳释氧	0.991	0.992	0.988
粮食生产	−0.997	−0.998	−0.986

4.3 关天经济区生态服务价值变化的人文驱动力分析

影响生态服务价值发生变化的除了自然因素外还有人文因素，人文因素是人为的原因引起的，变化比较剧烈，在较小尺度上能够推动生态服务价值的变化。人文驱动力研究分定性和定量两大类，定性分析主要是通过研究对象和驱动力之间的逻辑分析，用文字的形式描述揭示生态系统服务变化的原因和驱动机理，定量分析采用数学手段和统计资料以数字的形式将其进行表达。随着地理学研究的深入，定性分析法因为其“数学”含量低、主观性强且随意而受到冷落，定量分析方法逐渐得到重视。定量分析方法最大的优点是能将问题简单化，易于发现复杂问题中的主要矛盾，其缺点是过分的依赖于数学方法和统计资料，空间格局的考虑不够，对生态服务的空间异质性难以建立起有机的联系。常用的定量分析方法有多元回归分析、主成分分析和动态模拟。本书以 ArcGIS 为手段，定量描述人类活动格局，在此基础上对生态服务价值变化驱动的人文机制进行定量分析。

4.3.1 数据来源与分析方法

1. 数据来源

采用人类活动强度表示人文因素，所选取的人类活动强度由人口密度、居民点、道路、耕地等四个因素整合而成，人口因素数据主要来源于关天经济区各市区的统计部门，耕地面积主要来源于遥感影像解译后的土地利用类型图（借助 ArcGIS 辅助工具），道路数据由陕西省和天水市的地图进行提取，行政区划图和居民点从各县区民政部门获取。

2. 人文驱动力分析方法

（1）人类活动各因子权重的确定。专家咨询法、相邻指标比较法、经验权数法、层次分析法、变异系数法和复相关系数法是确定权重的主要方法，本书采用了层次分析法，并结合经验权重进行修正，各因素的赋值结果为：人口密度 0.3，居民点 0.2，道路 0.2，耕地面积 0.3。各指标采用级差法进行无量纲化。

$$\mathrm{HAI} = P_0 \times 0.3 + S \times 0.2 + R \times 0.2 + \mathrm{Ra_c} \times 0.3 \qquad (4\text{-}1)$$

式中，HAI 为人类活动强度指数；P_0 为人口密度；S 为居民点影响力；R 为道路影响力；$\mathrm{Ra_c}$ 为耕地面积比率。

（2）各因子的空间化方法。在 ArcGIS 软件的支持下，将人类活动、居民点、道路和耕地面积四个因素进行处理，将其转化为栅格图层便于其进行图层运算，转换和计算的方法如下介绍：

①人口密度和耕地比率图。以 Excel 为工具，进行人口密度和耕地比率的计算，整理成 Excel 表，再将其关联到关天经济区的行政区划图（以区县为单位），生成人口密度和耕地比率矢量图，继而转为栅格格式（图 4-23、4-24），以备最后栅格计算用。

②居民点影响力和道路影响力。胡志斌等于 2007 年曾对岷江上游地区人类活动强度的特征进行研究[12]，曾辉等研究过人类活动强度对东莞市风岗镇景观人工改造的影响[13]，本书根据国家基础地理信息数据编码标准，并结合研究区概况和前人研究成果，对居民点和道路按等级赋值（表 4-9、表 4-10）。随着社会经济的快速发展，2000 年到 2010 年，道路的变化主要体现在旧有道路的改造和新修道路的增加上，本书简单的任务在退耕还林前后道路对各项生态服务价值的影响力不变，而居民点发生了一定程度上的变化，随着近十年来居民点的扩张，本书结合《陕西省土地利用现状数据集》对 2000 年和 2010 年关天经济区各市县的居民点的影响力进行赋值，再采用插值的方法将其转化成栅格图（图 4-25、图 4-26）。将居民点影响力栅格化采用的是克里格插值（Kriging），将道路影响力转成栅格采用的是反距离权重法（inverse distance weight，IDW）。

表 4-9　不同等级道路对应的对生态服务价值的影响力

级别	影响力
高等级公路	12 000
国道	10 000
铁路	10 000
省道	8 000
县乡道	5 000
大车道	3 000
乡村路	2 000

③采用级差法将插值好的栅格格式的人口密度、耕地比率、道路影响力和居民点影响力进行标准化，然后再按照各个因素的权重对其进行叠加，从而得到人类活动强度栅格图。以关天经济区行政区划的矢量图为模板，借助 ArcGIS 中的 Zonal Statistics 模块将人类活动分配到各区县。

级差法研究公式为

$$I_i = \frac{I_i - I_{\min}}{I_{\max} - I_{\min}} \tag{4-2}$$

式中，I_i 为各因素标准化之后的值；$I_{\max}$ 为该因素范围内最大值；$I_{\min}$ 为该因素范围内最小值。

表 4-10　不同级别的居民点对应的对生态服务价值的影响力

居民点级别	2000 年	2010 年
市	24 900	25 000
县	19 800	20 000
镇	14 900	15 000
乡	9 900	10 000
村	4 900	5 000

3. 人类活动强度因素结果

通过以上小节方法的介绍，得出关天经济区 2000 年和 2010 年的人口密度图（图 4-23）、耕地比率图（图 4-24）、居民点影响力图（图 4-25）和道路影响力图（图 4-26）。

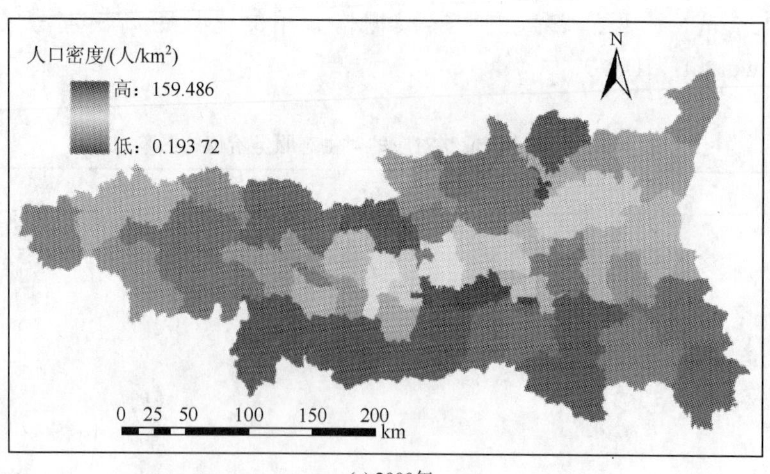

(a) 2000年

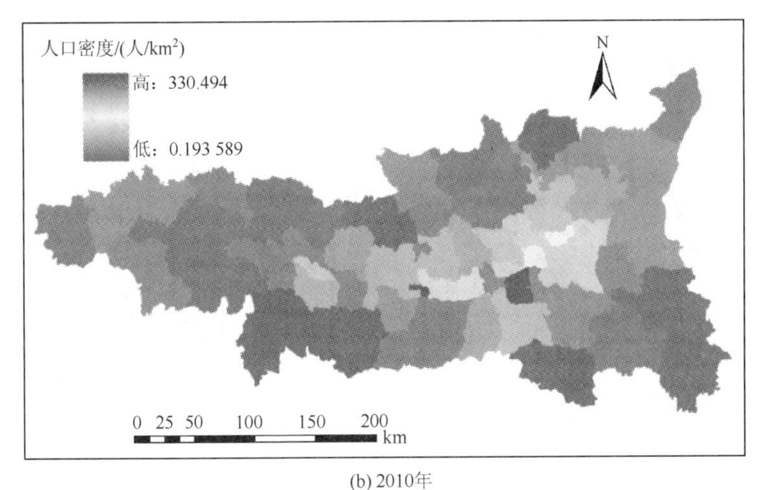

(b) 2010年

图 4-23　关天经济区人口密度图

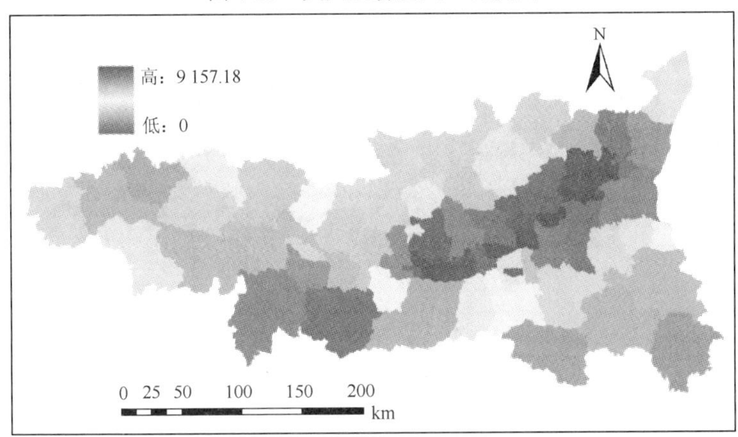

(a) 2000年

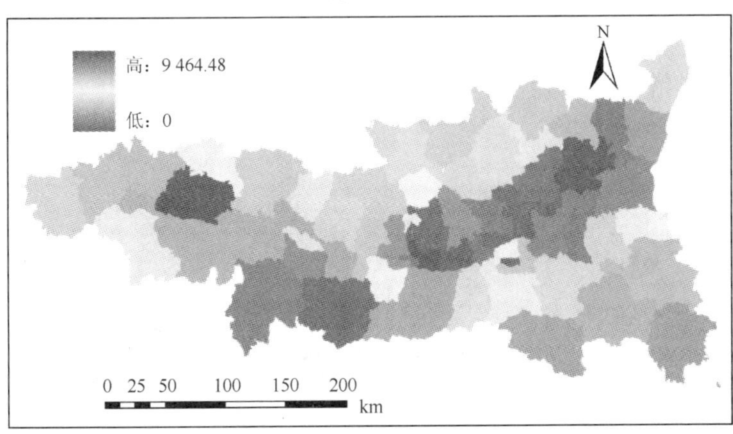

(b) 2010年

图 4-24　关天经济区耕地比率图

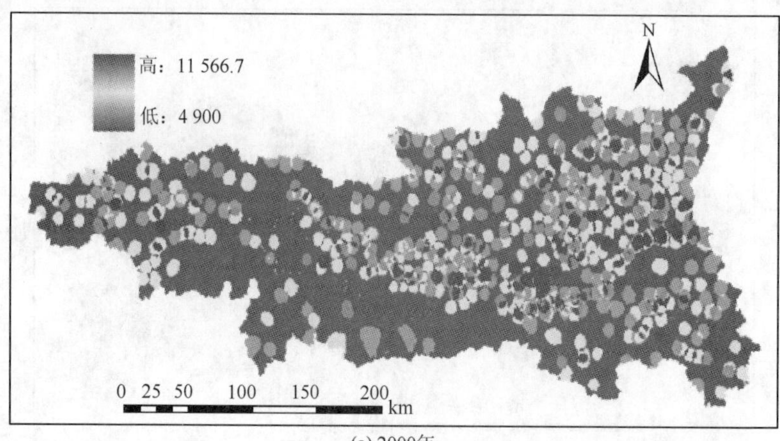

(a) 2000年

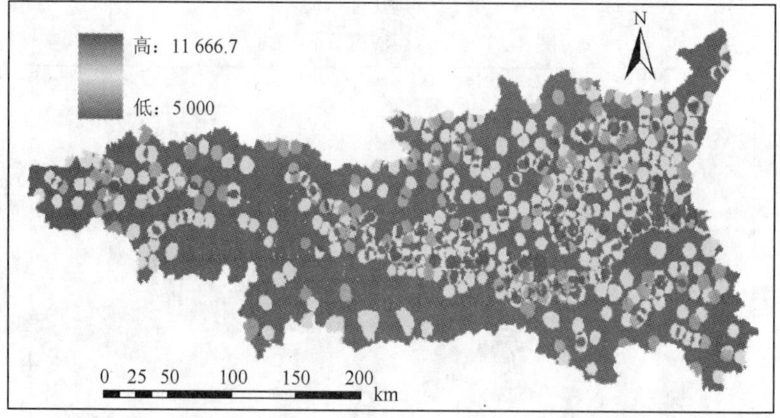

(b) 2010年

图 4-25　关天经济区居民影响力图

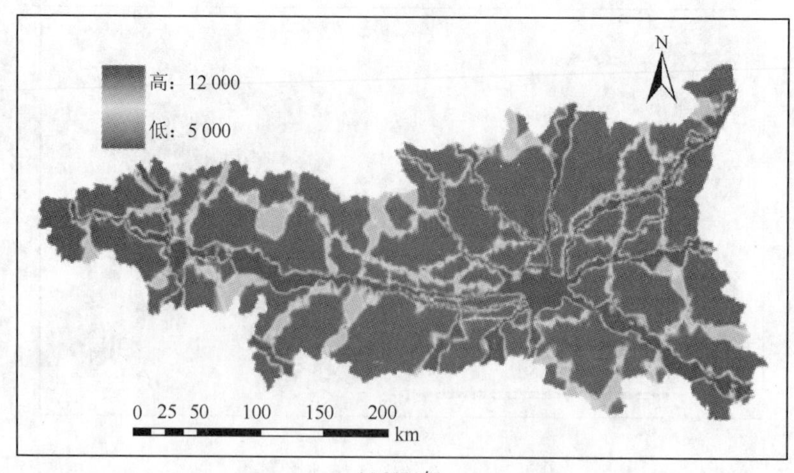

(a) 2000年

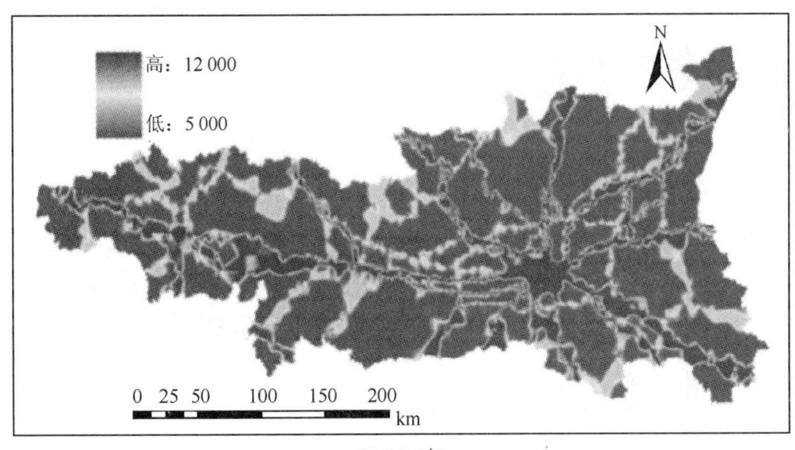

(b) 2010年

图 4-26　关天经济区道路影响力图

由图 4-23 可知，从时间角度看，2000 年到 2010 年，关天经济区的人口密度呈现变大的趋势，尤其是西安市和咸阳市等中部地区人口密度明显增大；从空间分布的角度考虑，2000 年和 2010 年呈现相似的空间格局，西安市城区的人口密度最大，由此向外扩展，人口密度越来越小。

由图 4-24 可知，从时间上看，2000 年到 2010 年，关天经济区的耕地比率总体上呈现减小的趋势，但该区域东南部（例如商洛）的耕地比率有小幅度的增大，天水市清水县的耕地比率大幅度的增大；从空间上看，2000 年和 2010 年呈现相似的空间格局，耕地比率较大的区域为咸阳市和渭南市一带，往南北扩展耕地比率越来越小。

由图 4-25 可知，随着时间的增长，居民点的影响力是越来越大的；西安一带的影响力最大，其次是咸阳、宝鸡和渭南一带，向西向南居民点的影响力越来越小。

由图 4-26 可知，由于新修道路的增加和部分旧道路的升级，道路的影响力随着时间的增长是不断增大的，且道路的影响力度随着距离道路的距离越远而越小，影响力最大的区域主要是高速公路和国道、省道所在地。

4.3.2　人文驱动机制结果分析

经过 4.3.1 小节中的方法研究，得出人类活动强度图（图 4-27）、各区县分类活动强度图（图 4-28）。从图中可以看出，2000 年人类活动强度最高的市在咸阳市、西安市和铜川市。较高的是武功县、兴平市、咸阳和西安部分市区、高陵县和蒲城县等，其次是扶风县、乾县、礼泉县、泾阳县、富平县、西安市部分市区、渭南市市区、澄城县、合阳县、大荔县和华阴市等；人类活动强度最低的是秦岭太白山一带，区域上看主要是宝鸡市的太白县和凤县。从图 4-29 可以看出，2010 年人类活动较强的区域与 2000 年类似，不同的是天水市清水县人类活动强度较强，人类活动强度最弱的是太白县和凤县。

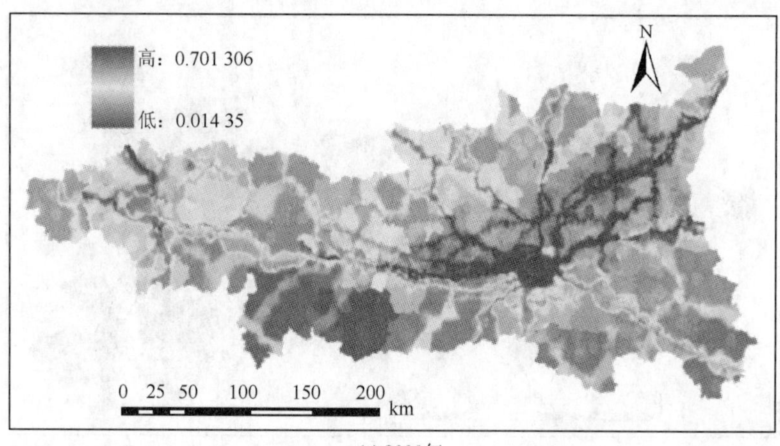

(a) 2000年

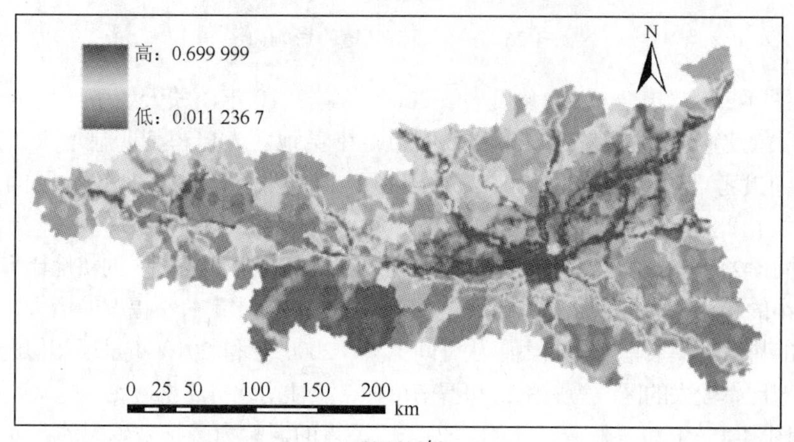

(b) 2010年

图 4-27 关天经济区人类活动强度图

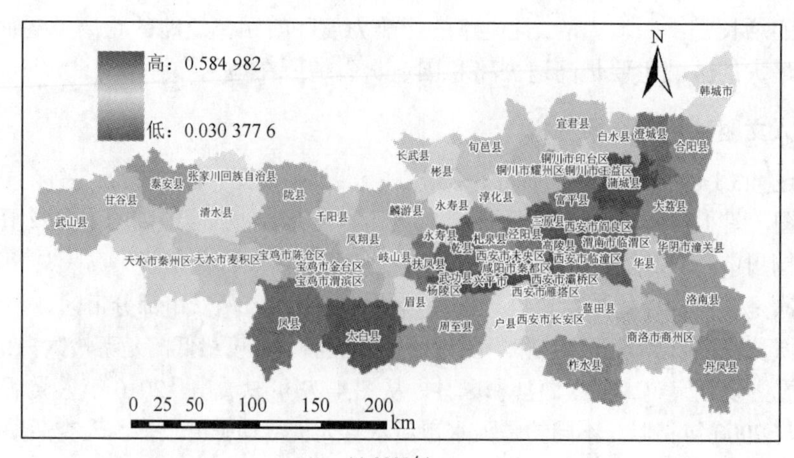

(a) 2000年

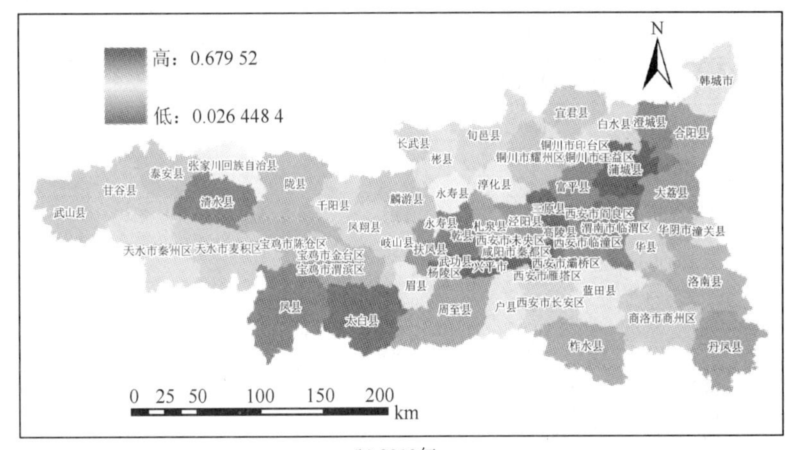

(b) 2010年

图 4-28　关天经济区各区县人类活动强度图

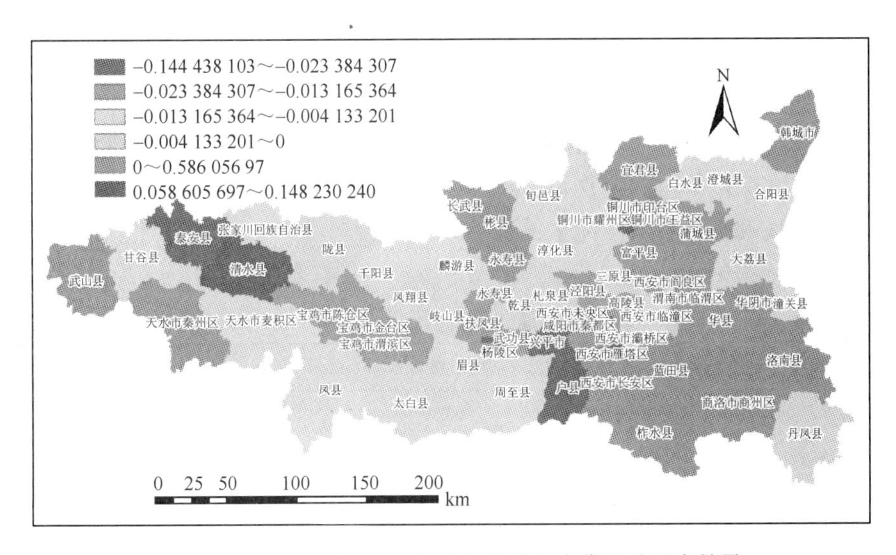

图 4-29　2010 年与 2000 年关天经济区人类活动强度差异

从总体上看，2010 年人类活动强度比 2000 年的强度有稍微减弱的趋势，降低了 1.8%。人类活动强度变化呈现明显的空间分布格局，西安市碑林区人类活动强度增加量最大，增加 0.148，其次是清水县，增加量为 0.112，人类活动减小量最大的是秦安县、杨陵区、兴平市、户县、西安市雁塔区、咸阳市渭城区和铜川市王益区等，减少量为 0.023 到 0.15。

人类活动强度与生态服务价值的相关系数见表 4-11 所示。

表 4-11　人类活动强度与生态服务价值的相关系数

	NPP	固碳释氧	涵养水源	土壤保持	粮食生产	人类活动
NPP	1	1.000**	0.027	–0.500**	–0.252*	–0.016
固碳释氧	1.000**	1	0.027	–0.500**	–0.252*	–0.016
涵养水源	0.027	0.027	1	0.452**	0.103	–0.51**
土壤保持	–0.500**	–0.500**	0.452**	1	0.075	–0.27*
粮食生产	–0.252*	–0.252*	0.103	0.075	1	0.112
人类活动	–0.016	–0.016	–0.51**	–0.27*	0.112	1

**0.01 水平上显著相关。
*0.05 水平上显著相关。

相关分析结果表明，人类活动的减少与涵养水源的增加量和土壤保持的增加量呈现显著的负相关，相关系数分别为–0.27 和–0.51，也就是说人类活动在一定程度上驱动水源涵养和土壤保持的变化（表 4-11）。通过进一步剖析各项生态服务价值与人类活动强度分解因素的相互关系，可知涵养水源和土壤保持与耕地比率的相关性较高，分别达到–0.73 和–0.36（表 4-12），也就是说耕地的减少导致了涵养水源和土壤保持价值的增加，引起该现象的原因是近年来实施的退耕还林政策，且退耕还林政策是防治水土流失的有效政策。

表 4-12　人类活动强度因素与生态服务价值的相关系数

	人口密度	居民点影响力	道路影响力	耕地比率
NPP	–0.221	–0.039	–0.1	–0.121
固碳释氧	–0.221	–0.039	–0.1	–0.121
涵养水源	–0.090	0.108	–0.002	–0.73**
土壤保持	–0.096	–0.061	–0.027	–0.36
粮食生产	0.134	0.203	–0.004	–0.166

**0.01 水平上显著相关。

参 考 文 献

[1] BRAUMAN K A，DAILY G C，DUARTE T K，et al. The nature and value of ecosystem services：an overview highlighting hydrologic services[J]. Annual Review of Environment and Resources，2007，32：67-98.

[2] RODRIGUEZ J P，BEARD T D，BENNETT E M，et al. Trade-offs across space，time，and ecosystem services[J]. Ecology and Society，2006，11（1）：28.

[3] PETERSON G D，BEARD D，BEISNER B，et al. Conservation ecology：Assessing future ecosystem services：

a case study of the northern highland Lake District，Wisconsin[J]. Ecology and Society，2003，7（3）：1.

[4] BENNETT E M，PETERSON G D，GORDON L J. Understanding relationships among multiple ecosystem services[J]. Ecology Letters，2009，12（12）：1394-1404.

[5] FOLEY J A，DEFRIES R，ASNER G P，et al. Global consequences of land use[J]. Science，2005，309（5734）：570-574.

[6] WEST P C，GIBBS H K，MONFREDA C，et al. Trading carbon for food：global comparison of carbon stocks vs. crop yields on agricultural land[J]. Proc Natl Acad Sci U S A，2010，107（46）：19645-19648.

[7] POWER A G. Ecosystem services and agriculture：tradeoffs and synergies[J]. Philosophical transactions of the royal society B：biological sciences，2010，365（1554）：2959-2971.

[8] OLSCHEWSKI R，KLEIN A-M，TSCHARNTKE T. Economic trade-offs between carbon sequestration，timber production，and crop pollination in tropical forested landscapes[J]. Ecological Complexity，2010，7（3）：314-319.

[9] WANG S，FU B-J，HE C-S，et al. A comparative analysis of forest cover and catchment water yield relationships in northern China[J]. Forest Ecology and Management，2011，262（7）：1189-1198.

[10] HOLLAND R A，EIGENBROD F，ARMSWORTH P R，et al. The influence of temporal variation on relationships between ecosystem services[J]. Biodiversity and Conservation，2011，20（14）：3285-3294.

[11] RAUDSEPP-HEARNE C，PETERSON G D，BENNETT E M. Ecosystem service bundles for analyzing tradeoffs in diverse landscapes[J]. Proceeding of the National Academy of Sciences of the USA，2010，107（11）：5242-5247.

[12] 胡志斌，何兴元，李月辉，等. 岷江上游地区人类活动强度及其特征[J]. 生态学杂志，2007，26（4）：539-543.

[13] 曾辉，郭庆华，喻红. 东莞市风岗镇景观人工改造活动的空间分析[J]. 生态学报，1999，19（3）：10-15.

第 5 章　碳储量价值和土地碳汇影子价格

5.1　碳储存功能价值评估

陆地生态系统的碳储量包括地上活的一切植被存储的碳、土壤中的碳储量还有枯枝落叶等存储的碳，是在长时间的物质循环过程中积累而形成的。其中，活的植被中碳大多存储在植被的干、枝、叶中。土壤中包括植被的根系等，也存有大量的碳。一些死亡的落叶、枯枝等在一定的时间内碳没有通过其他生物循环过程转移出去，因此也含有大量的碳[1]。生态系统可通过多种过程来存储 CO_2，其中最具代表性的是森林通过光合作用来固碳，据估计，全世界每年化石燃料燃耗所排放的 CO_2 中有将近 25%的碳能够被森林生态系统吸收、固定[2]。

在地球的碳循环过程中，碳可以被存储在地球系统的各个部分，称为碳库，如土壤、海洋碳库等。碳循环是人类活动与气候变化相互作用的重要环节。生态系统碳库是受人类活动影响最大的一个碳库。陆地生态系统是各大碳库中最为重要的碳库之一。从影响全球大气中二氧化碳收支平衡的因素来看，可以将此碳库分为碳源和碳汇两大类型。碳源是指在地球陆地表面将二氧化碳气体释放到大气中，增加二氧化碳的含量。碳汇是指地球表面陆地生态系统中的植被等绿色植物进行光合作用所固定的碳量[1]。

国际上，IPCC 等机构以温室气体清单编制方法的报告为基础，经过合作研究，提出了以农业、工业等为代表的 7 个主要碳源。而碳汇主要以大面积绿色植物为代表。虽然我国经济的发展，带动了信息、工业等各部门的发展，但我国的农业依然占很大的一部分。我国是农业大国，这就决定了传统的生物质占了主导地位，一些化石燃烧还是居于次位的。

碳在陆地生态系统和大气之间主要通过两个过程来进行转换，分别是自然活动的干扰和人类活动因素的干扰[3]。自然的活动干扰指的是由一些自然灾害引起的地质发生变化，从而引起碳储存的变化。人类主要通过改变土地用途的方式影响碳的循环过程[4]。因此，只有评估土地利用变化对碳储量的影响，才能够深入的了解碳源、碳汇。李凌浩[5]和杨景成等[6]从土壤和植被两个方面，研究了土地利用变化对碳储量的作用机制。

5.1.1　InVEST 模型

为了更好地协调和保护生态环境与经济力量，在自然资本项目的支持下，在

GIS 应用平台基础之上，美国的斯坦福大学联合人与自然保护协会、世界自然基金研究了一种模型——InVEST 模型，专门用于生态系统服务功能的评估。模型的应用相对简单，只需要输入很少的数据，就可以通过研究判别分析出在哪些区域增加投资可以提高人民的生活质量，为人民谋福利。研究人员还在继续开发，扩充该模型的功能，以使其能够运用到更多的研究领域，为科学研究作出贡献。

目前，InVEST 模型主要是对生态系统服务功能的物质量和价值量做出一定评估，从而为决策者提供一些有关自然资源管理依据。例如，在管理土地和水域时，土地适用于多种用途，那么在投资决定用于哪种服务时，不可避免地要进行各种利弊的权衡，而 InVEST 模型就是这样一个有效的工具，可以用来衡量人类活动的效益并提供相关科学依据。模型不但可以实现生态系统服务功能价值的定量评估，还能解释一些空间分异现象[7]。

模型系统自开发以来，已被多个国家和多个区域成功地应用，如委内瑞拉、印度尼西亚、夏威夷、我国长江流域上游等，在生态系统产品供给、土地利用规划等方面做了一定的科学支撑。

1. InVEST 模型框架

截至目前，InVEST 模型共有 7 个版本，主要包括陆地、海洋和淡水生态系统评估几个功能模块（图 5-1）。陆地生态系统评估模块中有碳储量、生物授粉、生物多样性和木材生产量四个功能。在海洋生态系统评估模块中，主要包括美感评估、水产养殖、生态风险评估等功能。淡水生态系统评估包括水短缺、产水量、营养物沉积和土壤侵蚀。

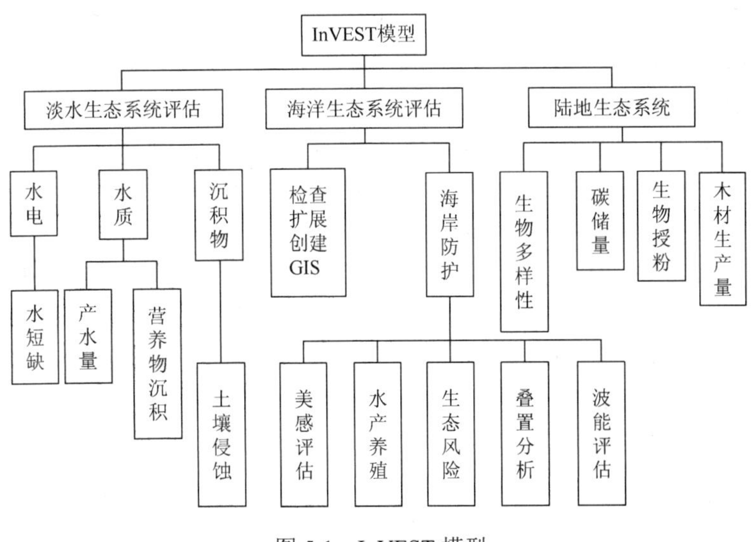

图 5-1　InVEST 模型

在 InVEST 模型中可以评估现在与未来不同情景下生态系统服务总量，且根据一定的评估价格可以估算生态系统服务价值。InVEST 模型可以根据研究的目的、研究区域的大小和模型的运算速度来设定数据的空间分辨率。模型的运行结果以经济形式来反馈所研究的问题，反映问题直观、且具有一定的现实意义，能为决策者提供具有价值的信息。

2. InVEST 模型碳模块

植物通过光合作用能够有效地减少空气中二氧化碳的含量，控制温室气体的含量。通常情况下，在植被、其他生物、土壤中，生态系统吸收了大气中的二氧化碳，影响着全球气候的变化。在陆地生态系统中，森林、草地、沼泽等的固碳能力较强。

随着时间的推移，在大气不断循环的过程中植被、土壤等中储存的碳越来越多，碳的含量会逐年增加。自然界中也伴随一些突发情况，如火灾、地震或者人为因素导致的土地利用结构的变化，这些过程中也伴随着碳的释放。因此在排除自然突发因素的情况下，土地利用的变化能够在很大程度上控制碳储存的含量。例如，森林大面积的恢复、农业用地的扩张、集约使用土地用于建设用地，都能存储大量的二氧化碳，从而为调节气候的变化做出一定的贡献。

为了能有效地管理陆地生态系统，调节碳循环、气候变化，要对生态系统的碳储存进行一定的评估。土地用途的变化是陆地生态系统发生变化的主要因素，土地利用类型结构、数量的变化会直接影响到生态系统储存的碳含量[7]。

5.1.2 基于 InVEST 模型的碳储量估算

陆地生态系统中存储的碳的含量比大气存储的多一些，对气候产生的影响是至关重要的。InVEST 模型中考虑了土地中的四大碳库来计算碳储量，分别是地上和地下生物量、土壤及死亡有机质。

地上生物量是指陆地地表上活的植被生物量，如植被树皮、树干等。地下生物量指的是陆地地表面下的全部生物量的根系。土壤是陆地生态系统中最大的碳库。死亡有机质即指那些没有生命迹象的枯枝落叶、死木头等。

根据 IPCC 2006 中的记录，在所有的生态系统中，陆地生态系统所固定的碳是显而易见的，具有一定的社会经济价值，InVEST 模型考虑了碳的年价格、碳的市场贴现率等来计算碳汇的当前和未来的价值，而这部分价值就等于避免因人为因素而向大气中释放的碳。现贴率是模型重要的一个参数，它能调整随时间变化固碳的社会价值。

5.1.3 数据处理

生态系统自然固碳主要通过保护森林和土壤，提高碳存储、减少 CO_2 排放量[8-9]。模型除了需要土地利用数据外，还需要碳库数据，本书中只考虑地上生物量和土壤两大碳库，来研究西安市土地利用变化引起的碳储量的变化，从而为西安市发展规划作出预测和决策。为获取模型所需要的碳数据，需要先获取植被碳密度和土壤碳密度。

1. 植被碳密度估算

如前所述，地上生物量是指所有有生命的植物。根据前人的研究经验，文中选取植被净第一性生产力（NPP）和植被枯损模型来计算研究区的植被碳密度。

绿色植物在单位时间、单位面积内能积累的有机物质的数量称为植被的净第一性生产力，在一定程度上，它能够代表植被覆盖类型的生产能力，是陆地碳循环的重要组成部分，可以反映陆地生态系统的质量。到目前为止，净第一性生产力的模型有气候生理生态过程模型、遥感模型等[10-12]，其中，遥感模型是一个主要发展方向。现在，学者还无法直接测算全球尺度或区域上的 NPP，因此利用遥感模型来计算 NPP 是一个主要的研究方法。

本书在分析对比各类 NPP 评测模型的基础上，选择 CASA 模型计算西安市 3 年的植被净第一性生产力。CASA 模型是一种将植被生理参量和遥感数据、环境变量联系起来的模型，从时间和空间上实现了植被净初级生产力的动态模拟。

CASA 模型的相关计算公式见上一章节。Ghazi 建立了植物枯损模型用来评估整个生态系统的地上生物量，再根据计算出的植被净第一性生产力，来计算西安市植被碳密度[13]。本书选取以下公式来计算地上生物量密度：

$$\mathrm{DW}_i=0.565\times\mathrm{NPP}\times K_i \tag{5-1}$$

式中，NPP 为净初级生产力；K_i 为经济系数[13]。植被碳密度的计算为

$$\mathrm{DVC_t}=\sum_{i=1}^{k}\mathrm{DVC}_t=\sum_{i=1}^{k}C_iO_i \tag{5-2}$$

式中，$\mathrm{DVC_t}$ 是指单位面积上植被的碳密度，kg/m^2；k 是指植被生物量分的层次（包括地上、地下两个部分）；C_i 是指植被碳含量，%；O_i 是指单位面积内的植被生物量，kg/m^2。

2000～2010 年西安市植被碳密度分布图如图 5-2～图 5-4 所示。可以看出 2000 年碳密度最低值约 2Mg C/hm^2（1Mg C/hm^2=1t C/hm^2），最高值约 17Mg C/hm^2。2005 年西安市植被碳密度最低值约 3Mg C/hm^2，最大值约 23Mg C/hm^2。2010 年西安市植被碳密度最低值约 3Mg C/hm^2，最大值约 21Mg C/hm^2。最高值分布在周至县南部及蓝天县靠南的区域，而最低值分布在以新城区、莲湖区、雁塔区、碑林区为主的西安市主城区，阎良区，高陵县的植被碳密度稍高。总体来看，西安市三年

来的植被碳密度值略有变化，分布格局没有太大的变化，南部靠近秦岭山脉，森林密集，物种丰富，植被碳密度值高。由南向北，各县耕地的数量增多，随之碳密度值逐渐降低。城市由于人口多、交通流量大、以建筑用地为多，植被覆盖量不大，故其碳密度值较低。西安市主城区周围有各种果园、农田、及数种培育基地，因此它的碳密度值比主城区内高，且2000～2010年这部分碳密度值高的地区，面积呈现出减少的趋势，可看出西安市建成区有明显扩张的趋势。

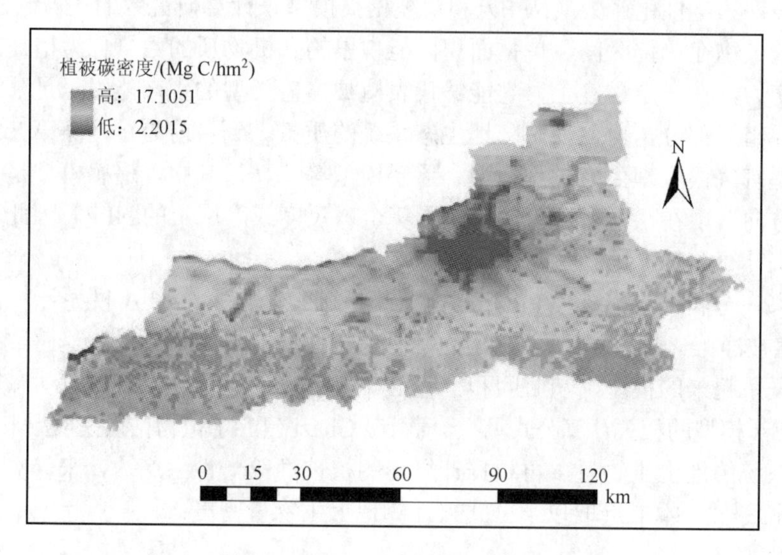

图 5-2　2000 年西安市植被碳密度

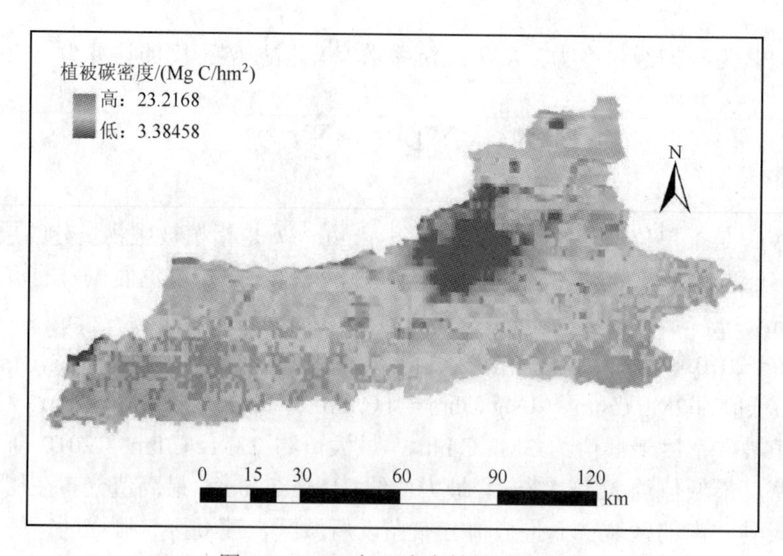

图 5-3　2005 年西安市植被碳密度

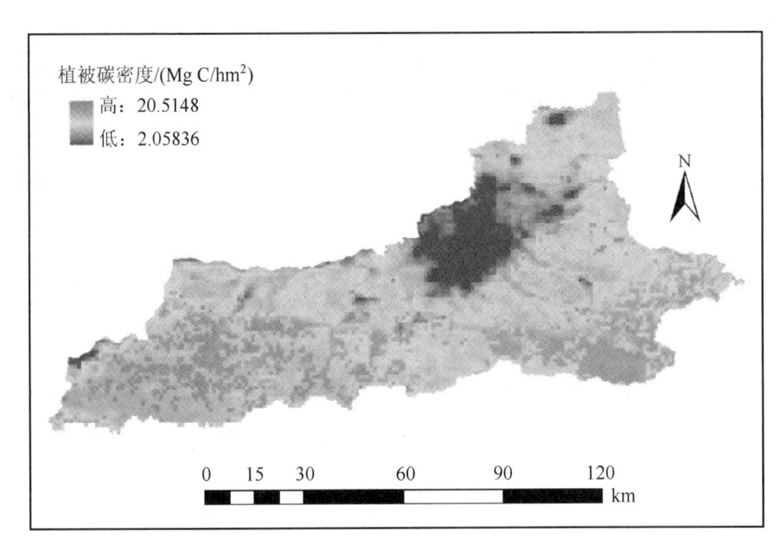

图 5-4　2010 年西安市植被碳密度

通过对西安市 2000～2010 年各土地利用类型的植被碳密度分析可以看出，研究区植被碳密度最大的为林地，平均植被碳密度为 18.07Mg C/hm^2。林地的绿叶覆盖面积大，光合作用强，单位面积内叶面通过光合作用固定的有机物的储量多。其次为耕地、草地，平均植被碳密度为 14.11Mg C/hm^2、16.02Mg C/hm^2。草地随着季度的变化，其储存的碳不稳定，很容易泄漏，所以相对林地来说，碳密度较低。耕地中储存碳的部分主要是农作物的秸秆，在粮食收成以后，周边农村很多又将这部分秸秆燃烧掉了，所以部分二氧化碳固定到了耕地中，还有落叶及枯枝中，相当一部分是排放到大气中了，因此碳密度较低。

碳密度值最低的为建筑用地、水域和未利用地，分别为 4.17Mg C/hm^2、8.84Mg C/hm^2 和 2.81Mg C/hm^2。西安市城区内注重园林艺术的发展，城市的绿化面积增加，所以碳密度相对较高。水域中含有各种水草和藻类植物，也能够固定一部分的碳。未利用地中不仅包含了裸露地，而且包括一些未规划使用用途的土地，可能有自然生的野生草本植物，这是植被碳密度的主要来源。

2. 土壤碳密度估算

当前，我国学者在国家、区域尺度上都对土壤碳密度进行了深入的研究，绝大部分建立在土壤普查资料的基础上。土地利用变化导致陆地生态系统的类型发生了变化，改变了土壤的理化性质和土壤有机碳的输入。更多的研究表明，在引起土壤碳储量变化的因素当中，土地利用变化占有很大的比例。作为一个发展中国家，城市化步伐正在加快，土地利用格局发生了很大的变化，继而引起土壤碳库的变化。在这样的背景下，分析土地利用变化的时空格局，预测未来土地利用变化的趋势，对评估区域土壤碳库及其动态变化能提供较科学的数据支持。

土壤在陆地生态系统占有很重要的地位，碳在大气圈、生物圈等地球圈层中的循环过程离不开土壤，土壤碳的交换库和储存库[14]。土壤有机碳是土壤质量优劣的重要指标。

通常情况下土壤有机碳年内变化很小，难以测定。要准确地评估区域的土壤碳库变化，土地利用变化是一个不可忽视的因素。国外，Bohn 等早在 70 年代就评估了全球的土壤有机碳库含量[15]。Schleisinger 也成功地估算了全球土壤有机碳密度和有机碳储量[16]。国内，潘根兴等以《中国土种志》为基本资料，计算了我国土壤有机碳库总量[17]。

2012 年刘宪锋等以陕西省第二次土壤普查数据为主要资料，利用 GIS 的方法对陕西省土壤有机碳进行了估算并对其空间差异进行了分析[18]。但有关陕西省西安市的具体土壤资料很少，本书从中选取刘宪锋的土壤全剖面的碳密度值，即塿土 195Mg C/hm^2，新积土 90.48Mg C/hm^2，暗棕壤 397.8Mg C/hm^2，棕壤 180.64Mg C/hm^2，水稻土 174.20Mg C/hm^2，潮土 59.39Mg C/hm^2，粗骨土 102.04Mg C/hm^2，红土 103.5Mg C/hm^2，褐土 195Mg C/hm^2，黄棉土 42.96Mg C/hm^2，黄棕壤 165.66MgC/hm^2。在 ArcMap 中对其空间化得到西安市土壤碳密度图（图 5-5）。

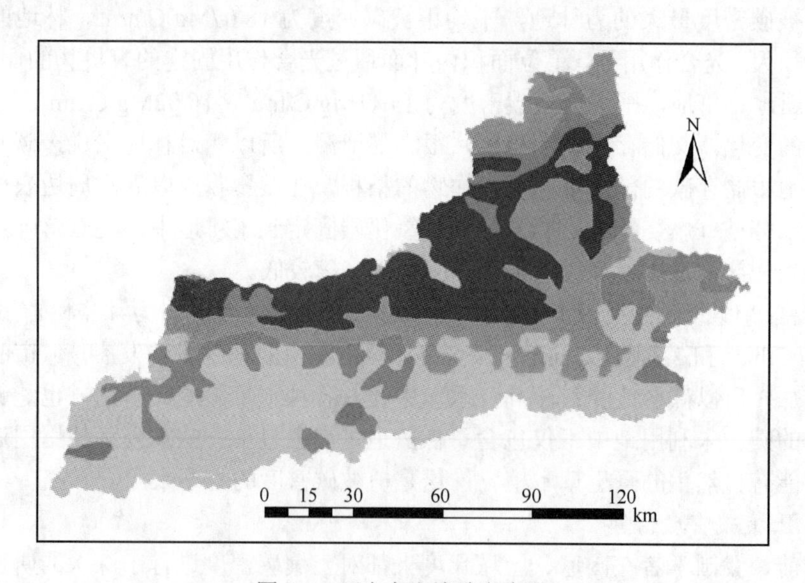

图 5-5　西安市土壤碳密度图

5.1.4　不同情景下碳储量评估

首先将 IDRISI 中模拟得到的土地利用格局通过 ASCII 值的转换，转换为 ArcMap 可识别的 GRID 格式。另外将碳密度图同土地利用与土地覆盖变化（LULC）图叠加得到模型所需要的碳库表。在 arctoolbox 中加载 InVEST 模型，找到 Carbon 模块如图 5-6 所示，模型所需数据有当前土地利用类型图（current land cover map），当前土地利用覆盖的年限（year of current land cover），土地利用类型数据的分辨率设置（resolution），碳库表（Carbon pools），未来土地利用类型图（future land cover map）。

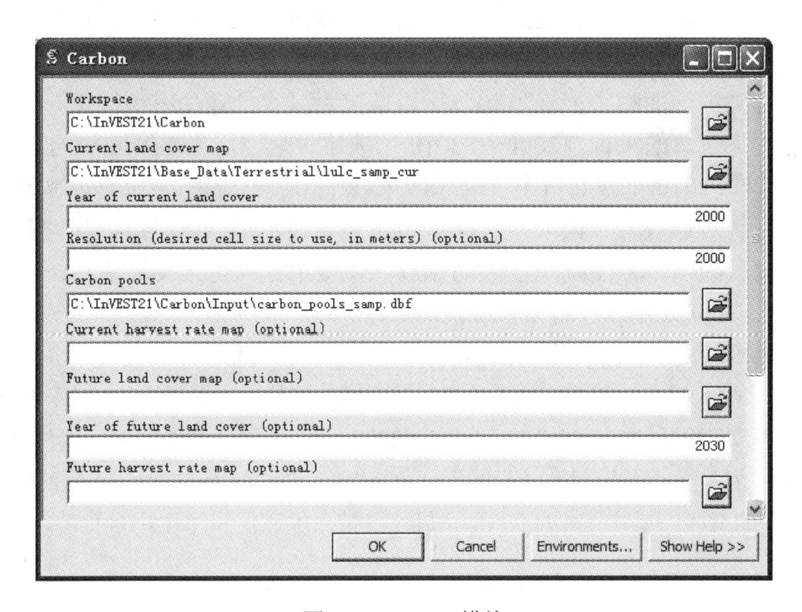

图 5-6　Carbon 模块

1. 2000～2010 年碳储量评估

通过 InVEST 模型的运算统计得到 2000 年、2005 年、2010 年每年碳储存的总量分别为 125 862 000Mg，123 916 000Mg，122 573 000Mg（1Mg = 1t）。相比 2005 年和 2010 年，2000 年地表植被覆被较好，天然植被和人工植被的面积都比较大，城市中的绿地面积多，碳储量大（图 5-7）。

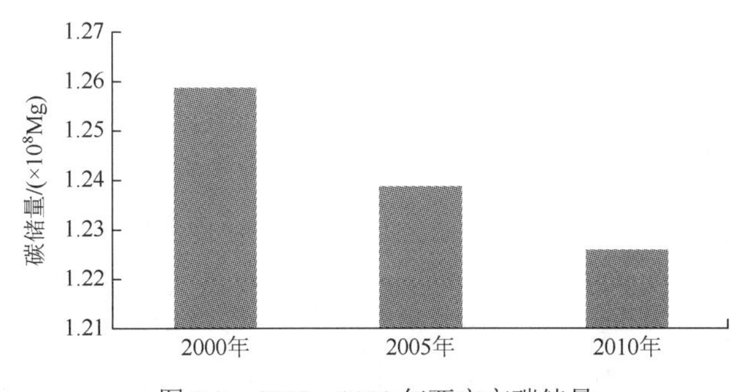

图 5-7　2000～2010 年西安市碳储量

2000～2005 年，西安市碳储量减少了 1 946 000Mg。由于耕地、森林和草地是主要的碳汇，对西安市碳储量的贡献大，在这 5 年期间，耕地、林地、草地的面积都呈现出了减少的趋势，所以引起了碳储量的下降。2005～2010 年，西安市碳储量减少了 1 343 000Mg，相比 2005 年碳储量是减少了，但减少的幅度并没有像 2000～2005 年那么大，这是因为退耕还林政策及退耕还草政策的实施，及修建公园，人工草坪等一系列保护生态环境措施的实施，使得碳汇的面积增加，但建设用地等碳源的面积依旧在增加，所以碳储量减少的速率有所降低，总体呈现出减少的趋势。总的来说，2000 至 2010 年碳储量呈现出大幅度减少的趋势。

2000 年到 2010 年西安市主要为碳源区。相比前一时期，2005～2010 年情况稍微有所好转。这有赖于西安市关注城市生态建设，走低碳经济的道路，在加强城市绿化面积的同时，还减少了碳的排放，使城市走可持续发展道路。

2. 2015～2020 年三种情景碳储量评估

在 InVEST 模型中，估算得到三种情景下的 2010～2020 年各年碳储量如表 5-1。

2010～2015 年，三种情景碳储量均呈稳定增长趋势，情景三增加了 1 740 000Mg。情景一碳储量增加了 2 739 000Mg。2015～2020 年，三种情景碳储量呈现出下降的趋势，其中，情景一下降的最快，减少了 413 000Mg。情景二碳储量减少了 264 000Mg。情景三减少的最少，减少了 19 000Mg。显然各情景的碳储量呈现出一种波动的状态。

表 5-1　2010～2020 年西安市碳储量　　（单位：t = Mg）

年份	情景一	情景二	情景三
2010	122 573 000.0	122 846 000.0	126 724 000.0
2015	125 312 000.0	125 271 000.0	128 464 000.0
2020	124 899 000.0	125 007 000.0	128 445 000.0

总的可以看出，三种情景而言，情景三的碳储量明显高于情景一和情景二，预计到 2020 年，比情景一储存的碳量多 3 546 000Mg，比情景二多储存 3 438 000Mg，充分展现出林地主要碳汇的功能。其次是情景二，比在自然速率，不改变土地利用方式的情景一所储存的碳量也明显多 108 000Mg。

由图 5-8 可知，按假设的情景分析，到 2020 年，情景三的碳储量将会最多，而情景一的碳储量会最少。在 2010～2020 年，情景一的总碳储量为 372 784 000Mg，情景二的总碳储量为 373 124 000Mg，情景三的总碳储量为 383 633 000Mg。如果按情景三的土地利用变化模式，那么碳储量会是最高的，有助于西安市生态环境的保护。

如图 5-9 所示，三种情景下，碳储量高的地方均位于西安市南部地区，因为这里邻近秦岭地带，林地的面积和草地的面积居多，所以碳储量丰富。而相对来说，城区以及城郊地区的碳储量则比较少。清晰可见的是，情景三的南部的碳储量最高，其次是情景二，最后是情景一。

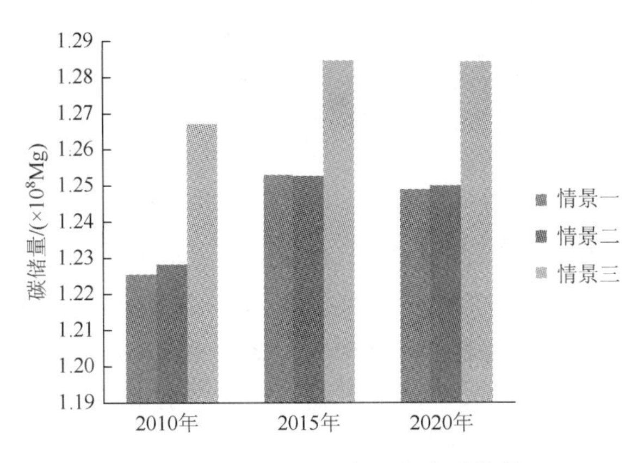

图 5-8　2010～2020 年西安市碳储量

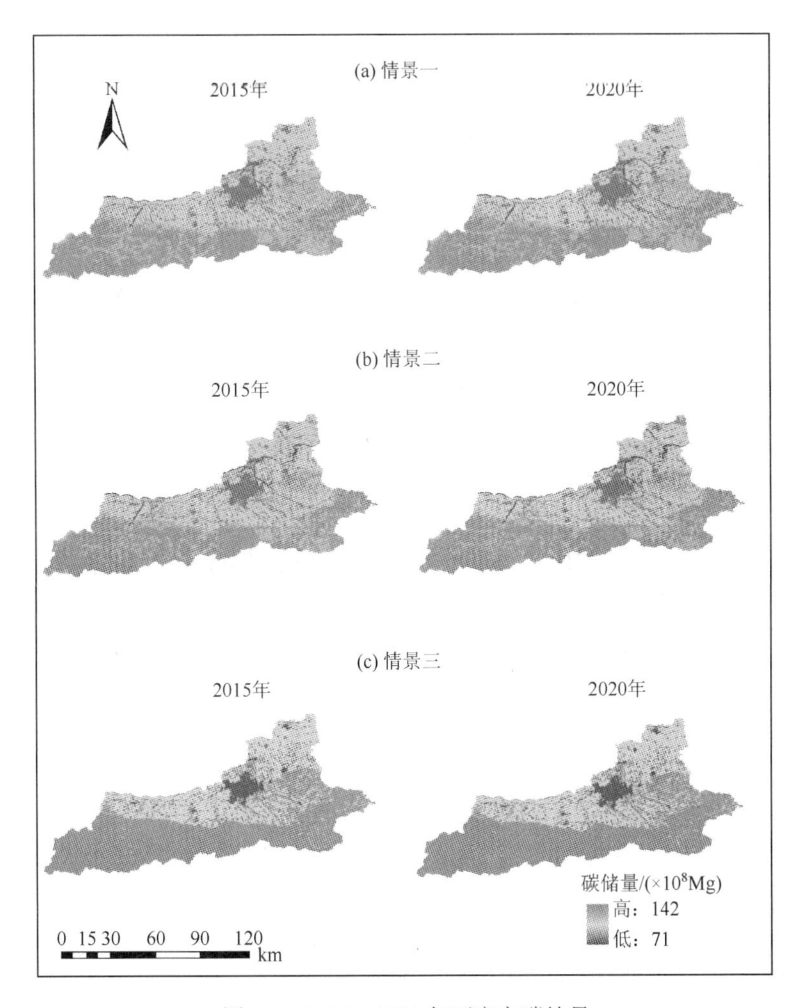

图 5-9　2015～2020 年西安市碳储量

5.1.5 不同情景下碳的 NPV 计算

净现值（net present value，NPV）表示的是现金流量时间序列的当前值，是一种评价长期项目的标准方法。NPV 能计算研究区域内种植造林碳封存的净现值，可计算到将来 2050 年，计算公式为

$$\mathrm{NPV}_{ijs} = \mathrm{PVB}_{ij} - \mathrm{PVC}_{js} \tag{5-3}$$

式中，NPV_{ijs} 表示收益的当前值，可根据一系列的碳价格计算得。此价格范围区间是由 Garnaut 和 Lawson 等在 2008 年通过对国际碳市场交易价格调研后设定的价格波动范围。

NPV_{ijs} 主要由两部分组成，分别是 PVB_{ij} 和 PVB_{js}。其中，PVB_{ij} 表示四种树系统的价值，计算公式为

$$\mathrm{PVB}_{ij} = \sum_{t=0}^{T} \frac{P_i \times q_{tj}}{(1+r)^t} \tag{5-4}$$

式中，q_{tj} 表示全年的碳封存潜力，主要来自于所固定的二氧化碳；P_i 表示碳的价格；i 的值可以取 61 元/t、93 元/t、124 元/t、155 元/t、186/t 和 279 元/t；r 表示年贴现率为 7；t 表示时间周期，最大值取 10，最小值可取 1。

PVC_{js} 表示每一个价格情景和成本（树）系统中，当前花费的价值，计算公式为

$$\mathrm{PVC}_{js} = \mathrm{EC}_j + \sum_{t=0}^{T} \frac{\mathrm{MC} + \mathrm{PFE_S}}{(1+r)^t} \tag{5-5}$$

式中，$\mathrm{PFE_S}$ 表示种植造林碳的机会成本，主要来源于农业；EC_j 是一次性的成本费用；MC 是每年碳的维护和交易成本。

EC_j 和 MC 在同一个研究区内是固定的值。MC 的值为 155 元/hm^2。对于混合的环境种植来说，EC 的值为 12 400 元/hm^2，对于三单树系统，EC 的值为 7 750 元/hm^2。

在不考虑人为的因素和社会变化的因素下，未来的 10 年中，碳的储存和固定是一个长期有益的活动，可以用来抵消二氧化碳温室气体的排放，调节气候，恢复生态系统格局。Polglase 在碳的净现值计算方面有深入的研究，2008 年，Polglase 等的不确定分析研究中表明，不同的碳封存，碳的交易价格及贴现值对净价值的影响是非常大的。

碳封存与生态系统类型有很大的联系，不同的生态系统类型其碳储存能力与固碳潜力是不一样的。市场碳的价格受众多因素的影响，如政府调控因素、气候因素、宏观经济因素等，在某段时间内，还受到碳排放企业的终端产品的价格的影响，因此价格具有波动性。现贴率是对比当前的值、未来成本和效益之间的一个利率值。选择合适的贴现率对当代和后代人的发展都能发挥出最大的效益，其

对 NPV 的影响巨大。本书采用 Polglase 等建立的模型及用 python 脚本语言编写的程序来实现研究区碳的净现值的计算，模型中没有考虑其他的一些风险因素会造成碳的价格的下降，如风暴、干旱、火灾和害虫等。Polglase 等在考虑历年国际碳价格波动的基础上，设置了几种不同的价格、贴现率情景来探讨碳的净现值在不同条件下的变化情况。

1. 2000～2010 年不同情景下 NPV 分析

Polglase 等根据国际市场碳的交易价格波动范围，设置了不同的价格分析范围与贴现率情景。本书为研究西安市不同价格、贴现率情况下的碳的净现值，分别提取其中 6 种情景来做分析，即当市场碳的价格分别为 60 元/t、贴现率为 5%；价格为 60 元/t、贴现率为 7%；价格为 180 元/t、贴现率为 5%；价格为 180 元/t、贴现率为 7%；价格为 300 元/t、贴现率为 5%；价格为 300 元/t、贴现率为 7%的六种情景下，分析比较 2000～2010 年的碳的净现值。将碳图层数据代入程序编译、运行得到 2000～2010 年不同情景下的 NPV 图如图 5-10 所示。

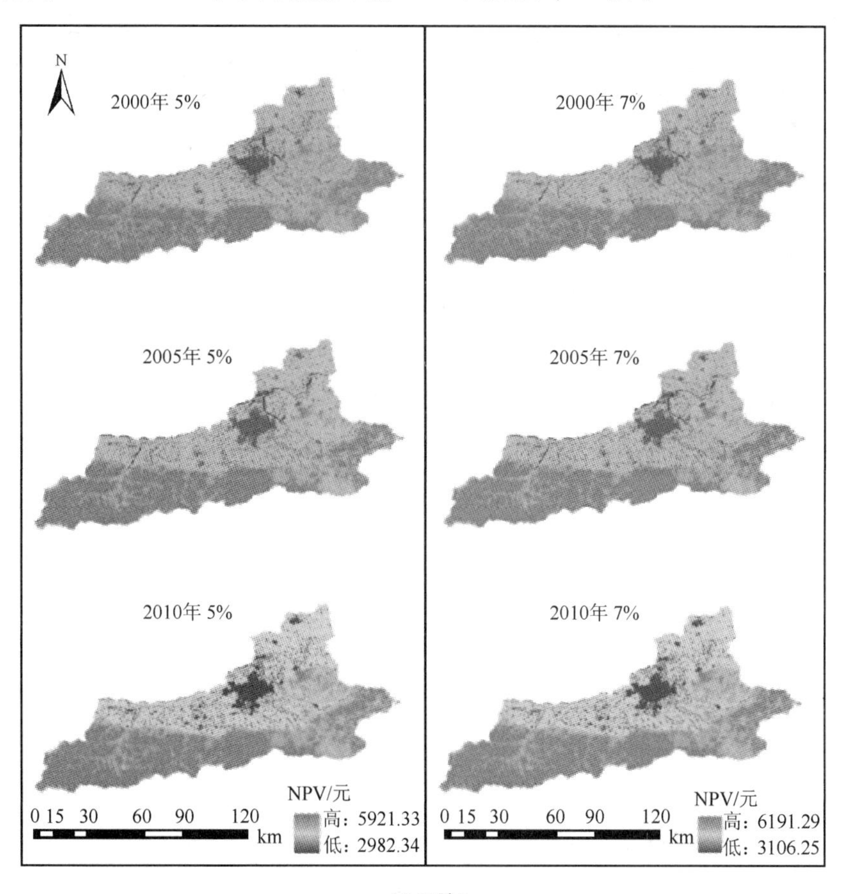

(a) 60元/t

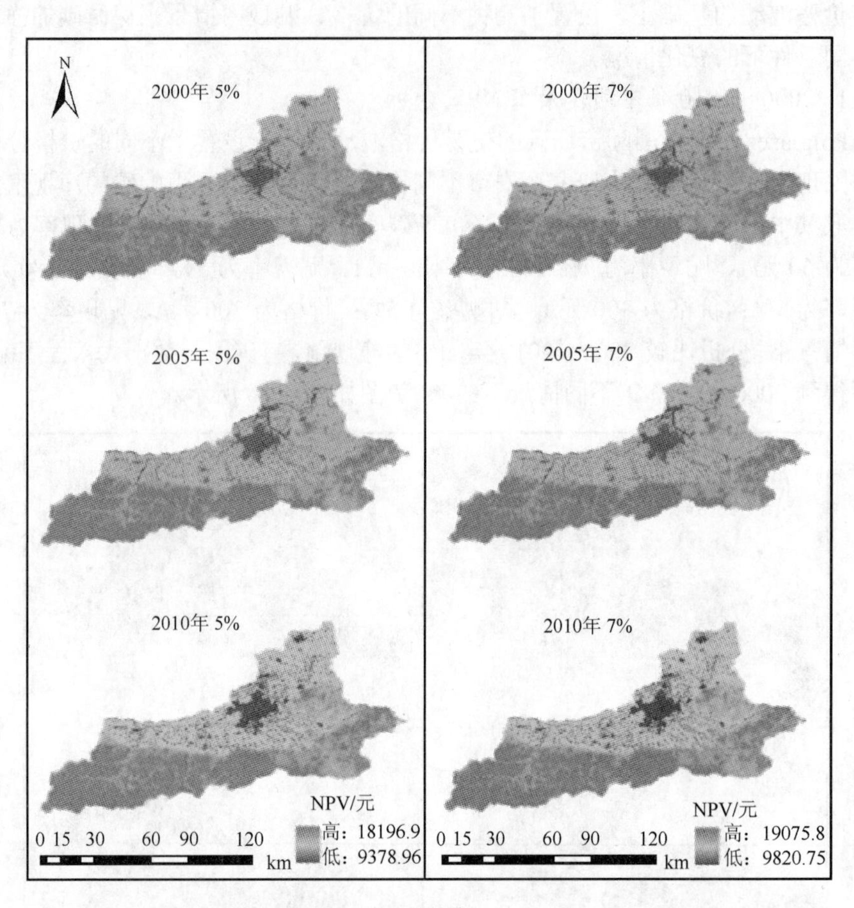
N
2000年 5%
2005年 5%
2010年 5%
2000年 7%
2005年 7%
2010年 7%
NPV/元
高：18196.9
低：9378.96
0 15 30 60 90 120
km
NPV/元
高：19075.8
低：9820.75
0 15 30 60 90 120
km

(b) 180元/t

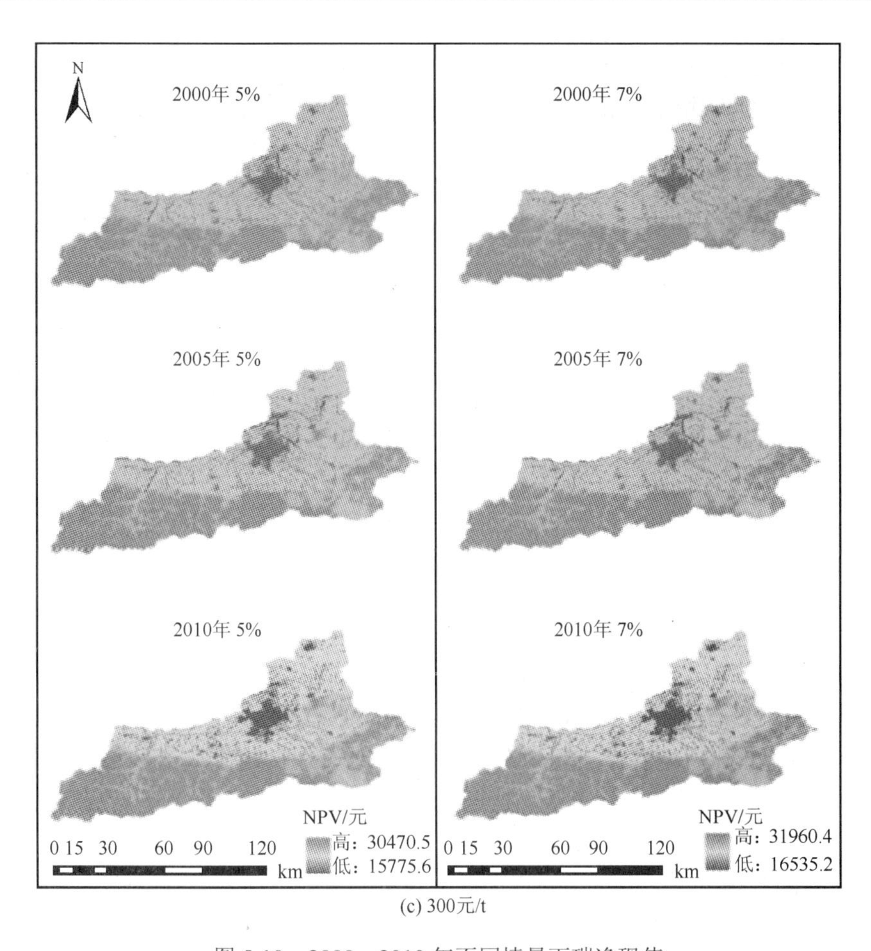

(c) 300元/t

图 5-10　2000～2010 年不同情景下碳净现值

由图 5-10 可知，在市场碳价格 60 元/t 时，2000～2010 年的 NPV 在贴现率为 5%时，最低值为 2 982.34 元，最高值为 5 921.33 元；贴现率为 7%时，最低值为 3 106.25 元，最高值为 6 191.29 元。在市场碳价格 180 元/t 时，2000～2010 年的 NPV 在贴现率为 5%时，最低值为 9 378.96 元，最高值为 18 196.9 元；贴现率为 7%时，最低值为 9 820.75 元，最高值为 19 075.8 元。在市场碳价格 300 元/t 时，2000～2010 年的 NPV 在贴现率为 5%时，最低值为 15 775.6 元，最高值为 30 470.5 元；贴现率为 7%时，最低值为 16 535.2 元，最高值为 31 960.4 元。

从图 5-10 可清晰地看出林地的 NPV 都是最高的，呈现出林地＞草地＞耕地＞水域＞建设用地＞未利用地的趋势。由于林地的碳储量高，所以它的 NPV 高，其次是草地，草地的碳储量仅次于林地，因此草地的 NPV 也高。而建设用地所储存的碳比较少，因此 NPV 比较低。未利用地的最低。

为了能比较 2000～2010 年的研究区不同情景下的 NPV 变化，统计得到不同情景下 NPV 的平均值，如表 5-2 所示。

表 5-2　2000～2010 年不同情景下 NPV 平均值

年份	NPV 平均值/元			
	贴现率/%	60 元/t	180 元/t	300 元/t
2000 年	5	5 133.35	15 832.01	26 530.67
	7	5 364.16	16 594.47	27 824.77
2005 年	5	5 069.40	15 640.14	26 210.87
	7	5 297.03	16 393.06	27 489.09
2010 年	5	5 012.16	15 468.42	25 924.67
	7	5 236.93	16 212.80	27 188.67

由表 5-2 可知，2000 年、2005 年和 2010 年，碳的净现值的最大值均出现在当价格为 300 元/t、贴现率为 7%时，最低值出现在价格为 60 元/t、贴现率为 5%。当价格和贴现率一定时，2000～2010 年碳的净现值呈现出降低的趋势。2000～2010 年研究区的总碳储量在不断地减少，陆地生态系统碳存储能力在不断地下降。土地利用的结构变化速度快，建成区迅速地发展，森林等得不到有效的保护，人们在满足当前的利益需要时，并没有看到为后代造成的不利影响。虽然当下能带来很大的经济效益，但对环境造成的危害却会在将来表现出来。

在市场碳的价格一定的条件下，2000～2010 年贴现率为 7%的 NPV 均高于贴现率为 5%的 NPV，说明在市场碳价格不便的情况下，贴现率的取值越高，NPV 就越高，即说明折后的价格越高，当前所获得的经济利益对未来的效益影响大。当贴现率一定时，2000～2010 年中各年的 NPV 均值在价格越高的情况下，值越高。

贴现率和市场碳价格是影响 NPV 的两个重要因素。市场碳的价格随着社会经济的发展而发生着变化。贴现率是价值取值的一个重要指标，以当前的碳的价值看待未来的碳的价值，当贴现率取值高时，说明未来的效益没有当前的效益高，且费用也没有当前的费用高。贴现率可以作为分配给未来资金的权重，能够反映当代人对于后代人利益的估价。

2. 2015～2020 年不同情景 NPV 分析

净现值主要是对未来的效益做出评估，本节根据预测得到的不同土地利用情景下 2015～2020 年的碳储量数据，评估不同价格、不同贴现率的情况下的净现值。将三种情景下 2015～2020 年的碳图层数据带入程序编译得到在不同市场价格、不同贴现率情况下碳的净现值图（图 5-11）。

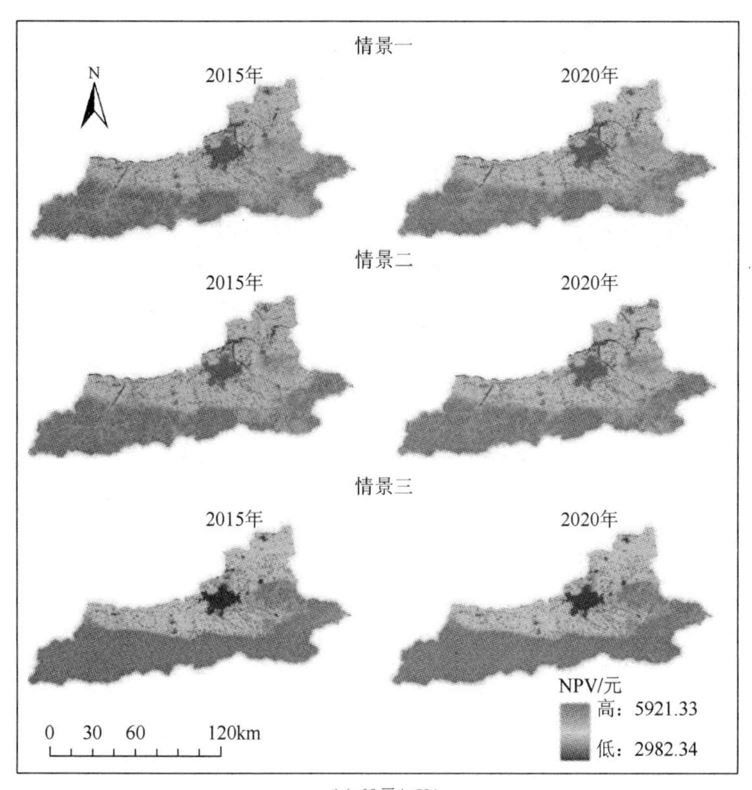
情景一
2015年
2020年
N
情景二
2015年
2020年
情景三
2015年
2020年
NPV/元
高：5921.33
低：2982.34
0 30 60 120km

(a) 60元/t 5%

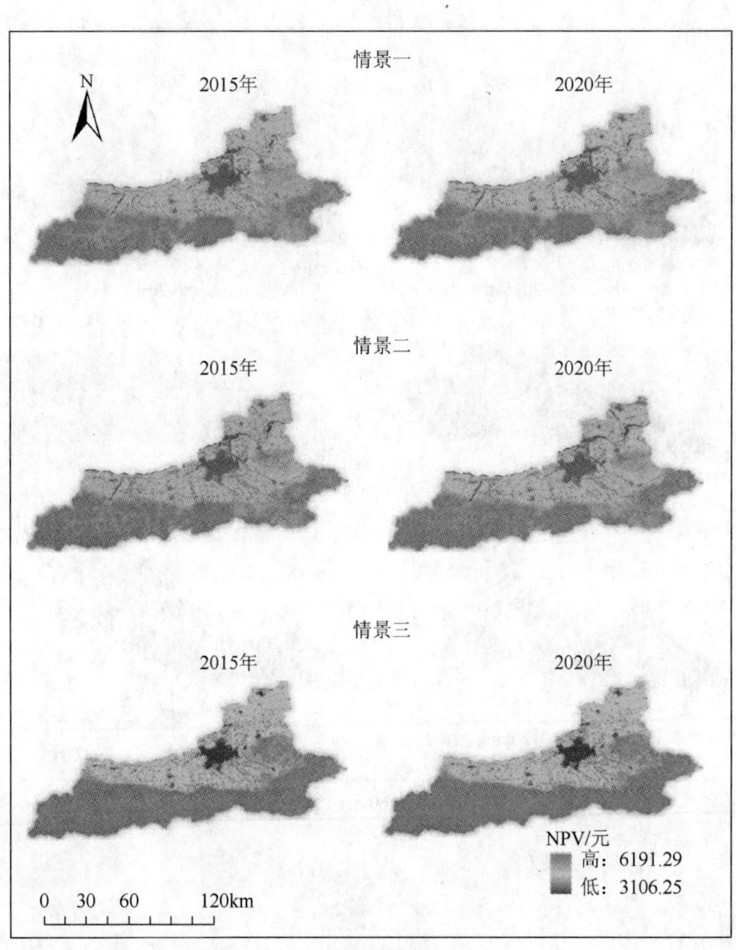
情景一
2015年
2020年
N
情景二
2015年
2020年
情景三
2015年
2020年
NPV/元
高：6191.29
低：3106.25
0 30 60 120km

(b) 60元/t 7%

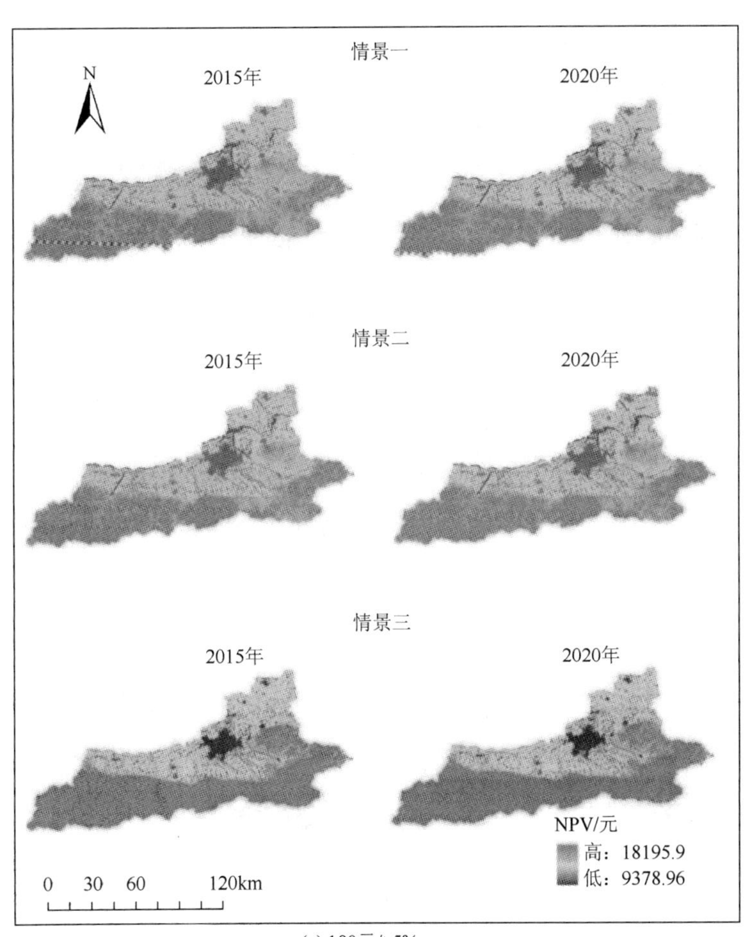
情景一
2015年
2020年
N
情景二
2015年
2020年
情景三
2015年
2020年
NPV/元
高：18195.9
低：9378.96
0 30 60 120km

(c) 180元/t 5%

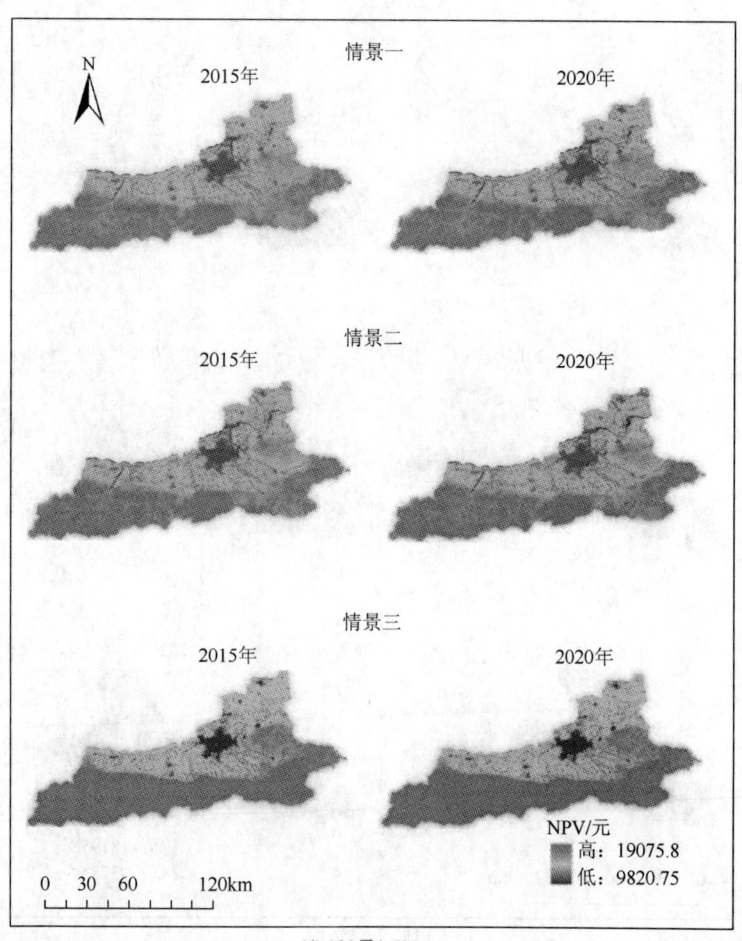
情景一
2015年
2020年
N
情景二
2015年
2020年
情景三
2015年
2020年
NPV/元
高：19075.8
低：9820.75
0 30 60 120km

(d) 180元/t 7%

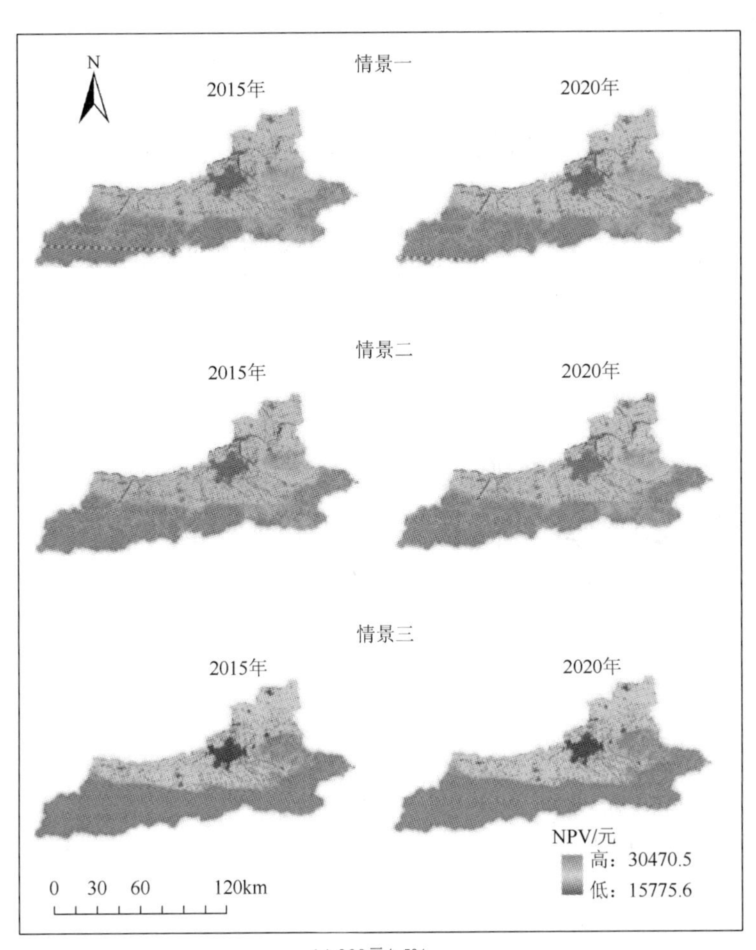
N
情景一
2015年
2020年
情景二
2015年
2020年
情景三
2015年
2020年
NPV/元
高：30470.5
低：15775.6
0 30 60 120km

(e) 300元/t 5%

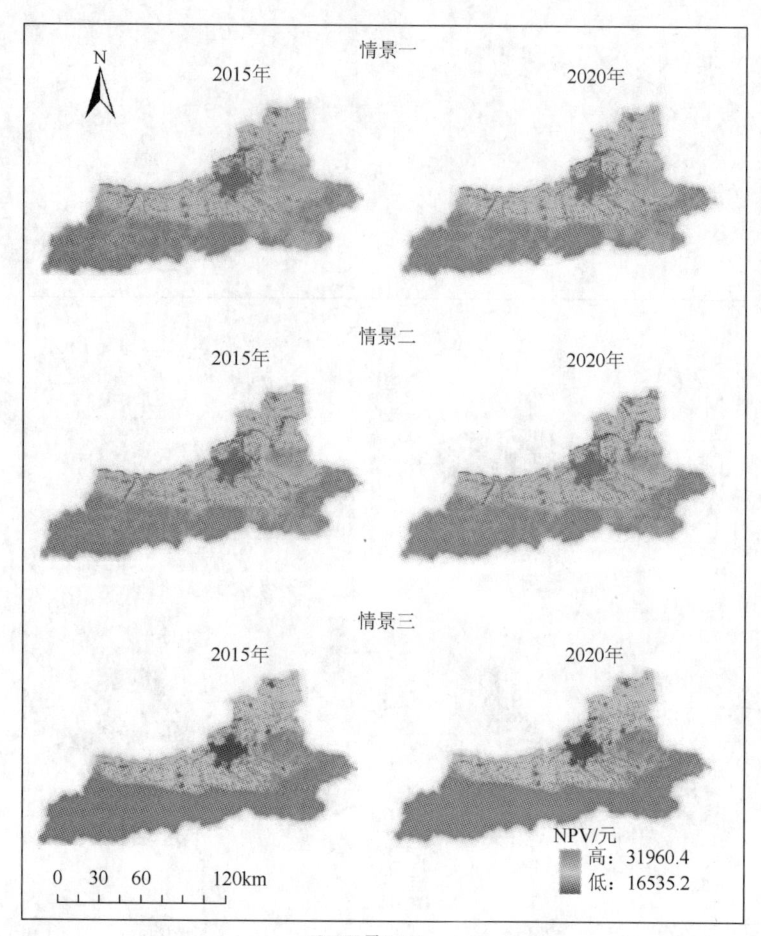

(f) 300元/t 7%

图 5-11　2015～2020 年不同情景下碳净现值

统计得到在不同的土地预测情景下，2015～2020 年西安市在不同价格、不同贴现率情况下的 NPV 均值，如表 5-3。

表 5-3　2015～2020 年不同情景下 NPV 平均值

价格/(元/t)	贴现率/%	情景一下的 NPV 平均值/元		情景二下的 NPV 平均值/元		情景三下的 NPV 平均值/元	
（1）	（1）	2015 年	2020 年	2015 年	2020 年	2015 年	2020 年
60	5	5 100.91	5 083.39	5 116.89	5 105.64	5 234.65	5 233.50
（1）	7	5 330.10	5 311.71	5 346.87	5 335.07	5 470.49	5 469.28
180	5	15 734.68	15 682.12	15 782.60	15 748.88	16 135.91	16 132.45
（1）	7	16 492.30	16 437.13	16 542.60	16 507.21	16 913.47	16 909.83
300	5	26 368.44	26 280.85	26 448.32	26 392.12	27 037.16	27 031.40
（1）	7	27 654.49	27 562.54	27 738.33	27 679.34	28 356.44	28 350.39

由表 5-3 和图 5-11 可知，在价格为 60 元/t，贴现率为 5%的情况下，2015～2020 年三种不同的土地利用情景的 NPV 最小值为 2 982.34 元，最大值为 5 921.33 元。随着年份的增加，2015 年，情景三的 NPV 最高，比情景一高 133.74 元，比情景二高 117.78 元。情景二比情景一高 15.98 元。2020 年，也是情景三的 NPV 最高，比情景一高 150.11 元，比情景二高 127.86 元，情景二比情景一高 22.25 元。

在价格为 60 元/t，贴现率为 7%的情况下，2015～2020 年三种不同的土地利用情景的 NPV 最小值为 3 106.25 元，最大值为 6 191.29 元。随着年份的增加，2015 年，情景三的 NPV 最高，比情景一高 140.39 元，比情景二高 123.62 元。情景二比情景一高 16.77 元。2020 年，也是情景三的 NPV 最高，比情景一高 157.57 元，比情景二高 134.21 元，情景二比情景一高 23.36 元。

在价格为 180 元/t，贴现率为 5%的情况下，2015～2020 年三种不同的土地利用情景的 NPV 最小值为 9 378.96 元，最大值为 18 195.9 元。随着年份的增加，2015 年，情景三的 NPV 最高，比情景一高 401.23 元，比情景二高 353.31 元。情景二比情景一高 47.92 元。2020 年，也是情景三的 NPV 最高，比情景一高 450.33 元，比情景二高 383.57 元，情景二比情景一高 66.76 元。

在价格为 180 元/t，贴现率为 7%的情况下，2015～2020 年三种不同的土地利用情景的 NPV 最小值为 9 820.75 元，最大值为 19 075.8 元。随着年份的增加，2015 年，情景三的 NPV 最高，比情景一高 421.17 元，比情景二高 370.87 元。情景二比情景一高 50.30 元。2020 年，也是情景三的 NPV 最高，比情景一高 472.70 元，比情景二高 402.62 元，情景二比情景一高 70.08 元。

在价格为 300 元/t，贴现率为 5%的情况下，2015～2020 年三种不同的土地利用情景的 NPV 最小值为 15 775.6 元，最大值为 30 470.5 元。随着年份的增加，2015 年，情景三的 NPV 最高，比情景一高 668.72 元，比情景二高 588.84 元。情景二比情景一高 79.88 元。2020 年，也是情景三的 NPV 最高，比情景一高 750.55 元，比情景二高 639.28 元，情景二比情景一高 111.27 元。

在价格为 300 元/t，贴现率为 7%的情况下，2015～2020 年三种不同的土地利用情景的 NPV 最小值为 16 532.5 元，最大值为 31 960.4 元。随着年份的增加，2015 年，情景三的 NPV 最高，比情景一 701.95 高元，比情景二高 618.11 元。情景二比情景一高 83.84 元。2020 年，也是情景三的 NPV 最高，比情景一高 787.85 元，比情景二高 671.05 元，情景二比情景一高 116.8 元。

综合以上分析，在贴现率一定的情况下，市场碳的价格越高，NPV 越高，且三种情景 2015～2020 年的 NPV 为情景三＞情景二＞情景一。2015 年的 NPV 值稍高于 2020 年的值，说明可能在 2015 年以后，生态环境质量有所好转。在市场碳的价格一定的条件下，贴现率取值高，NPV 就高，且三种情景下 2015～2020 年的 NPV 仍然是情景三的最高、情景一的最低、情景二居中。在贴现率和市场碳的价格相同的条件下，情景三的 NPV 也是最高的。从图 5-11 可以看出，西安市南部地区 NPV 最高，由南向北逐渐降低，以西安市主城区为代表的 NPV 最低。从土地利用类型方面分析，西安南部秦岭山区，森林覆盖率高且它的碳储量高，所以碳的净现值就高，而从南到北呈现出林地、草地、耕地的过渡模式，随着土地利用类型碳储量的降低，NPV 也有所降低，所以建设用地的 NPV 是最低的。

5.2 基于净初级生产力的生态足迹计算

5.2.1 计算方法

1. 传统的生态足迹二维模型

$$\mathrm{ED} = \mathrm{EF} - \mathrm{EC} = N(\mathrm{ef} - \mathrm{ec}) = N\left(\sum_{i=1}^{n}\sum_{e=1}^{6} K_e \frac{c_i}{p_i} - \sum_{e=1}^{6} r_e k_e f_e\right) \tag{5-6}$$

式中，N 为区域内总人口数量；EF 为区域内总的生态足迹；EC 为区域内总的生态承载力；ED 为区域内总的生态赤字/盈余；ef 为人均生态足迹；ec 为人均生态承载力；e 为生态生产土地类型（$e \geqslant 1$）；i 为消费资源类别；k_e 代表第 e 种生态生产性土地的均衡因子；c_i 为第 i 种资源消费品的人均产量（消费量）；p_i 代表生态生产性土地生成第 i 种资源消费品的世界平均产量（消费量）；r_e 为实际人均占有第 e 类生物生产性土地面积；f_e 为产量因子。

2. 产量因子和均衡因子的计算

关中-天水经济区产量因子的测定：林地可以吸收化石燃料所排放的二氧化碳，故能源用地的产量因子用林地的产量因子来代替。在六类生态生产性土地中，耕地是建设用地占用最多的土地类型，虽然越来越多的城镇绿化会增加 NPP，但是仍用耕地的产量因子代替城镇建设用地的产量因子。计算关中-天水经济区各种土地类型的产量因子，可以通过求关中-天水经济区第 e 类生物生产性土地单位面积的平均 NPP 与全国第 e 类生物生产性土地单位面积的平均 NPP 的比值可以得到。计算公式[19]为

$$f_e = \frac{\mathrm{NPP}_e}{\overline{\mathrm{NPP}}} \tag{5-7}$$

式中，f_e 为 e 类生物生产性土地的产量因子；NPP_e 为某区域 e 类生物生产性土地单位面积的 NPP；$\overline{\mathrm{NPP}}$ 为全国 e 类生物生产性土地单位面积的平均 NPP。

关中-天水经济区均衡因子的测定：化石燃料所排放的二氧化碳可以通过林地来吸收，所以能源用地的均衡因子用林地的均衡因子代替；用耕地的均衡因子代替建设用地的均衡因子（原因同产量因子）；计算关中-天水经济区耕地、草地、林地、水域的均衡因子，可以运用某一类生物生产性土地的年平均 NPP 与这 4 类生物生产性土地的年平均 NPP 的比值得到，公式[19]为

$$k_e = \frac{\mathrm{NPP}_e}{\overline{\mathrm{NPP}}} \tag{5-8}$$

3. 新型的生态足迹三维模型

生态足迹深度与生态足迹广度这两个指标的乘积可以看做是新型生态足迹三维模型。足迹深度表示人类在发展过程中对自然资本存量的使用数量(耗用程度)，足迹广度表示在生物承载力的承受范围内，人类占用自然资本流量的水平，也就是说人类实际对生物生产性土地面积占用的多少。三维生态足迹模型是一个时空模型，在时间上它强调土地资源的不可再生性，在空间上它关注资源消费与资源再生之间的不同步性。公式[20]为

$$\mathrm{EF}_{3D} = \mathrm{EF}_{size} = \mathrm{EF}_{depth} = \min\{\mathrm{EF}, \mathrm{BC}\}\left(1 + \frac{\mathrm{ED}}{\mathrm{BC}}\right) \tag{5-9}$$

式中，EF_{size} 为人均足迹广度，hm^2；EF_{depth} 为足迹深度（无量纲）。

在 Hicks[21]经济学理论中，有这样的解释：财富总量不会随资本流动而减小，这也意味着生态系统是具可持续性的[22]。在生物圈中，生物承载力为自然资本流量的最高上限，所以足迹广度就取生态足迹和生态承载力这两者之间较小值[20]。足迹广度值越大，意味着可持续性功能就越强。

5.2.2　关中-天水地区均衡因子和产量因子的计算

1. 均衡因子

由表 5-4 可以看出，不同年份不同类型土地的均衡因子是不同的。水域的均衡因子变化比较明显，水域在 2000 年为 0.916，2005 年为 0.843，2010 年降到 0.824，2000 年到 2010 年峰值变化为 0.121。耕地、草地、林地、建设用地和能源用地的均衡因子变化不明显。对不同类型土地的均衡因子比较可以发现：林地的均衡因子最高，出现在 2010 年；水域的均衡因子最低，出现在 2010 年。

表 5-4　关中-天水经济区各类土地的均衡因子

年份	耕地	草地	林地	水域	建设用地	能源用地
2000	0.945	1.033	1.105	0.916	0.945	1.033
2005	0.971	1.074	1.112	0.843	0.971	1.112
2010	0.924	1.094 6	1.158	0.824	0.924	1.158

2. 产量因子

在表 5-5 中，全国的平均 NPP 根据文献[23]换算得到，水域和林地（能源用地）的产量因子变化比较明显。其中水域的产量因子变化最明显，林地（能源用地）的产量因子次之。水域在 2000 年为 1.001，到 2005 年为 1.307，到 2010 年高达 1.893，2000 年到 2010 年峰值变化为 0.892。水域产量因子的增减趋势正好与

水域的均衡因子相反。林地在 2000 年为 0.957，2005 年下降到 0.721，到 2010 年为 0.631，峰值变化为 0.326。耕地、草地、林地和建设用地的产量因子变化不明显。对不同类型土地的产量因子比较可以发现：水域的均衡因子最高，出现在 2010 年；林地（能源用地）的均衡因子最低，出现在 2010 年，为 0.631。

表 5-5　关中-天水经济区各类土地的产量因子

年份	耕地	草地	林地	水域	建设用地	能源用地
2000	0.807	1.504	0.957	1.001	0.807	0.957
2005	0.881	1.593	0.721	1.307	0.881	0.721
2010	0.737	1.393	0.631	1.893	0.737	0.631

5.2.3　基于净初级生产力的生态足迹的计算

1. 二维生态承载力、生态足迹、生态赤字（盈余）分析

本书对关天经济区内的六种不同土地利用类型进行生态足迹、生态承载力和生态赤字分析，如图 5-12 所示。

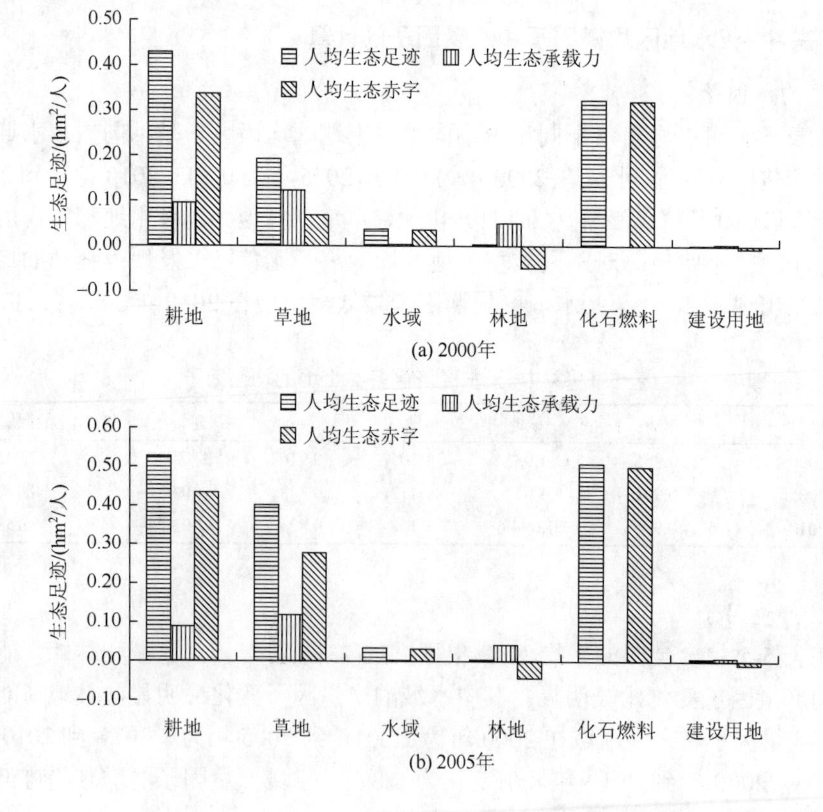

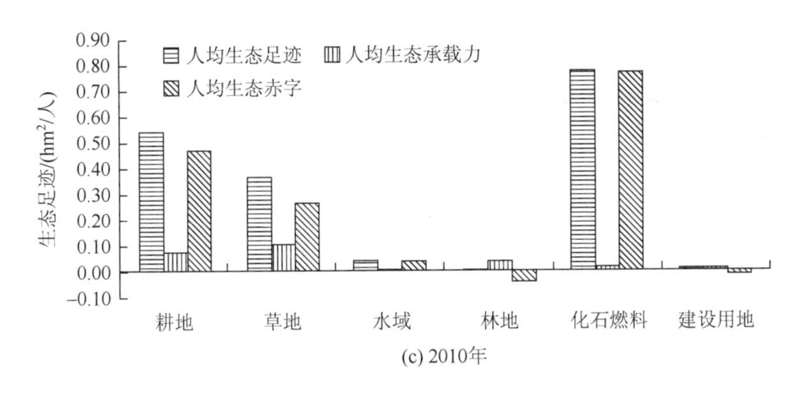

(c) 2010年

图5-12　关中-天水经济区人均生态足迹、人均生态承载力和人均生态赤字

关中-天水经济区人均生态足迹在2000年为0.981hm^2，2005年为1.478hm^2，到2010年增长至1.746hm^2，增长了将近78%。分析生态足迹的组成结构可以看出，化石燃料的人均足迹增长最快，由2000年的0.321hm^{2}增长到2010年的0.781hm^2，增长了一倍多。耕地和水域人均足迹增长较慢，耕地人均足迹2000年为0.430hm^2，2010年为0.547hm^2，人均水域足迹由2000年0.038hm^{2}增长到2010年的0.043hm^2，草地人均足迹由2000年的0.191hm^{2}增至2010年的0.372hm^2；建设用地人均足迹所占比例最小且增长最慢，由2000年的0.000 232hm^{2}增长至2010年的0.000 42hm^2。分析生态足迹中各种土地类型的组成比例，2000年耕地、草地、水域、林地、化石能源地和建设用地所占比例分别为43.87%、19.49%、3.84%、0.066%、32.71%和0.024%；2005年耕地、草地、水域、林地、化石能源地和建设用地所占比例分别为35.77%、27.17%、2.49%、0.16%、34.40%和0.017%；2010年耕地、草地、水域、林地、化石能源地和建设用地所占比例分别为31.34%、21.31%、2.44%、0.23%、44.67%和0.024%；2000～2010年，耕地的比例在一直下降，化石能源比例在上升，其他各类型土地的比例有不同程度的变化，说明以耕地为主的消费结构被打破，化石能源的消费在总消费中占主导地位。

关中-天水经济区人均生态承载力在2000～2010年总体呈下降趋势，2000年为0.273hm^2，2005年为0.261hm^2，到2010年下降至0.229hm^2。从生态承载力的组成结构来看，除水域人均生态承载力在2000～2010年呈上升趋势外（2000年为0.002 6hm^2，2010年增至0.003 7hm^2），其他各类生产性土地的人均承载力都呈下降趋势。耕地人均生态承载力由2000年的0.094hm^{2}下降至2010年的0.074hm^2；草地人均生态承载力由2000年的0.124hm^{2}下降到2010年的0.107hm^2；建设用地人均生态承载力在2000年为0.002 6hm^2，到2010年为0.004 1hm^2；林地人均生态承载力由2000年的0.051hm^{2}下降至2010年的0.040hm^2。人均承载力的下降与人口的快速增长有关。

从总体来看，2000～2010 年关中-天水经济区为人均生态赤字，且生态赤字在逐年增大，在 2000 年为 0.707hm^2，在 2010 年为 1.517hm^2。从人均生态赤字的组成结构来看：建设用地和林地人均生态盈余，其他各类生态生产性土地都为人均生态赤字，且生态赤字不断扩大。生态赤字为生态足迹与生态承载力之差，在生态承载力有微小变化的条件下，生态赤字与生态足迹的变化趋势相一致。各类土地在人均生态赤字所占的比例中，耕地比例下降，化石能源比例上升，到 2010 年化石燃料的比例超过 50%，说明化石能源的超额使用是导致该区域生态赤字的主要原因。

2. 关中-天水经济区各区域人均生态承载力

从图 5-13 可知，关中-天水经济区各区域 2000 年人均生态承载力分布由大到小为：宝鸡、天水、商洛（部分地区）、铜川、渭南、咸阳、西安、杨凌；2005 年分布由大到小为：宝鸡、商洛（部分地区）、铜川、天水、渭南、咸阳、西安、杨凌；2010 年与 2005 年分布一致。2000～2010 年，天水市、宝鸡市、商洛市（部分地区）和铜川市的人均生态承载力较高，高于关中-天水经济区，其他各市的人均生态承载力均小于关中-天水经济区。

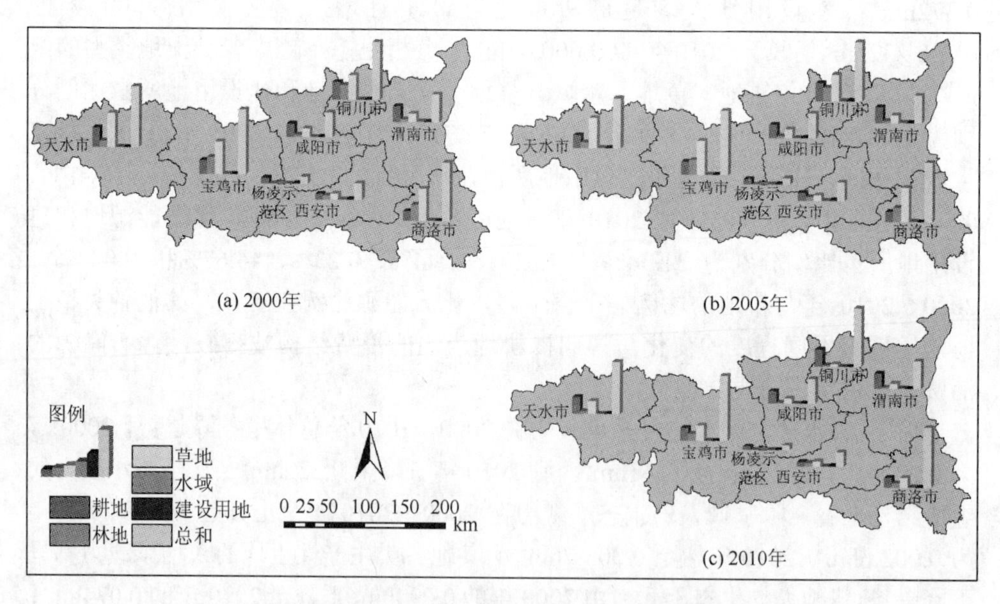

图 5-13 2000～2010 年各市人均生态承载力

2000～2005 年耕地人均生态承载力除杨凌示范区和天水市外，其他各市都呈上升趋势，这与该地区总体人均生态承载力趋势一致，主要是由于耕地在整体土地利用中所占比例较高。西安市耕地人均生态承载力增长最快，由 2000 年 0.047hm^2 增长到 2005 年 0.069hm^2，增长了 46%，耕地面积由 427 071.1 公顷增长到 599 774.3 公顷，这主要是由于西安市人口的增加，需求规模扩大所致。其他区域草地和水域的人生态承载力整体呈上升趋势，这与畜产品和水产品需求增长有关，说明人们生活水平的提高，不再以农产品为主，而是发展多种生物产品。林地人均生态承载力除天水市保持基本不变外，其他各市都呈下降趋势，关中-天水经济区 2000 年林地面积为 1 934 297hm^2，到 2005 年为 1 860 487hm^2，人们大量采伐森林资源，以寻求经济的发展，满足自己的需求，导致林地面积不断减少。而建设用地人均生态承载力都呈上升趋势，说明随着人口的增加和经济的发展，对建筑用地的需求不断加大。

2005～2010 年，关中-天水经济区各市人均生态承载力呈下降趋势。其中，西安市、铜川市、宝鸡市和商洛市（部分地区）下降较多，西安市由 2005 年的 0.141hm^2 下降到 2010 年的 0.094hm^2，铜川市在 2005 年为 0.439hm^2，2010 年下降到 0.389hm^2，宝鸡市由 0.484hm^2 下降到 0.432 4hm^2，2005 年商洛市（部分地区）人均生态足迹为 0.446hm^2，到 2010 年下降为 0.401hm^2。在这一时期，西安市人均生态承载力减少主要与西安市耕地面积有关，2005 年西安市耕地面积为 59 974.3hm^2，到 2010 年耕地面积减少为 411 645hm^2。而其他各区域人均承载力的降低是人口数量的增加导致的。在这一期间，各类土地人均生态承载力中，除天水市耕地人均生态承载力稍微有增加外，其他各市都呈下降趋势。各区域草地人均生态承载力都在上升，林地和建筑用地的人均生态承载力都在减少。铜川市和商洛市（部分地区）水域人均生态承载力在增长，其他各市下降。

3. 关中-天水经济区各区域人均生态足迹

从图 5-14 可以看出，在 2000～2010 年间关中-天水经济区人均生态足迹总体呈上升趋势。2000 年人均生态足迹由大到小为：铜川、渭南、宝鸡、西安、咸阳、商洛（部分地区）、杨凌、天水，2005 年人均生态足迹由大到小为：铜川、宝鸡、咸阳、渭南、西安、商洛（部分地区）、杨凌、天水，2010 年人均生态足迹由大到小为：渭南、咸阳、铜川、宝鸡、西安、商洛（部分地区）、杨凌、天水。其中，2000 年铜川市、渭南市、宝鸡市的人均生态足迹大于关中-天水经济区人均生态足迹，咸阳市人均生态足迹与关中-天水经济区最接近，其他区域均低于关中-天水经济区；2005 年咸阳市人均生态足迹超过关中-天水经济区，到 2010 年远远超过关中-天水经济区。

各区域具体表现为：西安市人均生态足迹由 2000 年的 1.051hm^2 增长到 2010 年的 1.460hm^2。化石能源人均生态足迹在总足迹中所占比例最高，由 2000 年的 43.73%增加到 2010 年的 58.21%；耕地人均足迹在总足迹中所占比例较高，这与

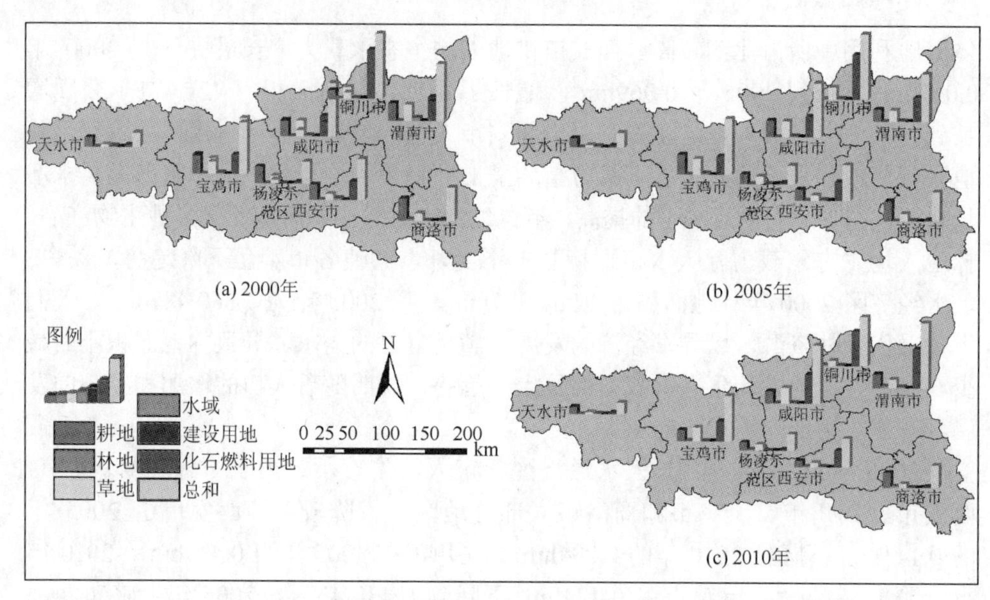

图 5-14 2000～2010 年各区域人均生态足迹

粮食产量的增加有关，2000 年为 0.397hm^2，2005 年为 0.410hm^2，到 2010 年为 0.324hm^2，但其一直呈下降趋势，由 37%下降到 22%，说明人们的生活水平在不断地提高，打破了以农产品为主的消费模式，畜产品、水产品和林产品的消费水平也有不同程度的提高；草地人均生态承载力由 2000 年的 0.151hm^2 增长到 2010 年的 0.225hm^2，占人均生态总足迹的 15%左右；林地和建设用地人均生态足迹在总足迹中比例较低，但也在增长。铜川市人均生态足迹由 2000 年的 0.225hm^2 增长到 2010 年的 0.365hm^2，其中增长最快的是化石能源用地，2000～2005 年占总人均生态足迹的 70%左右，可见铜川市经济的发展主要以资源的消耗为代价，是典型的资源发展型城市。2005 年之后铜川市随着经济的转型，产业结构的调整，化石能源比例有所降低。咸阳市 2000 年时人均生态足迹为 0.954hm^2，到 2010 年时增长到 3.004hm^2，增长了 2 倍多，其中增长最快的是人均化石燃料用地足迹，由 2000 年 0.362hm^2 增长到 2010 年的 1.502hm^2，所占比例由 37%增长到 49%。其次为耕地人均生态足迹，在 2000 年为 0.398hm^2，到 2010 年为 0.634hm^2，但其在总人均生态足迹中比例逐渐降低，由 41.7%下降到 21.2%。再次为水域，其人均足迹逐年增加，所占比例由 17%增加到 26%。渭南市人均生态足迹由 2000 年的 1.474hm^2 增长到 2010 年的 3.353hm^2，增长了将近 1.3 倍，到 2010 年人均生态足迹位于关中-天水经济区之首，在这 10 年中，耕地人均生态足迹与草地人均生态足迹的比例在逐年下降，耕地由 30.85%下降到 21.61%，草地比例由 28%下降到 17%，水域、林地和化石燃料用地比例逐渐增加，其中增长最快的是人均化石燃料生态足迹，由 2000 年的 0.513hm^2 增长到

2010年的2.007hm^2，由34.83%增加到59.86%，可见渭南市属于典型的资源密集型城市。杨凌示范区在2000～2010年人均生态足迹增长了近51.01%（2000年为0.558hm^2，2005年为0.691hm^2，到2010年时为0.843hm^2），其中主要为耕地和草地，虽然耕地人均生态足迹有所下降，由2000年的77.76%下降到2010年的50.32%，但其在总的人均生态足迹中占主要部分，草地人均生态足迹增长较快，由2000年36.53%增长到2010年38.31%，可见杨凌经济区的经济以耕地和草地为主。天水市人均生态足迹在关中-天水经济区中最低，耕地人均生态足迹占总足迹的62.28%，说明天水市经济的发展以耕地为主，草地人均生态足迹仅次于耕地，占16.51%，化石燃料生态足迹在这10年中虽然所占比例有所增加，但是增长缓慢，到2010年占14%左右。宝鸡市人均生态足迹较高，由2000年的1.326hm^{2}到2010年的2.341hm^2，其中耕地比例在逐年下降，由2000年的35.22%下降到2010年的24.86%，人均化石燃料生态足迹在逐年提高，2000年为0.503hm^2，到2010年为1.025hm^2，由37.91%增长到43.79%，宝鸡市草地人均生态足迹比例在增加，由23.92%增加到2010年的30.49%。商洛市（部分地区）人均生态足迹在关中-天水经济区较低，以耕地为主，草地次之，水域、林地、建设用地和化石燃料用地足迹比例小，说明商洛市（部分地区）经济发展相对关中-天水经济区其他地区较慢，还未打破以耕地为主的经济发展模式。

4. 关中-天水经济区各区域人均生态赤字（盈余）

从总体上看，关中-天水经济区2000～2010年总的人均生态赤字逐年加大，从2000年的0.701hm^{2}增加到2010年的1.517hm^2。在此期间，铜川市、渭南市、宝鸡市的人均生态赤字高于关中-天水经济区，这与人均生态足迹的趋势一致。具体表现为：2000年除天水市为生态盈余外，其他市区都为生态赤字。人均生态赤字足迹从大到小为：铜川、渭南、西安、宝鸡、咸阳、杨凌、商洛（部分地区）、天水。西安、咸阳、铜川、渭南、宝鸡人均生态足迹赤字最严重的为化石燃料用地，其次为耕地，而杨凌、咸阳、商洛（部分地区）人均生态赤字最严重的为耕地；草地的人均生态足迹除天水和商洛（部分地区）有盈余外，其余都为赤字；林地和建设用地的人均生态足迹2000年时为盈余。2005年关中-天水经济区各区域人均生态足迹都为生态赤字，赤字大小依次为：铜川、咸阳、宝鸡、渭南、西安、商洛、杨凌、天水。这一时期，西安、咸阳、铜川、渭南、宝鸡的化石能源用地仍然是人均赤字最严重的，而杨凌、天水、商洛（部分地区）的耕地人均生态赤字最严重，但其化石能源人均生态赤字也在逐年增加。到2010年时，关中-天水经济区人均生态赤字进一步扩大，各市赤字从大到小为：渭南、咸阳、铜川、西安、杨凌、商洛（部分地区）、天水。其中增长最快的为渭南市，由2005年的1.575hm^{2}增长到3.167hm^2，增长了101.08%。从以上分析可以看出：2000～2010 年人均生态赤字的大幅增长是由化石能源的快速增加引起的，草地的生态赤字呈上涨趋势，建设用地和林地也由生态盈余变为生态赤字（图 5-15）。

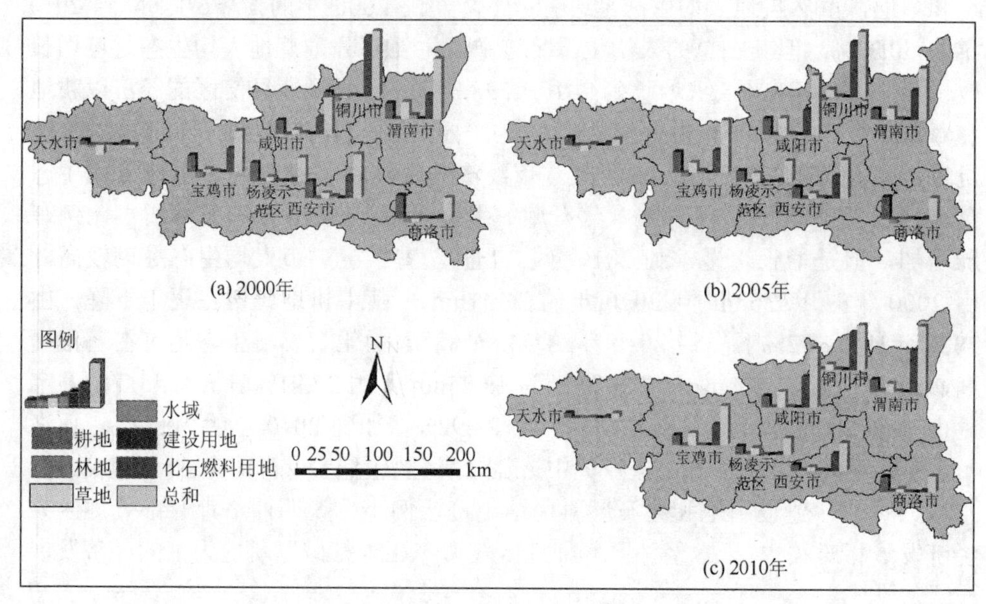

图 5-15 2000～2010 年各区域人均生态赤字

5.2.4 三维生态足迹模型

足迹广度反映了一个区域占用流量资本水平，对于生态足迹大于生态承载力的区域而言，人均区域足迹广度可以反映该区域可再生资源丰富程度，特别是生物资源。由表 5-6 可知，2000～2010 年关中-天水经济区总的人均足迹广度有小幅变化，整体上呈下降趋势，由 0.273hm^2 下降到 0.229hm^2，在此期间，人均足迹广度排名前 4 位的区域依次为：宝鸡市、商洛（部分地区）市、铜川市和天水市，杨凌示范区人均足迹广度最小（图 5-16）。区域足迹广度与土地面积、人口密度密切相关，不同的足迹广度在一定程度上反映了土地资源分布的极度不均。总的来看，人均区域足迹广度相对较高的区域一般地广人稀、资源富足；而人口稠密、资源贫乏的区域足迹广度则普遍较低。

表 5-6 关中-天水经济区相关指标

指标	2000 年	2005 年	2010 年
足迹深度	3.587	5.603	7.627
人均足迹广度/hm^2	0.274	0.264	0.229

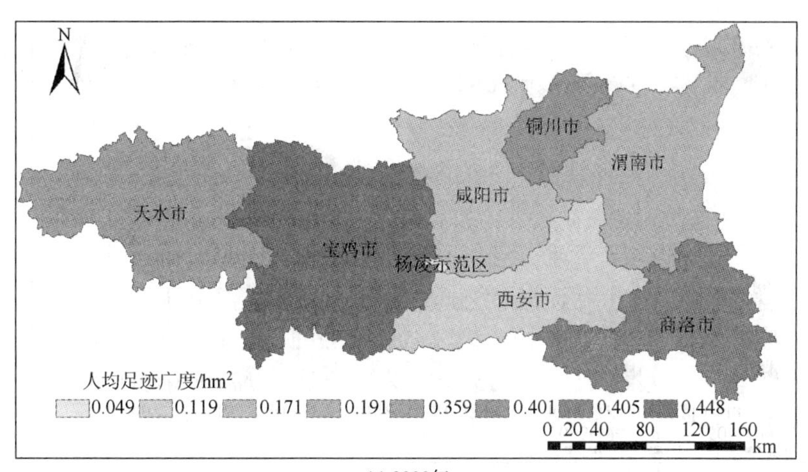

(a) 2000年

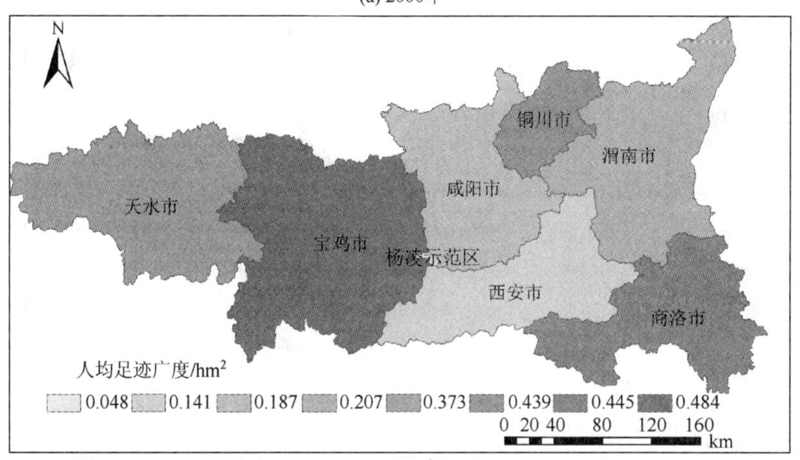

(b) 2005年

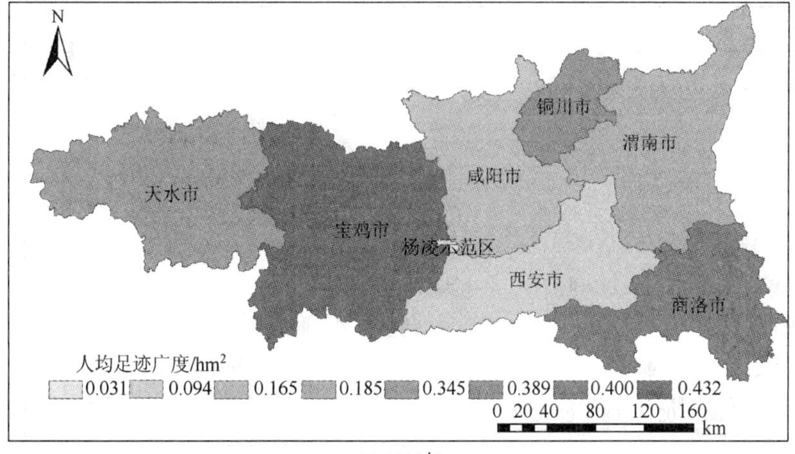

(c) 2010年

图5-16　2000～2010年各区域人均足迹广度

足迹深度可以反映一个区域消耗存量资本的程度，同时也能反映存量资本累积负债对代际公平性的负面影响（图 5-17）。2000～2010 年关中-天水经济区总的足迹深度由 3.587 增长到 7.627，增长了一倍多，说明到 2010 年需要 7.6 个关中-天水经济区才可以满足该地区现在的消费需求。从组成关中-天水经济区各个区域的足迹深度来看，可以分为 3 类：显著增长型，包括西安、咸阳、渭南、杨凌；一般增长型，包括铜川、天水、宝鸡；缓慢增长型，如商洛（部分地区）。2000 年关中-天水经济区天水市足迹深度较低，小于 1，表明其处于生态盈余，其余各市足迹深度均大于 2，特别是杨凌地区高达 11.282，这主要是由于杨凌地区土地面积小、生态承载力低所致。2005 年杨凌生态足迹仍最高，这一时期足迹深度增长最快的是咸阳市，这与咸阳市经济的高速发展分不开。到 2010 年时，西安市、铜川市、渭南市和杨凌示范区足迹深度大幅增长，这说明关中-天水经济区经济的发展，是建立在透支存量资本的基础之上的。足迹深度的大小不仅与各区域自然

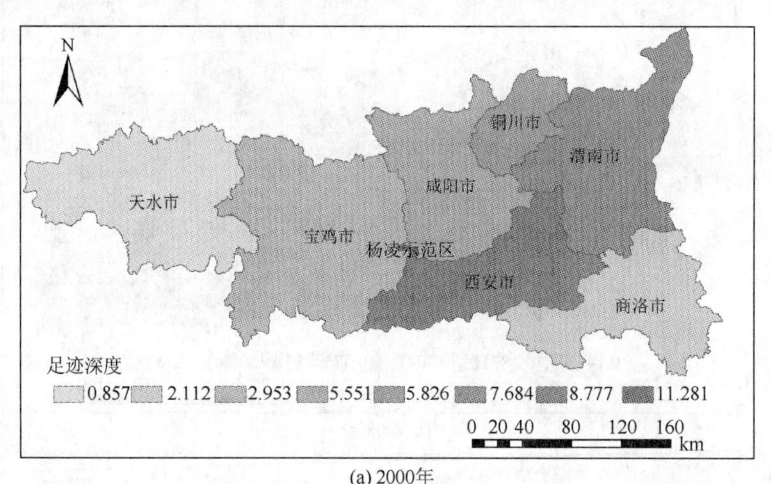

(a) 2000年

N
铜川市
渭南市
咸阳市
天水市
宝鸡市
杨凌示范区
西安市
商洛市
足迹深度
1.487　2.475　4.344　5.585　8.598　9.402　10.717　14.256
0 20 40 80 120 160
km

(b) 2005年

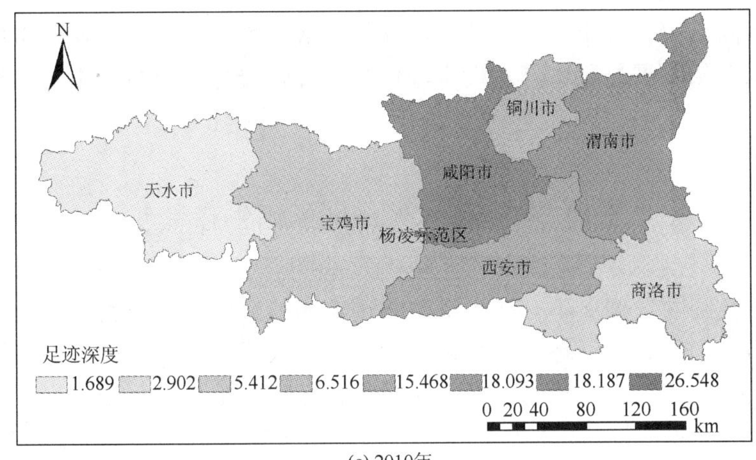

(c) 2010年

图 5-17　2000～2010 年各区域足迹深度

资源禀赋息息相关，更与该区域经济发展水平的高低程度密切相连。从总体上看，资源富足或者经济发展水平较落后的区域，足迹深度相对较低，资源贫乏或者经济水平较发达的地区，足迹深度相对较高[20]。

本章首先从传统的二维生态足迹模型计算出关中-天水经济区的人均生态足迹、人均生态承载力和人均生态赤字（盈余）。研究表明：2000～2010 年关中-天水经济区总的人均生态足迹整体呈增长趋势，且增长速度较快，人均生态承载力总体在下降且下降幅度较小，该区域人均生态足迹超过人均生态承载力，所以处于生态赤字状态。从构成该经济区的各个区域来看，天水市、宝鸡市、商洛市（部分地区）和铜川市人均生态承载力较高，而铜川、渭南、宝鸡、咸阳的人均生态足迹较高，生态足迹的高低在某种程度上与经济的发展水平有关。从生态足迹的组成结构分析，化石燃料足迹占总足迹的比例最高，所以说化石能源资源的大量使用是生态足迹快速增长的主要原因。控制能源资源的使用数量对于维持本区域可持续发展至关重要。2000～2010 年关中-天水经济区足迹深度最高的一直是杨凌示范区，到 2010 年时足迹深度高达 26.548，该区域供需矛盾非常尖锐。天水市是足迹深度最低的区域，这与天水市经济发展、资源开发程度较低有关。从研究中可以发现，关中-天水经济区人均生态足迹广度的分布与足迹深度相反，土地面积相对较小、人口较多且经济发展水平较高的区域人均生态足迹广度较小，而土地面积较大、人口较小且经济水平较低的区域足迹广度较高。宝鸡市、铜川市、商洛市（部分地区）、天水市的人均足迹广度较高，西安市和杨凌示范区人均足迹广度最低。人类有公平享用全球自然资源和生态服务的权利，这就意味着足迹广度高的区域应给予足迹广度较低区域一定的资本流量。关中-天水经济区在经济发展的同时已过分耗用了当地的资源，这将会带来严重的后果，甚至制约当地的发展，形成恶性循环。各区域优劣势资源不同，在以后的发展过程中应实现资源优势互补，降低对存量资本的消耗速度，做到良性发展。

5.3 关中-天水经济区能源生态足迹

社会经济的发展离不开能源资源。过度的能源消耗会使大气层中二氧化碳的浓度增加，导致碳循环失去平衡，从而打破人类赖以生存的生态环境。合理控制二氧化碳的排放量成为了人类共同的目标。土地生态系统作为碳汇在减少二氧化碳排放量的过程中作用越来越显著，在实施控制二氧化碳排放的过程中，人们越来越重视生态系统的固碳效应，储碳效应以及碳替代效应。本章通过计算 2000 年、2005 年和 2010 年的综合生产性土地的碳吸收能力，以及 2000 年、2005 年和 2010 年的土地碳汇承载力，以 2010 年为例，并结合 2010 年市场各部门的能源碳足迹来分析、判断关中-天水经济区能源生态环境为生态赤字还是生态盈余。

5.3.1 关中-天水经济区土地碳汇承载力

具有 CO_2 吸收能力的生产性土地包括[24]：耕地、林地、草地、水域以及化石燃料用地，但是在大多数土地并没有预留出吸收 CO_2 的空间，实质吸收 CO_2 是林地，所以在本书计算生态足迹时化石能源地的面积为 0。

1. 关中-天水经济区综合生产性土地的碳吸收能力

计算关天经济区的土地碳吸收能力的公式为式（5-10），结果见图 5-18 和表 5-7～表 5-9。

$$\overline{\mathrm{NPP}}=\frac{\sum_{e=1}^{n}L_e\mathrm{NPP}_e}{\sum_{e=1}^{n}L_e} \tag{5-10}$$

式中，L_e 为区域内第 e 类生物生产性土地对应的生物生产面积。

根据式（5-10）计算得出 2000 年、2005 年和 2010 年关中-天水经济区综合生产性土地碳吸收力分别为 3.746t、4.007t 和 3.575t。2010 年土地碳汇较 2000 年和 2005 年呈下降趋势，2010 年比 2000 年减少了 4.56%，比 2005 年减少了 10.76%，碳汇吸收力的下降主要是由于各类生态生产性土地的净第一性生产力的变化所致。

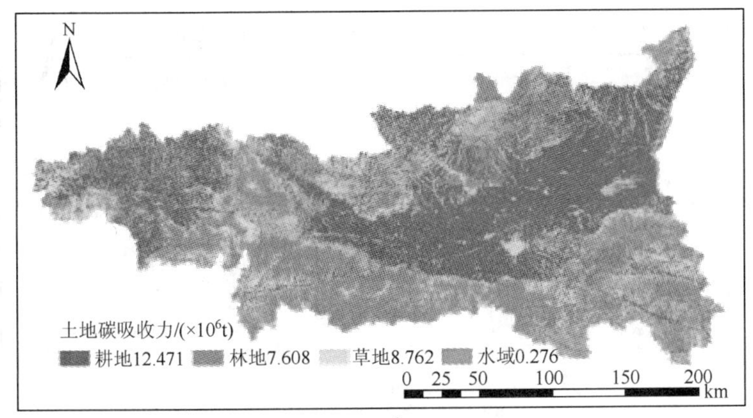

(a) 2000年

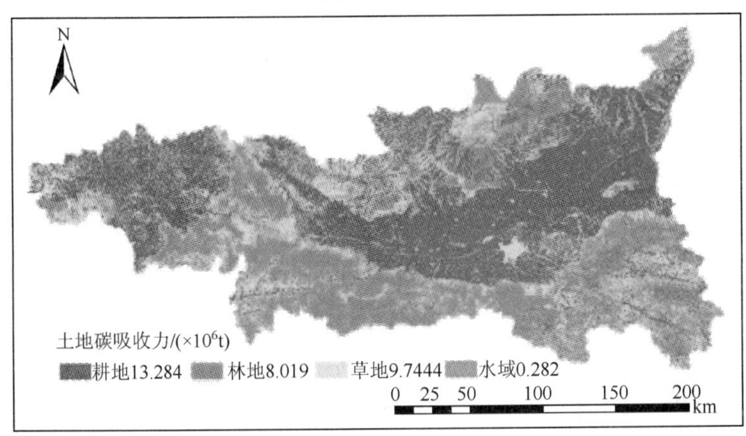

(b) 2005年

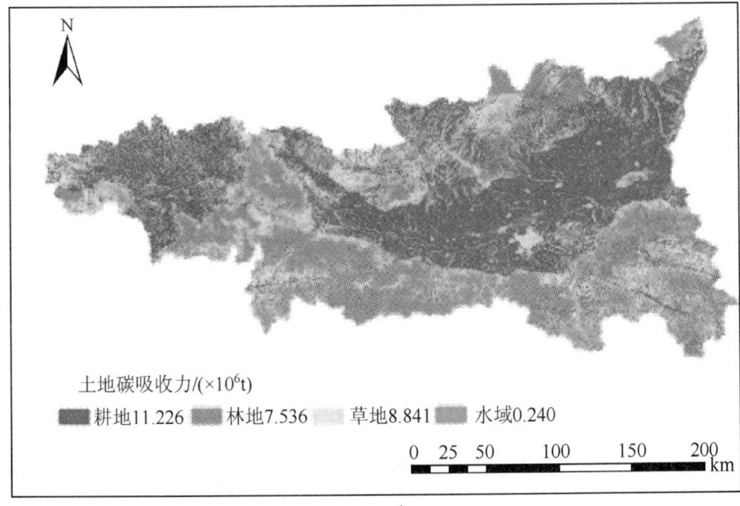

(c) 2010年

图 5-18　2000～2010 年综合生产性土地的碳吸收能力

表 5-7　2000 年综合生产性土地的碳吸收能力

土地类型	净第一性生产力/[t/(hm²·a)]	面积/hm²	土地碳吸收力/t
耕地	3.509	3 553 981	12 471 334.730
草地	3.837	2 283 539	8 762 395.851
水域	3.403	81 957	278 866.888
林地	4.104	1 853 980	7 608 919.318
总计		7 773 474	2 912 116.790
综合生产性土地碳吸收力			3.746

表 5-8　2005 年综合生产性土地的碳吸收能力

土地类型	净第一性生产力/[t/(hm²·a)]	面积/hm²	土地碳吸收力/t
耕地	3.762	3 531 519	13 284 515.020
草地	4.163	2 340 906	9 744 489.406
水域	3.268	89 581	292 705.918
林地	4.311	1 860 501	8 019 317.460
总计		7 822 507	31 341 027.810
综合生产性土地碳吸收力			4.007

表 5-9　2010 年综合生产性土地的碳吸收能力

土地类型	净第一性生产力/[t/(hm²·a)]	面积/hm²	土地碳吸收力/t
耕地	3.208	3 503 248	11 236 667.960
草地	3.799	2 327 505	8 841 493.244
水域	2.859	84 237	240 791.465
林地	4.018	1 876 061	7 536 699.855
总计		7 791 051	27 855 652.520
综合生产性土地碳吸收力			3.575

2010 年与 2000 年相比，NPP 都有不断减少的趋势，其中耕地和水域减少幅度较大，草地和林地减少幅度较小。耕地较 2000 年减少了 8.59%，草地减少了 1.01%，林地减少了 2.12%，水域减少了 15.99%。

2. 关中-天水经济区土地碳汇承载力

关中-天水经济区土地碳汇承载力（表 5-10～表 5-12）计算公式[24]如下：

$$\mathrm{BC}_{\mathrm{carbonsink}} = \sum_{i=1}^{4} A_i \mathrm{EQF}_{\mathrm{carbonsink}} \tag{5-11}$$

式中，$EQF_{carbonsink}$ 为不同生产类型土地的碳汇均衡因子；A_i 为各类生产性土地的面积。

表 5-10　2000 年土地碳汇承载力

土地类型	面积/($\times 10^6 hm^2$)	均衡因子	土地碳汇承载力/($\times 10^6 hm^2$)
耕地	3.554	0.945	3.359
草地	2.284	1.034	2.360
水域	0.082	0.916	0.075
林地	1.854	1.105	2.049
总计			7.842

表 5-11　2005 年土地碳汇承载力

土地类型	面积/($\times 10^6 hm^2$)	均衡因子	土地碳汇承载力/($\times 10^6 hm^2$)
耕地	3.532	0.971	3.428
草地	2.341	1.074	2.515
水域	0.090	0.843	0.076
林地	1.861	1.112	2.069
总计			8.088

表 5-12　2010 年土地碳汇承载力

土地类型	面积/($\times 10^6 hm^2$)	均衡因子	土地碳汇承载力/($\times 10^6 hm^2$)
耕地	3.503	0.924	3.238
草地	2.328	1.095	2.548
水域	0.084	0.824	0.069
林地	1.876	1.158	2.172
总计			8.027

在计算关中天水土地碳汇功能承载力时，利用式（5-24）[24]可计算出关中-天水经济区土地碳汇承载力。2000 年为 $7.842\times 10^6 hm^2$，2005 年为 $8.087\times 10^6 hm^2$，2010 年为 $8.027\times 10^6 hm^2$。土地碳汇承载力与土地面积、均衡因子有关。2005 年土地面积与 2000 年相比，除耕地之外，林地、草地、水域面积都在不同程度地增长，2005 年均衡因子与 2000 年相比，除水域外，耕地、草地、林地都呈增长趋势；2010 年的土地碳汇承载力与 2005 年相比较低，这主要是耕地和水域的土地面积减少和均衡因子降低所致（图 5-19）。

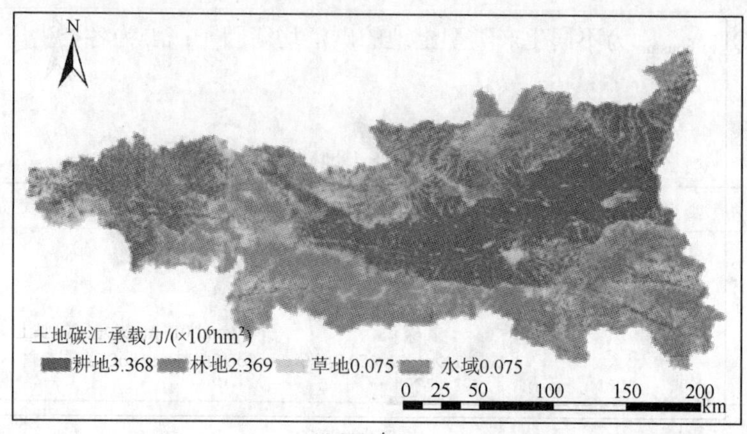

(a) 2000年

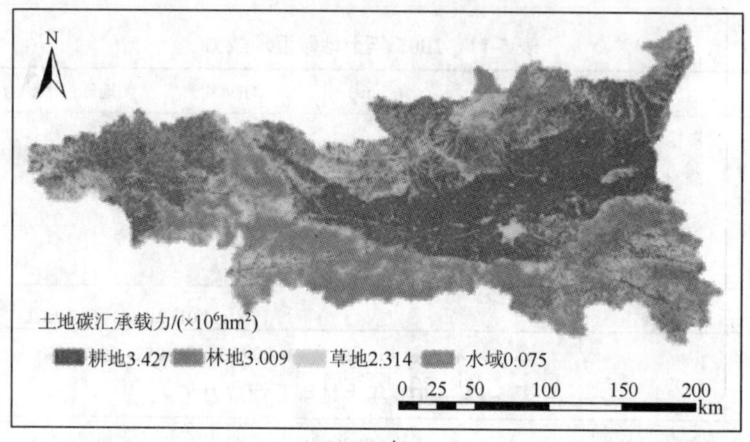

(b) 2005年

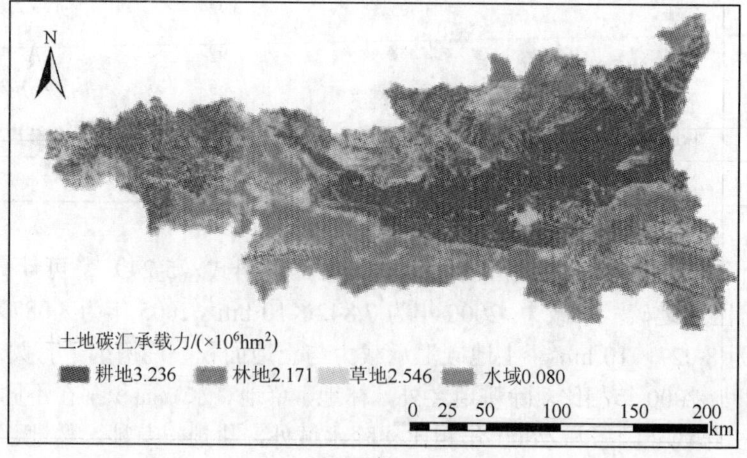

(c) 2010年

图 5-19　2000～2010 年土地碳汇承载力

5.3.2　市场各部门能源生态足迹和土地碳汇承载力的核算

1. 能源生态足迹

$$EEF = \frac{CO_2}{NPP} \tag{5-12}$$

式中，EEF 为市场各部门能源的生态足迹；CO_2 指碳的排放量。利用相对分子质量计算 44/12 = 3.67 可以将 CO_2 的排放量换算成碳的排放量，再除以平均 NPP，得到市场各部门 CO_2 的能源足迹（表 5-13）。

表 5-13　市场各部门能源碳足迹　（单位：$\times 10^6 hm^2$）

行业	能源碳足迹
农林牧渔业	0.047
煤炭开采业	2.323
石油和天然气开采	0.128
食品加工	0.138
纺织	0.039
木材加工及家具制造	0.005
造纸印刷及文教体育用品	0.075
化学工业	0.001
非金属矿物制品业	0.699
金属冶炼制品业	1.381
机械设备制造业	0.061
电子通信仪器、办公用品	0.009
工艺品及其他制造业	0.006
建筑业	0.626
交通运输、仓储、邮政业	0.002
电力、热力	3.763
燃气	0.003
水的生产和供应	0.005
住宿餐饮	0.045
房地产业	0.082
总计	9.441

2. 土地碳汇承载力

市场各部门土地碳汇承载力的分配原则参考 Wiedmann 等[25]的分配方法：将农地、草地、水域的碳汇功能承载力直接分配给农林部门，而林地碳汇功能承载力则依据市场各部门能源足迹占总足迹的比例分配给各部门，这不仅可以看出市场各部门碳汇功能承载力的资源禀赋，同时也体现了市场各部门需要为能源生态足迹支付的最低成本（表 5-13）。

从表 5-15 可以看出，关中-天水经济区总的能源足迹为 9.441×10^6hm^2，总的土地碳汇生态承载力为 8.027×10^6hm^2，很显然该区域属于生态赤字。从市场各部门分析，电力热力的生产和供应业的能源碳足迹最高，为 3.763×10^6hm^2；其次为煤炭开采业，为 2.323×10^6hm^2。电力热力的生产和供应业、煤炭开采业、非金属矿及其他矿采选业、金属冶炼制品业、建筑业这几个部门的碳足迹高于该地区能源碳足迹的平均水平，说明这些部门对能源资源的依赖性强、耗用多。

通过以上计算可以得知：关中-天水经济区总体的能源碳足迹大于土地碳汇功能承载力，生态处于赤字状态。从市场各部门分析，电力热力的生产和供应业和煤炭开采业这两个部门为能源赤字最严重的两个部门。可以看出关中-天水经济区的能源消费违反了可持续发展的原则，二氧化碳进入大气层中，增加大气中二氧化碳的浓度，打破了生态系统中的碳平衡。

5.4 关中-天水经济区土地碳汇影子价格

从 5.3 节各部门的能源生态足迹以及土地碳汇承载力估算中，可以得知：生态系统的碳吸收能力随着土地质量或数量的下降而下降，与不同类型的土地利用方式有关，进而导致土地生态系统碳汇生产力降低，大气中二氧化碳的浓度超过生态系统的碳吸收量，过剩的二氧化碳就会停留在大气层中，打破生态系统的碳平衡。本章运用土地生态系统碳汇功能承载力下的投入产出模型，以 2010 年数据为基础，分析各部门隐含在市场均衡差异中的土地碳汇影子价格（这实质上计算出为恢复土地生态系统碳汇承载力各部门需要承担的平均成本）。

5.4.1 扩展的投入-产出模型

怎样确定 CO_2 的分配责任？将能源足迹与投入产出模型相结合是目前研究的最新方法。在 5.3 节能源足迹数据的基础上，利用扩展的投入产出模型求解各部门为恢复碳汇承载力的所付出的成本。

1. 模型思路

在表 5-14 中，km_n 表示投入-产出的技术关系，也就是 Leontief 矩阵中 K 的各元素；km_f 表示为恢复土地生态系统碳汇生产力 m 部门需要投入的技术系数，在本书章中假设 m 部门投入农林部门与各部门恢复碳汇生产力的技术系数是相等的；c_n 代表了 n 部门的最终消费需求；o_n 代表了 n 部门的总产出，即中间投入的需求以及最终消费需求的总产出；eef_n 表示 n 部门生产过程中的能源碳足迹；ec_n 表示 n 部门的碳汇功能承载力；W_n 表示 n 部门各要素的价值增值，包括各部门为恢复碳汇生产力活动各部门需要提供的劳动力、资本和土地要素等；I_n 表示 n 部门需要维护产出付出的总投入。

表 5-14　扩展的投入-产出表

	各部门经济活动产出	各部门恢复土地生态系统碳汇功能承载力	各部门商品最终消费品	总产出
各部门经济活动投入	km_n	km_f	c_n	o_n
各部门能源足迹	eef_n			
各部门碳汇功能承载力	ec_n			
要素价值增值	W_n			
总投入	I_n			

2. 扩展投入-产出模型的构建

在扩展投入-产出模型中，各部门恢复碳汇生产力的“额外技术系数”以各部门对农林部门的投入-产出技术系数来表示，但是各部门碳汇承载力与能源生态足迹的差值具有较大差异，km_n^* 表示扩展投入-产出模型的技术系数，其公式[23]为

$$\mathrm{km}_n^* = \mathrm{km}_n + \mathrm{km}_f \left\{ \frac{\mathrm{eef}_n}{o_n} - \frac{\mathrm{ec}_n}{o_n} \right\} \tag{5-13}$$

式中，km_n 为市场各部门的投入产出系数；eef_n 表示 n 部门消耗能源的碳足迹；ec_n 代表 n 部门的土地碳汇承载力；km_f 为 m 部门恢复土地碳汇承载力的额外技术系数；o_n 代表了总产出；$\frac{\mathrm{eef}_n}{o_n} - \frac{\mathrm{ec}_n}{o_n}$ 代表了各个部门单位产出中需要恢复碳汇生产力的强度系数。

在以下公式中，km_n 用 K 代替，km_n^* 用 K^* 代替。

$$\mathrm{eef} = \mathrm{EEF}^{\mathrm{dir}}[I - A]^{-1} C = \mathrm{EEF}^{\mathrm{dir}} O \tag{5-14}$$

式中，$\mathrm{EEF}^{\mathrm{dir}}$ 为市场各部门能源足迹的强度，以对角矩阵的形式表达；I 为 n 阶单位矩阵；A 为直接消耗系数矩阵；K 为 Leontief 矩阵中的各个元素；C 为最终消费品；O 为最终产出品。

$$\bar{O} = [\mathrm{EEF}^{\mathrm{dir}}]^{-1} \mathrm{ec} \tag{5-15}$$

式中，$\bar{O}$ 表示市场各部门在碳汇承载力约束下的总产出；$[\mathrm{EEF}^{\mathrm{dir}}]^{-1}$ 代表各部门能源足迹强度的逆矩阵；ec 表示市场各部门土地碳汇功能承载力。

$\overline{C}$ 表示碳汇功能承载力下的最终需求，其公式如下[24]：

$$\overline{C}=[I-K][\mathrm{EEF}^{\mathrm{dir}}]^{-1}\mathrm{ec} \quad (5\text{-}16)$$

$$C=\overline{C}+C^{*} \quad (5\text{-}17)$$

式中，C^{*}为恢复碳汇承载力的最终需求。

$$O=\overline{O}+[I-K^{*}]^{-1}C^{*} \quad (5\text{-}18)$$

式中，O 为投入-产出模型中的总产出，总产出包括碳汇承载力的功能下的产出和恢复碳汇功能承载力的产出[24]。

3. 扩展的投入-产出价格模型

扩展的投入-产出价格模型为

$$P^{*}=W^{*}[I-K^{*}]^{-1} \quad (5\text{-}19)$$

式中，W^{*}代表扩展的价值增值系数，其中包括为恢复碳汇生产力市场各部门投入的劳动力、资金、土地等生产要素的价值增值；P^{*}表示各部门的市场价格，公式[23]如下：

$$P^{*}=\overline{W}[I-\hat{B}][I-K]^{-1}+W^{*}\hat{B}[I-K^{*}]^{-1}+\sigma \quad (5\text{-}20)$$

$$\hat{B}=[I-K^{*}]C^{*} \quad (5\text{-}21)$$

式中，$\hat{B}$ 为对角矩阵，代表了市场各部门为恢复碳汇承载力所需要的产出，参考公式（5-34）；$\overline{W}[I-\hat{B}][I-K]^{-1}$ 代表了市场各部门为满足碳汇功能承载力产出所付出的成本，该成本根据该产出与总产出的比值而被计入市场价格内；$W^{*}\hat{B}[I-K^{*}]^{-1}$ 表示市场各部门为恢复碳汇功能承载力产出所付出的成本，该成本完全被计入市场价格内；σ 为偏差项，表示没有碳汇承载力约束的价格与在碳汇承载力约束下每单位产出的价格之差。由于市场各部门为了恢复碳汇生产力需要占用一定的生产要素，所以就会造成价格的偏差，这也是土地碳汇影子价格的来源。

5.4.2　扩展的投入-产出模型求解

本书以 2010 年关中-天水经济区投入-产出系数表矩阵为基础，根据式（5-26）计算扩展的投入-产出系数矩阵，如表 5-15 所示。

表 5-15 扩展的投入-产出技术系数矩阵

部门	农林牧渔业	煤炭开采业	石油和天然气开采	食品加工
农林牧渔业	0.001 00	0.000 42	0.000 04	0.133 77
煤炭开采业	0.006 72	0.011 84	0.003 35	0.009 45
石油和天然气开采	0.001 48	0.000 11	0.000 78	0.000 21
食品加工	0.131 71	0.000 00	0.000 00	0.170 35
纺织	0.021 55	0.000 15	0.015 35	0.002 06
木材加工及家具制造	0.155 27	0.197 15	0.004 69	0.019 54
造纸印刷及文教体育用品	0.009 12	0.005 30	0.009 14	0.204 44
化学工业	0.152 77	0.017 45	0.015 98	0.039 53
非金属矿物制品业	0.035 61	0.040 38	0.018 30	0.033 36
金属冶炼制品业	0.001 15	0.008 30	0.067 37	0.000 36
机械设备制造业	0.003 79	0.017 16	0.017 46	0.010 82
电子通信仪器、办公用品	0.005 29	0.056 83	0.014 37	0.004 26
工艺品及其他制造业	0.000 00	0.061 60	0.011 73	0.013 17
建筑业	0.000 46	0.000 96	0.000 09	0.000 06
交通运输、仓储、邮政业	0.000 21	0.000 08	0.000 09	0.000 06
电力、热力	0.022 22	0.024 23	0.064 62	0.017 22
燃气	0.023 85	0.000 00	0.000 04	0.000 50
水的生产和供应	0.272 85	0.057 59	0.011 28	0.087 78
住宿餐饮	0.003 57	0.011 20	0.013 11	0.008 18
房地产业	0.000 00	0.000 55	0.001 37	0.001 36

部门	纺织	木材加工及家具制造	造纸印刷及文教体育用品	化学工业
农林牧渔业	0.029 77	0.000 17	0.006 15	0.011 96
煤炭开采业	0.002 17	0.000 17	0.013 71	0.040 00
石油和天然气开采	0.000 00	0.000 00	0.000 02	0.006 68
食品加工	0.000 08	0.000 00	0.000 30	0.009 68
纺织	0.132 35	0.003 54	0.001 06	0.037 59
木材加工及家具制造	0.001 14	0.359 56	0.023 16	0.020 30
造纸印刷及文教体育用品	0.002 54	0.000 41	0.358 42	0.061 91
化学工业	0.014 36	0.000 89	0.013 30	0.213 33
非金属矿物制品业	0.000 79	0.000 11	0.001 11	0.049 70
金属冶炼制品业	0.000 03	0.001 27	0.001 00	0.007 41
机械设备制造业	0.001 19	0.001 87	0.003 96	0.005 67
电子通信仪器、办公用品	0.002 03	0.000 17	0.000 62	0.003 15
工艺品及其他制造业	0.002 92	0.001 30	0.007 03	0.041 61
建筑业	0.000 02	0.000 00	0.000 05	0.000 13
交通运输、仓储、邮政业	0.000 01	0.000 00	0.002 58	0.020 27

续表

部门	纺织	木材加工及家具制造	造纸印刷及文教体育用品	化学工业
电力、热力	0.014 93	0.001 05	0.017 14	0.089 07
燃气	0.000 78	0.000 00	0.000 10	0.003 28
水的生产和供应	0.010 83	0.000 35	0.008 32	0.040 83
住宿餐饮	0.000 72	0.000 56	0.002 23	0.017 50
房地产业	0.000 44	0.001 58	0.002 23	0.001 21

部门	非金属矿物制品业	金属冶炼制品业	机械设备制造业	电子通信仪器、办公用品
农林牧渔业	0.000 00	0.000 00	0.000 00	0.000 01
煤炭开采业	0.028 52	0.160 76	0.000 54	0.000 33
石油和天然气开采	0.000 06	0.000 65	0.000 09	0.001 32
食品加工	0.000 00	0.317 11	0.002 30	0.000 01
纺织	0.014 89	0.000 92	0.001 48	0.006 12
木材加工及家具制造	0.035 20	0.017 06	0.172 82	0.028 04
造纸印刷及文教体育用品	0.009 92	0.003 90	0.016 26	0.011 51
化学工业	0.019 72	0.053 91	0.026 59	0.025 93
非金属矿物制品业	0.128 70	0.045 20	0.041 55	0.067 28
金属冶炼制品业	0.002 35	0.162 66	0.091 49	0.023 78
机械设备制造业	0.002 51	0.017 18	0.139 41	0.015 68
电子通信仪器、办公用品	0.000 90	0.000 79	0.026 42	0.204 24
工艺品及其他制造业	0.008 31	0.013 93	0.048 81	0.011 08
建筑业	0.000 04	0.000 03	0.000 07	0.000 03
交通运输、仓储、邮政业	0.006 08	0.010 79	0.006 15	0.003 73
电力、热力	0.034 12	0.107 84	0.007 13	0.009 41
燃气	0.002 29	0.066 46	0.007 21	0.001 16
水的生产和供应	0.006 28	0.030 23	0.007 33	0.008 07
住宿餐饮	0.002 63	0.006 63	0.008 03	0.005 38
房地产业	0.000 46	0.002 22	0.000 90	0.003 08

部门	工艺品及其制造业	建筑业	交通运输、仓储、邮政业	电力、热力
农林牧渔业	0.000 00	0.015 72	0.000 01	0.000 00
煤炭开采业	0.005 93	0.029 46	0.000 87	0.242 14
石油和天然气开采	0.000 01	0.000 00	0.000 00	0.000 15
食品加工	0.000 31	0.000 00	0.000 00	0.000 00
纺织	0.000 47	0.016 22	0.008 37	0.000 19
木材加工及家具制造	0.136 70	0.947 13	0.015 02	0.007 25
造纸印刷及文教体育用品	0.001 65	0.000 00	0.003 43	0.003 29

续表

部门	工艺品及其制造业	建筑业	交通运输、仓储、邮政业	电力、热力
化学工业	0.000 87	0.078 20	0.012 71	0.002 13
非金属矿物制品业	0.001 09	1.910 74	0.004 95	0.032 87
金属冶炼制品业	0.001 11	0.446 28	0.002 55	0.000 51
机械设备制造业	0.000 18	0.104 35	0.009 73	0.019 81
电子通信仪器、办公用品	0.000 02	0.004 35	0.009 28	0.002 49
工艺品及其他制造业	0.023 92	0.316 94	0.004 23	0.011 66
建筑业	0.000 00	0.000 63	0.000 40	0.000 13
交通运输、仓储、邮政业	0.001 19	0.097 17	0.043 88	0.009 59
电力、热力	0.000 46	0.024 15	0.031 60	0.189 59
燃气	0.000 06	0.000 00	0.001 10	0.000 00
水的生产和供应	0.001 55	0.381 58	0.025 60	0.039 12
住宿餐饮	0.000 76	0.010 39	0.025 77	0.003 24
房地产业	0.000 00	0.000 27	0.003 23	0.000 48
部门	**燃气**	**水**	**住宿餐饮**	**房地产业**
农林牧渔业	0.000 00	0.000 00	0.018 63	0.000 00
煤炭开采业	0.000 00	0.000 57	0.000 67	0.000 00
石油和天然气开采	0.010 13	0.000 72	0.002 20	0.000 00
食品加工	0.000 00	0.000 00	0.107 65	0.000 00
纺织	0.000 01	0.000 02	0.014 96	0.000 82
木材加工及家具制造	0.000 27	0.000 49	0.028 92	0.004 78
造纸印刷及文教体育用品	0.000 26	0.000 44	0.024 45	0.002 59
化学工业	0.000 08	0.000 78	0.009 78	0.001 20
非金属矿物制品业	0.000 21	0.000 82	0.003 92	0.000 00
金属冶炼制品业	0.000 01	0.000 01	0.000 02	0.000 00
机械设备制造业	0.000 28	0.002 36	0.000 24	0.000 40
电子通信仪器、办公用品	0.000 32	0.000 94	0.001 10	0.001 33
工艺品及其他制造业	0.001 86	0.000 91	0.066 54	0.013 98
建筑业	0.000 01	0.000 01	0.000 60	0.000 06
交通运输、仓储、邮政业	0.000 11	0.000 20	0.001 33	0.001 65
电力、热力	0.000 79	0.007 64	0.030 42	0.003 32
燃气	0.006 15	0.000 00	0.037 10	0.000 00
水的生产和供应	0.001 17	0.045 26	0.141 70	0.023 60
住宿餐饮	0.000 65	0.000 45	0.020 34	0.006 37
房地产业	0.000 34	0.000 06	0.033 31	0.003 85

从表 5-15 可以看出，各部门扩展的投入–产出系数为正值，碳汇功能承载力越小且能源碳足迹强度较大的部门，各部门单位产出中需要恢复碳汇生产力的强度系数大于零，而投入到恢复土地生态系统碳汇生产力活动的技术系数为大于零的数值，所以各部门扩展的投入–产出系数也将大于投入产出系数，这说明了各部门的部分投入用于补偿损耗的碳汇生产力，所以需要更多来自其他部门的投入才能满足其部门的产出。

通过表 5-16 可以得出，农林牧渔业部门碳汇承载力下的总产出比原始状态下的总产出显著增加，约为原始状态产出的 142.962 倍，而其他部门的总产出与原始状态下的总产出相比出现下降，下降值约为原产出的 0.692 倍，这说明考虑恢复能源碳足迹的成本非常重要，这一成本可以对各部门产生制约，各部门的最终产出也是由恢复碳汇功能承载力而决定。r 为碳汇承载力的产出与原始均衡状态下产出的比值，它能够更加明显地反映各部门碳汇功能承载力下的产出与原始状态下产出的变化，这充分证明恢复能源生态足迹能够对各部门形成制约。

表 5-16　碳汇功能承载力下的总产出与原产出的比较

部门	承载力总产出/万元	原产出/万元	r
农林牧渔业	384 145 051.600	2 687 036	142.962
煤炭开采业	350 856.442	1 140 699	0.308
石油和天然气开采业	809 288.078	2 631 146	0.308
食品制造业	396 340.845	1 288 578	0.308
纺织业	71 457.195	232 321	0.308
木材加工及家具制造业	15 336.238	49 861	0.308
造纸印刷及文教体育用品	109 306.857	355 377	0.308
化学工业	446 244.811	1 450 825	0.308
非金属矿及其他矿采选业	127 483.295	414 472	0.308
金属冶炼制品业	559 661.193	1 819 562	0.308
机械设备制造业	219 441.673	713 459	0.308
电子通信、仪器办公用品	158 379.440	514 921	0.308
工艺品及其他制造业	14 075.814	45 764	0.308
建筑业	1 331 720.180	4 329 669	0.308
交通运输设备制造业	561 733.551	1 826 300	0.308
电力热力的生产和供应业	354 589.916	1 152 838	0.308

续表

部门	承载力总产出/万元	原产出/万元	r
燃气的生产和供应业	26 768.737	87 031	0.308
水的生产和供应业	17 494.171	56 877	0.308
住宿餐饮	199 686.740	649 219	0.308
房地产业	142 409.693	463 001	0.308

从表 5-17 可以看出，在恢复碳汇功能承载力的总产出和恢复碳汇功能承载力的需求中，仅有农林牧渔业部门为负值，其他部门的总产出都为正值，说明农林部门不需要像其他部门一样为恢复碳汇承载力而做出补偿，支付一定的成本；在碳汇功能承载力下，最终需求农林牧渔业为负值外，其他部门都为正值，这充分说明在碳汇承载力的约束下，这些部门的需求会减少。

表 5-17　扩展的投入–产出模型下的产出　（单位：万元）

部门	碳汇功能承载力总产出	恢复碳汇能承载力产出	碳汇功能承载力最终需求	恢复碳汇功能承载力最终需求
农林牧渔业	384 145 051.602	−324 416 767.088	329 274 878.169	−326 587 841.879
煤炭开采业	350 856.442	658 334.722	−2 478 537.961	3 619 237.316
石油和天然气开采	809 288.078	2 083 367.706	234 914.673	2 396 230.940
食品加工	396 340.845	8 212 151.274	−50 468 384.152	53 277 586.152
纺织	71 457.195	800 008.892	−8 280 017.057	9 147 079.057
木材加工及家具制造	15 336.238	117 958.445	−61 065 476.015	61 115 336.970
造纸印刷及文教体育用品	109 306.857	596 289.787	−3 568 223.846	3 923 600.706
化学工业	446 244.811	1 222 502.495	−58 530 141.673	59 980 966.305
非金属矿物制品业	127 483.295	786 025.461	−16 235 913.088	16 650 384.919
金属冶炼制品业	559 661.193	5 110 311.727	−654 279.106	2 473 841.427
机械设备制造业	219 445.673	603 280.790	−1 458 770.852	3 121 525.852
电子通信仪器、办公用品	158 379.440	572 829.577	−1 958 217.566	3 879 994.566
工艺品及其他制造业	14 075.814	17 532.348	−507 402.948	1 578 198.948
建筑业	1 331 720.180	3 042 189.930	1 154 584.326	3 175 084.928
交通运输、仓储、邮政业	561 733.551	2 473 434.986	306 647.463	1 519 652.477
电力、热力	354 589.916	591 079.291	−8 484 239.748	9 637 077.320
燃气	26 768.737	55 996.622	−9 184 575.698	9 509 387.698
水的生产和供应	17 494.141	80 465.674	−105 470 103.544	105 682 377.544
住宿餐饮	199 686.740	648 200.716	−1 237 370.897	2 960 370.897
房地产业	142 409.693	582 911.658	128 195.204	334 805.116

表 5-18 反映了实际最终产出与原均衡状态下产出的变化，从表中可以看出：煤炭开采业、工艺品及其他制造业、电力热力的生产和供应业、燃气的生产和供应业这四个部门实际最终产出与原均衡状态下产出相比减少了，也就是说这四个部门在碳汇承载力下的总产出中并不能满足其最终的需求，需要通过其他方法来解决，可以通过提高产品的生产技术使其增加碳汇功能承载力下的产出，或者从其他区域进口相关产品满足需求；其余部门产出都呈增长趋势，这些部门都将重心转向生产恢复碳汇承载力下的产出。在增长的部门中，农林牧渔业增长最多，产出变化为 21.228%，其次为食品加工业和纺织业，分别为 5.681%和 2.751%，这两个部门与农林部门联系较密切，农林部门在碳汇功能承载力下产出大幅增加，不需要为恢复碳汇承载力付出成本，所以在其影响下，食品加工业和纺织业在碳汇承载力的约束下总产出增加较大。

表 5-18 各个部门实际最终产出与原均衡状态下最终产出的比较

部门	碳汇承载力下实际最终产出/万元	原均衡状态下最终产出/万元	产出变化
农林牧渔业	59 728 284.514	2 687 036.290	21.228
煤炭开采业	1 009 191.164	1 140 699.354	–0.115
石油和天然气开采	2 892 655.784	2 631 145.614	0.099
食品加工	8 608 492.119	1 288 577.584	5.681
纺织	871 466.088	232 320.592	2.751
木材加工及家具制造	133 294.683	49 860.955	1.673
造纸印刷及文教体育用品	705 596.644	355 376.860	0.985
化学工业	1 668 747.306	1 450 824.632	0.150
非金属矿物制品业	913 508.755	414 471.831	1.204
金属冶炼制品业	5 669 972.920	1 819 562.320	2.116
机械设备制造业	822 726.463	713 458.575	0.153
电子通信仪器、办公用品	731 209.018	514 920.929	0.420
工艺品及其他制造业	31 608.162	45 763.080	–0.309
建筑业	4 373 910.110	4 329 669.254	0.010
交通运输、仓储、邮政业	3 035 168.537	1 826 299.939	0.662
电力、热力	945 669.208	1 152 837.572	–0.180
燃气	82 765.359	87 030.127	–0.049
水的生产和供应	97 959.815	56 876.696	0.722
住宿餐饮	847 887.456	649 218.620	0.306
房地产业	725 321.351	463 000.320	0.567

5.4.3　投入–产出价格模型求解

在碳汇功能承载力的约束条件下，煤炭开采业、石油和天然气开采、金属冶炼制品业这些部门的市场价格比原价格（假设为 1）有小幅提高。市场价格与碳汇承载力下的价格、恢复碳汇承载力下的价格之差就可以得出土地生态系统的碳汇影子价格，该影子价格仅仅是反映了总产出（碳汇功能承载力的总产出和恢复碳汇承载力的总产出）之后价格的变化，实质上它并未对部门的市场价格有实质性的影响（表 5-19）。农林牧渔业、食品加工业、纺织业、木材加工及家具制造、造纸印刷文教体育用品、化学工业、工艺品及其他制造业、建筑业、电力、热力、燃气、水的生产和供应、住宿餐饮、房地产业这些部门的影子价格小于零，该负值代表了在生态系统碳汇承载力的约束下，为恢复碳汇功能承载力的活动各部门设定了虚拟的独立生产部门，这些虚拟的生产部门可以生产出一定的产品，但是没有耗用任何生产要素，所以在维持产出一定的情况下，这些部门的生产成本就会降低，因而价格也会变低。也就是由于这些虚拟部门的存在，使得各部门在低成本的情况下维持产出，且成本降低，这样利润就会增加。煤炭开采业、石油和天然气开采业、非金属矿及其他矿采选业、金属冶炼制品业、机械设备制造业、电子通信、仪器办公用品、交通运输设备制造业这些部门的碳汇影子价格为正值，表明了这些部门对土地碳汇承载力的使用成本也增加了，这样会导致价格提高，那么要维持一定的产出，各部门设置的虚拟生产部门就会耗用过多的生产要素，导致各部门需要为恢复碳汇承载力付出一定的成本，碳汇功能承载力损耗越大，成本就越高。

表 5-19　各部门的影子价格　（单位：万元/t）

行业	市场价格	碳汇功能承载力下产出价格	恢复碳汇功能承载力产出价格	影子价格
农林牧渔业	0.180	1.342	0.870	–2.033
煤炭开采业	1.095	0.017	0.265	0.813
石油和天然气开采	1.002	0.032	0.086	0.883
食品加工	0.139	0.036	0.246	–0.143
纺织	0.086	0.002	0.109	–0.024
木材加工及家具制造	0.341	0.000	0.610	–0.269
造纸印刷及文教体育用品	0.164	0.021	0.220	–0.077
化学工业	0.105	0.058	0.342	–0.295
非金属矿物制品业	0.420	0.022	0.284	0.115

续表

行业	市场价格	碳汇功能承载力下产出价格	恢复碳汇功能承载力产出价格	影子价格
金属冶炼制品业	1.021	0.011	0.102	0.908
机械设备制造业	0.108	0.056	0.050	0.002
电子通信仪器、办公用品	0.110	0.004	0.103	0.003
工艺品及其他制造业	0.165	0.000	0.169	−0.004
建筑业	0.048	0.009	0.040	0.000
交通运输、仓储、邮政业	0.486	0.087	0.082	0.317
电力、热力	0.184	0.022	0.503	−0.341
燃气	0.084	0.001	0.100	−0.017
水的生产和供应	0.252	0.027	0.453	−0.228
住宿餐饮	0.106	0.000	0.110	−0.005
房地产业	0.163	0.150	0.615	−0.602

5.4.4　土地碳汇影子价格的市场平均成本

本小节研究的是在保持市场各部门福利之和为 0 的条件下，求土地碳汇影子价格的平均成本，也就是说保持市场各部门总福利没有变化，进而调整各部门的碳汇影子价格。参考文献[24]，有如下公式：

$$P_i^0Q_i^0 + P_j^0Q_j^0 = (P_i^1 + P_c)Q_i^1 + (P_j^1 - P_c)Q_j^1 \tag{5-22}$$

$$P_i^0 与 P_j^0 = 1$$

$$P_c = \frac{[(P_i^1Q_i^1 - P_i^0Q_i^0) + (P_j^1Q_j^1 - P_j^0Q_j^0)]}{Q_j^1 - Q_i^1} \tag{5-23}$$

式中，i 代表了碳汇影子价格为负值的所有部门；j 代表了碳汇影子价格为正值的所有部门；P_c 为市场土地生态系统碳汇影子价格；P_i^0 为原价格（假设为 1）；Q_i^0 为原均衡状态下 i 部门的产出；P_i^1 为所有 i 部门的市场价格；Q_i^1 为 i 部门在碳汇承载力下的总产出；P_j^0 为原价格（假设为 1）；Q_j^0 为原均衡状态下 j 部门的产出；P_j^1 为所有 j 部门的市场价格；Q_j^1 为 j 部门在碳汇承载力下的总产出。根据以上公式，可以求出市场土地生态系统碳汇影子价格约为 0.120 万元。

对于所有碳汇影子价格为负值的部门来说，土地碳汇价值补偿后的福利变化为 $(P_i^1 + 0.120)Q_i^1 - P_i^0Q_i^0$；对于所有碳汇影子价格为正值的部门来说，土地碳汇价值补偿后的福利变化为 $(P_j^1-0.120)Q_j^1-P_j^0Q_j^0$。而每吨 CO_2 土地碳汇影子价格的福利变化量由市场各部门土地碳汇价值补偿后的福利变化量与市场各部门 CO_2 排放量的比值来决定。

从表 5-20 可以看出，市场各部门每吨 CO_2 土地碳汇影子价格福利变化量差异是非常明显的，除农林牧渔业、食品加工、木材加工及家具制造、金属冶炼制品业这几个部门福利变化量为正值外，其他部门的福利变化量都为负值。经过计算可以得出：每吨 CO_2 引起的福利变化大约为 1 585.912 元，也就是说在市场总福利保持不变的情况下，各部门要为土地碳汇补偿承担的平均成本大约为 1 585.912/t CO_2。

表 5-20　市场各部门土地碳汇影子价格补偿条件下 CO_2 福利的变化

部门	CO_2 排放总量/万 t	土地碳汇功能承载力约束下的福利变化量/万元	每吨 CO_2 土地碳汇影子价格的福利变化量/元
农林牧渔业	34.719	15 194 147.527	437 627.152
煤炭开采业	980.764	−128 702.567	−131.227
石油和天然气开采	94.996	−1 054.949	−11.105
食品加工	102.164	935 404.704	9 155.916
纺织	29.043	−52 607.665	−1 811.400
木材加工及家具制造	3.615	11 587.124	3 205.195
造纸印刷及文教体育用品	55.346	−1 155 162.377	−20 871.807
化学工业	1.033	−1 075 883.807	−1 041 991.132
非金属矿物制品业	518.460	−114 901.919	−221.621
金属冶炼制品业	1 022.937	3 444 994.615	3 367.747
机械设备制造业	45.446	−700 828.299	−15 421.221
电子通信仪器、办公用品	6.792	−502 152.820	−73 938.230
工艺品及其他制造业	4.741	−36 774.963	−7 757.398
建筑业	464.139	−3 595 875.371	−7 747.417
交通运输、仓储、邮政业	1.772	−630 394.522	−355 827.961
电力、热力	2 788.735	−865 720.324	−310.435
燃气	1.917	−70 141.821	−36 581.506
水的生产和供应	3.773	−20 421.698	−5 412.207
住宿餐饮	33.343	−458 118.692	−13 739.670
房地产业	61.059	−257 839.257	−4 222.795
总计	6 254.793	9 919 552.922	1 585.912

将投入-产出模型与能源生态足迹结合起来计算出土地生态系统碳汇承载力影子价格，可以将市场各部门生产过程的污染行为看作是能源足迹，将碳汇承载力视为各部门消除污染的行为，各部门需要增加碳汇承载力来补偿消除污染支付的成本。本章以扩展的投入-产出表为基础，求出碳汇承载力约束下市场各部门产量与价格的变化。结果显示：在碳汇承载力的约束下，农林牧渔业部门的承载力总产出远高于其他部门，但由于食品加工业和纺织业与农林部门联系密切，因此这两个部门的总产出也最大限度地提高。运用扩展的投入-产出价格模型，计算出各部门土地碳汇的影子价格，农林牧渔业、食品加工业、纺织业、木材加工及家具制造、造纸印刷文教体育用品、化学工业、工艺品及其他制造业、建筑业、电力、热力、燃气、水的生产和供应、住宿餐饮、房地产业这些部门的影子价格小于零，说明这些部门应当获得碳汇功能承载力为正值部门使用补偿。碳汇功能承载力价格为正值的部门应该支付碳汇功能承载力的使用成本。在市场各部门总福利不变的情况下，在原价格假设为 1 的条件下，计算了土地碳汇的影子价格为 0.120 万元/t，在此基础上计算了各部门要为土地碳汇补偿土承担的平均成本，大约为 1 585.912 元/t CO_2。

参考文献

[1] 高扬，何念鹏，汪亚峰. 生态系统固碳特征及其研究进展[J]. 自然资源学报，2013，28（7）：1264-1274.

[2] PAN Y，BIRDSEY R A，FANG J，et al. A large and persistent carbon sink in the world's forests[J]. Science，2011，333（6045）：988-993.

[3] 吴建国，张小全，徐德应. 土地利用变化对生态系统碳汇功能影响的综合评价[J]. 中国工程科学，2003，5（9）：65-71.

[4] 张兴榆，黄贤金，赵小风，等. 环太湖地区土地利用变化对植被碳储量的影响[J]. 自然资源学报，2009，24（8）：1343-1353.

[5] 李凌浩. 土地利用变化对草原生态系统土壤碳贮量的影响[J]. 植物生态学报，1998，22（4）：300-302.

[6] 杨景成，韩兴国，黄建辉，等. 土地利用变化对陆地生态系统碳贮量的影响[J]. 应用生态学报，2003，14（8）：1385-1390.

[7] 杨园园. 三江源生态系统碳储量估算及固碳潜力研究[D]. 北京：首都师范大学，2012.

[8] 于贵瑞，李海涛，王绍强，等. 全球变化与陆地生态系统碳循环和碳蓄积[M].北京：气象出版社，2003.

[9] YU G，LI X，WANG Q，et al. Carbon storage and its spatial pattern of terrestrial ecosystem in China[J]. Journal of Resources and Ecology，2010，1（2）：97-109.

[10] 王军邦. 中国陆地净生态系统生产力遥感模型研究[D]. 杭州：浙江大学，2004.

[11] 陶波. 中国陆地生态系统净初级生产力与净生态系统生产力模拟研究[D]. 北京：中国科学院地理科学与资源研究所，2003.

[12] 李晶，任志远. 基于 GIS 的陕北黄土高原土地生态系统固碳释氧价值评价[J]. 中国农业科学，2011，44（14）：2943-2950.

[13] GHAZI A. The role of the European Union in global change research[J]. Ambio，1994，23（1）：101-103.

[14] 刘京，常庆瑞，陈涛，等. 陕西省土壤有机碳密度空间分布及储量估算[J]. 土壤通报，2012，43（3）：656-661.
[15] BOHN H L. Estimate of organic carbon in world soils[J]. Soil Science Society of America Journal，1976，40（3）：468-470.
[16] SCHLESINGER，WILLIAM H. Carbon storage in the caliche of arid soils：A case study from Arizona[J]. Soil Science，1982，133（4）：247-255.
[17] 潘根兴，李恋卿，张旭辉，等. 中国土壤有机碳库量与农业土壤碳固定动态的若干问题[J]. 地球科学进展，2003，18（4）：609-618.
[18] 刘宪锋，任志远，林志慧. 基于 GIS 的陕西省土壤有机碳估算及其空间差异分析[J]. 资源科学，2012，34（5）：911-918.
[19] 马高，任志远.基于净初级生产力的陕西省生态足迹测算[J]. 陕西师范大学（自然科学版），2014，42（5）：84-89.
[20] 方恺.生态足迹深度和广度：构建三维模型的新指标[J]. 生态学报，2013，33（1）：267-274.
[21] HICKS J. Value and Capital：An Inquiry into Some Fundamental Principles of Economic Theory[M]. Oxford：Oxford University Press，1946.
[22] 邱威，姜志德. 我国森林碳汇市场构建初探[J]. 世界林业研究，2008，21（3）：54-57.
[23] 华志芹. 基于能源生态足迹的森林碳汇影子价格研究[D]. 南京：南京林业大学，2013.
[24] WIEDMANN T，MINX J. A definition of carbon footprint[J]. Journal of the Royal Society of Medicine，2007，92（4）：193-195.

第6章 生态系统服务与城市化耦合关系

6.1 城市化水平测度

6.1.1 城市化水平评价方法

当前处于城市化高速发展的时期[1]，传统的城市化水平计算方法还没有真正发挥作用就已经变化。城市化包含人口城市化、经济城市化、社会城市化、空间城市化等多方面的内容，由于对城市化水平和概念的理解不一样，不同的学科往往应用不同的指标、方法来计算城市化水平。目前测度城市化水平的主要方法是基于统计数据来计算的，包括主要指标法和复合指标法两种[2]。主要指标法是指选取个别主要的指标来对城市化水平进行描述，这些指标要对城市化表征最好且便于获取，如人口城市化指标和城市建设用地城市化指标。复合指标法是指选取多个指标对城市化水平进行整体描述，这种方法不仅费时费力，而且成本高、周期长，无法满足实时数据的需要，加之各种主客观因素的影响，数据的可信度差。主要指标无法真实反映城市化水平，复合指标由于选取者、选取地区的不同而不同，通用性差，容易导致不同年份、不同地区的指标和城市化水平不具备可比性。

遥感技术具有实时、快速和宏观等特点，为城市化水平的估算提供了更加便捷、节约的方法。遥感技术克服了传统统计方法的滞后性、主观性和高成本等问题，具有良好的应用前景。DMSP/OLS 夜间灯光图像数据因为其特殊的夜间灯光检测能力，可以很好地表征人类活动。近年来，它在描述地表城市活动方面显示出了巨大的潜力[3]。由于城市化是人口结构、经济结构、社会结构和空间结构等多方面的综合反映，而 DMSP/OLS 数据正是这些因素的综合体现，因此用该夜间灯光数据来对城市化发展水平进行估算是可行的。

美国国防气象卫星（defence meteorological satellite program，DMSP）于 1976 年发射，轨道特点类似于 NOAA 卫星，运行在近极地太阳同步轨道，过赤道的地方时为 10：50 和 22：50，扫描带宽 3 000km，周期为 101 分钟，以每天 14 轨的速度覆盖地球一周。该 DMSP 气象卫星携带的 OLS（operational linescan system）传感器有 2 个通道，光谱分辨率为 6bit 的可见光、近红外波段通道和光谱分辨率为 8bit 的热红外波段通道。可见光波段为 0.4～1μm，灰度为 0～63，而热红外数据光谱分辨率为 8，因而灰度值为 0～255，波段为 10～13μm。该传感器每天可以提供全球四个时段（黎明、白天、黄昏和夜晚）的影像数据。OLS 数据的最初产品主要为照片，数字产品于 1992 年开始出现，到目前已经有 3 种类型的灯光数据影像，分别是稳定灯光图像（灯光频率图像）产品、辐射定标夜间平均灯光强度图像产品和非辐射定标夜间平均灯光强度图像产品。日本国立环境研究所和东京大学在美国国家地理数据中心的 DMSP/OLS 研究小组协助下，根据 1996～1997 年夜间灯光数据辐射标定实验的经验，针对亚洲特点开发了介于稳定灯光图像产品和辐射定标夜间平均灯光强度图像产品之间的新数据产品，这一数据产品即被称为非辐射定标的夜间灯光平均强度数据产品，该数据产品经过消云、偶然噪声滤除等预处理程序，专门根据亚洲地区特点开发，给亚洲城市化强度及其发展和时空分异研究提供了条件[4]。本书使用的 DMSP/OLS 数据产品便来源于此，图 6-1 为 2010 年全球 DMSP/OLS 非辐射定标夜间灯光强度数据产品。

图 6-1　2010 年全球 DMSP/OLS 非辐射定标夜间灯光强度数据产品

1. DMSP/OLS *夜间灯光遥感数据处理与计算*

本书应用 DMSP/OLS 夜间灯光遥感数据，计算出夜间灯光强度指数（NLII）和夜间灯光面积指数（NLAI），并在此基础之上，对两者进行加权组合，算出夜间灯光综合指数（NLCI）。夜间灯光强度指数可以反映有效灯光强度占最大可能灯光强度的比例，夜间灯光面积指数是指有效灯光像元面积占区域像元总面积的比例，是灯光空间延展性的反映。在前期的 DMSP/OLS 数据研究中，对有效灯光像元的定义是 DN 值在 1～63，即 DN 值只要不为 0，都算作有效灯光[5]，该方法简单可行，但在计算的时候忽略了背景噪声问题。应用夜间灯光数据进行研究时，最常遇到的问题便是灯光溢出问题，也就是探测到的灯光地区面积大于现实区域面积[6]，因此需选定一定的灯光阈值来消除背景噪声的影响。针对这一问题，参照杨眉等的研究[3]，将固定的阈值 1 改成了非固定的 t，在计算有效灯光时，只计算 DN 值大于等于 t 的信息，将小于 t 的全部视为噪声，忽略此部分信息，从而减少背景噪声的干扰。综合阈值 t 的选取和最佳加权组合方式的选择，应用如下公式进行计算：

$$\mathrm{NLII}=\begin{cases}\dfrac{\sum_{i=t}^{63}\mathrm{DN}_i\times n_i}{N_t\times 63}\times 100 & N_t\neq 0\\ 0 & N_t=0\end{cases} \tag{6-1}$$

$$\mathrm{NLAI}=\frac{\mathrm{Area\ N}}{\mathrm{Area}}\times 100 \tag{6-2}$$

$$\mathrm{NLCI}=k1\times\mathrm{NLII}+k2\times\mathrm{NLAI} \tag{6-3}$$

式中，t 为灯光影像有效像元 DN 的阈值；DN_i 是区域内第 i 等级的灰度值；n_i 为区域内第 i 灰度等级像元的总个数；N_t 为区域内所有大于等于 t 的灯光像元总数；AreaN 为地区全部有效灯光像元总面积；Area 是区域总面积；$k1$、$k2$ 为 NLII 和 NLAI 的权重。阈值 t 的选取和权重 $k1$、$k2$ 参数值的确定如下：

在确定 NLCI 最优参数方面，很多研究表明，阈值变化对 NLCI 研究有较大影响[7-9]，此外，在 NLCI 的构成当中，不同的权重组合也会产生不同的结果，本书认为 NLCI 由 NLII 和 NLAI 共同构成，所以以 0.1 为步长，形成不同的权重组合方式共 9 种，如表 6-1 所示。

表 6-1　不同权重组合方式

组合方式 x	$k1$	$k2$	权重组合
1	0.1	0.9	0.1×NLII + 0.9×NLAI
2	0.2	0.8	0.2×NLII + 0.8×NLAI
3	0.3	0.7	0.3×NLII + 0.7×NLAI
4	0.4	0.6	0.4×NLII + 0.6×NLAI
5	0.5	0.5	0.5×NLII + 0.5×NLAI
6	0.6	0.4	0.6×NLII + 0.4×NLAI
7	0.7	0.3	0.7×NLII + 0.3×NLAI
8	0.8	0.2	0.8×NLII + 0.2×NLAI
9	0.9	0.1	0.9×NLII + 0.1×NLAI

阈值和权重的最佳组合可以使得灯光数据能够最好地反映城市化发展水平，本书按照最大相关性原则，在每一个可能阈值下计算不同的权重组合，并将得到的城市灯光综合指数和城市化水平进行相关分析，最终选取相关性最大的组合为参数值，流程如图 6-2 所示。

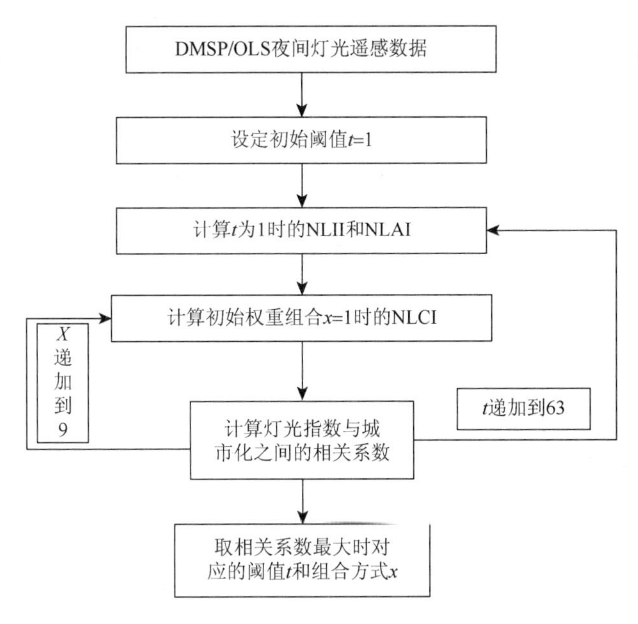

图 6-2　参数选择流程图

2. 传统方法计算城市化水平

城市化是一个复杂的过程，涉及社会结构、经济结构、产业结构和人们生活方式等多方面的内容，在选取城市化指标时，在数据可获取的情况下尽量选取全面的、多指标的数据。本书结合区域情况，依照科学性、重要性、可比性和可操作性构建了关天地区城市化系统的指标体系。根据城市化的含义（城市化是指一个地区农业人口或农村人口向非农业人口或城镇人口转移的过程[10]，城市化也是经济发展，城市人口增长，城市用地扩张和人民生活水平改进的过程）[11]，从人口、经济、空间和社会城市化四个方面来选取城市化的指标。在人口城市化方面，选用市区常住人口和第三产业从业人口比例来表示人口数和人口质量。在经济城市化方面，用城镇居民可支配收入和固定资产投资来衡量经济情况。在空间城市化方面，选取建成区面积和人均道路面积来反映空间城市化的质量。在社会城市化方面，由于文化、基础设施、教育、医疗等是社会城市化的主要体现，综合该区域数据的可获取性和可比性原则，选择万人拥有医生数和百人拥有图书馆藏书数来反映社会城市化水平。

（1）数据标准化。不同的指标单位不同，数据差异大，不能对实际数值进行直接比较。因此，为了尽可能地反映实际情况，消除不同量纲或不同测度量级的不同而造成的影响，在计算时先对城市化指标进行标准化处理，统一指标的量纲，计算公式如下：

$$U_{ij}=[x_{ij}-\min(x_{ij})]/[\max(x_{ij})-\min(x_{ij})] \tag{6-4}$$

式中，u_{ij} 为第 i 个区域的第 j 个指标；x_{ij} 是它的值；$\max(x_{ij})$和 $\min(x_{ij})$分别是为 x_{ij} 的最大值和最小值。

（2）权重的确定。指标 j 的权重通过构造目标规划最优化模型以及作拉格朗日函数改进 TOPSIS 模型[12-14]确定，公式为

$$W_j = Z_j \Big/ \sum_{j=1}^{n} Z_j \tag{6-5}$$

式中，

$$Z_j = 1 \Big/ \sum_{i=1}^{m} [(1-U_{ij})^2 + U_{ij}^2] \tag{6-6}$$

（3）城市化水平测度方法。采用如下公式对关天经济区的城市化水平进行测度。

$$M = \sum_{j=1}^{n} U_{ij} \times W_j \tag{6-7}$$

6.1.2　城市化发展水平评价与分析

1. 关天经济区夜间灯光情况

关天经济区包含陕西关中和甘肃天水，区域面积大，因此不同地区的灯光影像差异也比较大，随着城市化的不断发展，关天经济区从 2000 年到 2010 年的灯光数据也有着比较大的变化。2000 年，关天地区灰度值为 0 的像元有 70 800 个，到 2005 年减少为 67 184 个，2010 年只有 61 666 个，比 2000 年减少了 9 134 个像元。表 6-2 为关天经济区 2000 年、2005 年、2010 年各地市最大 DN 值，从表中可以看出，在 2000 年的时候，只有西安的最大灰度值在 60 以上，为 62，宝鸡为 54，其他地市均在 50 以下，商洛（部分地区）仅为 34，这反映了 2000 年的关天城市发展水平整体较低，除了西安这样的大城市之外，其他地区的城市发展水平均处于一种相对低下的状态。从 2000 年到 2005 年，城市发展快速，宝鸡、咸阳的最大 DN 值都上升到了 60 以上，2000 年最小的商洛（部分地区）也从 34 提高到了 44，依然为区域最小。2010 年，关天经济区所有地市的城市化水平均达到了一个相对较高的水平，城市发展迅速，所有区域的最大 DN 值全部在 60 以上。

表 6-2　关天经济区各地市三年最大 DN 值表

区域	2000 年	2005 年	2010 年
西安	62	63	63
铜川	45	49	61

续表

区域	2000 年	2005 年	2010 年
宝鸡	54	60	63
咸阳	43	60	63
渭南	49	57	63
商洛（部分地区）	34	44	62
天水	44	50	61
杨凌	42	51	62

图 6-3 为关天经济区各灰度等级内的像元数占总区域像元数的比例，可以明显看出，从 2000 年到 2005 年，再到 2010 年，关天经济区各市灯光数据 DN 值不断变大。在 2000 年的时候，关天经济区的各个市 DN 值在 0～10 的像元数所占比例均是所有 DN 值阶段所占总像元数比例中的最大值，其次为灰度范围 11～20，除过西安和杨凌，其他市 DN 值大于 30 的像元数都只占总像元数极小的一部分。2005 年，各市 DN 值为 0～10 的像元数所占比例均有所下降，相应的其他 DN 值范围所占比例有所提高。除过西安市变化较快之外，其余各市从 2000 年到 2005 年变化较小。到 2010 年的时候，各市均有了大幅度的变化，从 2000 年和 2005 年的 DN 值为 0～10 占绝对优势变成了各阶段平分秋色。像元数所占比例增长最快的 DN 值为 11～20，其次是 21～30。杨凌示范区由于面积小，像元总数比较少，随着城市化的不断发展，DN 值不断提高，到 2010 年的时候，高 DN 值范围已占一半以上。

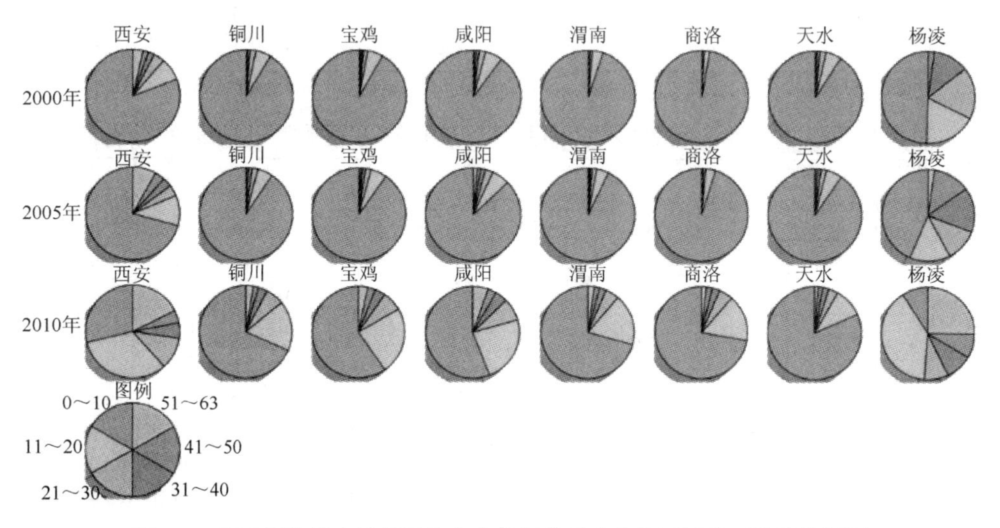

图 6-3 关天经济区市域范围各灰度等级像元数占总区域像元数的比例图

2. *夜间灯光综合指数计算与参数确定*

根据前面所述方法，通过统计数据对关天经济区 3 年的城市化水平做出测度，然后分别选用不同的阈值 t 和权重组合方式 x 算出关天经济区的 NLII、NLAI 和 NLCI。应用 SPSS 软件对他们之间的相关性做出计算，表 6-3～表 6-5 分别为 2000 年、2005 年和 2010 年不同的阈值和权重组合方式下关天经济区夜间灯光综合指数 NLCI 和统计测算城市化水平之间的相关系数表。可以看出，当阈值 t 为 1 时的相关系数并不大，也验证了我们进行阈值确定的必要性。表中列出了 $1\leqslant t<10$，$1\leqslant x\leqslant 10$ 的相关系数，t 大于等于 10 时相关系数越来越小，因此在文中并未列出。从表中可以看出，当 t 等于 6，x 等于 7 时两者的相关系数最大，即阈值 t 取 6，权重组合 x 取 7，此时夜间灯光综合指数 NLCI = 0.7NLII + 0.3NLAI，最适合本书区域。

表 6-3 2000 年关天经济区 NLCI 和统计测算城市化水平之间的相关系数表

x \ 阈值	1	2	3	4	5	6	7	8	9
1	0.545 3	0.554 6	0.565 3	0.541 8	0.591 2	0.606 6	0.623 4	0.640 1	0.652 2
2	0.609 1	0.616 4	0.624 9	0.606 4	0.645 6	0.658 2	0.672 0	0.685 4	0.693 2
3	0.744 6	0.748 4	0.752 7	0.743 2	0.763 8	0.770 3	0.776 3	0.776 4	0.747 0
4	0.752 9	0.756 5	0.760 7	0.751 5	0.771 1	0.777 0	0.782 3	0.783 4	0.766 1
5	0.760 9	0.764 5	0.768 5	0.759 6	0.777 3	0.781 5	0.784 2	0.782 3	0.767 3
6	0.772 5	0.774 7	0.777 1	0.771 7	0.782 1	0.784 2	0.785 3	0.783 3	0.773 3
7	0.777 0	0.778 7	0.780 5	0.776 3	0.783 8	0.784 8	0.784 3	0.780 7	0.769 9
8	0.767 0	0.768 7	0.770 5	0.766 3	0.773 8	0.774 8	0.774 3	0.770 7	0.759 9
9	0.622 5	0.625 7	0.628 8	0.621 3	0.633 9	0.634 6	0.632 3	0.623 8	0.602 9
10	0.621 2	0.625 0	0.628 7	0.619 6	0.634 1	0.634 1	0.630 1	0.618 7	0.593 5

表 6-4 2005 年关天经济区 NLCI 和统计测算城市化水平之间的相关系数表

x \ 阈值	1	2	3	4	5	6	7	8	9
1	0.465 7	0.474 7	0.485 4	0.462 5	0.514 0	0.533 3	0.556 8	0.583 5	0.604 3
2	0.506 8	0.515 7	0.526 3	0.503 6	0.554 6	0.573 8	0.597 1	0.623 6	0.644 5
3	0.707 7	0.709 8	0.712 2	0.707 0	0.717 9	0.721 1	0.723 7	0.722 6	0.704 3
4	0.721 0	0.723 2	0.725 7	0.720 3	0.731 7	0.735 1	0.738 1	0.738 1	0.725 0
5	0.758 5	0.750 7	0.753 0	0.757 7	0.756 9	0.767 3	0.763 9	0.720 4	0.777 9
6	0.752 7	0.761 3	0.765 4	0.776 0	0.774 2	0.778 1	0.782 6	0.776 3	0.777 1
7	0.764 3	0.769 2	0.774 4	0.762 4	0.774 7	0.778 2	0.777 7	0.773 7	0.763 7
8	0.728 2	0.733 3	0.738 4	0.726 2	0.746 7	0.748 1	0.744 6	0.731 7	0.700 9
9	0.658 2	0.663 3	0.668 4	0.656 2	0.676 7	0.678 1	0.674 6	0.661 7	0.630 9
10	0.576 2	0.582 0	0.587 6	0.574 0	0.596 1	0.596 4	0.590 2	0.571 9	0.531 2

表 6-5　2010 年关天经济区 NLCI 和统计测算城市化水平之间的相关系数表

x \ 阈值	1	2	3	4	5	6	7	8	9
1	0.654 3	0.664 8	0.675 4	0.650 2	0.695 4	0.703 4	0.708 6	0.709 0	0.702 0
2	0.674 3	0.684 8	0.695 4	0.670 2	0.715 4	0.723 4	0.728 6	0.729 0	0.722 0
3	0.694 3	0.704 8	0.715 4	0.690 2	0.735 4	0.743 4	0.748 6	0.749 0	0.742 0
4	0.744 8	0.755 2	0.765 7	0.740 7	0.785 5	0.793 5	0.798 6	0.799 0	0.791 9
5	0.757 5	0.765 7	0.774 0	0.754 4	0.790 0	0.796 3	0.799 7	0.797 7	0.786 2
6	0.780 0	0.784 7	0.789 4	0.778 2	0.798 1	0.800 9	0.801 8	0.794 8	0.776 9
7	0.790 5	0.793 3	0.796 2	0.789 4	0.801 2	0.802 2	0.800 4	0.792 3	0.769 6
8	0.793 7	0.795 7	0.797 8	0.793 0	0.801 3	0.801 7	0.799 3	0.789 9	0.762 7
9	0.714 6	0.716 3	0.718 1	0.713 9	0.720 9	0.720 8	0.717 4	0.705 8	0.671 4
10	0.695 6	0.697 1	0.698 4	0.695 1	0.700 1	0.699 0	0.694 3	0.680 2	0.640 3

3. 用灯光指数分析城市化水平时空特征

从本节研究中可以看出，夜间灯光综合指数和城市化水平具有较高的相关性，为了在保证精度的同时便于和生态系统服务价值进行比较，这里用夜间灯光综合指数 NLCI 表征城市化发展水平（图 6-4）。

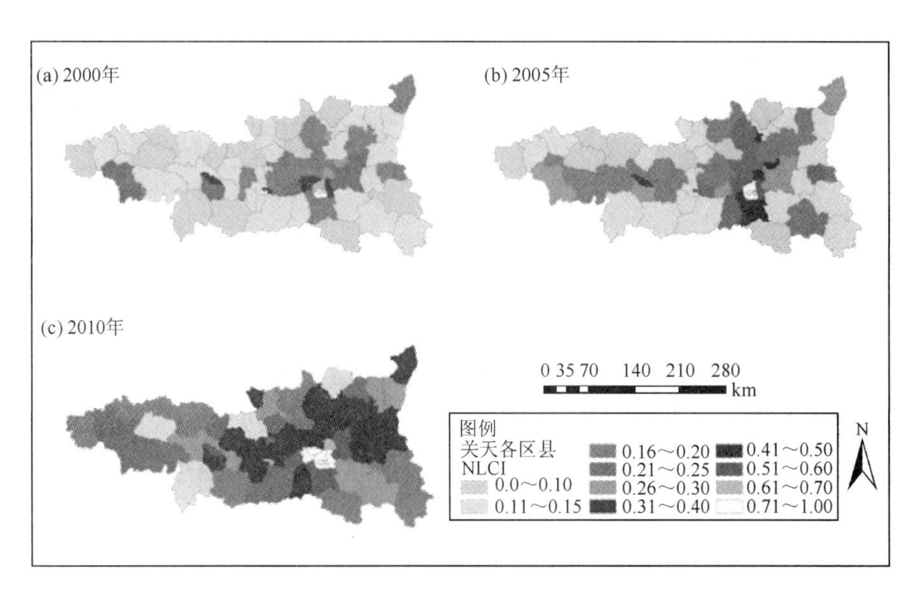

图 6-4　关天经济区 2000 年、2005 年、2010 年各区县夜间灯光综合指数图

可以看出，从 2000 年到 2005 年再到 2010 年，关天经济区的城市化水平不

断提高，城市化发展水平较低的区域不断减少，城市化发展水平较高的区域逐渐扩大。2000 年的时候，只有极少的地区是深色，整个关天以发展水平较低的浅色为主。在 2005 年的 NLCI 图中，可以明显地看到夜间灯光综合指数在 0～0.1 的区县变少了，增长到 0.15～0.20 的区县较多，处于较高发展水平的区域有一定的扩散。到 2010 年，整体的城市化水平有了较高的发展，深色区域范围变多，浅色范围减少，浅色的区县有大部分颜色加深，即城市发展水平提升了一个等级。

图 6-5 为关天经济区各区县城市化水平发展折线图。表 6-6 为关天各区县三年 NLCI 表。可以看出，2000 年的时候，各县的夜间灯光综合指数都比较低，相应地，城市化发展水平也处于一种相对较低的状态，西安市区的发展水平最高，天水市武山县、张家川回族自治县、清水县，宝鸡市凤县、太白、千阳、麟游县，咸阳市长武、旬邑、淳化县，铜川宜君县，商洛市洛南和柞水县发展水平较低，城市化水平均未超过 0.1。2005 年关天经济区的大部分区县发展水平位于 0.1～0.2，各县比 2000 年均有不同程度的提高，其中增长较快的有高陵县、咸阳市区和杨凌示范区。2010 年关天经济区全区宜君县城市化水平最低，为 0.139 7，天水市清水县，宝鸡市凤县、麟游县也处于一个较低的等级范围，其余区县均在 0.15 等级以上，且距 2005 年各县均有较大程度的提升。从 2000 年到 2010 年，处于低发展水平的区县从 13 个减少到 1 个，从 2000 年的大部分处于较低发展水平到 2010 年的大部分处于中等水平以及部分处于较高的发展水平。在这段时间内，关中-天水经济区城市化发展水平有着快速、全面的提升，城市增长水平稳定，西安市区城市化水平最高，人口最多，城市人口也是最大的，对区域城市化发展的贡献比较大。截至 2010 年，经济区有超大城市 1 所（西安），特大城市 1 所（宝鸡），大城市 2 所（咸阳、

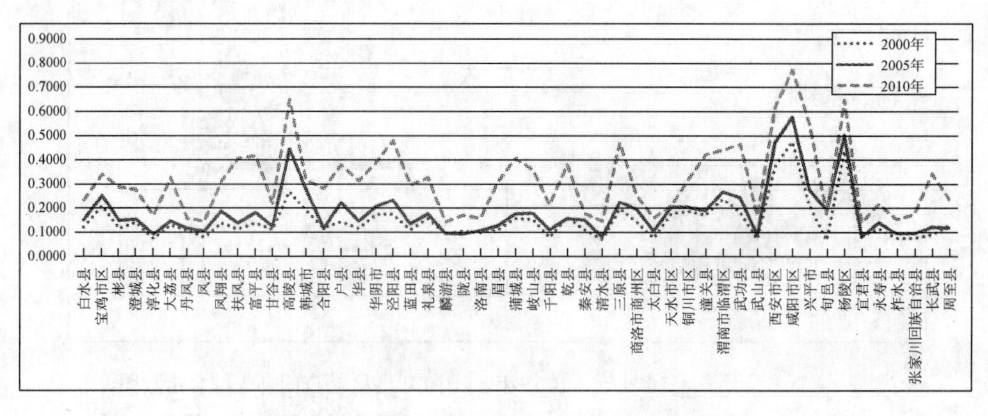

图 6-5　关天经济区各区县城市化水平发展折线图

天水），中等城市 3 所［铜川、渭南、商洛（部分地区）］，小城市及县城 44 所，建制镇 405 所。

表 6-6　关天经济区各区县夜间灯光综合指数表

区县名称	2000 年	2005 年	2010 年	区县名称	2000 年	2005 年	2010 年
白水县	0.121 3	0.149 6	0.233 7	岐山县	0.152 3	0.176 7	0.357 0
宝鸡市区	0.206 8	0.251 2	0.337 6	千阳县	0.077 8	0.108 7	0.213 6
彬县	0.115 2	0.148 9	0.285 8	乾县	0.160 8	0.157 2	0.380 4
澄城县	0.139 9	0.153 7	0.276 0	秦安县	0.108 4	0.149 3	0.178 7
淳化县	0.071 9	0.090 2	0.167 6	清水县	0.067 7	0.079 1	0.146 2
大荔县	0.128 5	0.145 8	0.326 2	三原县	0.195 7	0.224 9	0.469 2
丹凤县	0.107 0	0.114 0	0.155 5	商洛市商州区	0.142 5	0.193 2	0.251 2
凤县	0.076 2	0.104 7	0.145 5	太白县	0.074 9	0.104 2	0.159 4
凤翔县	0.137 3	0.184 8	0.308 9	天水市区	0.175 7	0.201 5	0.208 3
扶风县	0.112 5	0.136 0	0.405 5	铜川市区	0.185 6	0.201 9	0.320 5
富平县	0.137 5	0.181 1	0.414 2	潼关县	0.168 3	0.188 6	0.420 1
甘谷县	0.108 3	0.124 2	0.219 6	渭南市临渭区	0.238 1	0.269 0	0.441 2
高陵县	0.267 9	0.441 5	0.646 2	武功县	0.183 2	0.243 1	0.463 2
韩城市	0.189 5	0.275 0	0.314 3	武山县	0.071 3	0.088 3	0.167 9
合阳县	0.117 0	0.115 5	0.281 2	西安市区	0.371 4	0.472 3	0.618 2
户县	0.142 0	0.220 9	0.377 5	咸阳市区	0.476 2	0.575 8	0.769 5
华县	0.114 8	0.144 3	0.312 2	兴平市	0.210 4	0.274 9	0.545 2
华阴市	0.171 1	0.204 2	0.387 6	旬邑县	0.066 8	0.191 9	0.174 3
泾阳县	0.171 7	0.233 7	0.476 8	杨陵区	0.435 9	0.503 2	0.647 3
蓝田县	0.109 4	0.133 3	0.295 2	宜君县	0.078 7	0.080 7	0.139 7
礼泉县	0.156 4	0.176 5	0.325 8	永寿县	0.116 0	0.138 7	0.215 7
麟游县	0.092 6	0.092 6	0.143 4	柞水县	0.073 6	0.092 3	0.152 7

续表

区县名称	2000 年	2005 年	2010 年	区县名称	2000 年	2005 年	2010 年
陇县	0.103 5	0.091 1	0.168 9	张家川回族自治县	0.074 7	0.093 5	0.172 6
洛南县	0.094 9	0.108 2	0.157 1	长武县	0.087 6	0.120 7	0.342 9
眉县	0.111 0	0.124 8	0.307 8	周至县	0.130 0	0.116 6	0.236 8
蒲城县	0.155 6	0.175 2	0.403 8				

6.2 城市化与生态系统服务价值关系研究

6.2.1 城市化与生态系统服务功能的影响机制

城市化与生态系统服务功能是一种互相作用、互相耦合的关系[15]。它们相互联系、相互促进又相互制约。城市化主要表现在人口数量增长、经济总量增加、人民生活质量提高和人类生存空间扩展几个方面，由于城市化过程当中的人口增长、经济发展、城市用地扩张、土地利用与土地覆盖变化和资源能源消耗使得水体、资源、能源、环境、水循环等发生改变，进而影响着生态系统的各项服务功能。生态系统作为人类赖以生存和发展的基础，在城市化快速发展到一定阶段的时候，可以通过城市发展政策和规划、环境保护政策和规划来对城市化的发展产生约束。在城市化过程中，存在着改善环境和破坏环境的双重特性。图 6-6 为城市化与生态系统服务功能的相互影响机制图。城市化可以通过改变生态环境、改变生态系统的结构和改变生物地球化学循环来影响生态系统服务功能。城市人口和经济的增长使得对水资源和能源资源的消耗剧增，对这些资源的开发利用，改变了资源所在地的生态环境，使其破碎化或者对环境造成污染，损害了生态系统生物多样性的产生与维持，原材料的供给和粮食生产等。废水、废气、废渣等污染物的排放，危害很多动植物的生长繁殖，削弱了生态系统服务的供给和调节功能；住房短缺、交通拥堵和工厂企业规模的不断扩大使得城市居民地及建设用地面积增加迅速，城市周边耕地减少，环境退化，生态系统的一级结构发生改变，耕地的快速转变，将增加农业产业压力，增加土壤资源负荷，加速土壤肥力衰竭和土壤质量下降；生物地球化学循环作为生态系统的功能之一，可以通过对生物体基础组分 C、N、H_2O 等的良性循环来维持，当城市化过程进入这一循环过程后，影响生物地球化学循环，生态系统服务功能相应减弱。所有的这些变化，都将会导致生态系统服务功能变化的发生，进而对城市发展和人类的生活造成影响。例如，对城市选址的制约和对城市化发展的约束。当影响到人类生活的时候，就会有一系列的政策干预和市场机制来对这一情况进行调节，从而对生态系统施加影响。

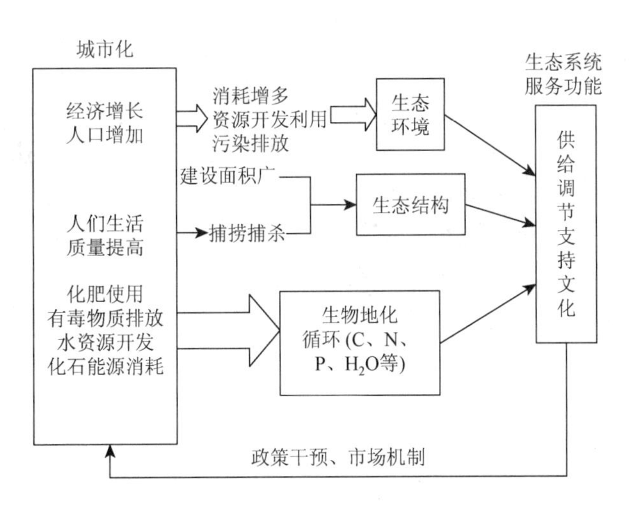

图 6-6　城市化与生态系统服务功能的相互影响机制图

6.2.2　城市化与农田生态系统服务价值的耦合关系

1. 耦合度分析方法

在研究两个及两个以上系统之间的相互影响时，很多学者选择耦合模型进行研究。耦合是物理学中的概念，是指两个或者两个以上系统或运动形式通过各种相互作用而彼此影响的现象[16]。耦合度是描述系统或要素之间相互影响程度的度量，耦合协调度则是度量系统或要素间在发展过程中协同一致的程度，决定从无序到有序的系统趋势。耦合协调度表现不同系统在相互作用过程中所表现出的良性耦合程度的大小，展现了协调状况的质量。耦合是度量两个实体之间依赖于对方的一个指标，在地理学中，耦合一般多指时空耦合，地理事实、现象、过程和表现，都同时包含着空间属性和时间属性，只有把空间和时间属性同时考虑到某一统一的基础之中，才能正确地认识地理学基础规律。耦合研究在地理学中有着非常广泛的应用，在自然地理学中，经常用来研究不同生态系统之间的耦合关系[17]，也可利用地理信息系统对系统间的耦合进行研究[18]，在人文地理中，城市的物质环境与社会空间、交通等系统之间的研究常常借助于耦合模型[19, 20]，耦合模型还可用于区域经济与环境、旅游产业与经济环境、城市化与经济环境等的协调研究[21-23]。

有很多的学者借鉴物理学中的容量耦合概念及系数模型，得出了多个系统间相互作用的耦合度模型[24]，即

$$C_n = \{(u_1 u_2 \cdots u_m) / [\prod(u_i + u_j)]\}^{1/n} \tag{6-8}$$

由此可以得到两个系统的耦合度模型，即：

$$C_2 = \{(u_1 u_2) / [(u_1 + u_2)(u_1 + u_2)]\}^{1/2} \tag{6-9}$$

式中，C 为两个系统之间的耦合度；u_1、u_2 分别是两个系统的评价指数。耦合度 C 为 0～1，当 C 是 1 时，达到最大耦合度，两个系统实现了良性耦合，当 C 是 0 时，为最小耦合度，两个系统或要素几乎达到无关状态，相互独立。C 值越大，其耦合程度就越大，但是该指标存在缺陷，难以反映出该两个系统各自的发展水平，如当两个系统的发展水平都较低时，得到的耦合度也可能很高，这样的结果显然不符合事实，为克服这一点，构造城市化发展与生态系统服务价值之间的耦合协调度模型，评判城市化发展与生态系统服务价值的耦合协调度，表示为

$$D = (C \times T)^{1/2} \tag{6-10}$$

$$T = \alpha u_1 + \beta u_2 \tag{6-11}$$

式中，D、C 分别为耦合协调度和耦合度；T 为农田生态系统服务价值与城市化发展之间的综合协和指数，体现两者的整体效应和水平；α、β 为待定系数，由于城市化发展与农田生态系统服务价值之间的互促程度是有差异的，就目前而言，城市化发展对农田生态系统服务价值的影响是大于生态系统服务价值对城市化的影响的，故 α、β 分别赋值为 0.6 和 0.4。

2. 耦合协调度变化分析

应用上面所述方法对关天经济区城市化发展与农田生态系统服务价值之间的耦合度和耦合协调度进行计算，结果如表 6-7～表 6-12 所示。表 6-7～表 6-9 为关天经济区城市化发展水平与农田生态系统服务价值之间的耦合度表，表 6-10～表 6-12 为关天经济区城市化发展水平与农田生态系统服务价值之间的耦合协调度表。

表 6-7　关天经济区城市化发展水平与农田生态系统服务价值耦合度表 I

区县名称	与固碳释氧价值			与 NPP 价值		
	2000 年	2005 年	2010 年	2000 年	2005 年	2010 年
白水县	0.132 0	0.200 8	0.239 8	0.193 1	0.293 8	0.350 9
宝鸡市区	0.208 4	0.347 5	0.392 5	0.159 5	0.265 9	0.300 4
彬县	0.120 4	0.216 8	0.298 0	0.159 7	0.287 6	0.395 4
澄城县	0.155 7	0.215 3	0.280 5	0.212 6	0.294 1	0.383 1
淳化县	0.092 0	0.154 2	0.221 4	0.134 7	0.225 6	0.324 0
大荔县	0.209 8	0.287 7	0.380 4	0.233 2	0.319 7	0.422 7
丹凤县	0.132 1	0.187 7	0.212 2	0.124 8	0.177 2	0.200 4

续表

区县名称	与固碳释氧价值			与NPP价值		
	2000年	2005年	2010年	2000年	2005年	2010年
凤县	0.088 0	0.146 7	0.175 7	0.072 3	0.120 6	0.144 4
凤翔县	0.148 3	0.270 7	0.348 0	0.194 8	0.355 5	0.456 9
扶风县	0.119 2	0.205 4	0.351 4	0.201 3	0.347 0	0.593 5
富平县	0.175 1	0.291 5	0.453 4	0.227 3	0.378 4	0.588 6
甘谷县	0.110 5	0.225 3	0.279 6	0.127 1	0.259 1	0.321 5
高陵县	0.120 1	0.229 5	0.274 0	0.324 2	0.619 8	0.740 0
韩城市	0.154 0	0.248 8	0.260 0	0.180 2	0.291 1	0.304 2
合阳县	0.146 8	0.189 9	0.283 4	0.186 1	0.240 8	0.359 4
户县	0.125 1	0.233 2	0.312 8	0.161 9	0.301 7	0.404 8
华县	0.124 9	0.180 8	0.266 4	0.169 3	0.245 1	0.361 2
华阴市	0.131 8	0.182 6	0.234 7	0.236 2	0.327 2	0.420 5
泾阳县	0.149 9	0.263 0	0.383 0	0.246 9	0.433 1	0.630 6
蓝田县	0.152 8	0.238 2	0.373 0	0.157 0	0.244 7	0.383 2
礼泉县	0.156 9	0.252 1	0.341 8	0.227 1	0.365 1	0.494 9
麟游县	0.112 4	0.172 0	0.210 8	0.124 4	0.190 4	0.233 3
陇县	0.121 8	0.189 1	0.249 7	0.117 1	0.181 9	0.240 2
洛南县	0.164 2	0.230 5	0.271 6	0.142 4	0.199 8	0.235 5
眉县	0.098 6	0.166 8	0.258 1	0.155 1	0.262 4	0.405 9
蒲城县	0.226 2	0.329 3	0.479 7	0.260 1	0.378 7	0.551 7
岐山县	0.132 2	0.224 7	0.329 7	0.207 4	0.352 6	0.517 4
千阳县	0.086 7	0.162 2	0.222 6	0.125 5	0.234 8	0.322 2
乾县	0.161 4	0.249 7	0.393 1	0.234 8	0.363 2	0.571 8
秦安县	0.117 4	0.267 8	0.278 3	0.134 8	0.307 6	0.319 7
清水县	0.109 2	0.205 2	0.272 1	0.112 0	0.210 4	0.279 0
三原县	0.141 3	0.227 5	0.338 1	0.270 9	0.436 4	0.648 5
商洛市商州区	0.182 3	0.272 4	0.314 2	0.163 5	0.244 3	0.281 7
太白县	0.054 5	0.083 0	0.104 1	0.048 7	0.074 2	0.093 0
天水市区	0.224 6	0.448 9	0.436 3	0.135 4	0.270 7	0.263 1
铜川市区	0.213 6	0.312 3	0.400 4	0.200 5	0.293 1	0.375 8
潼关县	0.097 2	0.131 9	0.186 3	0.22	0.298 6	0.421 8
渭南市临渭区	0.262 6	0.373 9	0.468 4	0.339 7	0.483 8	0.606 1

续表

区县名称	与固碳释氧价值			与 NPP 价值		
	2000 年	2005 年	2010 年	2000 年	2005 年	2010 年
武功县	0.114 3	0.213 7	0.287 8	0.263 7	0.493 1	0.664 0
武山县	0.084 8	0.158 6	0.199 7	0.087 8	0.164 1	0.206 6
西安市区	0.401 3	0.653 1	0.772 2	0.308 7	0.502 5	0.594 1
咸阳市区	0.205 1	0.334 3	0.380 7	0.407 4	0.664 0	0.756 0
兴平市	0.144 2	0.251 7	0.351 2	0.292 6	0.510 7	0.712 6
旬邑县	0.089 9	0.229 8	0.215 5	0.098 1	0.250 5	0.235 0
杨陵区	0.082 3	0.137 8	0.152 5	0.390 4	0.653 7	0.723 6
宜君县	0.099 2	0.139 8	0.176 3	0.117 4	0.165 4	0.208 7
永寿县	0.099 3	0.167 7	0.218 9	0.152 3	0.257 3	0.335 8
柞水县	0.115 4	0.175 9	0.234 8	0.109 9	0.167 5	0.223 6
张家川回族自治县	0.090 9	0.169 3	0.218 2	0.117 7	0.219 8	0.283 2
长武县	0.072 6	0.140 4	0.227 6	0.141 3	0.273 2	0.442 8
周至县	0.141 4	0.206 4	0.289 6	0.119 2	0.174 0	0.244 2

表 6-8 关天经济区城市化发展水平与农田生态系统服务价值耦合度表Ⅱ

区县名称	与涵养水源价值			与土壤保持价值		
	2000 年	2005 年	2010 年	2000 年	2005 年	2010 年
白水县	0.297 3	0.334 1	0.419 7	0.276 9	0.317 6	0.396 6
宝鸡市区	0.410 8	0.452 5	0.523 1	0.372 4	0.498 8	0.481 3
彬县	0.288 2	0.328 4	0.454 5	0.272 9	0.325 9	0.452 8
澄城县	0.317 7	0.339 2	0.456 0	0.296 3	0.318 0	0.427 8
淳化县	0.233 4	0.264 6	0.360 7	0.212 1	0.244 3	0.331 2
大荔县	0.321 0	0.346 7	0.516 6	0.278 8	0.298 7	0.446 8
丹凤县	0.320 4	0.331 4	0.393 4	0.291 8	0.302 0	0.375 3
凤县	0.265 8	0.312 0	0.367 4	0.231 1	0.305 6	0.330 0
凤翔县	0.327 0	0.384 7	0.496 5	0.304 6	0.410 6	0.467 8
扶风县	0.288 9	0.325 1	0.561 0	0.263 4	0.298 9	0.506 3
富平县	0.316 1	0.372 0	0.562 6	0.289 8	0.338 5	0.509 1
甘谷县	0.250 5	0.275 6	0.366 2	0.266 5	0.298 4	0.394 6
高陵县	0.415 4	0.546 8	0.658 7	0.435 6	0.633 1	0.736 2
韩城市	0.358 2	0.431 6	0.468 1	0.351 2	0.407 8	0.436 4
合阳县	0.287 2	0.288 9	0.451 4	0.269 2	0.281 9	0.423 1
户县	0.344 3	0.434 2	0.564 5	0.294 2	0.371 2	0.484 3

续表

区县名称	与涵养水源价值			与土壤保持价值		
	2000 年	2005 年	2010 年	2000 年	2005 年	2010 年
华县	0.326 3	0.368 8	0.543 2	0.267 9	0.346 5	0.445 2
华阴市	0.404 8	0.446 4	0.617 4	0.333 9	0.434 6	0.526 0
泾阳县	0.344 9	0.413 6	0.589 2	0.324 5	0.404 2	0.549 2
蓝田县	0.306 2	0.340 5	0.508 1	0.258 5	0.288 4	0.429 4
礼泉县	0.338 3	0.365 4	0.496 0	0.359 5	0.403 4	0.542 9
麟游县	0.267 2	0.267 3	0.332 3	0.240 3	0.246 6	0.307 5
陇县	0.272 4	0.256 2	0.348 8	0.254 3	0.247 4	0.332 0
洛南县	0.298 9	0.319 2	0.390 1	0.247 4	0.310 6	0.327 9
眉县	0.303 7	0.325 4	0.510 6	0.296 9	0.338 1	0.527 3
蒲城县	0.344 8	0.370 9	0.561 3	0.308 5	0.371 7	0.503 7
岐山县	0.345 0	0.378 2	0.536 6	0.312 0	0.346 3	0.494 6
千阳县	0.243 5	0.289 0	0.404 8	0.218 0	0.267 8	0.365 4
乾县	0.342 6	0.345 5	0.537 1	0.313 2	0.313 0	0.484 4
秦安县	0.252 8	0.301 4	0.329 3	0.260 7	0.316 1	0.346 7
清水县	0.211 8	0.229 4	0.311 8	0.208 6	0.236 3	0.319 7
三原县	0.374 3	0.408 8	0.590 1	0.365 8	0.435 9	0.610 0
商洛市商州区	0.359 5	0.419 3	0.485 0	0.297 0	0.349 7	0.401 0
太白县	0.270 9	0.319 5	0.395 0	0.261 2	0.311 5	0.381 1
天水市区	0.348 9	0.376 9	0.382 9	0.337 4	0.426 3	0.370 7
铜川市区	0.375 1	0.393 1	0.495 3	0.395 2	0.432 6	0.534 2
潼关县	0.397 8	0.424 4	0.634 1	0.319 6	0.344 4	0.509 0
渭南市临渭区	0.434 8	0.470 6	0.601 6	0.388 3	0.432 0	0.542 3
武功县	0.345 0	0.411 1	0.565 8	0.333 0	0.386 5	0.533 8
武山县	0.207 4	0.235 5	0.324 2	0.237 6	0.287 6	0.406 6
西安市区	0.501 0	0.572 4	0.650 9	0.502 1	0.685 8	0.674 1
咸阳市区	0.554 5	0.619 7	0.707 9	0.537 6	0.593 9	0.688 3
兴平市	0.377 7	0.442 6	0.623 7	0.356 7	0.409 9	0.578 0
旬邑县	0.224 5	0.381 9	0.363 0	0.215 6	0.419 5	0.371 2
杨陵区	0.536 5	0.591 3	0.671 5	0.511 9	0.600 3	0.688 5
宜君县	0.246 8	0.250 2	0.328 5	0.226 1	0.240 4	0.309 2
永寿县	0.295 5	0.326 9	0.407 7	0.269 0	0.304 1	0.375 9
柞水县	0.269 4	0.301 9	0.390 8	0.231 0	0.302 7	0.337 4
张家川回族自治县	0.216 9	0.246 7	0.334 7	0.219 8	0.266 7	0.349 6
长武县	0.248 6	0.294 6	0.494 4	0.233 5	0.281 9	0.476 5
周至县	0.345 9	0.328 8	0.468 1	0.297 4	0.332 2	0.422 2

表 6-9 关天经济区城市化发展水平与农田生态系统服务价值耦合度表Ⅲ

与粮食生产价值							
区县名称	2000 年	2005 年	2010 年	区县名称	2000 年	2005 年	2010 年
白水县	0.231 4	0.298 6	0.474 2	岐山县	0.259 2	0.324 5	0.586 1
宝鸡市区	0.302 9	0.387 9	0.571 5	千阳县	0.185 4	0.254 7	0.453 6
彬县	0.225 7	0.298 3	0.525 0	乾县	0.266 8	0.306 5	0.605 8
澄城县	0.248 1	0.302 3	0.514 7	秦安县	0.219 4	0.299 2	0.415 9
淳化县	0.178 6	0.232 5	0.402 5	清水县	0.172 8	0.217 1	0.374 9
大荔县	0.238 7	0.295 4	0.561 5	三原县	0.293 8	0.366 0	0.671 8
丹凤县	0.218 1	0.261 6	0.388 2	商洛市	0.251 0	0.339 7	0.492 2
凤县	0.183 8	0.250 5	0.375 1	太白县	0.182 0	0.249 5	0.392 1
凤翔县	0.246 3	0.332 1	0.545 5	天水市区	0.235 3	0.336 2	0.426 9
扶风县	0.222 9	0.284 9	0.625 0	铜川市区	0.241 7	0.336 3	0.529 0
富平县	0.245 7	0.327 6	0.629 6	潼关县	0.271 2	0.333 6	0.632 5
甘谷县	0.218 7	0.272 2	0.459 8	渭南市临渭区	0.324 2	0.400 5	0.651 6
高陵县	0.343 5	0.512 5	0.787 8	武功县	0.282 8	0.378 6	0.664 0
韩城市	0.290 0	0.406	0.551 5	武山县	0.177 8	0.230 0	0.403 0
合阳县	0.228 0	0.263 3	0.521 9	西安市区	0.341 0	0.513 0	0.732 9
户县	0.251 0	0.363 8	0.604 3	咸阳市区	0.318 6	0.407 2	0.598 1
华县	0.224 9	0.293 1	0.547 8	兴平市	0.305 2	0.405 4	0.725 4
华阴市	0.274 8	0.348 8	0.610 6	旬邑县	0.172 9	0.340 3	0.412 1
泾阳县	0.274 8	0.372 5	0.676 0	杨陵区	0.447 1	0.558 3	0.804 6
蓝田县	0.219 5	0.281 6	0.532 5	宜君县	0.187 1	0.220 1	0.367 9
礼泉县	0.262 5	0.324 1	0.559 6	永寿县	0.208 7	0.265 3	0.420 3
麟游县	0.201 8	0.234 5	0.370 8	柞水县	0.181 1	0.235 7	0.385 1
陇县	0.214 1	0.233 4	0.403 9	张家川回族自治县	0.182 2	0.237 0	0.409 1
洛南县	0.205 1	0.254 6	0.389 7	长武县	0.198 5	0.270 9	0.580 0
眉县	0.220 9	0.272 2	0.543 3	周至县	0.239 8	0.264 0	0.478 0
蒲城县	0.261 8	0.322 7	0.622 6				

表 6-10 关天经济区城市化发展水平与农田生态系统服务价值耦合协调度表 I

区县名称	与固碳释氧价值			与 NPP 价值		
	2000 年	2005 年	2010 年	2000 年	2005 年	2010 年
白水县	0.133 3	0.210 9	0.240 4	0.212 1	0.345 4	0.379 1
宝鸡市区	0.208 6	0.367 6	0.400 6	0.158 0	0.267 7	0.297 9

续表

区县名称	与固碳释氧价值			与 NPP 价值		
	2000 年	2005 年	2010 年	2000 年	2005 年	2010 年
彬县	0.120 9	0.232 3	0.299 3	0.169 1	0.336 2	0.418 3
澄城县	0.157 8	0.228 4	0.281 0	0.230 5	0.342 6	0.405 7
淳化县	0.095 6	0.173 0	0.231 7	0.155 7	0.290 7	0.378 8
大荔县	0.232 2	0.338 8	0.388 4	0.266 8	0.391 3	0.440 5
丹凤县	0.136 4	0.208 2	0.223 8	0.127 4	0.193 3	0.208 6
凤县	0.089 7	0.155 7	0.180 5	0.072 0	0.122 9	0.144 3
凤翔县	0.149 7	0.290 6	0.353 3	0.207 3	0.414 9	0.491 7
扶风县	0.120 0	0.222 3	0.348 1	0.229 3	0.450 8	0.636 9
富平县	0.181 8	0.321 3	0.458 4	0.252 4	0.455 0	0.626 8
甘谷县	0.110 8	0.257 8	0.290 3	0.129 9	0.311 3	0.345 1
高陵县	0.129 4	0.238 7	0.299 9	0.333 3	0.658 1	0.753 3
韩城市	0.152 5	0.247 0	0.257 3	0.179 4	0.293 0	0.303 2
合阳县	0.151 9	0.210 5	0.283 7	0.204 4	0.289 2	0.373 5
户县	0.124 0	0.234 6	0.309 7	0.164 7	0.318 2	0.408 1
华县	0.126 2	0.187 1	0.263 9	0.182 1	0.274 5	0.368 3
华阴市	0.130 6	0.181 1	0.237 5	0.249 7	0.360 2	0.424 6
泾阳县	0.148 6	0.267 0	0.379 2	0.263 7	0.499 0	0.660 2
蓝田县	0.162 0	0.271 1	0.386 6	0.167 6	0.281 0	0.399 5
礼泉县	0.156 9	0.268 9	0.343 6	0.243 2	0.437 2	0.536 3
麟游县	0.115 6	0.198 4	0.226 5	0.130 8	0.227 6	0.258 0
陇县	0.124 5	0.226 9	0.268 7	0.119 0	0.215 2	0.255 9
洛南县	0.185 0	0.279 0	0.306 0	0.153 8	0.230 0	0.254 3
眉县	0.097 8	0.175 1	0.255 5	0.164 5	0.316 2	0.424 7
蒲城县	0.242 3	0.381 2	0.491 4	0.289 9	0.461 0	0.581 8
岐山县	0.131 0	0.233 2	0.327 6	0.218 7	0.416 9	0.553 8
千阳县	0.087 9	0.174 9	0.223 6	0.138 4	0.285 7	0.348 6
乾县	0.161 5	0.274 1	0.394 5	0.251 8	0.453 5	0.618 0
秦安县	0.118 5	0.305 2	0.303 7	0.139 4	0.367 9	0.364 1
清水县	0.120 4	0.268 3	0.314 0	0.124 4	0.278 0	0.324 7
三原县	0.140 4	0.227 8	0.336 0	0.286 7	0.510 9	0.685 9
商洛市商州区	0.189 4	0.289 5	0.325 0	0.166 5	0.253 3	0.285 9
太白县	0.054 1	0.082 2	0.104 4	0.048 8	0.073 8	0.094 7

续表

区县名称	与固碳释氧价值			与 NPP 价值		
	2000 年	2005 年	2010 年	2000 年	2005 年	2010 年
天水市区	0.233 4	0.552 7	0.525 1	0.134 2	0.284 4	0.272 8
铜川市区	0.217 7	0.340 2	0.414 1	0.202 3	0.313 8	0.384 0
潼关县	0.099 1	0.131 3	0.201 4	0.229 8	0.327 4	0.422 0
渭南市临渭区	0.265 7	0.396 0	0.471 6	0.362 1	0.551 9	0.640 1
武功县	0.115 2	0.211 8	0.290 1	0.281 8	0.586 3	0.708 7
武山县	0.086 9	0.180 9	0.204 7	0.090 5	0.189 3	0.213 1
西安市区	0.405 0	0.690 9	0.798 7	0.305 6	0.506 1	0.592 0
咸阳市区	0.223 5	0.340 5	0.400 2	0.403 4	0.676 7	0.754 7
兴平市	0.143 8	0.249 9	0.352 5	0.310 0	0.588 9	0.744 1
旬邑县	0.094 5	0.235 7	0.222 5	0.105 3	0.261 5	0.247 1
杨陵区	0.122 9	0.175 6	0.206 8	0.387 2	0.681 6	0.733 9
宜君县	0.102 8	0.157 5	0.182 8	0.126 6	0.197 5	0.225 2
永寿县	0.098 3	0.172 4	0.219 2	0.159 2	0.296 6	0.366 5
柞水县	0.126 2	0.204 6	0.255 4	0.118 6	0.191 6	0.240 0
张家川回族自治县	0.093 6	0.193 6	0.226 2	0.128 8	0.276 3	0.313 9
长武县	0.071 9	0.143 3	0.227 7	0.155 8	0.338 4	0.461 1
周至县	0.142 9	0.234 2	0.298 2	0.118 4	0.187 7	0.245 0

表 6-11 关天经济区城市化发展水平与农田生态系统服务价值耦合协调度表Ⅱ

区县名称	与涵养水源			与土壤保持		
	2000 年	2005 年	2010 年	2000 年	2005 年	2010 年
白水县	0.380 0	0.411 8	0.478 6	0.164 2	0.204 0	0.264 1
宝鸡市区	0.485 0	0.516 4	0.570 1	0.245 0	0.408 7	0.332 9
彬县	0.371 4	0.402 8	0.499 0	0.164 2	0.218 7	0.316 7
澄城县	0.394 1	0.416 1	0.506 4	0.178 0	0.200 9	0.286 3
淳化县	0.335 9	0.364 4	0.438 4	0.112 6	0.145 1	0.210 3
大荔县	0.413 4	0.438 0	0.566 6	0.159 9	0.176 6	0.291 6
丹凤县	0.445 1	0.454 5	0.509 4	0.209 7	0.218 4	0.296 8
凤县	0.394 9	0.432 6	0.475 3	0.142 9	0.239 9	0.229 1
凤翔县	0.413 3	0.461 8	0.546 9	0.194 4	0.325 1	0.326 6
扶风县	0.376 2	0.411 4	0.593 5	0.150 7	0.186 1	0.343 6
富平县	0.394 0	0.444 4	0.592 6	0.169 4	0.211 1	0.344 8

续表

区县名称	与涵养水源			与土壤保持		
	2000 年	2005 年	2010 年	2000 年	2005 年	2010 年
甘谷县	0.312 9	0.338 8	0.407 8	0.161 2	0.198 4	0.270 1
高陵县	0.452 9	0.564 6	0.660 0	0.301 4	0.495 8	0.568 8
韩城市	0.415 6	0.472 1	0.504 6	0.224 8	0.259 1	0.282 1
合阳县	0.367 3	0.372 2	0.497 0	0.155 6	0.179 6	0.277 4
户县	0.438 2	0.510 6	0.609 3	0.172 6	0.234 4	0.323 7
华县	0.443 3	0.479 4	0.613 0	0.155 9	0.259 3	0.294 6
华阴市	0.510 2	0.545 8	0.678 3	0.211 7	0.346 0	0.373 9
泾阳县	0.408 7	0.469 3	0.608 1	0.196 4	0.275 2	0.379 6
蓝田县	0.413 2	0.442 4	0.571 6	0.145 6	0.171 1	0.280 0
礼泉县	0.412 0	0.437 8	0.537 9	0.268 1	0.321 6	0.424 5
麟游县	0.365 4	0.365 7	0.415 5	0.134 4	0.146 0	0.193 3
陇县	0.358 3	0.346 7	0.417 4	0.145 3	0.149 8	0.210 4
洛南县	0.424 4	0.440 5	0.501 3	0.144 2	0.243 7	0.214 0
眉县	0.406 1	0.426 5	0.567 7	0.213 2	0.270 3	0.412 2
蒲城县	0.423 7	0.448 1	0.594 4	0.183 8	0.269 4	0.340 8
岐山县	0.427 5	0.458 7	0.580 0	0.192 4	0.226 9	0.343 4
千阳县	0.344 8	0.381 8	0.470 0	0.114 6	0.163 0	0.230 1
乾县	0.414 8	0.423 3	0.571 1	0.187 1	0.189 8	0.322 9
秦安县	0.316 8	0.357 9	0.378 8	0.150 8	0.201 9	0.225 9
清水县	0.299 9	0.314 3	0.377 7	0.113 3	0.147 9	0.210 9
三原县	0.436 0	0.468 0	0.611 1	0.242 7	0.330 1	0.456 3
商洛市商州区	0.464 9	0.511 3	0.566 7	0.176 7	0.219 8	0.260 9
太白县	0.409 0	0.448 5	0.507 2	0.208 1	0.252 4	0.302 4
天水市区	0.411 8	0.435 7	0.440 0	0.213 6	0.334 8	0.241 5
铜川市区	0.445 5	0.460 7	0.539 4	0.298 5	0.345 0	0.414 9
潼关县	0.501 1	0.524 6	0.686 1	0.191 4	0.214 8	0.343 3
渭南市临渭区	0.498 5	0.532 0	0.634 2	0.249 5	0.295 7	0.379 1
武功县	0.399 6	0.459 9	0.582 7	0.201 1	0.244 4	0.364 0
武山县	0.284 7	0.311 4	0.378 9	0.165 9	0.234 3	0.337 2
西安市区	0.526 9	0.588 5	0.654 6	0.348 3	0.554 4	0.501 2
咸阳市区	0.566 1	0.625 1	0.703 2	0.366 0	0.415 9	0.502 7
兴平市	0.430 6	0.487 7	0.634 9	0.219 3	0.262 1	0.401 8
旬邑县	0.328 1	0.451 1	0.435 8	0.129 3	0.332 9	0.269 4

续表

区县名称	与涵养水源			与土壤保持		
	2000 年	2005 年	2010 年	2000 年	2005 年	2010 年
杨陵区	0.553 2	0.604 6	0.674 1	0.343 4	0.435 4	0.513 4
宜君县	0.349 8	0.352 8	0.413 2	0.128 6	0.153 3	0.199 8
永寿县	0.383 7	0.411 3	0.472 9	0.156 4	0.192 2	0.244 5
柞水县	0.409 1	0.435 8	0.508 3	0.147 5	0.257 6	0.234 1
张家川回族自治县	0.297 5	0.324 8	0.391 7	0.123 2	0.182 9	0.235 6
长武县	0.337 5	0.375 9	0.528 5	0.128 9	0.173 4	0.324 7
周至县	0.457 1	0.445 3	0.551 6	0.190 0	0.271 8	0.300 3

表 6-12 关天经济区城市化发展水平与农田生态系统服务价值耦合协调度表Ⅲ

与粮食生产价值							
区县名称	2000 年	2005 年	2010 年	区县名称	2000 年	2005 年	2010 年
白水县	0.269 3	0.353 1	0.564 1	岐山县	0.290 6	0.372 8	0.649 7
宝鸡市区	0.325 1	0.422 4	0.639 4	千阳县	0.234 3	0.319 8	0.548 6
彬县	0.265 2	0.353 1	0.603 2	乾县	0.296 6	0.359 4	0.665 4
澄城县	0.281 8	0.355 5	0.594 3	秦安县	0.260 7	0.354 3	0.520 8
淳化县	0.229 4	0.303 2	0.510 3	清水县	0.224 5	0.290 6	0.488 1
大荔县	0.275 2	0.351 2	0.631 5	三原县	0.317 5	0.404 7	0.716 8
丹凤县	0.259 8	0.325 9	0.499 9	商洛市商州区	0.284 5	0.384 7	0.578 1
凤县	0.233 5	0.317 1	0.489 5	太白县	0.231 9	0.316	0.501 9
凤翔县	0.280 7	0.378 7	0.618 6	天水市区	0.247 1	0.374 6	0.509 6
扶风县	0.262 9	0.342 8	0.680 2	铜川市区	0.252 1	0.374 3	0.587 4
富平县	0.279 7	0.374 5	0.682 5	潼关县	0.298 9	0.378 5	0.683 9
甘谷县	0.259 6	0.333	0.553 1	渭南市临渭区	0.341 7	0.431 7	0.700 9
高陵县	0.357 2	0.522 9	0.810 9	武功县	0.307 9	0.413 2	0.708 7
韩城市	0.315	0.436 7	0.624 2	武山县	0.228 9	0.301 3	0.510 8
合阳县	0.267 3	0.327	0.601 7	西安市区	0.338 7	0.518 1	0.750 6
户县	0.284 7	0.403 7	0.664 8	咸阳市区	0.318 5	0.405 1	0.592 3
华县	0.264 2	0.348 8	0.62	兴平市	0.326 7	0.435 9	0.760 4
华阴市	0.302 6	0.391 4	0.668 7	旬邑县	0.225 8	0.386 5	0.519 4
泾阳县	0.302 2	0.409 3	0.719 5	杨陵区	0.448 3	0.565 6	0.831 3
蓝田县	0.260 1	0.339 9	0.608	宜君县	0.236 2	0.294	0.484 3
礼泉县	0.293	0.372 4	0.628 9	永寿县	0.238 2	0.309	0.492 8
麟游县	0.246 4	0.303 8	0.484 4	柞水县	0.231 8	0.306 2	0.497 9
陇县	0.256 4	0.303 7	0.511 1	张家川回族自治县	0.232 5	0.307	0.515 9
洛南县	0.249 7	0.320 1	0.500 5	长武县	0.246 1	0.334 4	0.648 8
眉县	0.261	0.332 6	0.616	周至县	0.276	0.327 1	0.567 5
蒲城县	0.292 3	0.371 2	0.677 6				

图 6-7 和图 6-8 为关天经济区各区县城市化发展水平与农田生态系统服务价值的耦合协调度图，图中横坐标为城市化与不同农田生态系统服务价值之间的耦合协调度，纵坐标为关天经济区各区县。应用 ArcGIS10.1 对耦合协调度进行空间制图，得到关天经济区城市化发展水平与各农田生态系统服务功能的耦合协调度空间分布图，如图 6-9～图 6-13 所示。

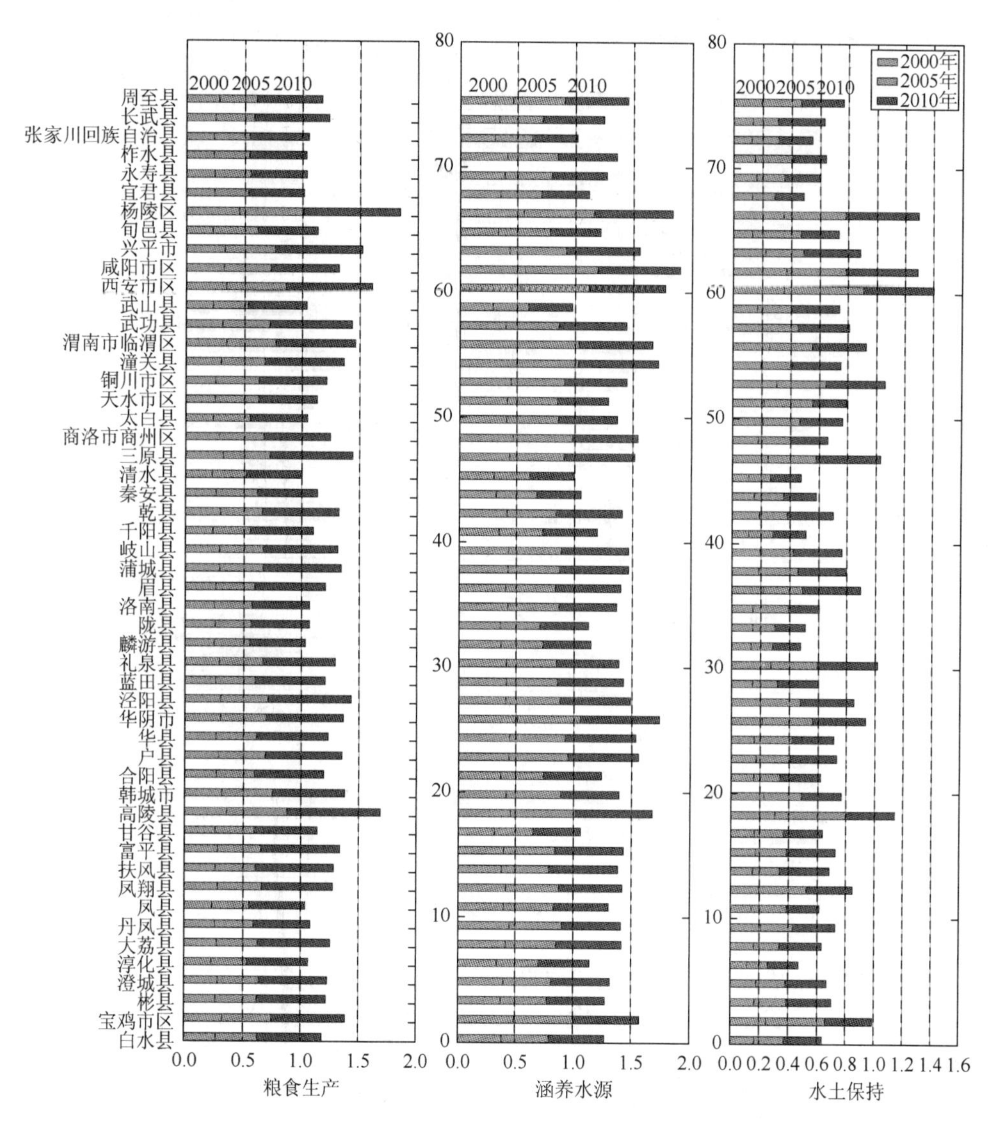

图 6-7　城市化发展水平与农田生态系统服务价值的耦合协调度图 I

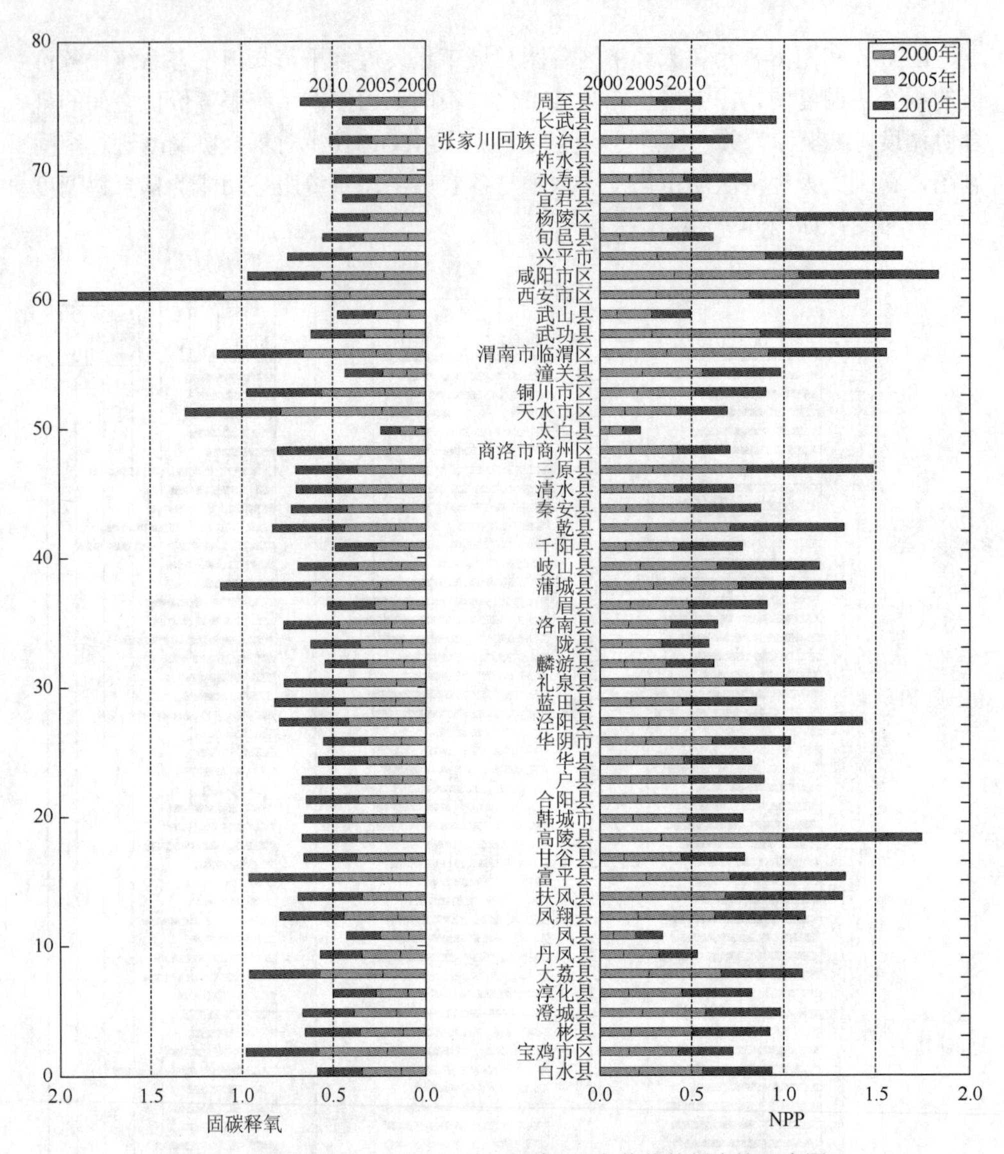

图 6-8　城市化发展水平与农田生态系统服务价值的耦合协调度图Ⅱ

可以得到：关天经济区城市化发展水平与各项生态系统服务价值（包括 NPP 价值、固碳释氧价值、水土保持价值、粮食生产价值和涵养水源价值）的耦合度和耦合协调度从2005年到2010年均呈现增加的趋势。其中城市化发展水平与NPP价值、水土保持价值的耦合协调度比较小，而与固碳释氧价值、涵养水源价值和粮食生产价值的耦合协调度比较大。图 6-9～图 6-13 中深色的区域为耦合协调度小的区域，浅色区域为耦合协调度比较大的区域。在 2000 年的时候，关天经济区大部分城市化与 NPP 价值耦合度都比较小，属于极低程度的耦合，渭南东南部、

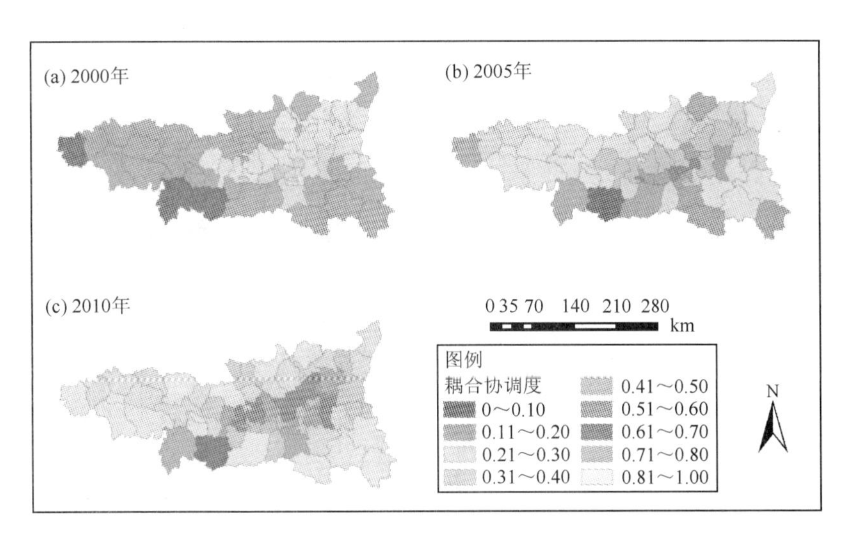

图 6-9　关天经济区城市化发展水平与 NPP 价值耦合协调图

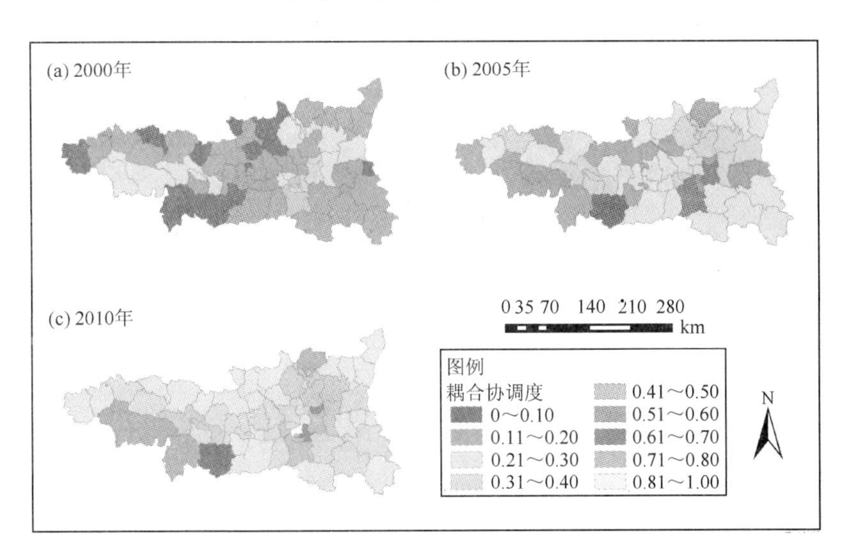

图 6-10　关天经济区城市化发展水平与固碳释氧价值耦合协调图

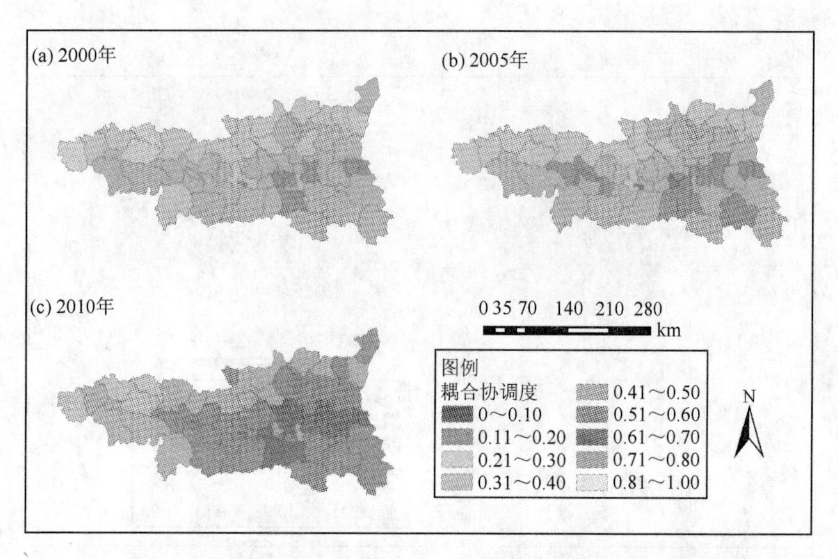

图 6-11　关天经济区城市化发展水平与涵养水源价值耦合协调图

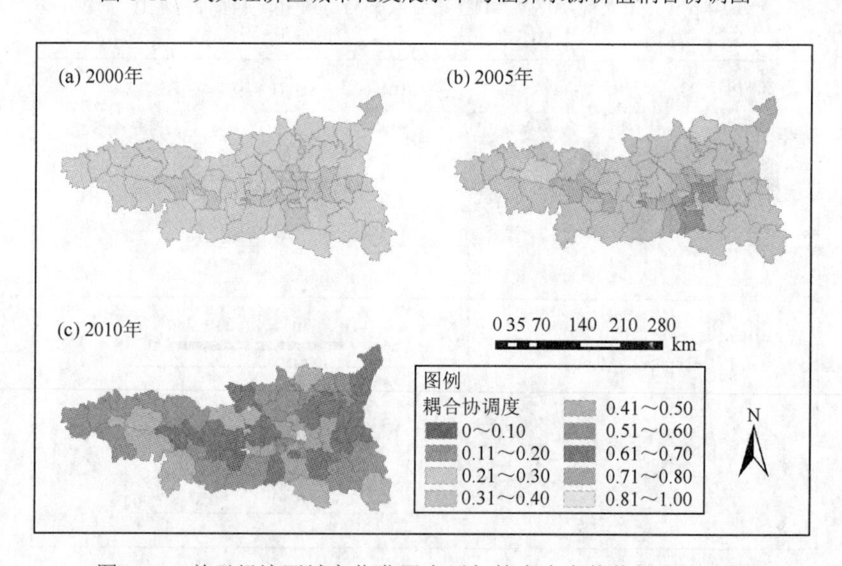

图 6-12　关天经济区城市化发展水平与粮食生产价值耦合协调图

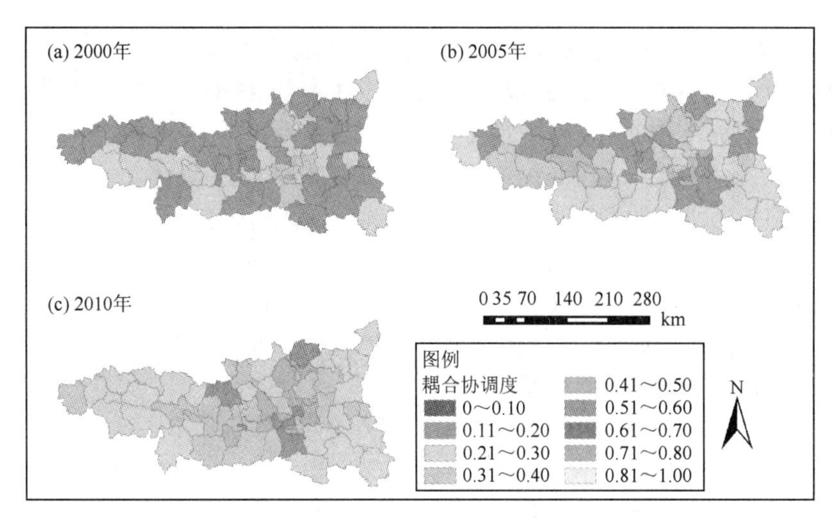

图 6-13　关天经济区城市化发展水平与土壤保持价值耦合协调图

西安和咸阳南部的耦合协调度相对比较大，但也属于低程度的耦合，最大耦合协调度仅为 0.403 4。2005 年的时候，大部分极低程度耦合的区域变成了低程度的耦合，图中绿色区域明显减少，最大耦合度达到了 0.6 以上，大部分区域的耦合协调度在 0.2～0.4。2010 年的时候，城市化与 NPP 价值耦合协调度进一步增加，达到 0.6 以上的区域明显增多。城市化发展水平与固碳释氧价值之间的耦合协调度变化趋势与 NPP 价值耦合变化趋势相类似，但城市化与固碳释氧价值的耦合协调度整体上小于城市化与 NPP 的耦合协调度。城市化发展水平与涵养水源价值之间的耦合协调度比较大，在 2000 年的时候，只有天水市的武山县、清水县和张家川回族自治县的耦合协调度比较小，其他区县均在 0.3 之上，到 2005 年，大部分区县的耦合协调度变化不大，只有小幅度的增长。到 2010 年，大部分区县的耦合协调度为 0.5～0.7，最小的为天水市清水县。从 2005 年到 2010 年关天经济区城市化发展水平与粮食生产价值的耦合协调度的变化大于从 2000 年到 2005 年耦合协调度的变化，到 2010 年，很多地方的耦合协调度达到了 0.6 以上，还有个别区域超过了 0.8。关天经济区城市化发展水平与水土保持价值的耦合协调度整体上比较低，2000 年的时候大部分区县处于 0.1 以下，为极低程度的耦合，到 2005 年和 2010 年，极低耦合度区域逐年减少，低耦合程度和中等耦合程度的区域不断增加。

6.2.3　基于 STIRPAT 模型的农田生态系统服务价值对城市化发展水平的影响

1. *研究方法*

STIRPAT 模型是从经典 IPAT 模型改造而成的随机形式，其形式为[25]

$$I = aP^b A^c T^d e \tag{6-12}$$

式中，因变量 I 与自变量 P、A、T 分别代表环境影响、人口、财富和技术；a 为模型系数；b、c、d 分别为因素人口、财富和技术的系数；e 为随机误差项，TPAT 是 STIRPAT 的特殊形式，即 $a=b=c=d=e=1$ 时的 STIRPAT 模型[26, 27]。

由于该模型为非线性模型，对其两边取对数得

$$\ln I=\ln a+b\ln P+c\ln A+d\ln T+\ln e \tag{6-13}$$

对处理后的模型做多元线性拟合，根据弹性系数的概念，该模型表示每当 P、A、T 发生 1%的变动，将分别导致 I 发生 b%、c%、d%的变动。

根据该模型所表述的含义，可以将其应用到城市化与生态系统服务价值中来，分析不同的生态系统服务功能变化对城市化水平的影响。参照本书的研究内容对该模型进行扩展，构建如下模型：

$$I=aP^{\beta_1}A^{\beta_2}T^{\beta_3}S^{e\beta_4}R^{\beta_5}\xi \tag{6-14}$$

式中，I 为关天经济区城市化发展水平表征，P、A、T、S、R 分别为关天经济区五种生态系统服务价值（固碳释氧价值、净第一性生产力价值、粮食生产价值、涵养水源价值和土壤保持价值）的表征。对式（6-14）两边取对数得

$$\ln I=\ln\beta_0+\beta_1\ln P+\beta_2\ln A+\beta_3\ln T+\beta_4\ln S+\beta_5\ln R+\ln\xi \tag{6-15}$$

在进行回归分析的时候，为了消除自变量之间的多重共线性对结果的影响，用 b_1、b_2、b_3、b_4、b_5 对待定参数 β_1、β_2、β_3、β_4、β_5 进行拟合，即得到该模型相对应的双对数回归方程：

$$\ln\hat{I}=\ln b_0+b_1\ln P+b_2\ln A+b_3\ln T+b_4\ln S+b_5\ln R \tag{6-16}$$

式中，b_0 为常数，b_1、b_2、b_3、b_4、b_5 分别为固碳释氧价值、NPP 价值、粮食生产价值、涵养水源价值和土壤保持价值的偏弹性系数，表示 P、A、T、S、R 每发生 1%的变化，将分别引起 I 发生 b_1%、b_2%、b_3%、b_4%、b_5%的变化。

2. 结果分析

根据前面的计算结果，以式（6-15）为模型，对各生态系统服务价值数据进行对数变换，将变换后的新变量应用 SPSS 软件进行多元线性回归分析，得出各生态系统服务价值的弹性系数，然后将得到的公式还原成对数形式，即可得到城市化与各生态系统服务价值的回归模型。

通过回归分析，得到变量间的回归方程如下：

$$Y=9.3188-0.0747X_1+0.5109X_2-0.9225X_3+0.4123X_4+0.1098X_5 \tag{6-17}$$

对该模型进行显著性检验，得 F 值为 39.037 99。查 F 分布表可得，在置信水平 $\alpha=0.005$ 上 F 的临界值为 $F_{0.005}$（5120）= 3.55，由于 $F\gg 3.55$，所以该回归模型是显著的。将该回归模型还原成对数形式，如下所示：

$$\ln I=9.3188-0.0747\ln P+0.5109\ln A-0.9225\ln T+0.4123\ln S+0.1098\ln R \tag{6-18}$$

由该回归模型可知，NPP 价值、涵养水源价值与土壤保持价值的增加将引起城市化发展水平的提高，而固碳释氧价值、粮食生产价值的增加将会对城市化发

展形成一种阻碍作用。从系数大小看，NPP 价值、粮食生产价值和涵养水源价值变化对城市化发展水平的影响较大，固碳释氧价值和土壤保持价值的变化对城市化发展水平的影响较小。

为了进一步验证该模型的适用性，本书用该回归模型对关天经济区 2010 年的城市化发展水平进行了预测，并和实际值进行对比，结果如图 6-14 所示。图中横坐标为关天经济区各县代码，纵坐标为城市化发展水平，两条线分别为 2010 年关天经济区城市化发展水平的实际值和从应用多元回归模型［式（6-18）］拟合得到的拟合值。可以看到，应用多元回归模型拟合得到的城市化发展水平与城市化发展的实际值之间有一定程度的数据差，但整个区域情况与变化趋势拟合较好，该模型可以从一定的程度上说明城市化发展的情况。

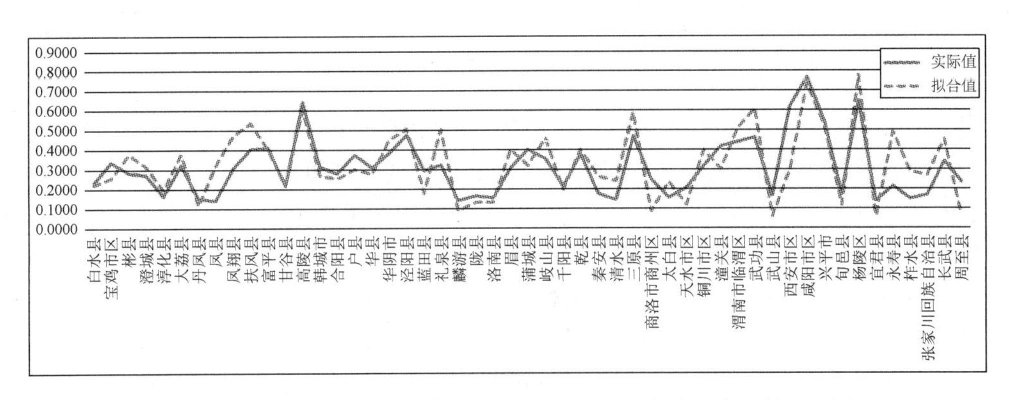

图 6-14　关天经济区 2010 年城市化发展水平拟合值与实际值对比图

6.2.4　城市化对农田生态系统服务价值的影响

城市化的发展势必会引起生态系统服务功能发生变化，从而对各自的生态系统服务价值造成影响。城市化发展对生态系统服务价值的影响是多方面的，对于不同的生态系统服务功能，同等程度的城市化发展进程对其产生的影响是不一样的，为了定量研究城市化发展水平对各生态系统服务价值（NPP 价值、涵养水源价值、固碳释氧价值、粮食生产价值和土壤保持价值）的影响，本书分别对每一项生态系统服务价值和城市化之间做了回归分析，以此来分析比较它们之间的相互关系。由于城市化发展水平与生态系统服务价值之间的量纲不一样，城市化发展水平在 0～1，而各生态系统服务功能的价值可能达到百万、千万甚至上亿元，为了消除这种影响，在进行城市化对生态系统服务价值影响分析之前先对各生态系统服务价值进行标准化，然后用标准化的数据进行分析，得到城市化发展与各生态系统服务价值之间的回归模型，对这些模型进行 F 检验，结果如表 6-13。城市化对固碳释氧价值、涵养水源价值和土壤保持价值的回归模型在 0.005 的置信水平上，并未通过 F 检验，在

0.05 的置信水平上，固碳释氧价值和土壤保持价值未通过检验，涵养水源价值在该置信水平上的 F 值大于临界值，该回归模型是显著的，NPP 价值和粮食生产价值在任何显著水平上都是显著的。由表 6-13 可知，城市化对 NPP 价值、粮食生产价值和涵养水源价值影响较大，对固碳释氧价值和土壤保持价值影响较小。

表 6-13 回归分析结果

	固碳释氧价值	NPP 价值	粮食生产价值	涵养水源价值	水土保持价值
相关系数	0.143 7	0.578 9	0.427 9	0.195 1	0.052 5
常数	0.232 5	0.227 7	0.510 8	0.809 9	0.716 4
系数	0.182 4	0.996 5	0.666 2	−0.149 8	−0.041 6
F 值	3.188 0	76.092 9	29.786 4	5.978 2	0.416 9

注：$F_{0.005}(1, 120) = 8.18$，$F_{0.05}(1, 120) = 3.92$。

综合表 6-11 和 6-12 可以看出，城市化发展与固碳释氧价值、土壤保持价值之间的相互影响比较小；涵养水源价值变化对城市化发展产生的影响大于城市化发展对涵养水源价值产生的影响；NPP 价值与城市化之间的相互作用是这几种生态系统服务价值中最强的；粮食生产价值与城市化发展水平之间也有相对较强的影响，但相互作用的强度是有所不同的，城市化对粮食生产的影响主要表现在对耕地的影响上，城市化的发展会导致城市用地面积的增加和耕地面积的减少，在这个意义上说，城市化发展会导致粮食减产，而城市化的不断进步是建立在社会、经济、科技等的发展基础之上的，这些方面的发展会促进农业生产技术的提高，品种的改良和生产技术的提高又会使粮食增产。从回归分析的结果可以看出，粮食生产价值对城市化发展水平之间的影响是一种正相关的影响，即在城市发展的过程中，粮食生产价值也是增加的，但粮食生产价值的增加不一定伴随着城市化发展水平的提高。

参 考 文 献

[1] 杨眉，王世新，周艺，等. DMSP/OLS 夜间灯光数据应用研究综述[J]. 遥感技术与应用，2011，26（1）：45-51.

[2] 卓莉，史培军，陈晋，等. 20 世纪 90 年代中国城市时空变化——基于灯光指数 CNLI 方法的探讨[J]. 地理学报，2003，58（6）：893-902.

[3] 杨眉，王世新，周艺，等. 基于 DMSP/OLS 影像的城市化水平遥感估算方法[J]. 遥感应用，2011，（4）：100-106.

[4] 王鹤饶，郑新奇，袁涛. DMSP/OLS 数据应用研究综述[J]. 地理科学进展，2012，31（1）：11-19.

[5] 陈晋，卓莉，史培军，等. 基于 DMSP/OLS 数据的中国城市化过程研究——反映区域城市化水平的灯光指数的构建[J]. 遥感学报，2003，7（3）：168-175.

[6] SUTTON P C. A scale-adjusted measure of “urban sprawl” using nighttime satellite data[J]. Remote Sensing of Environment，2003，86（3）：353-369.

[7] 张景雄. 地理信息系统与科学[M]. 武汉：武汉大学出版社，2009：275-276.

[8] HENDERSON M，YEHET，GANGP，et al. Validation of urban boundaries derived from global night time satellite imagery[J]. International Journal of Remote Sensing，2003，24（3）：595-609.

[9] ELVIDGE C D. Mapping city lights with nighttime data from the dmsp operational linescan system[J]. Engineering and Remote Sensing，1997，63（6）：727-734.

[10] IMHOFF M L，LAWRENCE W T，STUTEER D S，et al. A technique for using composite DMSP/OLS city lights satellite data to map urban area[J]. Remote Sensing of Environment，1997，61（3）：361-370.

[11] SMALL C，POZZI F，ELVIDGE C D. Spatial analysis of global urban extent from night Lights[J]. Remote Sensing of Environment，2005，96（3-4）：277-291.

[12] 顾朝林，于涛方，李王鸣. 中国城市化格局、过程与机理[M]. 北京：科学出版社，2008.

[13] 康慕谊. 城市生态学与城市环境[M]. 北京：中国计量出版社，1997.

[14] 卢方元. 一种改进的 TOPSIS 法[J]. 统计与决策，2003，（3）：78-79.

[15] 吕金兴，周忠学. 陕西省人口与资源环境协调演进分析[J]. 干旱区资源与环境，2011，25（4）：16-21.

[16] 吕金兴. 西安市城市化对生态系统服务功能影响机制研究[D]. 西安：陕西师范大学，2011.

[17] 杨俊. 城市化与生态系统安全耦合研究[D]. 大连：辽宁师范大学，2009.

[18] 周宏. 现代汉语辞海[K]. 北京：光明日报出版社，2003：820-821.

[19] 安济文. 武汉城市圈土地利用与生态环境耦合关系研究[D]. 武汉：华中农业大学，2011.

[20] 周怡新. 基于遥感和 GIS 的台州城市植被与地表温度耦合关系研究[D]. 杭州：浙江工业大学，2011.

[21] 黄晓军，黄馨. 长春市物质环境与社会空间耦合的地域分异[J]. 经济地理，2012，32（6）：21-26.

[22] 王永明，马耀峰. 城市旅游经济与交通发展耦合协调度分析——以西安市为例[J]. 陕西师范大学学报（自然科学版），2011，39（1）：86-90.

[23] 吴玉鸣，张燕. 中国区域经济增长与环境的耦合协调发展研究[J]. 资源科学，2008，30（1）：25-30.

[24] 生延超，钟志平. 旅游产业与区域经济的耦合协调度研究——以湖南省为例[J]. 旅游学刊，2009，24（8）：23-29.

[25] 黄木易，程志光. 区域城市化与社会经济耦合协调发展度的时空特征分析——以安徽省为例[J]. 经济地理，2012，32（2）：77-81.

[26] 陈晓，李悦铮. 城市交通与旅游协调发展定量评价：以大连市为例[J]. 旅游学刊，2008，32（2）：60-64.

[27] 焦文献，陈兴鹏. 基于 STIRPAT 模型的甘肃省环境影响分析——以 1991-2009 年能源消费为例[J]. 长江流域资源与环境，2012，21（1）：105-110.

第 7 章　生态系统服务权衡与协同

7.1 研究方法

7.1.1 生产可能性边界的概念与意义

生产可能性边界（production possibility frontier，PPF）是指在资源量固定不变的情景下，所能够产出的一种或多种产品的量的总和，用数学方式表达出来即为一条坐标轴中的曲线。生产可能性边界可以用来反映潜力与过度问题。

在资源一定的情况下，假设此资源生产两种产品，那么生产出来的产品量是一定的，PPF 曲线可以表达出不同阶段两种产品的生产搭配情况。如果两种产品组合点在曲线下方，那么说明资源利用不充分，存在优化潜力；如果组合点在曲线中，则为最优搭配；若组合点在曲线外，表明这种组合是无法达到的。另外，生产可能性边界并不是固定的，会根据不同情况随之增大或减小。

在实际生产生活中，PPF 具有广泛的指导意义及用途。以给定资源情况下生产黄油和枪支两种产品为例进行说明：如果将给定资源全部用来生产枪支，则生产枪支数量 200 把，黄油数量 0 磅*，以枪支数量为 Y 坐标，黄油质量为 X 坐标，即点（0，200）；如果生产 100 磅黄油，剩下资源全部生产枪支可生产 190 把枪支，即点（100，190）；如果生产 250 磅黄油，剩下资源全部生产枪支可生产 150 把枪支，即点（250，150）；如果生产 350 磅黄油，剩下资源全部生产枪支可生产 75 把枪支，即点（350，75）；如果资源全部用来生产黄油，则生产黄油 400 磅，即点（400，0）。

以黄油质量为横坐标，枪支数量为纵坐标，将各种可能性点放在坐标图中，即得到在该情景下生产黄油和枪支的生产可能性边界，如图 7-1 所示。

由生产黄油和枪支为例制作的 PPF 曲线见图 7-1～图 7-3，可以表达以下含义：

（1）资源稀缺性。一定量的资源不可能无限量地生产黄油和枪支，通过 PPF 曲线可以将稀缺性具体化，方便人们根据此曲线进行判断以及优化。如图 7-2 所示，在一定资源下，图中 C 点在边界外，是不可能实现的组合；B 点表示最优组合的一种，A 点表示资源未被充分利用，存在资源闲置或浪费情况。

---

*1 磅=0.453592kg。

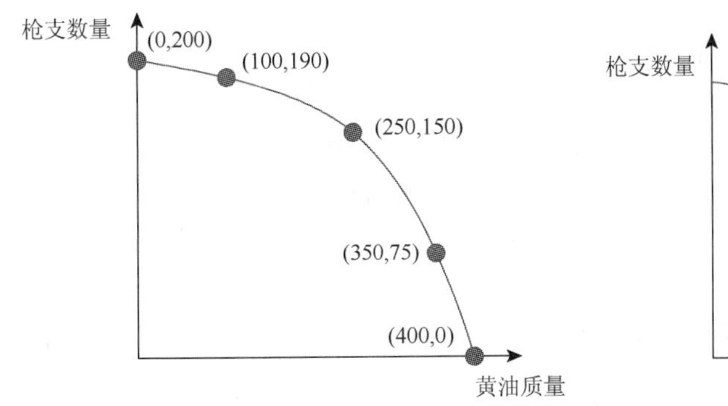

图 7-1　生产可能性边界（黄油-枪支）I

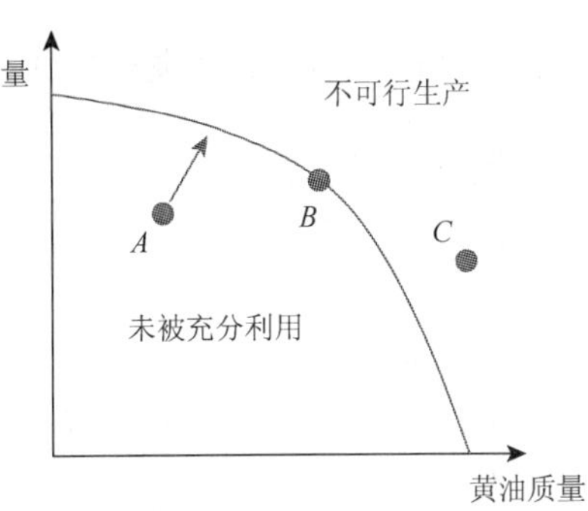

图 7-2　生产可能性边界（黄油-枪支）II

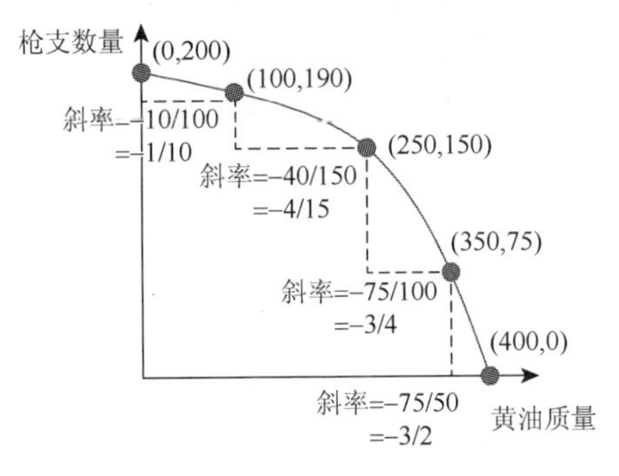

图 7-3　生产可能性边界（黄油-枪支）III

（2）生产选择性。资源的稀缺代表着不能任意搭配，人们需要根据自己的需求来选择按 PPF 上的哪点进行生产，选择实际上就是生存的必需与消费的愿望的结合。因此可以借助 PPF 曲线实现消费最大满足程度，做出理想的选择。

（3）选择了按照生产可能性边界上哪点进行生产，也就确定了生产什么以及为谁生产，解决了基本经济问题，并且实现了效率改进问题。处于生产可能性边界内的各点没有达到最优效率。

（4）生产可能性边界由左上向右下倾斜，说明代价是机会成本，即在资源以及科技一定的情况下，PPF 曲线固定，多生产一种产品会使另一种产品生产减少，减少生产的那种产品就称为机会成本。PPF 曲线可以较好地解释机会成本的含义。如图 7-3 所示，从点（0，200）到点（100，190）的平均斜率是（190–200）/（100–0）=–1/10，即减少 10 把枪可以生产 100 磅黄油；从点（100，190）到点（250，150）的平均斜率是（150–190）/（250–100）=–4/15；从点（250，150）到（350，75）的平均斜率是（75–150）/（350–250）=–3/4；从点（350，75）到（400，0）的平均斜率是（0–75）/（400–350）=–3/2；从枪这个角度看，每多生产一把枪就需要放弃多生产一定数量的黄油，这里就称黄油为机会成本。

7.1.2　生产可能性边界制作方法

生产可能性边界（PPF）也可以称为帕累托曲线（Pareto curve）或者效率曲线（efficiency frontiers）。这里以固碳与粮食生产为例，制作生产可能性边界。为了确定固碳与粮食生产之间的权衡关系，需要计算并制作两者之间的帕累托效率曲线。首先，对固碳栅格图层与粮食生产图层做除得比值，得到一个图层，图层中每个单元格为对应地理位置的固碳与粮食生产的比值；然后按照固碳-粮食生产比值大小对比值图层每个单元格进行升序排列；最后，按照排列的升序顺序，依次对单元格对应地理位置的固碳和粮食产量进行累计求和，并按照结果绘制曲线，即得到固碳-粮食生产之间的帕累托效率曲线。帕累托效率曲线可以根据固碳与粮食生产的各种可能性土地利用结合方式展现出潜在的最优组合，得到一种任何一个单元的土地利用改变都不会增加一种产品量而不减少另一种产品量的高效土地利用配置[1, 2]。

7.2　关天经济区生态系统服务权衡与协同

7.2.1　生态系统服务相关性

在 ArcGIS 中运用 sample 工具分别对四种生态系统服务进行样点采集，每种生态系统服务采出近 20 000 个点，然后在 R 语言中通过编程实现对采集的样点的相关性分析，如图 7-4～图 7-6 所示。

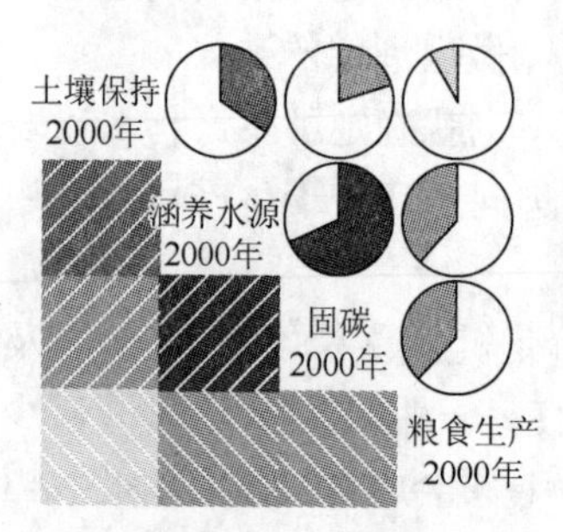

图 7-4　2000 年关天经济区生态系统服务相关性

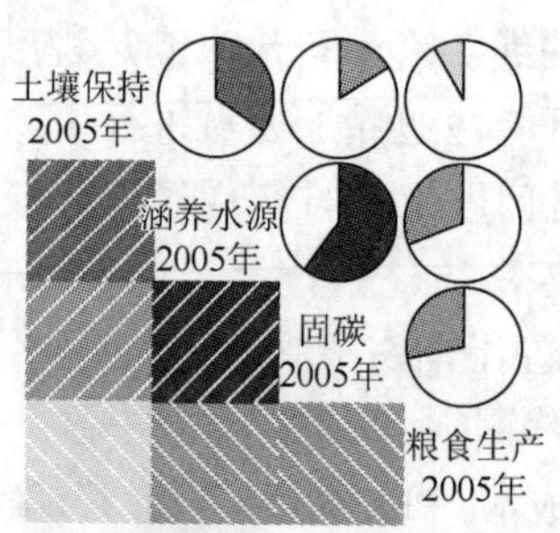

图 7-5　2005 年关天经济区生态系统服务相关性

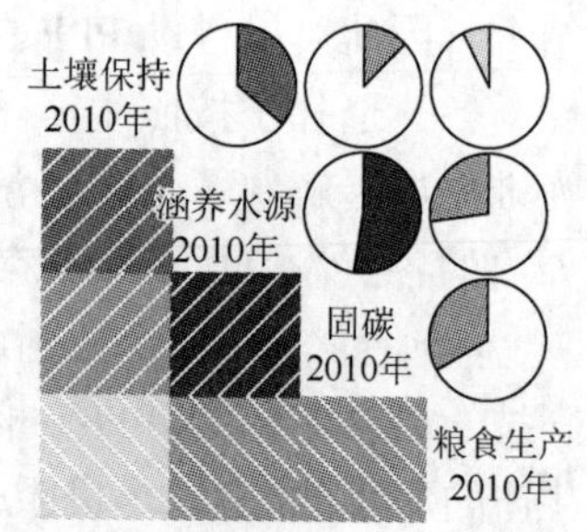

图 7-6　2010 年关天经济区生态系统服务相关性

首先从下三角单元格（在主对角线下方的单元格）开始分析图形，从左下指向右上的斜杠表示单元格中的两个变量呈正相关。反过来，从左上指向右下的斜杠表示变量呈负相关。色彩越深，饱和度越高，说明变量相关性越大。相关性接近于 0 的单元格基本上无色。为了将有相似相关的变量聚集在一起，对采样点构成的矩阵的行列重新进行了排列（使用主成分分析法）。上三角单元格是用饼图来展示相同的信息，颜色的含义和下三角单元格相同，但相关性大小是由被填充的饼图块大小来展示。正相关性从 12 点钟处顺时针填充饼图，而负相关性则逆时针方向填充饼图，填充满整个饼表示相关性为 1。

由图 7-4 可以看出，2000 年，粮食生产与涵养水源之间、粮食生产与固碳之间、粮食生产与土壤保持之间均为负相关关系，由于样本量大，为显著相关。由图 7-5 可以看出，2005 年相关性图反映粮食生产与涵养水源之间、粮食生产与固碳之间、粮食生产与土壤保持也为负相关关系，相关系数与 2000 年相近。由图 7-6 可以看出，2010 年相关性仍为负相关，其中粮食生产与固碳负相关系数较 2005 年增大。2000 年、2005 年和 2010 年粮食生产与涵养水源、粮食生产与固碳、粮食生产与土壤保持均为负相关关系，说明粮食产量的增加在一定程度上会导致涵养水源、固碳量、土壤保持这三种生态系统服务的减少。2000 年、2005 年以及 2010 年粮食生产与土壤保持有较小的负相关关系，这是由于土壤保持模型中，坡度越小，土壤侵蚀量小，而在坡度小的地区更适宜种植粮食，因此二者负相关系数较小。2000 年、2005 年和 2010 年固碳、涵养水源、土壤保持三种生态系统服务之间均两两呈正相关关系，相关系数较大，其中固碳和涵养水源之间相关系数最大，说明林地或草地覆盖面积越大，固碳量会增大，水源涵养也会增大。综上，分析可以得出固碳、涵养水源与土壤保持三种调节服务之间是协同关系，其中一种生态系统服务的增加或减少，都会引起另两种生态系统服务相应的增加或减少，改善其中一种调节服务，三种调节服务均会有极大的改善。而粮食生产与固碳、粮食生产与涵养水源、粮食生产与土壤保持之间为权衡关系，为了提高粮食生产而进行的开垦林地或草地，必然会增加粮食产量，但相应的固碳、涵养水源、土壤保持服务会有所减少，进而演变成各种气候环境问题。应在保护林地草地的同时，通过增加粮食亩产量来提高粮食产量，使生态系统良性发展。

1. 不同地类的生态系统服务时空差异

土地利用类型的不同决定着该土地利用类型上各种生态系统服务的存在方式的差异，同一种生态系统服务在不同类型土地上的发展情况也不相同。首先，在 ArcGIS 中运用 sample 采样功能，提取各种土地利用类型上的四种生态系统服务价值大小，得到林地、草地、耕地、建筑用地、水域以及未利用地上的粮食生产、土壤保持、固碳、涵养水源四种生态系统服务价值，这里为了更好地反映不同地类的生态系统服务差异，以价值图为采样对象；然后，对采样点的同种生态系统服务价值求均值，得到每种土地利用类型不同生态系统服务价值的均值，由于四种生态系统服务值大小差异巨大，数量级不同，为使结果更加具有可分析性以及可视性，将研究重点放在不同生态系统服务之间的关系上，以土地利用类型为基础，将 3 个年份的同种土地利用类型上的四种生态系统服务价值进行升序排列，在序列基础上进行等级划分，从 0 到 1 划分为 30 级；最后，用 Python 语言对数据进行处理并可视化，制作极坐标图，也可称为玫瑰图，如图 7-7 所示。

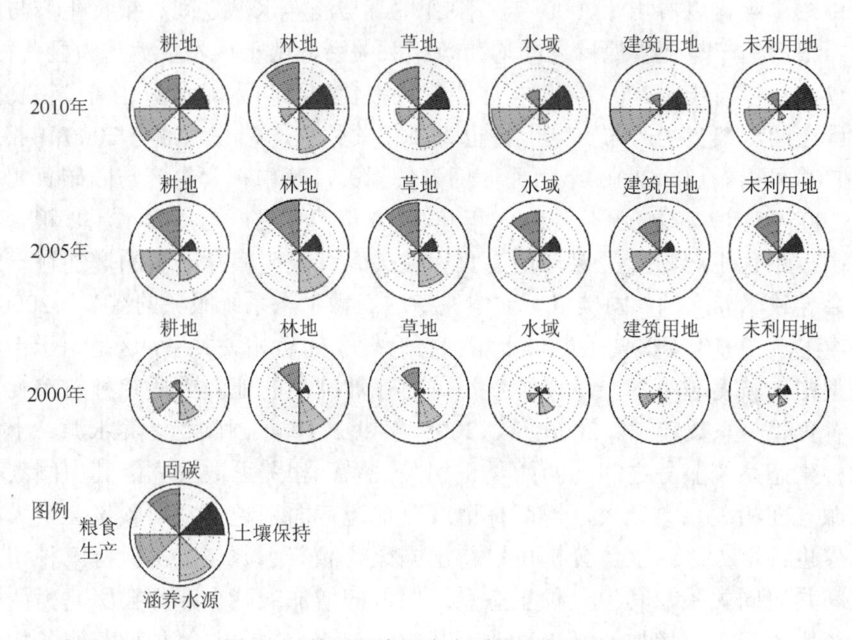

图 7-7　关天经济区生态系统服务玫瑰图

由图 7-7 可以看出，土地利用类型为林地和草地时，固碳和涵养水源两种生态系统服务较大，土壤保持次之，并且从 2000 年到 2010 年，固碳、土壤保持以及涵养水源呈协同关系，均有所增长，固碳和土壤保持增长更为明显，这是因为林地面积十年内有所增加，对坡度较大、土壤侵蚀严重的区域有较大的改善作用。土地利用类型为耕地时，粮食生产和固碳两种生态系统服务较大，土壤保持较小，虽然从 2000 年到 2010 年耕地面积有所减少，但在现代农业带动下粮食亩产量增大，因此增加幅度大，而固碳在同一种土地利用类型下，影响因素主要为天气、环境等自然因素，因此各种土地类型下年际变化相似。粮食产量几乎全部由耕地产生，但数据为统计数据，将其赋值给每个区县市，因此图中各种土地利用类型均有粮食产量，除耕地外的粮食生产不做分析。

2. 生态系统服务协同分析

协同关系是指两种生态系统服务具有同样的上升或下降趋势，一种服务的增加会对另一种服务产生一定的促进和增幅作用。固碳、土壤保持、涵养水源之间互为协同关系，三者其中一种的增长会对另外两者的发展起促进作用，固碳量增加，土壤保持和涵养水源会有一定的增长；反之，土壤保持或涵养水源增加，对固碳也有促进作用。

对整个关中-天水经济区的固碳、涵养水源以及土壤保持图进行点采样，采样点间隔 2km，得到一个点矢量图层，共计 19 970 个样点，然后矢量转栅格，制作具有相同单元格数的生态系统服务灰度图。然后按照制作帕累托效率曲线的方法，用 Python 制作固碳与涵养水源、固碳与土壤保持之间的帕累托效率曲线，如图 7-8 和图 7-9。

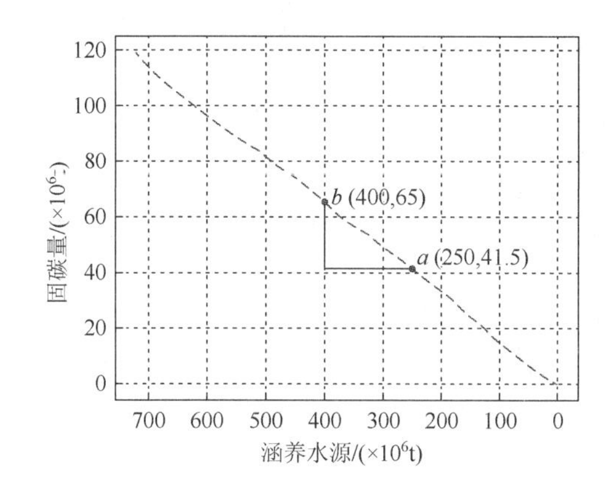

图 7-8　关天经济区固碳与涵养水源协同关系

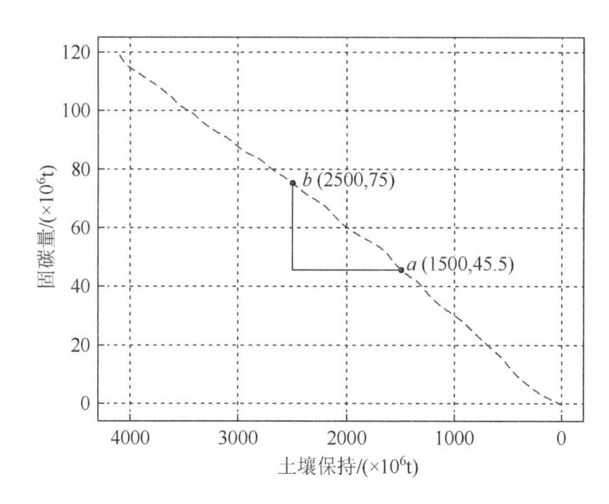

图 7-9　关天经济区固碳与土壤保持协同关系

由图 7-8 和 7-9 可以看出，固碳与涵养水源、土壤保持之间呈明显协同关系，其帕累托效率曲线几乎均为一条直线。图 7-8 中，从点 a（250，41.5）到点 b（400，

65)，土壤保持量增加 150×10^{6}t，增加比率为 60%，固碳量增加 23.5×10^{6}t，增加比率为 56%，两者变化率几乎相等，整个曲线上斜率几乎一致；同样，图 7-9 中，从点 a（1 500，45.5）到点 b（2 500，75），土壤保持量增加 1 000×10^{6}t，增加率为 66.7%，固碳量增加 29.5×10^{6}t，增加率为 64.8%，变化率非常接近，整条曲线斜率也几乎不变。因此，在实际生态环境中，对其中一种调节的改善，其他两者也会改善，通过植树等绿化环境措施，必然会对三种调节服务均有巨大促进，极大地改善了自然生态系统，为人类的社会、经济以及生态的可持续发展提供了重要依据。

7.2.2 关天经济区生态系统服务两两权衡关系

生态系统服务多种多样，粮食生产作为供给服务，由耕地所影响，但耕地的调节服务功能较森林和草地比较弱，粮食生产与固碳、粮食生产与涵养水源、粮食生产与土壤保持之间存在权衡关系，本书通过制作 PPF 对权衡关系进行量化深入分析。

1. 粮食生产与固碳之间生产可能性边界

1）关天经济区范围整体 PPF 曲线

对整个关中-天水经济区的粮食生产和固碳图进行点采样，得到一个点矢量图层，然后矢量转栅格，制作具有相同单元格数的生态系统服务灰度图。最后按照制作帕累托效率曲线的方法，用 Python 制作粮食生产与固碳之间的帕累托效率曲线，如图 7-10。

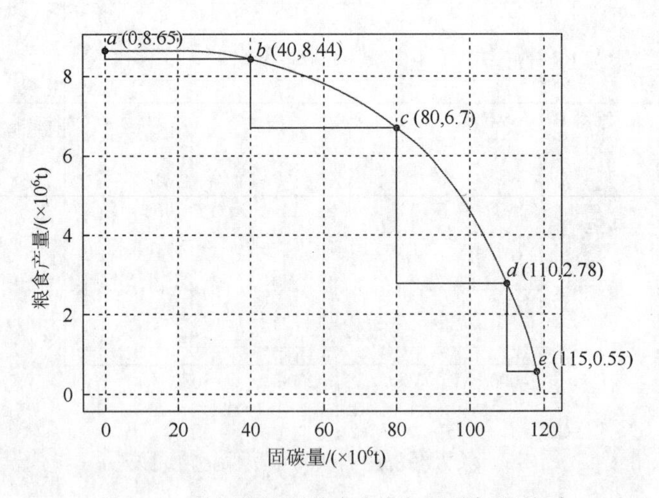

图 7-10 关天经济区粮食生产与固碳权衡关系

从图 7-10 可以看出，关天经济区粮食产量和固碳量之间的帕累托效率曲线表现为向外“凸”的曲线，两者之间存在此消彼长的相互关系，并且随着固碳量的增加，粮食产量的减少幅度逐渐增大。

图 7-10 中，以点 a，b，c，d，e 为例分析点。从点 a（0，8.65）到点 b（40，8.44），变化幅度最小，平均斜率 $k=$（8.44–8.65）/（40–0）=–0.525/100，表示意义是减少 0.525×10^6t 的粮食产量，就可以实现 100×10^6t 的固碳量增加；从点 b（40，8.44）到点 c（80，6.7），变化幅度有所增大，两点之间的平均斜率 $k=$（6.7–8.44）/（80–40）=–4.35/100，表示意义是减少 4.35×10^6t 的粮食产量，可以实现 100×10^6t 的固碳量增加；从点 c（80，6.7）到点 d（110，2.78），变化幅度继续增大，平均斜率 $k=$（2.78–6.7）/（110–80）=–13.07/100，表示意义是减少 13.07×10^6t 的粮食产量，才可以实现 100×10^6t 的固碳量增加；从点 d（110，2.78）到点 e（115，0.55），变化幅度最大，平均斜率 $k=$（0.55–2.78）/（115–110）=–44.6/100，表示意义是需要减少 44.6×10^6t 的粮食产量，才可以实现 100×10^6t 的固碳量增加；在这里，称粮食生产为固碳的机会成本，不同阶段为了提高一定固碳量所付出的机会成本是有巨大差异的，曲线初始阶段（$a\rightarrow b$）只需付出轻微的机会成本，就可以对固碳量产生巨大的提升，之后从 $b\rightarrow c$，$c\rightarrow d$，$d\rightarrow e$，为了获得固碳量的增加，机会成本逐渐增大，一定程度上开始不值得这样的不计成本。这时候就需要在其他方面进行改进。例如，适当增加造林密度提高固碳量[3]，通过提高亩产量来提高粮食产量，在保证粮食充足的情况下尽量减少对环境的危害，在不适宜种植粮食的地区多种植树木，粮食适宜地则多种植作物。

2）不同高程耕地的固碳与粮食生产 PPF 曲线

对关天经济区按照高程进行分级，运用 ArcGIS 的重分类功能分为 4 级：等级 1：208m＜DEM＜450m，等级 2：450m＜DEM＜1 000m，等级 3：1 000m＜DEM＜2 000m，等级 4：2 000m＜DEM＜3 800m。因为耕地的重要生产地位，并且具有粮食生产、固碳、土壤保持、涵养水源四种生态服务功能，因此以耕地为研究对象，对耕地按照高程分为上述 4 级（图 7-11），然后对每一级耕地的粮食生产与固碳进行样点采集，以样点数据制作该高程等级的耕地帕累托效率曲线（图 7-12）。

由图 7-12 可以看出，不同等级高程耕地的帕累托效率曲线是存在较大差异的。在等级 1 和等级 2 两种等级下，其曲线形状较为相似。等级 1 总粮食产量可达 2.2×10^6t，固碳总量可达 10×10^6t，平均斜率为 2.2/10 = 22%；等级 2 总粮食产量可达 2.8×10^6t，固碳总量可达 20×10^6t，平均斜率为 14%；等级 3 总粮食产量可达 0.55×10^6t，固碳总量可达 19×10^6t，平均斜率为 2.9%；等级 4 总粮食产量仅为 $0.000\,4\times10^6$t，固碳总量可达 0.55×10^6t，平均斜率为 0.072%，几乎为 0。结合图 7-11 分析，等级 1 面积远小于等级 2 面积（等级 1 栅格数为 8 108 258，

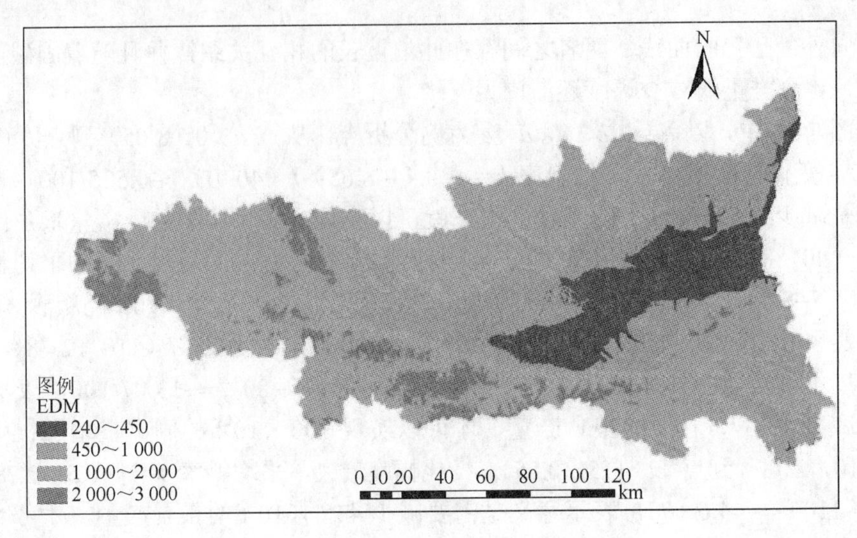

图 7-11　关天经济区不同高程耕地分级图

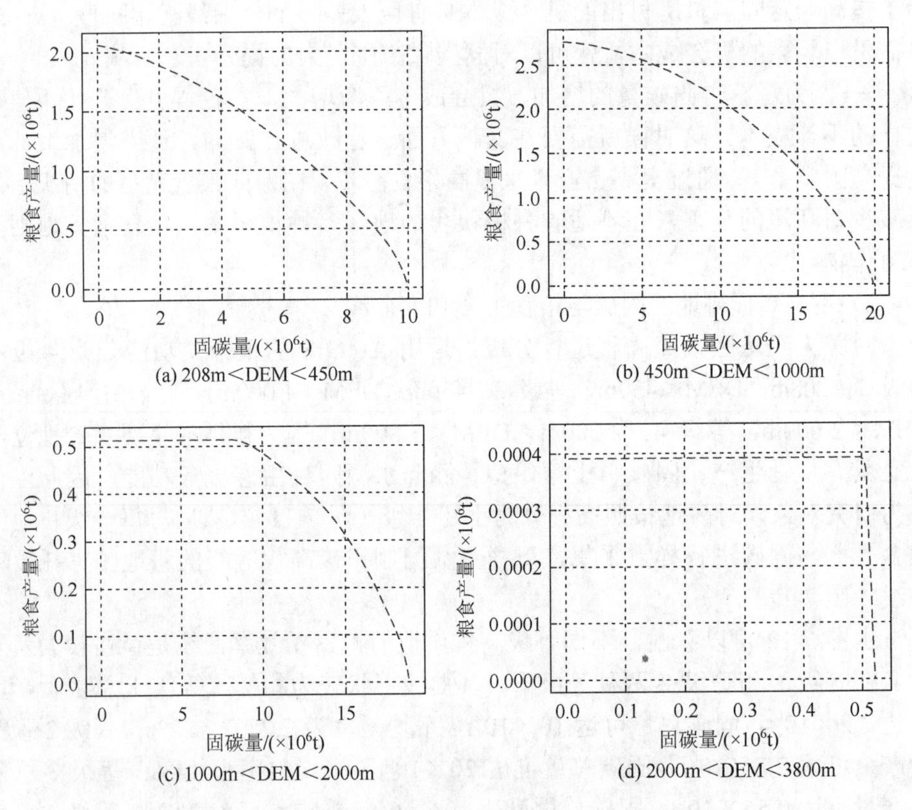

图 7-12　不同高程耕地的粮食生产与固碳权衡关系

等级 2 栅格数为 15 590 030，30×30m），但粮食总产量相差只为 0.6×10^6t，而且对于耕地来说，固碳量主要包括粮食产量和作物植物杆，因此固碳量与粮食产量的差值一定意义上可以反映作物植物杆部分的量值；等级 1 和 2 固碳量差值高达 10×10^6t，远大于粮食产量的差值 0.6×10^6t，说明等级 1 的耕地亩产量远大于等级 2 的耕地，曲线平均斜率 22%＞14%，说明平均斜率能够一定意义上反映亩产量问题，作物的光合作用固碳量有多少转化为粮食，多少用来生长自身植物杆部分。等级 3 和等级 4（栅格数分别为 14 791 615、434 552，30m×30m）曲线形状均为左端斜率几乎水平，说明部分区域种植的作物几乎没有产量，作物光合作用固碳绝大部分用于自身植物杆生长，没有种子即粮食产出；右端下滑斜率增大，亩产量开始提高。综述，高程值影响作物的亩产量，当高程小于 450m 时，亩产量最大，当高程大于 1 000m 时亩产量开始快速减少，当高程达到 2 000m 以上时，产量几乎为 0。根据该帕累托效率图，可以指导具有相似高程和气候的资源配置模式。例如，若一个地区耕地的粮食生产和固碳结合点在曲线下方，则表明其生产模式、方法或种子选取有待改进，需要减少植物杆生长，提高粮食产量。

3）不同地貌耕地的固碳与粮食生产 PPF 曲线

地貌是对地球表面形态的总称，是地球内力、外力等综合作用于地壳的结果，具有复杂的、多种多样的形态，地球的内力地质作用使地表有了高低起伏，然后在外力（如风力、流水、日照、动植物活动等）作用下形成各种各样的形态。关天经济区因地势原因形成了各种复杂的地貌类型，按二级地貌可分为陇中中小起伏中高山黄土墚峁、豫西汉中中山谷地、秦岭大起伏高中山、六盘山中起伏高中山、陕北黄土塬墚峁、汾渭低洪冲积平原台地等六类地貌（表 7-1，图 7-13）。

表 7-1　关天经济区地貌类型及面积

零级地貌	一级地貌	二级地貌	面积/km^2	图例
北部高中山平原盆地	黄土高原	陇中中、小起伏中高山黄土墚、峁	6 960	Ⅰ
北部高中山平原盆地	黄土高原	六盘山中起伏高中山	8 994	Ⅱ
北部高中山平原盆地	黄土高原	陕北黄土塬、墚、峁	12 441	Ⅲ
北部高中山平原盆地	黄土高原	汾渭低洪冲积平原台地	23 425	Ⅳ
西南中高山地	秦岭大巴山高中山	秦岭大起伏高中山	20 869	Ⅴ
西南中高山地	秦岭大巴山高中山	豫西汉中中山谷地	7 232	Ⅵ

在 ArcGIS 中对每种地貌中耕地的粮食生产和固碳服务进行提取采样，然后以样点数据为基础制作不同地貌耕地的粮食生产与固碳帕累托效率曲线（图 7-14）。

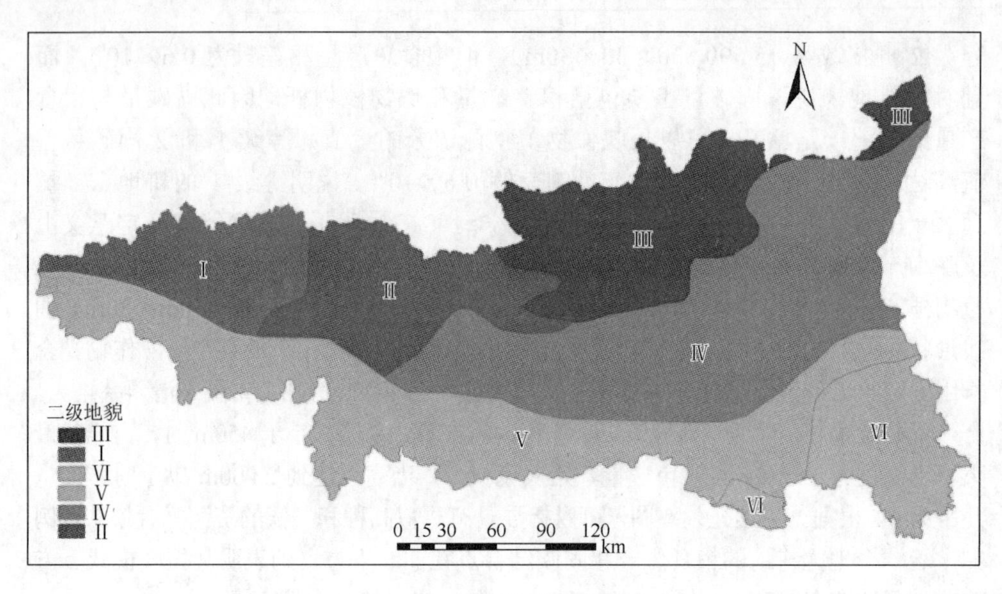

图 7-13　关天经济区地貌图

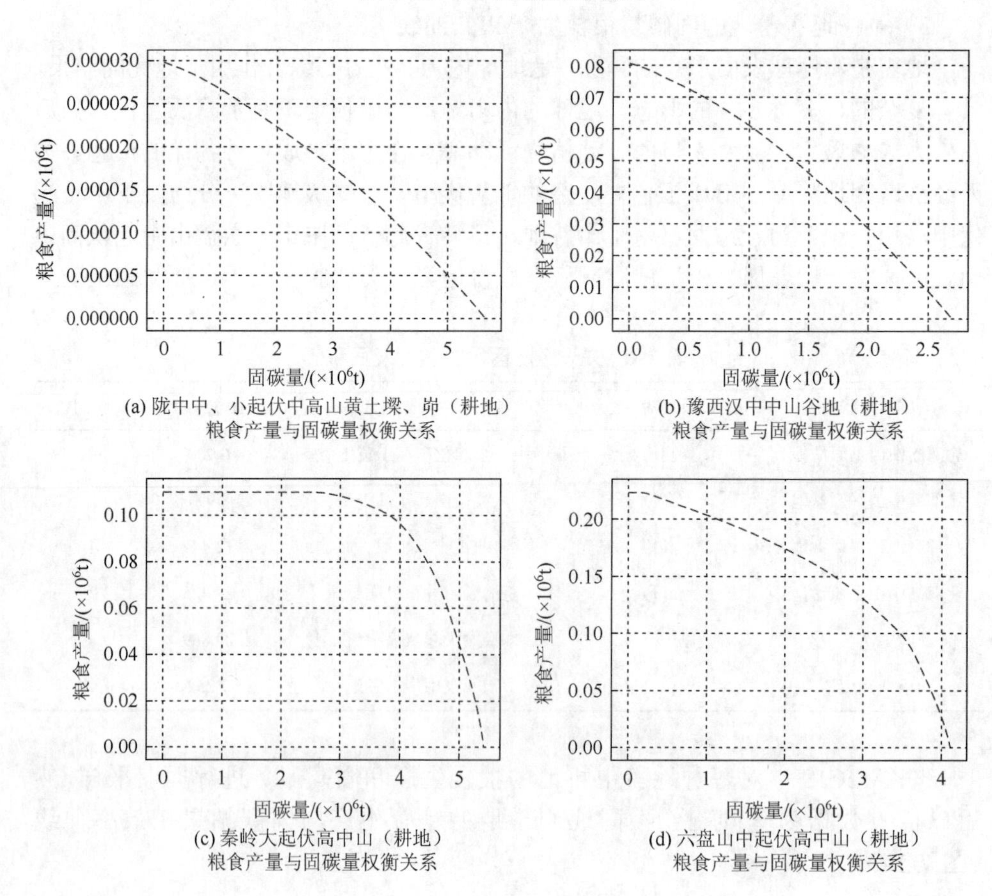

(a) 陇中中、小起伏中高山黄土墚、峁（耕地）粮食产量与固碳量权衡关系

(b) 豫西汉中中山谷地（耕地）粮食产量与固碳量权衡关系

(c) 秦岭大起伏高中山（耕地）粮食产量与固碳量权衡关系

(d) 六盘山中起伏高中山（耕地）粮食产量与固碳量权衡关系

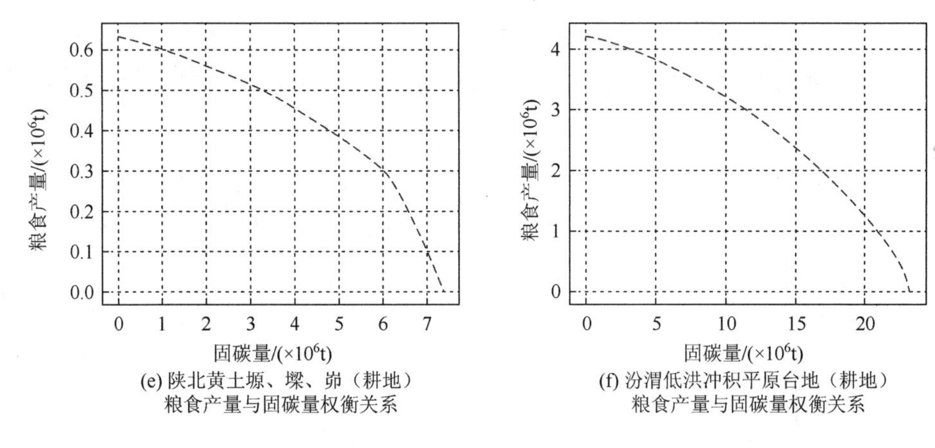

(e) 陕北黄土塬、墚、峁（耕地）粮食产量与固碳量权衡关系　(f) 汾渭低洪冲积平原台地（耕地）粮食产量与固碳量权衡关系

图 7-14 不同地貌耕地的粮食生产与固碳权衡关系

由图 7-14 可以看出，粮食产量为：陇中中、小起伏中高山黄土墚、峁＜豫西汉中中山谷地＜秦岭大起伏高中山＜六盘山中起伏高中山＜陕北黄土塬、墚、峁＜汾渭低洪冲积平原台地，平均斜率大小依次为：陇中中、小起伏中高山黄土墚、峁＜秦岭大起伏高中山＜豫西汉中中山谷地＜六盘山中起伏高中山＜陕北黄土塬、墚、峁＜汾渭低洪冲积平原台地，平均斜率反映了作物有效产粮效率。秦岭大起伏高中山地貌的曲线左端几乎平行，是因为部分高海拔地区作物产量太低，适合考虑种植较为适合生长的经济作物，减少植物杆生长，提高粮食生产。

2. 粮食生产与涵养水源之间生产可能性边界

1）关天经济区范围整体 PPF 曲线

对整个关中-天水经济区的粮食生产和涵养水源图进行点采样，得到一个点矢量图层，然后矢量转栅格，制作具有相同单元格数的生态系统服务灰度图。最后按照制作帕累托效率曲线的方法，用 Python 制作粮食生产与涵养水源之间的帕累托效率曲线，如图 7-15。

从图 7-15 可以看出，关天经济区粮食生产和涵养水源之间的帕累托效率曲线表现为向外“凸”的曲线，两者之间存在此消彼长的相互关系，并且随着涵养水源的增加，粮食生产的减少幅度逐渐增大。

图 7-15 中，以点 a，b，c，d，e 为例分析点。从点 a（0，8.65）到点 b（200，8.535），变化幅度最小，平均斜率 $k=$（8.535−8.65）/（200−0）=−0.058/100，表示意义是减少 0.058×10^6t 的粮食生产，就可以实现 100×10^6t 的涵养水源增加；从点 b（200，8.535）到点 c（400，7.45），变化幅度有所增大，两点之间的平均斜率 $k=$（7.45−8.535）/（400−200）=−0.54/100，表示意义是减少 0.54×10^6t 的粮食产量，可以实现 100×10^6t 的涵养水源增加；从点 c（400，7.45）到点 d（600，

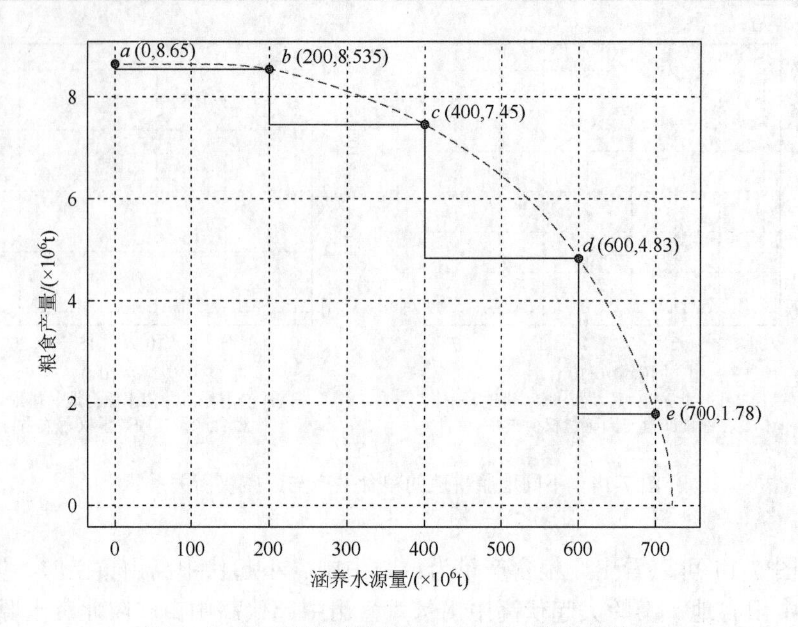

图 7-15　关天经济区粮食生产与涵养水源权衡关系

4.83），变化幅度继续增大，平均斜率 $k=$（4.83–7.45）/（600–400）=–1.31/100，表示意义是减少 1.31×10^6t 的粮食生产，才可以实现 100×10^6t 的涵养水源增加；从点 d（600，4.83）到点 e（700，1.78）变化幅度最大，平均斜率 $k=$（1.78–4.83）/（700–600）=–3.05/100，表示意义是需要减少 3.05×10^6t 的粮食生产，才可以实现 100×10^6t 的涵养水源增加；在这里，粮食生产为涵养水源的机会成本，不同阶段为了提高一定涵养水源量所付出的机会成本是有巨大差异的，曲线初始阶段（$a\to b$）只需付出轻微的机会成本，就可以对涵养水源服务产生巨大的提升，之后从 $b\to c$，$c\to d$，$d\to e$，为了获得同等量的涵养水源服务的增加，机会成本逐渐增大。因此，可以减少部分耕地面积到 d 点，以较小的成本获得较大的涵养水源服务的提高，而因耕地面积减少的粮食产量，可以通过现代农业以及改善耕地作物方式来提高亩产量，满足人类对供给服务的需求。

2）不同高程耕地的涵养水源与粮食生产 PPF 曲线

采用 7.3.1 小节中对高程的分级方法，对耕地按照高程分为 4 级，然后对每一级耕地的粮食生产与涵养水源进行样点采集，以样点数据制作该高程等级的耕地帕累托效率曲线（图 7-16）。

由图 7-16 可以看出，不同等级高程耕地的帕累托效率曲线是存在较大差异的。在等级 1 和等级 2 两种等级下，其曲线形状较为相似。等级 1 总粮食产量可达 2.2×10^6t，涵养水源总量可达 63×10^6t，平均斜率为 2.2/63 = 3.5%；等级 2 总粮食产量可达 2.8×10^6t，涵养水源总量可达 122×10^6t，平均斜率为 2.8/122 = 2.3%；

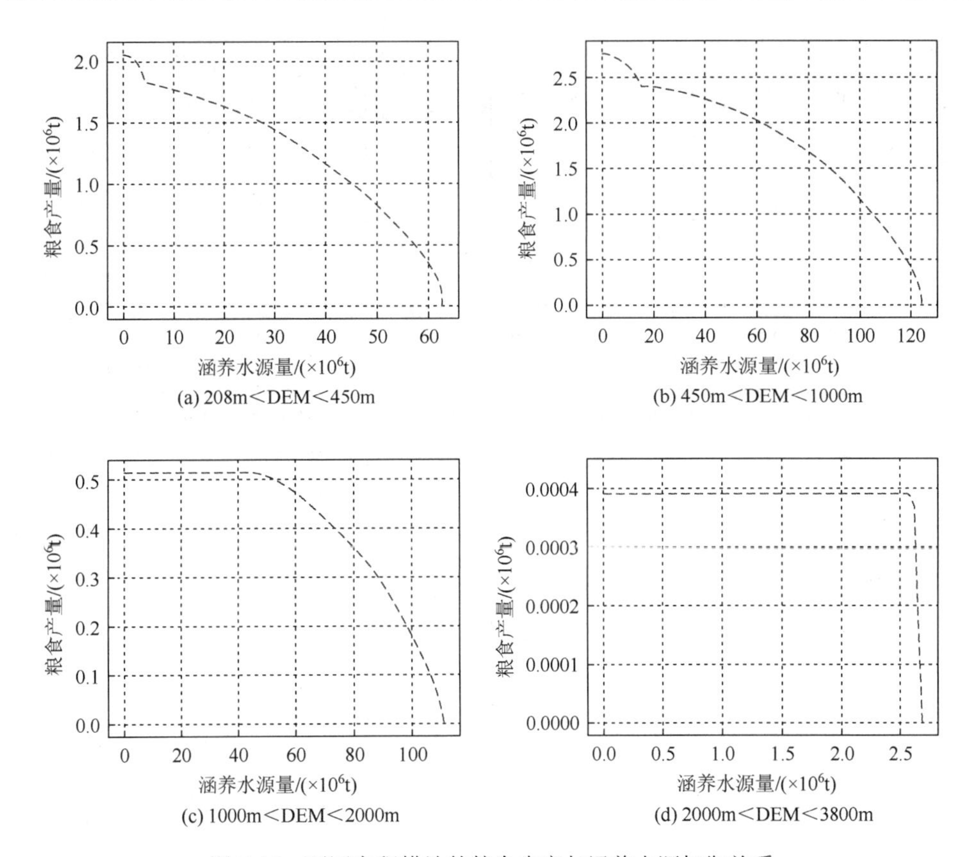

图 7-16　不同高程耕地的粮食生产与涵养水源权衡关系

等级 3 总粮食产量可达 0.55×10^6t，涵养水源总量可达 110×10^6t，平均斜率为 0.55/110 = 0.5%；等级 4 总粮食产量仅为 0.000 4×10^6t，涵养水源总量可达 2.2×10^6t，平均斜率为 0.000 4/2.2 = 0.018%。结合图 4-2 分析，等级 1 面积远小于等级 2 面积（等级 1 栅格数为 8 108 258，等级 2 栅格数为 15 590 030，30×30m），但粮食总产量相差只为 0.6×10^6t，等级 1 是等级 2 涵养水源量的一半，说明等级 1 的耕地亩产量远大于等级 2 的耕地，曲线平均斜率 3.5%＜2.3%，说明平均斜率能够一定程度上反映亩产量问题。等级 1 和等级 2 的左端开头斜率颇大，根据帕累托效率曲线制作过程说明有小部分区域粮食产量亩产量颇高，同等涵养水源成本产生的粮食增产效益大。等级 3 和等级 4（栅格数分别为 14 791 615、434 552，30×30m）曲线形状均为左端斜率几乎水平，说明部分区域种植的作物几乎没有产量。

3）不同地貌耕地的涵养水源与粮食生产 PPF 曲线

按照关天经济区的二级地貌图，在 ArcGIS 中对每种地貌中耕地的粮食生产和涵养水源服务进行提取采样，然后以样点数据为基础制作不同地貌耕地的粮食生产与涵养水源帕累托效率曲线（图 7-17）。

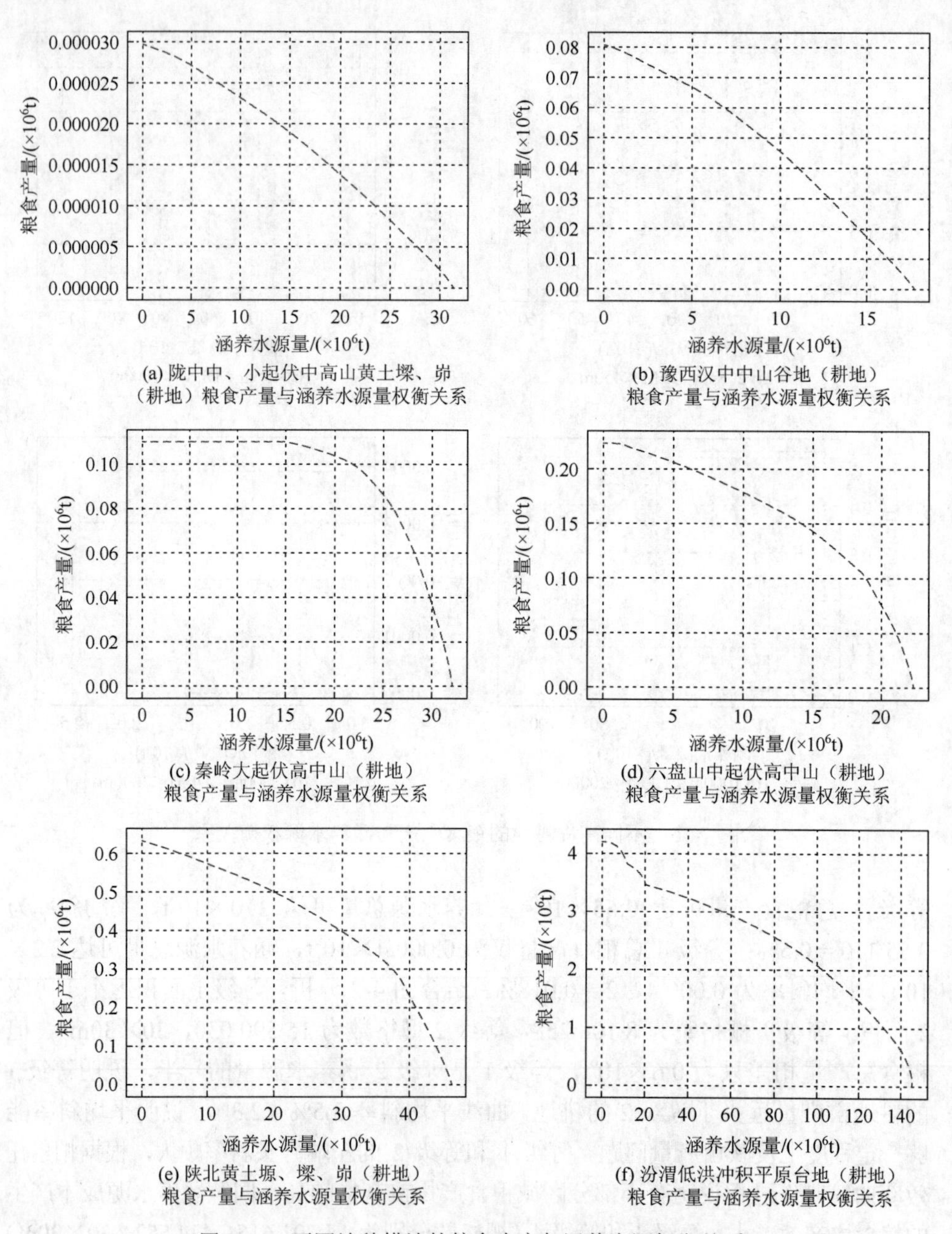

(a) 陇中中、小起伏中高山黄土墚、峁（耕地）粮食产量与涵养水源量权衡关系

(b) 豫西汉中中山谷地（耕地）粮食产量与涵养水源量权衡关系

(c) 秦岭大起伏高中山（耕地）粮食产量与涵养水源量权衡关系

(d) 六盘山中起伏高中山（耕地）粮食产量与涵养水源量权衡关系

(e) 陕北黄土塬、墚、峁（耕地）粮食产量与涵养水源量权衡关系

(f) 汾渭低洪冲积平原台地（耕地）粮食产量与涵养水源量权衡关系

图 7-17　不同地貌耕地的粮食生产与涵养水源权衡关系

由图 7-17 可以看出，涵养水源大小为：豫西汉中中山谷地＜六盘山中起伏高中山＜陇中中、小起伏中高山黄土墚、峁＜秦岭大起伏高中山＜陕北黄土塬、墚、峁＜汾渭低洪冲积平原台地；平均斜率大小为：陇中中、小起伏中高山黄土墚、峁＜秦岭大起伏高中山＜豫西汉中中山谷地＜六盘山中起伏高中山＜陕北黄土

塬、梁、峁＜汾渭低洪冲积平原台地，平均斜率反映了取得同样涵养水源增加量所需要的机会成本。秦岭大起伏高中山地貌的曲线左端几乎平行，是因为部分高海拔地区作物产量太低，涵养水源服务量较大。涵养水源的影响因素主要是降水，由对比可以发现涵养水源较少的区域粮食产量低，降水极大地影响粮食产量。在六种地貌中，豫西汉中中山谷地，六盘山中起伏高中山，陇中中、小起伏中高山黄土梁、峁，陕北黄土塬、梁、峁，汾渭低洪冲积平原台地五种地貌的涵养水源与粮食生产帕累托效率曲线较为相似，而秦岭大起伏高中山差异比较大，说明在秦岭大起伏高中山区域，有较多地区作物收成颇低，产量太少，需要方法提高粮食产量，如增加种植密度、换用适宜高海拔生长的种子等。

3. 粮食生产与土壤保持之间生产可能性边界

1）关天经济区范围整体 PPF 曲线

对整个关中-天水经济区的粮食生产和土壤保持图进行点采样，得到一个点矢量图层，然后矢量转栅格，制作具有相同单元格数的生态系统服务灰度图。最后按照制作帕累托效率曲线的方法，用 Python 制作粮食生产与土壤保持之间的帕累托效率曲线，如图 7-18。

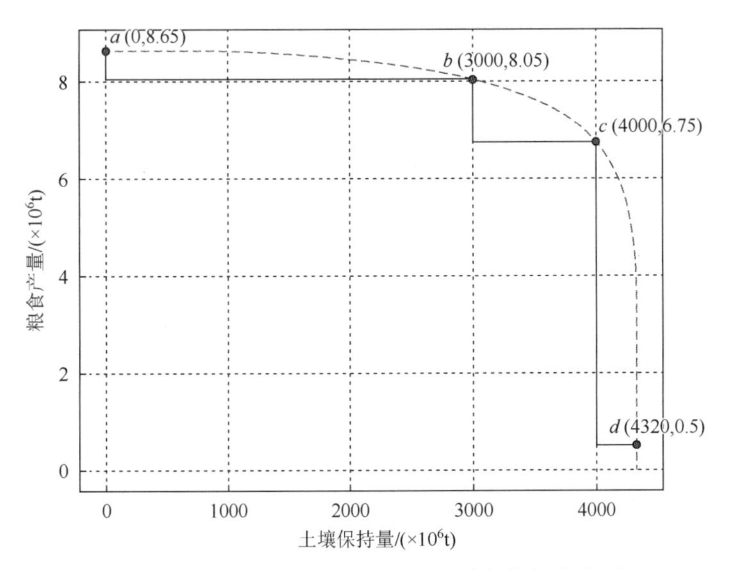

图 7-18　关天经济区粮食生产与土壤保持权衡关系

从图 7-18 可以看出，关天经济区粮食生产和土壤保持之间的帕累托效率曲线表现为向外“凸”的曲线，两者之间存在此消彼长的相互关系，并且随着土壤保持的增加，粮食生产的减少幅度逐渐增大。

图 7-18 中，以点 a，b，c，d 为例分析点。从点 a（0，8.65）到点 b（3 000，8.05），变化幅度最小，平均斜率 $k=$（8.05–8.65）/（3 000–0）=–0.02/100，表示意义是减

少 0.02×10^6t 的粮食产量，就可以实现 100×10^6t 的土壤保持量的增加；从点 b（3 000，8.05）到点 c（4 000，6.75），变化幅度有所增大，两点之间的平均斜率 k=（6.75–8.05）/（4 000–3 000）=–0.13/100，表示意义是减少 0.13×10^6t 的粮食产量，可以实现 100×10^6t 的土壤保持量增加；从点 c（4 000，6.75）到点 d（4 320，0.5），变化幅度继续增大，平均斜率 k=（0.5–6.75）/（4 320–4 000）=–1.95/100，表示意义是减少 1.95×10^6t 的粮食产量，才可以实现 100×10^6t 的土壤保持量的增加；在这里，粮食产量为土壤保持的机会成本，不同阶段为了提高一定土壤保持量所付出的机会成本是有巨大差异的，曲线初始阶段（a→b）只需付出轻微的机会成本，就可以对土壤保持量产生巨大的提升，之后从 b→c，c→d，增加相同土壤保持服务量的机会成本增大。尤其从 c 点到 d 点的变化，成本巨大，对土壤保持的增长效果很不明显，因此只需到 c 点，就可以以减少 22%的粮食生产（耕地面积），获得高达 90%的土壤保持增长。

2）不同高程耕地的土壤保持与粮食生产 PPF 曲线

采用 7.3.1 小节中对高程的分级方法，将耕地按照高程分为 4 级，然后对每一级耕地的粮食生产与土壤保持进行样点采集，以样点数据制作该高程等级的耕地帕累托效率曲线（图 7-19）。

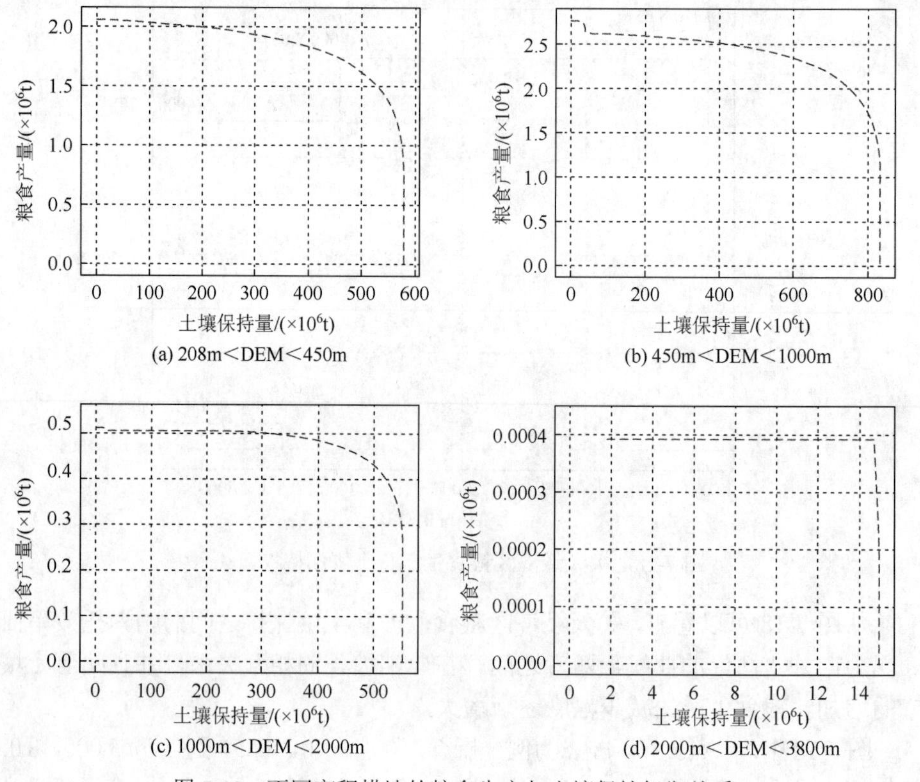

图 7-19　不同高程耕地的粮食生产与土壤保持权衡关系

对图 7-19 分析得出，不同等级高程耕地的帕累托效率曲线是存在较大差异的。在等级 1 和等级 2 两种等级下，其曲线形状较为相似，在等级 3 和等级 4 两种等级下的曲线形状也较为相似。等级 1 总粮食产量可达 2.2×10^6t，土壤保持总量可达 580×10^6t，平均斜率为 2.2/580 = 3.8‰；等级 2 总粮食产量可达 2.8×10^6t，土壤保持总量可达 820×10^6t，平均斜率为 2.8/820 = 3.4‰；等级 3 总粮食产量可达 0.55×10^6t，土壤保持总量可达 550×10^6t，平均斜率为 0.55/550 = 1.0‰；等级 4 总粮食产量仅为 $0.000\,4\times10^6$t，土壤保持总量可达 14.5×10^6t，平均斜率为 0.000 4/14.5 = 0.028‰。结合图 4-2 分析，等级 1 面积远小于等级 2 面积（等级 1 栅格数为 8 108 258，等级 2 栅格数为 15 590 030，30×30m），但粮食总产量相差只为 0.6×10^6t，等级 1 相对等级 2 土壤保持量少 240×10^6t，说明等级 1 的耕地亩产量远大于等级 2 的耕地，曲线平均斜率 3.8%＞3.4%，说明平均斜率能够一定意义上反映亩产量问题。等级 1 和等级 2 的左端开头斜率颇大，根据帕累托制作过程说明有小部分区域粮食产量亩产量颇高，同等土壤保持成本产生的粮食增产效益大。等级 3 和等级 4（栅格数分别为 14 791 615、434 552，30×30m）曲线形状均为左端斜率几乎水平，说明部分区域种植的作物几乎没有产量。

3）不同地貌耕地的土壤保持与粮食生产 PPF 曲线

按照关天经济区的二级地貌图，在 ArcGIS 中对每种地貌中耕地的粮食生产和土壤保持服务进行提取采样，然后以样点数据为基础制作不同地貌耕地的粮食生产与土壤保持帕累托效率曲线（图 7-20）。

由图 7-20 可以看出，土壤保持大小为：六盘山中起伏高中山＜豫西汉中中山谷地＜秦岭大起伏高中山＜陇中中、小起伏中高山黄土墚、峁＜陕北黄土塬、墚、峁＜汾渭低洪冲积平原台地；平均斜率大小为：陇中中、小起伏中高山黄土墚、峁＜秦岭大起伏高中山＜豫西汉中中山谷地＜六盘山中起伏高中山＜陕北黄土塬、墚、峁＜汾渭低洪冲积平原台地，平均斜率反映了取得同样土壤保持增加量所需要的机会成本。六种地貌情况下帕累托效率曲线形状都比较相似，均是从左向右，左端平缓，几乎平行于 X 轴，然后中间部分斜率开始增大，之后斜率又急剧增大，几乎平行于 Y 轴，说明土壤保持与粮食生产的权衡关系受到地貌地形的影响较小，不会因高程等因素而发生巨大变化。

4. 生态系统服务四维关系

粮食生产、固碳、土壤保持和涵养水源等四种生态系统服务在整个关天经济区范围内因地形、地势等各种因素影响而有不同的关系。本书对整个关天经济区采样近 2 万个点，根据生态系统服务大小将四种生态系统服务展示在一张图中，如图 7-21 所示。

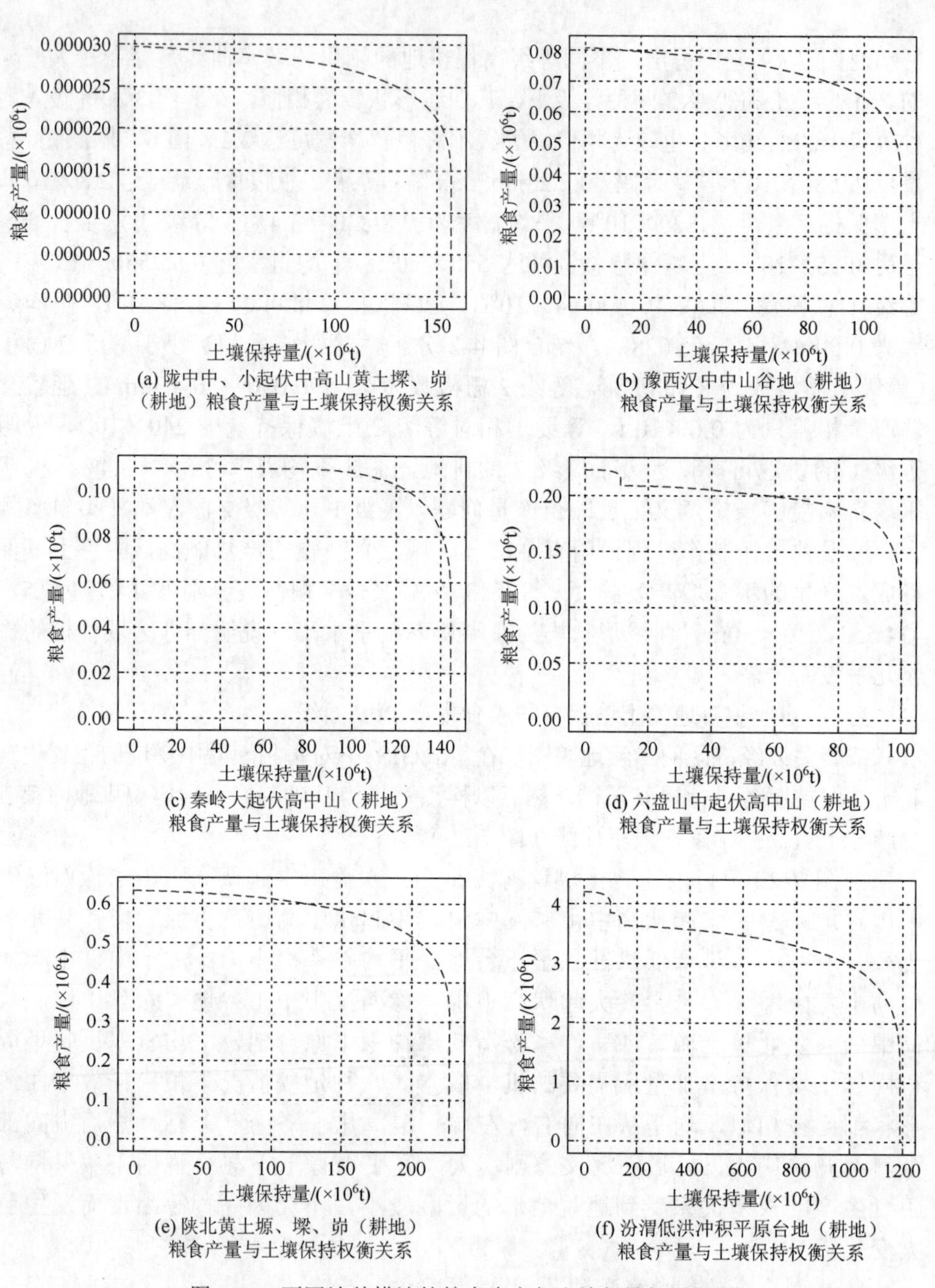

(a) 陇中中、小起伏中高山黄土墚、峁（耕地）粮食产量与土壤保持权衡关系

(b) 豫西汉中中山谷地（耕地）粮食产量与土壤保持权衡关系

(c) 秦岭大起伏高中山（耕地）粮食产量与土壤保持权衡关系

(d) 六盘山中起伏高中山（耕地）粮食产量与土壤保持权衡关系

(e) 陕北黄土塬、墚、峁（耕地）粮食产量与土壤保持权衡关系

(f) 汾渭低洪冲积平原台地（耕地）粮食产量与土壤保持权衡关系

图 7-20　不同地貌耕地的粮食生产与土壤保持权衡关系

由图 7-21 可以看出，总体上，关天大部分区域固碳量在 15～25t/hm^2，粮食产量大部分小于 4t/hm^2，土壤保持量大部分小于 2 000t/hm^2；涵养水源较低的点，其固碳和土壤保持量也较低，涵养水源较高的点，具有较大的固碳

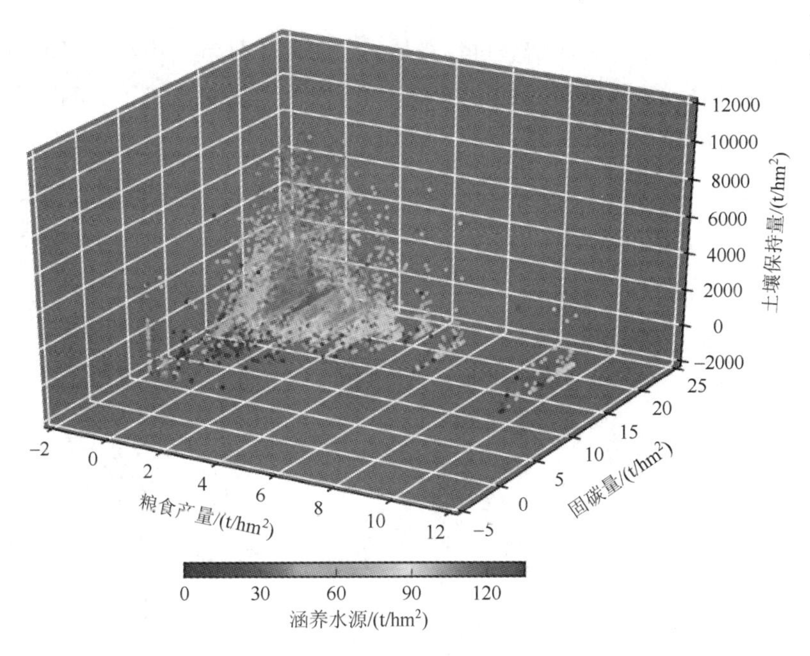

图 7-21　生态系统服务四维散点图

水平和土壤保持能力，说明涵养水源、固碳以及土壤保持有协同关系；粮食生产较高的点，其涵养水源以及土壤保持量较低，且土壤保持量部分为负值，存在较严重的水土流失现象，也说明粮食生产和其他三种生态系统服务存在权衡关系。

7.2.3　基于帕累托效率曲线的生态系统服务优化配置

1. 生态系统服务情景模拟预测

生态系统服务之间存在复杂的权衡竞争与协同关系，但土地资源是有限的，如果要获得粮食生产的大幅度提高，那么就需要减少森林或草地的种植面积，增加耕地面积，但由此会导致调节服务功能（固碳、土壤保持、涵养水源）的减弱，因此，把握资源分配的度的问题是很重要的。

本书设定两种情景来模拟 2030 年土地利用状况：保护情景和计划情景。保护情景就是对城镇化进度进行一定的约束，随着经济社会的不断发展，为满足更多人口进入城市潮流，以及社会发展的城镇化趋势，城镇人口比例迅速增加，而城镇边缘多数为耕地，城镇化发展必然会占用耕地面积，减少的耕地面积可能从林地或草地索取，因此在保护情景下需要限制减缓城镇化进程，以生态保护为重要目标。计划情景就是不限制城镇化进程，以 2005～2010 年的变化趋势继续发展转变。

在 IDiris 软件中对两种情景进行模拟。对不同土地利用类型设置不同的限制因子和影响因素，在两种情景下，对高程、降水、公路、水系等影响因素及限制因子进行不同设置。预测得到 2030 年土地利用类型图（图 7-22，图 7-23）。

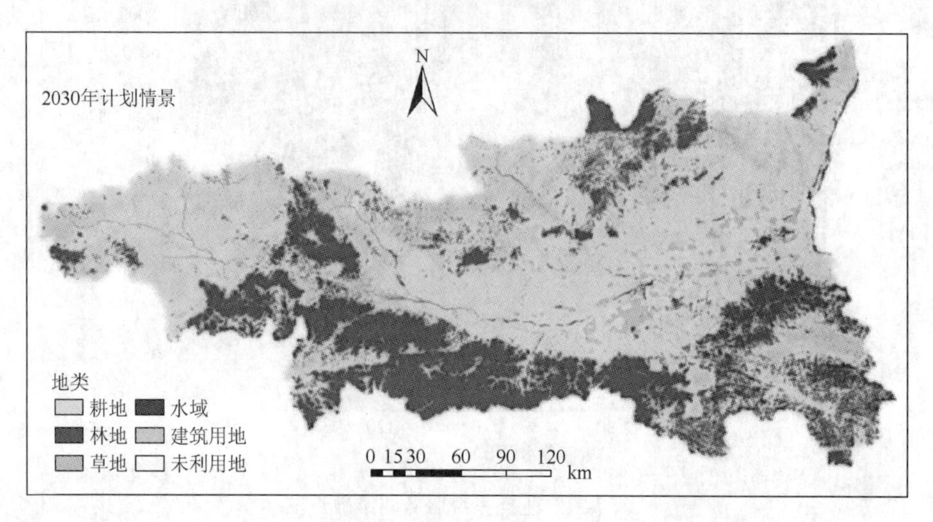

图 7-22　计划情景 2030 年关天经济区土地利用类型图

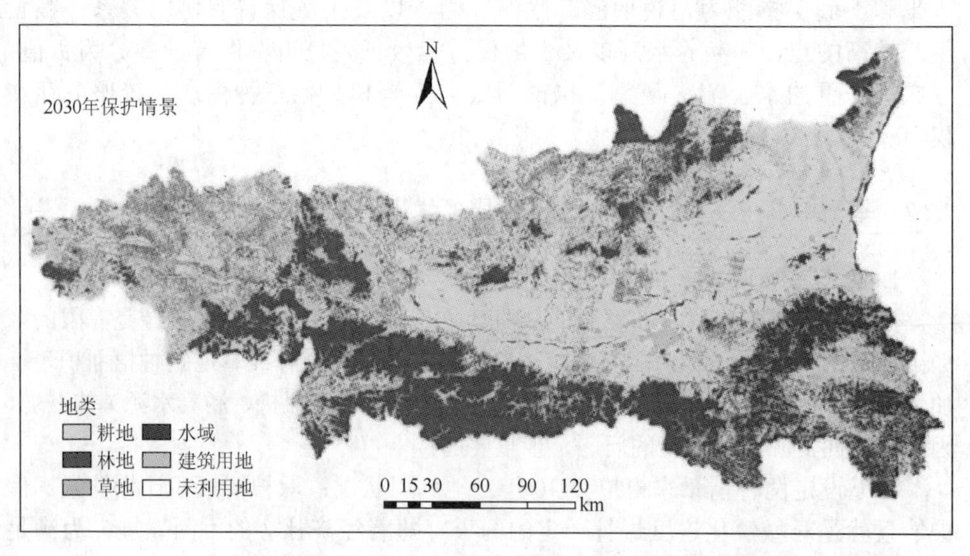

图 7-23　保护情景 2030 年关天经济区土地利用类型图

对两种情景下土地利用图进行统计，得到各种土地利用类型面积，如表 7-2 所示。

表 7-2　关天经济区土地利用面积变化图　（单位：hm^2）

土地类型	2010 年实际情况	2030 年保护情景	2030 年计划情景
耕地	3 503 201	3 461 192	3 396 514
林地	1 875 642	1 940 335	1 940 075
草地	2 327 579	2 299 210	2 298 145
水域	84 235	67 612	67 018
建设用地	181 829	209 102	271 409
未利用地	9 777	9 533	9 523

从表 7-2 可以得出：保护情景下，耕地面积由 2010 年的 3 503 201hm^2 减少至 3 461 192hm^2，相比 2010 年减少 42 009hm^2，降低比率 1.2%；林地面积由 1 875 642hm^2 增加至 1 940 335hm^2，相比 2010 年增加 64 693，上升比率 3.4%；草地面积由 2010 年的 2 327 579hm^2 减少至 2 299 210hm^2，相比 2010 年减少 28 369hm^2，降低比率 1.2%；水域面积由 2010 年的 84 235hm^2 减少至 67 612hm^2，相比 2010 年减少 16 623hm^2，降低比率 19.7%；建筑用地面积由 2010 年的 181 829hm^2 增加至 209 102hm^2，相比 2010 年增加 27 273hm^2，上升比率 15.0%；未利用地面积由 2010 年的 9 777hm^2 减少至 9 533hm^2，相比 2010 年减少 244hm^2，降低比率 2.5%。计划情景下，耕地面积由 2010 年的 3 503 201hm^2 减少至 3 396 514hm^2，相比 2010 年减少 106 687hm^2，降低比率 3.0%；林地面积由 1 875 642hm^2 增加至 1 940 075hm^2，相比 2010 年增加 64 433，上升比率 3.4%；草地面积由 2010 年的 2 327 579hm^2 减少至 2 298 145hm^2，相比 2010 年减少 29 434hm^2，降低比率 1.3%；水域面积由 2010 年的 84 235hm^2 减少至 67 018hm^2，相比 2010 年减少 17 217hm^2，降低比率 20.4%；建筑用地面积由 2010 年的 181 829hm^2 增加至 271 409hm^2，相比 2010 年增加 89 580hm^2，上升比率 49.3%；未利用地面积由 2010 年的 9 777hm^2 减少至 9 523hm^2，相比 2010 年减少 254hm^2，降低比率 2.6%。

对比两种情景，整体趋势都是耕地有所减少，建筑用地增加，保护情景下建筑用地增加 15%，而计划情景下建筑用地增加高达 49.3%，导致耕地减少 3%。两种情景下耕地、林地和草地面积总和降低，水域面积也减少，生态系统恶化。由于计算生态系统服务的未来数据缺乏，本书假设 2010 年生态系统服务的各种变量未来不变，计算 2010 年各种土地利用类型的每种生态系统服务平均值，然后结合两种情景的土地利用类型，得出各种生态系统服务总量值。

2. 生态系统服务优化配置

在两种情景下，计算得出关天经济区固碳量和土壤保持量，粮食产量仍使用 2010 年产量。为了优化配置更理想，取历年生态系统服务最大值制作帕累托效率曲线。然后分别将保护和计划情景下的固碳量、粮食产量以及土壤保持量展点到坐标系中（图 7-24，图 7-25）。

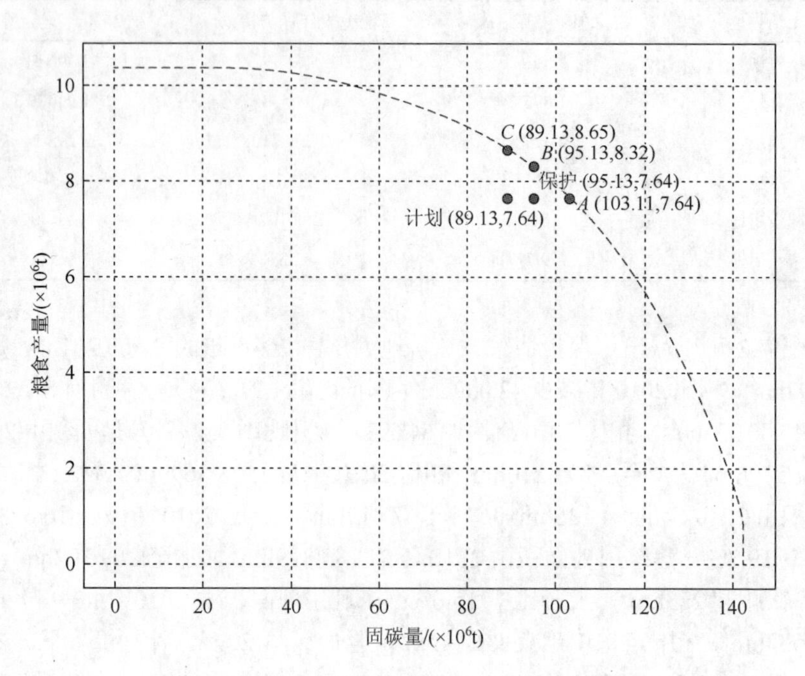

图 7-24　关天经济区粮食生产与固碳权衡关系

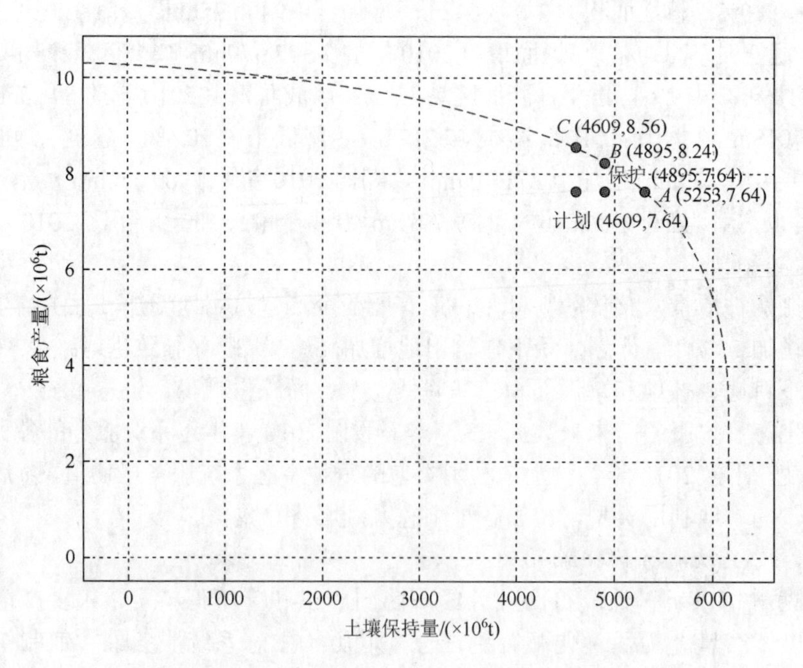

图 7-25　关天经济区粮食生产与土壤保持权衡关系

在图 7-24 中，点（89.13，7.64）表示计划情景下的固碳和粮食生产，点（95.13，7.64）表示保护情景下的固碳和粮食生产。两种情景下固碳和粮食生产均未到达曲线，说明没有达到最优配置，存在优化潜力。但保护情景比计划情景更接近曲线，说明保护情景更加合理。对于保护情景点，到达曲线取两种极端，一种可以通过上移到达 *B* 点（95.13，8.32），只增加粮食产量，不增加固碳量，即分配草地或建筑用地给耕地，平坦区域尽量发展耕地，高低起伏区域退耕还林，多种植树木；另一种可以通过右移到达 *A* 点（103.11，7.64），保持粮食产量，增加固碳量，即增加林地、草地等绿化面积。实际中，两种极端是很难实现的，只要能更加接近曲线即为到达优化，并且粮食产量的人为影响大，现代农业发展可以提高亩产量，相同面积的耕地生产出更多的粮食，因此为了保护生态环境，注重增强调节服务，应尽量增加绿化面积，放慢城市化脚步，绿化城市，改善生态环境。对于计划情景点，同样可通过优化接近帕累托效率曲线。两种情景对比，表明从保护生态系统的角度来看，保护情景更为合理。

同样在图 7-25 中，点（4 609，7.64）和点（4 895，7.64）分别表示计划、保护两种情景下的土壤保持和粮食生产。两点均在帕累托效率曲线下方，未到最优配置，有更优配置潜力，且保护点比计划点更加靠近曲线，说明保护情景更加合理。在保护情景下，优化时可以优化至曲线上点 *A*（5 253，7.64）和点 *B*（4 895，8.24）之间的点上，更加合理地分配土地以及提高土地利用效率，在满足粮食需求的情况下尽可能提高土壤保持量，增强调节服务功能。

7.2.4　多情景下生态系统服务的集成

生态系统服务间存在着复杂的内部关系，各生态系统服务功能或者相互促进，或者相互抵消，表现为生态系统服务功能间的协同与权衡关系。所谓协同，就是当生态系统发生变动，导致一种或几种生态系统服务功能得到提升时，同时也引起其他一种或多种生态系统服务的提升。例如，当国家实行退耕还林还草政策时，草地林地等植被面积增大，生态系统服务功能中的空气净化会得到提升，同时，生态系统服务中的固碳功能也得到了提升，因此可以称此区域的生态系统服务功能中固碳与空气净化功能呈协同关系。所谓权衡，就是当生态系统发生改变，导致区域内一种或多种生态系统服务功能得到提升时，同时造成区域内其他一种或多种生态系统服务功能下降。例如，拓荒地增加耕地面积，破坏了原来林地草地，使得生态系统内提供的粮食生产服务量提升，但土壤保持能力下降，可以称此区域内生态系统服务功能中粮食生产功能与土壤保持功能呈权衡关系。

探讨生态系统中各生态系统服务功能的协同与权衡关系，可以增加人们对生态系统内部关系的了解，以实现对生态系统更加合理和高效的利用。同时，在对生态系统进行开发和保护时，应用生态系统服务的权衡和协同理论，能达到更好的管理效果。

1. 生态系统服务关系研究方法

由于生态系统服务间的权衡与协同关系主要通过生态系统服务相互的变化关系体现，本书在探究固碳、土壤保持和产水间的相互关系时，采用统计各情景间的变化量来体现。通过对比 2050 年各情景相比 2010 年实际情况下三种生态系统服务总量的增加与减少关系，分别对固碳与土壤保持、固碳与产水及土壤保持与产水间的相互关系进行研究，通过 16 种情景下三种生态系统服务互相的增减关系，最终确定三者间的权衡与协同关系。

本书中，未来的情景是由政策及气候共同影响下形成的，综合政策与气候共生成了 16 种情景下的土地利用图，每一个情景对应着三种生态系统服务功能，在进行权衡与协同关系研究时，需将一种生态系统服务功能在 2050 年的服务量与 2010 进行运算，之后与另一种生态系统服务比较。考虑到工作量巨大，且在对生态系统服务的研究中，情景分析已经成为一种越来越热门的趋势，本书使用编程的方法，利用 ESRI 公司的 ArcGIS Engine 产品在.net 平台下，用 C#开发语言，制作了专门用于分析多情景下生态系统服务功能间权衡与协同关系的处理工具（图 7-26），不但在本书的研究中减少了工作量，提高了工作效率，还可以为以后的相关研究提供借鉴。

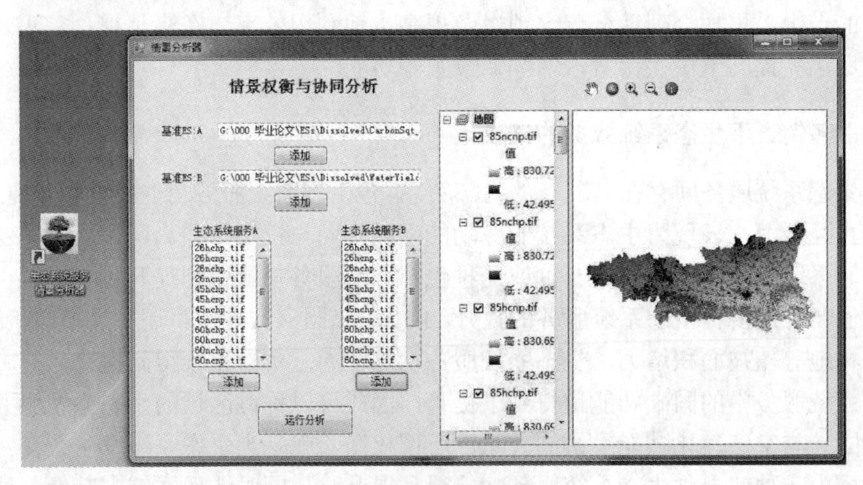

图 7-26　情景分析器

ArcGIS Engine 是美国 ESRI（Environmental Systems Research Institute，美国环境系统研究所）公司在 ArcGIS 9 版本时推出的一套软件开发环境。它可以独立于 ArcGIS Desktop，编程人员可以创建自定义的应用程序，并且支持多种开发语言，例如 C++、Java 等，大大方便了编程人员[4]。本书在.net 开发环境，实现了数据的载入、地图表达和栅格计算、分析及图形输出的功能。

情景分析器的原理为：

（1）统计基准生态系统服务 A 在初始时间所对应的栅格中，生态系统服务总量，并存入数组 iniA[n]中。计算基准情景 B 所对应的栅格中，生态系统服务总量，存入数组 iniB[n]中。其中 n 代表进入计算的情景数量，在本书中，IniA 对应 2010 年选定生态系统服务的实际值，n 为 16。在分析器中预算时，n 由加入的情景数据数量决定。在存储基准情景的数组中，每个数组内 n 个数组相同。

（2）分别统计 n 种情景下生态系统服务 A 所对应的各个栅格总量，并存入数组 scenarioA[n]中；统计 n 种情景下生态服务 B 所对应的各个栅格总量，存入数组 scenarioB[n]中。在本书中，scenariaA[n]和 scenario[n]分别代表生态系统服务 A 和生态系统服务 B 在 16 种情景种的总量。

（3）执行数组间的减法，使 $X[n]$ = scenarioA[n]–iniA[n]，$Y[n]$ = scenarioB[n]–iniB[n]。分别以 $X[n]$和 $Y[n]$为坐标系横纵坐标，使用 python 作为脚本语言绘图，从图中分析生态系统服务 A 与生态系统服务 B 的权衡或协同关系。

使用编写好的生态系统服务情景分析器，分别向分析器中输入固碳与土壤保持、固碳与产水、土壤保持与产水三组生态系统服务，即可得到三者之间较为清晰的关系图。

2. 生态系统服务间的协同关系

向生态系统服务情景分析器中输入固碳与土壤保持的 2010 年基准服务总量栅格数据和 2050 年各情景下的 2 组各 16 种情景下的生态系统服务量栅格之后，得到固碳与土壤保持功能间清晰的协同效果，如图 7-27 所示。

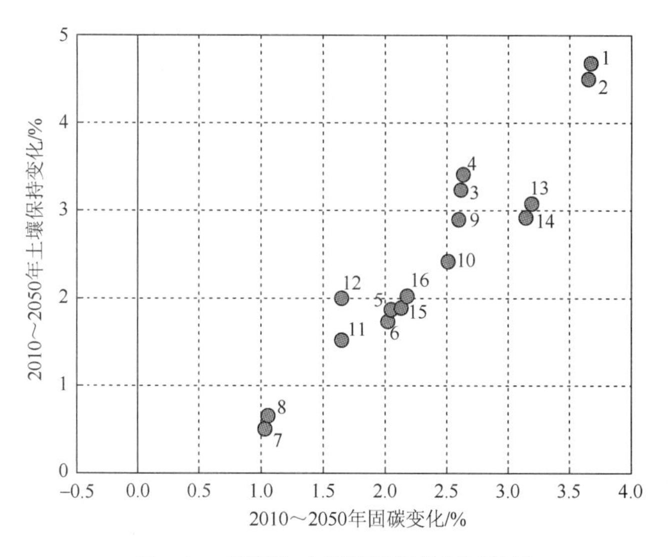

图 7-27　固碳与土壤保持间的相互关系

由图 7-27 可见，固碳与土壤保持呈现显著的协同关系。固碳量在各个情景下均呈现增加趋势，变化量在 1%～4%；土壤保持量同样呈增加趋势，增加量在 0～5%。固碳量在情景 7 和情景 8 时增加量最小，在情景 1 和情景 2 时增加量最大；土壤保持量在相应的情景下同样呈最小和最大的变化量。16 种情景间变化量比较时，固碳量随情景 7 到情景 1 呈持续递增，同时，土壤保持量随情景 7 到情景 1 也呈相同的递增趋势。当气候发展模式发生变化或改变国家政策时，固碳量和土壤保持量呈同增同减，表现为显著的协同关系。

3. 生态系统服务间的权衡关系

向生态系统服务情景分析器中输入固碳与产水的 2010 年基准服务总量栅格数据和 2050 年各情景下的 2 组各 16 种情景下的生态系统服务量栅格之后，得到固碳与土壤保持功能间清晰的权衡效果，如图 7-28 所示。

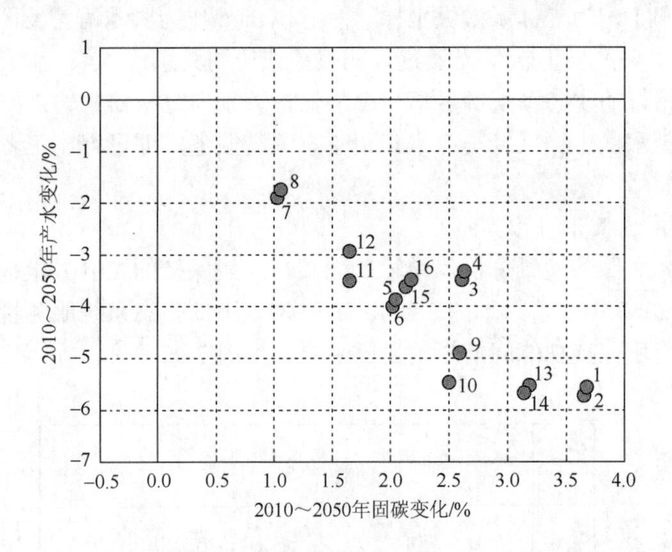

图 7-28　固碳与产水间的相互关系

由图 7-28 可见，固碳与产水呈现显著的权衡关系。固碳量在各个情景下均呈现增加趋势；而与之相反的，产水量却同样呈递减趋势，减少量在 1～6%。固碳量在情景 7 和情景 8 时增加量最小，在情景 1 和情景 2 时增加量最大；而产水量在相应的情景下与固碳量的变化完全相反，在情景 7 和情景 8 时减少量最少，而在情景 1 和情景 2 时减少量最多。16 种情景间变化量比较时，固碳量随情景 7 到情景 1 呈持续递增，而与之相对的，产水量随情景 7 到情景 1 则呈递减趋势。当气候发展模式发生变化或改变国家政策时，固碳量和产水量呈一增一减，表现为显著的权衡关系。

向生态系统服务情景分析器中输入土壤保持与产水的 2010 年基准服务总量

栅格数据和2050年各情景下的2组各16种情景下的生态系统服务量栅格之后，得到固碳与土壤保持功能间清晰的权衡效果，如图7-29所示。

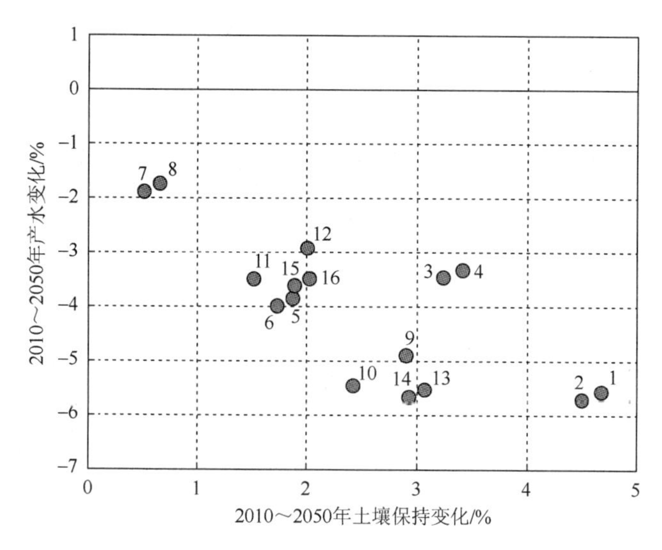

图7-29 土壤保持与产水间的相互关系

由图7-29可见，土壤保持与产水呈现显著的权衡关系。土壤保持量增加在各个情景下均呈现增加趋势，变化量在0～4%；产水量则呈递减趋势。土壤保持量在情景7和情景8时增加量最小，在情景1和情景2时增加量最大；而产水量在相应的情景下同样呈相反的最大和最小的变化量。16种情景间变化量比较时，土壤保持量随情景7到情景1呈持续递增，而土壤保持量随情景8到情景2呈递增趋势。当气候发展模式发生变化或改变国家政策时，土壤保持量和产水量亦呈一增一减，表现为显著的权衡关系。

4. 固碳、土壤保持、产水间的三维关系

关天经济区固碳、土壤保持、产水间不但存在着两两相关的权衡与协同关系，将三者共同考虑时，发现三者间也存在着相互的内在关系。本书将2050年各情景下固碳、土壤保持与产水相对于2010年三种生态系统服务的变化作为三维坐标系的*XYZ*轴，绘制三维坐标系，如图7-30所示。

由16种情景下各生态系统服务变化量所组成的坐标点大致分布在三维坐标系所构成的立方体体对角线上。固碳量增加最多的情景下，土壤保持量同样增加最多，而产水量则减少最多；而产水量减少的情景下，固碳量和土壤保持量则增加最少。当固碳量从0.5%增加到4.0%时，土壤保持量近乎保持线性的从0～5%逐渐递增，同时，产水量亦近乎线性地从−1.5%到−6.0%逐渐递减。

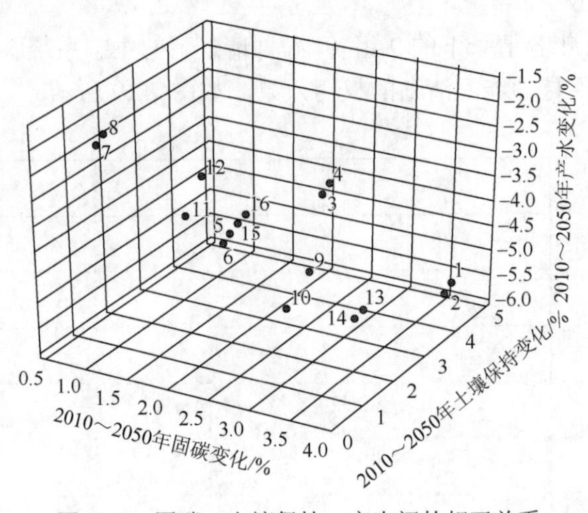

图 7-30　固碳、土壤保持、产水间的相互关系

5. 生态系统服务模型

1）固碳估算

固碳，也称碳封存，指的是以捕获碳并安全封存的方式取代直接向大气排放 CO_2 的工程，主要包括直接从大气中分离 CO_2 并封存，以及将人类活动产生的碳排放物封存到碳库中两方面。本书研究的固碳主要分为地上与地下两部分，地上部分由净第一性生产力（NPP）推算得出，每千克干物质会固定 1.63kg 的 CO_2；地下部分主要研究土壤有机碳。

（1）地上部分。本书采用 CASA（Carnegie-Ames-Stanford Approach）模型计算植被净第一性生产力（NPP），进而计算出地上固碳量。该模型由 Potter[5]和 Field[6]提出并建立。净初级生产力的估算由植被吸收的光合有效辐射（APAR）和光能转化率（ε）两个变量确定[7]。

$$\mathrm{NPP}(x,t)=\mathrm{APAR}(x,t)\times\varepsilon(x,t) \tag{7-1}$$

式中，x 表示空间位置；t 表示时间；APAR（x, t）表示空间位置 x 在 t 个月吸收的光合有效辐射[MJ/(m^2·月)]；ε（x, t）为像元 x 在 t 个月的光能转化率（g C/MJ）。

（2）地下部分。土壤呼吸（soil respiration）是指未扰动土壤中产生 CO_2 的所有代谢作用，包含自养呼吸（根呼吸）和异养呼吸（微生物和土壤动物呼吸），常把异养呼吸部分称为土壤基础呼吸。已有研究表明，土壤呼吸熵与土壤有机碳呈现极显著的负相关关系，这意味着土壤呼吸强度与土壤有机碳之间具有相互协调作用。本书根据土壤基础呼吸建立土壤二氧化碳排放与土壤有机碳含量关系模型。

根据土壤呼吸的生理过程可得：当大气-植被-土壤处于平衡状态时，净第一性生产力（NPP）与通过土壤呼吸释放的有机碳是相等的，即 NPP = $R_h+R_L = R_H$。

其中，R_h 为土壤腐殖质分解量，R_L 为凋落物矿质化量，R_H 为土壤呼吸量[8]。由于研究区为干旱与半干旱气候，土壤水分对土壤呼吸有较大影响，因此本书选用了由周涛等[8]改进的碳循环过程模型来反演土壤基础呼吸。该模型在原碳循环过程的基础上增加了水分因子，用年降水量和年潜在蒸散量，结合温度敏感因子描述土壤水分对土壤呼吸的影响，使模型更适用于研究区。其公式如下：

$$A_{ij} = \frac{R_H}{\exp(bT)y} \tag{7-2}$$

$$y = \frac{1}{1 + 30.0\exp(-8.5x)} \tag{7-3}$$

$$x = \frac{\text{PPT}}{\text{PET}} \tag{7-4}$$

$$R_H = \text{NPP} \tag{7-5}$$

$$\text{即 } A_{ij} = \frac{\text{NPP}}{\exp(bT)y} \tag{7-6}$$

式中，A_{ij} 为土壤基础呼吸；PPT 为年降水量；PET 为年潜在蒸散量；b 为温度敏感常数因子。

取 2000 年渭河流域关天段土壤基础呼吸反演结果与全国第二次土壤普查数据结合，随机采样 60 个点，将二者做回归分析。分析结果表明，二者呈线性相关，$R^2 = 0.739\ 1$，相关性比较明显，可用该回归模型结合各年土壤基础呼吸数据估算土壤有机碳含量。

2）生物多样性估算

InVEST 软件通过模拟不同土地利用类型下生态系统服务物质量和价值量变化情况对生态系统服务功能进行评价。其中生物多样性评价模块（biodiversity model）主要探讨人类活动影响因素和不同的管理策略对生态系统服务功能变动的衡量。生物多样性评价模块通过模拟栖息地的质量，空间化表达生物多样性。通过对人为影响威胁因子的影响距离，法律保护的准入性等因素与栖息地之间的研究来考量生境退化（degration）、生境质量（habitat quality），揭示土地利用变化可能带来的生态系统服务功能和质量的相应变化规律。

该模型采用土地覆盖信息，结合威胁生物多样性的生态因子，对区域景观的生境退化、生境质量等状况进行评价。InVEST 软件中的生物多样性评价模块的运行与人为影响威胁因子的影响距离、生态威胁因子源头与栖息地距离、栖息地对生态威胁因子的敏感程度以及保护区划定（法律保护）四个因素紧密相关。对应地，该模型需要的数据包括：土地利用类型图、生态威胁因子的影响范围、各土地利用类型对于生态威胁因子的敏感程度以及自然保护区制定情况和实施难易的准入度[9]。

生境退化度与生境中土地利用类型与生态威胁因子的距离、土地利用类型对人为威胁因子的敏感程度和人为威胁因子的数量有密切关系。生物多样性评价模型中，地类对人为威胁因子的敏感性程度越高，则表明该人为威胁因子对地类退化程度的影响越大[10]。生境退化度的计算方程如下：

$$D_{xj}=\sum_{r=1}^{R}\sum_{y=1}^{Y_r}\left(\frac{W_r}{\sum_{r=1}^{R}W_r}\right)r_y i_{rxy}\beta_x S_{jr} \tag{7-7}$$

式中，D_{xj} 为生境退化度；R 为人为威胁因子个数；W_r 为威胁因子的权重；Y_r 为威胁层在土地利用图层上的栅格个数；r_y 表示土地利用图层每个栅格上威胁因子的个数；β_x 表示法律保护的程度；S_{jr} 表示敏感度。

InVEST 软件的生物多样性模块测算生境质量指数评价生境质量。计算结果范围为：0～1，值越大代表栖息地质量越高，生物多样性质量越高。计算公式为

$$Q_{xj}=H_j(1-[D_{xj}^z/(D_{xj}^z+k^z)]) \tag{7-8}$$

式中，Q_{xj} 是土地利用类型 j 中栅格 x 的生境质量；D_{xj} 是土地利用类型 j 栅格 x 的生境胁迫水平；k 是缩放参数（常数）。

$$D_{xj}=\sum_{r=1}^{R}\sum_{y=1}^{Y_r}\left(W_r/\sum_{r=1}^{R}W_r\right)r_y i_{rxy}\beta_x S_{jr} \tag{7-9}$$

栅格 y 中胁迫因子 r（r_y）对栅格中生境的胁迫作用为 i_{rxy}:

$$i_{rxy}=1-\left(\frac{d_{xy}}{d_{r\max}}\right) \tag{7-10}$$

式中，d_{xy} 为栅格 x 与 y 之间的线性距离；$d_{r\max}$ 为胁迫因子最大有效威胁距离；W_r 为胁迫因子的权重；β_x 为栅格 x 的可达性水平；S_{jr} 为土地利用类型 j 对胁迫因子的敏感性。

3）产水估算

本书采用 SWAT 研究产水生态系统服务，无论采用 SWAT 研究径流还是产沙或者库容问题，水量平衡是任何过程的驱动力，模型模拟的水文循环必须符合流域实际[11]。产水服务是在 SWAT 模型水文模块基础上得到的结果，因此，本书对 SWAT 模型水文模块原理进行简单介绍。

基于水量平衡，SWAT 模型模拟每个子流域与每个水文响应单元的地表径流和洪峰流量。其中的水量平衡方程为

$$\mathrm{SW}_t=\mathrm{SW}_0+\sum_{i=1}^{t}(R_{\mathrm{day}}-Q_{\mathrm{surf}}-E_{\mathrm{a}}-W_{\mathrm{seep}}-Q_{\mathrm{gw}}) \tag{7-11}$$

式中，SW_t 为土壤的最终含水量（mm）；SW_0 为第 i 日初始土壤的含水量（mm）；

t 为时间步长（d）；R_{day} 为第 i 日的降水量（mm）；Q_{surf} 为 i 日的地表径流量（mm）；E_a 为 i 日的蒸发量（mm）；W_{seep} 为 i 日通过土壤剖面进入包气带的渗透量和测流量（mm）；Q_{gw} 为 i 日的回归流量（mm）。

（1）地表径流。当地表供水大于下渗时，地表径流发生。当向干燥土壤供水时，供水率和下渗率可能是相同的。但随着土壤湿度增加，下渗率呈下降趋势，当供水速率大于下渗速率，地表洼地开始蓄水。如果供水速率继续大于下渗速率，一旦洼地填满，则地表径流发生。SWAT 模型运用 SCS 曲线预测地表径流因降水产生的径流量。SCS 模型综合考虑了流域内的降水、土地利用类型、土壤类型以及前期土壤状况与径流之间的关系。SCS 模型的表达式为

$$Q_{surf}=\frac{(R_{day}-I_a)^2}{(R_{day}-I_a+S)} \tag{7-12}$$

式中，Q_{surt} 为累计径流量（mm）；I_a 为初损量，包括地表蓄水、截留和产流前的下渗（mm）；S 为持蓄参数，指降雨前的土壤潜在最大滞留量（mm）。持蓄系数的方程式为

$$S=25.4\left(\frac{1000}{\text{CN}}-10\right) \tag{7-13}$$

式中，CN 为模拟日的曲线数，与土壤类型、植被类型、流域的坡度等有关，CN 值越小，产水径流的难度就越大。当 CN 等于 0 或 100 时不产生径流。

（2）下渗。下渗发生在土壤剖面的每一个土层，当土层含水量超过田间持水量时发生下渗，当土层冻结时，没有水流运动。从一个土层向下一层运动的水分采用库容演算方法：

$$W_{perc,ly}=\text{SW}_{ly,excess}\times\left[1-\exp\left(\frac{-\Delta t}{\text{TT}_{perc}}\right)\right] \tag{7-14}$$

$$\text{TT}_{perc}=\frac{\text{SAT}_{ly}-\text{FC}_{ly}}{K_{sat}} \tag{7-15}$$

式中，$W_{perc,\,ly}$ 为一个土层向下一个土壤的渗透量（mm）；$\text{SW}_{ly,\,excess}$ 为模拟日土壤层排出水量（mm）；Δt 为时间步长（h）；TT_{perc} 为渗透传播时间（h）；SAT_{ly} 为土层完全饱和时含水量（mm）；K_{sat} 为土壤饱和水力传导率（mm/h）；FC_{ly} 为土层田间持水量（mm）。

（3）地下侧流。SWAT 模型将距地表 0～2m 的范围内的下渗与侧向流一起计算。当土壤层的蓄水量超过田间持水量时，侧流生成。土壤侧流的计算方程为：

$$Q_{lat}=0.024\times\left(\frac{2\times\text{SW}_{ly,excess}\times K_{sat}\times\text{slp}}{\phi_d\times L_{hill}}\right) \tag{7-16}$$

式中，Q_{lat} 为山坡出口排水量（mm）；$\text{SW}_{ly,\,excess}$ 为饱和带单位面积中可以排出水

量（mm）；K_{sat}为饱和水力传导率（mm/h）；L_{hill}为山坡坡长（m）：ϕ_d为土壤可排泄孔隙率。

（4）地下水。水分进入地下水存储的主要方式为下渗和渗漏，在径流过程中，浅层地下水储量被创建模拟河流对地下水的贡献率。浅层含水层的水量平衡公式为：

$$\mathrm{aq}_{\mathrm{sh},i}=\mathrm{aq}_{\mathrm{sh},i-1}+W_{\mathrm{rchrg}}-Q_{\mathrm{gw}}-W_{\mathrm{revap}}-W_{\mathrm{deep}}-W_{\mathrm{pump,sh}} \tag{7-17}$$

式中，$\mathrm{aq}_{\mathrm{sh},\,i}$为第 i 日浅层含水层的蓄水量（mm）；$\mathrm{aq}_{\mathrm{sh},\,i\text{-}1}$为第 i 日进入浅层含水层的水量（mm）；Q_{gw}为第 i 日进入主河道的地下水流或基流水量（mm）；W_{revap}为第 i 日由于水分亏缺而进入土壤层的水量（mm）；W_{deep}为第 i 日由浅层含水层渗漏进入深层含水层的水量（mm）；$W_{\mathrm{pump,\,sh}}$为第 i 日从浅层含水层抽取的水量（mm）。

（5）蒸散发。蒸散发是指使地球表面水分转化为水蒸气的所有过程，包括植物冠层蒸发、散发、升华和土壤蒸发过程。蒸散发是水分离开流域系统的主要机制。

潜在蒸散发：SWAT 模型计算潜在蒸散发引进了三种方法：Penman-Monteith 法，Priestley-Taylor 法以及 Hargreaves 法。以 Penman-Monteith 为例，此种方法需要太阳辐射、气温、相对湿度和风速数据。其计算公式如下：

$$\lambda \mathrm{E}=\frac{\varDelta\times(H_{\mathrm{net}}-G)+\rho_{\mathrm{air}}\times c_{\mathrm{p}}[e_z^0-e_z]/r_{\mathrm{a}}}{\varDelta+\gamma\times(1+r_{\mathrm{c}}/r_{\mathrm{a}})} \tag{7-18}$$

式中，$\lambda\mathrm{E}$ 为潜热通量密度[MJ/(m²·d)]；r_a为空气层弥散阻抗（空气动力学阻抗）（s/m）；r_c为植被冠层阻抗（s/m）；e_z为高度 z 处的饱和水汽压（kPa）；G 为地面热量通量密度[MJ/(m²·d)]；$\varDelta$ 为饱和水汽压-气温曲线的斜率（kPa/℃）；ρ_{air} 为空气密度（kg/m³）；H_{net}为净辐射[MJ/(m²·d)]；γ 为湿度常数（kPa/℃）；e_z^0为高度 z 处的饱和水汽压（kPa）；c_p为固定压力下的特定热量[MJ/(kg·℃)]。

实际蒸散发：潜在蒸散发确定后才能计算实际蒸散发。SWAT 模型计算实际蒸散发主要分为以下三步：第一步，估算植被冠层蒸发量；第二步，估算土壤最大蒸发量、最大蒸腾量和最大升华量；第三步，估算土壤蒸发量和实际升华量。

（6）产水模型。基于 SWAT 的水循环理论，产水生态系统服务的计算公式如下：

$$\mathrm{WYLD}=\mathrm{SURQ}+\mathrm{LATQ}+\mathrm{GWQ}-\mathrm{TLOSS}-\mathrm{PA} \tag{7-19}$$

式中，WYLD 为总产水量，指的是时间步长内进入主河道的总水量（mm）；SURQ 为时间步长内地表径流对主河道总径流的贡献量（mm）；LATQ 指的是时间步长内，侧向流对河川径流的贡献量（mm）；GWQ 为时间步长内地下径流对主河道总径流的贡献量（mm）；TLOSS 为河床传输的水损失量（mm）：PA 为池塘截留量（mm）。

6. 数据来源

本章节使用的数据来源为①渭河流域关天段的基础地理信息数据，主要包括行政区县、河流、道路数据等，此类数据主要来源于国家基础信息中心。②遥感影像图、DEM 数据，遥感影像图和 DEM 数据的分辨率均为 30m，来源于地理空间数据云，NDVI 由遥感影像提取获得。③2000 年、2005 年、2010 年、2013 年的土地利用数据，数据通过遥感数据解译获得。④气象数据，包括渭河流域关天段内及周边气象站的降水、温度、风速、相对湿度等数据，此类数据于中国气象数据网获取。⑤相关的经济社会等统计数据，主要包括人口、GDP 等，此类数据来源于《陕西省统计年鉴》《甘肃省统计年鉴》《关天统计年鉴》。

7. 野外采样与实地调查

渭河流域关天段共包括 7 市一区，沿路线西安—商洛—铜川—渭南—宝鸡—天水—杨凌—咸阳—西安环绕渭河流域关天段，共采集 90 个样点数据（图 7-31），其中林地共采样 37 个，耕地共采样 41 个，草地共采样 12 个。通过实地调查以及谷歌地球数据验证遥感解译的土地利用类型图并修改与实际不符合的部分。通过重铬酸钾法实验测算采样点的土壤有机碳含量，与碳循环模型计算结果对比验证，使模型测算数据得到验证。

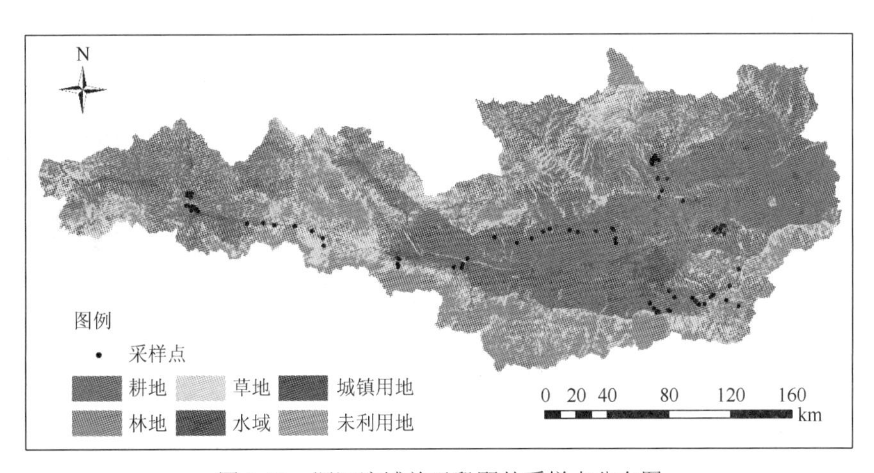

图 7-31　渭河流域关天段野外采样点分布图

7.2.5　渭河流域关天段生态系统服务时空变化

1. 产水时空变化

1）SWAT 模型的建立

SWAT 模型的建立即加载数据库并提取所需参数和所需信息的过程。运行过程主要包括以下 6 个步骤：划分子流域、确定土地利用类型和土壤类型以及坡度划分、确定水文响应单元、气象因素描述、加载所有数据库信息。

（1）SWAT 模型子流域的划分。渭河流域关天段土地利用和土壤属性差异明显，足以影响水文过程，因此需要在模拟中划分子流域。子流域是根据河网的高程、地势等信息，按照集水面划分。集水面积阈值的选择是子流域划分的核心，阈值越小，河网越详细，模型输出精度越高。但是，与之对应的模型运算过程数据量增大，计算时间、参数率定和调整的工作量也相应增加。因此，子流域划分时的阈值需要综合考虑模拟精度、水文过程的尺度、计算量等问题。本书子流域划分的具体过程如下：①DEM 的预处理，SWAT 模型输入 DEM 后会对 DEM 进行预处理，使整个 DEM 不存在洼地。②确定水流流向，水流方向为水流流出栅格单元的方向，选用 D8 算法确定水流流向。③提取水系和流域出水口。本书根据研究区面积、土地利用类型、土壤属性等实际情况，设定最小集水面积阈值为 15 000ha，提取所需的河网水系。以河流方向为依据，选取河流最终出水口为整个流域的出水口。SWAT 模型根据水流方向、定义的最小集水面积阈值以及流域的出水口进行流域边界和子流域的划分，最终将渭河流域关天段划分为 157 个子流域（图 7-32）。④计算流域特征参数，SWAT 模型在勾绘流域过程中会提取计算流域的水系、坡度、累计流量等参数。

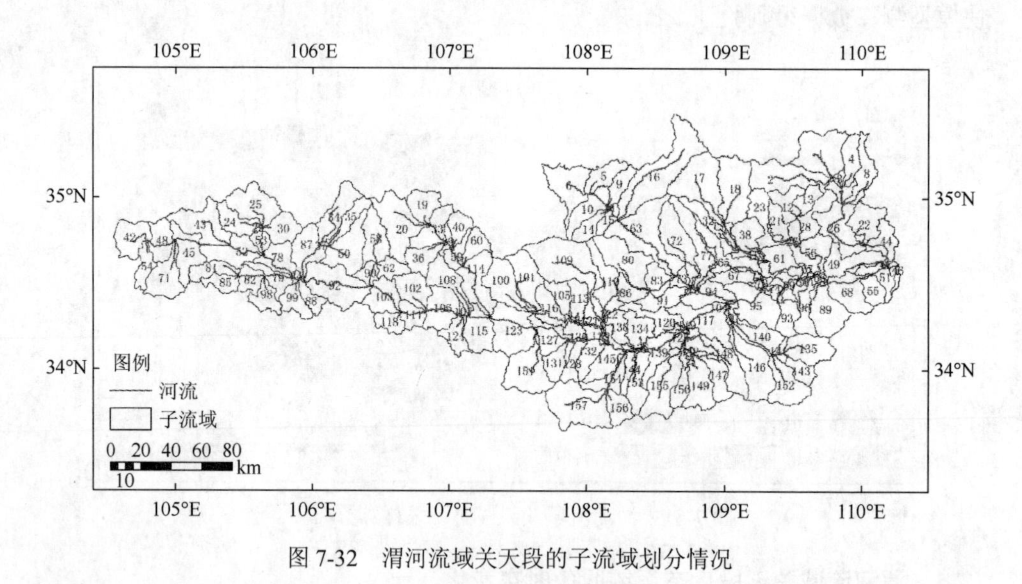

图 7-32　渭河流域关天段的子流域划分情况

（2）水文响应单元划分。水文响应单元是有相同的植被覆盖类型、土壤属性以及相近坡度的陆地表面综合体。根据流域特性，每个子流域可以划分若干水文响应单元。水文响应单元的划分过程是把拟定的流域空间根据其空间异质性以及相似性把流域整体分解成若干规则或者不规则的子单元，并以子单元为基本单元进行水文模拟。按照研究区的土地利用类型和土壤属性的特征设置阈值。其中渭河流域关天段的土地利用类型分为 6 种，分别为耕地、林地、草地、水域、城镇用地、未利用地。土壤属性类型分为 27 种。设置土地利用类型面积阈值为 10%，设置土壤类型的面积阈值为 20%，坡度的设置阈值为 10%，定义 HUR。

（3）输入气象数据。本书根据渭河流域关天段实际情况选择西安等 8 个站点（站点信息如表 7-3），将各个站点的逐日气象数据（数据年限为 1988～2013 年）分别输入 SWAT 模型气候模块中，其中降水数据、气温数据、相对湿度、风速为日观测数据，太阳辐射量通过天气发生器模拟获得。

表 7-3　流域气象站点信息

站号	站名	经度	纬度	海拔/m
53 929	长武	107.80°E	35.20°N	1 206.5
57 016	宝鸡	107.13°E	34.35°N	612.4
57 036	西安	108.93°E	34.30°N	397.5
57 037	耀县	108.98°E	34.93°N	710.0
53 947	铜川	109.06°E	35.08°N	978.9
57 034	武功	108.21°E	34.25°N	447.8
57 046	华山	110.08°E	34.48°N	2 064.9
57 006	天水	105.75°E	34.58°N	1 141.7

（4）加载数据库信息。在数据库信息写入模型前，需要将所有的数据库信息与 SWAT 模型中对应索引链接，写入的文件如表 7-4 所示。

表 7-4　SWAT 模型写入文件

写入文件	名称	文件后缀
Configuration File	流域配置文件	.fig
Soil Data	土壤文件	.sol
Wheather Generator Data	气象文件	.wgn
Subbasin General Data	子流域文件	.sub
HRU General Data	水文响应单元文件	.hru
Main Channel Data	主河道文件	.rte

（5）SWAT 模型敏感性分析。SWAT 模型与径流模拟有关系的参数一共有 26 个，不同参数对径流模拟的影响效果不同，其中一些参数对径流量的模拟影响程度不大[12]。因此，分析参数的敏感性是模型参数率定与模型校正的基础。

SWAT 官网提供了 SWAT-CUP 软件进行参数敏感性和参数率定。采用 P 值和 t 值检验其敏感度。其中 P 值的取值范围为 0～1，当 $P=1$ 时表明此参数对模型敏感性最强，随着 P 值的减少，参数对模型的敏感性下降。t 值的绝对值越大说明参数对模型敏感性越强。本书采用 SWAT-CUP 软件下的 GLUE 方法进行模型参数率定，得到 10 个参数的 t 值与 P 值集合。参数敏感性分析的结果如表 7-5。

表 7-5 参数敏感性分析结果

编号	参数名称	t 值	P 值
1	GWQMN	−2.479 6	0.021 24
2	CN2	−1.848 8	0.083 04
3	GW_REVAP	1.798 9	0.090 91
4	CH_K2	−1.543 9	0.142 13
5	CH_N2	−1.477 8	0.158 85
6	SFTMP	1.030 7	0.171 48
7	SOL_BD（1）	−0.873 3	0.317 98
8	SOL_AWC（1）	0.840 8	0.395 40
9	SOL_K（1）	−0.706 6	0.412 83
10	ALPHA_BNK	0.577 1	0.571 85

（6）模型参数率定和验证。经过 SWAT-CUP 软件对模型参数敏感性分析后，需要进行模型参数率定，使模型的模拟结果适合渭河流域关中段，使其误差落在所要求的范围之内。校准是调整模型参数初始和边界条件以及限制条件的过程，可以提高模型模拟精度，使模拟值接近测量值。SWAT 模型参数较多，参数率定能够把难以获得的参数值通过实测资料进行率定。对比参数率定后得到的模拟结果与实测数据，分析并计算相关系数，根据模型率定结果的评价指标评论模拟结果。本书以相关系数（R^2）和模型效率系数（Ens）来评判 SWAT 模型的模拟能力。

本书将实测数据分为两部分，一部分用来校准模型，另一部分用来验证模型。选择 1990 年至 2013 年咸阳水文站的径流数据对 SWAT 模型进行参数率定和验证。其中选择 1990～1999 年为参数率定期，以 2000 年、2005 年、2010 年、2013 年的径流数据进行结果验证。

（1）参数率定。将 1990～1999 年的 SWAT 模型模拟结果带入 SWAT-CUP 软件中，确定与咸阳站对应的子流域出口序号，输入对应年份（即 1900～1999 年）的实测数据进行参数分析。不断调整敏感性较高参数的取值范围，筛选得到使模拟效果达到最佳的一组参数。SWAT-CUP 软件的计算结果与带回 SWAT 模型的结果稍有偏差，因此，需要通过 1990～1999 年的逐月数据再次对参数进行微调，使模拟效果达到最好[13]。参数率定结果如图 7-33。

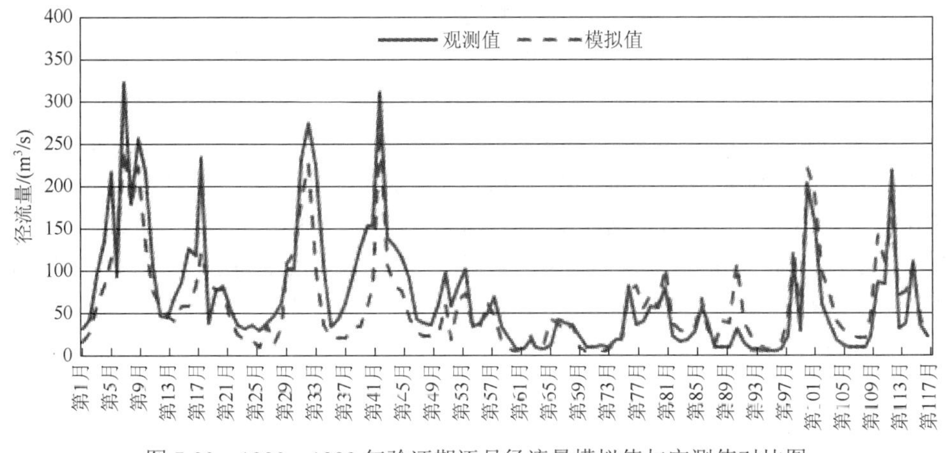

图 7-33　1990～1999 年验证期逐月径流量模拟值与实测值对比图

如图 7-33 所示，1990 年至 1999 年逐月实测径流量与模拟值分布接近，相关性比较好，相关系数 R^2 为 0.78，Ens 值为 0.71，大于 0.5。说明模拟值与实测值相关程度比较高，证明模拟结果是可以信赖的。

（2）验证。为了进一步验证率定效果，模拟 2000 年、2005 年、2010 年、2013 年共 48 个月的径流量，与咸阳站对应月实测数据进行对比分析，结果如图 7-34 所示。从图中可以看出，2000 年至 2013 年四年的径流量模拟较好，相关系数 $R^2 = 0.738$，表明实测值与模拟值的相关性较高，模拟结果可信赖。

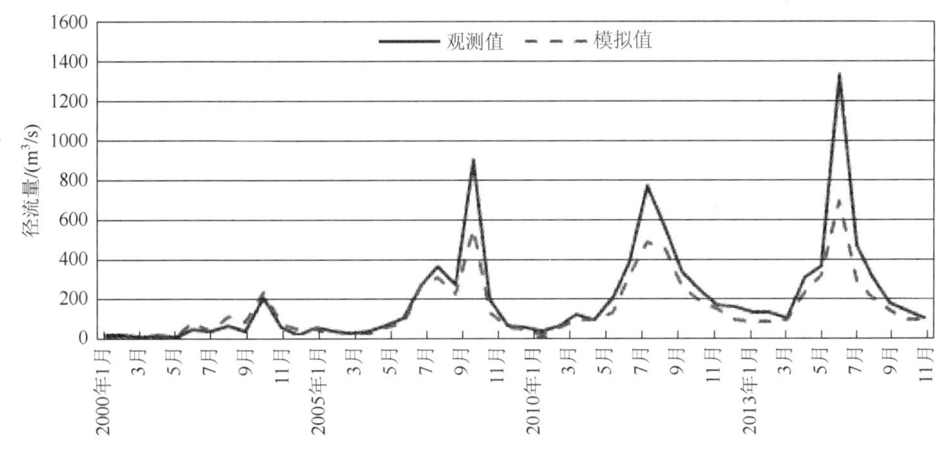

图 7-34　2000 年、2005 年、2010 年、2013 年验证期逐月径流量模拟值与实测值对比图

2）子流域产水量时空变化

SWAT 模型输出的子流域输出文件（OUTPUT.SUB）中，包括了每个子流域

的产水总量，提取每个子流域的年产水量数值，与子流域矢量图链接，得到子流域产水量空间分布图。由图 7-35 可知，子流域产水量的取值范围为 2.4～586.45mm。每个子流域区域内的气象、土地利用类型、土壤属性以及集水面积不相同，因此每个子流域进入主河道的总水量也不相同。其中，2000 年产水量最高的为 2 号子流域的 293.714mm，最低的为 129 号子流域的 2.4mm。所有子流域的平均产水量为 110.847mm。2005 年子流域平均产水量比 2000 年增加了 31.5mm，最高值依旧为 2 号子流域，产水量为 489.2mm，最小值为 100 号子流域的 14.498mm。2010 年子流域的平均值直接增加到 247.91mm，远高于 2000 与 2005 年。最高产水量依旧为 2 号子流域，高达 524.346mm，最低的为 103.314mm。2013 年产水总量最高，子流域平均产水量为 275.42mm，其中产水量最高的为 2 号子流域的 586.45mm，最低的 112 号子流域产水量也约 115.56mm。空间上分析，2000 年渭河流域关天段上游子流域产水量比中游大，小于下游；2005～2013 年产水量都是下游大于中游，中游大于上游。2010 年与 2013 年的产水总量明显高于 2000 年与 2005 年，主要原因是 2010 年与 2013 年两年的降水量增加，河流的径流量相比 2000 年与 2005 年增加很多，尤其 2013 年的 7 月份，高强度降雨致使渭河干流与支流水位上涨，咸阳水文站 7 月平均流量观测值高达 1 387m^3/s。

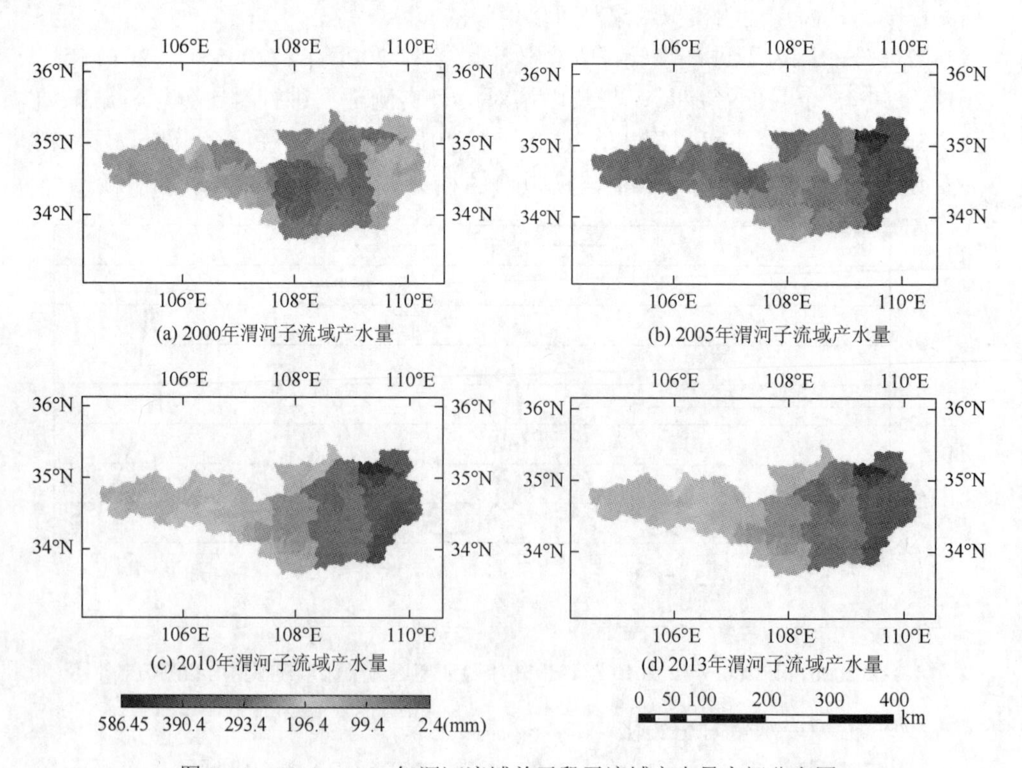

图 7-35　2000～2013 年渭河流域关天段子流域产水量空间分布图

2. 固碳时空变化

1）地上固碳

本书首先研究栅格尺度上渭河流域关天段的固碳，然后通过 ArcGIS 软件统计子流域固碳，得出耕地、林地、草地三种土地利用类型的固碳值。2010 年林地地上单位面积平均固碳量最高，为 11.63t/hm^2；2000 年耕地地上单位面积平均固碳量最低，为 4.64t/hm^2。就总量而言，2005 年耕地地上固碳量最高，达到 1.9×10^{7}t；2000 年草地地上固碳量最低，为 6.34×10^{6}t。2000 年至 2013 年地上平均固碳量的排序为：林地＞草地＞耕地。对于三种土地利用类型整体而言，2005 年植被地上单位面积平均固碳量最高，为 5.13t/hm^2，固碳总量为 3.88×10^{7}t；2000 年单位面积平均固碳量最少，为 4.50t/hm^2，总量为 3.06×10^{7}t。空间分布上（图 7-36），南部秦岭地区的固碳量最高，关中平原耕地区域的固碳量较少，从南到北呈现递减的趋势。2000 年至 2013 年地上固碳总量呈现先增后减的趋势，原因可能为：退耕还林政策使林地面积增多，固碳总量增加；但城镇化速度加快导致耕地大量减少，植被的总体面积不断减少，固碳总量随着减少。总之，土地利用类型变化是固碳变化的重要因素。

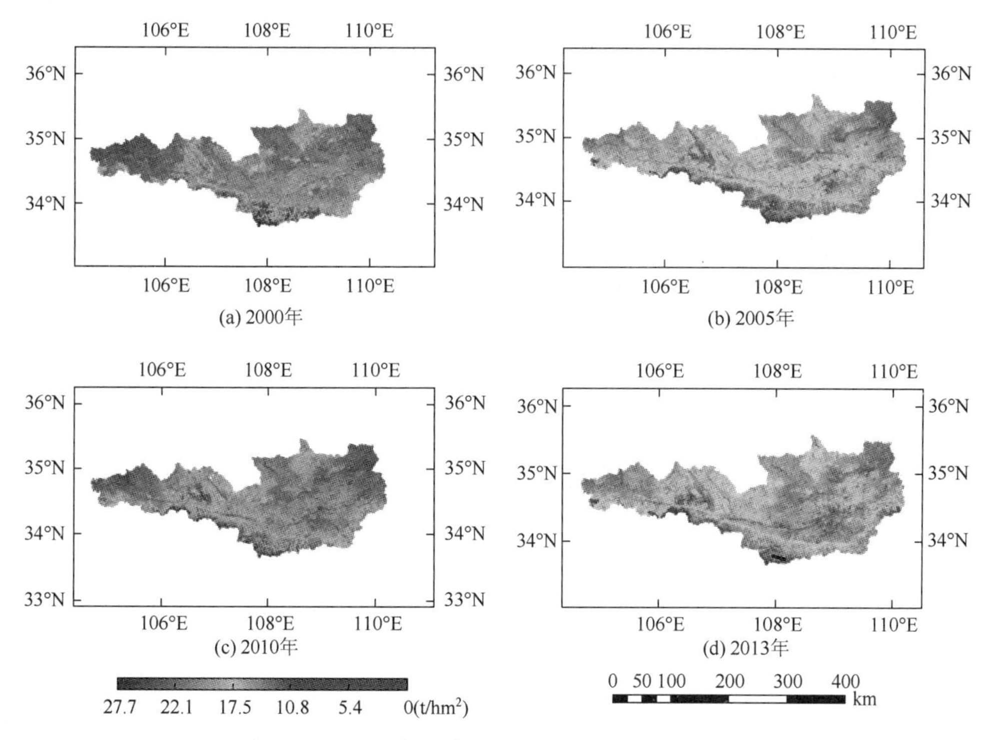

图 7-36　渭河流域关天段地上固碳量空间分布图

2）地下固碳

经 CASA 模型计算和碳循环过程模型反演，测算 2000 年、2005 年、2010 年及 2013 年渭河流域关天段土壤基础呼吸。取 2000 年渭河流域关天段土壤基础呼吸反演结果与全国第二次土壤普查数据，随机采样 60 个点，将二者做回归分析。分析结果表明：二者呈线性相关，$R^2 = 0.7391$（图 7-37），相关性比较明显，可用该回归模型结合各年土壤基础呼吸数据估算土壤有机碳含量。

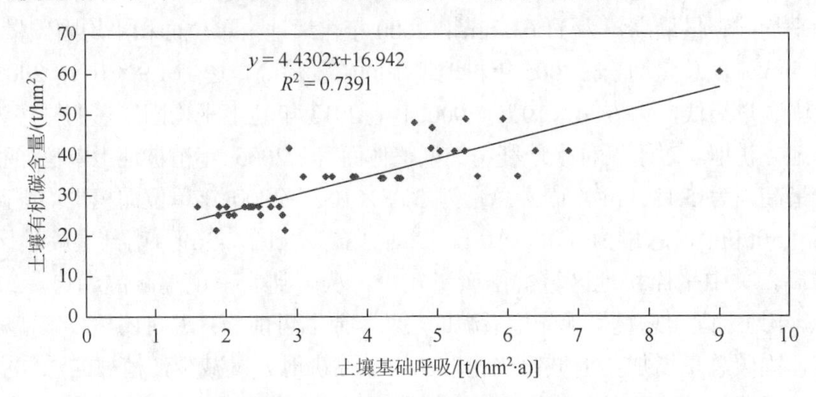

图 7-37　土壤基础呼吸与土壤有机碳含量相关性分析

由图 7-38 可知，空间分布上，土壤有机碳（SOC）含量高的区域主要分布在秦岭山脉西侧以及华山等森林覆盖度较高的区域；其次为秦岭中部、关山草原等区域；渭河河谷盆地、商洛山地及陕北黄土高原过渡区域，SOC 密度偏低。就各土地利用类型而言，林地的 SOC 密度最高，其次为草地，再次耕地，未利用地最低。由此可见，土地利用类型对土壤碳库的储量影响较大。时间尺度上，2000～2013 年，渭河流域关天段平均土壤碳密度波动范围较小，在 30.45～33.25t/hm^2。降水量能够直接影响土壤呼吸的强弱，进而影响土壤中有机碳的分解速率。2010 年和 2013 年的年均降水量较另两个年份略高，土壤中水分相对饱和，有机碳的分解速率较低。2000 年、2005 年、2010 年及 2013 年渭河流域关天段土壤表层 30cm 的有机碳储量分别为 12.75×10^7t、13.83×10^7t、13.30×10^7t、13.28×10^7t。就固碳总量而言，耕地的固碳总量最大，这是由于渭河流域关天段耕地的总面积最大，随着耕地面积的增长，耕地的土壤碳储量整体呈现增长趋势。

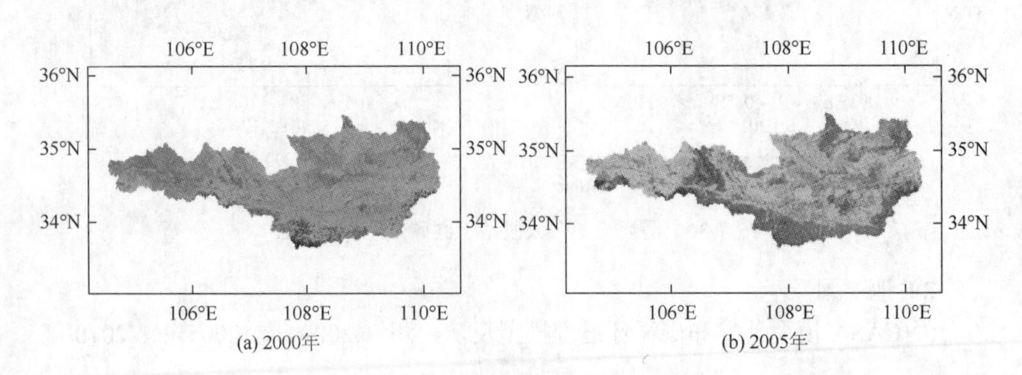

(a) 2000年　　(b) 2005年

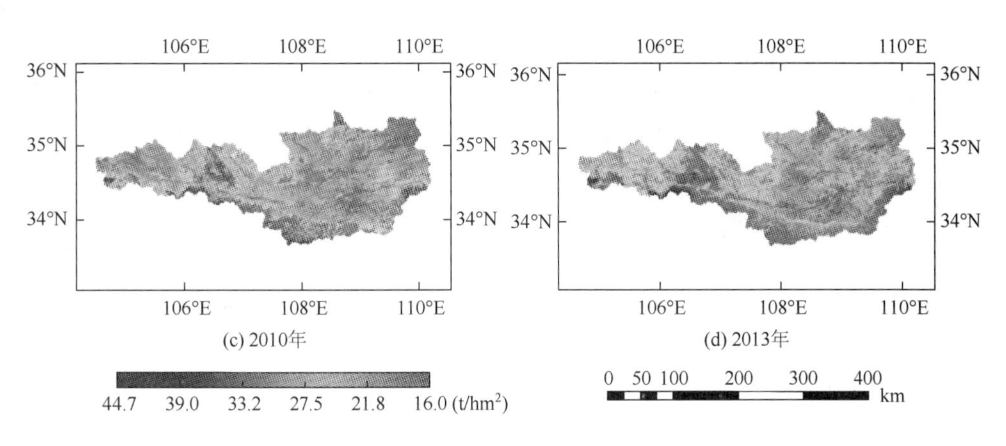

图 7-38　渭河流域关天段地下固碳量空间分布图

3）子流域总固碳

根据渭河流域关天段土地利用类型、坡度、土壤等特征，将流域划分为 157 个子流域。在此基础上，通过地上、地下固碳量相加得到总固碳量，运用 ArcGIS 软件中的区域统计模块统计得到子流域的总固碳量。2000 年，62 号子流域平均固碳量最高，为 54.94t/hm^2；最低的为 3 号子流域，值为 27.67t/hm^2。总量上，16 号子流域的固碳量最多，为 5.24×10^{6}t；133 号子流域的固碳量最少，为 2 912t；62 号子流域与 16 号子流域区域内的土地利用类型几乎全部为林地，植被覆盖度高，因此固碳量高。此外，16 号子流域的面积比较大，因此总固碳量最高。3 号子流域与 133 号子流域内林地覆盖率低，133 号子流域面积比较小，因此固碳量最低。2005 年至 2013 年子流域的固碳量分布情况与 2000 年相似，3 号子流域平均固碳量仍然最低，最低值出现在 2010 年，为 28.21t/hm^2；最高的仍为 62 号流域，三年中最高值为 2010 年的 57.9t/hm^2。从 2000 年至 2013 年这两个子流域都是先减少后增加再减少的趋势。由图 7-39 可以看出，渭河流域关天段子流域平均固碳量的范围为 27.6～57.9t/hm^2，最高值出现在植被覆盖率高的地方即森林覆盖的地方，最低值出现在植被覆盖率低的地方。2000 年至 2013 年固碳量空间分布特征总体没有变化，关中平原地区的子流域固碳量相对较少，秦岭地区子流域的固碳量较大。局部变化比较明显，个别子流域从 2000 年至 2013 年的固碳量有明显变化，降水量变化及子流域内土地利用类型变更可能是导致固碳量变化的主要原因。

3. 生物多样性时空变化

1）生境退化度分析

生境退化度反映该区域在当前情况下受人为威胁因子影响程度的大小。生境退化度不仅仅反映区域在空间上与威胁因子之间的关系，更重要的是反映其潜在

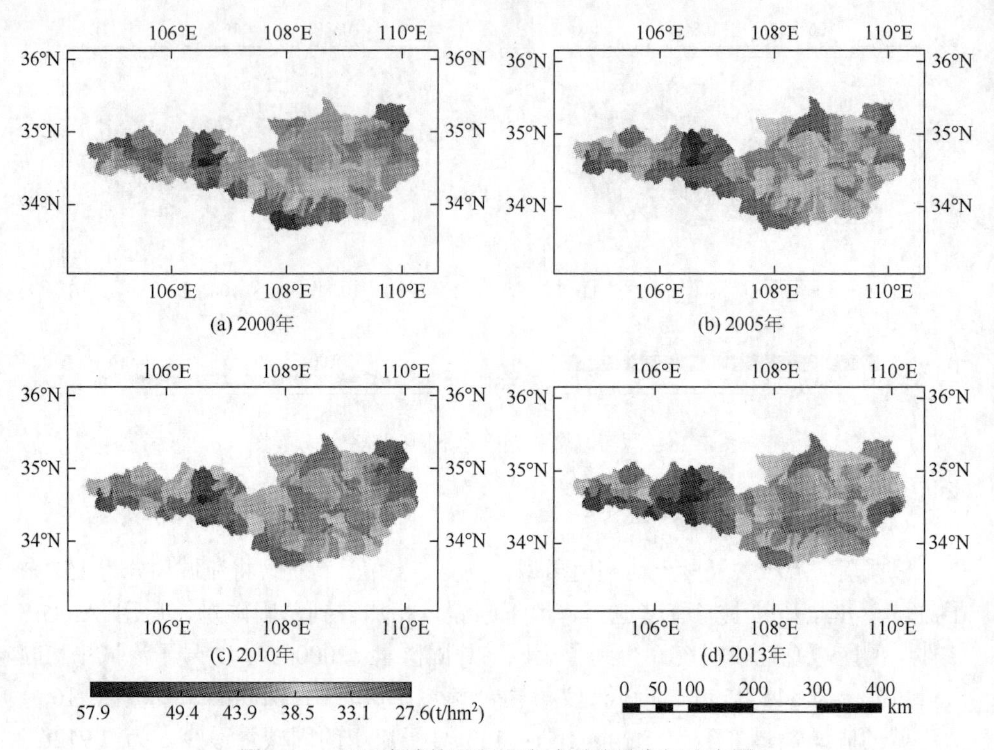

图 7-39　渭河流域关天段子流域固碳量空间分布图

的生境质量下降的可能性。渭河流域关天段近十几年的生境退化度变化不大，城市扩张和交通扩展以及土地利用类型转变是生境退化的主要影响因素。如图 7-40 所示，秦岭等地远离人类活动范围，尤其一些原始生态保护区基本不受人类活动影响，因此生境退化度为 0。城市内部虽然受人为活动影响较大，但生境退化度比较低，2000 年的已建成区发展至 2013 年依旧是城镇用地，城镇面积虽然变大，但土地利用类型未变区域的生境质量基本未发生变化，因此生境退化度低。关中平原受人为威胁因子相对较大，因此生境退化度比较高；城市扩张使城市周围耕地、草地等土地类型转变成为城镇用地，人类活动影响最强烈，因此生境退化度最大。

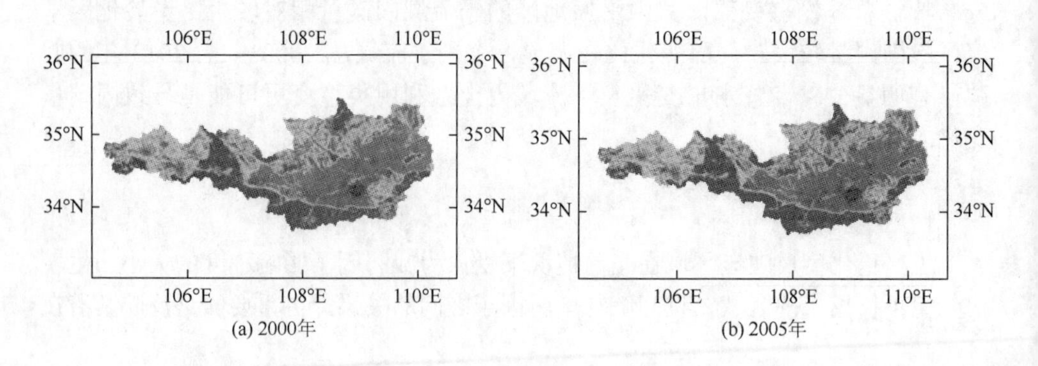

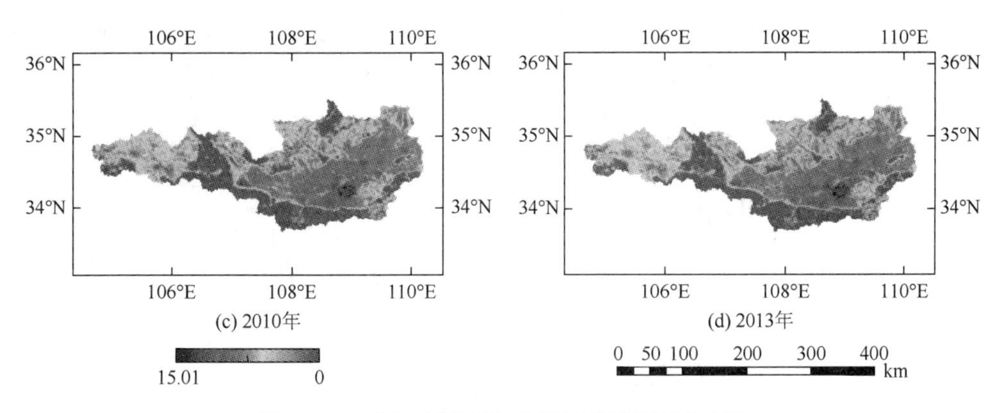

图 7-40 渭河流域关天段生境退化度空间分布图

2）生境质量分析

综合生态退化程度与生态适宜性评价结果可计算生境质量得分，生境质量得分既表明了区域的生境斑块破碎化情况，又说明了各个斑块对人为威胁因子影响产生的生境退化的抵御能力。从图 7-41 中可以得出，渭河流域关天段的生境质量得分范围为 0～0.91，最低分出现在城市，最高分出现在秦岭山地，城镇用地的生境质量得分普遍较低，秦岭山地的生境质量得分较高，这表明秦岭地区的生态退化程度低，生态适宜性高。2000～2013 年渭河流域关天段生境质量呈下降趋势，关中平原生境质量得分在 0.46 左右，此区域受人为影响较大，因此得分较低。研究区南部与北部的山地地区平均生态质量得分为 0.65，高于其他地区，这表明此区域的生态环境质量高，生物多样性保持比较好。时间尺度上，渭河流域关天段生境质量最低分值区间 0～0.2 等级的栅格占总栅格比例为：2000 年 2.6%，2005 年 2.9%，2010 年 3.2%，2013 年 4.4%。由此推出研究区内部分区域的生境斑块破碎度与生态脆弱性正在增高，城市周边区域生境质量得分随时间推移有所下降（即城镇化导致周围区域生境质量下降）。分值 0.2～0.4 等级的栅格占总栅格数比例最高，由 2000 年的 52.9%增长到 2013 年的 54.2%，增加了约 1.3%，表明落在此分数段的区域在增多。最高分值区间 0.8～1.0 等级的栅格比例不高，2000 年为 3.9%，其余三年基本为 4.6%，这表明通过退耕还林，划定生态保护区等政策，可能使部分区域生境质量得分提高。

3）子流域生物多样性时空变化

InVEST 模型通过生境质量指数评价生境质量，计算得出栖息地质量，空间化表达生物多样性。本书运用生境质量代表生物多样性质量。如图 7-42 所示，渭河流域关天段子流域 2000～2013 年的生物多样性的量整体分布特征变化较小，因此图中颜色变化程度较弱。秦岭地区子流域的平均生物多样性的量普遍比较高，而关中平原尤其是西安附近子流域的平均生物多样性的量最低。2000 年，133 号子流域生物多样性的量最低，值为 0.29；157 号子流域得分最高，为 0.73。两地

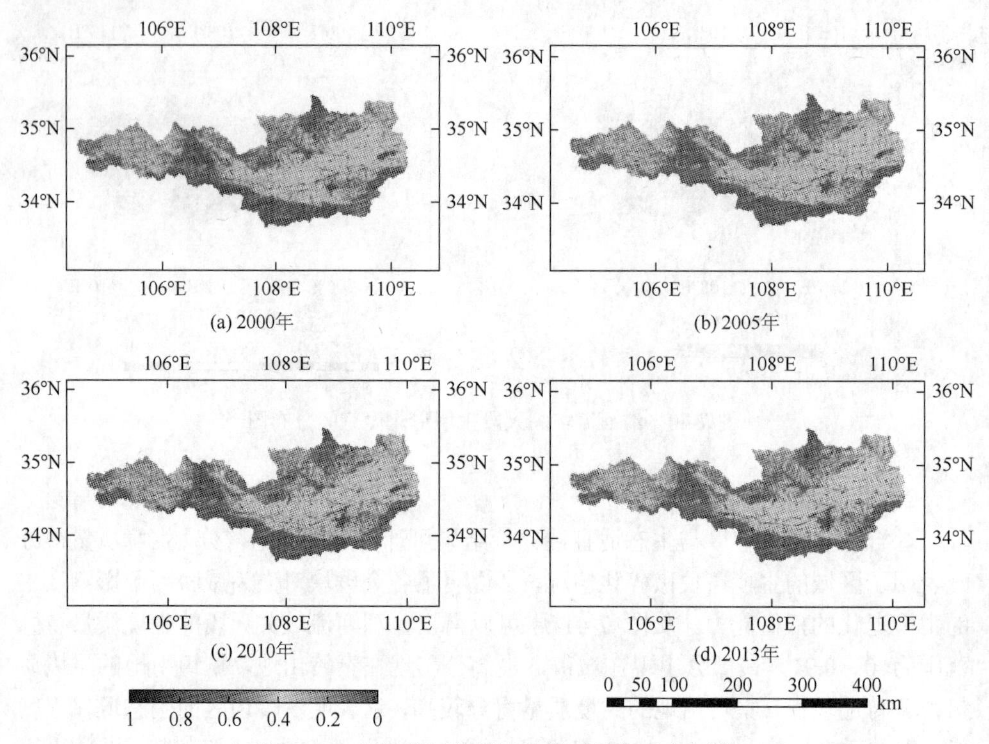

图 7-41　渭河流域关天段生境质量空间分布图

的栖息地质量差距巨大，而 133 号的生物多样性的量最差。2005 年，117 号子流域生物多样性的量最低，值为 0.29，这表明此区域从 2000 年到 2005 年生物多样性的量下降，而 133 号的生物多样性的量上升；157 号子流域的生物多样性的量依然最高，生物多样性的量增加了 0.005。2010 年，生物多样性的量最低的仍为 117 号子流域，但生物多样性的量下降了 0.01；最高的依旧为 157 号子流域，而生物多样性的量下降了 0.007。2013 年，117 号子流域的生物多样性的量下降至 0.23，157 号子流域下降至 0.72。总体而言，从 2000 年到 2013 年渭河流域关天段生物多样性的量呈下降趋势。157 号子流域位于秦岭山地，生态威胁因子数量较少，生境与威胁因子距离较远，因此生物多样性的量高。

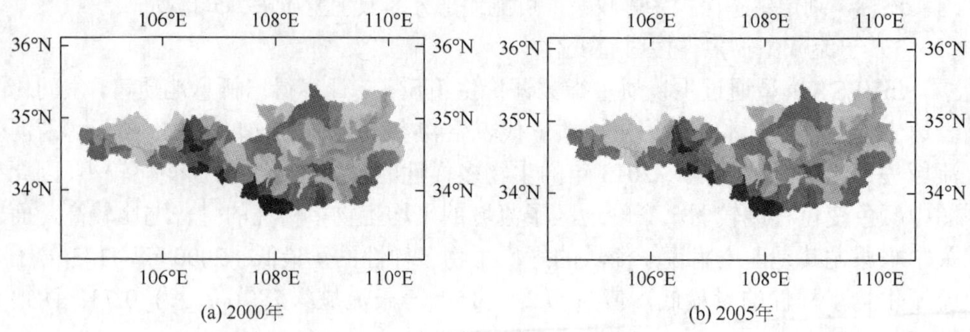

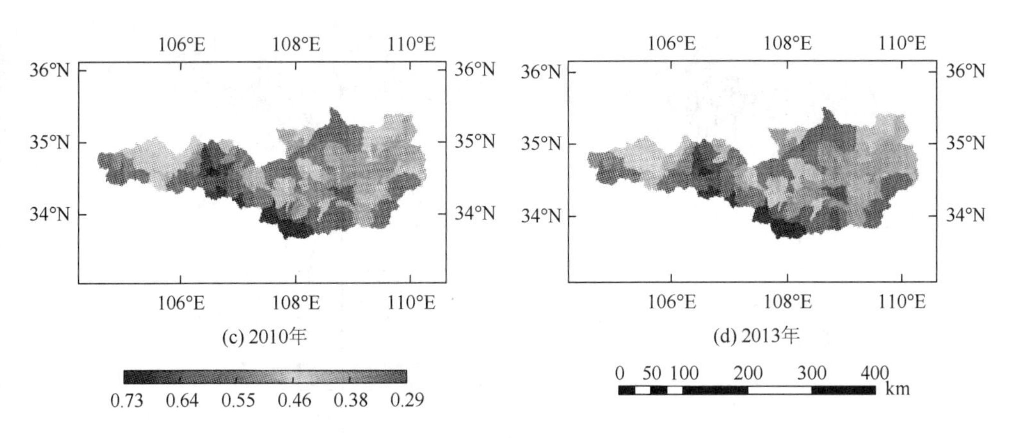

图 7-42　渭河流域关天段子流域生物多样性的量空间分布图

7.3　渭河流域关天段生态系统服务权衡与协同

7.3.1　渭河流域关天段生态系统服务之间关系研究

1. 生态系统服务相关性

本书以子流域为研究对象，运用 R 语言编程实现对子流域样点的相关性分析。如图 7-43 所示，各图左下角为散点图，右上角为用于展示相关系数的饼图，散点图与饼状图共同表达生态系统服务之间相关性的情况。饼状图填充大小代表相关系数值；颜色深浅代表值的大小，值越大颜色越深，深灰色代表正相关，浅灰色代表负相关。若为正相关关系则顺时针填充饼图，若为负相关关系则逆时针填充饼图，填充满表示相关系数为 1。

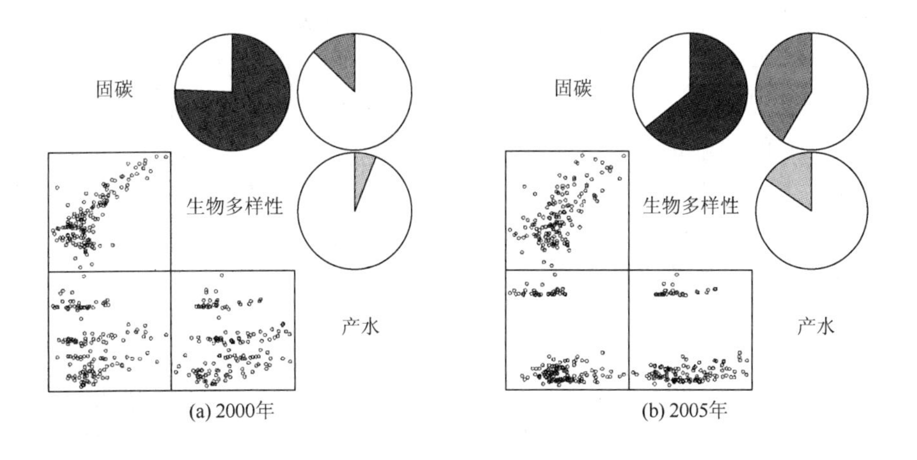

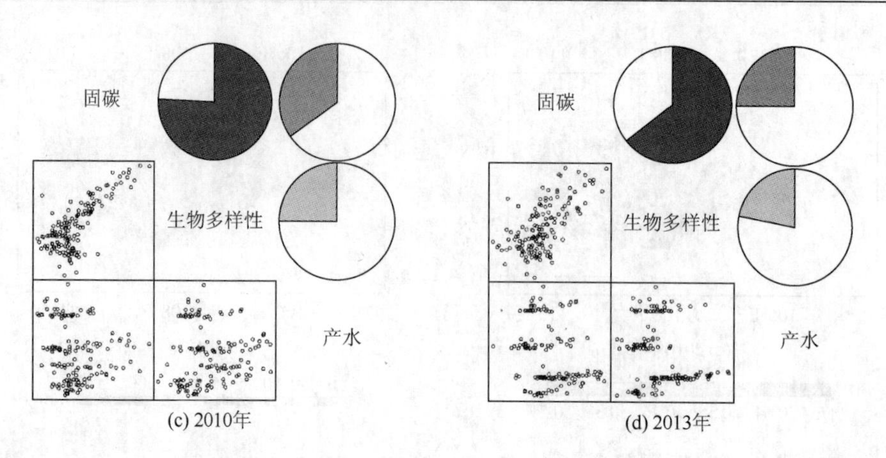

图 7-43　2000 年、2005 年、2010 年和 2013 年渭河流域关天段生态系统服务之间相关性

由图 7-43 可以看出，2000 年，固碳与生物多样性为正相关，相关系数较大，约为 0.76；固碳与产水为负相关，相关系数约为 0.13；生物多样性与产水之间为负相关关系，相关系数约为 0.08。2005 年，固碳与生物多样性依旧为正相关，相关系数约为 0.65，低于 2000 年；固碳与产水呈负相关关系，相关系数约为 0.45，高于 2000 年；生物多样性与产水依旧为负相关关系，相关系数增加至 0.11。2010 年，固碳与生物多样性依然为正相关，相关系数高达 0.78；固碳与产水为负相关，相关系数约为 0.3；生物多样性与产水为负相关，相关系数为 0.26。2013 年，固碳与生物多样性之间的正相关系数略低，约为 0.63；固碳与产水之间的负相关系数为 0.265；生物多样性与产水之间的负相关系数为 0.13。综上，固碳与生物多样性为正相关关系即协同关系：一种生态系统服务的增长会引起另一种生态系统服务的增长，改善其中一种生态系统服务，另一种生态系统也会得到改善。例如，植树造林，生态林与经济林相结合会增加固碳量，也会提高生境质量，利于生物多样性的量。固碳与产水之间为负相关关系即权衡关系：一种生态系统服务增加会引起另一种生态系统服务降低，植树造林会增加植被叶子、根系以及枯枝落叶的保水量，导致产水量减少，固碳量增加。生物多样性与产水为权衡关系，但相关性相对不显著，因此两者之间的相互影响没有固碳与产水之间明显。

2. 生态系统服务协同权衡关系分析

本书引入生产可能性边界（PPF）对渭河流域关天段这一固定资源量的生态系统进行生态系统服务之间权衡与协同关系的定量研究[14]。首先，对生物多样性栅格图层与产水图层做除得比值，得到一个图层，图层中每个单元格为对应地理位置的生物多样性与产水的比值；然后按照生物多样性-产水比值大小对比值图层每个单元格做升序排列；最后，按照排列的升序顺序，依次分别对单元格对应地理位置的生物多样性的量和产水量进行累计求和，并按照结果绘制曲线，即得到生物多样性-产水之间的帕累托效率曲线。

对整个渭河流域关天段的固碳、产水以及生物多样性图层进行点采样，采样点间隔距离为 2km，获取一个点矢量图层，共计 13 357 个样点，继而转为栅格，制作具有相同单元格数的生态系统服务灰度图。最后，用 Python 语言绘制固碳、产水和生物多样性三者之间的 PPF 曲线。如图 7-44 所示，固碳与生物多样性之间呈明显协同关系，固碳量从 50×10^6t 增加到 100×10^6t 时，生物多样性增加大约 0.63×10^6，固碳量从 150×10^6t 增加到 200×10^6t 时，生物多样性增加大约 0.72×10^6。在固碳量增加相同的情况下，生物多样性增加量上升，这说明固碳量累计越多，对生物多样性的量越有利。因此，一种生态系统服务的增长会引起另一种生态系统服务的增长，改善其中一种生态系统服务，另一种生态系统也会得到改善，通过植树等绿化环境措施，必然会对固碳和生物多样性两种生态系统服务有巨大促进作用。

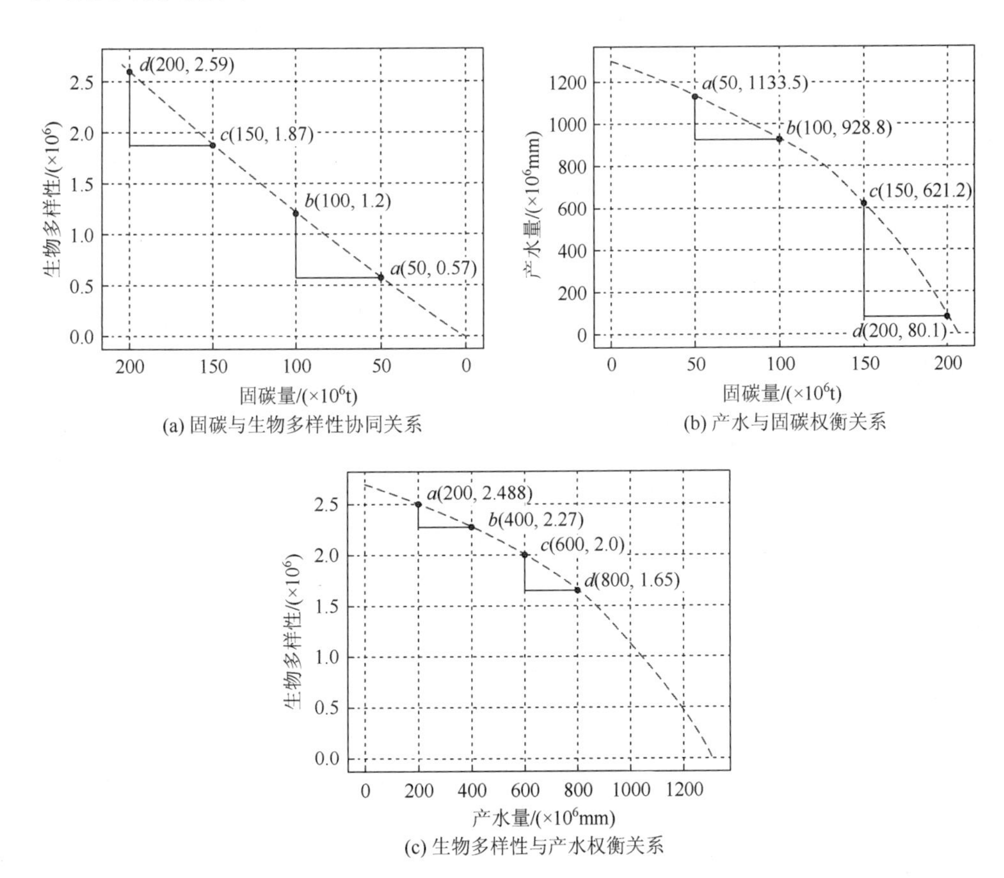

图 7-44　渭河流域关天段 2013 年固碳、生物多样性和产水之间的帕累托效率曲线

从图 7-44 中可以看出，渭河流域关天段固碳与产水以及生物多样性与产水之间的 PPF 曲线表现为向外“凸”的曲线，固碳与产水以及生物多样性与产水分别存在此消彼长的相互关系，并且随着固碳量、生物多样性的量的增加，产水量逐渐减小。图 7-44 中固碳与产水之间的权衡关系为例，以 *a*、*b*、*c*、*d* 四个点进行分析。从 *a* 点到 *b* 点，变化幅度比较小，平均斜率 *k* 为–204.7/50，表示增加 50×10^6t 的固碳量会减少 204.7×10^6t 的产水量；从 *c* 点到 *d* 点的斜率为–541.1/50，即增加 50×10^6t 的固碳量会减少 541.1×10^6t 的产水量，称固碳为产水的机会成本，不同阶段减少产水量所付出的计划成本是有差异的，从 $a\rightarrow b$ 与从 $c\rightarrow d$ 付出相同的成本带来的效益是不同的，显然从 $c\rightarrow d$ 获得的收益比较大，这表明固碳量积累越多越有利于保水。图中产水与生物多样性之间存在相同情况，从 *a* 点到 *b* 点的斜率比从 *c* 点到 *d* 点的斜率小，*a* 点到 *b* 点产水量增加 200×10^6mm，生物多样性的量减少 0.218×10^6，而 *c* 点到 *d* 点产水量增加相同的情况下，生物多样性的量减少 0.35×10^6。

7.3.2 生态系统服务优化配置

1. 土地利用类型情景模拟

本书在 IDRISI 软件中构建 CA-Markov 模型，对 2050 年渭河流域关天段的景观格局进行预测模拟。本书先对关中-天水经济区的土地利用类型进行情景模拟，然后将渭河流域关天段区域对应范围的土地利用裁剪出来。

CA-Markov 模型不仅可以从数量上，还可以从时间上进行土地利用时空格局模拟。CA-Markov 模型模块集成了马尔可夫定量化预测与元胞自动机（cellular automata，CA）模拟复杂系统空间变化的能力[15, 16]。其中，马尔可夫模型具有无后效性，只能做时间上的定量化预测，不能进行空间预测。而 CA 是一个时间、空间、状态都离散的动力系统，可以用于空间预测。在 CA 模型中，散布在规则格网的每一个元胞均取有限的离散状态，遵循同样的作用规则，根据确定的局部规则同步更新。元胞自动机模型可以表示为

$$S_{t+1} = f(S_t, N) \tag{7-20}$$

式中，*S* 表示元胞离散的、有限的状态集合；*N* 表示元胞的邻域；*t* 以及 *t*+1 表示不同的时刻；*f* 表示局部空间中元胞状态的转化规则。

CA-Markov 模块将 CA 与 Markov 模型有效地结合在一起，不仅提高了土地利用景观的预测准备度，还极大地提高了运算的效率，使土地利用格局在数量以及空间上均能表现出来[17-19]，满足本书对土地利用时空格局模拟的要求。CA-Markov 模块应用具体过程如下：

（1）分别以 2000 年和 2013 年为预测时刻，以 2000～2010 年各景观类型之间

的转化面积作为马尔可夫状态转移概率矩阵元素。以 2000 年为基准年，预测 2010 年的景观格局并与 2010 年的景观格局做对比。在此基础上，以 2013 年为基准年在概率转移矩阵条件下，预测 2050 年的景观格局。

（2）创建土地转变适应性图像集（raster group）。基础土地利用类型包括耕地、林地、草地、水域、城镇用地、未利用地六种。根据不同的土地利用类型特点选取不同驱动因子（如 DEM、坡度、降水、距道路距离、距河流距离等）和不同的地类转变特点选取限制性因子。在此基础上生成每一种土地利用类型的分布概率适宜图，最后将六种土地利用类型的分布概率适宜图组合成适宜性图集。计算公式如下：

$$\mathrm{TR}_i = I_i + \left|D_i\right| + V_i \tag{7-21}$$

式中，TR_i 表示元胞转变适宜性；i 指土地利用类型；I_i、D_i 分别表示土地利用类型 i 的面积的增加量和减少量；$I_i + |D_i|$为第 i 类土地利用类型的基本变化能力；V_i 表示两个时期土地利用类型差异的定量化，主要用于修正基本变化能力。最后将 TR 值标准化为 0～255 值域后代入模型中进行模拟计算。

（3）CA 滤波器。用于创建具有显著空间意义的权重因子，作用于元胞，确定元胞的状态改变。

（4）CA 迭代次数，即模拟预测的时间间隔。

（5）Kappa 精度检验。将预测的土地利用图与 2010 年实际景观图做 Kappa 精度检验。

2. 关中–天水经济区 2050 年土地利用格局模拟结果分析

本书共设定三种情景模拟 2050 年土地利用状况：计划情景、开发情景和保护情景。计划情景根据 2000 年至 2013 年关天经济区的土地利用转移规律，以及城市化速度和退耕还林政策，去预测 2050 年的土地利用格局。“一带一路”倡议被提出后，关中–天水经济区经济可能会有更快的增长速度，可能出现城市加速扩张，耕地转变加快等情况。考虑到经济发展会跟生态环境带来巨大的压力，退耕还林政策需要继续执行。综上，本书设定了开发情景，即城市化进程加速，经济在现有基础上加速发展。保护情景主要以保护环境为首要任务，随着经济社会的不断发展，城镇化比例增加，而城镇边缘的耕地会被大量占用，减少耕地面积，使粮食安全风险增加；城镇化发展使人口快速增加，生活所需品增加，砍伐树木相应增加，带来一系列的对生态的负面影响。考虑到以上因素，本书设立保护情景，限制城镇化发展，限制人口的增加以及经济的快速发展，以生态环境保护为第一目的模拟 2050 年土地利用景观。

利用 IDIRSI 软件模拟三种土地利用情景。模拟不同土地利用情景，需要设置不同的驱动与限制因子，并赋予不同的权重值。不同情景模拟下，高程、降水、人口、道路、水系等驱动及限制因子需要设置不同参数与权重值。预测得到 2050 年土地利用类型图如图 7-45。

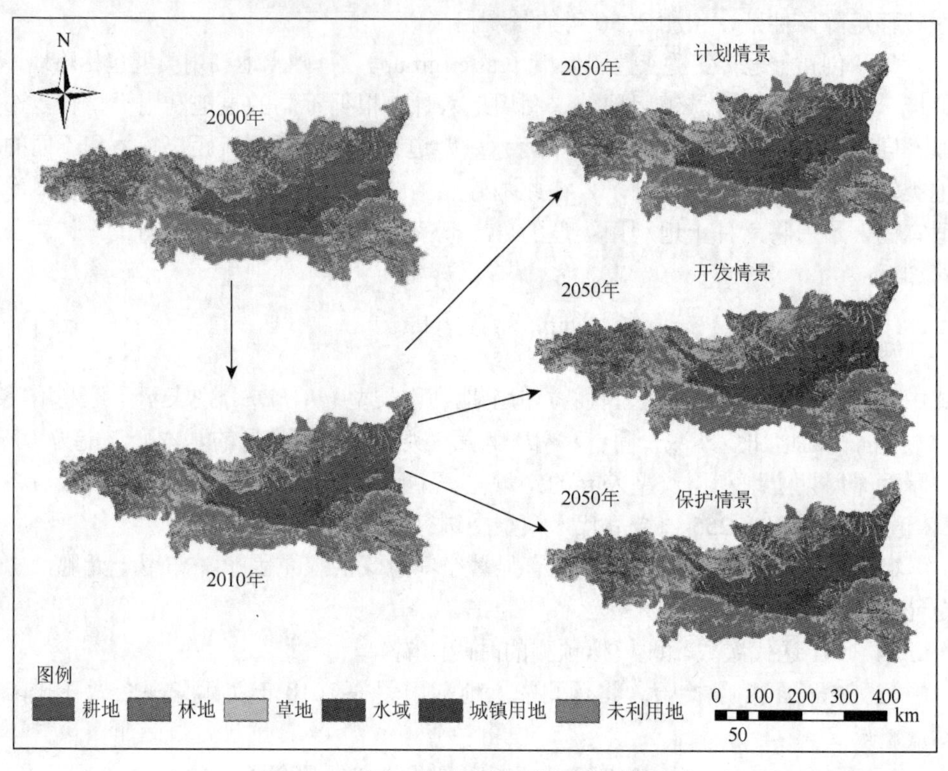

图 7-45　关中-天水经济区土地利用类型图

由表 7-6 可知，计划情景下，耕地面积由 2013 年的 3 501 100hm^2 减少至 3 290 333hm^2，相比 2013 年减少 210 767hm^2，降低比率 6.02%；林地面积由 1 878 680hm^2 增加至 2 003 195hm^2，相比 2013 年增加 124 515hm^2，上升比率 6.6%；草地面积由 2013 年的 2 273 800hm^2 减少至 2 268 585hm^2，相比 2013 年减少 5215hm^2，降低比率 0.2%；水域面积由 2013 年的 81 645hm^2 减少至 51 138hm^2，相比 2013 年减少 30 507hm^2，降低比率 37.3%；建筑用地面积由 2013 年的 200 867hm^2 增加至 360 269hm^2，相比 2013 年增加 159 402hm^2，上升比率 79.3%；未利用地面积由 2013 年的 9 650hm^2 减少至 9 164hm^2，相比 2013 年减少 486hm^2，降低比率 5.0%。开发情景下，耕地面积减少至 3 188 730hm^2，降低比率 8.9%；林地面积增加至 2 062 910hm^2，上升比率 9.8%；草地面积减少至 2 298 145hm^2，降低比率 1.5%；水域面积减少至 38 761hm^2，降低比率 52.1%；建筑用地面积增加至 446 737hm^2，上升比率 121.3%；未利用地面积减少至 9 523hm^2，相比 2013 年减少 8 805hm^2，降低比率 8.7%。保护情景下，耕地面积减少至 3 441 176hm^2 降低比率 1.7%；

林地面积增加至 2 003 855hm^2，上升比率 6.7%；草地面积减少至 2 271 110hm^2，降低比率 0.1%；水域面积减少至 52 572hm^2，降低比率 35.6%；建筑用地面积增加至 209 102hm^2，上升比率 40.9%；未利用地面积减少至 9 169hm^2，降低比率 4.9%。

表 7-6 关中–天水经济区土地利用面积变化表 （单位：hm^2）

地类	2013 年实际情况	2050 年计划情景	2050 年开发情景	2050 年保护情景
耕地	3 501 100	3 290 333	3 188 730	3 441 176
林地	1 878 680	2 003 195	2 062 910	2 003 855
草地	2 273 800	2 268 585	2 298 145	2 271 110
水域	81 654	51 138	38 761	52 572
建设用地	200 867	360 269	446 737	209 102
未利用地	9 650	9 164	9 523	9 169

对比三种情景，整体趋势都是耕地减少，城镇用地增加，耕地减少最少的是保护情景，而城镇用地增加最多的是开发情景。计划情景下，耕地、水域、草地减少，城镇用地增加，虽然林地面积有所增加，但整体的生态环境是恶化的；开发情景下的生态环境最差，保护情景下的生态环境最高。

3. 渭河流域关天段不同情景下的生态系统服务时空变化

如图 7-46 所示，空间上，固碳量的整体趋势依旧是秦岭山地与六盘山地区最高，关中平原区的固碳量较低。三种情景下的固碳量总体分布特征相似，开发情景下林地面积增加最多，因此土地利用转变区域的平均固碳量增加；保护情景均衡发展，固碳总量有所增加。对比 2013 年，渭河流域关天段固碳量增长最多的为保护情景，固碳总量增加大约 3 754 264t，计划情景的固碳量减少约 95 678t，开发情景的固碳量减少最多，约为 523 496t。生物多样性的空间分布整体变化不大，关中平原质量最低。其中，生物多样性的量最差子流域分布在西安附近，秦岭山地质量最高（图 7-47）。2013 年渭河流域关天段生物多样性的量的平均值为 0.479，计划情景生物多样性的量平均值为 0.472，略低于 2013 年；开发情景生物多样性的量平均值为 0.458，远低于 2013 年；保护情景生物多样性的量平均值为 0.511，高于 2013 年。保护情景的生物多样性的量最好，开发情景生物多样性的量最差。产水的空间分布依旧是上游小于中游，中游小于下游。对比 2013 年，上游、中游、下游之间产水量差值增大（图 7-48）。渭河流域关天段子流域计划情景中的总产水量约为 40 384mm，开发情景总产水量约为 40 288mm，保护情景总产水量约为 40 417mm。其中，保护情景总产水量最高，开发情景总产水量最少。暴雨会增加河流径流量，而渭河流域关天段处于干旱与半干旱气候，降水量低，所以关中–天水经济区处在缺水的状态。产水量增大有利于补给地下水，为下游提供更多水资源。综上，保护情景的产水生态系统服务功能最高，有利于整个地区的发展。本书基于固碳、生物多样性和产水三种生态系统服务的分析，发现保护情景对生态环境最有利，提供的生态系统服务最高，开发情景对生态环境最不利，提供的生态系统服务最差。

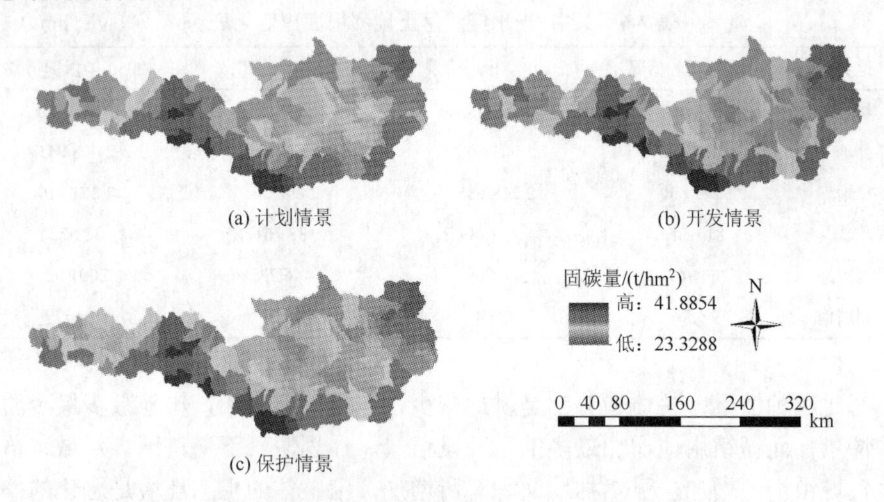

图 7-46　2050 年渭河流域关天段固碳空间分布图

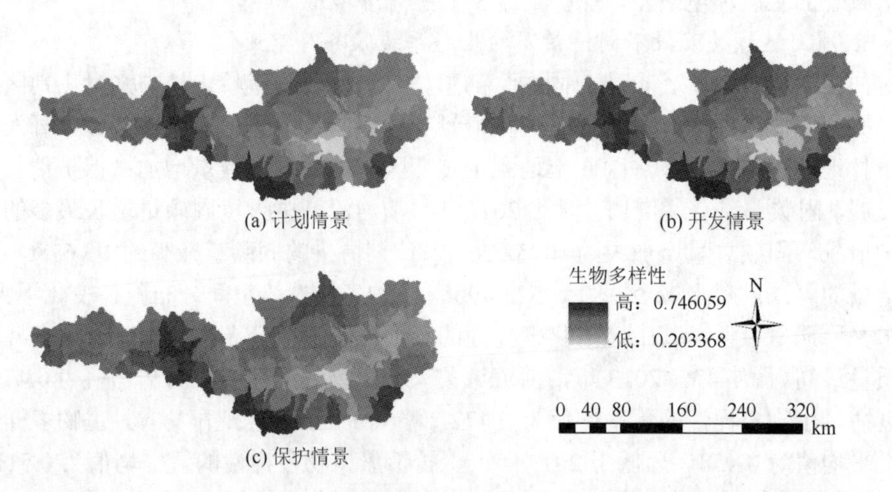

图 7-47　2050 年渭河流域关天段生物多样性空间分布图

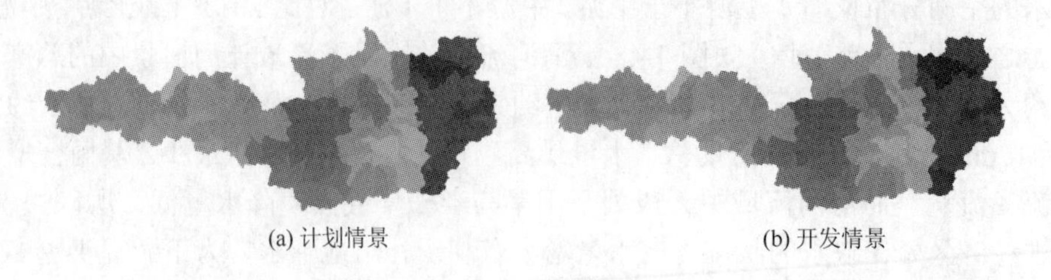

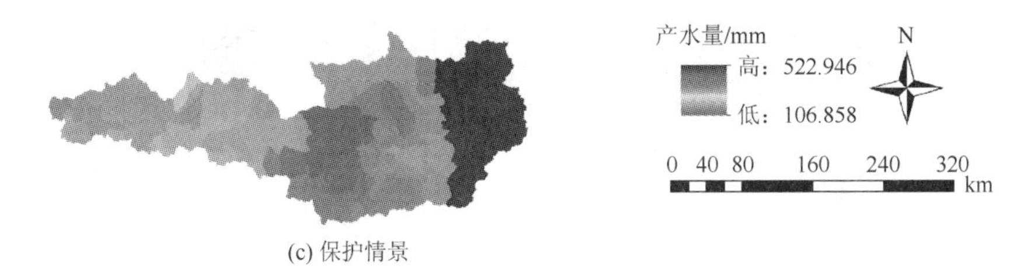

(c) 保护情景

图 7-48　2050 年渭河流域关天段产水空间分布图

4. 生态系统服务优化配置

本书模拟了 2050 年的土地利用类型情景，测算三种情景下的固碳、生物多样性和产水三种生态系统服务物质量。为使三种生态系统服务达到最佳，优化配置更理想，定量地、有计划地实施土地利用类型转变，需获得适合发展的最优的生态系统服务配置。本书整合三种情景的生态系统服务，选取 2013 年以及三种情景下的固碳、生物多样性以及产水三种生态系统服务最大值制作最优帕累托效率曲线。以 2013 年为研究基础年份，探究未来发展中（2050 年）为达到最优生态系统服务，2013 年的生态系统服务以及土地利用类型转变状况。

如图 7-48 所示，固碳与生物多样性之间为协同关系，固碳量累计增加，生物多样性也累计增加。将渭河流域关天段区域栅格化，每一个栅格代表一定面积的区域，每一个栅格都会提供一定的生态系统服务量，随着栅格数增加（即区域面积的增加）固碳量累计增加，生物多样性的量也累计增加，当栅格数布满整个区域时，固碳量累计达到最大，生物多样性质量也累计最大。如图 7-49 上 *A* 点和 *a* 点，*a* 点代表 2013 年整个渭河流域关天段地区的总固碳量和生物多样性总量。*a* 点所对应的土地利用分布于 2013 年渭河流域关天段整个区域。*A* 点为 2013 年与 2050 年三个情景下的最大固碳量与生物多样性总量，其中每一个栅格上的固碳量和生物多样性的量为 2013 年与三个情景图层所对应栅格的最大值。最优情景下的固碳总量与生物多样性的量均比 2013 年高。为了达到最优情景，从 *a* 点优化到 *A* 点，需要在整个渭河流域关天段区域将 *a* 点的土地利用类型换成 *A* 点所对应的土地利用类型。

如图 7-50 所示，*A* 点 2050 年所对应的土地利用分布中，耕地面积为 2 903 873hm^2，林地面积为 963 276hm^2，草地面积为 1 337 384hm^2，水域面积为 13 210hm^2，城镇用地面积为 126 352hm^2。*a* 点为 2013 年渭河流域关天段整个区域的土地利用：耕地面积为 2 851 269hm^2，林地面积为 937 017hm^2，草地面积为 1 305 893hm^2，水域面积为 52 433hm^2，城镇用地面积为 179 747hm^2。综上，为使固碳量与生物多样性两种生态系统服务达到最优，需要将耕地、林地、草地、水域的面积增加，减少城镇用地面积。既需要改变土地利用中各个地类的总面积，又需要改变各地类的空间分布情况。总之，将 *a* 点对应的土地利用转变成 *A* 点对应的土地利用，可以使固碳量与生物多样性的量达到最高。

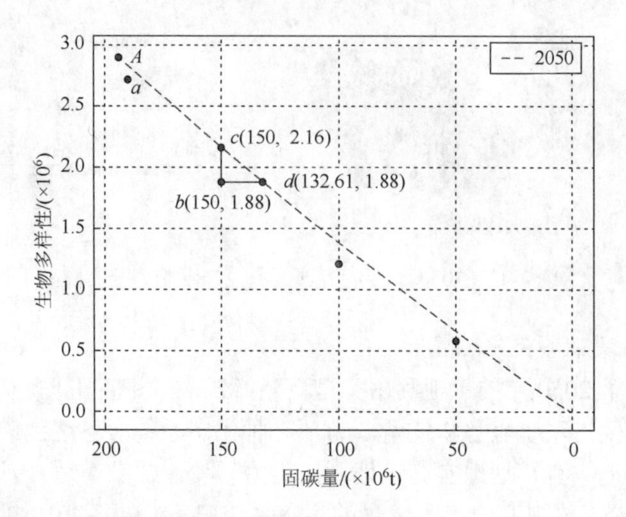

图 7-49　未来情景下渭河流域关天段固碳与生物多样性协同关系

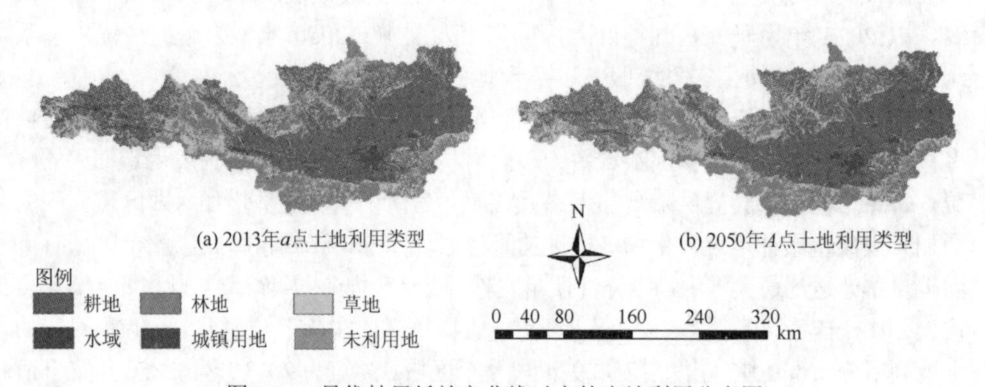

图 7-50　最优帕累托效率曲线对应的土地利用分布图

如图 7-49 所示，b 点对应的累计固碳量为 150×10^6t，累计生物多样性的量为 1.88×10^6。c 点对应的累计固碳量与 b 点相同，而 c 点对应的累计生物多样性的量为 2.16×10^6。d 点与 b 点具有相同的累计生物多样性的量，而固碳量减少至 132.61×10^6t。b 点为 2013 年一定土地利用面积下累计的固碳量与生物多样性的量。c 点与 d 点为 2050 年最优配置下一定土地利用面积下的累计固碳量与生物多样性的量。b 点对应的土地利用面积以及分布图如图 7-51 所示：空间分布上，渭河流域关天段上游基本全部包括其中，关中平原大部分区域也分布其中，耕地面积为 2 276 092hm^2，林地面积为 519 442hm^2，草地面积为 951 486hm^2，水域面积为 10 242hm^2，城镇用地面积为 91 358hm^2。当各个地类的面积达到上述数值，按图 7-51 中 b 点土地利用类型空间分布，则达到 b 点所对应的累计固碳量与生物多样性的量。若使累计固碳量相同，累计生物多样性的量提高达到 c 点对应的生态系统服务量，则需要将 b 点土地利用的分布与面积变成 c 点所对应的土地利用分布与面积。c 点对应的土地利用中，耕地面积为 2 450 441hm^2，林地面积为 576 106hm^2，草地面积为 934 559hm^2，水域面积为 10 553hm^2，城镇用地面积为 113 372hm^2。对比 b 点地类面积，c 点中只有草地的面积减少，其余地类的面积均有所增加。b、c 两者之间的空间分布差异较大，b 点中南部的地类去除，而东南与西南方向增加了区域。从 b 点优化到 d 点对应的生态系统服务量，需要将 b 点对应的土地利用转变成 d 点的土地利用。d 点对应的耕地面积为 2 253 433hm^2，林地面积为 432 994hm^2，草地面积为 814 946hm^2，水域面积为 10 118hm^2，城镇用地面积为 103 722hm^2。综上，根据最优帕累托效率曲线定量优化 2013 年的土地利用分布，根据不同目标以及不同需求，能够定量地改变 2013 年土地利用分布，优化生态系统服务。

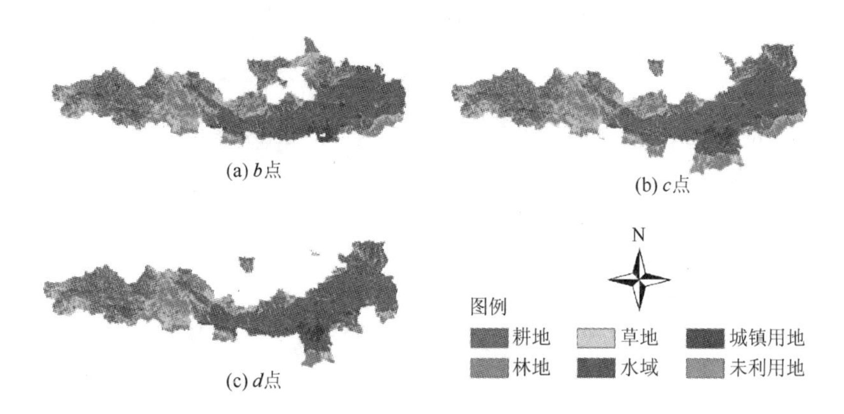

图 7-51　最优帕累托效率曲线对应的土地利用分布图

如图 7-52 所示，曲线代表 2050 年固碳与产水之间的最优帕累托效率曲线，a 点为 2013 年一定土地利用面积下的累计固碳量与累计产水量，a 点的累计固碳总量为 115×10^6t，累计产水量为 800×10^6mm。a 点所对应的土地利用分布如图 7-53，由于帕累托曲线按照固碳与产水两个图层比值排序累加，比值较小的值分布在渭河流域关天段的东部，a 点对应的土地利用分布在此区域内，总面积为 2 238 203hm^2。其中耕地面积最大，为 1 505 349hm^2，林地面积为 291 610hm^2，城镇用地面积为 67 216hm^2。b 点为 2050 年最优情景下的累计固碳量与产水量，其中累计固碳量为 124×10^6t，累计产水量与 a 点相同。从 a 点优化达到 b 点，总面积需要变为 2 098 210hm^2，土地利用分布需要按照图 7-53（b）所示。同理，从 a 点到 c 点具有同样的规律。

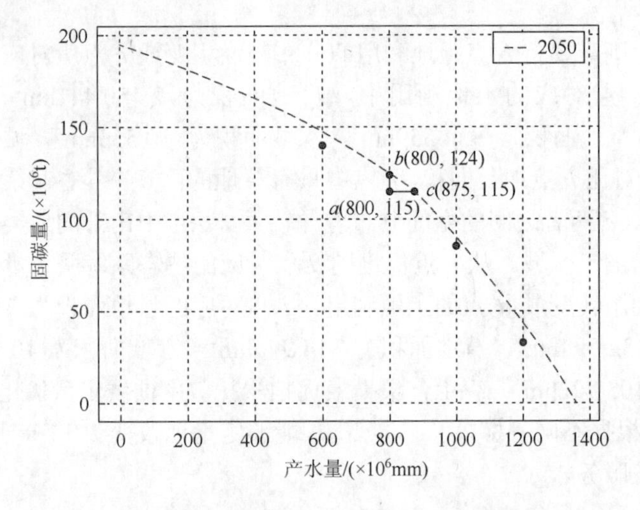

图 7-52　未来情景下渭河流域关天段固碳与产水的权衡关系

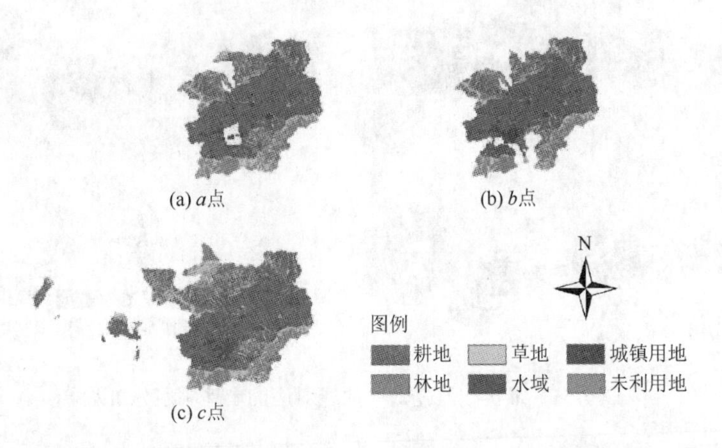

图 7-53　最优帕累托效率曲线对应的土地利用分布图

如图 7-54 所示，*a* 点为 2013 年一定土地利用面积下的累计生物多样性的量与累计产水量，*a* 点的累计生物多样性的量为 1.65×10^6，累计产水量为 800×10^6mm。*a* 点所对应的土地利用分布为图 7-55（a）所示，主要分布在渭河流域关天段的东部，总面积为 2 254 203hm^2。其中耕地面积最大，为 1 500 593hm^2，林地面积为 295 515hm^2，城镇用地面积为 91 382hm^2。*b* 点为 2050 年最优情景下的累计生物多样性的量与产水量，其中累计生物多样性的量为 1.9×10^6，产水量与 *a* 点相同，从 *a* 点优化达到 *b* 点，总面积需要变为 2 102 210hm^2，土地利用分布需要转变成图 7-55（b）所示。从 *a* 点到 *c* 点具有同样的规律。

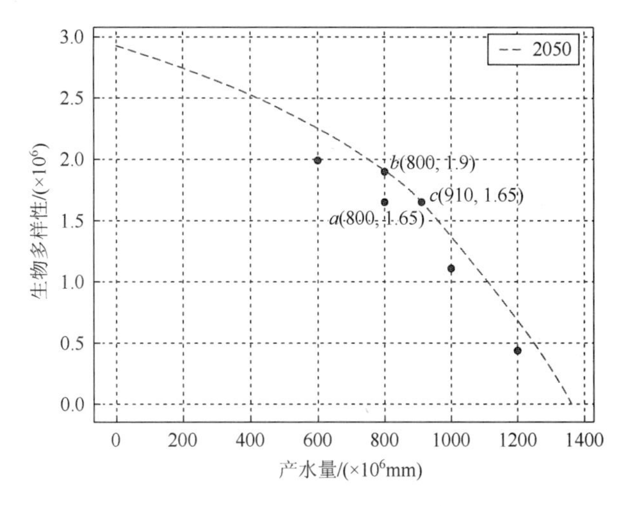

图 7-54　未来情景下渭河流域关天段生物多样性与产水的权衡关系

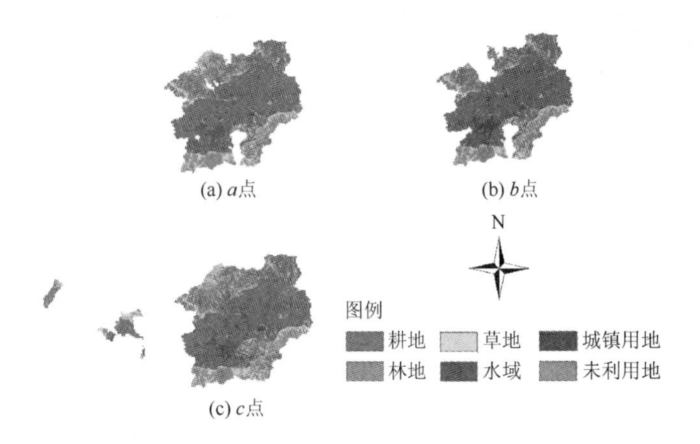

图 7-55　最优帕累托效率曲线对应下的土地利用分布图

参 考 文 献

[1] 陈利顶，傅伯杰，赵文武. "源""汇"景观理论及其生态学意义[J]. 生态学报，2006，26（5）：1444-1449.

[2] BONNISSEAU J M，CORNET B. Valuation equilibrium and pareto optimum in non-convex economies[J]. Journal of Mathematical Economics，1988，17（2-3）：293-308.

[3] 谌红辉，丁贵杰，温恒辉，等. 造林密度对马尾松林分生长与效益的影响研究[J]. 林业科学研究，2011，24（4）：470-475.

[4] 阎波杰. 基于 ArcGIS Engine 地理信息系统的二次开发[D]. 西安：西安科技大学，2006.

[5] POTTER C S，RANDERSON J T，FIELD C B. Terrestrial ecosystem production：a process model based on global satellite and surface data[J]. Global Biogeochemical Cycles，1993，7：811-841.

[6] FIELD C B，RANDERSON J T，MALMSTR M C M. Global net primary production：Combining ecology and remote sensing[J]. Remote Sensing of Environment，1995，51（1）：74-88.

[7] 张镱锂，祁威，周才平，等. 青藏高原高寒草地净初级生产力（NPP）时空分异[J]. 地理学报，2013，68（9）：1197-1211.
[8] 周涛，史培军，罗巾英，等. 基于遥感与碳循环过程模型估算土壤有机碳储量[J]. 遥感学报，2007，22（1）：127-136.
[9] 吴季秋. 基于 CA-Markov 和 InVEST 模型的海南八门湾海湾生态综合评价[D]. 海口：海南大学，2012.
[10] 孙传谆，甄霖，王超，等. 基于 InVEST 模型的鄱阳湖湿地生物多样性情景分析[J]. 长江流域资源与环境，2015，24（7）：1119-1125.
[11] 王中根，刘昌明，黄友波. SWAT 模型的原理、结构及应用研究[J]. 地理科学进展，2003，（1）：79-86.
[12] 魏冲，宋轩，陈杰. SWAT 模型对景观格局变化的敏感性分析——以丹江口库区老灌河流域为例[J]. 生态学报，2014，34（2）：517-525.
[13] 李晶，周自翔. 延河流域景观格局与生态水文过程分析[J]. 地理学报，2014，69（7）：933-944.
[14] 杨晓楠，李晶，秦克玉，等. 关中-天水经济区生态系统服务的权衡关系[J]. 地理学报，2015，（11）：1762-1773.
[15] YANG X，ZHENG X Q，CHEN R. A land use change model：Integrating landscape pattern indexes and Markov-CA[J]. Ecol Model，2014，283（4）：1-7.
[16] KITYUTTACHAI K，TRIPATHI N K，TIPDECHO T，et al. CA-Markov analysis of constrained coastal urban growth modeling：Hua Hin Seaside City，Thailand[J]. Sustainability-Basel，2013，5（4）：1480-1500.
[17] 龚文峰，袁力，范文义. 基于 CA-Markov 的哈尔滨市土地利用变化及预测[J]. 农业工程学报，2012，（14）：216-222.
[18] 王友生，余新晓，贺康宁，等. 基于 CA-Markov 模型的藉河流域土地利用变化动态模拟[J]. 农业工程学报，2011，（12）：330-336，442.
[19] 胡雪丽，徐凌，张树深. 基于 CA-Markov 模型和多目标优化的大连市土地利用格局[J]. 应用生态学报，2013，24（6）：1652-6160.

第 8 章　基于 SolVES 模型的生态系统服务的文化服务水平估算

8.1　SolVES 模型简介

地理信息系统（GIS）中生态系统服务的社会价值工具（SolVES）的开发，将社会价值的量化和空间显性测量纳入了生态系统服务评估。SolVES 3.0 由美国地质调查局地球科学和环境变化科学中心（GECSC）开发，继续扩展了先前 SolVES 的功能，旨在更好地评估、映射和量化生态系统服务的社会价值。社会价值——公众对生态系统服务的非市场价值的感知，特别是美学和娱乐等文化服务，可以用来针对不同的利益相关者群体进行评估。这些群体可以根据他们对公共使用的态度和偏好加以区分，如机动娱乐和伐木[1]。与之前的版本一样，SolVES 3.0 派生了一个定量的 10 点的社会价值度量——价值指数，从空间和非空间的组合来反映公共价值和偏好调查。该工具还计算了表征基础环境的变量，如平均距水系距离和主要土地覆盖。SolVES 3.0 通过与 Maxent 最大熵建模软件集成以生成更完整的社会价值图，并提供描述价值指数和解释性环境变量之间关系的更稳健的统计模型。借此可以评估模型对初级研究区域的适合度以及使用价值转移方法将社会价值转移到类似领域的潜在表现。SolVES 3.0 为决策者和研究人员提供了一个改进的公共领域工具，以评估生态系统服务的社会价值，并促进不同利益相关者之间就各种物理和社会背景下（森林和牧场到沿海和海洋）的生态系统服务之间的权衡进行讨论[2]。

SolVES 3.0 是由 3 个子模型组成的，包括生态系统服务功能社会价值模型、价值制图模型、价值转换制图模型。每个子模型具有自身特定的功能，同时能够关联其他子模型以及脚本数据完成附加计算，再连同最大熵模型最终输出社会价值 VI 地图，对社会价值进行定量化和空间可视化展示。

最大熵模型最初被用于拟合物种的地理分布，基于所观察物种的点数据根据相似的环境变量、环境指数等在缺少点数据的区域运用价值转化法生成新的点，输出逻辑曲面，逻辑曲面中每一个栅格单元都代表着一个 0～1 的值，代表着该环境下该地点某一物种生存的可能性，因此其模型框架也适合于社会价值的图形化展示。最大熵模型利用价值转换方法，基于 SolVES 的输出结果根据数据库中的环境指数数据，将已知点要素的社会价值类型值转化到缺少点数据的区域，实现社会价值从已知点的区域转化到未知数据的区域，达到预测和评估的目的。

SolVES 3.0 被设计为可与 Maxent 最大熵建模软件结合运行，其原理如图 8-1 所示。Maxent 最初的开发是用于模拟物种的地理分布；然而，其建模结构提供了一个框架，可以很容易地用来映射生态系统服务的社会价值。Maxent 的计算运行依赖于表示植物或动物物种存在的观测的点数据。在没有真实缺失数据（实际上观察到物种的缺失的点）可用的情况下，Maxent 生成随机选择的背景点。使用这些点数据连同被判断能影响所选物种的环境适应性的环境变量，Maxent 应用机器学习方法来估计最大熵的概率分布（最接近均匀），并且满足由环境变量表示的约束。Maxent 生成的逻辑表面与 SolVES 的使用最相关。在社会价值映射环境中，逻辑输出表示调查的受访者在给定基础环境特征的位置处分配给社会价值类型（类似于物种）的相对强度，还有受访者对这些位置的识别表示特定的社会价值类型。与 SolVES 已经使用的核密度方法一起，Maxent 逻辑输出可以为拥有调查值和偏好调查数据的研究区域提供更完整的地图。

Maxent 还通过生成描述映射点和环境变量（或由 Maxent 操作的特征）之间关系的统计模型来增强 SolVES 功能。此外，Maxent 计算每个模型的曲线下面积（AUC）统计，以评估其对研究区域的适合度，以及该模型在将社会价值转移到没有主要调查数据的相似区域时的潜在性能。最大输出包括重叠的统计数据，可帮助 SolVES 用户通过调整其分析中包含的环境变量来改进模型。通过迭代过程，SolVES 用户能够将其选择的分析对不同的项目进行重复，以生成最适合其目的的模型。

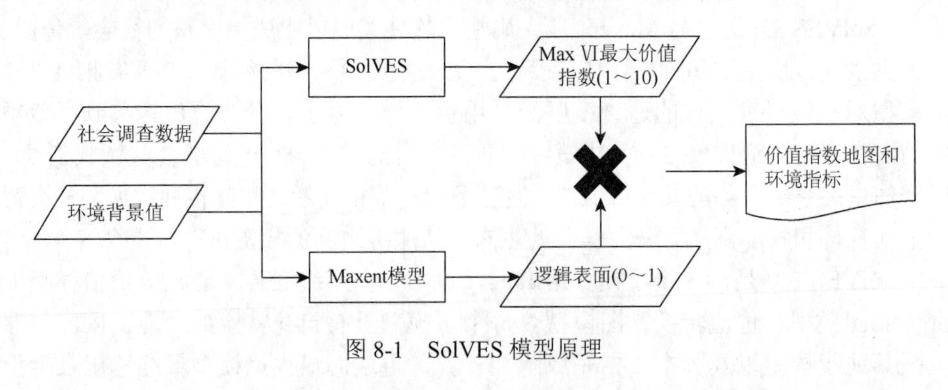

图 8-1　SolVES 模型原理

8.2　研 究 方 法

8.2.1　环境背景值

SolVES 模型用于分析的指定地理数据库时，除包括点要素及统计表格数据外，还需要载入多个用于描述研究区自然环境信息的栅格图层，即环境指数数据，如图 8-2 所示，包括：利用关中-天水经济区 DEM 数据提取出的海拔数据图层（ELEV）；运用 GIS 表面分析工具基于 DEM 数据提取出的坡度图层（SLOPE）、山体阴影图层（HILLSHADE）；运用 GIS 距离制图工具基于 DEM 数据和道路网以及水体分布数据提取出的用于表示此区域内各点与最临近道路的水平距离图层（DTR）和表示此区域内各点与最临近水体（湖泊、池塘、河流、小溪、泉点等）的水平距离图层（DTW）；通过遥感影像解译获取的 2014 年土地利用类型数据（LULC），解译精度为 82.2%。以上各环境指数栅格图层的空间分辨率均为 30m。数据来源说明：本段涉及的包括关中-天水经济区的行政界限、区县、道路、河流等基础地理信息数据来源于国家基础信息中心；DEM 和遥感影像数据获取自地理空间数据云。

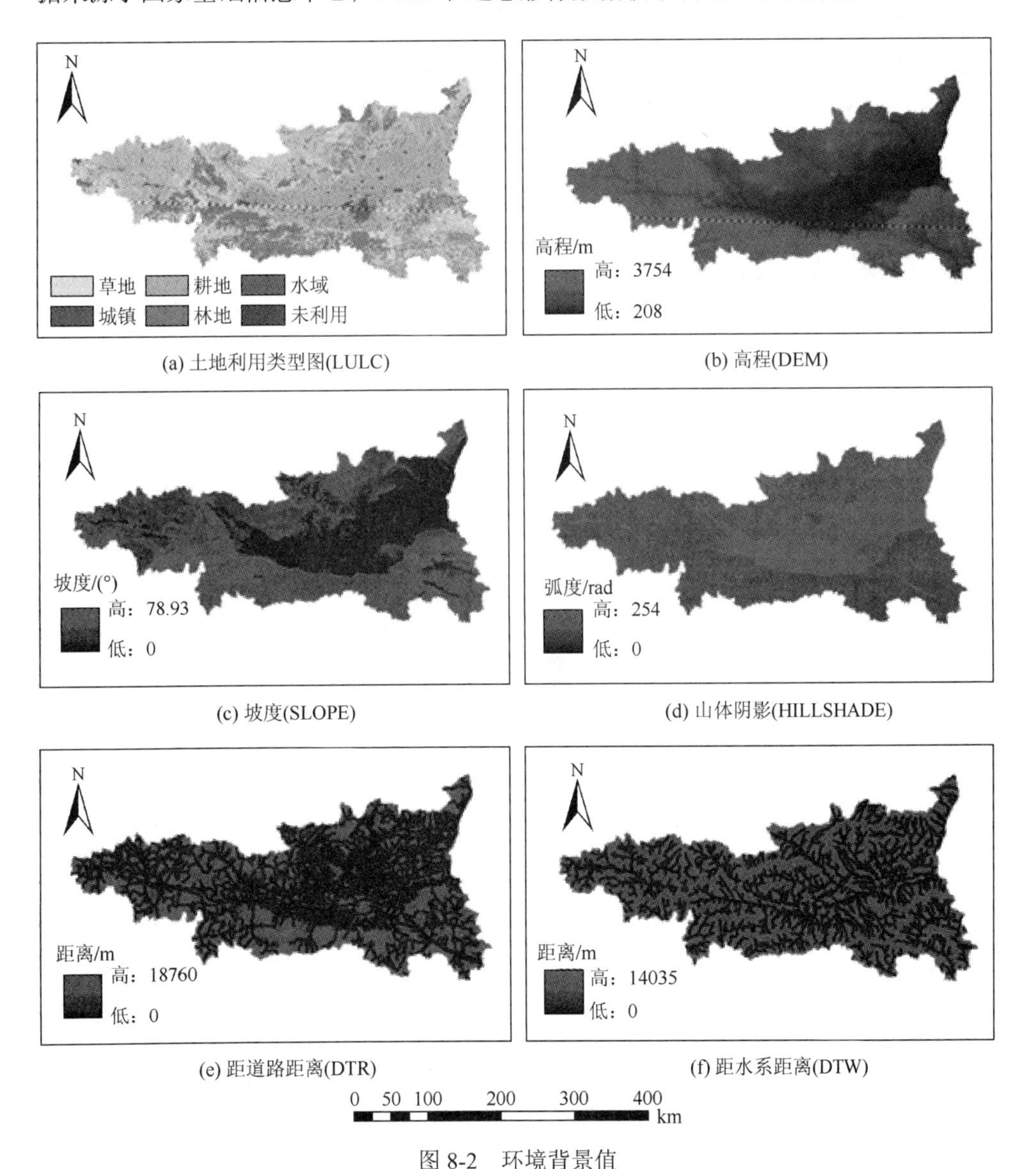

图 8-2　环境背景值

8.2.2 问卷调查

SolVES 模型的最终结果，主要由环境背景值和人们对当地的认知来决定。本书通过问卷调查的方式获得人们对当地的认知水平[3]。

在设计问卷的时候，将 SolVES 可以评估的 12 个指标均纳入了问卷调查的范围，用简单、易懂的问题呈现，以便在向当地居民做调查时可以更好地被理解[1, 4]。问卷的内容包括娱乐、审美、学习、文化氛围、经济发展程度、可持续发展程度、生活环境以及人们的幸福感等各个方面。人们对于当地的认知，除了与当地实际水平密切相关外，还与自身的条件有很大的关系。为了使问卷的数据更加具有说服力和科学性，在设计问卷时加入了对年龄、性别和受教育程度的调查。年龄分为 6 个阶段，分别是 18 岁以下、18～30 岁、31～40 岁、41～50 岁、51～60 岁以及大于 60 岁。受教育程度为 5 个水平，分别是初中及以下、高中及中专、大专、大学本科、硕士及以上（表 8-1）。问卷设计完成后，首先进行了试调查，在西安市选择一些群众，调查他们对当地的认知水平和满意程度。试调查共选择 103 人，年龄、性别以及受教育程度各有差异，涉及各种人群。根据被调查者对问卷的意见和建议，我们对问卷进行了修订，以便让各种年龄层和受教育程度不同的人都可以理解问卷，同时尽量使问卷的内容最大程度地表达我们想调查的内容。

表 8-1　12 种社会价值指标

社会价值类型	价值描述
美学价值（Aesthetic value）	人类享有生态系统赏心悦目、芬芳四溢的风景等。景色宜人，包括植物景观、水域风光、建筑等
生物多样性（Biodiversity value）	人类享有生态系统提供的鸟兽虫鱼和草木多样性生物资源
文化价值（Cultural value）	生态系统能够承载人类代代相传的智慧、知识和传统等，进行传承。文化底蕴浓厚，可激发灵感等
经济价值（Economic value）	生态系统提供了人类发展农业（木材、渔业资源等）、工业（矿产等）以及旅游业的机会
未来价值（Future value）	未来价值指人们在未来可以享有生态系统现在提供给人类的一切价值
历史价值（Historical value）	生态系统记录了对于个人、社会以及世界都很重要自然界和人类发展历程中的种种历史事件，保留了具有历史价值的景点、当地民俗等
内在价值（Intrinsic value）	生态系统其自身的、内在的价值，与人类存在与否无关
学习价值（Learning value）	生态系统提供了让人类基于科学的观察和实验等实现对自然环境的认知的机会
生命维持（Life sustaining value）	生态系统有助于生产、储存生命需要的物质，同时也具有净化空气、土壤和水体的能力
娱乐价值（Recreation value）	生态系统提供人类进行各种户外娱乐活动的场所，可为游客提供徒步、钓鱼等休闲娱乐活动
精神价值（Spiritual value）	生态系统带给人类神圣的、信仰的或者某些特殊的精神上的感触和洗礼，并使人敬畏大自然，可陶冶情操，洗涤心灵
疗养价值（Therapeutic value）	生态系统使人类在精神上和身体上均感到疗养

问卷内容确定之后，对问卷的调查地点和路线进行了设定。由于我国的国情，不可能将问卷以邮件的形式分发到各家，也不可能通过网上调查的方式去获得各个人群的调查结果，最终以人工实地调查的方式去获得调查结果。问卷调查分别在 2015 年 7 月和 2016 年 7 月进行，考察时间均在 10 天左右。第一次调查是在 2015 年 7 月，调查小组共有 6 人，以租车的方式从西安出发，主要调查整个关中-天水经济区的各个市、县中心，以及沿途的村落。考察线路为西安出发，沿逆时针方向经过了咸阳、铜川、渭南、商洛、杨凌、宝鸡和天水市，最后从天水市直接回到西安。每一个地点为 1 天时间，部分地点因天气和任务量的原因，最多停留两天。发放问卷 836 份，有效问卷 783 份。考虑到不同的人对同一问题的理解和认知会有偏差，为了保证问卷的有效性，在每一个地点至少调查 3 名群众，必须是当地或者在当地生活了很久的外地人，对当地的情况有清楚的了解。同时尽量涉及各个年龄层，对当地有很深的认识的当地居民，采用访谈的方式，记录了群众反映的问题和当地的实际情况。每一份问卷均用 GPS 采集了调查地点的坐标和高程，以便在后期数据处理时得到精确的地点信息。第一次调查主要集中于主要道路和市区，由于时间有限，采集的点数据也有限，对点进行数字化处理后，效果并不是特别理想。为了使问卷调查的数据量加大，得到更好的调查数据，获得更多有用的点数据信息，在 2016 年 7 月开始了第二次问卷调查，调查地点同样为整个关中-天水经济区。调查组分为两队，一队随租车一起前往偏僻的地方去做调查和验证，另一队主要的人口相对较多的城市、乡镇进行调查，补充数据。第二次由于分为了两队，没有在野外考察的过程中做路线追踪，没有记录下野外考察的路线。和租车随行的第一分队同样和 2015 年的路线大体一致，只是深入到偏僻的地区，尽量捕获第一年未去到的地方。第二分队经西安出发，先向西行，到达咸阳、杨凌、宝鸡、天水市，经天水市直接返回西安，稍作调整和数据整理，再从西安出发，向东行，依次经过铜川、渭南和商洛，再次回到西安市。为了使问卷调查的结果更加具有可参考性，调动当地群众参与问卷调查，在做问卷调查时每个问卷配备一个小礼品，对参与问卷调查的当地群众表示感谢。考虑到人们对当地的认知在一年的时间里变化较小，为了采集更多的点，在地图上将 2015 年采集过的地方进行了删除，不作为第二次路线的采集点，主要采集第一次未采集到的，点与点之间相距较远的地方，力争在整个关中-天水经济区都可以有有效的点分布。根据第一次调查的经验，将问卷又再次进行了修订，能够提高问卷调查的效率。第二次发放问卷 1677 份，有效问卷 1598 份。经过两次的问卷调查，采集的点数量已经可以得到有效的问卷结果了，对当地基本有了清晰的了解。

对于采集的问卷，本书编制了处理问卷的小软件，对每张问卷依次录入。将每个问题的每个答案分成不同的级别，方法处理参见 Likert 问卷处理方法。问卷的问题答案基本上为很低、低、一般、较高、很高，从低到高依次赋分值为 1 到 5，按照这样的方法对所有的问卷进行了处理。将处理好的点在 ArcGIS 中进行数字化，使每个点展布在地图上，并且每个点都有数值得分、经纬度、名称、问卷份数、高程等属性信息（图 8-3）。

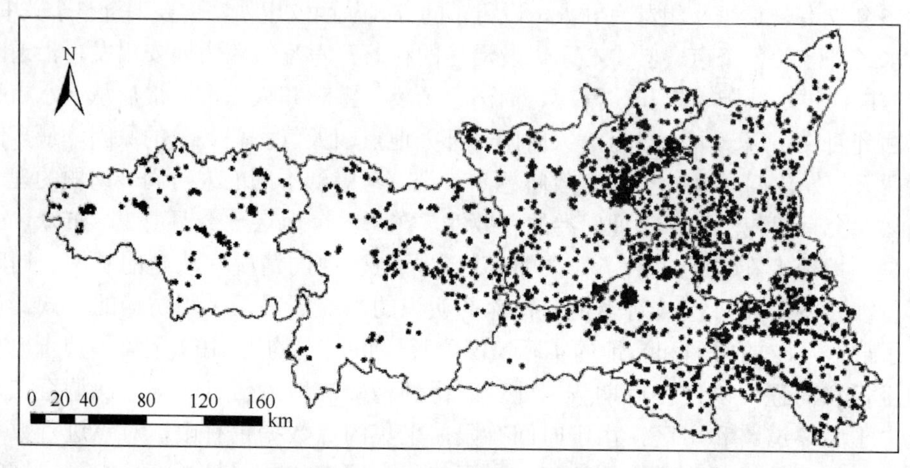

图 8-3　数字化采样点点要素

8.2.3　构建地理空间数据库

地理空间数据库是整个软件运行的基础。根据收集处理好的环境背景值和测算好的当地居民对当地认知水平结果以及数字化的调查点数据在 ArcGIS 里创建地理空间数据库。地理空间数据库包括基础数据、环境背景值和表格。基础数据为 STUDY_AREA、STATES、COUNTIES、SURVEY_POINTS，环境背景值为 DRT、DTW、ELEV、HILLSHADE、LULC、SLOPE，表格为 ATTITUDE_TYPES、USE_ATTITUDE、USE_TYPES、VALUE_ALLOCATION、VALUE_TYPES。需要注意的是，由于 SolVES 模型目前并没有汉化版，在构建的过程中须使用英文命名。

8.2.4　原理分析

SolVES 3.0 是基于 VB.NET 开发的 GIS 自定义模型，其运算过程均通过操作对话窗口完成[5]。其计算过程以及原理如下：

SolVES 模型是基于地理数据库调用数据完成计算的，因此首先需用户将数字化后的点要素数据、统计调查数据后的各量表数据以及环境要素数据载入同一个地理数据库中，再将地理数据库载入 SolVES 模型的指定文件夹中完成数据准备。

运行 SolVES，模型首先将检索点要素数据以及社会价值分数并匹配点要素、调查数据量表以及社会价值类型。完成后运用每一种社会价值类型的分数作为各点要素的权重，利用核密度算法生成每一个点要素对应的 12 种社会价值类型核密度曲面，价值分数越高的点权重越大。SolVES 将比较各个核密度曲面图层的栅格值，识别出每一个核密度曲面中权重最大社会价值类型以及对应的地点，生成社会价值类型最大值核密度曲面，图 8-4 说明了该计算过程。

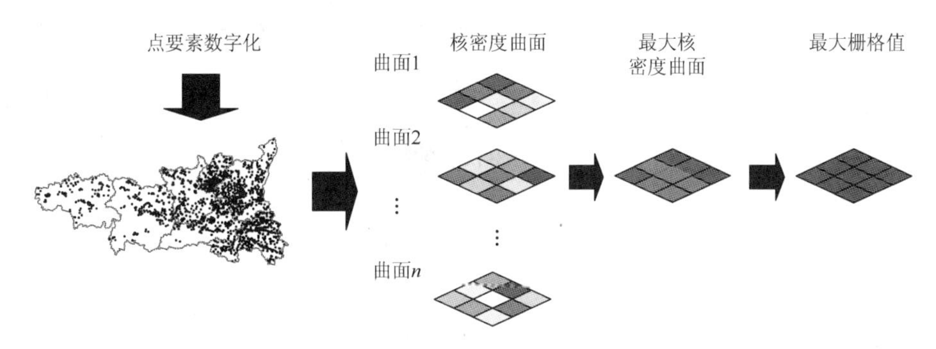

图 8-4　核密度曲面生成过程

生成最大值核密度曲面后，SolVES 将识别出该曲面中最大的栅格值，从而运用最大的栅格值对每一个点要素对应的 12 种社会价值类型核密度曲面进行标准化处理，生成基于核密度的价值指数整数图层，栅格值的变化范围为 1～10。价值指数曲面可以用于测量和比较各社会价值类型差异大小并生成与环境要素指数相关的社会价值 VI 地图，在该曲面中，研究区域内可能有一个或者多个区域的社会价值类型获得 10 分，这些区域中的社会价值类型值比其他任何区域的同一社会价值类型的值都要大，且比任何一种其他的社会价值类型的值都要大；对于获得低于 10 分（如 7、8、9）的社会价值类型对应的区域，其最大值比其他区域的同一社会价值类型都大，SolVES 将识别出该图层中的最大栅格值，以便于对最大熵模型的输出结果进行 10 分制标准化。SolVES 生成价值指数整数图层后，需要调用最大熵模型。最大熵模型利用价值转换方法，基于 SolVES 生成的核密度曲面，根据数据库中的环境要素数据，将已知点要素的社会价值类型值转化到缺少点数据的区域，输出逻辑价值图层（logistic value layers），图层的变化范围值为 0～1。该图层生成后，SolVES 将运用价值指数整数图层中的最大栅格值对其进行 10 分制标准化，生成最终的社会价值类型 VI 地图，分析过程如图 8-5 所示。该地图中，栅格单元的值代表着特定环境变量下调查对象对某一地点分配给某一社会价值类型的相对值大小。因此在 SolVES 已经使用核密度方法计算后，最大熵模型可以对研究区生成更加完整的图示来显示研究区域内各种社会价值类型 VI 值的分布；同时，最大熵模型还能生成描述点要素数据与环境变量之间关系的环境指数量表来显示各种社会价值类型 VI 值的分布特点与环境要素指数的相关关系。

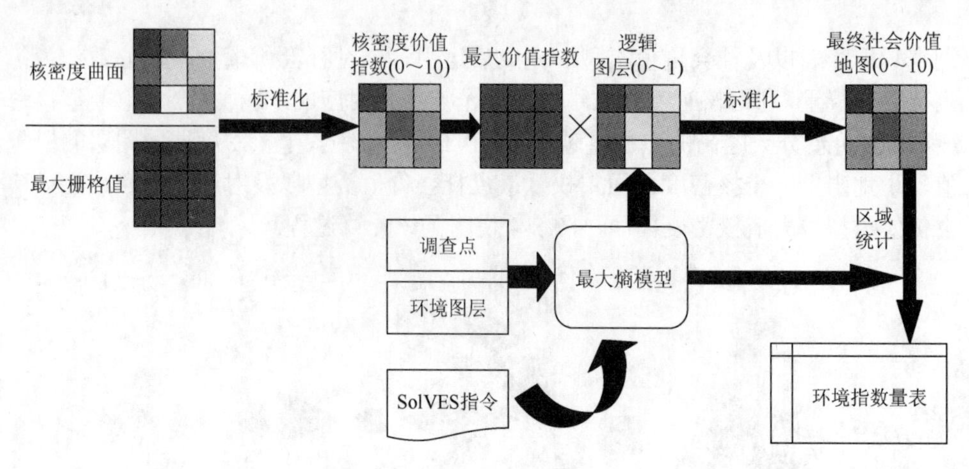

图 8-5　最大熵模型分析过程

8.3　结 果 分 析

根据创建的地理空间数据库，按照软件的操作手册和原理，对软件自身的 12 种社会价值都可以做出估算。近年来，人们对自然保护区的设定已经不再是单纯地考虑自然因素，越来越多的人重视一个地区提供给居民的精神体验。因为在做优先保护区时，最相关的文化服务是娱乐价值和审美价值，所以这里只列出了审美价值和娱乐价值的价值指数结果（图 8-6、图 8-7），其结果从 1 到 10，1 代表该地的价值较低，10 代表该地的价值非常高。

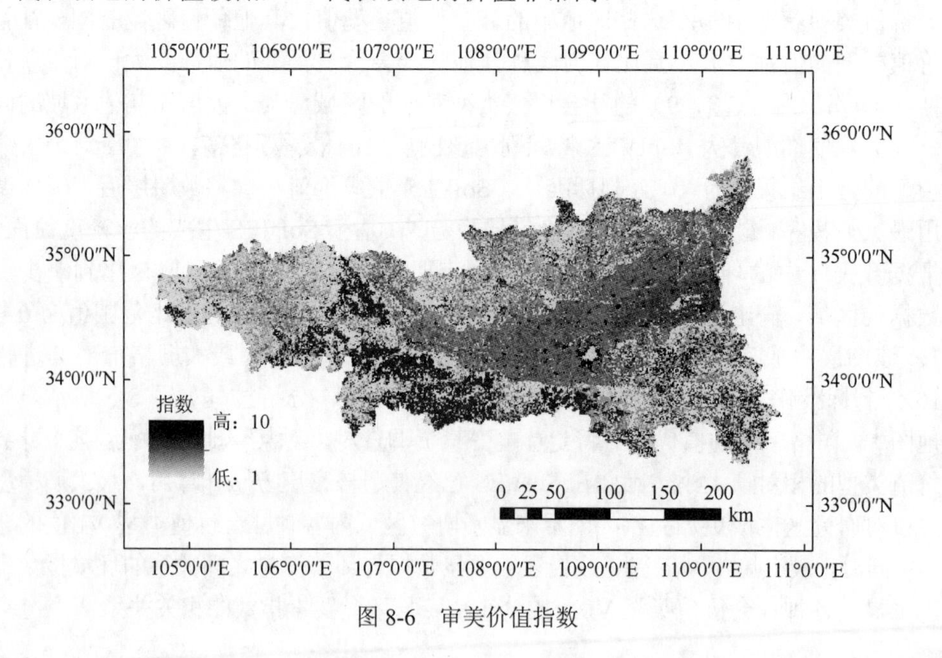

图 8-6　审美价值指数

从图 8-6 可以看出，整个关中-天水的审美价值并不均衡，地区差异较大。从土地利用上看，审美功能较高的地区多集中在林地和草地，且多在 8 和 9 的价值水平上；城镇用地的审美价值偏高，多在 7～10，西安市周边的审美达到了 10，审美价值非常高；耕地的审美价值较低，多为 3～4。从行政区划上看，天水市的审美服务价值最低，多集中在 1～4，东南部较高，多为 7～8；宝鸡市的审美价值呈现西南高东北低的趋势，分界明显，但整体服务水平较高；咸阳市的服务水平总体偏低，呈现由北向南增高的趋势，但不明显；西安市的审美服务水平整体较高，尤其是西安市区周边的服务水平非常高，其值均在 9～10；铜川市位于关中-天水经济区的北边，地区较小，整体的审美价值水平较低，部分地区很低，基本为 1～2；渭南市位于关中-天水经济区的东北部，经济发展较好，其审美价值水平也较高，整体在 5 到 6，部分地区在 7 左右；最东南的商洛市，其位于秦岭地区，审美价值呈现零散分布的状况，高低分布交错。从整个关中-天水经济区来看，审美价值的分布呈现西部较低，东部较高，北部较低，南部较高的趋势。中东部地区的服务水平位于中等，南部的价值水平处于高等，西部和东南角的服务水平相对较低。

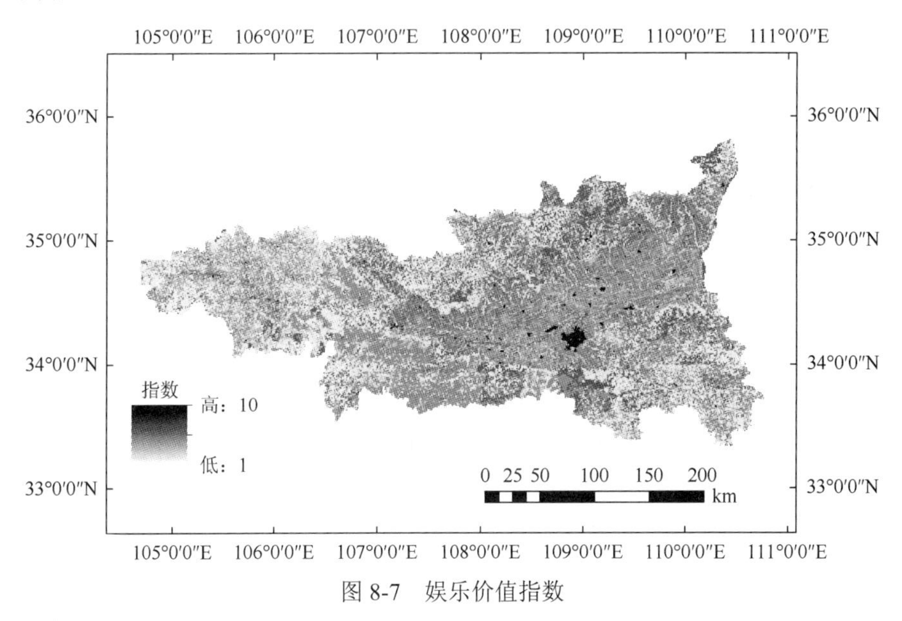

图 8-7　娱乐价值指数

由图 8-7 可知，与关中-天水经济区的审美价值相比，关中-天水经济区的娱乐价值就显得分布更为均衡。从土地利用上看，娱乐功能较高的地区多集中在城镇用地和林地，林地多在 4～7 的价值水平上；城镇用地的审美价值偏高，多在 7～10 的价值水平，西安市区由于其经济的发展水平较高，娱乐设施较多，其娱乐价值达到了 10，娱乐价值非常高。从行政区划上看，天水市的娱乐服务价值较低，多集中在 1～4，部分地区较高，但是分布零碎，并不集中，多为 6～8；宝鸡市的娱乐价值呈现西高东低的趋势，过渡平缓，宝鸡市区的经济发展水平较高，其娱乐价值较高，多为 4～8，宝鸡市的整体服务水平较高；咸阳市的服务水平总体偏低，呈现西北低东南高的趋势，较为明显，主要原因是咸阳市区靠近南部，供人们娱乐的场所和活动多集中于咸阳市区；西安市的娱乐服务水平整体较高，尤其西安市区的服务水平非常高，其值均在 9～10，其周边区县多为林地，有不少的森林公园被开发，因此在西安市南部也有不少零碎的地方，其娱乐价值也非常高，可达 8～9；铜川市位于关中-天水经济区的北边，地区较小，但整体的娱乐价值水平并不是很低，整体在 4～6 的水平，且部分地区可达 8 以上，只有西部少部分地区较低；渭南市位于关中-天水经济区的东北部，经济发展较好，其娱乐价值水平也较高，整体在 5～8，是关中-天水经济区娱乐水平较高的市；最东南的商洛市，其位于秦岭地区，经济相对不够发达，整体的娱乐价值并不高，多在 2～4，但是其位于林地，部分地区被开发成了旅游景区，带来了丰富的娱乐观赏价值，因此其部分零散地区的娱乐价值较高，可达 8 左右。从整个关中-天水经济区来看，娱乐价值的分布呈现西部和东南部较低，中东部较高的趋势。各个经济发展地区的娱乐水平相对较高，林地的娱乐水平分布不均衡，低中有高。

参 考 文 献

[1] YAGER R R. On Ordered Weighted Averaging Aggregation Operators in Multicriteria Decisionmaking[M]. San Francisco：Morgan Kaufmann，1993：80-87.

[2] BAGSTAD K，REED J，SEMMENS D，et al. Linking biophysical models and public preferences for ecosystem service assessments：a case study for the Southern Rocky Mountains[J]. Reg Environ Change，2015，1-14.

[3] SHERROUSE B C，CLEMENT J M，SEMMENS D J. A GIS application for assessing，mapping，and quantifying the social values of ecosystem services[J]. Applied Geography，2011，31（2）：748-760.

[4] BARRENA J，NAHUELHUAL L，BAEZ A，et al. Valuing cultural ecosystem services：Agricultural heritage in Chiloé island，southern Chile[J]. Ecosystem Services，2014，7：66-75.

[5] SHERROUSE B C，SEMMENS D J，CLEMENT J M. An application of Social Values for Ecosystem Services（SolVES）to three national forests in Colorado and Wyoming[J]. Ecological Indicators，2014，36（37）：68-79.

第 9 章　生态系统碳服务流动

9.1　关天经济区生态系统固碳服务的供需平衡

9.1.1　生态系统固碳服务的需求与供给模型

1997 年，《京都议定书》中提出了“碳源/汇”的概念，即“碳源”和“碳汇”。其中，“碳源”（carbon source，CSE）是指向大气中排放二氧化碳而使大气二氧化碳浓度增加的生态系统，即该生态系统的固碳量低于碳排放量；“碳汇”（carbon sink，CSK）则是将大气中的二氧化碳吸收固定而使大气二氧化碳浓度减少的生态系统，即该生态系统固碳量高于碳排放量。在本书中，碳源即生态系统固碳服务需求，碳汇即生态系统固碳服务供给。

在景观生态学中，为探究不同景观类型在空间上的动态平衡对生态过程的影响，进而寻找适合区域发展的景观空间格局，陈利顶等提出“源汇景观学理论”（Source-sink Landscape Theory），并就该理论的生态学意义做出阐述[1]。源汇景观学理论将生态过程内涵融于景观格局分析中，判断景观类型在生态过程演变中的作用，据此将景观分为“源”与“汇”两种类型的异质景观，以评价区域的空间格局[1]。该理论提出后，在多土地利用类型“源-汇”结构[2]、非点源污染[3]、生态系统服务评价的受益者与空间流动制图[4]等领域中得到广泛应用。

本书选用 CASA 模型和碳循环过程模型对区域碳汇做出评估，结合人口密度模型和能源统计数据估算区域生态系统固碳服务需求状况，并将其作空间可视化展布。

1. 碳源模型

IPCC 对于碳源做出了较为详尽的分类，碳源主要分为能源及转换工业、工业过程、农业、土地利用变化和林业、废弃物、溶剂使用及其他共 7 个部分。目前，碳源的测算主要采用 3 种方法：实测法、物料衡算法和排放系数法。排放因子（emission-factor approach）是 IPCC 提出的第一种碳排放估算方法，也是目前适用于宏观、中观和微观多种尺度的碳排放估算方法[5, 6]。为了更加直观地表现区域碳源的空间分布，本书基于能源统计中人均碳排放数据和人口密度分布计算区域碳源的空间分布。

$$C_e = \sum_{x=1}^{X} \rho(x) \times \varphi(x) \tag{9-1}$$

式中，C_e为人类社会经济活动中的碳排放，即碳源；$\rho(x)$ 为像元 x 的人口空间密度；$\varphi(x)$ 为像元 x 的人均碳排放；X 表示研究区的像元总数。

人口数据空间化建模的基本思想是将人口数据和地球表面的地理因子关联起来，将人口统计数据在地理空间上进行展布[7]。关于将人口统计数据进行离散化处理的方法，国内外学者已经做了一定的归纳和总结。王雪梅等[7]从数据源的角度出发，将人口数据空间化方法分为国际上被广泛使用的基于遥感和 GIS 数据的空间化方法和国内学者常用的基于土地利用数据和其他地理因子的回归模型。林丽洁等[8]将主要的人口统计数据空间化模型归纳为 11 类：负指数模型、面积权重模型、核心估算模型、回归模型、分区密度模型、土地利用类型影响模型、重力模型、多源数据融合模型、夜间灯光数据模型、城乡人口模型、农村居民地影响模型等。柏中强等[9]从人口数据空间化方法的发展历程和基本原理的角度，将其方法总结为 3 类：城市地理学中的人口密度模型、空间插值法、基于遥感和 GIS 的统计建模方法。董南等[10]根据建模原理的不同，将人口空间化主要模型归为 6 类：负指数、核密度估计、分区密度、多元回归、多因素融合、智能化等。

其中，多源数据融合模型综合考虑自然和经济的多种因素对于人口空间分布的影响，比较客观地选择人口分布的指示性因子，合理赋予权重，且易与地理信息系统结合，结果能够比较真实地反映区域人口的真实空间分布情况[9, 10]。因此，本书选用多源数据融合模型对区域的人口数据进行空间展布。多源数据融合模型的原理是：基于重力模型构建格点生成法，选择与人口分布相关的指示性因子（如自然地理要素、社会经济条件、历史条件等）；以乘积或加权求和的方法将多个因子融合为人口分布权重值；基于权重值与人口分布数据建立二者之间的关系，进而将统计数据转变为格网密度面[9]。

本书中，人口密度分布模型基于遥感影像解译结果和居民点分布，将区域分为城镇区域和农村区域；基于多种基础数据分别计算城镇人口密度系数和农村人口密度系数；结合市县人口统计数据和人口密度系数计算出区域人口密度分布状况。

(1)人口分布影响因子。多源数据融合模型的一个重要特点在于“多源数据”，它的数据来源可以是遥感影像、地理基础信息（如高程、交通、河流）、气象数据（如温度、降水）等多种形式和内容。在建立该模型的过程中，研究者可根据实际地理条件、城市和经济发展特点等，选取适宜的因子作为影响人口分布的主要因子。

关中-天水经济区地处我国中部地区，自秦汉时期以来，一直是我国农业和社会经济发展的中心和典范，也是“丝绸之路”的起点，具有悠久的社会经济发展历史。而关中地区更是我国西北地区经济发展的重心，分布着西安、咸阳、宝鸡等多个大型城市经济体。该区域人口的空间分布与地形、地貌、经济发展状况等都有着密不可分的联系。受经济消费模式的影响，城市与农村的人口分布和碳排放模式都有着显著的差异。本书针对该区域的实际状况，将区域的人口分布分为“城镇”和“农村”两个部分，分别选取影响因子进行人口数据空间化建模。

由于关中地区地势平坦、土壤肥沃，适宜发展农业，集聚了大量的农业人口。经过漫长的历史发展，在关中地区形成了以西安市为中心、咸阳市和宝鸡市为副中心的经济都市圈。这些城市目前正以迅猛的态势由城市中心向四周扩张，而城市人口大量地集聚在城市最繁华地带，即城市中心。关中-天水经济区城市人口的分布主要与距市中心距离有关，因此，本书选取距市中心距离作为城镇及人口数据空间化建模的主要影响因子。

至于农村人口分布，研究区域中包含了秦岭、关中平原及黄土高原等多个地貌形态，而村落零星散布在区域的各个角落。因此，在关中-天水经济区农村人口数据空间化建模过程中，选取了土地利用、道路、河流、温度、高程等多个地形地貌、经济发展和气候因素作为影响农村人口分布的主要影响因素。

（2）城镇人口系数。基于城镇面积的城镇人口密度系数模型[11]：

$$V_{ij} = A_j \ln A_i \exp\left[-\left(\frac{r_j}{\sqrt{A_i / \pi}}\right)^{\sigma}\right] = A_j \ln A_i \exp(-1.9874 r_j^{1.2} A_i^{-0.6}) \tag{9-2}$$

式中，V_{ij} 为第 i 个城市中第 j 个栅格的人口密度系数；A_j 为 j 栅格中的城市用地面积；A_i 为第 i 个城市的面积；r_j 为第 j 个栅格中心至城市中心的距离；参数 σ 反映城市的不同发展阶段。城市影响距离为该城市区域多边形的等面积圆半径，而城市中心则为城市行政中心，而非几何中心，参数 σ 取 1.05。

（3）农村人口系数。农村人口空间化模型的建模过程主要包括以下步骤：首先，统计居民点在各土地利用类型、主要公路和河流的不同距离缓冲区的分布密度，做最大值归一化处理后，确定各主要影响因子的权重。农村人口主要分布在农村居民点及其附近地区，在居民点以外的地区虽然也有分布但分布数量较少。用 P_{total}、P_{town}、A_{rural}、D_{rural}、A_{rest}、D_{rest} 分别表示各县总人口、城镇人口、农村居民点的总面积、农村居民点平均人口密度、远离居民点地区的总面积和平均人口密度，则有如下关系式[12]：

$$P_{\text{total}} - P_{\text{town}} = A_{\text{rural}} D_{\text{rural}} + A_{\text{rest}} D_{\text{rest}} \tag{9-3}$$

式中，P_{total}、P_{town}、A_{rural}、A_{rest} 四个参数已知，而 D_{rural} 和 D_{rest} 未知，要求出它们的值，还需要建立一个方程，此方程可以根据调研所获得的实际情况得到 D_{rural}

与 D_{rest} 的比值。将最终结果最大值归一化处理，得到农村居民点及远离居民点地区人口分布权值图。

其次，将上述结果作单要素加权融合处理，并做归一化处理，得到各单要素的人口分布系数。将各县最大值归一化的人口数据与各单要素的人口分布系数作多元逐步回归分析，以显著性水平 $\alpha = 0.1$ 为约束条件，求得回归系数后再作最大值归一化处理，得到的结果即为各主要影响因子权重系数。最后，将各主要影响因子权重系数分别与各自的单要素人口分布系数相乘后求和，作最大值归一化处理，得到研究区农村人口密度系数图。

2. 碳汇模型

“碳库”是全球变化科学研究中一个重要的概念。在全球碳循环系统中，地球系统各个存储碳的部分被称之为碳库，主要有海洋碳库、地质碳库、土壤碳库和生态系统碳库等。在一定意义上，碳库是生态系统固碳服务的来源，是生态系统固碳服务供给的物质储备。在本书中，碳库主要包括地质碳库、土壤碳库和生态系统碳库，由于研究条件所限，本书将从生物碳库和土壤碳库两个方面研究区域的生态系统固碳服务供给。

（1）生物碳库。NPP 估算模型分为统计模型（如 Miami、Thornthwaite Memorial 等）、参数模型和过程模型（如 CENTURY、TEM、BIOME-BGC 及 CASA 等）[13]，基于植被机理的过程模型具有更好的估算精度[14, 15]。考虑到模型复杂度、所需数据的可获得性[16]及研究区域实际情况，本书选用 CASA 模型。CASA 模型[17]通过光合有效辐射（APAR）和实际光能利用率 ε（x, t）的乘积来表示每个月的植被第一性生产力的变化，计算公式如下：

$$\mathrm{NPP} = \mathrm{APAR}(x,t) \times \varepsilon(x,t) \tag{9-4}$$

式中，NPP 为植物净第一性生产力；APAR（x, t）表示像元 x 在 t 月份吸收的光合有效辐射（MJ/m^2）；ε（x, t）表示像元 x 在 t 月份的实际光能利用率（g C/MJ）。

根据不同植被（森林、草本、农作物）地上生物量与地下生物量的经验比例值，得出不同土地利用类型（林地、草地、耕地）地上和地下部分生物量的比值，最终得出区域生物碳库的估算结果。

（2）土壤碳库。土壤呼吸（soil respiration）是指未扰动土壤中产生二氧化碳的所有代谢作用，包含自养呼吸（根呼吸）和异养呼吸（微生物和土壤动物呼吸），常把异养呼吸部分称为土壤基础呼吸[18]。本书选用周涛等[19]改进的碳循环过程模型来反演土壤基础呼吸，进而建立土壤中 CO_2 排放与土壤有机碳（SOC）之间的关系模型。该模型在原碳循环过程的基础上增加了水分因子，用年降水量和年潜在蒸散量结合温度敏感因子描述土壤水分对土壤呼吸的影响。其公式如下：

$$A_{ij}=\frac{R_{\mathrm{H}}}{\exp(bT)y} \tag{9-5}$$

式中，

$$y=\frac{1}{1+30.0\exp(-8.5x)} \tag{9-6}$$

其中，

$$x=\frac{\mathrm{PPT}}{\mathrm{PET}} \tag{9-7}$$

$$R_H=\mathrm{NPP} \tag{9-8}$$

将式（9-6）和式（9-8）代入式（9-5），得

$$A_{ij}=\frac{\mathrm{NPP}}{\exp(bT)y} \tag{9-9}$$

式中，A_{ij}为土壤基础呼吸；PPT 为年降水量；PET 年潜在蒸散量；b 为温度敏感常数因子。

将土壤基础呼吸与全国第二次土壤普查的土壤有机碳数据结合，回归分析后得出关于土壤呼吸与土壤有机碳含量的回归模型。再将野外调研数据代入回归模型，最终得到 2014 年关中–天水经济区的土壤碳库存量。

3. 生态系统固碳服务的供需平衡模型

区域的碳源与碳汇受到自然生态和社会经济等多方面的影响，二者之间的平衡数量关系也比较复杂。在此引入流动比率（R_i）的概念，通过计算碳源和碳汇的比值，以表征同一区域中碳源与碳汇平衡的数量关系[20]。其概念模型为

$$R_i=\frac{O_{p_i}}{I_{p_i}} \tag{9-10}$$

式中，R_i 为像元 i 的源汇流动比率，O_{p_i} 为像元 i 某时段的碳排放量，即通过碳源模型计算得到的碳排放量；I_{p_i} 为同一时段像元 i 的碳吸收量，即生物固碳量。R_i 能够表达区域“生态系统固碳服务”的自给率，R_i 越小，区域的生态系统固碳服务自给率越强，反之则越弱。当 R_i 值小于 1，表明区域碳汇倾向大于碳源倾向，即为供给型区域；当 R_i 值大于 1，表明区域碳源倾向大于碳汇倾向，即需求型区域。

9.1.2　生态系统固碳服务需求

1. 人口密度空间分布

人口是生活在特定社会制度、特定地域的，具有一定数量和质量的人的总称。

人口信息是一个国家的基本国情之一。目前向社会发布的人口普查数据通常以较大的行政区域（如县级行政区域）为单位，而这些数据有一定的局限性。本书利用遥感数据，使用多数据源融合的多等级人口密度空间分布模型系统，分析关中-天水经济区人口密度空间分布（图 9-1）。

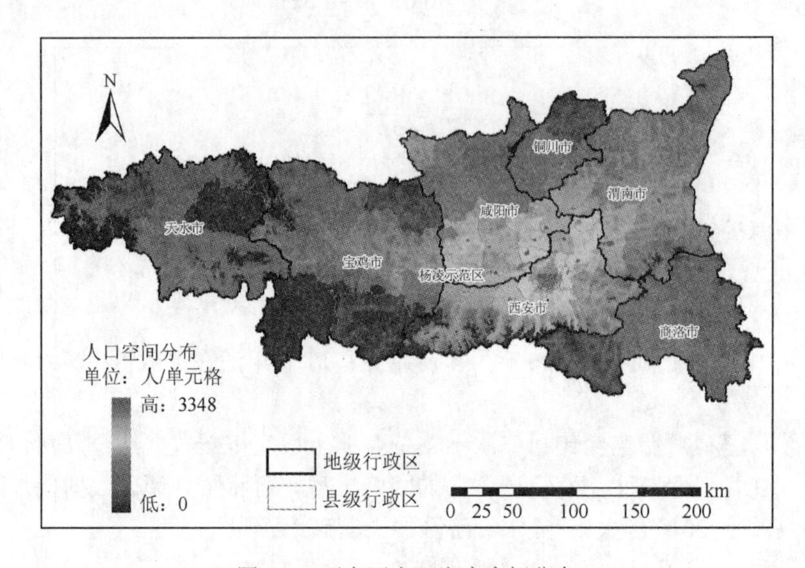

图 9-1　研究区人口密度空间分布

从图 9-1 可知，研究区内人口密度分布两极化比较明显，西安市的人口密度远大于其他市县，以西安市为中心往四周扩散，人口密度逐渐变小。山区的人口密度极低，秦岭深处的一些区域人口密度几乎为 0。

2. 生态系统固碳服务需求空间分布

结合人口密度空间分布与能源统计数据得到生态系统固碳服务需求的空间分布（图 9-2），研究区平均 $1km^2$ 的碳排放为 0.63g C/a。就碳源总量而言，西安市的碳源最高，单位面积碳源量达到 14.36g C/(m^2·a)，辖区内碳源总量为 14.56t C。咸阳市与渭南市碳源总量不相上下，分别为 9.41t C 和 9.20t C，其中咸阳市的单位面积碳源量[9.22g C/(m^2·a)]略高于渭南市[7.11g C/(m^2·a)]。宝鸡市和天水市的碳源总量稍低，分别为 6.68t C 和 6.51t C，单位面积碳源量也不高，为 3.68g C/(m^2·a) 和 4.56g C/(m^2·a)。由于经济发展度的影响，在除杨凌示范区外的市级行政区中，商洛市和铜川市的碳源总量最低。商洛市的碳源总量为 2.54t C，单位面积碳源量为 2.48g C/(m^2·a)。铜川市的碳源总量为 1.50t C，单位面积碳源量稍高于商洛，为 3.86g C/(m^2·a)。杨凌示范区由于辖区面积小，虽然单位面积碳源量高达 34.83g C/(m^2·a)，但碳源总量则只有 0.34t C。

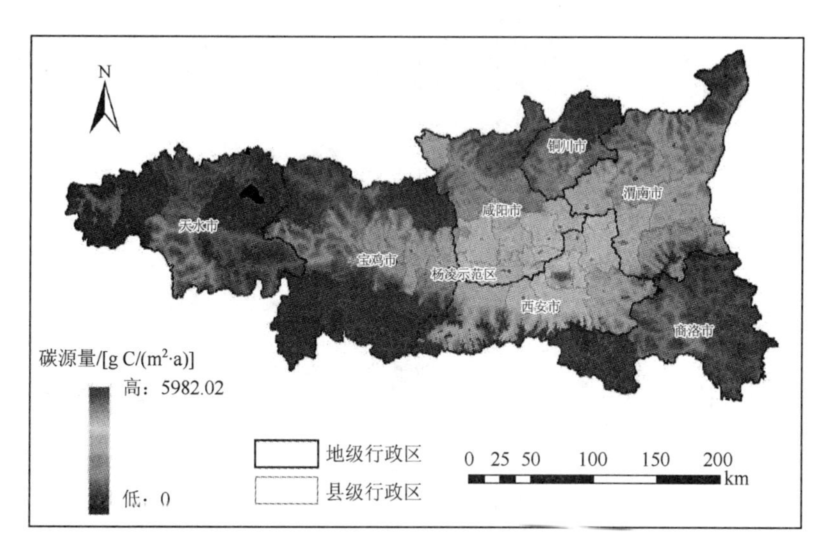

图 9-2　研究区碳源空间分布

对研究区内各区县生态系统固碳服务需求分别做单位面积需求和总需求的统计后，结果如图 9-3 和图 9-4 所示。

就单位面积需求量（图 9-3）而言，西安市多个市区的碳源遥遥领先于其他区县：碑林区的单位面积碳源量高达 0.57kg C/(m^2·a)，远远超过了研究区内其余区县，新城区和莲湖区以 0.31kg C/(m^2·a)和 0.29kg C/(m^2·a)分列第二和第三，雁塔区和未央区则以 0.10kg C/(m^2·a)和 0.04kg C/(m^2·a)位列第四和第五。杨陵区、咸阳市渭城区和西安市灞桥区的单位面积碳排放量相似，约为 0.03kg C/(m^2·a)。柞水县、麟游县、太白县和凤县的单位面积碳排放最低，均未超过 1.00g C/(m^2·a)。

就需求总量（图 9-4）而言，西安市长安区的碳源总量是最高的，达 1.89t C，其次是渭南市临渭区的 1.72t C，此二者的碳源总量远超过研究区其余区县，在研究区中处于第一梯度；西安市雁塔区、富平县、蒲城县、大荔县、西安市临潼区和碑林区、天水市秦州区、周至县等区县的碳源总量在研究区中处于第二梯度，范围在 1.23t C 到 1.49t C 之间；西安市莲湖区、蓝田县、甘谷县、乾县、兴平市、天水市麦积区户县、宝鸡市陈仓区、西安市未央区、秦安县、商洛市商州区处于第三梯度；泾阳县、西安市灞桥区、凤翔县、西安市新城区、咸阳市秦都区、礼泉县、岐山县、洛南县、武山县、扶风县、武功县、宝鸡市渭滨区属于第四梯度；三原县、咸阳市渭城区、澄城县、韩城市、宝鸡市金台区、彬县、张家川自治县、铜川市耀州区、高陵县、眉县、清水县、丹凤县处于第五梯度；其余区县处于第六梯度。

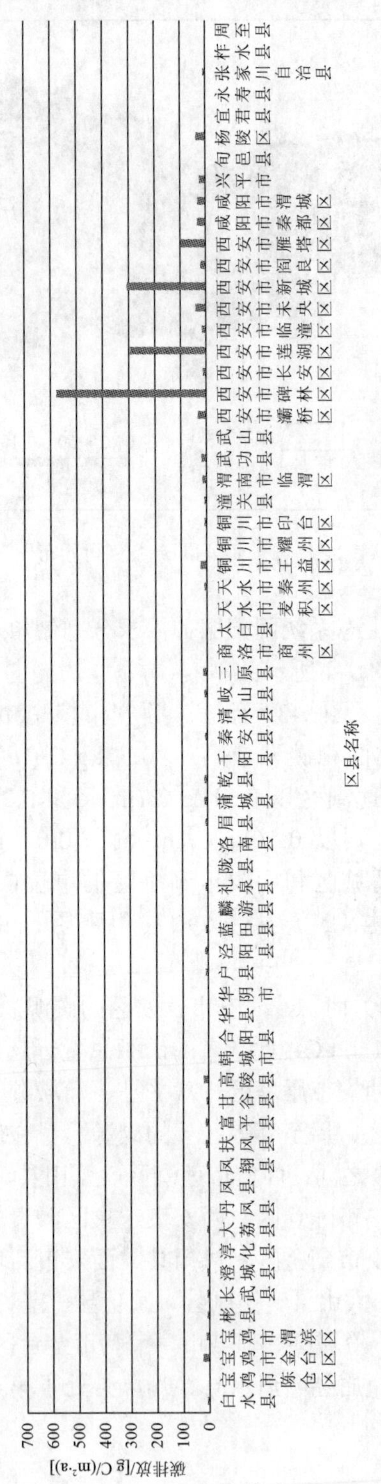

图 9-3 各区县单位面积生态系统固碳服务需求分区统计

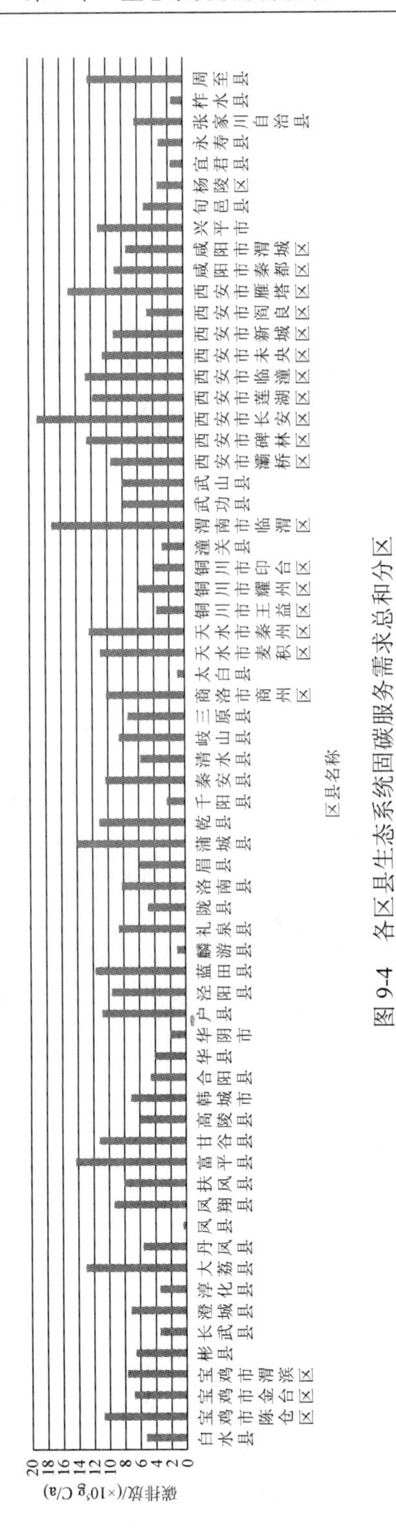

图 9-4　各区县生态系统固碳服务需求总和分区

9.1.3 生态系统固碳服务供给

1. 生物碳库

经 CASA 模型估算得到关中-天水经济区生物碳库的空间分布（图 9-5），其中，高固碳区主要沿研究区南部的秦岭山脉分布。秦岭山脉素来以风景优美、植被种类丰富、森林覆盖率高而闻名，例如，研究区西南角天水市的 2 个国家级森林公园（麦积国家森林公园、小陇山国家森林公园）、宝鸡市的 3 个国家级森林公园（天台山国家森林公园、太白山国家森林公园和通天河国家森林公园），研究区东南角商洛市的 2 个国家级森林公园（金丝峡国家森林公园和牛背梁国家森林公园），这些区域由于受到良好的森林保护，植被覆盖率高，生物固碳能力非常强。此外，地处研究区北部的北山山系、由铜川市管辖的玉华宫国家森林公园生物固碳能力也较强。这些区域中年固碳量达 1.50kg C/m^2 的面积达到 9.23×10^{3}km^2。而天水市西侧及研究区中部的关中平原是我国西北地区的主要粮食产区，大范围地分布着耕地和农田，生物固碳能力普遍较低。

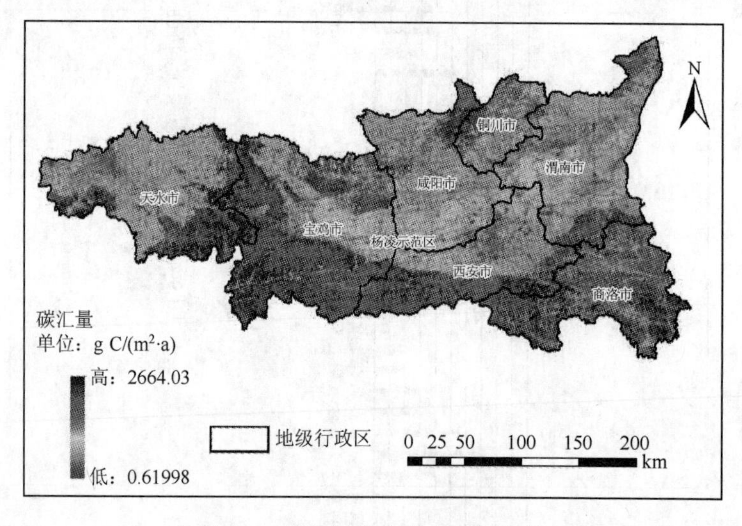

图 9-5 研究区生物碳库空间分布

从市级行政区的生物固碳能力看，宝鸡市的生物固碳能力是最强的，2014 年固碳总量达 0.33×10^{3}t C，单位面积平均固碳量为 1.13kg C/(m^2·a)。天水市和商洛市的生物固碳总量不相上下，分别为 0.20×10^{3}t C 和 0.18×10^{3}t C，单位面积平均固碳量为 0.88kg C/(m^2·a)和 1.13kg C/(m^2·a)。其后是西安市、渭南市和咸阳市的固碳总量，分别为 0.15×10^{3}t C、0.14×10^{3}t C 和 0.12×10^{3}t C，其单位面积平均固碳量则分别为 0.90kg C/(m^2·a)、0.67kg C/(m^2·a)和 0.73kg C/(m^2·a)。铜川市的生物固碳总量整体偏低，固碳总量为 55.99t C，单位面积平均固碳量为 0.90kg C/(m^2·a)。杨凌示范区由于面积最小，固碳总量仅为 0.73tC，单位面积平均固碳量为 0.47kg C/(m^2·a)。总的来说，除了铜川市和杨凌示范区由于面积明显小于其他市级行政区因而生物固碳量较少外，其余市级行政区的生物固碳量并没有很大的差异。

对研究区内各区县生物碳库分别做单位面积固碳和总固碳量的统计后发现，县级行政区的生物固碳量存在着明显的差异（图 9-6 和 9-7 所示）。凤县、天水市麦积区两个县（区）的生物固碳量最高，分别为 71.17t C 和 65.46t C，单位面积生物固碳量平均值分别达到 1.42kg C/(m^2·a)和 1.18kg C/(m^2·a)。其次为太白县、周至县、柞水县、商洛市商州区、洛南县、丹凤县、宝鸡市陈仓区和陇县，生物固碳量在 39.48～54.75t C，单位面积生物固碳量平均值范围是 1.09kg C/(m^2·a)到 1.29kg C/(m^2·a)。天水市秦州区和蓝田县的生物固碳量紧随其后，分别为 32.77t C 和 31.65t C，单位面积生物固碳量平均值分别为 0.87kg C/(m^2·a)和 0.99kg C/(m^2·a)。旬邑县、麟游县、千阳县、宝鸡市渭滨区森林覆盖率较高，单位面积生物固碳量平均值均达到 1.00kg C/(m^2·a)以上，但由于县区面积较小，生物固碳总量不高，在 15.54t C 到 29.84t C 之间。其余区县的生物固碳总量均为超过 30.00t C，且单位面积生物固碳量平均值未超过 1.00kg C/(m^2·a)。

2. 土壤碳库

经过碳循环过程模型模拟，研究区土壤碳固定量高值区空间分布整体趋势与生物固碳相似，也是沿秦岭山脉东西向分布于研究区南部，北部铜川市部分区域也有部分分布（图 9-8）。

从市级行政区的土壤碳固定能力看，宝鸡市的土壤碳固定能力是最强的，2014 年碳固定总量达 6.54×10^4t C，单位面积平均碳固定量为 0.23t C/m^2。其次为天水市，土壤碳固定量为 4.54×10^4t C，单位面积平均碳固定量为 0.20t C/m^2。渭南市和商洛市的土壤碳固定总量不相上下，分别为 3.38×10^4t C 和 3.35×10^4t C，单位面积平均碳固定量分别为 0.16t C/m^2 和 0.21t C/m^2。其后是西安市和咸阳市，分别为 2.82×10^4t C 和 2.63×10^4t C，其单位面积平均碳固定量则分别为 0.17t C/m^2 和 0.16t C/m^2。铜川市的土壤碳固定总量整体偏低，碳固定总量为 1.33×10^4t C，单位面积平均土壤碳固定量为 0.21t C/m^2。杨凌示范区由于面积最小，碳固定总量仅为 1.49×10^2t C，单位面积平均碳固定量为 0.10t C/(m^2·a)。

对研究区内各区县土壤碳库分别做单位面积碳固定和总碳固定量的统计后发现，县级行政区土壤碳库的生态系统固碳服务供给存在着明显的差异（图 9-9 和图 9-10）。各区县的土壤碳固定能力也有较明显的差异，天水市麦积区和凤县

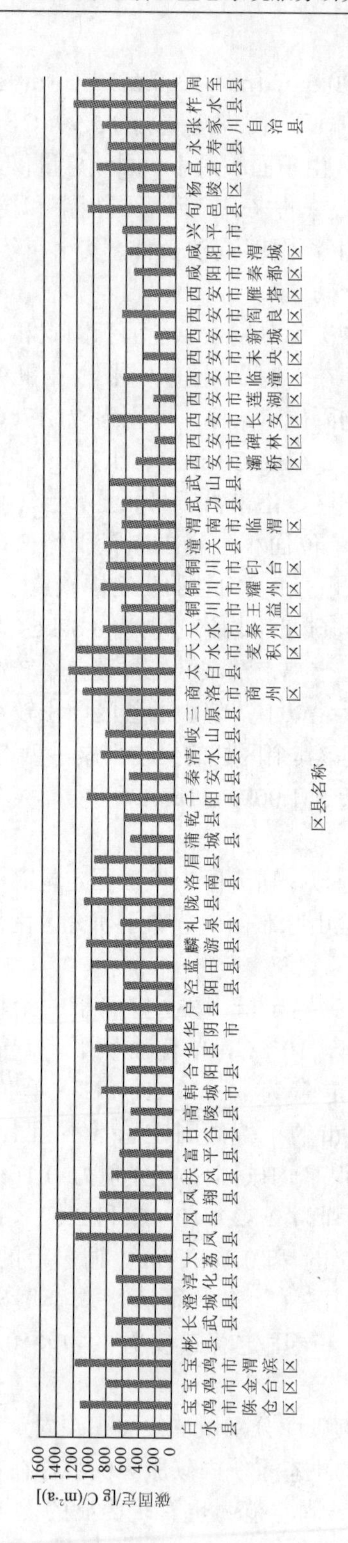

图 9-6　各区县单位面积生物固碳分区统计

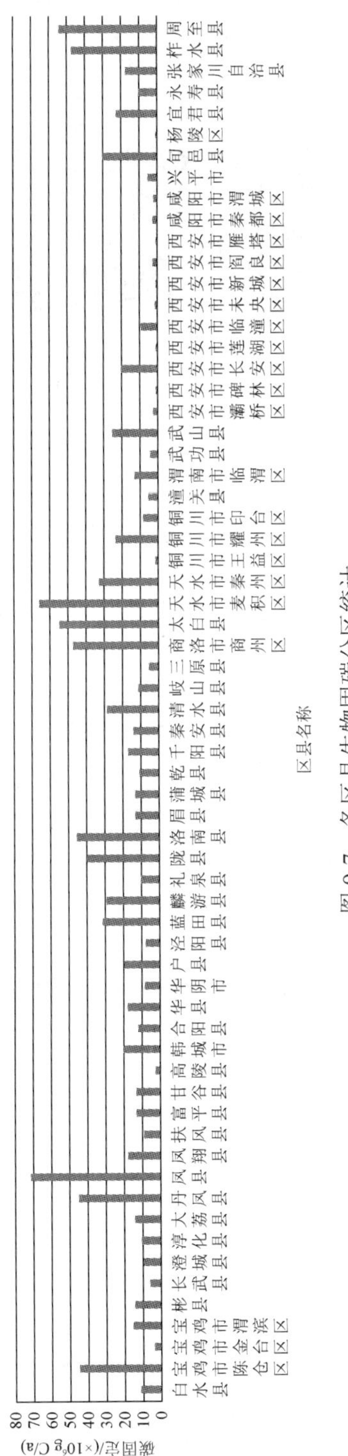

图9-7 各区县生物固碳分区统计

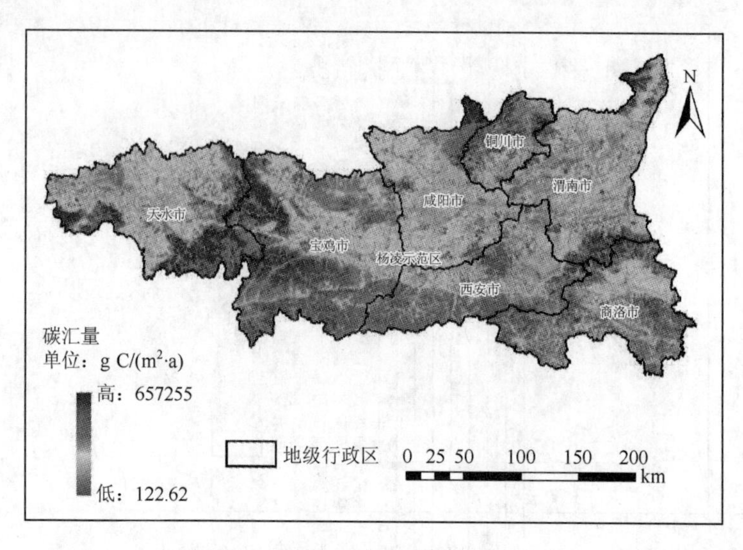

图 9-8 研究区土壤碳库空间分布

的土壤碳固定能力最高，分别为 1.42×10^4t C 和 1.32×10^4t C，单位面积土壤碳固定量平均值均达到 0.26t C/m^2。其次为太白县、周至县、宝鸡市陈仓区、陇县、洛南县、柞水县、商洛市商州区、丹凤县和天水市秦州区，土壤碳固定量在 7.53×10^3～1.10×10^4t C，单位面积土壤碳固定量平均值范围是 0.19～0.26t C/m^2。旬邑县、清水县、武山县、宜君县、蓝田县、麟游县、铜川市耀州区、韩城市的土壤碳固定量紧随其后，为 4.82×10^3～6.50×10^3t C，单位面积土壤碳固定量平均值为 0.18～0.24t C/m^2。其余区县的土壤碳固定量均超过 4.30×10^3t C，但单位面积土壤碳固定量平均值与前面所述的区县相差不大，在 0.08～0.24t C/m^2。

3. 区域固碳总量

将生物碳库和土壤碳库的生态系统固碳服务供给量求和，得到研究区生态系统固碳服务总供给量的空间分布（图 9-11）。就单位面积碳固定能力而言，宝鸡市是最强的，其次为铜川市、商洛市和天水市，西安市、渭南市、咸阳市相对较弱，杨凌示范区最低。就辖区内碳固定总量而言，宝鸡市也是最高的，其次为天水市，而商洛市和渭南市相对较低，西安市和咸阳市紧随其后，铜川市和杨凌示范区最弱。

由图 9-12 和图 9-13 可知，县级行政区生态系统固碳服务总供给量存在着明显的差异。在研究区中，凤县、太白县、天水市麦积区及陇县的碳固定能力最为瞩目，单位面积碳固定均超过了 0.25t C/m^2，且辖区内碳固定总量均超过 9.00×10^3t C。杨陵区和西安市的多个城区（未央区、雁塔区、灞桥区、碑林区、新城区）固碳能力最弱，单位面积碳固定均未达到 0.10tC/m^2，其中仅未央区碳固定总量超过 0.15×10^3t C（为 0.30×10^3t C）。

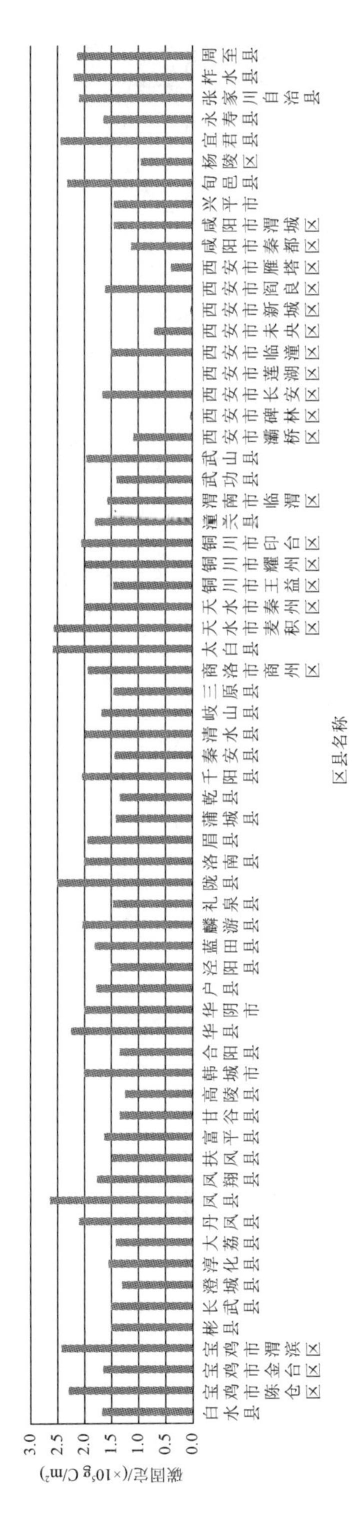

图 9-9 各区县单位面积土壤碳固定分区统计

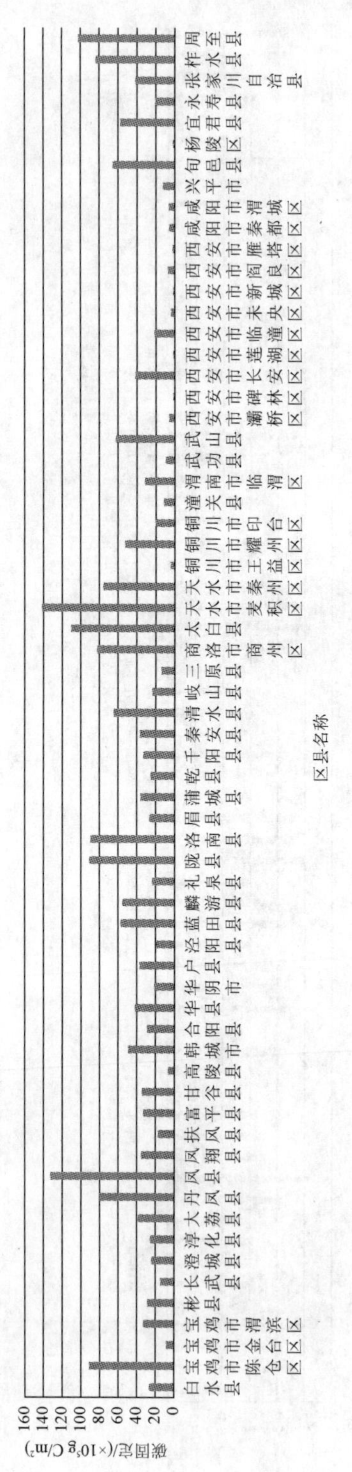

图 9-10 各区县土壤碳固定分区统计

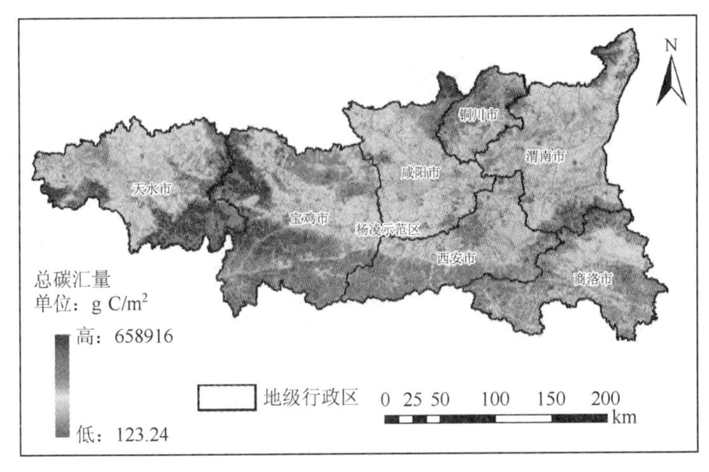

图 9-11　研究区固碳总量空间分布

9.1.4　生态系统固碳服务供需平衡结果

1. 不同土地利用下的生态系统固碳服务供需平衡

土地利用方式作为人类社会影响自然环境和气候变化的重要因子，对区域碳收支也有重要影响。不同的土地利用方式具有不同的生物碳固定能力和土壤碳固定能力。森林被人们称为“地球的肺”，每年从大气中吸收大量的二氧化碳以有机物的形式储存到生物碳库中，并且通过枯枝落叶氧化分解成腐殖质进而为土壤碳库输送大量的有机碳。在关中–天水经济区，草地的单位面积固碳量最高[$1.35kg/(m^2·a)$]且由于分布面积最广，固碳总量也是最高（488.35t/a），占区域总固碳量的 41.90%，其土壤表层 30cm 的碳固定为 6.79×10^4t，占全区总碳固定量的 27.59%。森林的碳固定总量为 332.70t，是全区总固碳的 28.54%，单位面积固碳量 $1.12kg/(m^2·a)$，其土壤表层 30cm 的碳固定更是达到 8.96×10^4t，占全区总碳固定量的 36.41%。耕地的碳固定能力相对略弱，单位面积固碳量为 $0.59kg/(m^2·a)$，碳固定总量分别为 328.45t，分别占总固碳的 28.18%，但是土壤碳固定能力较强，土壤表层 30cm 的碳固定高达 8.55×10^4t，占全区总碳固定量的 34.73%。虽然这三种土地利用类型的固碳能力有所差异，但是净碳固定和封存量整体表现正数，为研究区的碳汇区域，都能够为关中–天水经济区减少大气中的二氧化碳浓度。城市用地的单位面积固碳量为 $0.27kg/(m^2·a)$，碳固定总量仅为 8.68t，而单位面积平均碳排放却高达 $128.59g/(m^2·a)$，碳排放总量为 25.04t，占全区总碳排放量的 49.35%，是研究区最主要的碳源区域。耕地的单位面积碳排放量并不算高，为 $4.81g/(m^2·a)$，但因分布面积广大而积少成多，总碳排放量为 17.22t，占全区总碳排放量的 33.94%，表现为研究区的弱碳源。可见，土地利用格局对于区域碳源汇平衡的格局具有重要意义。

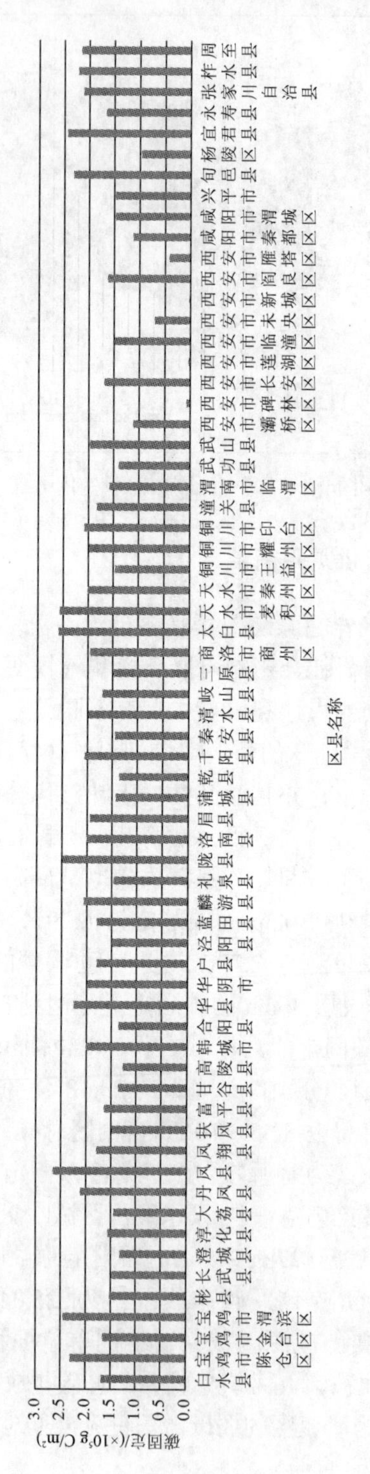

图 9-12　研究区各区县总固碳能力平均值分区统计

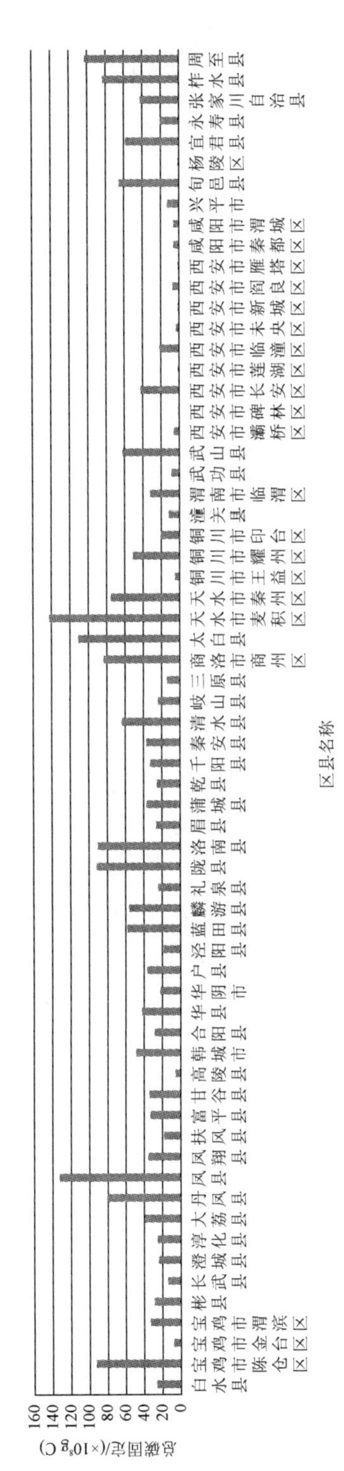

图 9-13 研究区各区县总固碳能力总和分区统计

2. 生态系统固碳服务自给率

引入流动比率（R_i）的概念，通过计算生态系统固碳服务需求（以下简称“碳需求”）和生态系统固碳服务供给（以下简称“碳供给”）的比值，以表征同一区域中碳需求与碳供给平衡的数量关系。R_i 能够表达区域生态系统固碳服务的自给率，R_i 越小，区域的生态系统固碳服务自给率越强，反之则越弱。当 R_i 小于 1 时，表明区域碳供给倾向大于碳需求倾向，即为供给型区域；反之，当 R_i 大于 1 时，表明区域碳需求倾向大于碳供给倾向，即需求型区域。

经计算，研究区生态系统固碳服务的流动比率空间分布如图 9-14 所示。可以看出，研究区内流动比率高的区域以西安市为中心、以咸阳市和渭南市为副中心的经济区流动比率最为突出，最高值高达 463。以该都市圈为中心，流动比率沿四周递减，范围内零星分布流动比率较高的市县。秦岭山脉区域的流动比率则明显低于关中平原区域。经空间分析，研究区内的大部分区域的自给率都小于 1，属于供给型区域；只有各市县的城区自给率大于 1，属于需求型区域。需求型区域与供给型区域的流动比率相差上百倍，根据物质循环原理，需求型区域所消耗的碳将由其周边的供给型区域提供。

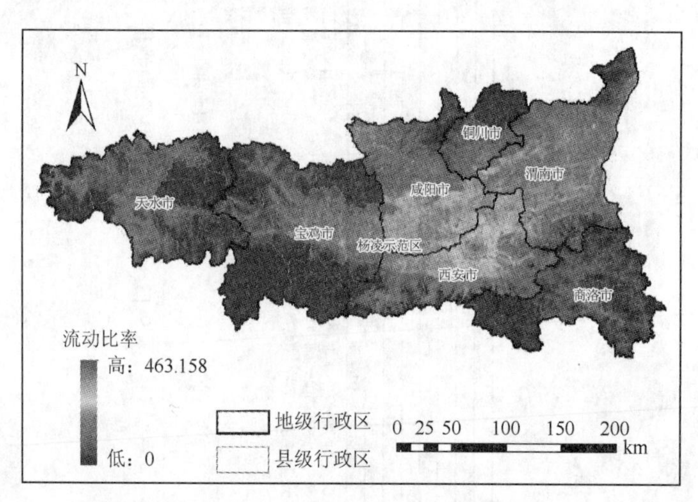

图 9-14　研究区生态系统固碳服务流动比率空间分布

9.1.5　结果验证

取土壤基础呼吸反演结果与全国第二次土壤普查数据，随机采样 60 个点，将二者做回归分析，结果如图 9-15。用研究区 SOC 实测数据验证模型，相关性如图 9-16。实测值与估算值之间的 1∶1 关系图表示模型的拟合度和可靠性。用标准误差（RMSE）进一步验证模拟精度：RMSE 越小，模拟结果越接近真实值，意味着模型的拟合度越好。RMSE = 4.972 6，研究的估算结果具有较好的可信度。

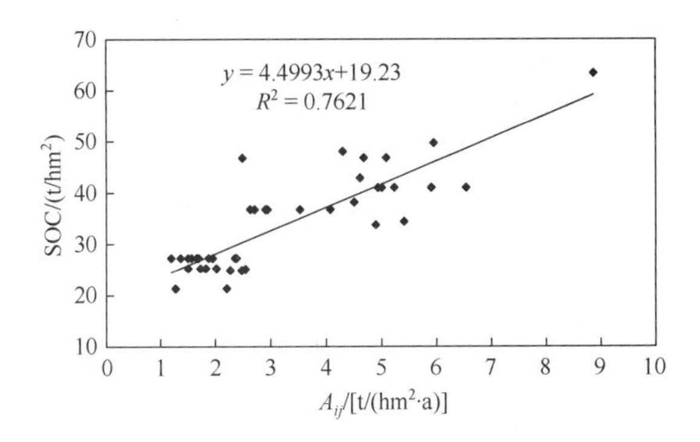

图 9-15　土壤基础呼吸与土壤有机碳相关性分析

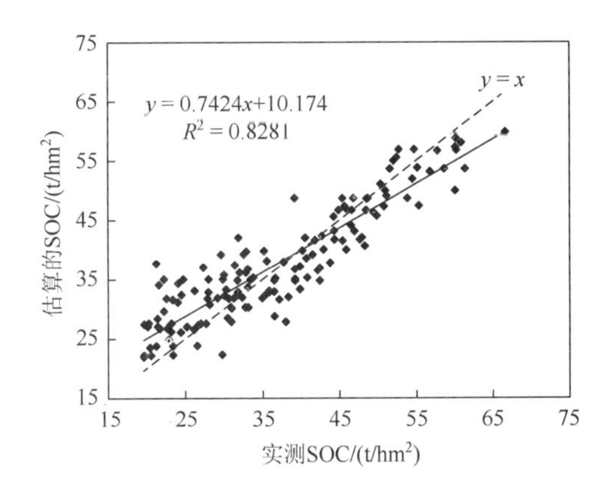

图 9-16　实测 SOC 与模型估算 SOC 的关系

9.2　关天经济区生态系统固碳服务的空间流动

区域的生态系统固碳服务供需平衡是指在单位时间和一定范围内，区域向大气排放二氧化碳的量与从大气中所固定二氧化碳的量之间的数量关系在空间上的表达。本书区域生态系统固碳服务供需平衡指的是生物固碳量与人类碳排放量之间的数量关系。为了更直观地展现区域生态系统固碳服务需求与供给的关系，本书引入“流动比率”的概念，用于表达同一区域内碳排放与碳吸收的关系。基于区域生态系统固碳服务平衡的空间格局，从资源流动的视角刻画区域生态系统固碳服务的空间流动。

9.2.1　生态系统固碳服务的空间流动模型

在物理学中，场是指物体在空间中的分布情况，是用空间位置函数来表征的。在物理学中，经常需要研究某种物理量在空间的分布和变化规律，如果物理量是标量，那么空间上每一点都对应着该物理量的一个确定数值，则称此空间为标量场，如电势场、温度场等。如果物理量是矢量，那么空间每一点都存在着它的大小和方向，则此空间为矢量场，如电场、速度场等。场是一种特殊物质，看不见、摸不着，但是确实存在，如引力场、磁场等。在地理学中常见的有风场、温度场、密度场，而生态系统固碳服务的分布也可以理解成一个场。由于生态系统固碳服务的空间分布差异，造成不同区域拥有不同的生态系统固碳服务势能，在这一势能的驱使下，区域内部以及区域与环境之间会产生生态系统固碳服务在空间上的流动，我们把这一现象称为生态系统固碳服务的空间流动。

从生态学的角度，生态学家们关于“流”的概念最早可以追溯到将生命的代谢过程看作是能量、物质与周围环境不断发生交换的过程，即能量流和物质流[21, 22]。在自然-社会二元碳循环系统中，碳的空间流动意味着碳元素在循环过程中的空间转移。生态系统中的“能量流”通常用“林德曼定律”来表示[23]，即在绿色植物→食草动物→食肉动物的食物链中，生物量按照食物链顺序向下一个营养级的转移过程中有稳定的数量级比例关系，通常后一级生物量小于或等于前一级生物量的1/10。但关于碳的空间流动目前尚没有成熟的理论和方法。本书受“资源流动”相关研究的启发，运用地理信息系统手段，对生态系统固碳服务的空间格局及其流动比率做空间表面分析，绘制区域生态系统固碳服务空间流动的方向和趋势。

9.2.2 生态系统固碳服务流动比率空间格局

为了明确各行政区的生态系统固碳服务格局关系，本书对研究区内各级行政区碳源汇流动比率的平均值和总和做出如下分析。由图 9-17 可以看出，根据流动比率分布，研究区大致可分为三大区域：南边秦岭山脉沿线可绘制出一条 $R_i = 0.02$ 的流动比率等值线，其以南流动比率皆小于 0.02，以北的流动比率大于 0.02；北边乔山山系也可绘制出一条 $R_i = 0.02$ 的流动比率等值线，以此为界限，南北两侧的碳源汇流动比率逐渐增大；在这两条等值线的中间地带，则为研究区碳源汇流动比率大于 0.02 的区域。碳源汇流动比率较高的中间区域又可分为东西两个子区域：西部子区域是以天水市区为中心的碳源集聚中心（$R_i > 0.06$），东部子区域则形成了多个碳源集聚中心。其中，以最高值西安市（$R_i > 0.20$）为中心向外延伸，杨陵区为第二级梯度碳源中心 A（$R_i > 0.14$），咸阳市和高陵县聚集形成第二梯度的碳源中心 B（$R_i > 0.10$）；再向外由杨陵区、武功县、兴平市、渭南市和蒲城县形成了第三级梯度碳源集聚（碳源中心 C）（$R_i > 0.04$）。

碳源汇流动比率的变化率可以在一定程度上体现生态系统固碳服务格局的相对位置。由图 9-17 可以明显看出，以关中平原为中心轴，南部的碳源汇流动比率的变化率明显大于北部，尤其是在眉县、周至县到武功县和杨陵区的区域，碳源汇流动比率呈现出骤降趋势。这意味着，关中平原各大城市向南的发展趋势明显大于向北发展的趋势，亦即研究区城市群向南发展用地已经非常逼近研究区碳汇的核心区域，这对于区域的碳汇地保护构成了一定的威胁。

而从各县级以上行政区的碳源汇流动比率总和的角度分析，格局较前文中的平均值又有所变化（图 9-18）。关中–天水经济区各县级以上行政区的碳源汇流动比率总和分布情况显得更加复杂。碳汇特征最强的区域（$\sum R_i \leqslant 200$）主要为秦岭山脉沿线的凤县、太白县、柞水县、华县和乔山山系中分布的千阳县、淳化县、永寿县、麟游县、长武县及宜君县等。研究区西侧的宝鸡市和天水市主要分布碳汇特征较明显的区县（$400 < \sum R_i \leqslant 800$），而关中平原区则分布着碳汇特征较弱的区县（$\sum R_i > 800$）。

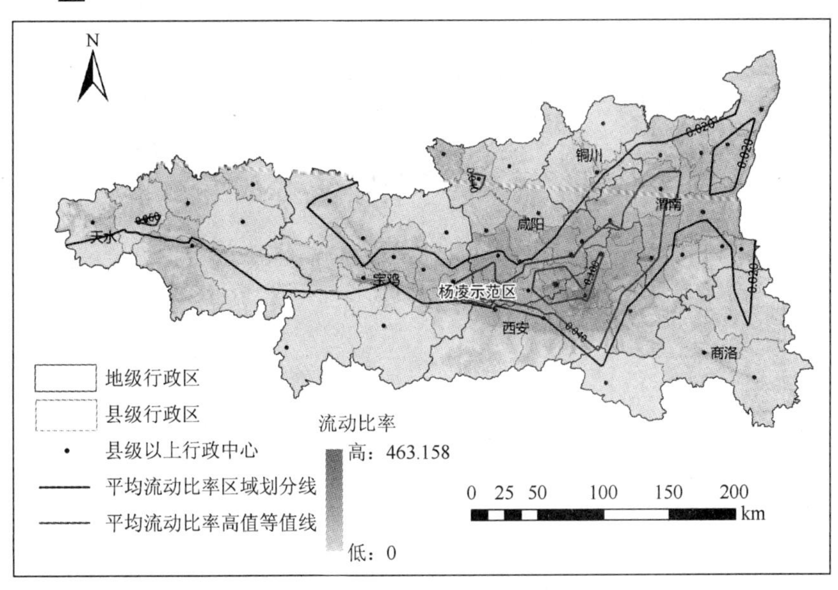

图 9-17　研究区生态系统固碳服务平均流动比率空间分区

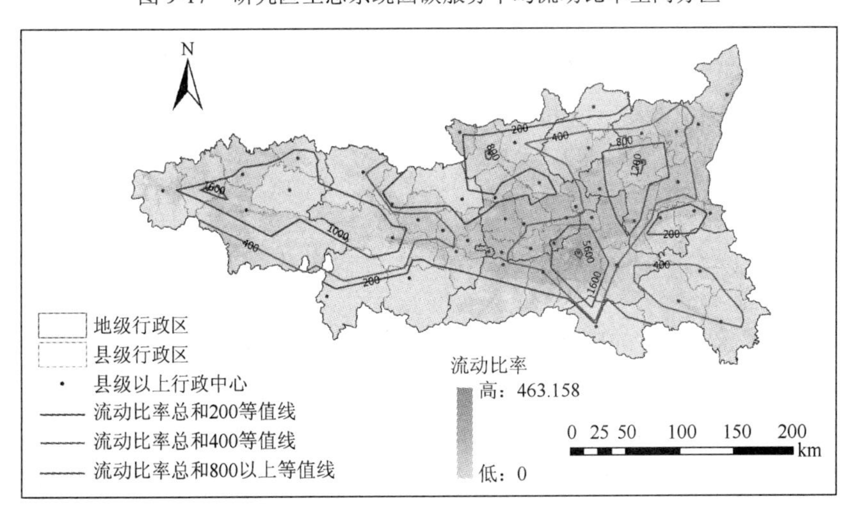

图 9-18　研究区生态系统固碳服务流动比率总和空间分区

9.2.3 生态系统固碳服务的空间流动模拟

基于生态系统固碳服务的供给和使用的核算，对其供需平衡做了空间定量研究，研究区生态系统固碳服务供需平衡的空间流动如图 9-19 所示。

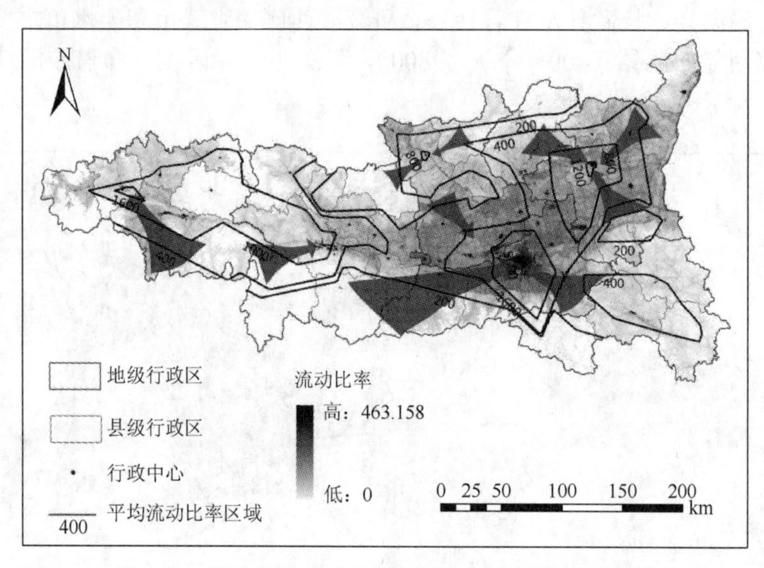

图 9-19　研究区生态系统固碳服务的空间流动示意图

图 9-19 大致描绘了关中-天水经济区碳源/汇的空间流动趋势。整个研究区呈现出一个大范围碳源汇空间流动和三个小范围的碳源汇流动。大范围的空间流动发生在以秦岭中段、东段及关中平原为主体的区域，“碳资源”由秦岭中段和东段大量地向以西安市为中心的关中城市群涌进，此外关中平原北侧也有小支“碳资源”流入。而在研究区西侧，秦岭西段的“碳资源”则主要流向天水市，且碳流较小；北侧彬县呈现出一定的弱碳汇特征，其四周区县也有小支“碳资源”向彬县流入；西北侧蒲城县表现出较明显的弱碳汇特征，铜川市、澄城县、华县等均有少量“碳资源”流入作为补给。

9.3　低碳目标导向下的空间格局优化

9.3.1 低碳目标导向下的空间格局优化模型

土地利用是影响全球气候变化的主要因子，也是宏观调控区域生态环境、社会经济发展的有力手段，因此土地利用优化研究一直以来都备受国内外专家学者的关注。土地利用优化配置是一个复杂的科学问题，其优化模型的构建涉及多学科、多方法耦合，包括动态仿真模拟、数学建模、工程学、系统动态学等理论与方法的相互融合，数学模型多数是完成数量结构优化，如线性规划、灰色线性规划、多目标线性规划、系统动力学模拟等[24]。

一些学者以生态安全和生态环境稳定为目标，构建相关的土地利用格局优化模型[25-28]；也有学者以低碳经济发展为目标导向设计了土地利用格局优化模型[29-32]。然而，这些研究多关注于土地利用在数量上的优化配置，对于空间上的优化布局没有深入探讨。随着土地利用结构优化研究的深入和地理信息技术的发展，土地利用的优化配置研究已经由原来单纯的数量结构优化配置向土地利用空间优化布局的完整优化配置发展。钱敏等[33]根据建模方法与模型表达形式的差异，将土地利用结构优化模型归纳为 3 类：线性规划模型、系统动力学模型和元胞自动机模型（cellular automata，CA）。其中，CA 模型是基于复杂系统理论的土地利用变化模拟研究的代表，能依靠自身强大的空间运算能力，通过局部空间数据之间的相互作用推演出整个区域的变化[34]，它在地理学中的应用被认为是分析模拟地理动态现象的一次方法革命[35, 36]。目前，CA 模型业已成为一个被广泛认可并应用的模型，在西方地理学已经形成一个地理科学前沿领域的重要分支。但是，CA 模型需要一定时间段的历史数据作为模拟和推演土地利用变化规则的基础。

本书尝试基于贝叶斯信念网络（Bayesian belief networks，BBN），以概率统计为理论基础，通过分析高碳汇区域的多个变量的联合概率分布来描述各变量对碳汇的影响，以此筛选影响碳汇的关键变量，最终通过关键变量的优化组合实现低碳经济导向下的土地利用格局优化。

1. 生态系统固碳服务关键变量筛选及其可视化

以低碳为目标导向的空间格局优化模型中，碳固定能力是评价格局的关键。由于生物碳库和土壤碳库的生物循环和代谢过程存在较大区别，本书从生物碳库和土壤碳库两个角度分别探讨区域的空间格局优化。

本书借助 python 编程和 ArcGIS 手段，提取高碳汇分布区域的各变量信息，并做数据离散化处理，基于贝叶斯网络原理，计算各变量状态的概率及两两变量状态组合的联合概率，据此计算两两变量的条件概率；将两两变量间的条件概率可视化，以像素图的形式展现，并根据像素图，选取关键变量状态子集；将关键变量状态组合空间可视化，分析适宜作为格局优化首选的区域；给出不同低碳目标情景下土地利用格局优化建议。生态系统固碳服务功能关键变量筛选及其可视化原理如图 9-20。

首先，根据碳循环生态过程及研究区实际情况选取坡向、高程、7 月平均气温、净第一性生产力、潜在蒸散发、降水、坡度、土壤类型、太阳辐射、年平均气温等作为影响研究区生态系统固碳服务功能的备选变量。根据研究区中各变量的实际分布情况和《水土保持综合治理规划通则》(GB/T 15772—1995)

中的分级标准，将上述变量栅格数据做离散化处理，具体离散化分级标准参见附表一。

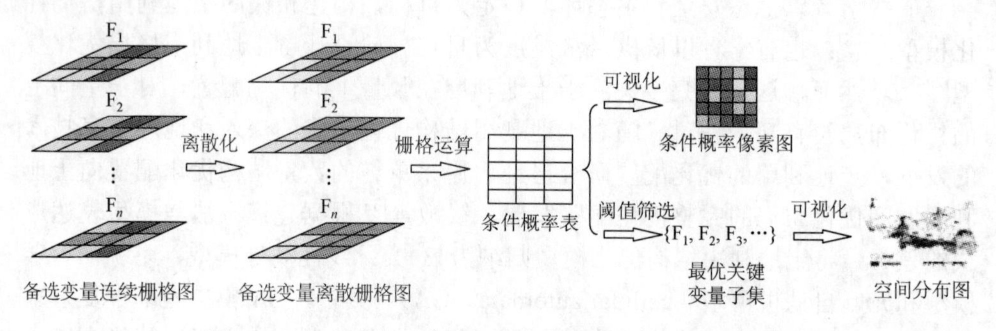

图 9-20　生态系统固碳服务功能关键变量筛选及其可视化

其次，计算两两变量之间的联合概率与条件概率。设有栅格变量 A，记作 $A=\{A_1, A_2, A_3, A_4\}$，其中 A_1，A_2，A_3，A_4 为变量 A 的不同状态。各变量不同状态的栅格数量记为 SUMA_i，研究区栅格总数记为 SUM，那么变量 A 的不同状态概率 P_{A_i} 为：

$$P_{A_i}=\frac{\mathrm{SUM}_{A_i}}{\mathrm{SUM}} \tag{9-11}$$

以高碳汇区为区域限制，提取各变量的栅格数据；统计研究区栅格总数和各变量不同状态的栅格数量，写入 dbf 表；计算各变量的不同状态概率，写入 dbf 表。

设有栅格变量 A 和 B，分别记为 $A=\{A_1, A_2, A_3, A_4\}$ 和 $B=\{B_1, B_2, B_3, B_4\}$，A_1，A_2，A_3，A_4 和 B_1，B_2，B_3，B_4 分别为变量 A 和 B 的不同状态，事件 A_i 和 B_j 同时发生记作 A_iB_j，满足此条件的栅格总数记为 $\mathrm{SUM}_{A_iB_j}$。那么事件 A_i 和 B_j 同时发生的联合概率 P（A_iB_j）为

$$P(A_iB_j)=\frac{\mathrm{SUM}_{A_iB_j}}{\mathrm{SUM}} \tag{9-12}$$

将备选变量两两配对，统计每个组合的栅格数量，分别计算二者不同状态组合的联合概率，写入 dbf 表。

设有栅格变量 A 和 B，分别记为 $A=\{A_1, A_2, \cdots, A_i\}$ 和 $B=\{B_1, B_2, \cdots, B_j\}$，$A_1$～$A_\mathrm{i}$ 和 B_1～B_j 分别为变量 A 和 B 的不同状态。那么事件 B_j 发生的条件下，事件 A_i 发生的条件概率 P（$A_i|B_j$）为：

$$P(A_i \mid B_j)=\frac{P(A_iB_j)}{P(B_j)} \tag{9-13}$$

根据所获得的 dbf 表中的统计和计算数据，计算备选变量两两配对的条件概

率，并写入 dbf 表中。运用 python 编程，将变量间条件概率数据表达为像素图。

根据条件概率表选择出现概率最高的变量状态子集作为研究区空间格局优化的关键变量子集，使用 ArcGIS 提取关中-天水经济区中所有满足关键变量子集要求的变量栅格，将这些范围取交集，则得到研究区低碳目标导向下的空间格局优化首选区域。

2. 低碳目标导向下的空间格局优化模型

根据生物碳库和土壤碳库中各变量的条件概率大小，结合研究区实际情况选取最优变量子集，并将其空间可视化。提取碳汇核心保护区域和适宜发展区域，与现有土地利用作对比，得出需要重点保护或需要生态重建的区域。

9.3.2　生态系统固碳服务的关键变量子集分析

基于贝叶斯原理，从生物碳库和土壤碳库两个方面讨论备选因子与生态系统固碳服务之间的条件概率，从中挑选出关键变量子集和最优变量子集，使用编程手段将条件概率和各变量子集空间可视化。

1. 生物碳库关键变量子集

图 9-21 是生物固碳功能备选变量集合中两两变量状态之间的条件概率像素图。图中最右一列变量的像素图表示当生物固碳功能处于不同状态时，各种变量状态的组合情况。如果生物固碳功能处于第一等级状态时，其变量状态组合称为“关键变量状态子集 I ”，那么，关键变量状态子集 I = {DEM = 1，*T*_July = 2，PET = 2，Prec = 2，Slope = 1，Soil = 2，Sol = 2}；这意味着，目前研究区中生物固碳功能较低的区域是这些变量状态组合的概率较大。其中，*P*(DEM = 1) = 0.450 7，*P*(*T*_July = 2) = 0.602 9，*P*(PET = 2) = 0.462 1，*P*(Prec = 2) = 0.531 4，*P*(Slope = 1) = 0.852 9，*P*(Soil = 2) = 0.591 1，*P*(Sol = 2)= 0.450 37。

当生物固碳功能处于第二等级状态时，其变量状态组合称为“关键变量状态子集 II ”，那么，关键变量状态子集 II = {DEM = 2，*T*_July = 2，PET = 2，Prec = 2，Slope = 1，Soil = 2，Sol = 2}；这表明，目前研究区中生物固碳功能中等固碳能力的区域是这些变量状态组合的概率较大。其中，*P*(DEM = 2) = 0.416 1，*P*(*T*_July = 2) = 0.595 2，*P*(PET = 2) = 0.668 7，*P*(Prec = 2) = 0.528 8，*P*(Slope = 1) = 0.563 0，*P*(Soil = 2) = 0.579 8，*P*(Sol = 2) = 0.553 2。

当生物固碳功能处于第三等级状态时，其变量状态组合称为“关键变量状态子集III”，那么，关键变量状态子集III = {DEM = 3，*T*_July = 2，PET = 2，Slope = 2，Soil = 2，Sol = 2}；这表明，目前研究区中生物固碳功能中等固碳能力的区域是这些变量状态组合的概率较大。其中，*P*(DEM = 3) = 0.676 819 98，*P*(*T*_July = 2) = 0.580 4，*P*(PET = 2) = 0.706 4，*P*(Prec = 2) = 0.406 2，*P*(Slope = 2) =0.515 2，*P*(Soil = 2) = 0.514 5，*P*(Sol = 2) = 0.689 9。

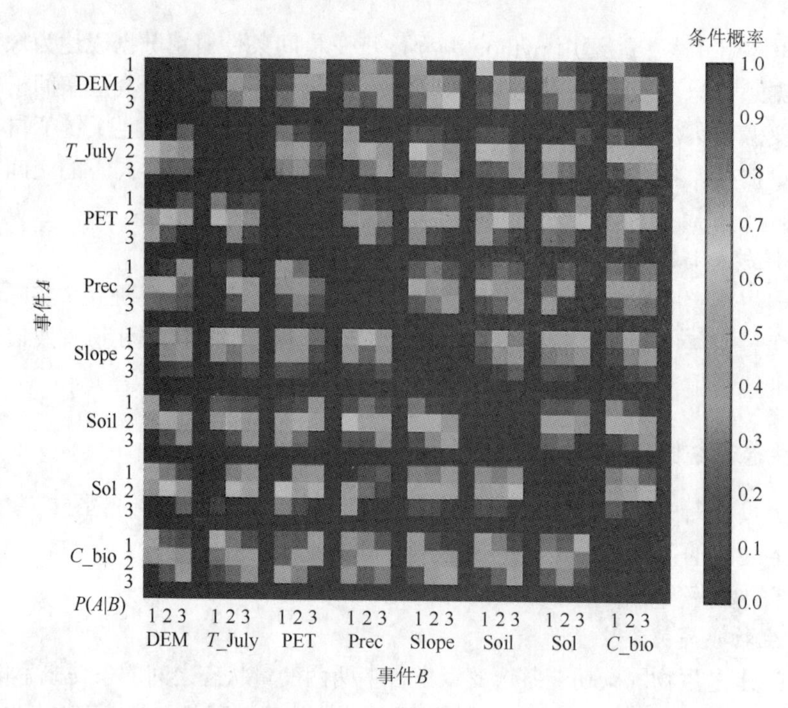

图 9-21　生物固碳功能备选变量集合中两两变量间的条件概率像素图

从图 9-21 最下方一行像素图可以得出，当 DEM = 3，*T*_July = 3，PET = 1，Prec = 1，Slope = 3，Soil = 3，Sol = 2 同时发生时，生物固碳能力高的概率最大。综合考虑研究区的实际情况，选取条件概率大于 0.40 的变量状态作为子集，即最优生物固碳能力关键变量状态子集 = {DEM = 3，PET = 1，Slope = 3，Soil = 3}。其中，*P*(DEM = 3) = 0.451 3，*P*(PET = 3) = 0.516 9，*P*(Slope = 3) = 0.525 4，*P*(Soil = 3) = 0.493 9。

图 9-22 显示了上述各关键变量状态子集的空间分布状况。子集 I 是生物固碳能力为最低等级的概率最高的变量集合，主要分布在富平县东部、韩城市中部以及三原县北部和宝鸡市渭滨区北部。子集 II 是生物固碳能力为中等的概率最高的变量集合，主要分布在研究区北部及秦岭北向分支。包括韩城市、合阳县、澄城县、白水县四个市县的北部，铜川市耀州区、淳化县、彬县、长武县、永寿县和凤翔县等六个区县的大部分区域，宜君县西北部、旬邑县西南部以及宝鸡市金台区和渭滨区中部。子集III是生物固碳能力为最高等的概率最高的变量集合，主要分布在研究区北部乔山山系的旬邑县中部和东北部、铜川市耀州区西部和北部、淳化县北部、麟游县中部偏北、凤翔县北部及凤县北部，另外在永寿县西部和彬县西南角也有零星分布。

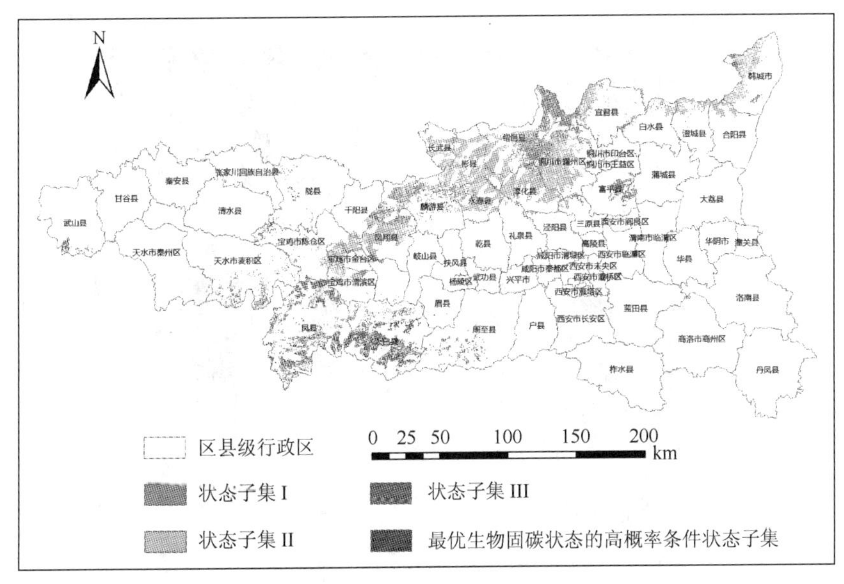

图 9-22　生物固碳功能关键变量状态子集空间分布图

最优生物固碳能力关键变量状态子集表示，在这些变量状态的组合下，生物固碳能力较高的概率最大。该子集主要分布在研究区西南侧秦岭山脉沿线及秦岭北向支线的部分区域。包括周至县南部、太白县的大部分区域、凤县的大部分区域（北部较集中）、天水市麦积区南部、武山县南部以及宝鸡市陈仓区西部和陇县的部分区域。

2. 土壤碳库关键变量子集

图 9-23 是土壤碳固定功能备选变量集合中两两变量间的条件概率像素图。图中最右一列变量的像素图表示当土壤碳固定功能处于不同状态时，各种变量状态的组合情况。如果土壤碳固定功能处于第一等级状态时，其变量状态组合称为“关键变量状态子集Ⅳ”，那么，关键变量状态子集Ⅳ = {DEM = 1，NPP = 1，Prec = 2，Slope = 1，Soil = 2，Sol = 2，T = 2}；这意味着，目前研究区中土壤碳固定功能较低的区域是这些变量状态组合的概率较大。其中，P(DEM = 1)= 0.425 1，P(NPP = 1) = 0.993 6，P(Prec = 2) = 0.543 2，P(Slope = 1) = 0.803 6，P(Soil = 2) = 0.605 8，P(Sol = 2) = 0.477 4，P(T = 2) = 0.714 3。

当土壤碳固定功能处于第二等级状态时，其变量状态组合称为“关键变量状态子集Ⅴ”，那么，关键变量状态子集Ⅴ = {NPP = 2，Prec = 2，Slope = 1，Soil = 2，Sol = 2，T = 2}；这表明，目前研究区中土壤碳固定功能中等固碳能力的区域是这些变量状态组合的概率较大。其中，P(DEM = 2) = 0.429 5，P(NPP = 2) = 0.550 1，P(Prec = 2) = 0.497 8，P(Slope = 1) = 0.510 4，P(Soil = 2) = 0.566 6，P(Sol = 2) = 0.565 5，P(T = 2) = 0.704 5。

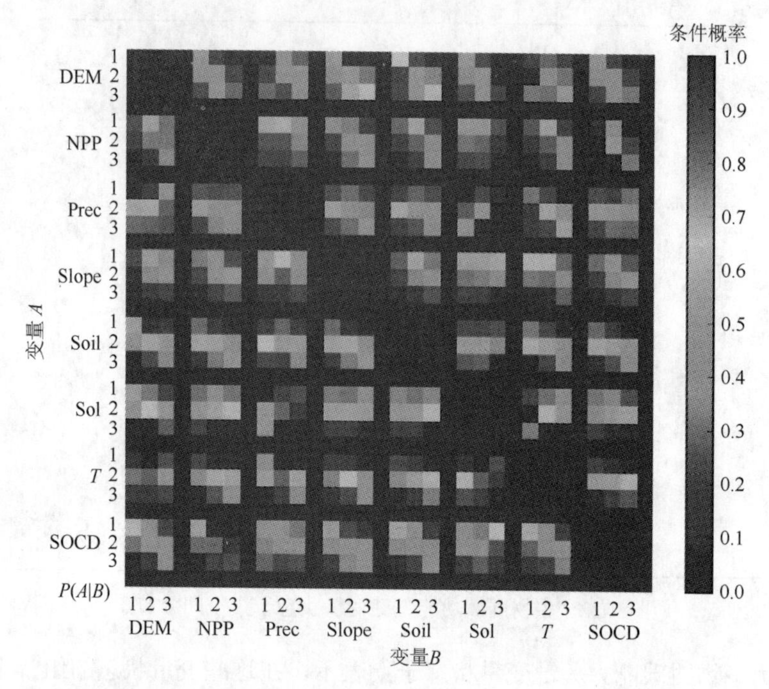

图 9-23 土壤碳固定功能备选变量集合中两两变量间的条件概率像素图

当土壤碳固定功能处于第三等级状态时，其变量状态组合称为“关键变量状态子集Ⅵ”，那么，关键变量状态子集Ⅵ = {DEM = 3，NPP = 3，Slope = 2，Soil = 2，Sol = 2，T = 2}；这表明，目前研究区中土壤碳固定功能中等固碳能力的区域是这些变量状态组合的概率较大。其中，P(DEM = 3) = 0.788 3，P(NPP = 3) = 0.777 9，P(Prec = 2) = 0.406 6，P(Slope = 2) = 0.518 2，P(Soil = 2) = 0.488 8，P(Sol = 2) = 0.701 4，$P(T = 2)$ = 0.666 4。

从图 9-23 最下方一行像素图可以得出，当条件为 DEM = 3，NPP = 3，Prec = 1，Slope = 3，Soil = 3，Sol = 2，T = 3 同时发生时，土壤碳固定能力高的概率最大。综合考虑研究区的实际情况，选取条件概率大于 0.40 的变量状态作为子集，即最优生物固碳能力关键变量状态子集 = {DEM = 3，NPP = 3，Slope = 3，Soil = 3}。其中，P(DEM = 3) = 0.408 9，P(NPP = 3) = 0.901 3，P(Slope = 3) = 0.439 7，P(Soil = 3) = 0.411 8。

图 9-24 显示了上述各关键变量状态子集的空间分布状况。与生物碳库相比，土壤碳库的各组变量子集同样也主要分布在秦岭山脉沿线及乔山山系，但是位置更靠中部一些。尤其是子集Ⅳ，该子集是土壤碳固定能力为最低等级的概率最高的变量集合，分布区域由研究区的东北角经关中平原延伸至宝鸡市辖区。主要包括韩城市东南部、澄城县和白水县接壤的区域、蒲城县西部、富平县中部、三原

县北部、泾阳县西北侧、礼泉县中部、乾县中部部分区域、咸阳市中部、兴平市东南部、扶风县中部偏南、杨陵区西北角、眉县西北角、岐山县中部偏南、宝鸡市陈仓区西部、渭滨区北部和金台区南部。子集Ⅴ是土壤碳固定能力是中等的概率最高的变量集合，该子集的分布较前一子集而言较为零散，主要分布在研究区北部，秦岭的北向分支有零星分布。包括韩城市、宜君县和铜川市三个市区县的大部分区域、白水县西部，麟游县南部，扶风县北部，另外在旬邑县、淳化县、泾阳县、三原县、凤翔县、千阳县、岐山县及宝鸡市的三个市区都有零星分布。子集Ⅵ是土壤碳固定能力为最高等的概率最高的变量集合，主要分布在旬邑县的北部及其与耀州区、淳化县交界处和凤县的北部，在麟游县与岐山县交界处、宜君县和太白县等其他区县也有零星分布。

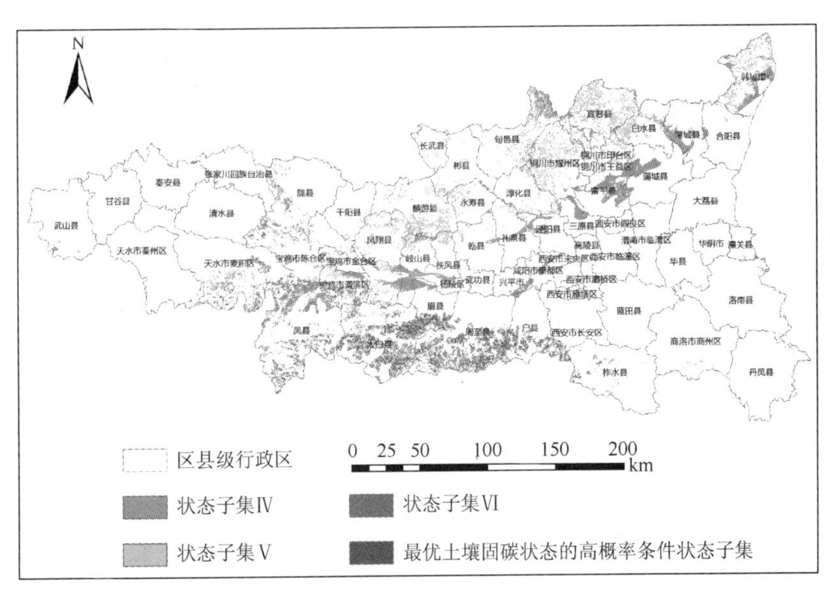

图 9-24　土壤碳固定功能关键变量状态子集空间分布图

最优土壤碳固定能力关键变量状态子集表示在这些变量状态的组合下，土壤碳固定能力较高的概率最大。该子集主要分布在研究区西南侧秦岭山脉沿线及秦岭北向支线的部分区域，包括柞水县西部、长安区西南角、户县南部、周至县中部和南部、眉县南部、太白县的大部分区域、凤县的南部、宝鸡市渭滨区南部、陈仓区西部、天水市麦积区中部和南部和陇县的西部和南部。

9.3.3　低碳目标导向下的固碳格局优化结果

1. 生物固碳关键变量的最优状态子集

经过熵减算法的计算得出生物固碳与生物碳库中每个备选因子的熵减度（表 9-1），

其中高程（DEM）对生物固碳最具决定性，熵减度为 0.0160，其次为潜在蒸散发（PET），熵减度为 0.0082。坡度和降水对生物固碳的影响程度相当，熵减度同为 0.0032，太阳辐射和七月平均温度的熵减度紧随其后，土壤类型对生物固碳的影响程度最不显著。

表 9-1　备选因子对生物固碳的敏感性（按熵减度从大到小排序）

变量	熵减度
DEM	0.0160
PET	0.0082
Slope	0.0032
Prec	0.0032
Sol	0.0025
*T*_July	0.0021
Soil	0.0013

取熵减度前两名作为生物碳库的关键因子，即 DEM 和潜在蒸散发。结合 9.2 节的最优状态分析，取{DEM = 3，PET = 1}作为生物碳库的关键变量最优状态子集。其中，$P(\text{DEM} = 3) = 0.4513$，$P(\text{PET} = 1) = 0.3475$。如果能够同时满足 DEM 状态为 3、PET 状态为 1，那么该区域是生物碳库关键变量的最优状态分布。类似地，如果只满足 DEM 状态为 3、PET 状态为 1 两个条件的其中一个，那么该区域是生物碳库关键变量的次优状态分布。

二者空间可视化展布如图 9-25 所示，生物碳库关键变量的最优状态子集主要分布在宝鸡市南部秦岭山脉和天水市西南角，该区域中生物固碳状态为最优的概率可以达到 54.36%。而生物碳库关键变量的次优状态子集则主要在天水市、秦岭山脉和北山山系，该区域中生物固碳状态为最优的概率为 42.49%。其中分布于宝鸡的关键变量最优子集大多已是省级或国家级森林保护单位，受保护程度较高，但天水市西南侧的区域则有待加强。如果要进一步发展生物固碳服务的储备区域，则可以从关键变量次优状态子集的广大区域着手。

2. 土壤固碳关键变量的最优状态子集

经过熵减算法的计算得出土壤固碳与土壤碳库中每个备选因子的熵减度（表 9-2），其中净第一性生产力（NPP）对土壤固碳最具决定性，熵减度为 0.0795，其次为高程（DEM），熵减度为 0.0106。气温（*T*）和太阳辐射（Sol）对土壤固碳的影响程度相当，熵减度同为 0.0023，降水（Prec）和坡度（Slope）的熵减度紧随其后，土壤类型（Soil）对土壤固碳的影响程度最不显著。

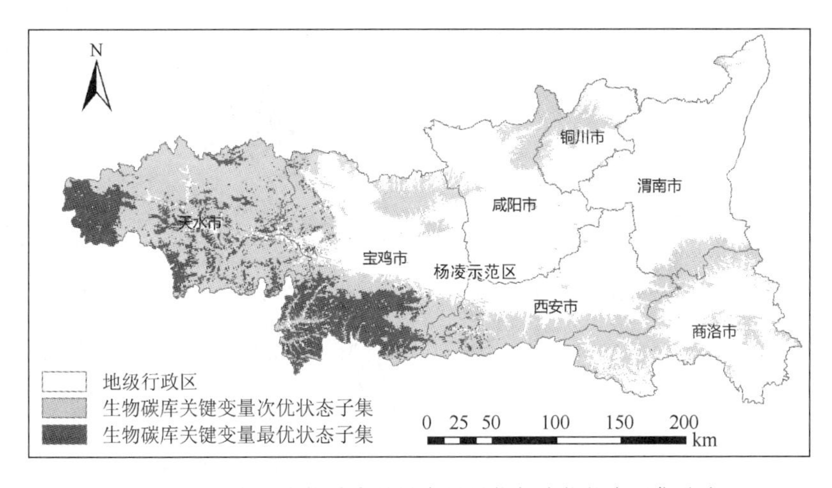

图 9-25　研究区生物碳库关键变量最优与次优状态子集分布

表 9-2　备选因子对土壤固碳的敏感性（按熵减度从大到小排序）

变量	熵减度
NPP	0.0795
DEM	0.0106
T	0.0023
Sol	0.0023
Prec	0.0017
Slope	0.0011
Soil	0.0004

取熵减度前两名作为土壤碳库的关键因子，即 NPP 和 DEM。结合 9.2 章节的最优状态分析，取{NPP = 3，DEM = 3}作为土壤碳库的关键变量最优状态子集。其中，P(NPP = 3) = 0.9013，P(DEM = 3) = 0.4089。如果能够同时满足 NPP 状态为 3、DEM 状态为 3，那么该区域是土壤碳库关键变量的最优状态分布。类似地，如果只满足 NPP 状态为 3、DEM 状态为 3 两个条件的其中一个，那么该区域是土壤碳库关键变量的次优状态分布。

二者空间可视化展布如图 9-26 所示，土壤碳库关键变量的最优状态子集主要分布在秦岭山脉沿线、天水市西南角和咸阳市东北角，这些区域中土壤固碳状态为最优的概率高达 92.84%。而土壤碳库关键变量的次优状态子集则主要分布在天水市境内，该区域中生物固碳状态为最优的概率为 19.32%。土壤固碳能力的强度很大程度上依赖于植被对土壤的有机质输入，因此保护土壤固碳能力的关键在于保护植被。

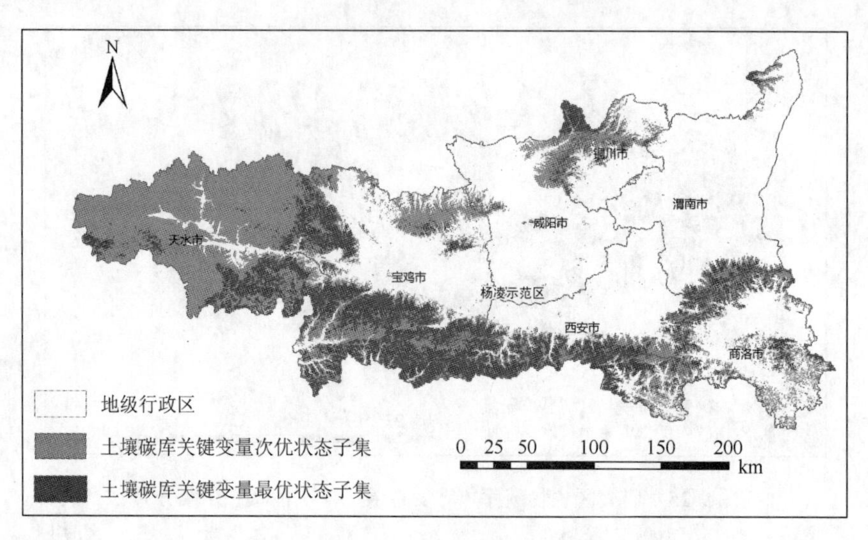

图 9-26　研究区土壤碳库关键变量最优与次优状态子集分布

经过上述分析，研究认为低碳目标导向的固碳格局应以生物碳库和土壤碳库的关键变量最优状态分布区域作为维持该区域基本碳汇功能的碳汇核心保护区。在此基础上，以生物碳库和土壤碳库的关键变量次优状态分布区域作为继续提升研究区碳汇功能的优选区域，在这些区域开展植树造林等绿化工程得到良好成效的概率比较高。

3. 低碳目标导向下的固碳格局优化

通过对比研究区 2014 年固碳估算结果与生物、土壤碳库关键变量最优状态子集的空间分布情况，得出研究区生物固碳和土壤固碳的适宜优化区域（如图 9-27）。这些区域满足固碳关键变量最优状态组合条件，但固碳能力未达到最优状态，可作为研究区低碳目标导向下的固碳格局优化的首选区域。

其中，生物固碳的适宜优化区域明显大于土壤固碳适宜优化区。生物碳库的优化应将天水市武山县和秦州区划为重点碳汇格局优化区，加强绿化工程的建设。此外，麦积区、清水县、张家川回族自治县以及凤县和太白县需根据实际情况开展不同程度的生态修复工程。

而土壤固碳格局的优化则需要从秦岭中段着手。土壤固碳能力在很大程度上依赖于土壤有机质的输入量，因此需要秦岭中段各市县在保护已有森林的同时，改善适宜优化区的植被覆盖，增加其土壤的有机质输入，从而提高适宜优化区的土壤固碳量。

根据适宜优化区域，将固碳关键变量最优状态分布区域充分利用起来，能够在现有固碳服务供需格局的基础上，进一步增强研究区的碳汇功能，使得研究区的低碳经济发展更加有保障。

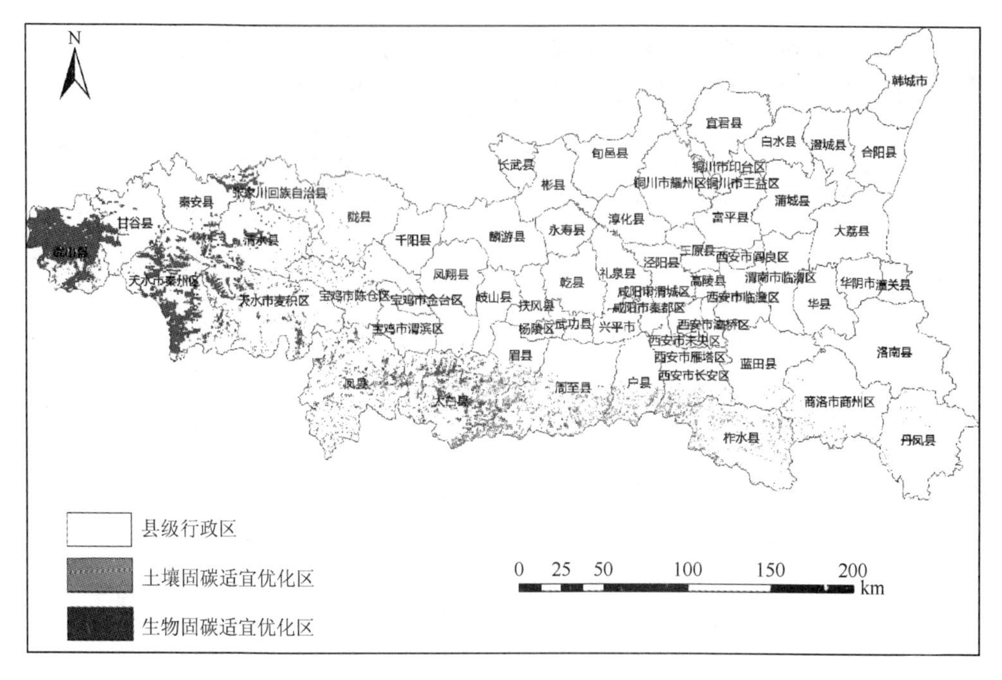

图 9-27　研究区生物固碳与土壤固碳的适宜优化区域

参 考 文 献

[1] 陈利顶，傅伯杰，赵文武. “源”“汇”景观理论及其生态学意义[J]. 生态学报，2006，(5)：1444-1449.

[2] Mayor A G，Bautista S，Small E E，et al. Measurement of the connectivity of runoff source areas as determined by vegetation pattern and topography：A tool for assessing potential water and soil losses in drylands[J]. Water Resources Research，2008，44（10）：13.

[3] Jiang M，Chen H，Chen Q. A method to analyze “source-sink” structure of non-point source pollution based on remote sensing technology[J]. Environmental Pollution，2013，182：135-140.

[4] Bagstad K J，Villa F，Bather D，et al. From theoretical to actual ecosystem services：mapping beneficiaries and spatial flows in ecosystem service assessments[J]. Ecology & Society，2014，19（2）：743-756.

[5] 刘明达，蒙吉军，刘碧寒. 国内外碳排放核算方法研究进展[J]. 热带地理，2014，(2)：248-258.

[6] 栾晏. 发达国家和发展中国家能源消费与碳排放控制研究[D]. 长春：吉林大学，2015.

[7] 王雪梅，李新，马明国. 基于遥感和 GIS 的人口数据空间化研究进展及案例分析[J]. 遥感技术与应用，2004，(5)：320-327.

[8] 林丽洁，林广发，颜小霞，等. 人口统计数据空间化模型综述[J]. 亚热带资源与环境学报，2010，(4)：10-16.

[9] 柏中强，王卷乐，杨飞. 人口数据空间化研究综述[J]. 地理科学进展，2013，(11)：1692-1702.

[10] 董南，杨小唤，蔡红艳. 人口数据空间化研究进展[J]. 地球信息科学学报，2016，(10)：1295-1304.

[11] 田永中，陈述彭，岳天祥，等. 基于土地利用的中国人口密度模拟[J]. 地理学报，2004，59（2）：283-292.

[12] 廖顺宝，孙九林. 基于 GIS 的青藏高原人口统计数据空间化[J]. 地理学报，2003，58（1）：25-33.

[13] Ruimy A，Saugier B，Dedieu G. Methodology for the estimation of terrestrial net primary production from remotely

sensed data[J]. Journal of Geophysical Research：Atmospheres，1994，99（D3）：5263-5283.

[14] Lieth H. Modeling the Primary Productivity of the World[M]//Primary Productivity of the Biosphere. Berlin：Springer，1975：237-263.

[15] Gao Q，Wan Y，Li Y，et al. Effects of topography and human activity on the net primary productivity（NPP）of alpine grassland in northern Tibet from 1981 to 2004[J]. International journal of remote sensing，2013，34（6）：2057-2069.

[16] Yuan J，Niu Z，Wang C. Vegetation NPP distribution based on MODIS data and CASA model—A case study of northern Hebei Province[J]. Chinese Geographical Science，2006，16（4）：334-341.

[17] 李婷，李晶，杨欢. 基于遥感和碳循环过程模型的土壤固碳价值估算——以关中-天水经济区为例[J]. 干旱区地理，2016，39（2）：451-459.

[18] 许文强，陈曦，罗格平，等. 基于稳定同位素技术的土壤碳循环研究进展[J]. 干旱区地理，2014，37（5）：980-987.

[19] 周涛，史培军，罗巾英，等. 基于遥感与碳循环过程模型估算土壤有机碳储量[J]. 遥感学报，2007，11（1）：127-136.

[20] 蒋金亮，徐建刚，吴文佳，等. 中国人-地碳源汇系统空间格局演变及其特征分析[J]. 自然资源学报，2014，29（05）：757-768.

[21] Lindeman R L. Experimental Simulation of Winter Anaerobiosis in a Senescent Lake[J]. Ecology，1942，23（1）：1-13.

[22] Lotka A J. Elements of physical biology[J]. American Journal of Public Health，1926，21（82）：341-343.

[23] 张新林，赵媛. 基于空间视角的资源流动内涵与构成要素的再思考[J]. 自然资源学报，2016，31（10）：1611-1623.

[24] 张迪，郭文华，李蕾. 国内土地评价与土地优化利用研究综述[J]. 国土资源情报，2014，（9）：43-46.

[25] 卿凤婷. 基于生态安全的城镇景观格局优化构建研究[D]. 北京：中央民族大学，2016.

[26] 郭诗怡. 基于生态网络构建的海淀区绿地景观格局优化[D]. 北京：北京林业大学，2016.

[27] 张淑君. 基于生态环境稳定的土地利用格局优化研究[D]. 呼和浩特：内蒙古师范大学，2015.

[28] 喻锋，李晓兵，王宏. 生态安全条件下土地利用格局优化——以皇甫川流域为例[J]. 生态学报，2014，（12）：3198-3210.

[29] 鲍金生. 区域土地利用结构的碳效应评估及低碳优化[J]. 科技展望，2016，（22）：91.

[30] 张馨予，石培基. 低碳目标导向的土地利用结构优化研究——以甘肃张掖为例[J]. 商，2015，（1）：95.

[31] 曾永年，王慧敏. 以低碳为目标的海东市土地利用结构优化方案[J]. 资源科学，2015，（10）：2010-2017.

[32] 张宇. 低碳导向的土地利用结构优化研究[D]. 南京：南京农业大学，2014.

[33] 钱敏，濮励杰，朱明，等. 土地利用结构优化研究综述[J]. 长江流域资源与环境，2010，（12）：1410-1415.

[34] 郭欢欢，李波，侯鹰，等. 元胞自动机和多主体模型在土地利用变化模拟中的应用[J]. 地理科学进展，2011，（11）：1336-1344.

[35] Gale S，Olsson G. Philosophy in Geography[M]. Dordrecht：Springer Netherlands，1979：379-386.

[36] 黎夏，叶嘉安，刘小平. 地理模拟系统：元胞自动机与多智能体[M]. 北京：科学出版社，2007.